U0182371

航空工业首席专家技术丛书

低可探测性与低截获概率
天线理论与设计

Antennas with Low Observability and Low
Probability of Intercept：Theory and Design

张　澎　编著

航空工业出版社

北　京

内 容 提 要

本书在介绍隐身技术及目标特性的基础上，重点针对机载天线的隐身设计进行详细论述，具体包括单元天线雷达截面积（RCS）减缩、阵列天线 RCS 减缩、天线罩频率选择表面（FSS）设计。同时提供了机载雷达天线 RCS 减缩，机载电子战天线 RCS 减缩，机载通信、导航、识别（CNI）系统天线 RCS 减缩，射频孔径与隐身结构一体化设计等工程实例。由于天线隐身除了雷达隐身，还涉及射频隐身，因此，本书提供了天线射频隐身设计技术。最后还提供了天线 RCS 测量和辐射特性的测量，使读者能够对天线综合隐身设计及测试验证形成清晰的认识。

本书综合性强，为从事飞机隐身设计、天线隐身设计及测量的工程技术人员提供一部内容较新、工程实例丰富的专著，同时也可作为高等院校相关专业本科生、研究生的参考书。

图书在版编目（CIP）数据

低可探测性与低截获概率天线理论与设计 / 张澎编著. -- 北京：航空工业出版社，2022.6
ISBN 978-7-5165-3065-8

Ⅰ．①低… Ⅱ．①张… Ⅲ．①机载天线 – 隐身技术 – 设计 Ⅳ．①TN82

中国版本图书馆 CIP 数据核字（2022）第 093073 号

低可探测性与低截获概率天线理论与设计
Di Ketancexing yu Di Jiehuo Gailü Tianxian Lilun yu Sheji

航空工业出版社出版发行
（北京市朝阳区京顺路 5 号曙光大厦 C 座四层　100028）
发行部电话：010-85672666　010-85672683

文畅阁印刷有限公司印刷　　　　　全国各地新华书店经售
2022 年 6 月第 1 版　　　　　　　2022 年 6 月第 1 次印刷
开本：787×1092　1/16　　　　　字数：898 千字
印张：35　　　　　　　　　　　定价：218.00 元

前　言

　　隐身技术是指减缩和控制作战平台及武器系统的各类信号特征，使其难以被发现、跟踪、识别和攻击的一门综合性技术。隐身技术可有效迟滞敌方 OODA（观察 observation、定位 orientation、决策 decision 和行动 action）杀伤链的进程，从而可有效提高装备的生存力。武器装备隐身化是信息化战争的一个重要特征。

　　早在 20 世纪 50 年代，美国便开始了把隐身技术应用于作战飞机的尝试。鉴于 F-117 隐身飞机在海湾战争中的出色表现，美国将隐身技术作为新时期着重发展的重要技术之一。B-2、F-22 和 F-35 等隐身飞机的演习和实战运用表明，隐身飞机日益成为空袭机群的"先锋"、争夺制空权的"王牌"、摧毁敌要害目标的"利器"。

　　世界新军事变革深入发展，作战思想不断创新，传统以平台为中心的对抗模式正在向以信息为中心的武器装备体系间的对抗转变，任务样式由机群作战向集群协同作战转变，信息成为体系对抗下双方争夺的焦点。随着美国将电磁频谱作为第六作战域，电磁频谱的争夺日益白热化。为了有效获取战场信息，机载射频天线功能越来越强大，覆盖频段越来越宽，已成为核心的机载系统，同时也成为隐身设计的重点和难点。

　　机载射频天线孔径的隐身涉及雷达隐身、射频隐身、红外隐身等，雷达隐身又涉及结构项散射和模式项散射，射频隐身同时需要与天线探测性能进行平衡设计，其综合设计难度大，迄今为止，机载射频孔径系统的综合隐身设计技术尚未完全解决，设计、仿真和验证手段和方法也有待深入研究。作者牵头多所国内高校和相关单位，从飞机总体隐身方案设计角度提出了对机载射频孔径系统隐身的需求，并针对具体应用提出通用性的解决方案，将天线隐身技术的学术研究和工程应用实例结合形成本书，旨在为学者和工程师们提供一本既具有实用性又蕴含创新性的天线隐身技术的指导手册。

　　本书共分 4 篇 15 章。第 1 篇（第 1 章～第 4 章）为低可探测性天线基础理论，本篇面向雷达对抗之间的军事需求凸显了雷达隐身技术的重要性，以多型隐身飞机为例总结了雷达隐身技术的原理和工程应用经验，基于典型目标的雷达散射机理分析了复杂目标的散射特征，在矩阵思想的指导下详细阐述了较为完备的天线散射基础理论。第 2 篇（第 5 章～第 7 章）为低可探测性天线设计理论，本篇分别从单天线、阵列天线的角度总结了天线隐身技术先进的学术研究，并详细阐述了频率选择表面的理论、设计和其在天线罩技术上工程应用的成功经验。第 3 篇（第 8 章～第 12 章）为低可探测性天线工程应用实例与验证，本篇从机载雷达、电子战和通信、导航、识别（CNI）系统三类功能性天线的隐身设计技术中，体现出天线隐身技术在不同应用场景中的适用性，以射频孔径与隐身结构一体化设计工程应用为例，形成了天线装配进飞机平台之后的隐身优化设计方案，此外，本篇还介绍了常用的目标 RCS 测量技术，为天线隐身技术的验证提供了可靠且有效的手段。第 4 篇（第 13 章 ~ 第 15 章）为低截获概率天线理论与工程应用，本篇面向天线辐射与散射平衡设计的矛盾，着重介绍了天线的射频隐身技术的重要性和当前常用的技术手段，并介绍了常用的天线辐射特性测试方法。最后，本书提供了几款典型天线散射与辐射特性的仿真实例供读者参考。

该书由本人及研究团队编著，作者负责大纲编制及部分章节的撰写，并对全书进行审核和统稿。在本书的编撰过程中，得到了相关专业领域众多人员的支持和帮助。其中，航空工业沈阳飞机设计研究所（简称沈阳所）李君哲、郭宇、刘德力、宫禹等参与了第 1 章 ~ 第 3 章的撰写，西安电子科技大学姜文、胡伟、魏昆、高雨辰、甘雷等为第 4 章 ~ 第 7 章的撰写提供了资料，中国电子科技集团有限公司（简称中国电科）第十四研究所孙红兵、王立超、刘志惠、陈定等为第 8 章的撰写提供了资料，中国电科第二十九研究所徐利明、李鹏、杨培刚、周雅惠等为第 9 章的撰写提供了资料，中国电科第十研究所任思、陈毅乔、何海丹、任志刚等对第 10 章初稿提出修改建议，第 11 章由光启技术股份有限公司刘若鹏、赵治亚、熊伟等校对，第 12 章由重庆测威科技有限公司彭刚、陈海波、田进军等校对，第 13 章 ~ 第 14 章终稿由沈阳所戴春亮、张翀、王超宇、马永利、鞠量等整理，第 15 章终稿由沈阳所张涛、张奇、毛宇、祁雪峰、王焱等整理。在此，谨向他们表示衷心的感谢！

在天线隐身领域工作多年，作者切身体会到了中国航空事业面临的重大机遇和严峻挑战，中国航空工业集团有限公司为我们的研究提供了难得的平台，我们借此书回馈无数从事天线隐身技术研究的学者和工程师们，也希望能吸引更多优秀的人才进入天线隐身研究领域！

航空工业沈阳飞机设计研究所隐身团队竭力呈现给读者一本学术深度与工程实用性并重的佳作，但由于天线隐身技术发展迅猛，加之作者水平和写作经验有限，疏漏和错误之处在所难免，恳请广大读者批评指正。

张 澎

2021 年 12 月

目　　录

第1篇　低可探测性天线基础理论

第2篇　低可探测性天线设计理论

第 3 篇　低可探测性天线工程应用实例与验证

第 4 篇　低截获概率天线理论与工程应用

第 1 篇　低可探测性天线基础理论

第1章 导　　论

1.1　隐身技术基础

　　雷达是英文 Radar（radio detection and ranging）的音译，意为"无线电探测和测距"，诞生于 20 世纪 30 年代，其研制与应用是世界防空技术史上的一次革命。雷达的出现是由于第一次世界大战（简称一战）期间英国和德国交战时，英国急需一种能探测空中金属物体的技术，使其能在反空袭战中帮助搜寻德国飞机。第二次世界大战（简称二战）期间，就已经出现了地对空、空对地（搜索）轰炸、空对空（截击）火控、敌我识别功能的雷达技术。随着雷达技术的发展，雷达不仅可以测量目标的距离、方位和仰角，而且还可以测量目标的速度以及从目标反射的回波中获取有关目标的其他信息。图 1-1 为一款军用雷达示意图。

图 1-1　军用雷达示意图

1.1.1　雷达及雷达对抗

　　（1）雷达

　　雷达的定义：利用电磁波探测目标的电子设备。将电磁能量以定向方式发射至空间之中，根据空间内被探测物体所反射的电磁波，可以计算出该物体的方向，高度及速度，并且可以探测物体的形状。

　　雷达的工作频段覆盖了 3MHz ~ 300GHz 的频率范围，但绝大多数雷达工作在微波频段，特别是 X 波段（8 ~ 12GHz）和 Ku 波段（12 ~ 18GHz），它们是机载雷达最主要的工作频段。雷达可按多种方法进行分类，从测量雷达目标参数的观点可以将雷达分为两大类：第一类为尺度测量（metric measurement）雷达，它能获得目标的三维位置坐标、速度、加速度以及运动轨迹等参数，其单位分别是 m，m/s 与 m/s^2 等，它们均与尺度有关；第二类为特征测量（signature measurement）雷达，它能获得雷达截面积（radar cross section，RCS，旧译雷达散射截面）及其统计特征参数、角闪烁、极化散射矩阵、散射中心分布等参数，从中可以推出目标形状、体积、姿态及表面材料的电磁参数与表面粗糙度等物理量，从而达到对遥远目标进行分类、辨识与识别的目的。

图 1-2 所示为典型的单基地脉冲雷达的工作原理和基本组成。由雷达发射机产生的电磁波经收发开关后传输给天线，再由天线将此电磁波定向辐射于空间中。电磁波在大气中以光速（约 3×10^8 m/s）传播，如果目标恰好位于定向天线的波束内，则它将要截取一部分电磁波。目标将被截取的电磁波向各方向散射，其中部分散射的能量朝向雷达接收方向。雷达天线搜集到这部分散射的电磁波后，经传输线和收发开关馈给接收机。接收机将这微弱信号放大并经信号处理后即可获取所需信息，并将结果送至终端显示。

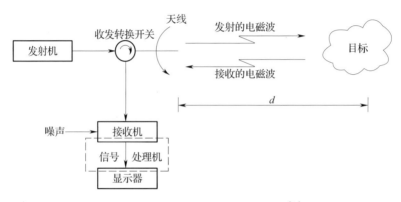

图 1-2　雷达的工作原理和基本组成[1]

雷达的优点是白天黑夜均能探测远距离的目标，且不受雾、云和雨的阻挡，具有全天候、全天时的特点，并有一定的穿透能力。因此，它不仅成为军事上必不可少的电子装备，而且广泛应用于社会经济发展（如气象预报、资源探测、环境监测等）和科学研究（天体研究、大气物理、电离层结构研究等）。星载和机载合成孔径雷达已经成为当今遥感中十分重要的传感器。以地面为目标的雷达可以探测地面的精确形状，其空间分辨率可达几米到几十米，且与距离无关。雷达在洪水监测、海冰监测、土壤湿度调查、森林资源清查、地质调查等方面也显示出了很好的应用潜力。

（2）雷达对抗

雷达对抗的定义：采用专门的电子设备和器材对敌方雷达及其武器系统进行侦察、破坏和干扰的电子对抗技术。雷达对抗是取得军事优势的重要手段和保证，是武器系统和军事目标生存和发展必不可少的自卫武器。雷达对抗包括雷达侦察和雷达干扰，其目的是获取敌方雷达的战术和技术情报，采取相应的措施，阻碍雷达的正常工作，降低雷达的工作效能。

雷达对抗的基本原理如图 1-3 所示。雷达对抗设备中的侦察设备接收雷达发射的直达信号，测量该雷达的方向、频率和其他调制参数，然后根据已经掌握的雷达信号先验信息和先验知识，判断该雷达的功能、工作状态和威胁程度等，并将各种信号处理的结果提供给干扰机和其他相关设备。由此可见，实现雷达侦察的基本条件是：

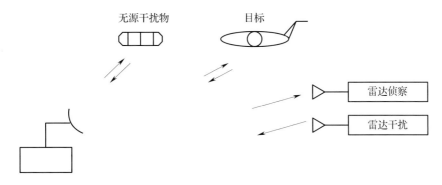

图 1-3　雷达对抗的基本原理示意[2]

①雷达向空间发射信号；

②侦察接收机接收到足够强的雷达信号；

③雷达信号的调制方式和调制参数位于侦察机信号检测处理的能力和范围之内。

根据雷达对目标信息的检测过程，对雷达干扰的基本方法包括：

①破坏雷达探测目标的电波传播路径；

②产生干扰信号进入雷达接收机，破坏或扰乱雷达对目标信息的正确检测；

③减小目标的雷达截面积等。

雷达对抗的主要技术特点是：

①大视场，宽频带。雷达对抗设备的工作视场往往是半空域或者全空域，工作频带往往是倍频程或多倍频程的。

②瞬时信号检测、测量和高速信号处理。由于雷达信号大多为射频脉冲，持续时间很短。雷达侦察设备预先并不知道雷达信号的调制特性、到达的时间和空间信息等，在信号严重失配的情况下，对于射频脉冲信号的检测、测量等都必须在短暂的脉冲期间内完成。

雷达对各种军事目标虽然构成了越来越大的威胁，但在现代战争环境中，它也存在一些难以克服的弱点：

①雷达必须射频发射电磁波信号，因而容易自我暴露，很难避免敌方的侦察和攻击；

②雷达借助于微弱的目标回波来发现和探测目标，因而极容易受到各种有源或无源的干扰；

③雷达波大多在微波频段，具有直线传播特性，在地物杂波影响下会出现低仰角盲区；

④雷达波与电子对抗相比，本质上存在着距离弱势；

⑤雷达的高增益天线要求大的天线口径面积，不利于小型化，且容易受到攻击。

为了对抗雷达的有效探测，针对雷达的这些弱点，发展了各种各样的反雷达技术，其中包括低空超低空突防技术、综合性电子干扰技术、目标隐身技术和反辐射导弹技术，这些对雷达的"四大"威胁，迫使雷达发展相应的"四抗"技术。雷达和反雷达的技术对抗已成为现代"四维战争"（即海战、陆战、空战及电子战）的一个主要内容。

低空超低空突防技术是现代空袭作战中运用最普遍、突防效率最高的一种进攻战术。何谓低空超低空突防？一般来说，航空兵器在空中距地（水）面 300 ~ 1000m 的高度飞行，称为低空飞行；距地（水）面 10 ~ 300m 的高度飞行，称为超低空飞行[3]。低空超低空突防是航空兵作战的基本模式，也是一种行之有效的战术手段。低空超低空突防利用了微波雷达信号直线传播的特点，由于地球曲率半径和地形起伏的影响，当雷达波束指向低仰角的地面或海面时，地物反射或海浪散射的杂波很强，因而使雷达在低仰角方向的作用距离大大缩短。

综合性电子干扰技术是一种最重要的雷达对抗方式，它通过各种有源手段（如发射干扰信号，使雷达接收机和显示器饱和，从而掩藏真正的目标；或发射欺骗性信号去破坏雷达对目标的跟踪等）和无源手段（如投放金属箔条或其他诱饵造成假目标），保护目标不受雷达的探测和跟踪，以提高其生存率，并与其他军事设备协同使用，从而加强己方战斗力。电子对抗在现代战争中占有非常重要的地位，已从传统的雷达对抗和通信对抗扩展到各种导弹制导方式的对抗、指挥控制系统的对抗和自动化作战系统的对抗等。

目标隐身技术则是通过减小军事目标对雷达的有效散射截面的方法，实现降低敌方雷达作用距离的目的，从而提高己方武器平台的突防能力和生存率。

反辐射导弹（ARM）是一种以雷达为主要攻击目标的兵器，故又称反雷达导弹。它利用敌方雷达发射的电磁波来实现制导，其引导头的主要功能是检测、指示和判别目标，并自动引导导弹攻击目标。它是一种"硬"杀伤武器，不仅能摧毁雷达设施，而且能杀伤雷达操作人员。

1.1.2　隐身技术及其背景

（1）隐身技术的背景

隐身技术发展了 30 多年，是一项综合性的科学技术。隐身技术的应用不仅在很大程度上提高了军事目标的隐蔽性能，而且增强了武器的突防和攻击能力。隐身技术的实质就是要把暴露给敌方的声、光、电等信息减至最小，缩短敌方雷达或其他设备的探测距离，推迟被发现的时间，从而使防御体系来不及做出反应，以达到消灭敌人保存自己的目的。隐身技术是综合技术，包括三个方面：一是飞机机体，包括发动机在内的外形、结构设计，使之绕射雷达信号，以减少整体的雷达及红外信号特征；二是使用复合材料及涂覆吸波材料，以减弱雷达和红外信号特征；三是采用先进的电子对抗技术隐藏自身的无线电信号，干扰或欺骗敌方的武器传感器。隐身技术的实质是各种探测理论在飞机设计和使用过程中的综合应用。

在军用目标隐身技术研究方面，美国是起步最早、投资最多、收效最大的国家。早在 20 世纪 50 年代，美国就陆续对多种型号的侦察机采用各种隐身技术以降低其对雷达波的反射。1955 年 8 月，洛克希德公司就开始将一种称为"铁球"的雷达吸波材料应用于 U-2 高空侦察机的表面，这是第一架采用隐身技术的飞机。而第一架全隐身有人驾驶飞机是 F-117A 战斗机。F-117A 的外形是世界上第一种由电子工程师而不是由航空工程师设计的飞机外形，示意图如图 1-4 所示。它采用大后掠角机翼设计；机身表面和转折处大量平行设计；无机身外部武器挂架；进气口采用奇特的栅格设计，以及只安装一部无源低截获概率雷达和回波增强器，这些措施使得 F-117A 对微波雷达的雷达截面积（RCS）仅有 $0.025 m^2$，相当于一只小鸟的雷达截面积。隐身飞机发展至今已有多种型号，如 F-117A，ATF 战斗机；B-1B，ATB，B-2 轰炸机；F-25，SR-71 侦察机，F-22 战斗机以及 F-35 战斗机等[4]。表 1-1 列出了一些军用飞机的雷达截面积。

图 1-4　F-117A 隐身战斗机

表 1-1　一些军用飞机的雷达截面积（RCS）

机型	B-52	FB-111	F-4	米格 -21	米格 -29	B-1B	B-2	F-117A
RCS/m²	100	7	6	4	3	0.75	0.10	0.025

　　除美国以外，其他国家也在研制自己的隐身作战飞机。虽然这些飞机种类繁多，但或是隐身方面略显不足，或是尚停留在研制阶段。在欧洲，德、意等国联合研制的欧洲战斗机"台风"、法国研制的"阵风"战斗机以及中国研制的歼 10B，被认为是三代半[①]飞机的代表，之所以未被列入四代，是因为其在设计中虽然含有隐身考虑，但限于成本、技术等原因，并未实现真正的"超低可探测性"。在俄罗斯，尽管苏 -27 及其后续家族不断出现新改型，但其基本设计并未改变。不过俄罗斯展示的最新款第五代战斗机 T-50，在隐身性能上较 F-22 相距不远。在日本，防卫省正在研制自己的"心神"战斗机，从技术水平看，如果该型飞机得以研制成功，将能列入四代机的范畴。但是，日本要解决发动机、雷达、机载武器和飞控软件等技术瓶颈，还有很长的路要走。

　　最近我国研制的准四代战斗机歼 20，自从它首次试飞的那一天起就被高度关注。其性能被认为接近 F-22 和 T-50，而且载弹量都超过二者。隐身方面，歼 20 总体上采用了隐身设计，但是鸭翼和腹鳍的存在对隐身性能构成了不利影响，正面 RCS 值会大于 F-22。

　　①隐身技术存在的主要问题：为了隐身，隐身平台需要在重量[②]、体积、制造和维护等方面付出很大代价。雷达截面积减缩量超过 10dB 时，这些代价会急剧升高，从而产生一些突出问题：使用隐身材料增加了隐身平台的重量；为了在平台内部携带弹药，体积会增大；前两代隐身飞机飞行速度低（马赫数 $Ma0.8$），机动性和可靠性差，大过载转弯时会失

---

　　① 关于战斗机"代"的划分，不同国家有不同的分类方法，我国通常使用的四代划分方法可描述为：第一代战斗机拥有成熟喷气动力等技术，主要为亚声速或跨声速，以航炮空战为主（少数具备使用空空导弹能力）；第二代战斗机拥有超声速飞行能力，携带拥有主动雷达的导弹；第三代战斗机拥有更强的机动能力和更优秀雷达导弹配合作战能力，拥有较强的多用途能力或潜力；第四代战斗机拥有隐身能力，强化超声速飞行性能，拥有先进传感器，强调战场态势感知能力，空空导弹使用内置弹舱挂载，强调超视距空战能力，具备一定的多用途潜力。

　　② 本书"重量"按规范称为"质量"（mass），其法定计量单位为千克（kg）。

速；隐身平台所用材料种类繁多，而且工艺水平要求高，增加了制造难度；使用雷达波吸收材料需要额外试验、保障和评估程序，造成维护难且维护成本高，例如，B-2轰炸机飞行每小时需要132h维护，且每次维护所喷的吸波材料只有在一定环境下才能干燥固化；另外，隐身平台成本高（B-2轰炸机的单价已超过5亿美元），而且易受天气、空气湿度影响等[5]。

②隐身技术和武器系统的局限性：主要集中在以下几点：一是现用或研制中的隐身飞机都以单站雷达为对抗目标，所以现在的隐身飞机只能对抗单站雷达，很难在被照射的所有角度上都达到很小的雷达截面积。如F-117A正前方迎头±30°之内雷达截面积平均值为0.02m²，但从前半球45°至侧向，其雷达截面积会增加25～100倍，从上方侦察时，更容易被发现。二是难以在整个电磁及红外频谱内都保持相同的低可观测性。隐身武器目前只对厘米波雷达有效，某些米波防空雷达能引起飞机平尾或机翼边缘产生谐振，形成强烈的回波。从超高频（UHF）起，波长越长，隐身效果越差。俄罗斯研究得出的结论是：飞行器的雷达截面积在厘米波段下为0.2～0.5m²，在分米波段时为0.3～0.7m²，在米波段时为0.5～1.0m²。三是隐身武器也有缺陷。例如，隐身飞机飞行速度慢、体积大、攻击高度低、防护性能差，需要预先确定飞行路线，这都给包括轻武器在内的各种武器提供了打击的良机。四是需要外部为其提供数据，有可能被截获。因为隐身武器为了隐身，总是尽可能地不发射雷达信号，所以需要外部为其发送数据。这就为截获这些数据、发现隐身武器提供了可能。五是隐身飞机在投弹时打开弹舱，这样破坏了原有的隐身性能。隐身飞机需要打开弹舱门投弹，其雷达截面积突然增大，容易暴露自己。另外，隐身飞机为了投掷激光制导炸弹，需要使用激光指示目标，这样也有可能暴露自己。

（2）雷达隐身技术

雷达隐身，全称为反雷达探测隐身技术，它是通过降低目标的雷达可探测信号特征，使其难以被敌方雷达发现、识别、跟踪或降低被敌方发现概率的技术。随着雷达隐身技术的发展，技术日益全面。目前可以将雷达隐身技术分为RCS散射隐身与射频隐身技术两大类。RCS散射隐身技术可分为外形隐身技术、机载天线技术和材料技术。通常，目标的几何形状对散射效应的影响十分明显，如投影面积完全相同的平板和球体会出现完全不同的散射效应。外形隐身技术是隐身技术的基础，飞行器的隐身能力通过外形隐身可以大大减缩其RCS。隐身材料对外形隐身起到辅助作用。对于隐身材料可以分为隐身涂层和结构隐身材料：其主要功能是吸收来波或透射来波。隐身飞机对机载天线提出了很高的要求，天线由于必须进行电磁波的吸收和传播，使其对飞机整体的RCS贡献很大。F-117A就采用了无源天线技术，同时在天线不工作时将其收回机体内部。雷达外形隐身技术、材料技术与机载天线技术等RCS散射反雷达隐身技术有机结合起来后，飞行器的隐身能力比仅采用一种隐身技术有了进一步的提高，其RCS值可减少99%。RCS散射反雷达隐身技术发展迅速，应用范围越来越大，占据了隐身技术的半壁江山，但同时也存在很多问题。如采用隐身外形设计加工制造难度大，对飞行器的气动性能和弹药的装载量都有一定程度的不利影响；另外，吸波材料和涂层等研制复杂、不便维护、成本高昂。而且该隐身技术对长波段雷达（如米波雷达）隐身性能不佳，不便在现有三代机上改进等。

目前在隐身飞机上主要采用以下方法来降低雷达截面积：

①尽可能消除机体结构中的直角和空腔；

②避免长而恒定的曲线，使用组合的曲度，不断改变曲线半径；

③采用异形发动机进气道，合理安排进气口和排气口；

④减小飞行器的凸出物，比如飞机外挂的导弹、炸弹和吊舱等，最好用内藏武器弹舱的办法；另外，机载雷达天线最好采用机身共形天线；

⑤增大弹翼前缘后掠角和前缘圆滑度，降低后向散射强度。

射频反雷达隐身技术又称为雷达干扰技术，指采用有源干扰或无源干扰的方法来规避敌方雷达探测设备探测的一种技术。该技术近十几年来越来越受到各国专家的重视，主要包括低截获概率雷达技术、电磁对消技术、具有压制性干扰和欺骗性干扰的射频干扰机/雷达诱饵技术、等离子隐身技术、锌铂条、角反射器等。

低截获概率雷达技术就是在保证完成任务的情况下，尽量减少机载电子设备电磁信号被截获的机会。在时间、空间和频谱方面控制雷达的发射，并通过快速改变发射频率等方法，使敌方以为是杂波而难以察觉。例如，F/A-22 的 AN/APG-77 火控雷达系统就采用了这种技术，它由大约 2000 个很小的发射/接收模块组成有源电子扫描阵，可以同时进行搜索、干扰和通信功能。它可以在很短的时间内发出电磁波脉冲，而且似乎以随机变化的频率和波形射向不同的地方，使敌方很难探测。F-22 利用雷达等传感器和计算机存储器识别敌方的雷达信号，确定敌方雷达锁定目标所需的时间，以便在敌方雷达重新启动锁定循环的同时将雷达波束转到执行其他任务，并在适当时间转回来对敌方进行干扰，直到离开敌方雷达的探测范围。

我们知道，雷达靠稳定的电磁波回波来探测目标，电磁对消技术的原理就是利用电磁对消技术，使飞行器等效为一个无反射体，那么飞行器就不会被雷达发现了，也就实现了雷达隐身。电磁对消可分为无源对消技术，即阻抗（或电抗）加载技术，以及有源对消技术，或称有源加载技术。无源对消技术就是在目标表面引进另一个回波源，例如，在表面开槽或开孔，通过合理设计，使其散射场和原散射场相抵消。这种方法只对简单形体容易实现，而对有众多散射中心的复杂目标，实现起来比较困难。目前，美国装备的 B-2 隐身轰炸机所载的 ZSR-63 电子战设备就是一种有源对消系统，主动辐射电磁波来消除照射在其机体上的雷达能量，大大降低了自身的 RCS。

雷达干扰技术已有几十年的历史，是现代飞行器应用最广泛最成熟的一种技术。该技术利用雷达告警接收机、射频干扰机，以及诱饵等进行电子欺骗和干扰，可使作战飞行器的战场生存能力提高 50% 以上。通过全向雷达告警可在 360° 范围内探测接收来自地面和机载的电磁波信号；用先进计算机鉴别战斗机可能遭到威胁的雷达工作频率，用射频干扰机发射这种频率脉冲，使敌方雷达屏幕上出现虚假信号；或在兵器上安装干扰机，不断发射干扰信号；或采用先进的空射或拖曳诱饵系统。这种诱饵能辨认敌方雷达或红外探测信号，并能快速产生对抗信号，使敌方误认为诱饵是真目标。目前，美欧空军都十分重视雷达电子干扰技术，大部分现役战斗机，如 F-15、F-16、F/A-18、EF-2000、"阵风"等都装有先进的雷达电子干扰设备。

等离子隐身技术是目前谈论最多的一种隐身技术，很多苏联/俄罗斯武器迷对它抱有很大期望，希望这种技术与苏式超级机动战斗机结合后，可以打造出能够与美式新战机一较高低的未来超级战斗机。这种隐身技术依赖的等离子体是指当任何不带电的普通气体在受到外界高能作用后，部分原子中的电子成为自由电子，同时原子因失去电子而成为带正电的离子。这样，原中性气体变成由大量自由电子、正电离子和部分中性原子组成的新气体，该气体被称为物质的第四态或等离子态。等离子体能够吸收雷达电磁波。当外界雷达波的频率高于目标等离子的本底频率时，高频雷达的波信号进入等离子体，通过波与带电粒子的相互作用，把波的能量转移到等离子体的带电离子上，从而减少反射回雷达站的电磁波信号。当外界雷达波的频率低于目标等离子的本底频率时，电磁波具有绕过等离子体的倾向。这是因为等离子体对电磁波来说相当于一个凹面镜，电磁波进入等离子体后会偏折方向，自然绕过等离子体，从而绕过被等离子体包裹的物体。等离子体能够使反射的电磁波失去原有的频率和相位特征。入射的雷达电磁波信号在等离子体中会通过散射而发生频谱展宽、频移、相移，甚至通过激发不稳定性而发生模式转化，使得出射电磁波完全丧失入射电磁波的特征，即使雷达站截获了反射信号，也无法计算得到目标的准确位置和速度信息[6-7]。

1.1.3 雷达波散射

雷达波散射是指雷达波在空间中传播，遇到障碍物后致使能量衰减与传播方向变化的情况。由于传播环境中的变数繁多，且雷达波波长与障碍物尺寸的数量级变动很大，要掌握或评估雷达波散射的特性，一直都是极具挑战性的课题。雷达波散射有很大的研究需求，运用雷达波理论求解回波特性已成为散射研究的重要内容。

雷达波散射由于涉及雷达波与粗糙界面及随机介质的相互作用，所以分析方法十分复杂。对地物雷达波散射特性的分析一般可以分为以下两个方面：第一是考虑地物的界面特性对雷达波散射特性的影响，界面可分为光滑界面和粗糙界面（包括规则粗糙界面和随机粗糙界面）；第二是考虑地物介质特性对雷达波散射的影响，介质可分为均匀介质和不均匀介质（包括规则不均匀介质和随机不均匀介质）。综合这两方面可把地物雷达波散射问题分为以下几类：

①具有光滑界面的均匀介质的雷达波散射；
②具有粗糙界面的均匀介质的雷达波散射；
③具有光滑界面的不均匀介质的雷达波散射；
④具有粗糙界面的不均匀介质的雷达波散射。

一般来说，为了简化复杂问题，粗糙界面和随机介质可以分为表面散射和体散射来处理。通常采用几何光学、物理光学、微扰法、全波法以及矩量法、变分法等求解表面散射，而采用玻恩近似、一阶重正则法及辐射传递方程解决体散射问题[8]。

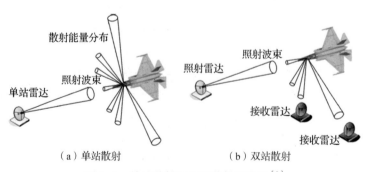

（a）单站散射　　　　　　　　（b）双站散射

图1-5　单站散射和双站散射示意图[9]

当辐射源和接收机位于同一点时，如同大多数雷达工作时那样，称为单站散射；当散射方向不是指向辐射源时，称为双站散射，目标对辐射源和接收机方向之间的夹角称为双站角 γ。前向散射是 $\gamma = 180°$ 的情况，而单站散射（又称后向或反向散射）对应于 $\gamma = 0°$。

1.2　雷达方程与雷达截面积

雷达方程是描述雷达系统特征最基本的数学关系。雷达方程不仅对雷达系统和雷达部件的研制者有重要意义，而且对目标特征、隐身和反隐身技术研究来说，透彻了解雷达方程及其意义也是十分必要的。最简单的雷达方程为

$$P_r = P_t G_t \cdot \frac{1}{4\pi R_t^2 L_{mt}} \cdot \sigma \cdot \frac{1}{4\pi R_r^2 L_{mr}} \cdot A_e \cdot \frac{1}{L_p} \qquad (1-1)$$

式中：P_r——雷达接收机接收到的总功率；

　　　P_t——雷达发射的总功率；

　　　G_t——雷达发射天线增益；

　　　σ——目标的雷达截面积（RCS），用于定量描述目标雷达特征的参数，目标的雷达截面积是目标受到雷达波照射后，向雷达接收方向散射电磁波能力的度量，反映了目标的散射能力，对单站和双站散射，分别称为单站（或后向）雷达截面积和双站雷达截面积，雷达检测到的目标回波强度和这个面积呈正比；

　　　A_e——雷达接收天线的有效面积，$A_e = \dfrac{G_r \lambda_0^2}{4\pi}$。其中 G_r 为接收天线增益，λ_0 为波长；

　　　L_{mt}——发射射线的路径损失，L_{mr} 为接收射线的路径损失，L_p 为极化损失。

经简单移项得到

$$4\pi R_r^2 \frac{P_r}{A_e} = \frac{P_t G_t}{4\pi R_t^2} \cdot \sigma \cdot \frac{1}{L_p L_{mt} L_{mr}} \qquad (1-2)$$

式中，$\dfrac{P_r}{A_e}$ 代表接收机处散射场的功率密度 $|\tilde{S}^s|$。由坡印廷（Poynting）矢量有

$$\left.\begin{array}{c} \tilde{S}^s = \dfrac{1}{2} \boldsymbol{E}^s \times \boldsymbol{H}^{s*} \\[2mm] |\tilde{S}^s| = \dfrac{1}{2} E^s H^{s*} = \dfrac{1}{2} Y_0 |\boldsymbol{E}^s|^2 \end{array}\right\} \qquad (1-3)$$

式（1-2）右边第一个因子为目标上单位面积的入射功率 $|\tilde{S}^i|$，同样

$$|\tilde{S}^i| = \frac{1}{2} E^i H^{i*} = \frac{1}{2} Y_0 |\boldsymbol{E}^i|^2 \qquad (1-4)$$

假定所有路径损失、极化损失和匹配损失均为零时，由式（1-2）得

$$\sigma = 4\pi R^2 \frac{|\boldsymbol{E}^s|^2}{|\boldsymbol{E}^i|^2} = 4\pi R^2 \frac{|\boldsymbol{H}^s|^2}{|\boldsymbol{H}^i|^2} \qquad (1-5)$$

为使目标 RCS 与雷达至目标的距离无关，令 $R \to \infty$，于是

$$\sigma = 4\pi \lim_{R \to \infty} R^2 \frac{|\boldsymbol{E}^s|^2}{|\boldsymbol{E}^i|^2} = 4\pi \lim_{R \to \infty} R^2 \frac{|\boldsymbol{H}^s|^2}{|\boldsymbol{H}^i|^2} \qquad (1-6)$$

式中，E^i、H^i分别表示入射雷达波在目标处的电磁场强度，E^s、H^s表示目标散射波在雷达处的电磁场强度，R为目标到雷达天线的距离。由于$|E^s|^2$和$|H^s|^2$表示了散射波功率密度，即单位面积上的散射波功率，所以$4\pi R^2|E^s|^2$或$4\pi R^2|H^s|^2$表示在半径为R的整个球面上的总散射功率（假定目标在各个方向的散射波功率密度都相同）。所以，雷达截面积就是雷达目标反射和散射的能量，也可以表示为一个有效面积与入射雷达波功率密度的乘积。定义式中R^2使σ具有面积的量纲m^2，对于三维几何结构，$|E^s|^2$和$|H^s|^2$在远区按$1/R$衰减，因此上式两分子中出现的R^2抵消了距离的影响，即说明雷达截面积与距离无关。

雷达截面积是一个十分复杂的物理量，虽然与距离无关，但是与目标的很多几何参数、物理参数有密切的关系，例如，目标的尺寸、形状、材料和结构等；还与入射雷达波有一定的关系，如入射波的频率、极化、波形等；同时还与目标相对于雷达的姿态角有关。当雷达为双基地形式工作时，雷达截面积还与由入射射线与散射射线构成的双站角有关。目标雷达特征的研究就是研究这些参数与雷达截面积的关系，从而实现控制和减缩雷达截面积的目的。目标雷达特征的研究方法主要包括雷达截面积的理论分析和测试技术两种途径。

1.2.1 雷达截面积理论分析

雷达截面积（RCS）理论分析是一个经久不衰的研究课题，它对发展高技术武器装备、提高军事技术能力有着重要的作用。雷达截面积的理论分析，在理论上为目标雷达波散射特性的研究提供了理论依据；在实践中，根据理论指导对目标采取隐身措施，可有效控制及减缩目标在雷达威胁方向上的 RCS，大大提高目标在现代战争中的生存率。目前，国内外在雷达截面积理论分析方面已发展到相当成熟的阶段，对各种平面结构和曲面结构的目标已有相应的计算机分析和优化程序，并具有良好的计算精度。

RCS 理论分析是根据各种雷达波散射理论来研究目标产生的散射场，并利用近似计算方法和计算机技术定量预估目标在各种情况下的雷达截面积特征。这种方法具有投资小、周期短、灵活多变的特点，既可以用于现有存在的各种军用目标，又可以用来预估和优化未来武器系统。

目标产生雷达波散射的机理，按其强度排序可分为：角形结构反射，凹腔结构反射，表面镜面反射，边缘和尖端绕射，表面行波反向散射，爬行波绕射，二次或多次散射，以及表面不连续或表面曲率不连续的散射等[10]。其中，由两个或三个平面相互正交所构成的角形反射器结构是最强的散射源，它可在很宽的姿态角内产生很强的雷达截面积。例如，边长 a=0.6m 的三面角反射器，通过仿真计算，在入射波频率为 845MHz 的情况下，RCS 最大值可以取到 13.2dBsm，与一辆重型坦克的雷达截面积相近。

角反射器的实例，经常应用于飞行器的机身和机翼之间，垂尾和水平安定面之间。凹腔反射器是飞行器头部方向的强散射源，它的产生是入射波在腔内经多次反射后再返回雷达的结果。例如，飞行器的进气道和尾喷口，就可分别在迎头方向和尾追方向产生很大的雷达截面积。此外，由雷达罩、雷达天线和高频部件构成的雷达舱系统，以及由座舱罩、飞行员头盔和其他设备构成的座舱系统，也属于这种强反射机理的凹腔结构。目标的镜面反射可以在表面法向方向产生很强的雷达截面积，表面的形状和尺寸决定了其分布的角域范围。平面比曲面的反射要强得多，而且平面面积越大，反射越强，但分布空间也越窄；曲面曲率半径越小，反射越弱。上述机理都是以几何光学反射和折射定律为基础的，而边缘和尖端绕射、表面行波反向散射和爬行波绕射则不遵从几何光学定律，这几种结构的散射机理更为复杂。

从式（1-6）可以看出，雷达截面积正比于散射波功率，因此求解电磁波散射的所有方法和原则都可用于雷达截面积的理论分析。但实际上，并不是所有几何结构都可以通过波动方程和边界条件求散射场级数解，只有一些简单的几何结构存在精确解，如球和圆柱等。矩量法、时域法、单矩法以及时域有限差分法都是典型的数值方法，原则上它们可以计算任何复杂的目标。但由于复杂目标的计算量过大，计算机又因内存和速度的限制，这些方法只适合于计算电小尺寸的散射体。通常，对于几十、几百乃至上千个波长的大型目标来说，需采用高频渐进法来进行估算。常见的高频渐进法包括：物理光学方法（PO）、几何光学方法（GO）、物理绕射理论（PTD）、几何绕射理论（GTD）、一致性几何绕射理论（UTD）、一致性渐近理论（UAT）、等效电磁流方法（MEC），以及增量长度绕射系数法（ILDC）等。高频渐进方法的基本原理是局部性原理，即在高频情况下，物体的每个部分基本上都是独立的能量散射源，而与其他部分无关，这就相对简化了感应场的估算。但是大量事实表明，这种方法只能适用相对简单的、数学关系易于描述的目标。对于大型的复杂目标，仅用单一的方法来预估其 RCS 都会受到各种因素的限制。

常采用板块元法或部件分解法来预估大型极复杂目标的 RCS。该方法是将复杂目标按其几何结构的特点分解成许多不同的基本部件，再分别计算每一个部件的散射场。对不规则的几何结构采用大量面元来进行模拟，从而提高其计算精度。在计算方法上，可根据各散射中心物理特性上的差异以及不同需求，选用不同的高频方法。例如，对于各种结构表面反射场的计算，采用经典的几何光学射线追踪法或物理光学感应电流积分法，可在镜面反射方向附近准确地描述反射场的分布特性；对于各种边缘绕射场，根据不同的散射区域，可分别采用几何绕射理论、物理绕射理论、一致性绕射理论和等效电磁流理论进行分析；对于飞行器进气道等大型的口径凹腔结构，可以采用导波模式网络分析法、几何光学射线展开法和复射线波束展开法等；对于雷达罩和座舱盖等各种无耗或低耗的介质结构，可分别采用平面波谱法、惠更斯积分法和表面阻抗法进行处理。

数值方法理论上可以计算出精确结果，但是受限于计算机的各种性能，计算时间可能较长；高频渐近法是一种近似的方法，所得结果并非是精确解，但是具有速度快的优点。于是，有些学者就采用将数值方法与高频方法的组合混合法，事实证明其具有显著优点：由混合法计算出的结果比高频方法精确，比数值方法速度快；混合法充分利用了人们几十年来发展起来的各种高频方法和数值方法，可以计算电大尺寸复杂边界散射体的雷达波散射。

1.2.2 雷达截面积测量技术

雷达截面积（RCS）通常用来衡量散射体的散射特性。因此，我们谈到目标的散射测量时，一般也就是指目标的 RCS 测量。正如我们谈到目标的辐射测量一般代表天线测量一样。

RCS 测量的发展经历了相当长的一段时间。根据测量方式的不同，可以分为远场测量、紧缩场测量和近场测量。目标的 RCS 定义是一个远场定义，它将照射到目标上的入射波假设为平面波，同时测量散射场的点，由于场点距离目标也充分远，以至测量点的散射场也成为平面波。然而在有限区域内，严格的平面波形式并不存在，我们可以在空间场以任意精度逼近平面波，称为准平面波。如远场测量、紧缩场测量和近场测量等各种不同的测量方法，均在试图解决如何产生照射目标的准平面波，以及 RCS 远场测定时的散射平面波问题。

在远场测量中，要实现目标的平面波照射，必须满足远场条件距离，即待测目标与测量点之间的距离要选得足够大，一般要满足远场条件 $2D^2/\lambda$，便可以将入射波和散射波近似地看作平面波。对低频而言，远场要求不难满足，但对高频而言，普通雷达的灵敏度难以满足这种要求。例如，当测量 3m 目标的 RCS，用 1GHz 频率，远场的距离不能小于 60m；而用 10GHz 频率，则远场距离大于 600m。为了满足此要求，通常要占用大面积场地[11]。

测量通常选择"一般自由空间场"，它的建造及使用在很久以前就开始了。大多数情况下，场中雷达分别装在地面、塔架或者山峰上，而目标则固定在一些不同类型的支撑架上。

美国新墨西哥州的白沙室外场就是一个"一般自由空间场"的例子。该场同时在 6 个不同频率上测量缩比模型飞机的 RCS。测量场上 2700m 跑道的末端放 9 个天线来照射安置于吊架顶端的缩比模型飞机，其中，吊架基座固定在地平面上（以便减小多路径反射）。跑道周围一大片地面经过仔细平整并浇上混凝土以达到光滑及坚固之目的。但是在室外测量，要受到天气（如雨、雪、大风）的影响，另外，地面反射等问题也增加了测量的成本，保密性也不好。

由于远场测量的代价因素和性能关系，使人们增加了对紧缩场和近场测量的兴趣。图 1-6 为典型的单反射面紧缩场测试图。

图 1-6 典型的单反射面紧缩场测试图[11]

紧缩场是一种增大室内可测目标尺寸的方法。由于室内空间的限制，难以获得令人满意的平面入射波条件。特别是高频，只能使用透镜和反射镜这两项技术。透镜或反射镜的功能就是将来自馈源的球面波转换成一束平面波后，再入射到目标上。紧缩场概念包括的透镜和反射镜有介质透镜、单抛物面反射镜、双抛物柱面镜、双形反射镜及反射镜。

紧缩场测量主要存在的问题有以下两点：

①为了产生精度比较好的平面波，以及减少抛物面天线的边缘绕射干扰，对抛物面天线的制作工艺要求很高。另外，由于被测目标的不同，需要抛物面天线的大小也不同，当被测物体尺寸很大时，紧缩场测量就显得力不从心了。

②对于缩比模型，要求其大小逼真于真实目标，那么目标模型就应做大些，远场条件 $R \geqslant 2D^2/\lambda$ 就很难满足；反之，为了保证精度，满足远场条件，目标模型就要做小些，这时缩比因子就大，测量频率的精度就很难提高。

美国俄亥俄州立大学电子科学实验室安装了一个"紧缩场"，反射器约为 $1.5\mathrm{m}^2$，安放在 $12\mathrm{m}\times6\mathrm{m}\times18\mathrm{m}$ 的微波暗室内，工作频率可达到 30GHz，可测目标尺寸为 1.3m。美国哈里斯公司采用偏心卡塞格伦反射器 / 负反射器结构，精度比传统的反射器"紧缩场"高 100 倍。这种系统提供 6 种不同尺寸的静区，最小为 $180\mathrm{cm}\times180\mathrm{cm}$ 的柱形静区，最大为 $12\mathrm{m}\times9\mathrm{m}$ 的椭球面静区，可容纳最高目标模型尺寸是 12.9m。乔治技术学院为美国 Ft Huachuca 陆军电子试验场建造一个室外"紧缩场"，它的反射器直径为 21m，馈源焦距为 45.7m，可测量长 15m、重 70t 的飞行器目标，其工作频率为 40GHz，可扩展到 95GHz。

近场测量是通过综合平面波方法产生平面波照射，利用探头扫描测量目标的散射近场，然后利用近远场变化方法将近场变换到远场，从而得到远场的散射平面波。这种方法同样在微波暗室中进行，不受天气影响，保密性较高。而且利用平面波法产生的入射平面波和近远场变换出来的散射平面波的质量都很好，相对紧缩场而言精度有所提高，成本也相对降低。不过，近场测量方法仍然不完善，还有许多问题需要研究和解决，但这并不妨碍它成为最有潜力的散射测量方法之一。

散射近场测量和辐射近场测量相比较，表面上只是被测目标有所改变，然而由于被测目标的不同，导致两种方法存在本质上的区别。

多数情况下，辐射近场测量用于测量天线的方向图。一般而言，人们设计出一副天线，对天线的技术指标要有先验信息。天线多为锐波束，测量时由天线发射出辐射场，只要扫描截断电平低于 –35 ~ –40dB 就能够保证截断误差小的目的。

比起辐射近场测量，散射近场测量更为复杂和困难。由于散射体是无源的，因此需要一个照射源对其进行照射，而且它的散射能量不像天线集中在某一个方向上，而是将入射波向各个方向散射。这时，扫描面的截断误差会使后向空间散射方向图的可信域变小。另外，测量环境对散射近场测量也有很大的影响。这样一来，在进行散射测量时，就需要考虑以下几个问题：

①如何提供高质量的照射平面波；

②如何减小有限扫描面所引入的截断误差；

③如何提供良好的背景相消和系统校准；

④在工程应用中，如何减少机械扫描时间等。

学者们提出了用综合平面波的方法来提供高质量的照射平面波；提出了"自收自发"的测量方法来减少机械扫描时间；给出了典型目标的扫描面截断误差对后向空间散射方向图可信域的分析理论，并进行实验验证，验证结果与理论分析结果十分吻合。

散射近场测量是辐射近场测量的推广。在 20 世纪 70 年代后期，国外（尤其是美国）

已经开始研究如何把近场扫描技术应用于散射测量当中。我国对于散射近场测量的研究始于 80 年代末。至今，平面散射近场测量研究取得了令人瞩目的进展。

散射近场测量需要解决的问题：

（1）平面散射近场的误差分析与模拟

辐射近场测量中所有的误差源在散射测量中依然存在，除扫描面截断误差有定量的分析之外，其他方面的误差只是做了简单的探讨，并未给定量的计算公式。

（2）自发自收测量方法的严格理论证明

虽然自发自收测量方法在实验中证明是可行的，但该方法的理论机理还需进一步研究。

（3）其他扫描面方式（柱面、球面）的理论探讨

1.3 雷达反隐身技术

结合当前世界飞机隐身技术的研究情况、现有雷达的发展状况，以及雷达对抗隐身飞机所存在的困难和可能性，要对付隐身飞机，可以从以下三个方面着手：

①研制和发展新式雷达，从更广阔的频域和空域对抗隐身飞机；

②通过采用一些新技术来提高现有雷达的探测能力；

③针对隐身飞机的弱点采取相应的战略、战术部署[12-13]。

1.3.1 研制和发展新式反隐身雷达

（1）米波、毫米波雷达

从雷达隐身材料的隐身机理来看，无论是吸波涂料还是结构型吸波材料，大部分是针对 1 ~ 20GHz 的雷达频率。如果雷达频率发生很大变化，材料的吸波效率就会急剧下降，减弱隐身效果。

米波雷达是指工作频率在 30 ~ 300MHz（波长 1 ~ 10m）范围内的雷达，又称超短波或甚高频（VHF）雷达。早期雷达大多数都是米波雷达，随着微波技术和工艺水平的发展，米波雷达由于测量精度低、低角盲区大、阵地适应性差等缺陷而被淘汰。然而随着隐身技术的发展，由于米波雷达在反隐身领域的优势，使其又焕发出新的活力。法国的米波综合脉冲孔径雷达（RIAS）、德国的米波圆阵列雷达（MELISSA）、俄罗斯的东方 –E 和天空 –Y 雷达，以及我国的 Y–26 雷达都是性能不俗的米波三坐标雷达。

米波雷达在反隐身领域的主要优势包括：

①对付通过外形设计实现隐身的目标。大部分目标对于米波频段的散射波都处于瑞利区或谐振区。在瑞利区，目标的 RCS 与外形无关；在谐振区，目标会由于电磁谐振引起强反射，使外形隐身手段失效。

②对付通过吸波材料实现隐身的目标。雷达吸波材料能使入射电磁波的电磁能转换成热能耗散，或者使其分散到其他方向。吸波材料的效果取决于吸波材料涂层的厚度，为了使吸波材料在米波段发挥作用，需要在目标上涂 0.1 ~ 1m 数量级的吸波材料涂层，这对于飞机、导弹等目标而言几乎是不可能的。

③对付反辐射导弹。反辐射导弹可以利用雷达辐射的电磁波波束来制导，而接收米波波段的电磁波需要装备大尺寸的接收设备，这对于尺寸受限的导弹来说有一定困难。

④探测距离远。米波波段电磁波的传播衰减小，对雨、雾、云的穿透能力强，且米波雷达由于多径反射引起波瓣分裂，导致一些俯仰方向的辐射能量增大，提高这些角度的作用距离，但也会在远距离覆盖上产生盲区。

⑤制造成本低。米波雷达各组件相对于其他微波雷达而言更加便宜，并且制作工艺也更加成熟，因此总成本较低。

毫米波雷达是指工作频率在 30 ~ 300GHz 范围内的雷达。毫米波频段低端毗邻厘米波段，具有厘米波段全天候的特点；毫米波频段高端和红外波段相接，具有红外波段高分辨率的特点，并且具有雷达波束窄、角分辨率高、频带宽、隐蔽性好、抗干扰能力强、体积小的优势。同红外、激光设备相比，毫米波雷达具有很好的穿透烟、尘、雨、雾的能力。由于大部分隐身飞行器所涂装的吸波材料是对抗厘米波的，在毫米波照射时会形成多部位较强的雷达波散射，所以毫米波雷达也具有很好的反隐身能力。

（2）超宽带雷达

超宽带雷达是一种高灵敏度雷达，其频率覆盖范围很宽，最高几千兆赫，吸波材料只能吸收总能量的一部分，因此隐身飞机很可能被雷达波中某种频率的电磁波探测到。

超宽带雷达的大百分比带宽使其具有高距离分辨率，较长的波长使其具有强穿透性，良好的电磁兼容性使其具有抗干扰能力。由于隐身目标涂覆的雷达吸波材料很难在超宽带频段内都具有良好的吸波特性，容易被超宽带雷达波的某些频率的电磁波探测到，所以超宽带雷达对于涂覆有雷达吸波材料的隐身目标有很好的反隐身能力。另外超宽带雷达还具有高度隐蔽性、低截获概率等优点。典型的超宽带雷达有美国的侦察卫星"长曲棍球"星载 SAR 雷达和导弹防御系统中的 GBR 反导雷达等。

（3）超视距雷达

超视距雷达利用电磁波在电离层与地面之间的反射或者电磁波在地球表面的绕射，对地平线以下的目标实施超视距探测和跟踪，其工作频率在 5 ~ 28MHz 频段，波长为 10 ~ 60m。

超视距雷达的探测距离为 800 ~ 3000km，方位扫描区间大于 60°，可以覆盖数百万 km^2 的范围，是大范围连续监视中极具性价比的手段。它可以探测高度在电离层以下（100 ~ 450km）、地海表面以上的各种运动目标。因为超视距雷达的电磁波通过电离层折射传播，不受地球曲率的影响，所以不存在低空盲区。

由于超视距雷达工作在短波波段，波长在十几到几十米，隐身飞机通常落入瑞利区或谐振区，其 RCS 仅与目标尺寸有关，飞机的外形设计对超视距雷达无效；另外，由于现有吸波材料大多针对厘米级波长的电磁波，对于超视距雷达也没有效果。所以，超视距雷达也具有很好的反隐身能力。同时由于超视距雷达工作的频段有大量通信和广播等用户，探测距离远，其一般部署于国土纵深地区，且抗干扰和抗反辐射导弹能力强，有很高的战时生存能力。

（4）无源雷达

有源雷达是通过自身向外辐射和接收电磁波，对目标进行探测、定位和追踪，这样容易被敌方定位，成为被攻击的目标。而基于外辐射源信号的无源雷达自己不发射雷达信号，借助分析对方雷达辐射的信号实现对空中目标的跟踪，有较强的抗干扰能力，隐蔽性高，覆盖范围大。无源雷达也可以接收目标反射的电视台或调频广播电台等民用辐射源发射的信号能量来探测、定位和追踪目标,这些民用辐射源工作频率低、覆盖范围广、盲区小且功率大,过去被视为有害干扰,而在无源雷达的利用下可以发挥其反隐身的作用,还避免了民用辐射源对雷达的干扰。典型的无源雷达有杰克 ERA 公司研制的"维拉 -E"无源雷达系统、英国 RokeManor 公司研制的"蜂窝"系统,以及我国研发的"YLC-20"双站无源雷达系统等。

(5)谐波雷达

雷达波照射到金属目标上时,除了散射基波能量外,还散射高次谐波能量。谐波雷达就是根据这种物理现象研制的,是将接收的金属目标散射的谐波能量信号作为其回波信号的雷达。

目前的隐身技术大多是基于基波雷达设计的,仅对于基波起作用而不能同时抑制其谐波的散射。谐波雷达正是利用目标散射的谐波来探测目标的。同时,谐波雷达探测的目标是具有谐波散射特性的非线性目标,对于自然界大部分散射入射波时不会产生新的频率分量的线性目标,如山脉、海洋、森林、陆地等目标,谐波雷达不会受它们散射的电磁波的干扰。所以谐波雷达不仅具有良好的反隐身能力,还具有抗地杂波、海杂波和战场伪装的能力。典型的谐波雷达有美国 ISR 公司研制的 BOOMERANG 系列雷达,英国 AUDIOTEL 公司研制的 SUPERBROOM 雷达,俄罗斯研制的 NR900E 雷达,以及中国电子科技集团有限公司第五十研究所研制的 TZD95 系列雷达等。

(6)激光雷达

激光雷达是以激光为辐射源并作为载频,具有波长短、光束质量高、定向性强、高灵敏度、角分辨和距离分辨能力强的优势,其频率比微波雷达高 3 ~ 5 个数量级。它主要通过探测隐身飞机尾部喷出的大量碳氢化合物的尾焰气流来跟踪。

由于激光可以与气体分子相互作用,利用不同分子对特定波长激光的特性,如吸收、散射和荧光特性,可以对分子级别的目标进行探测。所以激光雷达可以探测隐身飞机尾部喷出的尾焰气流,从而达到反隐身的效果。因为激光本身不受电子干扰,可以穿过等离子体层,在低仰角条件下工作时对多路径效应不敏感,所以激光雷达的抗干扰能力强。同时激光雷达波束窄,难以被截获,所以激光雷达也有很好的隐蔽性。

(7)极化雷达

目标对极化波的散射特征主要与照射波的极化状态,目标的大小、形状和姿态等因素有关,这些由极化散射矩阵来表征。极化雷达的研制是在分析极化信息的基础上,把得到的隐身目标的极化散射矩阵数据或者根据隐身飞机的形状和姿态模拟仿真出的极化散射矩阵预先存储。作战时利用这些数据,调整发射天线的极化矢量,实现最大特征极化发射和最佳极化匹配接收,使雷达及早发现隐身目标。

极化雷达在单个有源干扰情况下,可以通过极化识别器测出有源干扰的极化状态,使雷达工作在与干扰正交的极化状态,从而具有抗有源干扰能力。通过双通道极化系统测出地杂波、海杂波等的极化散射矩阵,求出功率散射矩阵的最小特征值来确定雷达的发射极化状态,使杂波反射能量最小,从而使极化雷达具有抗杂波干扰和反低空突防能力。由于极化匹配接收时目标的 RCS 可比普通雷达测出的 RCS 提高 1.5 倍,在此基础上采用功率优化和最佳匹配接收,可以进一步提高 RCS,所以极化雷达具有很好的反隐身能力。典型的极化雷达有美国 NASA 的 JPL/CV-990 多波段极化合成孔径雷达,英国 SARC 的

CHILBOLTON 的 S 波段极化雷达等。

（8）天基 / 空基雷达探测系统

隐身飞机的隐身重点多放在头锥方向 ±45° 范围内，其次考虑侧面和尾部，至于顶部，采取的隐身措施通常较少。这样就可以从其上方实施俯视探测，而且居高临下探测面积大，容易发现隐身飞机。

天基雷达是指工作在地球大气层之外的雷达系统，空基雷达是指工作在飞机平台的雷达系统。它们能对空中和地面上的目标进行大范围的监视跟踪，一般工作在微波波段。天基 / 空基雷达对空中目标是俯视，而隐身飞机一般针对飞机的下半部分进行隐身设计，从上面观测会呈现更大的 RCS。因此，天基 / 空基雷达更有利于对隐身目标的探测。此外，天基 / 空基雷达还具有探测空域大、预警时间长、抗摧毁能力强等优点，天基雷达更是具有全天时、全天候观测，不受领空和地球曲率限制的优势。

（9）双 / 多基地雷达

隐身飞机的设计主要是抑制后向散射波，尽量减少入射雷达波直接反射回雷达，这对于单基地雷达很有效，但在其他方向仍然有较强的散射能量。双 / 多基地雷达是把发射机和接收机分置于不同的站点，收发站之间存在较大夹角，可以从多方向进行探测，这样总会有不同部位的反射波被双 / 多基地雷达中的接收机接收到，达到反隐身的目的。

双 / 多基站雷达的接收机是无源的，而发射机具有很强的机动性，一部发射机可以供多部接收机工作，一部接收机也能接收多部发射机的信号，使多基站雷达具有抗电子侦察的能力。由于敌方很难判定双 / 多基站雷达接收机的位置，而发射机一般部署在战区安全位置，很难进行干扰和利用反辐射导弹攻击，即使一个发射机或接收机受损，还可以利用其他发射机和接收机继续工作，所以双 / 多基站雷达具有很好的抗干扰和抗反辐射导弹能力。双 / 多基站雷达接收机前置，可以探测地平线以下的目标，具有抗低空突防能力。隐身目标一般在前向范围 RCS 非常小，而在侧向角度 RCS 则大得多，甚至某些角度的 RCS 非常大。双 / 多基站雷达就是利用这种侧向散射，加上自身多基站探测范围广，可以利用多个接收机对一个目标进行探测，有很好的反隐身能力。

1.3.2　采用新技术提高现有雷达的反隐身能力

①可以通过增大雷达的发射功率和天线增益来提高雷达的探测距离和能力。

②提高雷达接收机的信号处理质量，从而增加对低 RCS 目标回波的探测概率和抗干扰能力。

③雷达组网就是把不同频段的雷达部署在地面、飞机和卫星上组成雷达网，整个雷达网由一个控制和数据处理中心管理。这样可以将所有截获的信号由数据处理中心进行数据融合处理，即使某部雷达受到干扰或不能覆盖某一区域时，其他雷达也可提供相关信息，从而在公共覆盖域内获得比单部雷达更多的目标数据。

1.3.3　从战略部署、战术运用对抗隐身飞机

（1）建立综合一体化的多传感器预警探测系统

将雷达与红外传感器、电光系统、激光系统以及其他非射频传感器融合在一起，并以最佳方式将来自各传感器的数据融合到一个协同的信息库中，形成一种多功能、多频谱的

综合探测系统，用来探测隐身目标。

（2）建立军民两用的统一雷达系统

建立军民两用的统一雷达系统，既有利于和平时期军用雷达帮助民用系统保障空情，同时，也有利于增加雷达网络整体部署的密度，提高雷达探测系统在多方位和多频域的探测能力，有利于反隐身作战。

（3）雷达接力

采用雷达接力的形式，即远程预警雷达或预警机搜索发现目标后，给引导雷达指示目标，组织隐身飞机航路两侧的引导雷达从侧面进行交替掌握，为航空兵部队和防空部队指示目标，同时保障其攻击隐身飞机。

（4）目标推测

利用点滴情报结合隐身飞机的起飞基地、可能空袭的目标以及隐身飞机的活动规律，进行补点、推测，作为判断敌方隐身飞机航线的辅助手段。同时运用多种手段来扩大情报来源，如设立较大范围的目力、声响观察网，以弥补雷达探测能力的不足。

（5）机动作战

在敌方全时域、全空域、多手段的侦察下实现秘密迅速的兵力转移，就要采用相应的全时域、全空域、多手段的反侦察措施。比如采用多种伪装、多车队不同方向的机动，多平台的机动；采用各种干扰措施，利用不良天气、保持无线电静默等多种方法。

1.4　目标特征及隐身技术

1.4.1　雷达特征及隐身技术

雷达是当前军事领域使用最多，也是最主要的侦察探测装置之一。雷达隐身技术是降低飞机、舰船、导弹等武器的反射特性，使雷达对该武器的探测距离大幅度缩短的综合性技术。雷达隐身的本质是使敌方雷达无法准确地探测到目标的回波信号。雷达截面积（RCS）表征目标返回到雷达的回波信号幅度。所以要实现雷达隐身，核心是降低目标 RCS。

目前雷达隐身技术主要包括以下内容。

（1）低散射外形技术

低散射外形技术是通过外形设计，综合利用平行、融合、遮挡、占位及平面尖劈化等多种隐身设计原则优化目标总体布局，消除能产生雷达波反射效应的外形特征。

①减少散射源数量：通过总体布局优化设法减少或合并有关部件，取消各种外挂物，尽量避免开口、缝隙、凸起、凹陷和台阶，保证表面光滑连续，使散射源数量减少。

②变强散射源为弱散射源：通过局部修形，改变雷达波散射机理，将镜面反射调整为边缘绕射或尖顶绕射；通过融合设计，消除具有角反射器效应的外形组合；通过遮挡设计，处理既不可避免又无法消除的强散射源。

③减少散射回波的波峰数量：对于飞机上的机翼和尾翼边缘、翼尖、机身棱边、进气道唇口、尾喷口等棱边，通过平行设计减少散射回波的波峰数量，把小波峰合并到大波峰中。

④改变散射回波方向：当雷达波从曲面或棱边的法向或接近法向入射时，会产生很强

的镜面散射回波或边缘绕射回波，设计曲面或棱边倾斜足够的角度，使法向回波的主瓣和较强的副瓣位于雷达威胁区域外。

（2）隐身材料技术

隐身材料技术主要是在武器表面涂覆雷达波吸收材料，应用吸波材料的某些特性，如电感应、磁感应、电磁感应、电磁散射等，将入射雷达波能量转换为其他形式的能量耗散掉，从而减小雷达回波强度，降低目标 RCS。在低散射外形技术将目标 RCS 做到最优的情况下，采用雷达吸波材料（RAM）可以进一步降低目标 RCS。

（3）有源隐身技术

有源隐身技术主要包括有源对消技术、自适应阻抗加载技术、智能蒙皮技术等。有源对消技术是通过产生相干对消波，人为地改变目标的散射分布，以减少在雷达方向的散射回波功率密度。自适应阻抗加载技术是在金属体目标表面人为地附加集中参数或分布参数的阻容元件，改变蒙皮表面电流分布，使其产生与雷达散射回波相抵消的附加辐射波，从而降低目标 RCS。智能蒙皮可根据敌方雷达的探测频率调节自身对雷达波的吸收率，自适应降低目标 RCS。

（4）等离子体隐身技术

等离子体隐身技术是利用等离子体发生器、发生片或放射性同位素在武器的周围产生等离子云团，利用其对雷达波具有的特殊吸收特性和折射特性，吸收雷达波或改变其传播方向。

1.4.2 红外特征及隐身技术

现代战争中，红外制导和红外跟踪得到了越来越广泛的应用，它们的一个共同点就是从复杂的背景和干扰中通过目标的红外信号将目标识别出来。红外隐身技术利用屏蔽、低反射率涂料、热抑制等措施降低和改变目标的红外辐射特征，从而实现对目标的低可探测性。

目前红外隐身技术主要包括[14]以下方面。

（1）改变目标的红外辐射特性

①改变红外辐射波段，一是使飞机的红外辐射波段处于红外探测器的响应波段之外；另外是使飞机的红外辐射避开大气窗口而在大气层中被吸收和散射掉。例如，采用可变红外辐射波长的异形喷管、在燃料中加入特殊的添加剂来改变红外辐射波长。

②调节红外辐射的传输过程，通常采用在结构上改变红外辐射的辐射方向。对于直升机来说，由于发动机排气并不产生推力，故其排气方向可任意改变，从而能有效抑制红外威胁方向的红外辐射特征；对于高超声速飞机来说，机体与大气摩擦生热是主要问题之一，可采用冷却的方法，吸收飞机下表面热量，再使热量向上辐射。

③模拟背景的红外辐射特征是通过改变飞机的红外辐射分布状态，使飞机与背景的红外辐射分布状态相协调，从而使飞机的红外图像成为整个背景红外辐射图像的一部分。

④红外辐射变形就是通过改变飞机各部分红外辐射的相对值和相对位置，从而改变飞机易被红外成像系统所识别的特定红外图像特征，使敌方难以识别。目前主要采用涂料，即红外隐身材料来达到此目的。红外隐身材料具有隔断飞机的红外辐射能力，同时在大气窗口波段内，具有低的红外比辐射率和红外镜面反射率。红外隐身材料可分为控制比辐射率和控制温度两类。前者主要有涂料和薄膜；后者主要有隔热材料、吸热材料和高比辐射

率聚合物。

（2）降低目标的红外辐射强度

降低飞机红外辐射强度，是通过降低飞机与背景的热对比度来减小敌方红外探测器所接收的能量，从而减少飞机被发现和跟踪的概率。它主要是通过降低辐射体的温度和采用有效的涂料来降低飞机的辐射功率。例如，可采用减少散热源、热屏蔽、空气对流散热技术和热废气冷却等。

（3）实施光谱转换

光谱转换技术就是采用在 3~5μm 和 8~15μm 这两个波段内大气窗口发射率低，而在这两个波段外的中远红外上发射率高的涂料，使所保护飞机的红外辐射落在大气窗口以外而被大气吸收和散射掉。

1.4.3 射频特征及隐身技术

隐身不是一项单一的技术而是许多技术的综合，这些技术使得系统更难以被探测与被攻击。隐身雷达和数据链设计包括有源目标特征与无源目标特征的减缩。有源目标特征的定义是隐身平台上所有可见的辐射源，包括声波、化学物质、通信系统、雷达、敌我识别、红外、激光以及紫外线。无源目标特征的定义是隐身平台上所有需要外部照射才可探测到的特征，包括磁性与引力的异常，阳光与寒冷外层太空的反射，声波、雷达与激光照射的反射，以及周围射频的反射。

有源目标特征减缩的方法通称为低截获概率（low probability of intercept，LPI）技术，无源目标特征减缩技术一般称为低可探测性（low observability，LO）技术。在国内，低可探测性通常指的是"传统"隐身技术，而低截获概率是射频隐身技术的核心内容。

这项技术之所以得到发展，主要是由于近年来，无源探测器（包括电子支援措施（ESM）、雷达告警接收机（RWR）和电子情报接收机（ELINTR））对飞机的探测能力已大大提高。机载无源探测系统最大探测距离达 460km 以上，已远大于机载火控雷达的作用距离（200km 左右），且无源探测器具有作用距离远、不发射电磁波和隐蔽性好的特点，对飞机的生存能力构成了严重威胁。

对于雷达和数据链这样的发射机来说，射频隐身技术可以对抗无源威胁，而无源威胁系统都依赖于某种截获接收机。截获接收机有探测、分类和识别三种基本功能。

探测：主要靠单个脉冲峰值功率实现，首次探测几乎不能得到任何处理增益。这主要是由到达角、发射机实际工作频率和波形的不确定性造成。

分类：将各个发射机从密集信号环境中分离出来，使发射机便于识别。

识别：识别发射机类型，并由此确定发射机装载于哪种武器系统上，一旦识别出武器系统，即可采用相应的干扰措施。

为了对抗探测，要求射频隐身系统降低有效辐射功率和工作时间。其关键要素包括：

①信号不确定性和宽的威胁频谱迫使截获接收机只依赖单个脉冲峰值功率探测；

②低的峰值功率和高的平均功率；

③极低的接收损耗和能量管理。

为了对抗分类和识别，要求射频隐身系统具有最大的信号不确定性。波形参数必须是随机的，包括脉冲重复频率、码片速率、加密码、频率和工作时间等参数，这样截获接收机就不能预估下一次发射在何时如何发生。其关键要素包括：

①达到方向：低旁瓣、多波束、两次发射之间的运动行程；

②频率：大的瞬时带宽；

③到达时间：多个脉冲重复频率、低峰值功率、时展、多波束。

目前美国已经公开的射频隐身系统技术要求包括：

①在半空间以上，天线旁瓣相对主瓣小于均方根 −55dB；

②功率管理超过 70dB 的动态范围；

③大的相干积分增益—时间带宽积至少为 4×10^8；

④瞬时带宽为 2GHz，跳频带宽为 6GHz；

⑤全相干频率捷变 / 稳定性 1 ： 1012；

⑥动态波形选择：所有模式下的最小驻留时间和最小功率；

⑦低峰值功率 / 大占空波形：3dB 信噪比跟踪；

⑧多波束、多频率搜索：6 ~ 9 个信道；

⑨自适应数据链频谱扩展：300 ： 1。

1.4.4　可见光特征及隐身技术

随着军事技术的发展，可见光成像制导系统发现、跟踪、拦截目标的能力越来越强，这就使得可见光隐身技术的研究越来越有必要。

可见光隐身技术的目的就是通过减少目标与背景之间的亮度、色度和运动的对比特征，达到对目标视觉信号的控制，以降低可见光探测系统发现目标的概率，具体的措施有：

①改进目标外形的光反射特征；

②控制目标发动机喷管的火焰和烟迹信号；

③控制目标照明和信标的灯光亮度；

④控制目标运动构件的闪光信号；

⑤控制目标表面的亮度和色度。

传统的可见光隐身手段有：在物体的表面涂上与背景颜色一致的迷彩和在武器表面罩上伪装网等。这两种手段虽然实施起来较简单，但隐身效果只在两种情况下较为明显：目标静止或目标在变化不大的背景下运动，因而影响了武器装备的机动性能。为了克服传统隐身技术的缺陷，军事专家积极探索和研究动态隐身技术，以适应复杂多变的背景。

动态隐身是一种射频隐身方式，通过对背景变化的感知，自动改变和调节目标的亮度和色度，从而使目标和背景融为一体，达到隐身效果。动态隐身技术的发展依赖于"智能"变色材料合成开发的进展。智能变色材料是指在接收到激活信息（如光、电、热等）时颜色和亮度会随之改变的材料。目前，正在研制的智能变色材料有：热致变色材料、光致变色材料和电致变色材料等[15]。

1.4.5　声信号特征及隐身技术

声波是海洋中唯一能够远距离传播的能量辐射形式，即使一颗装药量只有 4lb① 的炸弹

---

①　1lb（磅）≈ 0.454kg。

在水中爆炸，距爆炸中心100n mile外仍能接收到其声信号。所以反潜侦察中对潜航的潜艇，探测声场变化是最主要的方式。因此，对于潜艇而言，最重要的"隐身性能"就是声信号隐身，以避免被反潜声呐发现。

潜艇辐射噪声的主要来源是沿潜艇壳体和附体（如垂直舵和水平舵）的水动力噪声、螺旋桨产生的噪声，以及艇内各种机械装置产生的噪声，这是RCS散射声呐探测的主要目标。据测算，噪声每降低20dB，可使己方RCS散射声呐探测距离增加一倍，敌方RCS散射声呐探测距离降低50%，并能缩小敌方水中兵器的作战半径，降低其命中精度，同时可使己方潜艇的声模拟干扰装置作战效果提高15倍左右。目前，各先进海军国家主要采取如下降噪措施[16]。

（1）采用自然循环压水堆

采用自然循环压水堆可使中、低速航行时不用主泵，从而降低噪声。

（2）取消减速齿轮或改进其设计

核潜艇的减速齿轮箱噪声级可达125～145dB，取消减速齿轮需采用电力推进方式。采用斜齿轮或人字形齿轮也可达到降噪目的，噪声级一般可降低5～10dB，亦有将齿轮密封在隔声箱内达到目的的。

（3）采用减振筏座技术

英国核潜艇率先采用减振筏形机座，将主汽轮机、减速齿轮箱、发电机组等都安装在一个大型机械底座上，降噪可达50～60dB。

（4）降低螺旋桨噪声

螺旋桨噪声是潜艇高速航行时辐射噪声的主要成分，以高频为主，伴有潜艇独特的声纹，是探测识别潜艇的最突出线索。

（5）降低水动力噪声

水动力噪声不是潜艇辐射噪声的主要成分，但它对己方潜艇声呐的工作有很大影响。现代潜艇多采用低阻力线型以减少湍流（旧称紊流）的产生，尽量减少壳体附件和舷外开孔数量，为潜望镜、雷达、电子支援设备的升降装置安装导流壳板，可保持艇型光顺，降低涡流噪声。改进通气管、排气孔形状，可降低排气口处噪声。

（6）在艇体外表面加装吸声涂层

在潜艇壳体上敷设吸声材料可以吸收本艇自噪声和敌方射频声呐的探测信号。据测算，潜艇加装吸声涂层后可使敌方声呐的探测能力降低50%～75%，同时由于吸收了部分本艇自噪声，使本艇声呐基阵区保持相对安静，提高了本艇声呐的探测能力。

（7）三维声学隐身结构

西班牙瓦伦西亚理工大学运用计算机算法，设计了一个由60个不同尺寸的环组成的笼子形状的塑料结构，并将它围绕在圆球周围。模拟表明，声波散射离开球体后，环状结构能够相互干涉，最终使声波抵消。这种结构可以对特定频率的声信号实现声隐身。

除了以上几种基本方法，继续采用各种新技术降低潜艇噪声仍是提高潜艇隐身的主要手段。

1.4.6　磁隐身技术

舰船磁场主要由两部分构成：一是建造时形成的船体以及设备的固有磁场，二是航行时舰船对地球磁场的感应磁场。降低舰艇的磁信号特征是提高舰艇综合防护能力和反水雷作战能力的有效途径。磁隐身技术已受到许多国家海军的重视，如德国的潜艇船体采用低磁钢，MTU 柴油机采用低磁化技术。传统的消磁技术是用临时线圈和固定线圈来降低上述两种磁场。对磁性指标要求很高的反水雷舰船，船体用无磁或低磁材料建造；设备无法用低磁材料建造时，则采用低磁化技术。

针对固定磁场，舰艇必须定期到消磁站进行退磁处理以消除其大部分固定磁场；针对感应磁场，由于其大小会随舰艇的航向、纬度和姿态的改变而改变，因此，必须在舰艇上加装消磁系统进行实时补偿控制。

传统的"开环"消磁（open-loop degaussing，OLDG）系统通过直接测量或数学模型的计算得到舰艇上地球磁场的感应值，然后根据舰艇感应磁场与地球磁场的关系控制消磁系统中的电流，因此它仅能实时补偿舰艇的感应磁场。对退磁处理后的剩余固定磁场，通过在固定补偿绕组中通以恒定电流的方法来补偿，但是由于海浪的冲击、武器发射及地球磁场的缓慢作用等，舰艇的固定磁场必然会发生变化，这种方法却不能补偿因舰艇"固定磁性"的改变而产生的异常磁场，这就导致了舰艇的磁暴露问题[16]。

为了弥补这一缺陷，世界各主要海军国家纷纷研制或装备闭环消磁系统[16]。所谓闭环消磁，就是在舰艇内部的特征部位布置一定数量的传感器，通过磁场测量数据，建立舰艇外部空间磁场的数学模型并计算目标深度或高度上的磁场值，然后根据预先保存在计算机存储器中的消磁绕组效率，优化计算出在目标深度或高度上的磁性达到最小时，消磁绕组中所需的电流值，并进行实时调整，使得舰艇外部目标深度或高度上的总磁场达到最小。其中从船上测得磁场数据并准确推算船外磁场的计算方法是构建闭环消磁系统的核心技术。

1.5　天线隐身的重要性

机载天线等传感器孔径的分布与形状特征，对飞机隐身效果具有举足轻重的影响，如果不能有效控制机载射频孔径系统的特征信号（包括 RCS 和电磁辐射控制），则通过外形、结构和材料隐身而达到的整机高隐身水平会受到破坏。本节阐述了天线隐身的重要性，总结了 F-22A 和 F-35 等国外先进隐身战斗机机载射频孔径系统隐身设计的特点，从飞机总体隐身方案设计角度提出了对机载射频孔径系统隐身的需求，并针对具体应用提出了最小化天线孔径数量、减小天线孔径外形尺寸、减缩天线孔径特征信号、采用低截获概率（LPI）技术等概念性解决方案。

1.5.1　机载雷达及天线隐身需求

如果不考虑 SR-71"黑鸟"，而将 F-117A 作为第一代应用于真实作战的"隐身"飞机，隐身飞机的设计与发展历程也已超过 30 年，基于隐身外形和隐身材料的飞机隐身技术使得战斗机的机头方向 RCS 从 $10m^2$ 大幅度下降到 $1m^2$ 左右，但是随着需要对抗新的威胁，以 F-22A 和 X-47B 先进有人及无人战斗机的机头方向隐身指标降低到 $0.1 \sim 0.01m^2$，这样以天线孔径为代表的机载射频孔径系统的重要性逐渐显露出来。在"机头方向"这个 RCS 较低的方向，天线 RCS 减缩成为一个关键问题。

大量的研究结果已经表明：机载天线等传感器孔径的分布与形状特征，对飞机隐身效果具有举足轻重的影响，如果不能有效控制机载射频孔径系统的特征信号（包括 RCS 散射和射频辐射控制），则通过外形、结构和材料隐身而达到的整机高隐身水平会受到破坏。

1.5.1.1 机载射频孔径系统隐身的意义

①通过载机隐身强迫敌方利用射频辐射探测装置而非 RCS 散射探测装置，从而使载机获得利用反辐射武器和电子战攻击的机会；

②降低敌方探测系统的可信度，迫使其增加探测系统、火控系统、导弹等装备的复杂性和费用；

③降低射频辐射（通信、雷达、敌我识别）和 RCS 散射特征信号（对外部照射的反射等），增加载机的隐蔽性；

④通过与作战战术合理的联合运用，增强隐身的效果；

⑤通过使用预先装定数据（setting data）和使用非机载探测系统来最大程度降低载机射频孔径系统的射频辐射和 RCS 散射。

1.5.1.2 "平衡"设计

按照特征信号类型，机载射频孔径系统的隐身应该通过射频辐射和 RCS 散射特征信号控制及减缩两种途径实现。在特征信号控制与减缩过程中，应注意采取射频辐射和 RCS 散射特征信号"平衡"设计方法。即针对射频辐射（或 RCS 散射）特征信号采取减缩措施时不应该引起 RCS 散射（或射频辐射）特征信号明显增加。表 1-2 中给出了主要的射频辐射和 RCS 散射特征信号减缩手段。

（a）射频辐射　　（b）RCS散射
特征信号控制　　特征信号减缩

图 1-7　射频辐射和 RCS 散射特征信号采取"平衡"设计

表 1-2　主要的射频辐射和 RCS 散射特征信号减缩手段

特征信号类型	技术手段	配合条件	难度
射频辐射特征信号减缩	射频孔径综合化设计：共用天线、传感器综合、传感器管理与数据融合	全机级	最高
	辐射功率管理：按照工作方式对系统辐射功率进行编程控制（A/A 和 A/S 方式功率管理，跟踪方式与扫描方式功率设计）	射频系统级	高
	辐射时间控制与管理：少于 40%	射频系统级 / 设备级	高
	大带宽工作带宽设计：有效分散辐射功率频谱	射频系统级 / 设备级	高
	低截获概率波形设计	射频系统级 / 设备级	高
RCS 散射特征信号减缩	雷达罩采取低 RCS 外形设计技术	全机级 / 射频系统级	高
	频率选择表面（FSS）技术	射频系统级 / 设备级	高
	雷达罩非工作时间全反射设计（可控反射设计）	射频系统级 / 设备级	高
	天线阵面倾斜设计（针对主、被动相控阵天线）	设备级	高
	天线非工作状态偏置设计（针对机械扫描天线）	设备级	中
	雷达舱、天线舱应用吸波材料技术	射频系统级 / 设备级	中

1.5.1.3 机载射频孔径系统的 RCS 散射特性分析

机载射频孔径系统的 RCS 散射主要来自于天线。天线是能量的空间变换器，电磁波 P_0 从天线输入端进入，向空间辐射。一般地，天线辐射方向图可以用平面波角谱表示，即一个幅度加权的球面波可以分解为无数方向各异的子平面波之和。为简单起见，我们假定天线在三个方向产生平面波，相应地，将它们定义为端口 1 ~ 端口 3；端口 1 的功率为 $0.2P_0$，端口 2 的功率为 $0.5P_0$，端口 3 的功率为 $0.3P_0$，见图 1-8。

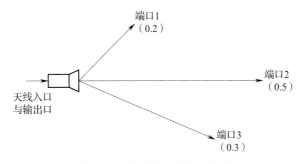

图 1-8 天线辐射的平面波谱

根据互易定理，如果天线效率为 100%，在端口 1、2、3 分别加入 P_0 的平面波，则在天线输出端产生 P_0。如果只在端口 2 加入一个平面波 P'_0，在端口 1 和端口 3 没有电磁波进入，则只有 $0.5P'_0$ 的功率被接收机接收（假定接收机完全匹配），其余 $0.5P'_0$ 的功率将被天线散射。这就是所谓"天线的结构散射项"，并成为天线 RCS 的来源之一。如果接收机不是处于完全匹配状态，进入接收机的功率一部分又被反射出来，成为天线 RCS 另一个来源。这就是所谓"天线的模式散射项"。可以证明，当接收机负载阻抗为 Z_1 时，天线的散射场 $\boldsymbol{E}^{\mathrm{s}}(Z_1)$ 为

$$\boldsymbol{E}^{\mathrm{s}}(Z_1) = \boldsymbol{E}^{\mathrm{s}}(Z_{\mathrm{c}}) + \frac{\varGamma_1}{1 - \varGamma_1 \varGamma_{\mathrm{a}}} b_0^{\mathrm{m}} \boldsymbol{E}_1^{t}(Z_{\mathrm{c}}) \tag{1-7}$$

式中，Z_{c} 为接收机传输线的特性阻抗。接收机反射系数为

$$\varGamma_1 = \frac{Z_1 - Z_{\mathrm{c}}}{Z_1 + Z_{\mathrm{c}}} \tag{1-8}$$

当 $Z_1 = Z_{\mathrm{c}}$ 时，接收机的反射系数 $\varGamma_1$ 为零，式（1-7）中的第二项为零。当 $Z_1 \neq Z_{\mathrm{c}}$ 时，接收机的反射系数 $\varGamma_1$ 不为零。因此式（1-7）中的第一项为天线的"结构散射项"，第二项为天线再辐射产生的"模式散射项"。互易定理的结论是：发射与接收的方向图一样。因此也可以直接从接收天线方向图进行讨论。下面不再区分发射和接收方向图。"模式散射项"和"结构散射项"的关系可以非常不同。如果天线为理想的 δ 函数天线，并且雷达对天线的照射沿着该 δ 函数方向，当天线完全匹配时，散射等于零。即结构散射项为零。如果天线开路或短路，造成电磁波全反射，产生很高的 RCS。

如果雷达波照射的方向正好是天线方向图零点，按照互易定理，无论来波功率多少，接收机收到的信号为零。于是天线散射完全是"结构散射项"，而"模式散射项"为零。因此在天线主瓣附近，"模式散射项"常常占有较大成分；在天线的低副瓣区域，"结构散射项"常常占有较大成分。因为"模式散射项"的物理本质是天线的再辐射，故其散射方向图显然与天线的辐射方向图是一样的。一般来说，"结构散射项"的散射方向图则与天

线辐射方向图不完全一样。"结构散射项"的散射方向图一方面与天线的结构有关系，也与雷达波照射方向有关系。

根据已有数据，机载天线在飞行器目标 RCS 中的贡献明显，在某些特定视角甚至可达 90%。例如，在战斗机最重要的前半球视角内，天线对目标总 RCS 中的贡献占 10% ~ 50%；导弹在前半球最危险的视角内，天线在总 RCS 中的贡献可达 30% ~ 90%。表 1-3 为战斗机常见不同形式机载天线 RCS 散射特性分析，描述的是单独天线的 RCS 散射特性，实际上由于天线与载机平台的相互耦合作用，其贡献还要更加明显。对于那些只接收电磁波辐射的接收天线，也是有效的散射体。

表 1-3　不同形式天线 RCS 散射特性

机载天线类型	RCS 量级	RCS 散射特性	数量
电大尺寸孔径天线 （如平板裂缝雷达天线）	数百平方米甚至更大	"闪烁点"型	1 ~ 5
平面多元相控阵天线 （射频或 RCS 散射相控阵雷达天线）	数百平方米甚至更大	"闪烁点"型	1 ~ 5
谐振性天线 （如通信、导航天线等）	$0.01 ~ 1m^2$	很宽的背向 RCS 散射图（甚至到 360°）	众多

1.5.2　机载射频孔径系统隐身

表 1-4 给出了全机级 / 射频系统级射频孔径综合化设计中减缩特征信号的技术手段和解决途径，下面将针对具体技术进行分项论述。

表 1-4　全机级 / 射频系统级射频孔径综合化设计

技术手段	解决途径及配合条件
合理天线布局	电性能与隐身性能权衡设计
最小化天线孔径数量	宽带共享 / 多功能孔径综合化设计
减小天线孔径外形尺寸	内埋（嵌入式）/ 共形孔径 / 阵子设计
减缩天线孔径特征信号	低 RCS 雷达罩、辐射单元及隔离器 / 环行器设计
采用 LPI 技术	高指向性、电控波束及低旁瓣技术
	分离式频谱波形设计
	超宽工作频带

1.5.2.1　天线隐身布局原则

隐身飞机全机天线布局原则主要涉及隐身、电性能两部分。

（1）隐身部分包括如下几点

①数量最小化：在天线综合设计的基础上，为实现孔径数量最小化，降低 RCS 散射，需对综合孔径进行进一步整合。

②位置最优化：在满足天线电性能及覆盖空域要求前提下，射频孔径优先考虑布置在飞机背部阴影区域。

③几何平行：全机射频孔径外形采用菱形设计，天线边缘平行于飞机前 / 后缘主要散

射峰值。

④自身 RCS 抑制：采取共形 / 内埋设计、频率选择表面、超材料应用等技术综合控制天线散射。

（2）电性能部分包括如下几点

①考虑飞机起降、正常巡航及武器投放过程中天线辐射空域变化，特别是全向天线辐射空域。

②工作在相近频段 / 频段重叠的天线，在满足隐身、电性能俯仰空域覆盖要求，增大天线间距，提高天线隔离度。

③发动机舱内高温一定程度限制了天线布局位置以及使用。

④飞机主承力结构一定程度限制了天线布局位置以及天线尺寸。

⑤高度表天线布置于飞机下表面，为不使接收天线收到直射波分量增大，加大测高误差，系统要求收、发天线隔离度一般要优于 −85dB，即收、发天线间隔大于 0.9m。

⑥着陆天线提供飞机进场水平和垂直方向距离校准，接收信号至少覆盖跑道中心线方位面 ±40°，俯仰面 ±20° 区域，一般布置在前机身靠近边缘区域，无视线遮挡。

⑦卫星通信、卫星导航天线布置在飞机上表面、飞机中轴线区域，其中为提高导航精度，导航天线布置于飞机几何中心且靠近惯性导航系统，多导航天线可集中布置。

⑧电子战及机间链天线受俯仰空域覆盖要求，一般布置在飞机边缘，为减少天线体积、重量，降低天线 RCS，优先选择边缘体积较小区域布置。

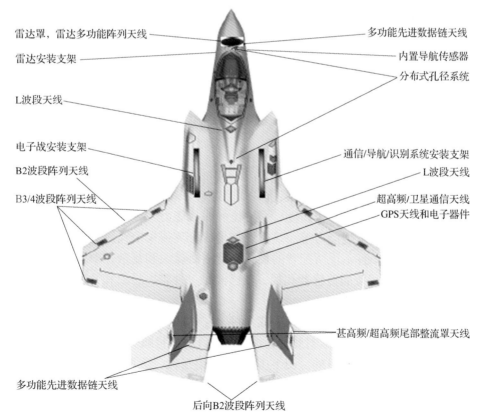

图 1-9　F-35 天线布局示意图（俯视图）

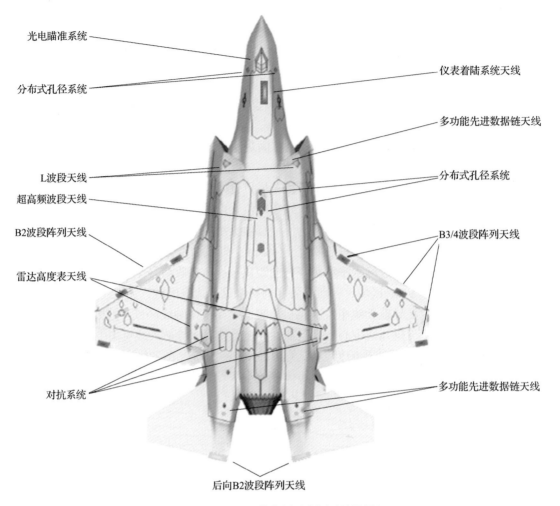

光电瞄准系统

仪表着陆系统天线

分布式孔径系统

多功能先进数据链天线

L波段天线

分布式孔径系统

超高频波段天线

B2波段阵列天线

B3/4波段阵列天线

雷达高度表天线

对抗系统

多功能先进数据链天线

后向B2波段阵列天线

图 1-10　F-35 天线布局示意图（仰视图）

1.5.2.2　最小化天线孔径数量

（1）通过综合化设计减少孔径数量

先进战斗机不仅具有优良的气动性能，而且还具有超视距多目标攻击、近距格斗、对地或海面目标攻击等全天候、全高度、全方位的作战能力，多机编队、空／天／地（海）协同作战能力，以及电子战能力等。显然，按传统分离或集中式航空电子系统的设计思路，为满足这一要求，且不说所配置的设备会有多么庞大和复杂，单就在飞机外蒙皮有限空间上，布置与其相应的传感器孔径，就已经是一件难以想象和几乎不可能做到的事情了。

以 F-22 和 F-35 飞机为代表的先进战斗机，在机载射频孔径系统隐身设计过程中进行的最重要的工作就是大力采取射频孔径综合化设计，尽量减少孔径数量，以达到降低机载射频孔径系统 RCS 散射的目的。图 1-11 给出了第三代"宝石柱"（pave pillar）与第四代"宝石台"（pave pace）航空电子系统示意图。

美国于 20 世纪 80 年代初提出的"宝石柱"计划，是美国第四代战斗机综合航电系统的基础，F-22 飞机直接应用了"宝石柱"的成果。与射频系统有关的主要是实现了传感

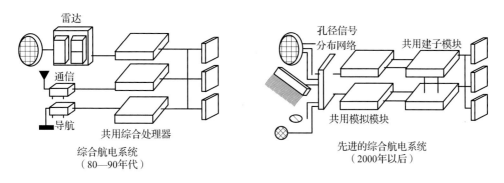

图 1-11　第三代"宝石柱"与第四代"宝石台"航空电子系统示意图

器数据分配网络先进技术，提高系统综合范围和程度。继"宝石柱"之后，美国又于 90 年代提出了功能更为完善、性能更为优良、综合程度更高的"宝石台"计划，F-35 战斗机大量应用了该计划的主要成果。比起"宝石柱"计划，"宝石台"计划进一步改进系统结构、采用共用天线、传感器综合、传感器管理与数据融合等新技术。射频孔径综合化设计上，"宝石台"结构的主要改进体现在以下两个方面：一是采用了综合核心处理机（ICP）技术；二是"宝石台"系统具有更大的综合范围和更高的综合程度，实现综合信息采集孔径、综合传感器（RF/EO）系统、综合飞行器管理系统、综合外挂系统的大范围综合化设计。

以 F-35 的机载 CNI/EW（通信、导航、识别/电子战）的天线孔径设计为例，由于其需要具有全向立体视场空间以满足对环境的全向感知，因此通过针对先进战斗机双发侧倾双垂尾，通过建立 GEMACS——分析复杂系统的通用电磁模型系统（general electromagnetic model for the analysis of complex systems）对综合天线孔径的布局，从天线方向图、天线效率、增益、旁瓣电平、输入阻抗、中心频率、天线带宽，以及极化特性等方面进行了全面预测、评估和布局优化，给出共形综合孔径理想安装。

图 1-12 是采用射频孔径综合化设计后，飞机天线孔径减缩效果示意图。如采用上述共形结构综合孔径后，飞机的天线孔径（安装位置）可由 37 个减至 9 个，从而在保证航电系统性能的前提下，不仅简化了飞机的整体设计，由于天线孔径的大大减缩，使飞机的整体 RCS 可得以较大程度地改善。图 1-13 是经过综合化设计后的 F-35 天线孔径布置图，可以看出比起传统天线布置，天线数量大大减少。

（2）共形结构天线的基本方案

为了满足共形结构的需要，也可以采用近似"三明治"式的多层（蜂窝）结构，如图 1-14 所示，结构组成见表 1-5。它通常由外表层、天线辐射层、介质层、蜂窝芯（支撑层）、内面层、射频吸收层和外封闭层等组成，射频信号由板心锥形馈入端口与天线单元相连。

（3）综合射频孔径的设计关键

综合射频孔径，一方面作为飞机结构部件的有机组成部分，应适应飞机环境温度、振动、应力强度等方面的要求；另一方面，作为综合航空电子系统的"窗口"，更应能提供满足系统要求的电气和电磁特性。除了机械、疲劳等物理特性不谈，单就其电磁特性要求而言，概括起来包括以下几种设计关键：

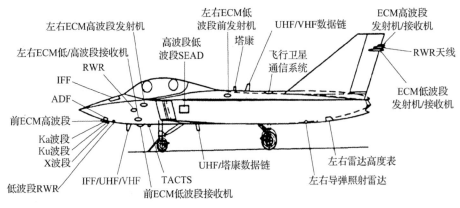

左右ECM高波段发射机
左右ECM低/高波段接收机
RWR
IFF
ADF
前ECM高波段
Ka波段
Ku波段
X波段
低波段RWR
IFF/UHF/VHF
TACTS
前ECM低波段接收机
UHF/塔康数据链
高波段低波段SEAD
左右ECM低波段前发射机
塔康
UHF/VHF数据链
飞行卫星通信系统
ECM高波段发射机/接收机
RWR天线
ECM低波段发射机/接收机
左右雷达高度表
左右导弹照射雷达

（a）减缩前

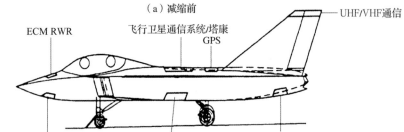

ECM RWR
飞行卫星通信系统/塔康
GPS
UHF/VHF通信
IFF/RWR/ECM/导弹照射雷达
UHF/VHF/数据链/ECM/ADF
雷达发射机/ECM RWR

（b）减缩后

注：IFF—敌我识别系统；RWR—雷达告警接收机；ADF—自动无线电测向仪；ECM—电子对抗；UHF—特高频；VHF—甚高频；SEAD—对敌防空体系的压制；TACTS—战术空勤人员战斗训练系统

图 1-12　飞机天线孔径减缩效果示意图

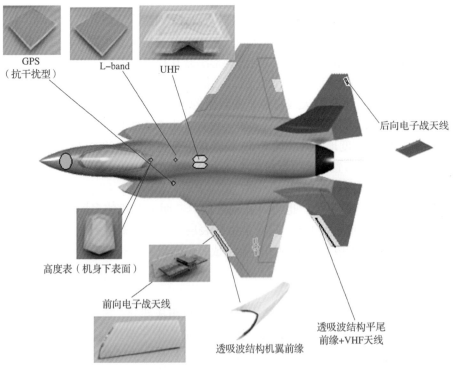

GPS（抗干扰型）
L-band
UHF
后向电子战天线
高度表（机身下表面）
前向电子战天线
透吸波结构机翼前缘
透吸波结构平尾前缘+VHF天线

图 1-13　经过综合化设计后的 F-35 天线孔径布置图

32

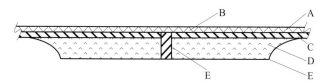

图 1-14　共形结构天线的基本方案示意图

表 1-5　共形结构天线的基本方案

层名称	功用	材料
A—表面层	1. 增加结构强度； 2. 保护辐射单元； 3. 作为电磁窗口	玻璃纤维 / 双马树脂
B—辐射单元层	辐射电磁信号、提供宽带天线特性	铜（喷溅、蚀刻）
C—支撑层	承力、支撑作用	蜂窝（石碳酸）
D—吸收层	吸收不利雷达波散射	导电泡沫
E—结构	承载、支撑	金属或玻璃纤维 / 双马树脂

①覆盖的频率范围和瞬时带宽。从表 1-6 中可以看到，机载射频系统使用的频率范围极宽，可从高频直至毫米波段，而且针对某些特殊体制的雷达信号，往往同时还要求具有大的瞬时带宽（如 500MHz 以上带宽的捷变频雷达），因此，综合孔径覆盖频率范围的程度，尤其是所具有的瞬时带宽大小，将会直接影响航电系统的综合程度。

表 1-6　机载射频系统及其频段占用

功能	频率范围							
	2 ~ 30MHz	30 ~ 500MHz	0.5 ~ 2GHz	2 ~ 6GHz	6 ~ 18GHz	18 ~ 40GHz	40 ~ 70GHz	70 ~ 110GHz
电子战	√	√						
通信链		√		√				
GPS			√					
JTIDS			√					
塔康			√					
IFF			√	√	√			
ESM/RWR			√	√	√	√		√
ECM			√	√	√	√		√
微波着陆系统				√				
雷达高度表				√				
雷达			√		√			
导弹告警雷达			√		√			
加密空空通信							√	

②天线方向图及孔径的"可视场"范围。机载射频系统按照不同功能通常要求具有不同形式的天线方向图，如前面论述的 CNI/EW，由于需要飞机全向的感知能力，因而对应的天线孔径应具备 4π 立体空间的"可视场"范围，要实现这一目的，除可采用多孔径分

集处理方法外，单孔径"可视场"的大小往往是至关重要的。

③天线效率与增益。现代战斗机所具有的超视距探测和攻击、远距离信息传递和超前威胁告警等，都需要航空电子系统具备足够的信号强度，提高综合孔径的天线效率和增益是提升信号强度最为有效的方法。

④隐身性能。通过宽带共享 / 多功能孔径综合化设计、内埋（嵌入式）/ 共形式孔径 / 阵子设计、低 RCS 雷达罩、辐射单元及隔离器 / 环行器设计、高指向性、电控波束及低旁瓣技术、分离式频谱波形设计、超宽工作频带等多种技术手段提高隐身性能。

⑤天线孔径的"重构"能力。"重构"是指通过某种方法或技术改变天线的某些特性，例如，天线方向图或"可视场"、天线的中心频率以及极化方式等。目的在于可更为便捷地获取系统所需的频率覆盖范围、天线方向图，有利于动态调节孔径的综合性能，降低孔径的可被探测性（或隐身能力）。

⑥孔径综合能力。多功能共形天线是综合孔径的基本出发点和立足点，多功能不仅体现在不同频段、同一类型孔径的简单替代，而更应是不同类型孔径、不同电磁特性要求以及可从时间、频率、极化方式等方面进行空间重叠的孔径综合，从而才能最大限度地减少飞机孔径数量，改善整体性能。

1.5.2.3　减小天线孔径外形尺寸

传统飞机设计中，由于没有隐身要求，射频孔径系统（主要指完成通信、导航、对抗、识别等功能的天线）均布置在机体表面。由于先进战斗机的严格 RCS 指标限制，为了避免布置射频孔径系统破坏飞机良好导电的低 RCS 表面设计，以及天线孔径系统自身较大的雷达波散射造成整机 RCS 的增加，F-35 隐身战斗机采用了将射频孔径内埋（嵌入式）/ 共形式布置在机体结构内的方案。以翼面（机翼）前后缘为例，将安排通信 / 电子战阵列（2 ~ 18GHz）两种不同形式的孔径天线。图 1-15 给出了前缘 CNI/EW 阵列天线 / 吸波结构的示意图，图 1-16 给出了前缘 CNI/EW 阵列天线 / 吸波结构制造 IPT 的组成及及各组成因素之间的逻辑关系。

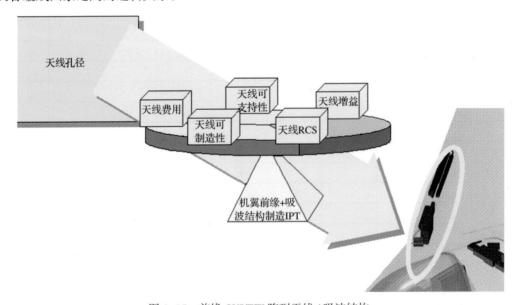

图 1-15　前缘 CNI/EW 阵列天线 / 吸波结构

按照飞机总体方案要求，飞机总体设计部门在供应商支持下，通过在任务系统对 CNI/EW（通信 / 电子战）阵列探测性能需求与特征信号（隐身）之间的平衡设计，研制具备 FSS 功能的天线罩，以及设计适应天线安装的吸波结构，保证吸波结构的隐身性能与射频孔径的辐射性能（如辐射方向图等）之间的平衡折中，同时还要满足机体结构、可支持性、前缘制造及公差控制的要求。

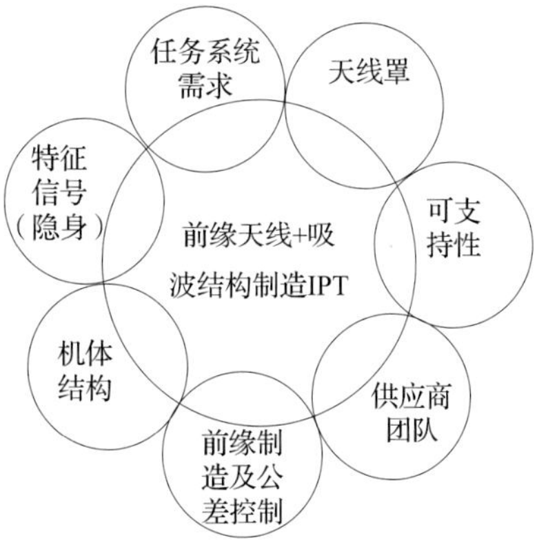

图 1–16 前缘 CNI/EW（通信 / 电子战）阵列天线 / 吸波结构集成制造团队

主要工作内容包括以下几个方面。

（1）综合设计优化

①研制机翼前缘吸波结构设计制造以及设计优化 CNI/EW（通信 / 电子战）阵列天线的综合解决方案，降低机翼前缘高 RCS 散射可能对整机隐身性能影响的风险；

②综合解决方案应该在天线性能、特征信号、制造工艺、可支持性和经费方面取得平衡；

③该综合解决方案成功与否应通过全尺寸特征信号测试模型测试验证。

（2）天线设计工作

① CNI/EW（通信 / 电子战）阵列天线带通选择性表面设计及集成；

②性能预测及评估。

（3）低 RCS 天线罩设计制造工作

（4）特征信号（隐身）测试工作

①典型射频孔径的 RCS 散射特性和辐射方向图测试；

②翼面吸波结构与典型射频孔径平衡设计研究；

③吸波结构与典型射频孔径组合试验件的设计、加工；

④带有吸波结构情况下，典型射频孔径的 RCS 散射特性和辐射方向图变化测试；

⑤典型射频孔径对原有吸波结构 RCS 特性破坏测试研究。

1.5.2.4 减缩天线孔径特征信号

为了实现在复杂电子对抗环境下的精确探测功能，F–35 所配备的 APG–81 射频相控阵雷达具备了一定的射频综合功能：即除了宽频带的 X 波段雷达功能以外，还具备敌我识别装置（L 波段）、射频雷达导弹照射指令（X 波段低端），以及覆盖 X 波段的电子攻击能力。图 1–17 给出了低 RCS 雷达罩 / 雷达舱方案及 RCS 散射情况分析，可以看到为满足传统雷达探测和隐身设计要求，对雷达罩和雷达两方面都提出巨大的设计挑战。

天线与相控阵天线 RCS 减缩方法有条件地划分为三种基本模式，即 FSS 屏蔽罩、电控金属屏蔽罩、减小天线尺度 / 数量等方法，其中应用频率—极化—选择结构屏蔽天线为首推方法。

FSS 雷达罩作为减缩雷达舱 RCS 的一种有效措施，在国外受到了众多研究者的充分关注。其中美国 Ohio Sta.University 的 B. A. Munk 研究组，从 20 世纪 70 年代以来一直致力于 FSS 基本理论及应用的研究，并早在 70 年代就提出了一种锥形金属谐振罩的实验模型。在英国，由 E. A. Parker 教授对单曲面 FSS 的特性开展了长期广泛的研究。除此

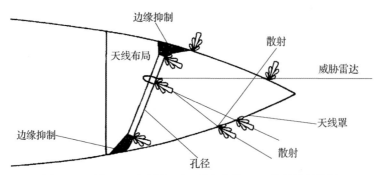

图 1-17　低 RCS 雷达罩 / 雷达舱方案及 RCS 散射情况分析

之外，GEC-Marconi 公司的 M. Wahid 对 FSS 雷达罩进行了系统专门的研究，其采用的双选择组合单元双屏 FSS 结构，经试验测定，在 $f_0 \pm 0.5GHz$ 的带内传输损耗小于 1dB，中心频率处传输损耗仅为 0.5dB，$f_0 \pm 4GHz$ 范围内主瓣衰减约 25dB[17-19]。

（1）雷达与雷达罩设计与制造高难度

①雷达设计与制造高难度。为了降低雷达天线结构项散射，必须将天线向后倾斜或者天线阵面的接收 / 发射单元采用异形低 RCS 设计：（a）采用天线向后倾斜方式在降低了雷达天线结构项散射的同时也降低了孔径有效辐射面积，直接影响了天线探测距离能力；（b）天线阵面的接收 / 发射单元采用异形低 RCS 设计。

②雷达罩设计与制造高难度。其原因为：（a）采用多通带 FSS 技术——开的电磁窗口过多，多窗口透波会破坏低 RCS 特性；（b）雷达罩本身就是带有棱边的鸭嘴形状，而棱边会带来较大的镜向反射。

（2）关键设计技术

①综合优化设计：（a）低 RCS 雷达罩 / 雷达舱带内辐射特性与带外低 RCS 设计的综合解决方案，包括多频带通复杂曲面雷达罩电磁特性研究、多频带通复杂曲面雷达罩电设计方法研究、多频带通的材料和罩体的优化设计方法和程序研究；（b）综合解决方案应该在雷达天线 / 雷达罩电性能、特征信号、制造工艺、可支持性和经费方面取得平衡；（c）该综合解决方案成功与否应通过全尺寸特征信号测试模型测试验证。

②天线设计工作：（a）低 RCS 雷达天线阵面及支架系统设计及集成；（b）性能预测及评估。

③单 / 多层 / 屏 FSS 低 RCS 天线罩设计制造工作，包括：（a）工作频率、带宽、透波率（传输系数）、瞄准误差、瞄准误差斜率、方向图副瓣电平及允许抬高、波束宽度变化、零深变化等电性能设计指标选取；（b）单频带通复杂曲面雷达罩的工程化研究；（c）平面、三维单 / 多层 / 屏 FSS 设计 / 仿真技术研究，制造工艺研究，试验件制造。图 1-18 给出了单 / 双层 FSS 示意图。

（3）特征信号（电性能、隐身性能）测试验证

①雷达罩 / 雷达舱的 RCS 散射特性和辐射方向图测试。

②有 / 无单 / 多层 / 屏 FSS 低 RCS 天线罩的雷达天线工作频率、带宽、透波率（传输系数）、瞄准误差、瞄准误差斜率、方向图副瓣电平及允许抬高、波束宽度变化、零深变化等电性能设计指标测试。图 1-19 给出了美国 Raytheon 公司单 / 双层 FSS 透波率测试曲线实例。

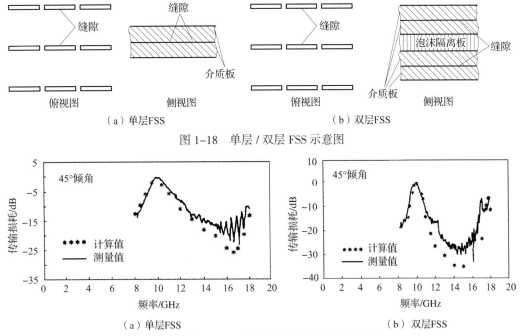

图 1-18　单层 / 双层 FSS 示意图

（a）单层FSS　　　　　　　　　　（b）双层FSS

图 1-19　美国 Raytheon 公司单双层 FSS 透波率测试曲线

1.5.2.5　采用 LPI 技术

LPI 技术是低截获概率技术的统称，是提高载机武器平台作战效能和生存能力的关键技术之一，如果隐身飞机的机载雷达采用 LPI 技术，则可以在敌方目标做出反应前完成攻击任务，因此它是先进战斗机射频隐身的关键技术之一。LPI 技术包含超低副瓣天线技术、天线波束伪随机扫描技术、宽带频率捷变技术、低峰值功率大时宽带宽信号技术、脉冲重复频率参差技术、信号波形捷变技术和信号扩谱技术等多种单项技术。

这类单项技术已在现代机载雷达中得到广泛应用，但是利用它们成功地研制一部 LPI 雷达，目前在国际只有美国的 APG-77（装备 F-22）、APG-80（装备 F-18E/F 和 50 批 F-16）和 APG-81（装备 F-35）。由此可见，研制 LPI 雷达的主要困难是缺乏综合应用上述单项技术进行雷达系统设计的总体设计技术，同时需要与飞机的总体隐身指标进行折中设计。从而很难设计出一个科学合理的 LPI 雷达总体方案。

采用 LPI 设计的主要关键技术有：

①采用低副瓣、高增益天线是提高 LPI 改善因子的主要措施，即采用低峰值功率大时宽信号技术，但通常机载天线增益较低，在工程实现上比较困难。图 1-20 为传统天线与采用 LPI 技术天线的辐射方向图对比。美国 Raytheon 公司已经在 APG-81 射频相控阵雷达上实现辐射方向图的 LPI 设计，见图 1-21。

②采用窄带信号有利于提高 LPI 改善因子，因为当信号时宽一定时，用增加信号带宽来增加脉压增益与信号带宽比上的损失是成正比的。

③减少雷达接收机的系统噪声温度（T_r）是提高 LPI 改善因子的有效措施。

④采用相干积累检测降低检测所需的信噪比（S/N）是提高 LPI 改善因子的重要措施。

⑤减少雷达系统的接收损失（L_r）是提高 LPI 改善因子的有效措施。如降低发射信号峰值功率（P_t）、减小发射信号的脉冲宽度（S）和减少波束驻留时间（t_0）等。

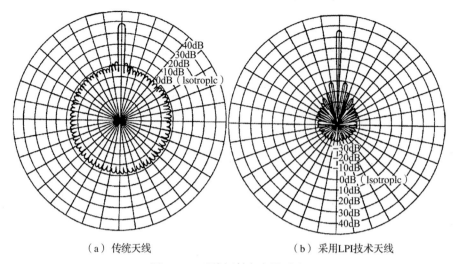

（a）传统天线　　　　　　　　（b）采用LPI技术天线

图 1-20　天线辐射方向图对比

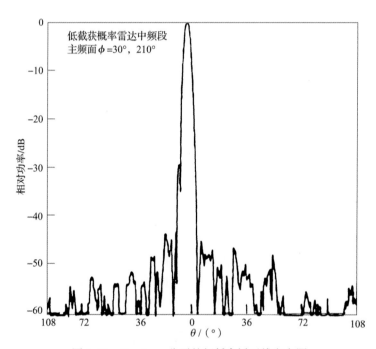

图 1-21　Raytheon 公司的超低旁瓣天线方向图

⑥能量管理功能。采用 LPI 技术雷达的探测过程是一个需要定量控制发射信号峰值功率和脉宽的探测过程，因此它必须有目标指示雷达协同工作，以提供定量控制发射信号参数的先验知识。但 LPI 制导雷达一旦捕获目标后，应能自动实施发射能量管理，直至完成攻击制导任务。因此在 LPI 制导雷达系统的设计中，必须考虑两个基本要求：可定量控制发射信号峰值功率和脉宽；具有基于先验知识的实时发射能量管理能力。

在实际的工程应用中，隐身飞机在突防、对空／对面阶段主要使用的机载射频设备主要包括：雷达、电子战系统以及通信系统中的 HF、U/V、L 波段、卫星通信、定向通信链等。

雷达作为现代高隐身战斗机机载射频系统主要辐射源，通常占据 90% 以上的辐射能量，因此必须采用射频隐身设计，这是毋庸置疑的。

机载电子战天线系统主要功能是告警、电子支援（ESM）和电子干扰（ECM）。其中告警、ESM 机载电子战天线处于接收状态，无有源射频信号辐射，无需射频隐身设计。电子干扰为电磁软杀伤，通过欺骗式或压制式干扰对敌方机载射频设备（以雷达为主）发动电磁攻击，由于机载相控阵雷达工作频率扩宽，动态范围较高，高隐身战斗机更多地采用欺骗式干扰，在欺骗式干扰中应尽可能地模拟出真实目标回波信号，这就需要对发射信号进行功率管理，增大敌方雷达剔除干扰源的难度。由于有源干扰本身也是很强的辐射源，在对敌方雷达实施干扰时，同样受到敌方无源探测的威胁，严重时会因为辐射干扰信号受到敌方武器，特别是反辐射导弹的攻击。因此，电子干扰同样需要采用射频隐身技术。

机载通信系统中 HF、U/V 和 L 波段通信辐射空域为 4π 空间，且作用距离相对较远，受工作频率限制，无法实现相控阵体制下的定向波束，很容易被来自机载／陆基的无源探测系统所截获，因此对于高隐身作战飞机这三种机载通信数据链必须从战术上进行严格时间管理，必要时只允许接收。卫星通信主要考虑旁瓣射频隐身，采用较高工作频段，有益于减少天线尺寸及辐射时间（高传输速率），符合天线低 RCS 与射频隐身设计要求。定向通信链是高隐身作战飞机编队飞行时互相传递作战信息的桥梁，必须采用射频隐身设计。

1.6　小结

本章从隐身技术基本概念和原理入手，全面阐述了雷达探测与隐身相互作用的关系，揭示了隐身与反隐身博弈对抗的技术发展趋势，建议从事隐身设计和希望了解隐身技术的人员重点关注飞机、舰船和地面车辆等目标的各类特征信号，并掌握与之对应的隐身基础技术。

面向未来装备高隐身能力的需求，在本章中将现有隐身的核心问题聚焦到了机载射频孔径系统，这是目前隐身设计中较为棘手的问题，也是本书核心介绍和讨论的内容。通过阅读本章希望读者了解：

（1）机载天线等传感器孔径的分布与形状特征，对飞机隐身效果具有举足轻重的影响，如果不能有效控制机载射频孔径系统的特征信号（包括 RCS 和电磁辐射控制），将对我们已有的隐身工作产生严重的破坏；

（2）天线隐身设计的基本原则可以采用合理天线布局、最小化天线孔径数量、小天线孔径尺寸、低天线孔径特征以及应用 LPI 技术等，但前提是一方面要了解天线的特征，另一方面要掌握隐身分析和验证的方法；

（3）无论采取何种隐身技术措施，一定要综合考虑"平衡"的理念，不局限于散射与辐射的平衡，还应考虑各项技术间的平衡，以及各频谱隐身之间的平衡等。

第2章 雷达隐身技术

2.1 外形雷达隐身技术

2.1.1 外形隐身原理

外形雷达隐身是通过修改目标的外形，使其强散射方向偏离单站雷达来波方向，将高RCS区域移至威胁相对较小的空域中去。从外形雷达隐身技术的机理来讲，某个角度范围内RCS的减缩必然伴随着另外一些角域内RCS的增加。因此，外形隐身技术的首要条件是要确定威胁区域。若所有方向的威胁都是同等重要，则外形技术是无能为力的。但对于实际的目标，一般都可以确定出其最重要和次重要的威胁区域，因而可以很好地利用外形雷达隐身技术来有效地减缩目标的RCS。通常威胁最大的区域是目标的前向锥角范围，因此需要把较大的RCS贡献移出该区域，使其指向其他区域。例如，飞行器可以通过采用更大的机翼后掠角来实现这一目标。前向区域包括垂直面和水平面，如果目标几乎不会从上方被威胁雷达照射到，那么像发动机进气道这样的强散射源，就可以移到目标的上方。这样，当从下方观察时，进气口就被目标的前部遮挡住了。

对于车辆、舰船等类似于盒状结构的目标，为避免二面角或三面角的强反射，可以将相交的表面设计成锐角或钝角。例如，舰船上的垂直舱壁与海面构成的二面角，可通过倾斜舱壁来减小其RCS。

为了说明外形隐身技术的原理，这里比较三种简单形体的RCS特征[20]。如图2-1所示，其中一块矩形平板被大小刚好能容纳它的圆柱面和球面所包围。假定形体表面均为理想导体，用解析方法便可以估算来自三个目标的回波，即

$$\sigma = \frac{h^2}{\pi}\Big[kw\cos\theta\, \frac{\sin(kw\sin\theta)}{kw\sin\theta} \Big]^2 \quad （平板）\tag{2-1}$$

$$\sigma = krh^2 \quad （圆柱）\tag{2-2}$$

$$\sigma = \pi r^2 \quad （球）\tag{2-3}$$

式中，h是平板或圆柱的垂直尺寸；w是平板的宽度；r是圆柱或球的半径；θ是图2-1所示的观察角。为了围住一个长度等于宽度的正方形平板，圆柱的半径$r=h/2$，球的半径$r=h/\sqrt{2}$。值得注意的是，由于圆柱和球都是围绕垂直于观察平面的轴线旋转对称的，因此它们的RCS与θ角无关。

图2-2绘出了$h=w=25\lambda$的平板随θ而变化的雷达截面积方向图（实线），RCS是对平板尺寸归一化的值。平板RCS的分布显示了均匀照射口径的$\sin x/x$特性，在边射方向（$\theta=0°$时），RCS有一个大的镜面反射值（约38.9dB），随着$|\theta|$的增加，其RCS值对称地呈振荡减小，当观察角$\theta=\pm 15°$时，RCS波瓣峰值已减小了30dB以上。这使我们容易想到，如果能改变平板的取向，使其法线方向偏离重要的威胁区域，则可实现RCS显著

减小。与平板反射相对照，圆柱的 RCS 是恒定的，并比平板镜面反射大约低 20dB。同样，球的反射也是常数，并且比平板的镜面 RCS 降低 30dB 以上。因此，对一定的目标指向，通过外形调整，可获得 RCS 的惊人减缩[21]。

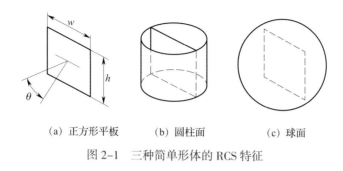

（a）正方形平板　　　（b）圆柱面　　　（c）球面

图 2-1　三种简单形体的 RCS 特征

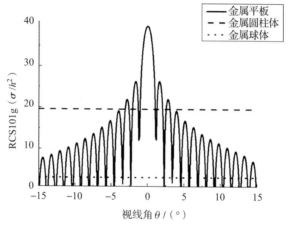

图 2-2　平板、圆柱和球的 RCS 分布曲线

另一方面，图 2-2 的结果也说明了外形隐身的另一个原理，即在一个角域内的 RCS 减缩通常伴随着另一角域内的 RCS 增加。例如，归一化平板 RCS 方向图在 $\theta = \pm 10°$ 的观察角上是 10dB，而圆柱面是 19dB，即用圆柱面包围平板在 0° 处获得 20dB 的 RCS 减缩被在 $\pm 10°$ 处增加的 9dB 所抵消。此外，在这种情况下，平板的反射只在大约 4° 的角范围内被减小，而在其余的更宽阔的角范围内反射增强。这一点能否被接受，在很大程度上取决于特定目标的战斗使命和 RCS 任务的具体细节。但是在某些情况下，这种情况不能被接受。

这样就产生一个问题：是有一个较低且宽的 RCS 方向图好，还是有一个集中在一个较窄观察角范围内较高的 RCS 方向图好？答案取决于对目标具有强威胁性的方向。如果威胁方向只局限于一个角度范围内，那么 RCS 方向图的几个大尖峰是可以接受的，只要将这些尖峰移到威胁区域以外。美国的 F-117A 隐身战斗机正是根据这一原理设计成多面体外形结构，使大面积的镜面反射以及强的边缘绕射贡献集中在远离头锥方向的几个角域范围内，使最重要的威胁区域（即机头方向）的 RCS 获得显著的减缩效果。但是，若威胁范围包括所有方向，那么答案就取决于探测过程，因为探测概率一方面随着 RCS 的增大而增大，另一方面又随着镜面闪烁宽度的变窄而减小，到底哪一种作用占优势，取决于特定任务情况的具体细节。

说明这一问题的常用例子是美国一部西部影片中散布着岩石和灌木丛的场面，其中一个警长正在追捕一个逃犯。这个逃犯蹲伏在丘陵中的某处，警长则慢慢地扫视这些地形，搜寻踪迹，试图看穿这片树丛和岩石。偶然地，当逃犯在岩石后面调整位置时，转动了他的闪光发亮的冲锋枪，其镜面反射方向曾一度通过了警长的视线方向。反射阳光的闪烁虽然短暂，但是明亮，因而逃犯暴露了他的大概位置。尽管逃犯仍然躲藏着，但警长现在只需集中注意几十平方码（yd）①，而不再是以前的几十平方英亩（acre）②。即使枪的闪烁不再被看到，但搜索范围已减小到了一个相当小的区域。在这种情况下，这个角度很窄但很强烈的枪的闪烁改变了探测方式，即从宽角度扫描变成窄角度扫描，使探测概率突然变大，从而警长很可能把逃犯从岩石后面赶出来。这个故事说明，在所有威胁方向是同等重要的条件下，窄而强的 RCS 分布图并不是有利的。

产生窄而强的 RCS 分布的物体除了平板之外，还包括进气道或尾喷管的空腔结构，天线和天线罩构成的雷达舱结构，飞行员座舱的内部结构，以及两个或三个平面构成的角反射器结构等。

2.1.2 外形隐身设计原则

飞机有各式各样的布局形式，对隐身飞机而言，显然以飞翼的形式或近似于飞翼的形式最为有利。这种形式不仅没有单独的机身，甚至取消了尾翼。随着机体部件的减少，整机的强散射源必然就大为减少。此外，注意在机身表面尽量避免凸起、凹陷和台阶，使飞机表面尽量光滑和"干净"，使飞机的散射源减少到最低限度。

一般而言，在隐身飞机的设计中需要遵循以下基本原则：

（1）消除能够成角反射器的外形布局，避免产生角反射器效应。这就不仅要降低各个部件的 RCS，而且在将各个部件组合成整架飞机时应特别注意，一定不能使其产生角反射器效应。例如，在机翼和机身的连接处会产生二面角反射的情况，故应采用翼身融合体将其消除；垂直尾翼与水平尾翼（或机翼）也构成了二面角，因此，需采用双垂尾使其向内（或向外）倾斜。

（2）通过外形设计将后向散射为非后向散射，从而减少返回到雷达探测方向的散射能量。

（3）采用一个部件对另一个强散射部件的遮挡措施。飞机上有一些强散射源是无法避免的。例如，发动机进气道的进气口和尾喷管的尾喷口；飞行员的座舱等都是强散射源，又都是必要的。因此，需要考虑利用飞机机体的其他部件对其进行遮挡，使雷达波在飞机的主要姿态角上，不能直接照射到这些强散射源上。例如，采用背部进气道，则由于进气口布置在机体的上方，地面防空雷达就照射不到它；再比如，把喷口布置在双垂尾的中间，使雷达不仅照射不到，而且对红外隐身也同样有利。

（4）回波方向控制。飞机机体上的平板及曲率半径较大的表面，能产生镜面反射，在其外法线方向上是很强的散射源。因此，在外形设计上不能让这样的表面正对着最重要的

---

① 1yd（码）≈ 0.9144m。

② 1acre（英亩）≈ 4046.856m²。

雷达探测方向，要控制这种机体表面的方向，使其将雷达波的能量反射到避开危险探测区的其他方向上去。具体而言，将全机各翼面的棱边都安排在少数几个非重要的照射方向上去（大于正前方30°以外，如F-22和YF-23的机翼、平尾、垂尾的前缘和后缘都互相平行。

（5）强射源的消除与控制

①对于进气道，采用进气口斜切以及将进气管道设计成S形，既可遮挡电磁波直射到压气机叶片上，又可使进入进气道内的电磁波经过4～5次反射使回波减弱，从而有效地减小了进气道的RCS。F-22和F-18改进型都采用了斜切进气口及S形进气道。

②对于机翼，要采用尽量小的展弦比和适当的后掠角，从测试和计算得知，三角形机翼比一般大展弦比的直机翼的雷达截面积要小得多。

③对于外挂物，将中、近距导弹及炸弹都埋挂在机身舱内，如F-22和B-2那样，但这增加了机身横截面积而使阻力增加；也可采用保形外挂（贴合式、半埋式和整流罩式），适当降低隐身要求，换来武器装载的灵活性（类型和数量），如"台风"那样将导弹贴在机身上。

④采用镀膜座舱。在飞机的设计中，为了保证飞行员的视野，座舱不可避免地要凸出机体表面并要有透明的舱盖。这样雷达波就可以直接照射到座舱设备，形成很强的散射源。为此，应将座舱盖用真空镀膜的办法镀上一层金属膜或铟锡氧化物（ITO）膜，使雷达波不能透射入座舱内部，从而消除了这一强散射源。

⑤对于隐身飞机，当强散射源已减弱后，弱散射将起主要作用，如机身的口盖、操纵面的缝隙、台阶、钉头等电不连续表面都是弱散射源，都应该采取措施。例如，将口盖及缝隙设计成平行于机翼的前后缘锯齿形，如F-22那样；或者在电不连续处使用吸波材料或导电材料。

⑥当某些部件或部位不能采用外形隐身措施时，可用隐身吸波材料来弥补。

2.1.3　消除角反射器效应外形组合

2.1.3.1　角反射器构型类型及散射特征

常规飞机构成角反射器效应的外形组合有两种类型：①两个近似平板的表面相互垂直，如平尾与垂尾（或无平尾布局时的垂尾与机翼之间），挂架与机翼下表面；具有垂直侧壁的机身（或进气道）表面与机翼下（或上）表面。②近似旋转体的表面如果能有一条法线同其邻近的"类平板"表面平行，则这种组合也形成角反射器效应。上单翼或下单翼的机身同机翼表面之间，悬吊式发动机舱与机翼下表面之间，副油箱、炸弹、导弹等与机翼下表面之间均可形成这类非直角形的角反射器效应。这类角反射器回波强度较第一类弱很多，但比"类旋转体"单独存在时的回波强度大很多。

图 2-3 表示了角反射器的工作原理，它是由两块相互垂直的铝板组成的角反射器的一个单元（用得更多的是由三块相互垂直的铝板组成）。整个角反射器可以由左右两个这样的单元，或左右、上下4个这样的单元组成。当入射线 k_i 以入射余角 θ 入射到平板 n_1 上时，根据反射角等于入射角的原理以及两块平板相互垂直的条件，k_i 的前向反射线会以入射角 θ 入射到平板 n_2 上，且其反射线 k_r 必然与 k_i 平行且方向相反。进一步分析可以看出，在 $0° < \theta < 90°$ 范围内，k_r 与 k_i 的关系始终保持不变。这就造成了在如此宽的仰角范

围内，雷达总是能接收到很强的平板型镜面反射。角反射器的工作原理属于两个散射体之间发生的耦合作用的一种类型。

图 2-4 表示了这种二面角反射器的典型散射特性曲线。它由三个波峰组成。其中 σ_1 与 σ_2 分别为射线沿 n_1 及 n_2 的反方向入射时相关平板单独产生的法向镜面回波。σ_3 即由入射线 k_i 通过两个面的反射形成的、沿 k_r 方向返回的耦合波峰。这三个波峰的强度均可由式（2-1）估算

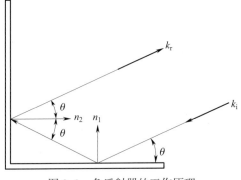

图 2-3　角反射器的工作原理

$$\sigma_i = 4\pi A_i^2 / \lambda^2 \qquad (2\text{-}4)$$

式中，i=1、2、3；σ_i 表示三个波峰；A_1、A_2 分别为平板 n_1 及平板 n_2 的几何面积；A_3 为二面角反射器的口面面积。设两块平板均为矩形，且对应边相等，则不难证明 $A_3 = \sqrt{2} A_1 = \sqrt{2} A_2$，由式（2-1）得 $\sigma_3 = 2\sigma_1 = \sigma_2$。图 2-4 所示实验结果与这一结论完全一致。这说明二面角反射器的耦合波峰强度可达到单一平板法向镜面回波强度的 2 倍。角反射器耦合波峰的另一特点是波峰宽度大。图 2-4 显示，此波峰占据了 θ=5°～85° 的范围。

对飞机挂装的导弹而言，正交尾翼之间的角反射器效应因受机身或弹身的影响而受到破坏，使得引起的回波强度要比典型角反射器的回波弱一些，但两者的散射特性曲线的形式是一致的。战斗机的正交尾翼（或垂尾与机翼的正交组合），其 σ_3 可达 25～30dBm^2（视垂尾与平尾两者弦长重叠程度而定）。包括旁瓣在内，σ_3 可覆盖 5°～85° 的范围。如此既强又宽的波峰是隐身飞机最不能容忍的。

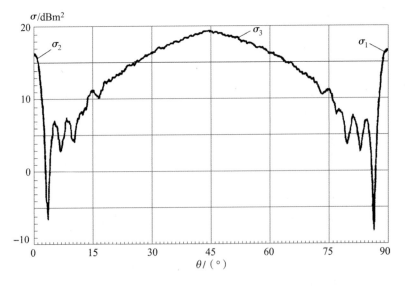

反射器两个面均为 300m×200m 的矩形且一个面的长边与另一面的长边互相垂直；
测试波长 λ = 3.2cm，水平极化，θ 的定义见图 2-3。
图 2-4　二面角反射器的典型散射特性

2.1.3.2　低 RCS 外形设计措施

对于隐身飞机，消除垂尾与其相邻部件间的角反射器效应的最好方法就是用倾斜式双垂尾代替单垂尾或双垂直垂尾（见图 2-5），或用 V 形尾翼代替正交尾翼；为了消除机身与机翼结合处产生的角反射器，在外形设计上往往采用翼身融合体布局；在新一代隐身战斗机设计上应取消翼刀，取消外露的挂架及外挂物并将可收放的挂架及挂装物全部收藏在武器舱内。

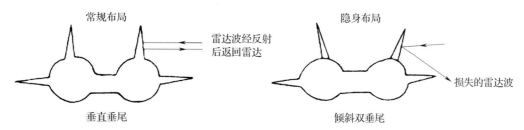

图 2-5　用倾斜垂尾消除角反射器

当然，除上述的外形设计外，消除角反射器效应还有其他的一些措施。对于导弹的十字形或 X 形翼面，为了消除角反射器效应可在产生耦合作用的相邻两个翼表面上涂覆 RAM，或使用结构性吸波材料制造全部 4 个翼面。对于外挂物挂架与下翼面间形成的角反射器可在挂架外表面及与其对应的下翼面有关部位使用涂覆型 RAM。这种措施只有在外挂物本身具有低 RCS 特性时（涂有 RAM 的炸弹或副油箱，或专门设计的低 RCS 外形副油箱等）才是有效的。在改造现有装有翼刀的机种时，可以在翼刀的外侧表面及其与之对应的机翼上表面有关部位涂覆 RAM。

2.1.4　消除或减弱有害散射源

2.1.4.1　有害散射源类型及散射特征

"有害散射源"是指同飞机的基本飞行功能无关的外露部件、凸出物、缝隙、结构台阶等形成的散射源。例如，各种外挂物、通风口及各种舱门的透波间隙（虽有密封条、但仍透波）等均属有害散射源。将飞机上的镜面回波、边缘绕射回波消除或抑制后，行波回波或爬行波就是一种不可忽视的散射源。在影响飞机行波回波强度的诸因素之中，有些因素，如机身长细比、机身附加部件的有无是无法按照抑制行波的要求改变的，而有害散射源则是可以通过一定措施改变的。

试验表明，对一件最大直径为 90mm、长度为 900mm 的良导体长球体试件的远端开一不导电环形缝隙，则当射线从长球体近端入射时引起的回波强度较无环形缝隙的长球体增加 3dB。这仅是一条缝隙造成的结果。常规飞机机身蒙皮的对缝，如果其走向为沿 X 轴的垂直方向，那么其对行波回波的影响就与该试验的结果接近。在一架常规飞机上，这样的蒙皮对缝少则有几条，多则有几十条。

在与 X 轴垂直的蒙皮对缝处，如果由于两块蒙皮的厚度不同或因工艺粗糙而在机身外表面形成台阶，那么行波也会在这种表面不连续处形成较强的回波。即使用机械加工方法将这种台阶倒成厚度渐变的，则斜坡前后仍然是另一种不同形式的不连续（一次微分不连续），此处仍可产生可观的行波回波。

对于座舱、起落架舱、特设舱等舱门与舱口之间的间隙造成的有害散射源，由于有密封带的存在，对空气来说并非通路，但对电磁波来说是一条有介质层的缝隙。这样的间隙对缝若垂直于行波的前进方向，会引起行波的较强回波及其他次级散射回波。

2.1.4.2　低 RCS 外形设计措施

对待有害散射源，解决的措施大致可分为消除及减弱，如将所有外挂物全部装入结构内，或采用整型^①外挂，或改变外形与表面材料。对于缝隙，可采用导电密封条，对通风口，可用埋入式代替凸起式。为了消除蒙皮对接处的缝隙，一方面应尽量减少与 X 轴垂直的蒙皮对缝的数目；另一方面应对蒙皮在对缝处的两个接触面进行机械加工，使两者严密，达到良导电程度。或者在对缝处特意留出一定的间隙，并用导电腻子可靠地充填。为了消除蒙皮对缝处的台阶或其他不连续，应当在设计及工艺上加以保证。

在处理舱门与对合口框的对接缝隙时，基本途径可归纳为如下一些措施：

机身背部的飞行员座舱盖与对合口框的前边缘对缝或后边缘对缝，以及机身腹部的特设舱门与对合口框的前边缘对缝或后边缘对缝应斜置或锯齿化，其方向应与机翼前缘或后缘法向空间平行。这样可避免缝隙的对缝在飞机头向或尾向 RCS 减缩的重点方位角范围内产生行波回波波峰、爬行波回波波峰及直达波回波波峰，而将它们偏转到与机翼前后缘波峰一致的非重点方位角上。

舱门和对合口框斜置措施虽然对 RCS 减缩有显著效果，但在舱段空间的有效利用上，或者在结构承力及工艺上会付出代价。解决这一矛盾的方法是，将在飞机俯视图或仰视图上垂直于 X 轴的舱门与对合口框间对缝锯齿化。具体讲，是只将与这种对缝有关的舱盖蒙皮边缘及对合口框处蒙皮边缘锯齿化，而内部结构保持与 X 轴垂直。锯齿化的对缝既保证了 RCS 减缩的要求，又保证了舱段空间的有效利用。锯齿两个斜边的斜度是一个重要参数。斜度的确定原则是，既能有效降低飞机头向及尾向重点方位角范围内的行波回波、爬行波回波及直达波回波，又能将斜边产生的法向回波波峰偏转到 RCS 减缩的重点方位角范围以外。实施这一原则的具体措施就是在飞机俯视图或仰视图上，让锯齿的两个斜边分别平行于左侧机翼的前缘或后缘及右侧机翼的前缘或后缘。

2.1.5　变后向散射为非后向散射

2.1.5.1　飞机上后向散射构型类型及散射特性

当射线沿某一表面或以棱边的法向入射时，就会产生很强的法向镜面回波或法向边缘绕射回波；当射线离开法向但离开的角度不够大时，也会有强度可观的回波产生。在这两种情况下，单站雷达将能够接收到大量后向散射回波。然而，如果将被照射的表面或棱边斜置一个足够的角度，致使出现在重点方位角范围或重点俯仰角范围内的所有射线均能远离该表面或该棱边的法向，那么回波的强度就会显著变弱。

飞机上的后向散射构型主要包括了垂尾、机身、翼尖和进气道等。对垂尾而言，尽管倾斜式双垂尾可以避免角反射器的产生，但还需要选取适当的倾角，使得后向散射方向图的主瓣及若干副瓣偏转到 RCS 减缩的重点俯仰角范围以外。对于采用平板形表面的机身，与曲面相比其后向散射方向图主瓣更强，但副瓣衰减更快。也就是说，平板形表面的后向散射方向图在较窄的角度范围内就可降低到雷达难以检测的水平。对机翼或平尾的翼尖而

---

① 此处"整型"是名词，意思是外挂作为一个整体。

言，如果为翼型端面翼尖，且端面垂直于弦面（不少无人驾驶飞行器及少数有人飞机具有这种翼尖），只需要 0.5 ~ 0.6m 的弦长，在侧向 X 波段入射下，RCS 就可达 $1m^2$。

对于进气道而言，其后向 RCS 与电磁场的下列入射方式与传播方式有关：

①当射线垂直入射进气道唇边且电场 E 与唇边平行时，唇边产生较强的后向边缘绕射回波；当射线垂直于唇边入射，且电场 E 与唇边垂直时，唇边也产生后向边缘绕射回波，不过比前一种电场状态弱得多。

②进入进气道的射线直接照射到发动机压气机（或风扇）上，产生后向镜面反射或边缘绕射回波。

③进入进气口的射线经进气道管壁多次反射后入射到压气机（或风扇）上，引起前向及后向镜面反射，再经管壁的多次反射而退出进气口，被雷达接收。

④入射到进气口唇边的射线，在唇口边缘产生后向边缘绕射回波的同时，其部分前向边缘绕射波可进入进气口内，直接射到或经管壁多次反射后射到压气机（或风扇）上，然后直接返回或经多次反射后返回雷达接收机。

⑤射线首先射到进气口邻近部件（如机身或机翼的表面或翼身融合体的棱边）上，由此引起的前向反射波或绕射波进入进气口，经管壁多次反射后射到压气机（或风扇）上，再经管壁多次反射，返回雷达接收机。

此外，活动面（如副翼、全动式平尾、前缘襟翼等）不偏转时，活动面与翼面的不动部分之间只存在一条顺流的间隙。但是，当活动面偏转后，在原间隙处，活动面的端面与翼面的不动部分的端面就暴露在入射电磁波之中了，由此导致它们在一定的入射角下会产生较强的镜面回波。

2.1.5.2　低 RCS 外形设计措施

通过采用斜置外形，将被照射的表面或棱边的散射方向图的主要部分偏转到单站雷达接收不到的方向上（见图 2-6），可使飞行器的后向 RCS 显著降低。这是隐身外形技术的基本措施之一，而且效果往往是很显著的。按一定准则将重尾倾斜、采用倾斜的平板形表面机身（或多面体机身）、给低速飞机设计较大的前后缘后掠角、采用斜切翼尖、斜切进气口等都属于变后向散射为非后向散射的布局原则，在后面各章中会对与这些部件的斜切外形相关的各种参数取值等问题进行更深入细致的讨论，此处不再赘述。

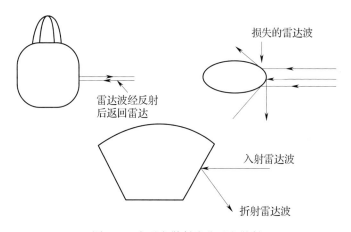

图 2-6　变后向散射为非后向散射

在降低活动面的后向散射影响时，若将活动面端头间隙按图 2-7（b）的形式予以斜切，可使活动面偏转后暴露出来的两个端头由平板变为棱边，从而显著降低相应照射角度范围内的 RCS。试验表明，若将图 2-7（b）A—A 截面中的平面尖劈改为凹面尖劈（双点划线），则效果更好。

此外，可以将飞行员座舱底框（舱段后部隔框）、雷达舱底框向后倾斜一个角度以改善头向隐身性能，将喷口斜置改善后向隐身性能。作为机身的一个附加部件，喷口的斜切还能显著降低机身行波回波强度。

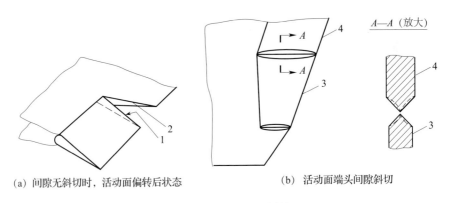

（a）间隙无斜切时，活动面偏转后状态   （b）活动面端头间隙斜切

图 2-7   活动面端头间隙斜切

1—活动面端面；2—翼面不动部分端面；3—副翼；4—襟翼

2.1.6   用棱边代替曲面以避免强镜面回波

2.1.6.1   曲面构型镜面散射特性

在法向入射下，曲率半径大于波长的光滑曲面会产生很强的镜面回波。而且这种镜面回波在非法向入射时也会存在，只是强度会降低。飞机的机身横剖面和机翼、平尾等的翼型剖面前缘都会出现这种曲面构型。以机身为例，当射线 k_2 以仰角 θ 入射一个圆形剖面机身 A（见图 2-8（a）右侧），其回波将是较强的法向镜面回波，而且不论 θ 的数值是多少，此镜面回波将始终保持同一水平。这样的机身具备了低 RCS 外形最忌讳的两条散射特点——其一，回波水平高；其二，高水平的回波覆盖很宽的角度范围。为了改变这种状态，可在我们关心的角度范围（$\phi_1 + \phi_2$）内，用一散射水平低的几何体将圆形剖面机身的表面占据。

在图 2-8（a）右侧，用一个具有上下平面的尖劈 B 占据了机身 A 在 $\phi_1 + \phi_2$ 范围内的圆形表面。ϕ_1 及 ϕ_2 分别是上下表面的两条法线 n_1 及 n_2 与水平线间的夹角。n_1 及 n_2 分别通过尖劈上下表面与圆形表面的切点 T_1 及 T_2。显然，n_1 及 n_2 分别为组合体 A+B 上表面及下表面斜率（绝对值）最小的法线。如此构成的组合体 A+B 可称为平板 - 曲面机身。显然，当射线 k_1 以远离 n_1 的俯角 θ' 或射线 k_2 以远离 n_2 的仰角 θ 入射此组合体 A+B 时，圆形表面上的镜面回波就会被弱得多的边缘绕射回波取代，使 RCS 显著降低。

如果用一凹面尖劈 C 占据圆形机身 T_1 至 T_2 之间的区域（图 2-8（a）左侧），只要这一区域足够大，也就是 $\phi_1 + \phi_2$ 足够大，当射线 k_1 以远离 n_1 的俯角 θ' 或射线 k_2 以远

离 n_2 的仰角 θ 入射此组合体 A+B 时，圆形表面上的镜面回波就会被弱得多的边缘绕射回波取代，使 RCS 显著降低。

另一种设计是，用上表面为凹面、下表面为凸面的尖劈 D 占据圆形机身的关键部位，构成如图 2-8（b）所示 A+D 组合体（这样的组合体又称凹凸曲面机身），也能显著降低RCS。

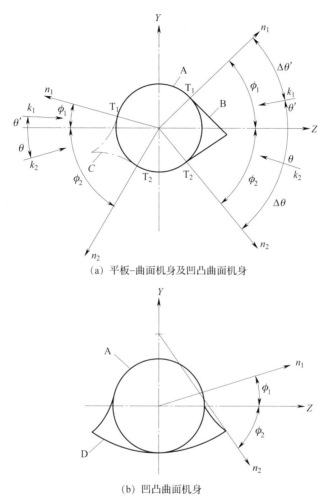

（a）平板–曲面机身及凹凸曲面机身

（b）凹凸曲面机身

图 2-8　占位作用形成低 RCS 机身的原理

2.1.6.2　低 RCS 外形设计措施

在上述的圆形机身例子不过是一种简单的特例。事实上，由于棱边引起的边缘绕射回波比曲面引起的镜面后向散射低得多，在更一般的情况下，在任意凸曲面（在机身剖面轮廓上，各处的圆弧半径或曲率半径可以不相等）的基础上，用任何低 RCS 尖劈（平的、凹的或凸的）占据 $\phi_1 + \phi_2$ 范围内受到照射时产生法向镜面回波的部位，均能获得低RCS 机身。试验表明，用这种两侧呈棱边形的机身代替常规二次曲面机身，可使机身侧向RCS 衰减约 15dB。同样地，可以用棱边翼尖（沿展向取剖面，呈尖拱形）代替二次曲面翼尖，可使翼尖侧向 RCS 衰减 15 ~ 22dB。

在具体应用上，机身低 RCS 外形往往根据机身内部空间要求、容纳物功能要求及气动要求等，演变成比较复杂的几何外形。例如，图 2-9 中（b）及（d）均为平板－曲面（下表面）及凹凸曲面（上表面）的混合外形。但是，无论外形如何复杂，构成机身低 RCS 外形的前述基本原理是不变的，而能起到良好占位作用的低 RCS 尖劈形棱边可有：上下表面一致的平面尖劈、凹面尖劈、凸面尖劈及上下表面不一致的混合尖劈，如上凸下凹、下凸上凹等。其中凹面尖劈降低 RCS 的效果最佳，凸面尖劈最差，平面尖劈居中。但是，从空间利用及气密增压舱段的承力条件而言，凹面尖劈最好。另外，若机身头部有雷达舱，为保证天线方向图少受损失，用凸面尖劈比用凹面尖劈构成的天线罩外形（是机身外形的延伸部分）更有利。

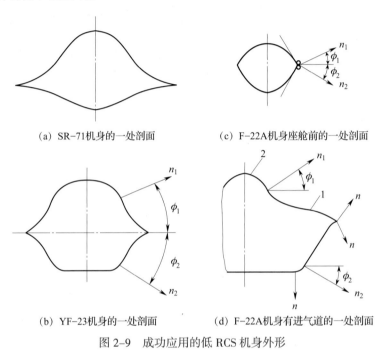

(a) SR-71机身的一处剖面   (c) F-22A机身座舱前的一处剖面

(b) YF-23机身的一处剖面   (d) F-22A机身有进气道的一处剖面

图 2-9　成功应用的低 RCS 机身外形

1—机身外形；2—座舱罩外形

2.1.7　全机各部件棱边布局统筹选择

2.1.7.1　棱边的类型及散射特性

高速飞机机翼及尾翼的前缘、后缘、低 RCS 翼尖、低 RCS 机身两侧的棱边、进气口及喷口等都是产生棱边散射的散射源。在应用前述几条原则，消除、代替、遮挡了飞机上的强镜面回波以后，这些棱边散射就变成了第一位的主要矛盾。以上这些棱边大部分分布在飞机的水平面内，因此在水平极化（大多数雷达使用这种极化）下回波峰值更强。

在一架常规布局飞机的 360° 方位角范围内，左右机翼、左右平尾及两只倾斜垂尾的前后缘能够产生多达 24 个的波峰。此外，机翼及平尾的左右翼尖及进气道上下唇边也都有相应的波峰出现。这些波峰的强度，就一架战斗机来说，最弱者不到 1m²，最强者可达 15m² 左右。尽管这些波峰的宽度很窄，但若听任它们任意分布在不同的方位角上，飞机被雷达发现的概率是很可观的。

2.1.7.2　棱边布局的技术措施

用外形技术抑制棱边回波有两种途径：第一种途径是用曲棱边代替直棱边，该途径效果有限，大约有 10dB 的收益，但同时带来回波峰值宽度在大范围内膨胀。对于隐身性能要求不高的飞机可以采用这一途径。

第二种途径是用直棱边代替曲棱边或将长棱边分割成短直棱边且让全机所有棱边的法向避开隐身指标要求高的方位角区域，最好将它们集中在少数的几个非重要的方位角上，也就是对全机各部件棱边的布局进行统筹安排。这样，集中后的每一个波峰都是若干个波峰按相位相关叠加而成。由于其中有的波峰构成相加相位，有的波峰构成相减相位，因此集中后的波峰强度并不过分提高，并且波峰宽度特别窄（战斗机各翼面前后缘的波峰宽度约为 1.5°），很难被雷达截获。

由于机翼前后缘的波峰强度很大，且其前后缘后掠角对飞机气动性能的影响最大，所以，为解决上述波峰的集中问题，应首先安排好机翼前后缘后掠角，然后再让其他波峰向机翼波峰合并（见图 2-10）。其中，确定机翼前后缘后掠角的基本原则是，使其前后缘波峰避开 RCS 减缩的重点方位角范围。

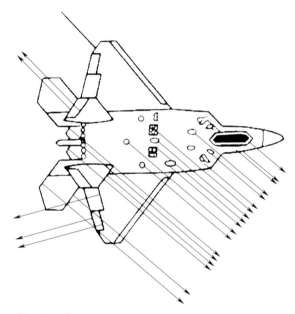

图 2-10　翼面前后缘平行可使雷达波反射尖峰叠加在一起减少强尖峰个数

2.1.8　部件遮挡技术

遮挡措施是隐身外形技术中的另一基本措施，将发动机进气口安排在机翼上表面而从前缘后退一个距离，将喷口安排在机翼上表面并让机翼后缘向后延伸呈蝠尾形，这都是利用机翼对进气口、喷口进行遮挡以减少仰视照射下的后向散射的布局。但是，遮挡的内容并不止于此。一个中单翼的翼身组合体的侧向 RCS 要比机身单独存在时侧向 RCS 小很多，这是因为，机翼的根部占据了机身后向散射最强部位的一部分。而机翼在侧向照射下的后散射强度本来就比机身弱很多，这种效果也是遮挡所起的作用。又如，在一个旋转体机身的两侧各加一个凹面尖劈，使其凹面同机身的凸面间光滑过渡，形成一个两侧有棱边的凹凸面机身，这种机身的侧向 RCS 远比旋转体机身小得多，这种效果也可理解为凹凸面尖劈遮挡了旋转体机身后向散射最强的部位。除飞翼外，一般飞机的机翼翼根只占据机身表面的一部分。如果增大机翼的后掠角，那么在侧向照射下，机翼对后机身可提供有效遮挡。甚至机翼的安装角、扭转角、上反角、下反角均可使机翼对机身提供有效遮挡。在考虑低 RCS 布局时，巧妙地运用遮挡技术所获得的效果可以远远超出各单独部件 RCS 减缩效果的总和。

2.2　雷达隐身材料技术

隐身材料是隐身技术的重要组成部分，隐身材料的发展及其在飞机、主战坦克、舰船、箭弹上的应用，将成为国防高技术的重要组成部分。在装备外形不能改变的前提下，隐身材料是实现隐身技术的物质基础。武器系统使用隐身材料可以降低被探测率，提高自身的生存率，增加攻击性，从而获得最直接的军事效益。对于地面武器装备，主要防止空中雷达或红外设备探测，以及雷达制导武器和激光制导炸弹的攻击；对于作战飞机，主要防止空中预警机雷达、机载火控雷达和红外设备的探测，主动和半主动雷达、空空导弹和红外格斗导弹的攻击。

雷达隐身材料是最重要的隐身材料之一，按作用原理可分为透波材料、吸波材料、嵌入式吸波结构、屏蔽格栅和金属镀膜几大类。这里将着重介绍这几类重要的隐身材料。

2.2.1　透波材料应用

透波材料在国外又称窗口材料，主要应用于雷达天线罩、电视台发射机和微波通信发射机的天线罩。透波材料在隐身中的作用是让电磁波信号顺利通过，从而减小反射回波，降低目标被发现的概率。从原理上来讲，电磁波在穿过透波材料后，应射入波束终止介质，否则仍会有反射或散射波存在[23]。

利用玻璃钢、凯芙拉（kevlar）复合材料制成的透波结构可使入射电磁波强度的80% ~ 95% 透过（指单程透过率），而后向回波所剩很少。但是这种透波结构部件的内部不能安装大量设备或金属元件。这是因为入射电磁波穿过它的透波外壳后，照射到这些金属设备或元件上，仍会产生很强的散射回波，其强度甚至会远远超过容纳这些设备或元件的流线型金属外壳在同样入射条件下产生的散射回波。对于透波结构内部必须保留的极少量的金属设备或元件，例如，透波结构垂尾内部的金属接头，可在其表面涂以涂覆型吸波材料或用碳耗能泡沫吸波材料屏蔽。用这种方法设计的垂尾，其 RCS 峰值较全金属垂尾可降低 90% ~ 96%。

2.2.2　吸波材料应用

吸波材料根据它是否参与结构承力，可分为涂覆型吸波材料和结构型吸波材料。前者不参加结构承力，是喷于或贴于金属表面或碳纤维复合材料表面的一种涂料或膜层。后者是参与结构承力的、有吸收能力的复合材料。目前有使用价值的涂覆型吸波材料是以铁氧体或羰基铁等磁性化合物为吸收剂，以天然橡胶或人造橡胶为基材制成的磁耗型涂料或膜层。这类材料又称磁性材料。这类材料可用来抑制镜面回波，也可抑制行波、爬行波及边缘绕射回波。这类材料的吸收效果与入射波频率及涂层厚度有密切关系。以目前国内外可提供的产品为例，厚度为 1.5 ～ 2mm 的涂层工作频率在 8 ～ 12GHz 之间，在选定的两个频率上，可获得峰值吸收率 98% ～ 99.4%。在两个峰值之外，可吸收 90% ～ 97%。另有一种薄型产品，是一种厚度 0.5 ～ 1.5mm 的薄膜，可在 10 ～ 12GHz 的频率范围内获得 97% 的吸收，当降到 6GHz 或升到 16GHz 时，吸收率降到 75%。

目前吸波材料在飞机上的应用较多。涂覆型吸波材料的优点是不需改变飞机外形就可实现 RCS 的减缩，但其缺点之一是使飞机的重量增加。以铁氧体型涂层为例，其密度约为 3，以涂覆厚度 2mm 计算，每平方米涂覆面积约重 6kg。铁氧体型涂层的另一缺点是在高温（如高于 500℃）时会迅速氧化。因此，高超声速飞行器，如空空导弹、地空导弹的翼面前缘及一般飞机的喷管不宜使用这类吸波材料。涂覆吸波材料的另一严重缺点（就目前由公开渠道可获得的产品而论）是，若将其有效的入射波频率扩展到 S 波段及 L 波段，则其厚度之大及其单位面积重量之大，是飞机设计者无法接受的。而 S 波段和 L 波段正是目前预警雷达用得最多的频段。至于对抗米波雷达，现在的涂覆型吸波材料更是无能为力。

结构型吸波材料是将吸收剂加入复合材料之中，制成既有电磁波吸收能力又有承力能力的材料。例如，用玻璃钢等透波材料制造出蜂窝夹芯的面板，用玻璃纤维布或芳纶纤维布浸涂加入碳粉等耗能物质的树脂后制成蜂窝芯层，最后根据飞机外形将面板与芯层胶合成形（见图 2-11（b））。为了提高吸收效果，可用锥形蜂窝代替管状蜂窝。对于亚声速飞机，可用玻璃钢面板和含碳粉等耗能物质的聚苯乙烯泡沫塑料制成泡沫夹芯结构（见图 2-11（c））。

具有吸波能力的蜂窝芯层，在与面板胶合成形以前，没有固定的外形，可按通用材料供应。结构型吸波材料指成形前的芯层，芯层与面板胶结成具有一定形状的部件后（见图 2-11（a））即成吸波结构。

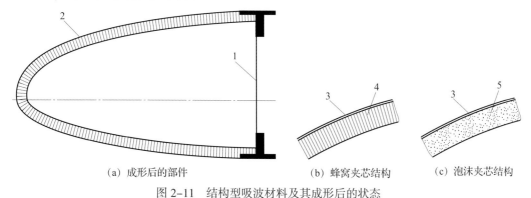

（a）成形后的部件　　　（b）蜂窝夹芯结构　　　（c）泡沫夹芯结构
图 2-11　结构型吸波材料及其成形后的状态
1—机翼前梁；2—成形后的前缘；3—透波面板；4—蜂窝型吸波材料；5—泡沫型吸波材料

与涂覆型吸波材料相比，结构型吸波材料可省去涂覆型材料的重量，可避免在已完善的气动外形之外增加一层多余的厚度，对飞机的气动性能影响相对较小。

若夹层厚度不小于波长的 1/10，结构型吸波材料可在 S 波段也保持可观的吸收率（见图 2-12）。图 2-12 所示为单独芯层的吸收特性，将它与面板结合成形后，性能会降低，高吸收率部分降低更多。

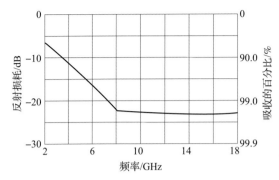

注：蜂窝芯层厚度 16mm；蜂窝管宽度 6mm；芯层密度 0.032g/cm³。

图 2-12　结构型吸波材料的吸收特性

2.2.3　镶入式吸波结构应用

镶入式吸波结构是指利用透波材料制作承力结构，在结构内部镶入不参加承力的、含有碳等耗能物质的泡沫型吸波材料，构成一种有效吸收电磁波的特殊结构。镶入式吸波结构与结构型吸波材料构成的吸波结构相比，不同之处在于前者的吸波材料不参加承力，而后者的吸波材料参加承力。

图 2-13 所示是进气道镶入式吸波结构的示意图。进气道管壁 1 是用玻璃钢或芳纶复合材料制成的蜂窝夹芯结构。厚毡状多层碳耗能型吸波材料 2 胶结于进气道管壁的背面（产品上标明的"入射表面"朝向管道内部）。

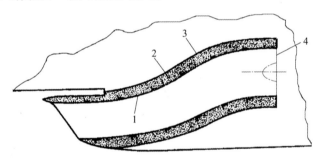

图 2-13　进气道嵌入式吸波结构

1—透波材料蜂窝夹芯管壁；2—碳耗能泡沫吸波材料；3—玻璃钢或织物包层；4—发动机风扇

由于 S 形管道的管壁为入射电磁波和由风扇或压气机返回的电磁波提供了多次反射和多次吸收的条件，因此，这种结构的吸收能力很强，与金属结构相比，在 8 ~ 12GHz 可使来自风扇或压气机的回波 RCS 衰减 99% ~ 97%，在 4GHz 可使 RCS 衰减 90% ~ 94%（视材料厚度而定）。

碳耗能泡沫型吸波材料的密度只有 0.06 ~ 0.08g/cm³，而且成形方便，这给镶入式吸波结构带来优点。图 2-13 所示结构的另一优点是，与金属管壁相比，可明显降低管壁因高速气流冲击所引起的谐振噪声。

2.2.4　屏蔽格栅应用

如果雷达波入射到进气道的管道内部，那么管道内的压气机（或风扇）会产生很强的散射回波。如果用反射性或吸收性格栅罩在进气口外，就可以有效地减弱上述两项回波。

反射性格栅是用金属材料制成的网状格栅。它可将入射电磁波的绝大部分能量反射到雷达接收不到的方向上，只允许少量能量透过。根据所对抗的雷达波长，合理设计格栅网眼参数，既可获得可观的屏蔽效果，又可使进气道的进气压力损失不大。以简单的金属网为例，若网眼尺寸为20mm×20mm，金属丝直径为2.8mm，则可将波长为10cm的入射波功率中的90%反射到无关紧要的方向上，而只允许能量的10%透过金属网。同样的网眼参数，入射波长越长，屏蔽效果越好，波长越短，则效果越差。简单的金属网不具备对气流的疏导作用，具有这种作用的反射性格栅，其网眼必须是按气动力要求设计的，是具有一定深度的管状网眼。

用吸收性格栅也能屏蔽进气道，减弱前述两项回波。在金属格栅表面（包括管状网眼内表面）施以涂覆型吸波材料，或用加入吸收剂的复合材料制造格栅，就制成吸收性格栅。这种格栅吸收电磁波的原理与蜂窝状结构型吸波材料很相似，吸收效果也与网眼参数和入射波长有关。这种格栅的屏蔽作用是由吸收及反射两部分组成的。与反射性格栅相比，吸收性格栅能将"钻入"网眼中的部分电磁波进行吸收，因此，电磁波的透过率更低，即屏蔽作用更强。

需要注意的是，不论哪种格栅，均存在不同程度的反射作用。所以，只有将格栅按一定的角度斜置（即罩在斜切进气口的外边），才能达到降低RCS的目的。

2.2.5　金属镀膜应用

常规座舱是透波的，可使电磁波穿过并射到座舱内的金属结构、设备以及飞行员身体等散射体上，这些散射体产生的后向回波再次穿过座舱盖被雷达接收。若是给座舱盖镀上一层金属薄膜，在透光率允许的条件下增强其反射率；同时改变座舱盖的外形，使反射波绝大部分偏离到雷达接收不到的方向上，可使座舱（包括座舱盖）的RCS显著降低。F-117A、F-22A、B-2、B-1B、F-16S等均采用了这种技术。在这些飞机的座舱盖上，有的采用铟锡氧化物（ITO）作为镀膜材料，有的采用黄金作为镀膜材料等。不论采用何种材料，均应满足透光率不低于70%、电磁反射率不低于90%的基本要求。

金属镀膜还有另一种应用。有些小型飞行器（如无人机、巡航导弹等）为了减轻重量及工艺成本，常用玻璃钢等透波材料制造机身或弹身的外壳。如果允许雷达波透过外壳照射到内部的金属结构、设备和导线等反射体上，则回波强度会非常大。这种情况，应在透波外壳喷镀一层足够厚的金属膜（如铝膜），阻止电磁波通过。如果再将机身设计成低RCS外形，可将入射波反射到雷达接收不到的方向上[2]。

2.3　飞机隐身技术实例及总结

2.3.1　F-117A

由美国洛克希德 - 马丁公司研制的F-117A是世界上第一架按照隐身要求设计的飞

机，1978 年开始研制，1981 年首次飞行。飞机的作战使命主要是夜间对地攻击。F-117
虽然以"F"命名，但实际空战能力很差。但就其低 RCS 外形设计而言，具有一些独特
的方面。

F-117A 在外形布局上最显著的与众不同是，机头退缩到与机翼的前缘平齐，在俯视
图上呈箭形，具体见图 2-14。这样的外形布局，当飞机受到前下方雷达照射时，可使座
舱及发动机进气口得到机翼的遮挡；当飞机受到侧向雷达照射时，可使机身得到机翼提供
的有效"占位作用"，从而显著降低了飞机侧向 RCS。

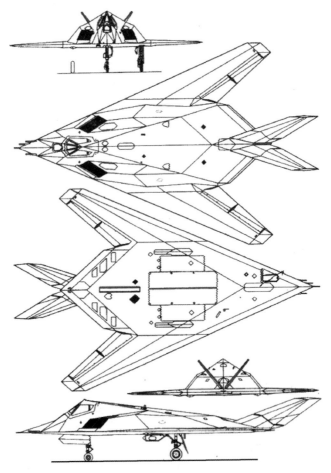

图 2-14 F-117A 的五面图

F-117A 没有采用常规亚声速攻击机气动效率方面所需的小后掠、大展弦比机翼形式。
为了保证隐身效果，牺牲了气动效率，采用了 67.5° 的大后掠角和 2.0 的小展弦比机翼。
为弥补这种机翼气动效率低的缺点，在大约 40% 半翼展以内，机翼后缘改为前掠约 50°，
增大机翼面积，同时便于内翼后缘作为发动机喷口（后面将介绍）。内翼后缘前掠增大了
机翼根弦的长度，在侧向对整个机身起到遮蔽作用。

用 V 形尾翼（向外倾斜 40°）代替了直立式垂尾及平尾。当飞机受到侧向照射时，这
样的尾翼可避免直立式垂尾和平尾之间的角反射器效应产生的特强回波。V 形尾翼的全动
式舵面只负责方向操纵，飞机的俯仰操纵由机翼后缘的内侧及外侧升降副翼完成。

在外形上，机身是由许多平面构成的多面体。机身的每块平面都有空间倾角，垂直平面的倾斜角和水平面内的后掠角都较大，周围来的雷达波都向上反射，地面雷达和水平面上敌机的雷达都接收不到，对降低机身的雷达反射信号强度有明显的作用。在雷达波入射下，平面的回波波峰比曲面的回波波峰所占角度范围窄得多，因此更宜于利用表面的倾斜将回波波峰偏转到雷达接收不到的方向上。但是，众多平面相交形成的众多棱边均构成飞机上新的散射源，在受到与棱边垂直或接近垂直的照射时，会产生强度可观的回波。因此，F-117A 的表面不得不使用大量的吸波材料。这种多面体的外形使飞机在气动力及重量上都付出了可观的代价。

在进气口前端加隔波栅板，栅板由吸波材料制成，使电磁波不能进入进气道。F-117A 在喷口的设计上采取了很独特的措施，将机翼内侧后缘变为二维喷口，喷口的高度 15cm、宽度 183cm，宽高比达到 12.2。喷口的高度很小，而且在宽度方向还有许多隔板，喷管呈 S 形弯曲。窄缝在俯视图上具有约 49° 的前掠角，且其下唇边向后上方延伸。这种口面向上倾斜的喷口，当入射雷达射线从飞机正后方逐渐向后下方变化的过程中，口面在射线的垂直方向上的投影面积逐渐缩小，直至喷管的管道及涡轮被下唇边完全遮挡，因此适合高空突防。喷流在喷出前有进气道多余的冷空气掺入，由于喷口的宽高比很大，喷流与外部空气有大面积的接触，喷流的温度只有 60℃，使红外信号大为减小，具有红外隐身性。

所有活动舱盖或舱门（包括座舱罩、起落架舱门、武器舱门等）的前后边缘与舱口之间的缝隙均制成锯齿形。这样的设计，可使在飞机近头向和近尾向入射下由横向缝隙引起的行波回波得到抑制。

取消了外挂物及外露挂架，将全部可投放或可发射武器及其挂架均安置在专门的武器舱内，如果允许这些外挂物及其挂架存在，则仅由这些附加物产生的 RCS 就可以达到一架常规战斗机（无外挂状态）的水平。

如果不采取措施，机翼上的活动面偏转以后，活动面端头平面以及与其对应的机翼固定部分的端面，就会暴露在雷达的照射之中，从而产生较强的镜面反射回波。镜面反射回波是一种很强的回波，隐身飞机绝对不允许其存在。F-117A 采取的措施是，将这些活动面两端间隙制成菱形槽，致使两侧的端面具有足够的倾斜角。

2.3.2　F-22

F-22 及其前身 YF-22 均为上单翼，机身上部与机翼融合在一起（见图 2-15 和图 2-16）。机身侧面为向内倾斜约 35° 的平面，使反射波避开雷达威胁的主要方向（一般认为侧面在 30° 以内）。机身下部基本为平面，有武器舱门。在进气口以前的前机身截面类似菱形，下部也是向内倾斜约 35° 的平面，而上部略带弧度，以便与座舱盖构成融合体。座舱盖的侧面与机身也形成约 35° 的曲面。YF-22 机身外形的隐身设计主要靠倾斜的平面和机身上部的融合体。F-117A 和 YF-22 都是洛克希德公司为主设计的，YF-22 机身的隐身设计继承了 F-117A 倾斜平面的思路，并且有所发展，隐身性能和气动性能有更好的结合，YF-22 机头倾斜的平面在两侧形成棱边，大迎角时能保证左右旋涡的对称，对防止失控和提高大迎角飞行品质有好处。前段机身（进气口以前）横剖面的上下部分分别呈正置的与倒置的头盔形。这样的外形若合理设计其参数，在雷达波侧向入射下，可将入射能量的绝大部分反射到雷达接收不到的方向上。进气口以后的机身，上表面与机翼及平尾上表面融合过渡，下部为倾斜的三面体。这样的外形，在雷达侧向照射下，也可将入射能量的绝大部分反射到雷达接收不到的方向上。

验证型与批生产型均采用常规的尾翼布局，双垂尾外倾27°。合理设计的垂尾倾斜角，可将侧向入射能量的绝大部分反射到雷达接收不到的方向上。平尾与机翼在同一水平面上并与机翼后缘相邻，对机身侧面起遮蔽作用，降低了RCS。平尾的前后缘与机翼的前后缘平行，垂尾前缘俯视投影的后掠角与机翼前缘相同（后缘不相同），这有助于将翼面前后缘的反射波集中在少数几个方向，对隐身有好处。与常规飞机布局不同的是，平尾的前缘不仅不与机翼后缘离开一段距离，反而伸到机翼后缘之前一段距离。这本是气动布局的结果，但却带来了低RCS的收益：机翼及平尾对后机身提供了最大限度的占位作用，从而有效降低了飞机侧向RCS。

YF-22外形设计上的另一特点是进气口的上下唇边、平尾的前缘及后缘、锯齿形喷口的上下唇边、尾撑后缘，均平行于同侧或后侧机翼的前缘；平尾后缘平行于机翼后缘。这样的设计，可将这些边缘在不同方位角上分散产生的众多回波波峰与机翼前后缘产生的回波波峰合并，从而降低这些波峰被雷达发现的概率。同时，如果机翼前后缘后掠角的设计有意使前后缘的内法向及外法向移出飞机头向及尾向的重要方位角范围，那么，合并后的少数波峰，也可以避免在飞机头向及尾向重要方位角范围内被敌方雷达发现。

YF-22的上述外形特点在F-22A上同样存在，只不过在F-22A上，机翼后缘近翼尖处经过斜切成为折线后缘，平尾后缘经过斜切也成为折线后缘。但是，机翼或平尾经过斜切形成的一段后缘仍然平行于对侧或同侧机翼的后缘。可见，这一低RCS上的要求并未因其他要求而放弃。

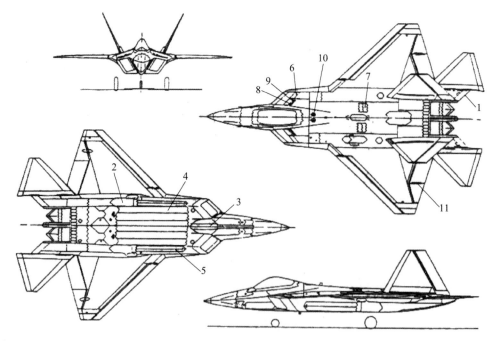

图2-15 YF-22四面图

1—尾撑；2—主起落架舱；3—前起落架舱；4—主武器舱；5—侧武器舱；6—边界层控制板；7—辅助进气口；
8—进气道边界层隔槽出口；9—进气道调节出气口；10—座舱环境控制通气孔；11—活动面端头棱形间隙

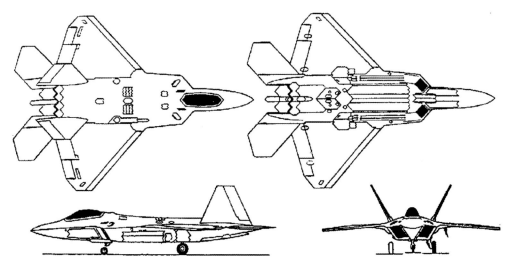

图 2-16　F-22A 四面图

　　为了降低在飞机头向附近及尾向附近入射下，机身表面缝隙引起的行波回波，在 YF-22 及 F-22A 上，凡是与飞机纵轴垂直的缝隙均设计成锯齿形或将缝隙斜置，而且每一锯齿的两个边及斜置的缝隙均平行于同侧或对侧机翼的前缘。这样，可在降低机身回波的同时，将缝隙产生的主要波峰与机翼前缘波峰合并。在两型飞机上，采用这一措施的地方，如雷达罩与机身蒙皮的对缝、座舱罩与舱口间的前后对缝、起落架舱门的前后对缝、武器舱门的前后对缝、边界层控制板的前后对缝等。

　　YF-22 及 F-22A 机翼上所有活动面端头的缝隙以及全动式平尾与尾撑之间的缝隙均开有菱形槽，其作用与 F-117A 机翼活动面端头菱形槽相同。

　　进气口采用三向斜置形式（在俯视图、侧视图及前视图上具有斜置），俯视平面的唇口后掠与机翼完全相同，侧视平面唇口后掠角与垂尾后缘平行。可使进气口的回波偏转到头向重要锥角范围以外。进气道管道走向呈 S 形，使入射波不能"直达"压气机，同时具有削弱雷达反射波强度的作用。YF-22 为提高过失速的操纵性，采用俯仰推力的二维矢量喷管，同时带来降低雷达和红外信号强度的好处。喷管的上下缘做成锯齿形（见图 2-17），进一步减小喷管的 RCS。

图 2-17　YF-22 侧后向仰视照片

2.3.3　F-35

F-35 是洛克希德－马丁公司为竞争美国和英国联合提出的联合攻击战斗机（joint strike fighter，JSF）而提出的方案，在竞争获胜后成为 F-35。F-35 的外形布局与 F-22A 非常相似，就连两个平尾通过外悬的两个尾撑与机身相连这一 F-22A 的独特设计，在 F-35 上也继承了下来（见图 2-18）。外形布局上的继承，可以使 F-22A 上的低可探测性、高机动性、高敏捷性等技术，不冒风险地移植到 F-35 上。

F-35 与 F-22A 也有显著不同之处。前者的斜切进气口的口面法向指向前－上－内方向，而后者的斜切进气口的口面法向指向前－下－外方向。F-35 的这一特点，造成垂直于进气口口面的入射波完全被机身遮挡，从而使雷达在任何方向上均无法检测到来自进气口的强法向回波。而且，F-35 当受到雷达波从前－下－外入射进气口时，前伸的唇边对进气道腔体可提供有效的遮挡。当 F-35 受到头向入射时，斜切的进气口只产生很弱的回波，腔体虽得不到机身及前伸唇边的遮挡，但其弯度较大的 S 形进气管道配合使用吸波材料能更有效地吸收进入腔体的入射波及从风扇返回的反射波。

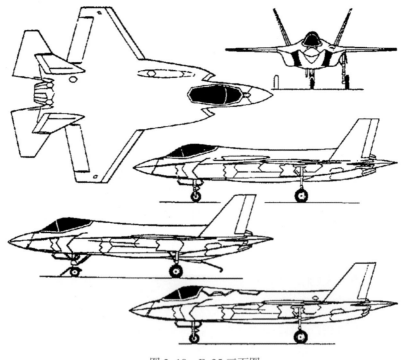

图 2-18　F-35 三面图

2.3.4　YF-23

YF-23 是与 YF-22 同时起步研制的先进战术战斗机（advanced tactical fighter，ATF）验证机，于 1990 年 6 月首飞成功。在美国空军严格的评比中，因其高机动及高敏捷性能不如 YF-22 而被舍弃。单从低可探测性能来看，YF-23 胜过 YF-22，因此分析 YF-23 对于研究隐身技术仍然是很有意义的。

　　YF-23（见图 2-19）采用宽间距双喷管布局，形成两个明显的发动机短舱。机身外形为一个两头尖的流线体，后端在机翼中部结束。机身和发动机短舱与机翼构成融合体外形，前机身也是一个理想的融合体外形，并且与座舱盖融合在一起。YF-23 主要利用融合体外形隐身，而且将一个机身分为三个较小的短舱也有助于提高隐身性。YF-23 和 B-2 飞机都是诺斯罗普 - 格鲁门公司为主设计的，YF-23 机身和发动机短舱的布局以及隐身设计的思路继承了 B-2 飞机的研究成果。

　　出于低 RCS 考虑，取消了水平尾翼，而由外倾 47° 的 V 形尾翼兼管方向及纵向稳定与操纵，尾翼前后缘俯视投影的后掠和前掠与机翼完全相同，使侧向反射波成为典型的 4 波束系。出于对红外辐射的遮挡，采用了槽形固定式喷口，对发动机短舱在侧面形成较好的遮蔽作用。

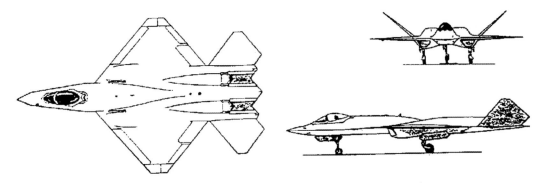

图 2-19　YF-23 三面图

　　YF-23 的前机身采用了比 YF-22 前机身更加扁平的凹凸曲面机身。而中段机身不论上表面还是下表面，机身与机翼之间均采用了融合过渡形式。这些特点，使 YF-23 的侧向 RCS 低于 YF-22。YF-23 的 V 形尾翼之下既无平尾也无机翼，因此不存在像 YF-22 那样在外倾式垂尾与机翼或平尾之间产生的耦合回波波峰。而 YF-22 为了避开该耦合波峰，同时考虑垂尾的气动效率不至于损失过多，将垂尾的外倾角限制为 28°。这一差异造成 YF-23 的侧向 RCS 进一步低于 YF-22（垂尾倾斜角在一定范围内越大，侧向 RCS 越低）。

　　从机翼设计来看，YF-23 的机翼为标准的菱形，前缘后掠 40°，后缘前掠 40°，展弦比 2.0，梢根比（旧称尖削比）0.08。燕形尾翼俯视投影的前后缘后掠角与机翼相同。这样的机翼，除翼尖外，前后缘在 360° 方位角范围内只产生 4 个接近 45° 的回波波束。又由于其 V 形尾翼在俯视图上投影轮廓的前后缘，以及机身尾端的锯齿形边缘每一段斜边，均平行于机翼前缘或后缘，所以，所有这些边缘产生的回波波峰最后汇聚成 4 个（不包括机翼、尾翼翼尖的波峰）。而 YF-22 经过各边缘的平行设计，最后汇聚成的波峰（不包括翼尖波峰）为 6 个，因为其机翼后缘与同侧或对侧机翼前缘无平行关系。这也是 YF-23 在低可探测方面胜过 YF-22 之处。

　　YF-23 喷管的隐身设计沿用了 B-2 的思路。YF-23 未采用矢量喷管，虽然发动机的喷管是圆形，但在发动机喷口之后，飞机上有一段延伸的矩形外罩，具有类似二维喷管减小雷达和红外信号的作用。为减小边缘的反射信号，YF-23 的喷管上下缘也是锯齿形。

　　在进气口及进气道、座舱罩、雷达天线罩等其他部件的设计方面，YF-23 与 YF-22 相类似。

2.3.5 X–32

波音公司为竞争 JSF 提出了 X–32 方案，但它最终被 F–35 所淘汰。X–32 属于无平尾的小展弦比三角翼布局（见图 2-20）。这种布局可以使机翼对后机身的占位作用达到最大，从而有效降低飞机的侧向 RCS。前机身具有凹凸曲面机身的外形。这种外形用两侧的棱边代替了产生较强回波的曲面。飞机装有一台由 F–119 改进的发动机，并将其两个可转向的腹部喷口安排在重心附近。通过改变这两个喷口的方向，实现飞机的短距起降与垂直降落以及向机翼升力状态的转变。

图 2-20　X–32 侧后向照片

斜切进气口口面与机身下表面之间呈锐角。这样的进气口在减少 RCS 上有三点作用：①可避免非斜切进气口在头向入射下，由于唇边与入射线构成垂直关系而产生强边缘绕射回波；②可使进气道腔体在仰视照射下受到下部唇边的遮挡；③使腔体在俯视照射下受到机身的遮挡。这种可提供双层遮挡的进气口设计，真可谓独具匠心。

飞机采用外倾式双垂尾，这在降低 RCS 及保证垂尾在大迎角时的气动效率方面与 F–22A 相同。

2.3.6 X–36

X–36 是麦道公司（1997 年与波音公司合并）与 NASA 合作研究的、按 1 ∶ 3.57 缩比的隐身战斗机验证机。此项目的目的在于验证无尾战斗机在提高飞机敏捷性上的优势及其稳定性、操纵性的满足程度。

X–36 在通常的鸭式布局的基础上，取消了垂尾（见图 2-21）。因此，它既有鸭式布局的一般优点，又可以达到放宽方向静稳定度以提高飞机敏捷性的目的。必要的方向稳定性及需要增加的纵向稳定性，由麦道公司专门研制的一种功能强大的飞行控制计算机来完成。飞机的俯仰操纵由全动式前翼负责。飞机的方向操纵由机翼后缘的阻力舵及喷管的推力变向来实现。隐身技术的应用包括以下几个方面（仅限于已公布的资料）：在飞机的俯视图上，外段机翼的前后缘相互平行，整个机翼的后缘呈台阶形变化，且台阶的每一段斜边均平行于同侧或对侧机翼前缘。前翼一侧的后缘同另一侧的前缘平行，且其前缘又平行于机翼前缘。这同 YF–23 的 V 形尾翼的水平投影外形的设计思想一致。进气口的上下唇边也像 F–22A 那样平行于机翼前缘。所有这些措施使上述这些边缘在雷达照射下产生的回波波峰集中成 4 个。

此外，垂尾的取消，消除了飞机侧向最强的一个散射体；在俯视图上，前机身的轮廓由折线组成，这一点和 YF–23 有着继承关系；前翼根弦及机翼根弦占据了机身长度的绝大部分，且两者头尾几乎相连。这使得这两个翼面对机身具有较大占位作用；三向斜置的进气口与 F–22A 非常相似；双向斜切（在俯视图上及侧视图上均有斜切）的狭长喷口与F–117A 很相似，既能减小 RCS 又能抑制红外辐射。

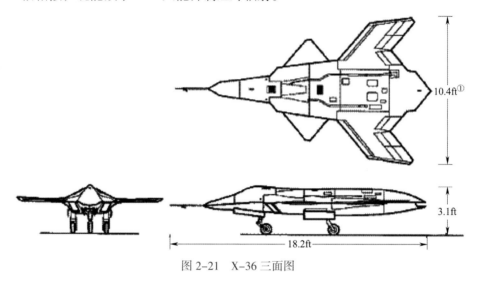

图 2–21   X–36 三面图

2.3.7   X–45/X–47

X–45 是一种用于压制敌防空体系和其他打击任务的无人作战飞机，是波音公司根据美国国防预先研究计划局（DARPA）攻击无人机研制合同研制的，包括 X–45A、X–45B和 X–45C 三种型号（见图 2–22）。

X–45A（见图 2–22（a））采用折线形无尾布局，具有尖锐前缘，操纵面为副翼和襟翼；采用背负式进气道，锯齿形进气口；动力装置为一台 F124–GA–100 发动机，发动机上装有矩形二维矢量喷管。验证机上共有两个武器舱，其中右舱用来装飞行任务设备，左舱装450kg 的联合直接攻击弹药（JDAM），还可装一个多用途的弹架，挂装多种武器。生产型上两个舱都用来装武器。X–45B（见图 2–22（b））现在正在发展中，采用一台 F404 型发动机作为动力。X–45B 的外形与 X–45A 相类似，但比后者更大，性能更优良。X–45C（见图 2–22（c））长 11.89m，翼展 14.94m，巡航速度 $Ma0.8$，能携带 8 枚小直径炸弹（SDB）、波音公司最新的精确型 114kg 武器或全系列的 JDAM。X–45C 的外形与前两种相比有较大变化，采用了飞翼型布局，机翼前后缘并不并行，但前缘与进气道的锯齿形唇口相平行，各翼段的后缘互相平行，所以主要散射波峰仍然只集中在 4 个主要方向上。

———————————

①   1ft（英尺）≈ 0.3048m。

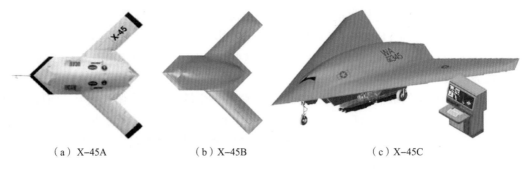

（a）X-45A   （b）X-45B   （c）X-45C

图 2-22　X-45 系列

X-47 验证机（见图 2-23）是诺斯罗普 - 格鲁门公司 2002 年开始研制的多用途无人作战飞机，主要执行空地攻击任务，还可执行空中侦察任务。其中 X-47A 最大起飞重量 3400kg，翼展 8.47m，机长 8.5m，飞行速度 $Ma0.85$，有效载荷 907kg，飞行高度 11000m，作战半径 2200km。X-47B 最大起飞重量 20800kg，翼展 18.9m，机长 11.6m，飞行速度 $Ma0.85$，有效载荷 2000kg，飞行高度 12000m，作战半径 3000km，航时 9h。X-47A 于 2003 年 2 月完成了首飞，X-47B 无人机于 2011 年首飞，并在 2013 年成功完成了一系列地面及舰载测试。

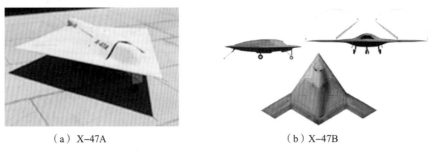

（a）X-47A   （b）X-47B

图 2-23　X-47 系列

结合目前各国研制的其他高隐身性能无人机，如法国的"神经元"和瑞典的 FILUR 验证机，可以看出它们在外形设计上采取的一些隐身措施的趋势：采用飞翼式布局，不仅具有很好的气动性能，而且使整机的 RCS 比有人飞机的 RCS 大大降低；背负式进气道，锯齿形进气口，降低了上视雷达的探测、腔体散射和发动机叶片的反射；一般没有垂尾或者有外倾的双垂尾，消除了角反射器的效应；采用二维矢量喷管且内凹，增强了横航向的控制能力；尾喷口采取遮挡设计，降低了红外辐射；机体采用尖锐前缘，折线式分布，折线之间近乎平行；武器内埋等。

2.3.8　B-2

美国诺斯罗普 - 格鲁门公司研制的 B-2（见图 2-24）是世界上第一架按照隐身要求设计的战略轰炸机，其头向 RCS 约为 $0.1m^2$。1978 年开始按高空突防设计，1983 年更改设计，成为既可作高空突防又可作低空突防的战略轰炸机，1989 年进行了首次飞行。B-2 生产总数定为 21 架，1999 年以前单机成本约 22 亿美元。发展 B-2 的目的是想用它取代 B-1B，将 B-2 作为美国的主力战略轰炸机。但是，其成本之高，维修费用之高，

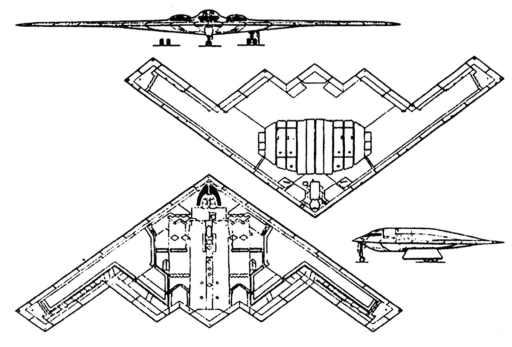

图 2-24 B-2 的四面图

维修难度之大，重复出击间隔时间之长，使这一目的成为问题，有关方面正在作进一步的验证。

（1）低 RCS 外形设计的特点

B-2 采用翼身融合、无垂尾的飞翼式布局，由开裂式阻力舵来实现方向舵的功能。这种布局彻底消除了在飞机侧向受雷达照射时，由垂尾产生的强烈散射回波，还可使机身 100% 得到机翼提供的占位作用，使飞机侧向 RCS 大幅降低。垂尾的取消还彻底消除了由于电磁波在垂尾表面与机翼表面之间的耦合作用产生的强回波。

B-2 的左右翼后缘由 4 段呈梯形状态的直线构成，每段直线均平行于前缘。这样的平面形状，可使机翼在 360° 方位角范围内受到雷达波照射时，产生的回波波峰集中在左右翼前缘的外法向及左右翼后缘的外法向这 4 个方向上。而通常具有顺流翼尖的梯形机翼，左右共产生 10 个波峰，回波波峰数量的减少使得飞机被雷达发现的概率降低。另外，发动机进气口的上下唇边均制成锯齿形，喷口的上唇边斜切成 V 形；发动机舱门、武器舱门、主起落架舱门及前起落架舱门的前后缝隙均制成锯齿形或倾斜缝隙，而且所有这些锯齿形的两条边、V 形的两条边及倾斜缝隙均与机翼的前缘平行。这样的设计，可保证这些边缘及缝隙产生的最强波峰合并到机翼的 4 个波峰之中。如果像常规飞机那样，允许这些边缘及缝隙平行于 Z 轴，那么，由这些缝隙引起的强度可观的行波回波则会出现在飞机的头向及尾向附近。

此外，发动机进气口从机翼前缘后退一段距离。这样的安排可使进气口在受到前下方雷达的照射时得到机翼的有效遮挡。

（2）低 RCS 材料的应用

飞机结构广泛使用碳纤维复合材料及蜂窝状结构型吸波材料，且在碳纤维复合材料蒙皮及铝合金蒙皮表面使用涂覆型吸波材料。机翼前缘及翼尖均由吸波结构制成，包括透波材料的蒙皮及内部合理设计的锥形能耗型吸波材料。

机体由前中段、后中段及两只外翼组装而成。缝隙处的组装不仅要求外表面高度平整，而且要使用特殊的填缝材料进行密封，并在外表面涂以涂覆型吸波材料，保持飞机完整的吸收表面。像发动机舱门、电子设备舱门、检查口盖等在飞行中不开启的舱门及口盖的周缘缝隙，也使用了上述相同的密封措施及表面处理。座舱风挡玻璃的外形与扁平的融合化的机身外形一致，并镀有导电镀膜。

为维护 B-2 吸波材料及密封材料的有效性，必须将它停放在能保持一定温度、一定湿度的空调机库中，即使在作战期间，也必须如此。有些舱门或口盖每飞行一次就必须打开一次进行检修。而且对这些舱门或口盖的吸收表面及填缝材料，必须进行先清除后修复的工作。清除是一项复杂的工作，要使用有毒溶剂，而修复工作更是复杂，B-2 每飞行小时需要 50 个维修工时。另外，修复所用的填缝材料在加热的条件下需要 72h 才能完成固化，而且每次只能对 3ft 长的填缝进行加热固化（在常温下固化需要 35 天），复杂程度和困难程度难以想象。

由于维修条件如此苛刻的要求，严重限制了 B-2 利用海外基地执行任务的能力。在 1999 年对南斯拉夫联盟的空袭期间，B-2 不得不从美国本土的怀特曼空军基地起飞，经过空中加油去轰炸一个 10000km 以外的目标。

隐身维护（或称低可探测维护）已成为大量使用隐身材料的飞机降低成本及使用费用、简化后勤保障的一项重要课题，美国已投巨资开展这项研究。随着材料技术的进步，这一问题将会得到改善。

（3）电子对抗设备

电子对抗是为削弱、破坏敌方电子设备的使用效能，保护己方电子设备正常发挥效能而采取的各种措施和行动的统称。电子对抗系统的组成如图 2-25 所示。

在 B-2 轰炸机上装有诺斯罗普 - 格鲁门的 ZSR-63 防御支援系统。据报道，其功能包括对雷达回波的有源对消，从而抑制雷达对目标反射波的接收。B-2A 还带有型号为 APQ-50 型的电子对抗系统。该系统既可为飞机提供雷达预警，又能迅速侦悉敌方雷达所处的方位坐标。飞机上的 ZSR-62 型主动式电子对抗系统能够快速、主动地对敌进行干扰和压制。

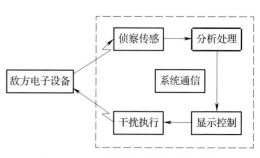

图 2-25 电子对抗系统组成示意图

（4）低红外辐射措施

红外隐身的主要技术途径有：改变目标的红外辐射波段；降低目标的红外辐射强度；调节目标红外辐射的传输过程（改变红外辐射方向的特征）。

B-2 的低红外辐射措施包括以下几个方面：采用散发热量少的高涵道比的涡扇发动机，且不带加力燃烧室；采用弯曲的二维喷管，并由旁路引进冷气与燃气掺混；喷管的上唇边从机翼后缘前缩一段距离，使辐射能量可以在后下方得到遮挡；喷焰在经过机翼上表面区域时，可得到进一步降温；采用喷口温度调节技术，喷嘴部分的红外暴露信号大为减少，飞机的隐身性能大为增强。

（5）低光学信号措施

为了降低光学信号，B-2 采取了以下措施：

①B-2 扁平的飞翼布局自然形成了较低的视觉信号；

②机身及发动机舱与机翼之间平滑的融合过渡，使这些部件间不会出现高反差的明暗边界；

③垂尾的取消，使得垂尾（无论向光或背光）与天空背景间的高反差彻底消除，同时也消除了垂尾在机身上的投射阴影；

④B-2 装有雾化尾迹控制系统，它由喷口温度调节系统及尾迹发生报警系统组成。早期传说是在排气中混入氟氯磺酸，其实并不存在。

（6）B-2 飞机性能及有关数据

表 2-1　B-2 飞机性能及有关数据

最大平飞速度 /（km/h）	764	着陆速度 /（km/h）	259
航程（最大起飞重量，空中不加油）/km	高 – 高 – 高 11667　高 – 低 – 高 8149	实用升限 /m	15240
		发动机 4 台	F118-GE-100
发动机推力 /kN	4×77（4×7847kgf）	机载雷达	J 波段 AN/APQ-181*
最大起飞重量 /kg	170550	最大武器载荷 /kg	18144
空重 /kg	69717	最大内部油量 /kg	81650 ~ 90720
翼展 /m	52.43	机长 /m	21.03
机高 /m	5.18	下表面面积 /m²	约 464.5
展弦比	约 6.0	机翼前缘后掠角 /（°）	33
武器	16 枚 AGM-129；或 9 枚 GBU-37（4000lb）激光制导钻地炸弹或 16 枚 B83 自由降落战略核弹；或 8 枚 GAM-113（4700lb）近精确炸弹；或 36 枚 M117（750lb）燃烧弹；或 80 枚 MK62 水雷		
* 位于前起落架两侧，具有地形跟踪及地形规避功能。			

2.3.9　飞机隐身技术新发展

（1）有源隐身技术

有源隐身技术又称主动隐身技术，是目前隐身研究的热点。它是指主动采取措施降低武器系统自身的声音信号、可见光信号、雷达信号、红外信号等的一种隐身技术[24]。进行有源隐身设计，主要有两个思路：一是通过自身发出对消信号，从而抵消敌方的探测信号来实现隐身；二是有意识增大某些特征信号，使敌方的探测系统出现大面积虚假信号，从而实现真实目标的隐身和突防，可称为"欺骗"技术。图 2-26 所示为有源对消系统示意图。

（2）等离子体隐身技术

等离子的研究始于 20 世纪六七十年代，

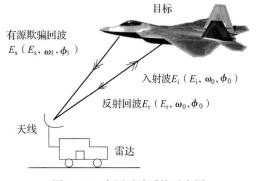

图 2-26　有源对消系统示意图

等离子体隐身技术是一种新概念、新原理的隐身技术。等离子体对入射的电磁波有吸收、衰减和折射的作用，此外，研究表明等离子体还能减小飞行器飞行时的阻力，改善飞行器的气动性能。另外，等离子体隐身具有不改变飞行器外形、吸收频谱宽、吸收效率高、价格低、使用和维护方便等优点，因此，等离子体隐身技术在未来隐身飞行器的设计中有很大的潜力。

等离子体隐身的基本原理[25]：利用等离子体发生器、发生片或放射性同位素在目标表面形成一层等离子体云，设计等离子的特征参数（能量、电离度、振荡频率和碰撞频率等）使其满足特定要求，使照射到等离子体云上的雷达波在遇到等离子体的带电离子后，两者发生相互作用，电磁波的一部分能量传给带电粒子，被带电粒子吸收，而自身能量逐渐衰减；另一部分电磁波受一系列物理作用的影响而绕过等离子体或发生折射改变传播方向。因此，返回到雷达接收机的能量很小，使雷达难以探测目标。

目前，俄罗斯已研制出第三代等离子发生器，其利用电弧放电原理产生等离子，可以利用飞行器周围的静电能量来减小飞行器的 RCS。

2.4 小结

本章重点对雷达隐身设计的原则进行了系统介绍，包括外形技术、隐身材料技术以及新机理雷达隐身技术。

雷达隐身设计技术是运用"消、移、并"的方法，将散射回波消除、移出重点威胁角域之外、散射回波能量合并在某几个特定方向上，从而降低被威胁雷达的探测概率。

雷达隐身设计，首先是利用外形设计方法，降低威胁方向上的回波能量，同时控制回波能量在全向方位上的分布，优化全向散射特征。在此基础上，应用雷达隐身材料技术，通过吸收、屏蔽等方式，进一步提升隐身性能。

第3章　目标雷达波散射特性

3.1　目标雷达波散射机理

典型目标的外形散射源，其散射机理包括以下几种[27]。

（1）镜面反射

当电磁波照射到光滑的目标表面，会发生如图 3–1 所示的散射现象，称为镜面反射。图中K_i是入射波的波矢量，也是入射波的传播方向，K_r是反射波的波矢量，即反射波的传播方向，n是目标表面上反射点处的单位法矢量。如图 3–1（b）所示，这种发生在光滑目标表面上的镜面反射，反射波的大部分能量集中在与入射角相等的反射角方向上，其余方向上的散射场很小，并且主瓣的强度随入射方向与反射点处的法向方向的接近而增大。

镜面反射强度取决于入射角等于反射角的镜面反射点处的曲率半径。对于后向散射，散射体上表面法线与雷达方向一致的那些点就是镜面反射点。双曲率表面的镜面反射与频率无关，它与反射点处的两个曲率半径的乘积成正比。对于单曲率表面（如柱体等）反射强度与频率成正比。镜面散射一般与极化无关。

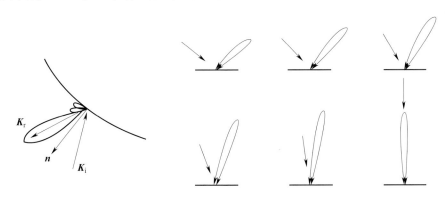

（a）光滑表面的镜面反射　　　　　　（b）镜面散射主瓣总是以反射方向为中心

图 3–1　镜面反射

镜面反射是强散射源。当电磁波侧向入射时，进气道、机身、垂尾以及外挂物等部位带来的镜面散射对侧向的影响会很大。在设计隐身飞机的外形时，首先要考虑抑制镜面散射，例如，进行低 RCS 截面设计时，采取斜置外形等。

（2）边缘绕射

研究发现，当电磁波入射到平板或楔等目标的边缘时，镜面反射已不存在，这是因为当电磁波入射到目标的棱边时，如图 3–2 所示，目标边缘会对入射电磁波产生绕射，一束入射波可以在边缘上产生无数条绕射线，其中K_d表示绕射波的传播方向。图 3–2（a）是电磁波入射方向与边缘不垂直时的绕射现象，射线到达边缘后激励起一个绕射射线锥（又

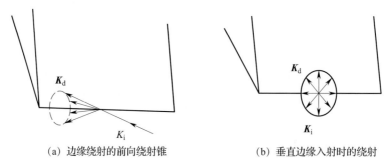

(a) 边缘绕射的前向绕射锥   (b) 垂直边缘入射时的绕射

图 3-2   边缘绕射现象

称 Keller 锥），绕射锥的半角等于入射线与边缘间的夹角；图 3-2（b）是入射波方向垂直于边缘时的绕射现象，此时绕射圆锥变成一个圆盘。

边缘绕射这种现象很常见。例如，当雷达波照射到翼面的前、后缘时，就会有边缘绕射发生。边缘绕射与极化方式有关，当机翼前缘的最大散射出现在入射电场平行于边缘时，后缘的最大散射则出现在入射电场垂直于边缘时。物理绕射理论或者几何绕射理论可用来求解边缘绕射的相关问题。

（3）尖顶绕射和角点绕射

电磁波入射到尖顶上所产生的绕射现象称为尖顶绕射，其散射场强一般比较小，为一种弱散射源。在锥体的锥顶和飞机机头顶端都会产生尖顶绕射现象，如图 3-3（a）所示。当电磁波入射到角点上时，也会产生绕射现象，如图 3-3（b）所示。如机翼 / 垂尾 / 平尾的角点，会产生角点绕射，也是一种弱散射源。几何绕射理论可以用来求解尖顶绕射和角点绕射问题。

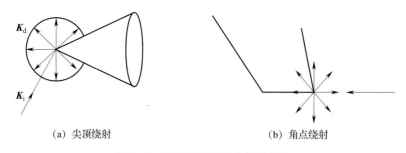

(a) 尖顶绕射   (b) 角点绕射

图 3-3   尖顶绕射和角点绕射现象

（4）爬行波绕射

当电磁波照射到物体上时，一些入射线正好与物体表面相切，将物体分为照明区和阴影区。与物体表面相切的入射线将沿阴影区表面边"爬行"边向外辐射电磁波，如图 3-4 所示，这种绕射现象称为爬行波绕射。当电磁波侧向照射飞行器的机身时，会产生爬行波绕射现象。爬行波绕射现象对于那些简单目标也许是不容忽视的，但是对于非低 RCS 目标通常可以忽略。爬行波与行波有同样的极化关系。

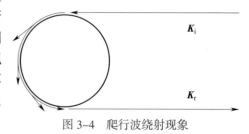

图 3-4   爬行波绕射现象

（5）行波绕射

当电磁波沿细长物体头端方向附近入射时，绕射现象会出现在细长物体的表面不连续处、不同材料交界处（如金属棒与塑料棒的连接处）以及细长体的端头处，如图 3-5 所示，这种绕射现象称为行波绕射。行波绕射与极化有关，只有在传播方向上沿表面存在有电场分量时才会出现行波。

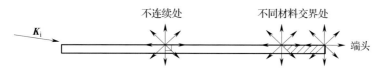

图 3-5 细长目标的行波绕射现象

（6）非细长体因电磁边界突变引起的绕射

当电磁波近于切向入射到物体的表面时，电磁波将沿着物体表面传播。若物体表面上出现缺口或棱边、表面斜率不连续或者表面材料突变等情况时，将引起电磁波的绕射现象，如图 3-6 所示。这种绕射现象有些类似于行波绕射，但此时物体并非细长体，不会产生终端端头绕射。通常，飞机表面的缝隙、台阶、钉头等处会出现这种绕射现象，这种散射源对隐身飞机来说是不容忽视的。

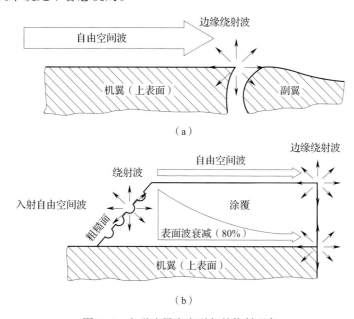

图 3-6 电磁边界突变引起的绕射现象

（7）腔体的散射

腔体散射源于内表面多次的反射，部分能量最后从进气口出去而返回雷达，是一种强散射机制。对于进气道等凹腔目标，常规的理论分析方法无法适用，研究大多依赖测试手段。

3.2 典型几何结构雷达波散射特性

早在雷达出现之前，人们就已经求得了几种典型形状的纯导体目标的雷达波散射精确解。例如，球、无限长圆柱、椭圆柱以及无限长的尖劈等。以下介绍几种典型几何结构的散射特征[1]。

3.2.1 平板

平板是一种简单的几何形体，也是构成复杂目标的基本组件。对于一定尺寸的矩形平板，可用几何光学法及绕射理论等方法分析计算平板的高频雷达波散射特性，目前已有现存的理论计算结果和实测结果。任意外形的平板在垂直入射时，镜面散射的 RCS 可以用物理光学法表示

$$\sigma = \frac{4\pi A^2}{\lambda^2} \tag{3-1}$$

式中，A 是平板的面积，λ 是入射波波长。

如图 3-7 所示正方形平板，位于 xoy 面，中心位于坐标原点。

图 3-8[28] 是边长为 5λ（λ 为波长，λ =3cm）的正方形平板在 ϕ =0° 或 90° 的平面内，RCS 随 θ 变化的曲线。图中实线为实测结果，短虚线为物理光学法计算结果，长虚线为几何绕射理论计算结果。由于这种情况可看作高频散射，计算可采用几何绕射理论和物理光学法进行。其中，左图为垂直极化情况，右图为水平极化情况。

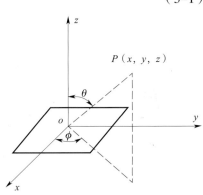

图 3-7 位于 xoy 平面的正方形平板

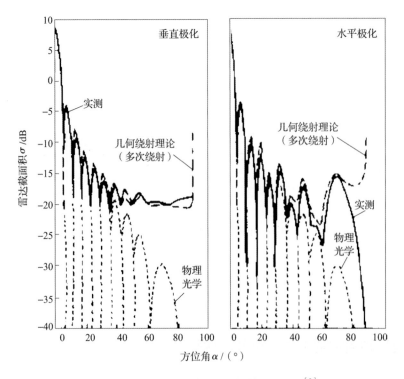

图 3-8 $5\lambda \times 5\lambda$ 正方形金属平板 RCS 图[2]

由图 3-8 可以看出平板的 RCS 与极化有关，这主要是表面行波机理与入射波极化方向有关的缘故。在如图所示的几何关系下，只有水平极化入射才能激励起表面行波，因而图中右图约 69° 出现一个行波散射峰，而左图垂直极化则没有这个峰。

3.2.2 角反射器

由两块或三块金属平板相互正交而构成的凹形结构分别称为二面角或三面角结构。二面角反射器是复杂目标中常见的一类几何形体。如图 3-9 所示，90° 二面角反射器的两面分别位于 xoz 平面和 yoz 平面上，设其两面都是正方形，且边长 a=18cm。

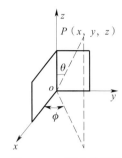

图 3-9 二面角反射器

图 3-10（a）是该二面角在 10GHz（a/λ=6）时的矩量法仿真结果。分析图 3-10（a）的结果可以看出，由于两个平面间的相互作用（两次反射），散射图形中间出现宽阔的强回波，两边的峰值是单个平板直接反射电磁波后形成的强回波。另外，中心区域图形的波纹则是由于单个平板的副瓣引起的。

将二面角位于 oz 轴固定不动，而把二面角夹角对称地扩大到 100°，入射波频率在 10GHz 情况下仿真的 RCS 情况如图 3-10（b）所示。从图中可知，改变二面角的夹角可以控制宽阔的双重反射，中间区域的强回波已大大减弱。因此，利用改变夹角的方法可以减小角形目标的 RCS。

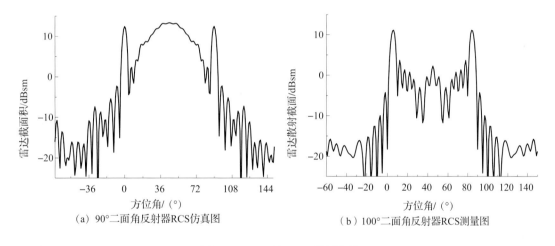

(a) 90°二面角反射器RCS仿真图　　　　(b) 100°二面角反射器RCS测量图

图 3-10 二面角 RCS 散射情况

图 3-11 是采用矩量法仿真的结果，其中图 3-11（a）是在 f=1.5GHz 情况下仿真的结果，图 3-11（b）是在 f=900MHz 情况下仿真的结果。综合分析图 3-10 和图 3-11 的结果，可以看出：①随着二面角电尺寸的减小，其 RCS 随方位角的变化曲线逐步变得平缓，这同平板的情况类似。需注意的是，在 10GHz 时，将二面角由 90° 变为 100°，其 RCS（dBsm）在 ϕ=45° 附近区域降低很多，如图 3-10 所示。但在图 3-11 中通过增大二面角角度后，在 45° 角域附近减缩 RCS 的效果变得不明显。可以得到，在高频情况下，将 90°

二面角改为非 90° 二面角，可以作为一种有效减缩 RCS 的手段，但在低频时则失去效果。②随着频率的下降，二面角 RCS（dBsm）值也在逐步下降。

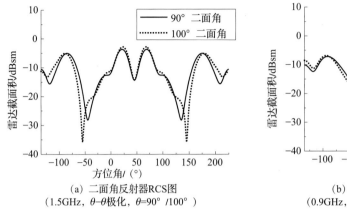

(a) 二面角反射器RCS图
(1.5GHz，θ–θ极化，θ=90° /100°)

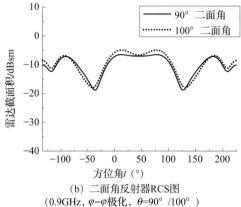

(b) 二面角反射器RCS图
(0.9GHz，φ–φ极化，θ=90° /100°)

图 3-11　不同频率二面角反射器 RCS 图

三面角有三个平面，由于三重内反射的缘故，在立体空间的散射图很宽。图 3-12 给出 a=18cm 的三面角反射器在入射频率为 845MHz 的情况下的散射情况。

三面角反射器也可以通过将 90° 角改为非 90° 角的方法，在较高频率获得 RCS 的减缩，但因为是三重内反射而不是二重，因此减缩效果必定不如二面角。

图 3-12　三面角反射器的 RCS 图

3.2.3　球

球是最简单的三维物体，具有关于球心对称性，而且由于球的表面与球坐标系的一个坐标面重合，所以球是为数不多可以从波动方程和边界条件获得严格解的几何结构之一。

由于球的对称性，其单站 RCS 与视角无关，仅随球的电尺寸变化。波动方程给出的严格解如图 3-13 所示的结果，即 σ 随 ka 的变化可分为低频区、谐振区和高频区。当 $ka<1$ 时，σ 随 ka 单调增加，在 $ka \approx 1$ 处达到极大值 σ_{max}=3.63πa^2；在 $ka>1$ 以后，σ 趋近于几何光学值 σ_0=πa^2。σ 随 ka 的变化可由镜面反射与爬行波绕射之间的相互干涉现象得到解释。

如图 3-14 所示，环绕球背面的爬行波也可以产生朝向雷达方向的回波，它比镜面反射波多传播一段路程（π+2）a，因此，减幅干涉图样在 ka 空间内的峰 – 峰间距出现了路程差为 1λ 的情况，即相位差 $\Delta\phi=\Delta\left[k\left(\pi+2\right)a\right]=2\pi$ 的情况，由此可得 $\Delta\left(ka\right)=2\pi/\left(2+\pi\right)$=1.222。图 3-13 中峰值的间距为 1.210，与上述计算很接近。由于爬行波能量损失正比于爬行路径 $k\pi a$，因此球的电尺寸越大，爬行波散射贡献就越弱，干涉图样的振荡幅度越来越小，直至趋近 σ_0=πa^2。

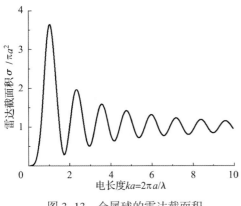

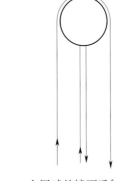

图 3-13 金属球的雷达截面积   图 3-14 金属球的镜面反射和爬行波绕射

3.2.4 扁椭球体

扁椭球的 RCS 随 k 或 f 增加而振荡的特性与球十分相似。图 3-15 比较了 2：1 的扁椭球体顶部回波的测量值和计算值[29]，其中 a 为短轴半径，σ 以 λ^2 归一化。图中出现的 RCS 振荡来源于爬行波的回波，也许还有行波的回波。当它们与扁椭球体近端顶部的镜面回波同相或反相时，就交替地产生加强或抵消，从而得到干涉图样。

如果 $ka \gg 1$，则可用光学区的近似公式来计算 RCS，即 $\sigma = \pi \rho_1 \rho_2$，其中椭球在镜面点的主曲率半径 ρ_1 和 ρ_2 是在两个互相垂直的法平面上测得的

$$\rho_1 = \frac{a^2 b^2}{(a^2 \cos^2\alpha + b^2 \sin^2\alpha)^{3/2}} \qquad (3-2)$$

$$\rho_2 = \frac{b^2}{(a^2 \cos^2\alpha + b^2 \sin^2\alpha)^{1/2}} \qquad (3-3)$$

式中，a 和 b 为椭球长轴和短轴半径，α 是从长轴顶端入射算起的视角。所以，扁椭球的 σ（以其投影面积 πb^2 归一化）可表示为

$$\frac{\sigma}{\pi b^2} = \left(\frac{ab}{a^2 \cos^2\alpha + b^2 \sin^2\alpha}\right)^2 \qquad (3-4)$$

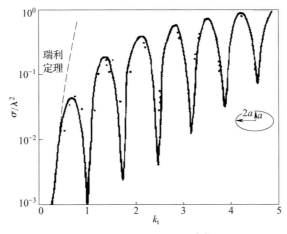

图 3-15 2：1 扁椭球体单站 RCS 的计算值和测量值[3]（实线是计算值，点是实测值）

式（3-4）是光学区近似公式，当顶部曲率半径 $\rho_1=\rho_2=b^2/a<\lambda$，该式失效。即使 ρ_1、ρ_2 足够大，上式也没有考虑感应的表面行波电流的贡献。对顶面入射来说，由于镜面反射 σ 很小，行波贡献会比几何光学贡献大三个数量级[30]。

图3-16给出了长短轴比为2∶1，5∶1和10∶1三种扁椭球的 σ 随视角 α 的变化[2]。从图中可以看到，长短轴比越大，σ 随视角起伏也越大。实际上，顶部（$\alpha=0°$）的 $\sigma_{max}=\pi b^4/a^2$ 和侧面（$\alpha=90°$）的 $\sigma_{max}=\pi a^2$，两者之比随长短轴比的4次方，即 $(a/b)^4$ 变化。

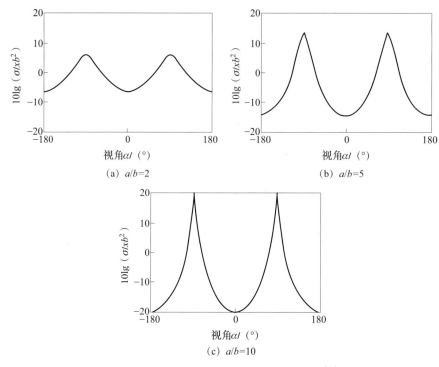

图 3-16　高频区扁椭球单站 RCS 的方向图[2]

3.2.5　圆柱体

圆柱体的 RCS 可由物理光学法来近似计算，对于图 3-17 所示的圆柱，其计算公式为

$$\sigma = kL^2 A \sin^2\theta \frac{\sin^2(kL\cos\theta)}{(kL\cos\theta)^2} \tag{3-5}$$

其中，$k=2\pi/\lambda$，$A=\pi R^2$。

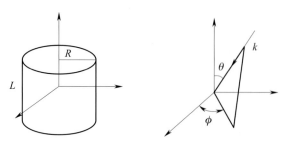

图 3-17　圆柱体的定义

　　在高频区，圆柱体的 RCS 与入射波波长和入射方向有关。与 λ^{-1} 成正比，波长越小，圆柱体的 RCS 越大。圆柱的 RCS 曲线随方位的变化类似于平板的情况，但应注意的是，与平板情况一样，由物理光学法得来的圆柱体 RCS 计算公式在入射波偏离轴线方向较远时失效，此时该计算公式不能用于圆柱的 RCS 计算，要用几何绕射理论来修正。传统战斗机的机身近似于圆柱体，此外，座舱的风挡、导弹的弹体等也接近于圆柱特征。

3.2.6　细导线

　　细导线是一种特殊的细长物体，实际上只有一维，即长度，所以只有入射电场沿导线的这一分量才能感应到在导线中流动的电流。当入射电场与导线垂直时，导线不会产生实质性的散射贡献；而入射电场与导线平行时，则有最大的单站 RCS。

　　图 3-18 给出了直径为 1.6mm、长度为 5λ（$\lambda=15\text{cm}$）的钢丝产生的后向散射矩量法仿真值，图中 θ 为从侧向入射算起的视角。从图 3-18 中可以看出，在边射方向（$\theta=0°$），σ 有最大值；但在接近掠入射的 $\theta=68°$ 处亦有一个强散射瓣，这就是行波散射的第一个峰值，相应的还可以看到若干其他的行波散射峰值。

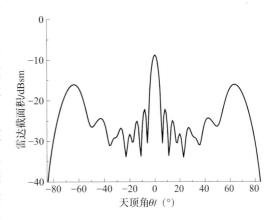

图 3-18　$l=5\lambda$ 的细导线仿真 RCS

　　如图 3-19 所示，细导线的边射 RCS 值随电长度的增加而阶梯式增大。这些阶梯的上升处有狭窄的峰，称为"共振"。第一级共振是最尖锐的，它发生在 $l=0.5\lambda$ 附近，其后的共振基本上是每个波长出现一次。当导线足够长时，阶梯最终将消失。

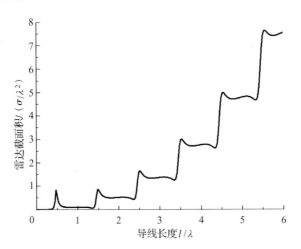

图 3-19　细导线边射 RCS 仿真值随导线电长度的变化

3.2.7　圆锥

　　从锥顶方向观测，金属圆锥的单站 RCS 基本上是来自锥底边缘的绕射，而锥顶的绕射则很弱。当观测角变大时，锥的斜边就会产生镜面反射峰。图 3-20 是半顶角 15°、底面周长 12.575λ 的金属圆锥的散射方向图[31]，视角 θ 从锥顶方向入射算起，电场矢量垂直于锥轴与入射线构成的入射平面。图 3-20（a）为金属圆锥，图 3-20（b）为锥底面黏在吸收体的仿真结果。从图中可以看到，在 θ=±75° 处出现很强的镜面反射峰，而在 θ=0° 方向的散射峰则是锥底圆边缘一次绕射的结果。通过两图的对比可以看出，在 θ=±11° 附近的小尖峰来源于圆锥底面的多次绕射，当吸收体黏在地面时，小尖峰明显消失。这说明对于简单的散射体来说，通过处理其不直接暴露于入射波的某些部分可以改变其散射特征。

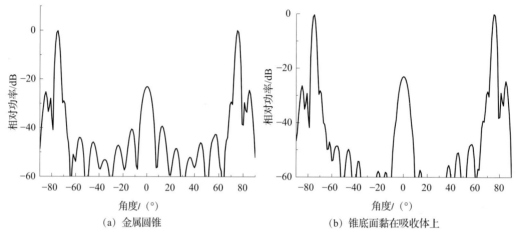

（a）金属圆锥 （b）锥底面黏在吸收体上

图 3-20　垂直极化入射时金属圆锥的 RCS（半顶角 15°，底周长 12.575λ）

3.2.8　尖劈

对于图 3-21 定义的半无限薄尖劈，由物理光学法导出的 RCS 计算公式为

$$\sigma = \frac{\pi L^2}{(2\pi-\gamma)^2}\left(\frac{\cos\beta_1}{1+\sin\beta_1}-\frac{\cos\beta_1}{\sin\beta_1+\cos\beta_2}\right)^2 \tag{3-6}$$

$$\sigma = \frac{\pi L^2}{(2\pi-\gamma)^2}\left(\frac{\cos\beta_1}{1+\sin\beta_1}+\frac{\cos\beta_1}{\sin\beta_1+\cos\beta_2}\right)^2 \tag{3-7}$$

式中，$\beta_1=\frac{\gamma/2}{2-\gamma/\pi}$，$\beta_2=\frac{2\varphi}{2-\gamma/\pi}$，φ 为入射角，γ 为尖劈角。

式（3-6）对应于电场矢量平行于劈边缘的极化方式；式（3-7）对应于电场矢量垂直劈边缘的极化方式。

一般飞行器的机翼、平尾及垂尾后缘与直边缘薄劈尖的几何形状很接近，当这些翼面后缘受到垂直向前的电磁波照射时，若雷达的极化方向平行于后缘，则式（3-6）是计算后缘绕射回波的足够准确的公式，这时 L 表示后缘的有效长度（机身遮挡的部分除外）。翼面后缘通常有一定厚度，在 1 ~ 6mm 之间，而式（3-7）是针对尖劈边缘厚度为零的情况。在雷达极化

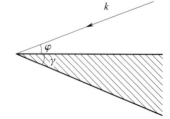

图 3-21　二维直边缘尖劈，垂直于劈边缘的横截面

方向与后缘平行的情况下，后缘绕射回波对后缘厚度并不敏感，式（3-7）可以给出满意的结果。此外，隐身飞机的机身侧棱、边条棱边有时也可由式（3-7）预估其散射特征。

3.2.9　NASA 杏仁体

杏仁体作为一种低散射结构，早在 20 世纪就获得了广大学者的关注[32]。通以对杏仁体的坐标尺寸做出严格的定义

当 $-0.41667<t<0$ 且 $-\pi<\varphi<\pi$

$$x=dt \tag{3-8}$$

$$y=0.193333d\sqrt{1-\left(\frac{t}{0.416667}\right)^2}\cos\varphi \tag{3-9}$$

$$z=0.064444d\sqrt{1-\left(\frac{t}{0.416667}\right)^2}\sin\varphi \tag{3-10}$$

当 $0<t<0.58333$ 且 $-\pi<\varphi<\pi$

$$x=dt \tag{3-11}$$

$$y=4.83345d\left(\sqrt{1-\left(\frac{t}{2.08335}\right)^2}-0.96\right)\cos\varphi \tag{3-12}$$

$$z=1.61115d\left(\sqrt{1-\left(\frac{t}{2.08335}\right)^2}-0.96\right)\sin\varphi \tag{3-13}$$

公式中 d=9.936in[①]。杏仁体的总长度为 9.936in，其具体结构如图 3-22 所示。

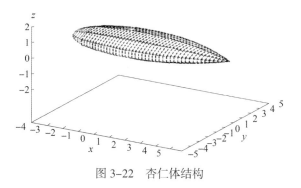

图 3-22　杏仁体结构

相比于球、平板等简单结构的散射分析，杏仁体的散射分析更为复杂。很多专家学者正在努力研究探索当中。图 3-23（a）给出在 1.19GHz 的相关散射数据的比较。图 3-23（b）、（c）分别给出了水平极化和垂直极化情况下，杏仁体在 7GHz 情况下的雷达散射情况。

从图 3-23 可以看出，无论是在高频还是在低频，杏仁体在 $80°<\theta<100°$ 时，雷达截面积取得最大值，随着频率的增大，RCS 值缩小。另外，从图中可以明显看出，杏仁体在锥向方向的 RCS 值较小，这就说明杏仁体在头锥方向有较好的隐身特性，是一种良好的低 RCS 结构，可以在未来隐身战斗机的机头设计上做出一定贡献。

---

① 1in（英寸）≈ 25.4mm。

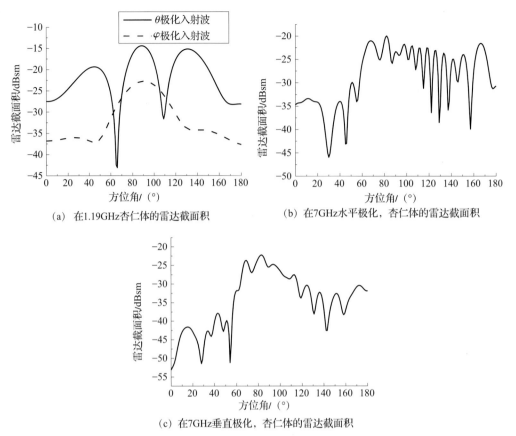

（a）在1.19GHz杏仁体的雷达截面积　　（b）在7GHz水平极化，杏仁体的雷达截面积

（c）在7GHz垂直极化，杏仁体的雷达截面积

图 3-23　不同频点和不同极化杏仁体的雷达截面积

前面给出的各类典型目标的散射特征和若干种机理的作用有关，其中一些很简单，但大多数都很复杂。这些机理可按其强度分类，而强度和频率的依赖关系又很密切，如表 3-1[9] 所示。

表 3-1　散射体形状的分类

几何形式	名称	频率依赖关系	尺寸依赖关系	公式	备注
	方三角后向反射器	f^2	L^4	$\sigma_{max} = \dfrac{12\pi a^4}{\lambda^2}$ （$\phi = 0°$，$\theta = 45°$）	回波最强，高强 RCS 源于三次反射
	直二面角反射器	f^2	L^4	$\sigma_{max} = \dfrac{8\pi a^2 b^2}{\lambda^2}$ （$\phi = \theta = 0°$）	回波次强，强 RCS 源于两次反射，改变 θ 回波逐渐减小，改变 ϕ 减小更快
	平板	f^2	L^4	$\sigma_{max} = \dfrac{4\pi a^2 b^2}{\lambda^2}$ （$\phi = \theta = 0°$）	回波第三强，强 RCS 源于直接反射，射入偏离垂直时，回波急剧减小

表 3-1（续）

几何形式	名称	频率依赖关系	尺寸依赖关系	公式	备注
	圆柱	f^1	L^3	$\sigma_{max}=\dfrac{2\pi ab^2}{\lambda}$ （ $\theta=0°$ ）	偏离垂直入射时远视角 θ 变化强而宽，随方位角 θ 变化。强而窄的常见形状，能和平板组成二面角
	球	f^0	L^2	$\sigma_{max}=\pi a^2$	较目标体上强而宽的 RCS 峰的常见原因，功率向两个方向发射
	直边缘垂直入射	f^0	L^2	$f(\theta,\phi)L^2$ θ —视角； ϕ —边缘的二面角	二维曲面机理在半径趋于 0 时的极限情形，超声速飞机的强而窄的飞机 RCS 峰的常见原因
	曲边垂直入射	f^{-1}	L^1	$f(\theta,\varphi)a\dfrac{\lambda}{2}$ 曲率半径 $a\geqslant\lambda$； θ —视角； ϕ —边缘的二面角	三维曲面机理当主曲率半径趋于 0 时的极限情况
	尖顶	f^{-2}	L^0	$\lambda^2 g(\alpha,\beta,\theta,\phi)$ α，β —尖顶的内角； θ，ϕ —方位角	当 α 趋于 0 时的极限情况，当 $\alpha=\beta$ 时，尖顶变成了锥，当 $\alpha=0°$ 时，尖顶变成薄片或机翼的角

从图表中可以看出，分类中最强的散射体是角反射器，角反射器的三个或者两个相互垂直的平板间的多次反射构成强烈回波的来源，入射到这些凹形结构上的射线在很宽的视角范围内被反射回入射方向。角反射器可以装在遥控无人驾驶飞机、靶机、靶舰、雷达诱饵、民用小船上，以增加雷达系统的探测能力，易于被雷达系统跟踪。在光学领域中，小的反射器阵列可以应用到自行车反射器、汽车尾灯、公路信号灯以及高速公路的标志中，以增强反射效果。注意，角反射器的回波强度随入射波频率的平方而增加。

列表中三种简单形体，即平板、圆柱和球的回波强度逐渐减小，可以明显看出表面曲率减缩 RCS 的效果。这三种情况的散射机理都是物体表面的镜面反射，即物体表面总有一些点，其表面法线正好指向雷达。平板的整个面都是镜面点，圆柱则只有一条亮线，而球形（双弯曲表面）的镜面点实际上只有一个点。注意，平板、圆柱和球的 RCS 与频率的关系分别为 f^2、f^1 和 f^0，而与物体尺寸的关系则分别为 L^4、L^3 和 L^2。这些依赖关系是对物体镜面取向而言的。

当表面曲率半径之一趋于零时，就形成了一条边缘，根据另一个曲率半径为无限大、有限大和零时，分别对应于表中的直边缘、曲边缘和尖顶三种情况。它们也存在"镜面"条件，即边缘的取向必须使其上一点的外法线方向正好指向雷达。直边缘的整条边都是亮点，而曲边缘则只能有一个亮点，尖顶所代表的点表示了球半径为零的极限情况。

表中底部最后三种弱散射的回波机理都包含表面曲率的不连续性，并且这些形状的取向不能使其任何表面部分的外法线指向雷达。正是这种非镜面条件使得 RCS 的值变小很多。

3.3 复杂目标雷达波散射特性

比起在 3.2 节中提到的各种简单形体的几何结构，实际应用中更多存在的则是由这些简单结构组合而成的复杂目标，如汽车、飞机、舰船等，这些复杂目标的雷达截面积的分析则会更加复杂。在具体分析这些复杂目标之前，我们需要对高频散射的机理进行具体了解。

复合目标高频散射的总 RCS 特征是由各种散射机理组合起来而形成的。由于高频散射与散射体局部结构有密切关系，所以对于不同的散射机理，常需用不同的高频方法进行分析[4]。

镜面反射是一种强散射机理，常用几何光学或物理光学处理。镜面反射 RCS 的强度取决于镜面反射点（入射角等于反射角）处的表面曲率半径和反射系数。反向散射的镜面反射点就是散射体表面法线指向雷达方向的那些点。对于金属的双弯曲表面，σ 正比于镜面反射点处的两个曲率半径 ρ_1 和 ρ_2 的乘积，而与频率无关，即

$$\sigma = \pi \rho_1 \rho_2 \tag{3-14}$$

对于柱体等单弯曲表面，σ 与频率成正比，并随长度 l 的平方和曲率半径 ρ 的一次方而变化，即

$$\sigma = \frac{\pi \rho l^2}{\lambda} \tag{3-15}$$

对于两个曲率半径都是无限大的平面，σ 随频率的平方和面积 S 的平方而变化

$$\sigma = \frac{4\pi S^2}{\lambda^2} \tag{3-16}$$

金属目标的镜面散射与极化无关。

边缘等表面不连续性的散射通常用几何绕射理论、物理绕射理论或等效电磁流法进行分析，它是一种绕射现象，也是一种较强的散射机理。与表面反射不同，边缘绕射的方向不是一个单一的方向，而是位于以边缘为中心的一个前向圆锥的所有母线方向。对于后向散射，峰值回波出现于边缘与雷达瞄准线相垂直的时候。边缘绕射与极化有关，前缘的最大散射出现在入射电场与边缘平行的时候，后缘的最大回波则出现在入射电场垂直于边缘的情况。这些峰值回波的大小与频率无关，只随边缘长度 l 的平方而变化

$$\sigma = \frac{l^2}{\pi} \tag{3-17}$$

拐角和尖端的绕射是弱散射机理，通常可以忽略不计。

表面导数不连续性的散射是由于表面曲率半径突变所引起的一种弱散射机理，在 RCS 研究中通常不必计入。

爬行波散射也是一种绕射现象，通常用几何绕射理论处理，其回波强度与极化有关。

由于它沿传播路径切线方向辐射能量，因此这种波沿路径呈指数形式衰减。爬行波散射对简单目标的 RCS 的贡献也许是重要的，但对于不是低 RCS 设计的复杂目标则不会成为一个重要的散射机理。

行波散射是一种与极化有关的现象，只有在传播方向上沿表面存在入射电场的分量时才会出现，而且这种现象只出现在细长物体沿头锥方向附近掠入射的情况。行波的回波是由于前向表面行波在散射体尾端或其他不连续处的反射所引起的，它取决于反射点处不连续性的特征。行波散射是一种较强的散射机理，利用行波天线理论可对这种现象作定性的理解，例如，可以确定散射图第一个峰值的角位置，但对于幅度和定量理论描述还是不充分的。

凹形区域的散射通常是一种很强的散射机理，其散射作用来自于入射波在凹腔内表面间的多次反射，某些散射能量最后从凹腔开口处出来而返回到雷达去，它可以在一个很宽的角域范围内产生强回波。由于其散射过程复杂，常规的理论分析方法难以奏效，通常可用导波模式法、几何光学射线展开法、高斯波束法和复射线展开法等进行分析。

孤立散射源之间的相互作用通常可忽略不计，但相互靠近的散射源之间的影响是重要的。附加散射可能会增加合成的 RCS，使之大于每个单元独立计算的值，但也可能由于一个散射源屏蔽了另一个散射源而减小其净 RCS 值。

这里以 F-117A 战斗机和 F-22 飞机为例基于仿真计算，对如何分析目标散射特性进行说明。

3.3.1　F-117A 仿真分析

根据西北工业大学提供的 F-117A 计算模型，利用 GRECO 电磁仿真软件计算 C 波段 F-117A 在入射波角度 α 为 0° ~ 360° 间隔 1° 的单站 RCS，得到 RCS 随入射波角度变化的特性曲率分布如图 3-24 所示[33]。

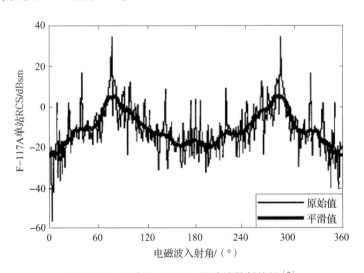

图 3-24　C 波段 F-117A 的单站散射特性[7]

XFDTD 是基于时域有限差分法的全波三维电磁仿真工具，广泛应用于天线、射频 / 微波、电磁兼容、光学和生物电磁等领域中。在仿真过程中，采用 F-117A 的缩比模型

（1702mm×1110mm×193mm），仿真频段 0 ～ 6GHz，极化方式为垂直极化，仿真 4 个代表性的方向，分别是头向入射（方位角 ϕ =180°，仰角 θ =90°），头锥向入射（方位角 ϕ =135°，仰角 θ =90°），正侧向入射（方位角 ϕ =90°，仰角 θ =90°）和尾向入射（方位角 ϕ =180°，仰角 θ =0°）时 F-117A 的 RCS，随频率变化的 RCS 结果如图 3-25 所示[34]。

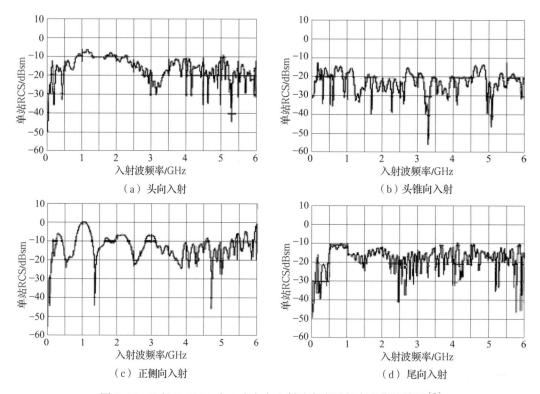

（a）头向入射 （b）头锥向入射 （c）正侧向入射 （d）尾向入射

图 3-25　飞机 F-117A 在 4 个方向入射波角度随频率变化的特性[8]

从图 3-24 和图 3-25 的分析可以得到以下结论：

①隐身飞机 F-117A 在米波波段的平均 RCS 明显高于厘米波时的 RCS，说明 F-117A 在厘米波段有较好的隐身效果，而对频率较低的米波雷达隐身效果不明显，用低频雷达探测隐身飞机是一项有效的反隐身措施。

②隐身飞机 F-117A 的 RCS 随入射方向的变化，有着显著的变化。

③头锥方向入射时，隐身飞机 F-117A 的平均 RCS 最低，且随频率变化起伏不大，说明 F-117A 在头锥方向有较好的隐身效果，在这个角度部署单基地雷达不利于反隐身；正侧向入射时，机身和发动机吊舱是主要的散射源，此时 F-117A 的平均 RCS 最高，且随频率变化起伏明显，说明 F-117A 在正侧向隐身效果较差，在这个角度部署单基地雷达有利于反隐身。

3.3.2　F-22 仿真分析

F-22 飞机是由美国洛克希德 - 马丁和波音公司共同研制的第五代高隐身先进战斗机，隐身是其核心性能之一，优异的隐身性能可以大大缩短被敌机发现的距离，有效地提高飞机的突防能力。对 F-22 飞机的建模及散射仿真分析不但有助于了解复杂隐身目标雷达截面积特征，也可以加深对隐身设计技术的理解。

依据国内能够获取到的 F-22 相关资料，运用边界投影对合法进行构建。边界投影对合法是通过将飞机三视图中的平面边界投影到三维空间中进行空间对合的一种方法。飞机的主要设计参数为机长 18.9m，翼展 13.6m，机高 5m，其三维外形轮廓如图 3-26 所示。据此分别利用高频近似方法和基于快速多极子的矩量法对该飞机的宽频散射特性进行了仿真计算。

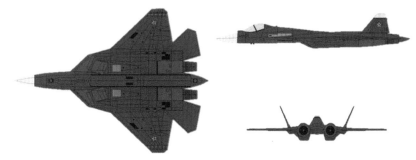

图 3-26　F-22 模型三视图

高频近似方法和基于快速多极子的矩量法是目前解决目标隐身特性仿真的主要算法，目前绝大多数的电磁仿真工具以及专用隐身仿真计算系统均包含了这两种算法，如世界上公认的军用电磁计算系统 Xpatch，传统电磁仿真商用软件 FECO、CST 等。

高频方法是目前解决电大及超电大尺寸目标的主要计算方法，它由一系列的近似方法组合而成，主要包括物理光学法（PO）、几何光学法（GO）、物理绕射理论（PTD）、几何绕射理论（GTD）、一致性绕射理论（UTD）、弹跳射线法（SBR）等。其优点是计算速度快、效率高、消耗资源少、计算能力强，能够实时分析较为复杂的电磁场问题；但该类方法也存在一定的缺点，如计算精度不高、表面波等一些散射问题尚未有效的解决办法等。

矩量法（MoM）是一种求解积分方程的方法，基于等效原理和边界条件，在理想导体表面建立电场积分方程（EFIE）和磁场积分方程（MFIE），将连续方程离散化为代数方程并进行求解。多层快速多极子算法（MLFMA）是在传统矩量法的基础上提出的一种快速求解算法，大幅降低了求解问题的计算复杂度和存储复杂度。

图 3-27 给出了 F-22 在 X 频段典型频点下随方位变化的 RCS 仿真曲线，图 2-28 给出了 F-22 飞机头向和侧向角域均值随频率的变化情况，通过对曲线的分析可以得到：

作为美国第五代的高隐身战斗机，根据其作战样式，前向角域是 F-22 雷达隐身设计重点考虑的威胁区域，飞机高散射峰值出现在方位 ±42° 方向（0° 为机头方向）。

对于前向重点威胁区域，F-22 在布局设计上全面贯彻了平行设计原则，在边缘、缝隙和锯齿角度的选取以及将翼面边缘的高散射排除在前向威胁角域之外。采用了对发动机压气机全遮挡的高隐身进气道，同时结合管道内采用隐身措施的设计方案，为 F-22 飞机具备较低的 RCS 特性提供了较好的基础。

相对于 F-117A 的平面拼接外形方案，F-22 飞机全面采用了融合化的曲面外形设计技术，同时随着雷达天线舱 FSS、座舱镀膜、机体及进气道表面吸波材料和吸波结构、次级散射源设计抑制等技术的应用，使得在良好外形布局的基础上，进一步大幅降低了飞机整体的 RCS。

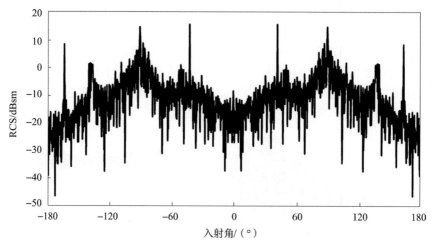

图 3-27 X 波段 F-22 单站散射特性

在散射频谱相应特性方面，F-22 在 X 波段的散射最低，使得其在对抗机载雷达探测时会获得较大的收益，在 X 波段以下随着频率的降低飞机散射逐渐增大，同时在 X 波段以上，RCS 也会有所增加。

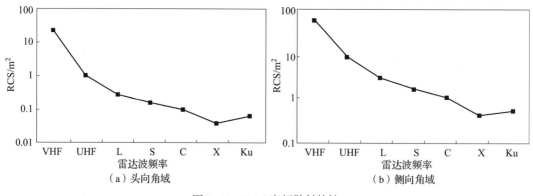

（a）头向角域   （b）侧向角域

图 3-28 F-22 宽频散射特性

3.3.3 减缩复杂目标 RCS 的主要方法

由于飞机外形对飞机 RCS 的影响很大，因此合理的飞机外形是减少其 RCS 的重要措施。目前，飞机主要采用以下方法来降低其 RCS：消除产生角反射器效应的外形组合；避免出现任何边缘、棱角、尖端、缺口等垂直相交的界面；消除镜面反射的表面设计，避免出现较大的平面；将雷达波引向不同的方向，如机翼前缘后掠；后缘采用锯齿形设计；合理设计发动机进气系统，如采用 S 形进气道；采用遮挡结构，将发动机安装在机翼内侧或机背上；保形设计和无外挂设计，使机身形成平滑过渡的流线型（如美国 B-2 隐身飞机）。据有关资料报道，合理的外形设计可将 RCS 值减少 75% ~ 90%。一旦在空气动力学、动力装置方面出现重大突破后，可将 RCS 值减少 90% ~ 99%。如果将外形技术、机载天线技术与材料技术结合起来，RCS 值可减少 99% ~ 99.9% 或者更多。

外形隐身的缺点：①外形隐身会影响飞机的机动性能（如飞行速度、转弯能力等），科索沃战争中 F-117A 被击落，一个重要原因就是其飞行速度较慢；②飞机的某些部位很难依靠外形结构设计来减缩其 RCS；③外形设计隐身只能在某一观测角上的 RCS 很小，而在其他观测范围 RCS 很可能会增加，即使采用了"全方位隐身设计"，也有几个特定角度的 RCS 会增加。

采用材料隐身最大的优点在于不需要改变飞机的外形结构，不会影响飞机的机动性能。目前研制出的隐身材料主要有雷达吸波材料和雷达透波材料，尤其是雷达吸波材料种类多、效果好。但材料隐身的缺点是：对原材料的制造技术要求高，价格昂贵，维护费用高。使用雷达吸波涂料会使飞机的重量略增。

飞机隐身还有对消技术，飞机目标通过产生与雷达反射波同频率、同振幅但相位相反的电磁波，与反射波发生相消干涉，从而消除散射信号，实现雷达隐身。但无源对消技术适用频率范围窄，实用性有限；有源对消技术要求飞机上具有能够测出雷达入射波频率、入射角、波形和强度的高性能传感器等对消电子设备，并能实时地产生对消所需的电磁波信号，所以技术难度比较高。

其他的飞机隐身技术还包括干扰技术、等离子体隐身技术，微波传播指示技术、电位差隐身技术和仿生学隐身技术等。每种技术既有优点又有需要解决的一些问题和缺点，综合各种方法、优化组合各种技术才能获得良好的飞机隐身效果。

3.4　自然目标雷达波散射特性

我们讨论了简单的几何结构和复杂目标的散射分析，这些结构均是人为定义或者干脆就是人造目标，大多数是金属构成的。当然，自然环境中动植物目标的 RCS 信息，对于我们的研究也是很有意义的。

早期利用雷达探测空中目标时，人们将那些不存在明显反射源的回波信号称为"仙波"，其实这些"仙波"通常是由飞鸟产生的。尽管来自一只鸟的回波很小，但如果距离足够近或者雷达探测能力足够强，它仍能被检测到。对于探测目标不是飞鸟的雷达系统，"仙波"干扰了雷达的正常工作，属于杂波，需要从雷达回波中滤除。近几十年来，随着鸟击（飞机撞鸟）事件的频繁发生，鸟击防范成为民航界关注的重大课题，"仙波"由杂波变为探测对象，雷达探鸟作为飞鸟探测的主要技术手段已发展成为雷达领域重要的研究方向。鸟击风险与鸟的质量有关，中、大型鸟和鸟群对飞行安全的威胁最大，其雷达截面积的分析就变得十分重要。

人们针对鸟类目标进行了大量暗室测量试验，认为鸟的 RCS 与其质量和电磁波工作波长存在一定关系[10]。在 S 波段，质量 70g 的欧椋鸟的平均 RCS 为 10cm²，而质量 1000g 的野鸭的平均 RCS 为 100cm²。鸽子在 UHF 波段具有 11cm² 的平均 RCS，在 S 波段为 80cm²，在 X 波段为 15cm²。此外，鸟的雷达回波由于其翅膀煽动形成周期变化，翅膀煽动引起 10dB 的 RCS 起伏是很平常的。另外，同一只鸟在处于不同状态下（迁徙或觅食），因飞行方式不同，其 RCS 也有变化。

可见，鸟类作为复杂的生物体，其精确的建模非常困难，目前国内外报道并不多。鸟体重的 65% 由水形成，水是一种具有较大介电常数的物质，可以形成相对较大的回波反射率，普遍认为鸟类目标的 RCS 主要是由其体内的水反射形成，因此，水球建模是一种常见的理论近似方法。但该方法过于粗糙，且对于许多鸟和工作波长来说，水球模型处于谐振区甚至瑞利区，其计算值起伏太大，不适于工程应用。因此，基于大量试验测量数据，工程上通常给出计算单只鸟 RCS 的近似统计模型为

$$\sigma = \begin{cases} 0.55W^{1/3}\lambda & \lambda/W^{1/3} < 5.4 \\ 2512W^2\lambda^{-4} & \lambda/W^{1/3} > 5.4 \end{cases} \quad (3\text{-}18)$$

式中，W 为鸟的质量，单位为 g；λ 为波长，单位为 cm。统计模型的计算结果基于大量的试验数据，更符合鸟类 RCS 平均统计特性，适合于估计各种鸟 RCS 值的量级范围。

鸟群对雷达的影响与其总体 RCS 有关，根据鸟群的规模，可以推算其 RCS。最简单的情况是，假设鸟之间的距离足够大，且分布和取向随机，忽略单只鸟之间的互耦，用鸟的数量乘以单只鸟的 RCS。表 3-2 给出了一些代表性的鸟群在一个很广的区域内的外场 RCS 测量值 σ、密度和体积反射率 η 等数据[36]，适用频率从 S 波段到 X 波段。可见，迁徙鸟群的总体 RCS 通常大于 $1m^2$。因此，在工程应用中，从 S 波段到 X 波段，小鸟 RCS 约为 $5cm^2$，中鸟 RCS 约为 $50cm^2$，大鸟 RCS 约为 $100cm^2$。

表 3-2 鸟群目标散射特性[10]

鸟的类型	影响区域 /km²	鸟的数量	鸟的密度 /（只 /m³）	σ /m²	η /cm⁻¹
较低山谷中的山鸟	10^5	10^8	10^{-6}	5 ~ 50	$10^{-11} \sim 10^{-10}$
单个栖息的山鸟	$10^3 \sim 10^4$	10^7	$10^{-6} \sim 10^{-5}$	5 ~ 50	$10^{-11} \sim 10^{-9}$
海岸区乌鸦、鸥鸟、鹅和鸭	10^3	$10^4 \sim 10^6$	$10^{-9} \sim 10^{-6}$	10 ~ 500	$10^{-13} \sim 10^{-9}$
加利福尼亚海岸迁徙的海鸥	10^3	$>10^6$	10^{-5}	50 ~ 500	$10^{-9} \sim 10^{-8}$
佐治亚海岸的角嘴海雀	10	10^5	10^{-4}	50 ~ 500	$10^{-9} \sim 10^{-8}$
美国湾海岸的涉水鸟	10^5	10^6	10^{-9}	50 ~ 500	$10^{-13} \sim 10^{-12}$
美国洛杉矶山脉东部迁徙鸟	10^7	10^9	10^{-7}	1 ~ 50	$10^{-13} \sim 10^{-12}$
非洲草原群体繁殖的奎利亚雀	2	$>10^7$	10^{-2}	5 ~ 50	$10^{-7} \sim 10^{-6}$

通过更好更精确地对鸟类 RCS 的预估及分析，可以有效地减小民航飞行的危险，减小事故发生的概率。另外，鸟类的仿生模型对于低 RCS 飞行器的设计也有很好的帮助。

除了鸟类之外，在微波暗室中存在微小的昆虫，尽管它们的 RCS 很小，但是也会构成一个虚警信号，从而影响雷达工作。另外，昆虫也常常干扰试验测量，例如，在一些室内的 RCS 测量中，尽管支架上根本没有目标，但其上的一只小蜘蛛，也会引起接收信号的起伏。

为了确定昆虫回波的大小，得克萨斯大学进行了一系列的试验[34]。对长度从 5mm 到 2cm 的 10 种昆虫，在 9.4GHz 的频率上，采用简单的连续波 RCS 测量系统测量的 RCS 结果如表 3-3 所示[2]。结果表明，昆虫回波大小随昆虫的尺寸而增大，并且同一种昆虫的 RCS 值也与视角有关。而对细而长的昆虫，横向（侧面）RCS 比纵向（顶部）RCS 大15dB；而对纵横尺寸差不多的昆虫，RCS 变化不大于 2dB。

表 3–3　9.4GHz 时测量昆虫的 RCS[2]

昆虫名称	长度 /mm	直径 /mm	横向 σ /dBsm	纵向 σ /dBsm
蓝翅蝗虫	20	4	−30	−40
一种虫蛆	14	4	−39	−49
苜蓿幼虫蝴蝶	14	1.5	−42	−57
工蜂	13	6	−40	−45
加州秋坪蚊	13	6	−54	−57
大蚊蝇	13	1	−45	−57
绿头苍蝇	9	3	−46	−50
12 斑点黄瓜甲虫	8	4	−49	−53
集聚雌甲虫	5	3	−57	−60
蜘蛛	5	3.5	−50	−52

为了测量这么小的回波值，目标实际上是放在离天线很近的地方。为了防止昆虫在试验过程中移动，对昆虫实施麻醉。如果采用将昆虫击毙的方法，在试验过程中，昆虫的骨架会变干，从而使介电常数发生变化，测得的 RCS 值不准确。

3.5　小结

本章重点对目标雷达波散射特性进行了概要介绍，从雷达波散射机理出发，针对典型几何结构目标的雷达波散射特性给出了理论分析结果和规律性的研究结论，是本书关于目标散射特性的理论部分。对于本章我们希望读者们对目标的散射问题有一个初步的了解，这对于低可探测天线设计非常重要。

无论何种雷达波散射机理，以及何种几何结构目标的雷达波散射，我们都需要清楚地认识到：

①目标雷达波散射特性获取与分析的核心基础理论是麦克斯韦方程组，没有对电磁场传播和麦克斯韦方程组深入理解，低可探测天线的设计就无从谈起。

②不同类型目标的雷达波散射特性是有迹可循的，掌握典型目标的雷达波散射特性，有助于理解和掌握目标雷达隐身设计技术，这也是天线结构项散射减缩设计的重要基础。

③通过仿真分析，可以获得较为准确的目标雷达波散射特性，通过与雷达波散射机理的综合分析，对于低可探测天线的设计与优化意义重大。

第4章 天线散射理论基础

4.1 引言

在当前日益复杂的战场电磁环境下，目标的雷达截面积已经成为各方面关注的焦点。随着隐身技术的发展，天线的雷达截面积正逐渐成为制约飞行器等低散射平台电磁隐身性能的关键。而天线作为一种电磁能量空间转换工具，其散射特性不同于普通的散射体。作为一个加载的散射体，照射到天线上的入射波有一部分会在天线上产生散射，另一部分与天线接收特性相匹配的入射波会被天线接收并通过馈线传输到发射机（接收机），如果在发射机（接收机）处产生反射，那么这部分能量会以辐射的形式散射到空间中去。因此天线的散射不仅与其外形结构等特性有关，还与其自身的接收和发射特性有关。天线的散射一般可以分为两个部分[37]：

①结构模式项散射 σ_s。天线的结构模式项散射场是天线端接匹配负载时的散射场，其散射机理与普通散射体的机理相同。

②天线模式项散射 σ_a。天线模式项散射场是由于负载与天线不匹配而反射的功率经天线再辐射而产生的散射场。这部分散射是天线作为一个加载辐射体而特有的散射场。

天线结构模式项散射 σ_s 和天线模式项散射 σ_a 之间的关系为：$\sigma = |\sqrt{\sigma_s} + \sqrt{\sigma_a}\, \mathrm{e}^{\mathrm{j}\phi}|^2$，二者之间存在的相位差 ϕ 一般很难定量确定。

对于天线散射的分析是天线 RCS 减缩的重要依据，对于整个系统的电磁隐身设计具有重要的指导意义。

4.2 单端口天线基本理论

4.2.1 单端口天线表示

天线一般通过馈线馈电，因此一般将天线看作是单端口网络。如图 4-1 所示，其馈线（传输线或波导）中的电磁场可表示为

$$\boldsymbol{E} = \sqrt{Z_c}\,\boldsymbol{e}(x,y)(a\mathrm{e}^{-\mathrm{j}\beta z} + b\mathrm{e}^{+\mathrm{j}\beta z}) \tag{4-1}$$

$$\boldsymbol{H} = \sqrt{Y_c}\,\boldsymbol{h}(x,y)(a\mathrm{e}^{-\mathrm{j}\beta z} - b\mathrm{e}^{+\mathrm{j}\beta z}) \tag{4-2}$$

$$\iint \boldsymbol{e} \times \boldsymbol{h}^* \cdot \boldsymbol{z}\,\mathrm{d}x\mathrm{d}y = 1 \tag{4-3}$$

参考面 $z=0$ 处的电压电流可以表示为

$$V = \sqrt{Z_c}\,(a+b) \tag{4-4}$$

$$I = \sqrt{Y_c}\,(a-b) \tag{4-5}$$

$+\hat{z}$ 方向传输功率表示为

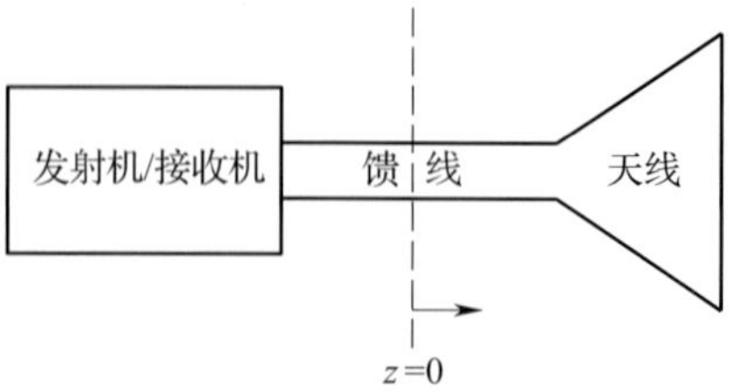

图 4-1 单端口天线示意图

$$P_t = \mathrm{Re} \iint \boldsymbol{E} \times \boldsymbol{H}^* \cdot \boldsymbol{z}\,\mathrm{d}x\mathrm{d}y = |a|^2 - |b|^2 = |a|^2(1 - |\Gamma_a|^2) = \mathrm{Re}(VI^*) \qquad (4\text{-}6)$$

$$\Gamma_a = \frac{Z_{in} - Z_c}{Z_{in} + Z_c} \qquad (4\text{-}7)$$

$-\hat{z}$ 方向传输功率表示为

$$P_t = \mathrm{Re} \iint \boldsymbol{E} \times \boldsymbol{H}^* \cdot (-\boldsymbol{z})\,\mathrm{d}x\mathrm{d}y = |b|^2 - |a|^2 = |b|^2(1 - |\Gamma_t|^2) = -\mathrm{Re}(VI^*) \qquad (4\text{-}8)$$

$$\Gamma_1 = \frac{Z_1 - Z_c}{Z_1 + Z_c} \qquad (4\text{-}9)$$

如图 4-2 所示，在参考面 $z=0$ 处，激励波将经历多次反射。

波的幅度（a, b）的表达式如下

$$a = a_1 + \Gamma_s \Gamma_a a_1 + \Gamma_s^2 \Gamma_a^2 a_1 + \cdots = \frac{a_1}{1 - \Gamma_s \Gamma_a} \qquad (4\text{-}10)$$

$$b = \Gamma_a a_1 + \Gamma_s \Gamma_a^2 a_1 + \Gamma_s^2 \Gamma_a^3 a_1 + \cdots = \frac{\Gamma_a a_1}{1 - \Gamma_s \Gamma_a} \qquad (4\text{-}11)$$

$$P_t = \frac{1 - |\Gamma_a|^2}{|1 - \Gamma_s \Gamma_a|^2} |a_1|^2 \qquad (4\text{-}12)$$

$$\Gamma_s = \frac{Z_s - Z_c}{Z_s + Z_c} \qquad (4\text{-}13)$$

电路参数（V, I）的表达式如下

$$V = \sqrt{Z_c}\,\frac{a_1}{1 - \Gamma_s \Gamma_a}(1 + \Gamma_a) \qquad (4\text{-}14)$$

$$I = \sqrt{Y_c}\,\frac{a_1}{1 - \Gamma_s \Gamma_a}(1 - \Gamma_a) \qquad (4\text{-}15)$$

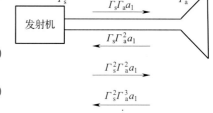

图 4-2　激励波多次反射示意图

4.2.2　发射天线三种激励源

当天线处于发射状态时，馈线将天线与激励源相连，可以利用波幅度（a, b）或者电路参数（V, I）来表示该等效网络。常见的三种理想源如图 4-3 所示。

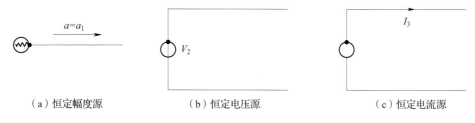

（a）恒定幅度源　　　　　（b）恒定电压源　　　　　（c）恒定电流源

图 4-3　发射天线的三种理想源

（1）恒定幅度源（简称恒幅源）（constant amplitude source，CAS）

当源阻抗和传输线特性阻抗相等（$Z_s = Z_c$）时，源反射系数 $\Gamma_s=0$，在源到传输线端口处没有反射波，源与馈线达到匹配传输状态，此时有

$$a = a_1 \qquad (4\text{-}16)$$

$$V = \sqrt{Z_c} \left(1 + \Gamma_a \right) a_1 \tag{4-17}$$

$$I = \sqrt{Y_c} \left(1 - \Gamma_a \right) a_1 \tag{4-18}$$

可见幅度保持不变时，电压和电流随天线阻抗变化而变化。将恒幅源激励天线产生的电磁场记为 F_1。

（2）恒定电压源（简称恒压源，constant voltage source，CVS）

当源阻抗等于零（$Z_s=0$），源内部没有电压降时，源反射系数 $\Gamma_s=-1$，我们有

$$a = \frac{a_1}{1+\Gamma_a} = \sqrt{Y_c} \frac{V_2}{1+\Gamma_a} \tag{4-19}$$

$$V = V_2 = \sqrt{Z_c} a_1 \tag{4-20}$$

$$I = \sqrt{Y_c} \frac{a_1}{1+\Gamma_a} \left(1 - \Gamma_a \right) = V_2 Y_{in} \tag{4-21}$$

可见电压保持不变时，幅度和电流随天线阻抗变化而变化。将恒压源激励天线产生的电磁场记为 F_2

$$F_2 = \sqrt{Y_c} \frac{V_2}{1+\Gamma_a} \frac{F_1}{a_1} \tag{4-22}$$

（3）恒定电流源（简称恒流源，constant current source，CCS）

当源阻抗等于无穷大（$Z_s=\infty$）时，电流全部进入馈线，源反射系数 $\Gamma_s=1$，有

$$a = \frac{a_1}{1-\Gamma_a} = \sqrt{Z_c} \frac{I_3}{1-\Gamma_a} \tag{4-23}$$

$$V = \sqrt{Z_c} \frac{a_1}{1-\Gamma_a} \left(1 + \Gamma_a \right) = I_3 Z_{in} \tag{4-24}$$

$$I = I_3 = \sqrt{Y_c} a_1 \tag{4-25}$$

可见电流保持不变时，幅度和电压随天线阻抗变化而变化。将恒流源激励天线产生的电磁场记为 F_3

$$F_3 = \sqrt{Z_c} \frac{I_3}{1-\Gamma_a} \frac{F_1}{a_1} \tag{4-26}$$

当天线处于发射状态时，以上三种理想源都可以作为激励源。在表 4-1 中列出了三种激励源下天线内部参数（V，I，a，b）以及外部辐射量（辐射场 F 和辐射功率 P_t）的关系，其中 F 表示发射天线的矢量辐射场（E，H）。

表 4-1 发射天线参数关系

参数 / 源	恒幅源	恒压源	恒流源
V	$\sqrt{Z_c} a_1 \left(1 + \Gamma_a \right)$	V_2	$I_3 Z_{in}$
I	$\sqrt{Y_c} a_1 \left(1 - \Gamma_a \right)$	$V_2 Y_{in}$	I_3
a	a_1	$\sqrt{Y_c} \dfrac{V_2}{1+\Gamma_a}$	$\sqrt{Z_c} \dfrac{I_3}{1-\Gamma_a}$
b	$\Gamma_a a_1$	$\sqrt{Y_c} \dfrac{\Gamma_a V_2}{1+\Gamma_a}$	$\sqrt{Z_c} \dfrac{\Gamma_a I_3}{1-\Gamma_a}$
P_t	$\lvert a_1 \rvert^2 \left(1 - \lvert \Gamma_a \rvert^2 \right)$	$\lvert V_2 \rvert^2 \mathrm{Re} Y_{in}$	$\lvert I_3 \rvert^2 \mathrm{Re} Z_{in}$
场	F_1	F_2	F_3
源阻抗	Z_c（匹配）	0（短路）	∞（开路）

4.2.3　接收天线三种度量表

对于接收天线，在参考面 $z=0$ 处，接收波经历了多次反射，如图 4-4 所示。于是有

$$b = b_4 + \Gamma_1 \Gamma_a b_4 + \Gamma_1^2 \Gamma_a^2 b_4 + \cdots = \frac{b_4}{1 - \Gamma_1 \Gamma_a} \qquad (4\text{-}27)$$

$$a = \Gamma_1 b_4 + \Gamma_1^2 \Gamma_a^2 b_4 + \Gamma_1^3 \Gamma_a^3 b_4 + \cdots = \frac{\Gamma_1 b_4}{1 - \Gamma_1 \Gamma_a} \qquad (4\text{-}28)$$

$$P_1 = \frac{1 - |\Gamma_1|^2}{|1 - \Gamma_1 \Gamma_a|} |b_4|^2 \qquad (4\text{-}29)$$

电路参数（V，I）的表达式如下

$$V = |Z_c| \frac{b_4}{1 - \Gamma_1 \Gamma_a}(1 + \Gamma_1) \qquad (4\text{-}30)$$

$$I = |Y_c| \frac{-b_4}{1 - \Gamma_1 \Gamma_a}(1 - \Gamma_1) \qquad (4\text{-}31)$$

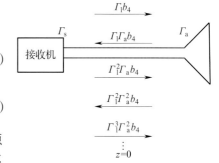

图 4-4　接收波多次反射示意图

如图 4-5 所示，当天线处于接收状态时，激励源被与之对应的三种度量表所代替，三种度量表的关系如表 4-2 所示。

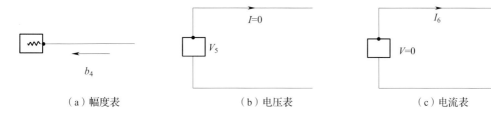

（a）幅度表　　　　　（b）电压表　　　　　（c）电流表

图 4-5　接收天线的三种理想度量计

表 4-2　接收天线参数关系

参数 / 表	幅度表	电压表	电流表
V	$\sqrt{Z_c}\, b_4$	$V_5 = \sqrt{Z_c}\dfrac{2b_4}{1 - \Gamma_a}$	0
I	$-\sqrt{Y_c}\, b_4$	0	$I_6 = \sqrt{Y_c}\dfrac{-2b_4}{1 + \Gamma_a}$
a	0	$\dfrac{1}{2}\sqrt{Y_c}\, V_5$	$\dfrac{1}{2}\sqrt{Z_c}\, I_6$
b	b_4	$\dfrac{1}{2}\sqrt{Y_c}\, V_5$	$-\dfrac{1}{2}\sqrt{Z_c}\, I_6$
源阻抗	匹配	开路	短路

①幅度表（amplitude meter）

当 $Z_1 = Z_c$ 时，$\Gamma_1 = 0$；$b = b_4$；$a = 0$；$V = \sqrt{Z_c}\, b_4$；$I = -\sqrt{Y_c}\, b_4$。

②电压表（voltage meter）

当 $Z_1 = \infty$ 时，$\Gamma_1 = 1$；$b = \dfrac{b_4}{1 - \Gamma_a} = \dfrac{1}{2}\sqrt{Y_c}\, V_5$；$a = b$；$V = V_5 = \sqrt{Z_c}\dfrac{2b_4}{1 - \Gamma_a}$；$I = 0$。

③电流表（current meter）

当 $Z_1=0$ 时， $\varGamma_1=-1$ ； $b=\dfrac{b_4}{1+\varGamma_a}=-\dfrac{1}{2}\sqrt{Z_c}I_6$ ； $a=-b$ ； $V=0$ ； $I=I_6=\sqrt{Y_c}\dfrac{-2b_4}{1+\varGamma_a}$ 。

4.2.4 天线辐射理论

当发射天线确定时，可以用一组与天线等效的电磁流源取代天线本身。因此，天线的辐射问题可以等效为如图4-6所示的等效电磁流源的辐射问题。源区 V 位于原点 O 附近，观测点 $\boldsymbol{r}=(r, \theta, \phi)$ 处于远区场，即 $kr\gg1$。那么可以对远区场作如下近似[38]：

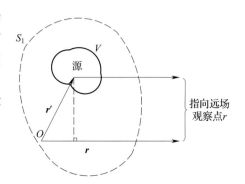

① $\nabla \to -jk\hat{\boldsymbol{r}}$ ；

② $|\boldsymbol{r}-\boldsymbol{r}'|\approx r-\hat{\boldsymbol{r}}\cdot\boldsymbol{r}'$（相位近似）；

③ $|\boldsymbol{r}-\boldsymbol{r}'|\approx r$（幅度近似）。

图4-6 等效电磁流源的辐射问题

电磁流源在空间中产生的场可以表示为

$$E = -\nabla \times F - j\omega\mu\left[A+\frac{1}{k^2}\nabla(\nabla\cdot A)\right] \tag{4-32}$$

$$H = \nabla \times A - j\omega\varepsilon\left[F+\frac{1}{k^2}\nabla(\nabla\cdot F)\right] \tag{4-33}$$

式中， A 表示磁矢量位函数， F 表示电矢量位函数，即

$$A(r) = \iiint_V G(\boldsymbol{r}/\boldsymbol{r}')J(\boldsymbol{r}')\mathrm{d}v' \tag{4-34}$$

$$F(r) = \iiint_V G(\boldsymbol{r}/\boldsymbol{r}')J_m(\boldsymbol{r}')\mathrm{d}v' \tag{4-35}$$

其中

$$G(\boldsymbol{r}/\boldsymbol{r}') = \frac{\mathrm{e}^{-jk|\boldsymbol{r}-\boldsymbol{r}'|}}{4\pi|\boldsymbol{r}-\boldsymbol{r}'|} \tag{4-36}$$

将远场近似条件①—③，式（4-34）和式（4-35）代入式（4-32），可得

$$E = -j\omega\mu\left[\bar{\bar{\boldsymbol{I}}}-\hat{\boldsymbol{r}}\hat{\boldsymbol{r}}\right]\cdot A + jk\hat{\boldsymbol{r}}\times F \tag{4-37}$$

其中

$$A(r) = \iiint_v G(\boldsymbol{r}/\boldsymbol{r}')J(\boldsymbol{r}')\mathrm{d}v' = \frac{\mathrm{e}^{-jkr}}{4\pi r}\iiint_V J(\boldsymbol{r}')\mathrm{e}^{jk\hat{\boldsymbol{r}}\cdot\boldsymbol{r}'}\mathrm{d}v' \tag{4-38}$$

$$F(r) = \iiint_v G(\boldsymbol{r}/\boldsymbol{r}')J_m(\boldsymbol{r}')\mathrm{d}v' = \frac{\mathrm{e}^{-jkr}}{4\pi r}\iiint_V J_m(\boldsymbol{r}')\mathrm{e}^{jk\hat{\boldsymbol{r}}\cdot\boldsymbol{r}'}\mathrm{d}v' \tag{4-39}$$

将式（4-38）和式（4-39）代入式（4-37），可得

$$E = -j\omega\mu\frac{\mathrm{e}^{-jkr}}{4\pi r}\iiint_v(\bar{\bar{\boldsymbol{I}}}-\hat{\boldsymbol{r}}\hat{\boldsymbol{r}})\cdot J(\boldsymbol{r}')\mathrm{e}^{jk\cdot\boldsymbol{r}'}\mathrm{d}v' + jk\frac{\mathrm{e}^{-jkr}}{4\pi r}\iiint_v\hat{\boldsymbol{r}}\times J_m(\boldsymbol{r}')\mathrm{e}^{jk\cdot\boldsymbol{r}'}\mathrm{d}v' =$$

$$\sqrt{Z}\frac{\mathrm{e}^{-jkr}}{r}\frac{k}{j4\pi}\iiint_v\left[\sqrt{Z}(\bar{\bar{\boldsymbol{I}}}-\hat{\boldsymbol{r}}\hat{\boldsymbol{r}})\cdot J(\boldsymbol{r}')+\sqrt{Y}J_m(\boldsymbol{r}')\times\hat{\boldsymbol{r}}\right]\mathrm{e}^{jk\cdot\boldsymbol{r}'}\mathrm{d}v' \tag{4-40}$$

式中，$\boldsymbol{k}=k\hat{\boldsymbol{r}}$，$Z=\sqrt{\mu/\varepsilon}$，$\boldsymbol{r}'$ 为源点。

如果我们定义振幅矢量 $\boldsymbol{A}(\boldsymbol{k})$，并且

$$\boldsymbol{A}(\boldsymbol{k})=\frac{k}{\mathrm{j}4\pi}\iiint_{v}\left[\sqrt{Z}(\bar{\bar{I}}-\hat{\boldsymbol{r}}\hat{\boldsymbol{r}})\cdot\boldsymbol{J}(\boldsymbol{r}')+\sqrt{Y}\boldsymbol{J}_{m}(\boldsymbol{r}')\times\hat{\boldsymbol{r}}\right]\mathrm{e}^{\mathrm{j}\boldsymbol{k}\cdot\boldsymbol{r}'}\mathrm{d}v' \tag{4-41}$$

那么，式（4-40）可以简化为

$$\boldsymbol{E}=\sqrt{Z}\boldsymbol{A}(\boldsymbol{k})\frac{\mathrm{e}^{-\mathrm{j}kr}}{r} \tag{4-42}$$

与推导远区电场的过程类似，我们通过对磁场进行远场近似，可以得到

$$\boldsymbol{H}=\sqrt{Y}\hat{\boldsymbol{r}}\times\boldsymbol{A}(\boldsymbol{k})\frac{\mathrm{e}^{-\mathrm{j}kr}}{r} \tag{4-43}$$

因此，如图 4-7 所示，当天线处于无限、均匀、各向同性媒质（ε，μ）中时，其远区辐射场可以表示为球面波形式

$$\begin{Bmatrix}\boldsymbol{E}(\boldsymbol{r})\\\boldsymbol{H}(\boldsymbol{r})\end{Bmatrix}=\begin{Bmatrix}\sqrt{Z}\boldsymbol{A}(\boldsymbol{k})\\\sqrt{Y}\hat{\boldsymbol{k}}\times\boldsymbol{A}(\boldsymbol{k})\end{Bmatrix}\frac{\mathrm{e}^{-\mathrm{j}kr}}{r},r\to\infty \quad(4\text{-}44)$$

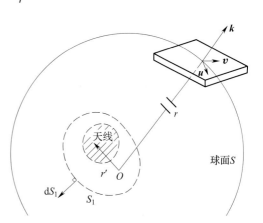

图 4-7 天线的远区辐射场

极化是天线的重要指标，如果考虑天线的极化状态，即假设天线为 $\boldsymbol{u}$ 极化，那么其远区辐射场表示为

$$\begin{Bmatrix}\boldsymbol{E}(\boldsymbol{r})\\\boldsymbol{H}(\boldsymbol{r})\end{Bmatrix}=\begin{Bmatrix}\sqrt{Z}\boldsymbol{A}(\boldsymbol{k},\boldsymbol{u})\\\sqrt{Y}\hat{\boldsymbol{k}}\times\boldsymbol{A}(\boldsymbol{k},\boldsymbol{u})\end{Bmatrix}\frac{\mathrm{e}^{-\mathrm{j}kr}}{r},r\to\infty \quad(4\text{-}45)$$

式中，$\boldsymbol{A}(\boldsymbol{k},\boldsymbol{u})$ 表示幅度矢量 $\boldsymbol{A}(\boldsymbol{k})$ 的 $\boldsymbol{u}$ 极化分量，并且

$$\boldsymbol{A}(\boldsymbol{k},\boldsymbol{u})=\boldsymbol{A}(\boldsymbol{k})\cdot\boldsymbol{u}^{*}=\frac{k}{\mathrm{j}4\pi}\iiint_{v}\left[\sqrt{Z}\boldsymbol{J}(\boldsymbol{r}')\cdot\boldsymbol{u}^{*}+\sqrt{Y}\boldsymbol{J}_{m}(\boldsymbol{r}')\cdot(\hat{\boldsymbol{k}}\times\boldsymbol{u}^{*})\right]\mathrm{e}^{\mathrm{j}\boldsymbol{k}\times\boldsymbol{r}'}\mathrm{d}v' \tag{4-46}$$

当天线辐射方向为 $\hat{\boldsymbol{z}}$ 方向时，假设天线的主极化为 $\boldsymbol{u}$ 极化。

那么，对于线极化天线，如果其主极化极化矢量为 $\boldsymbol{u}=\hat{\boldsymbol{\theta}}$，则

$$\boldsymbol{u}=\hat{\boldsymbol{\theta}}=\hat{\boldsymbol{x}}\cos\theta\cos\varphi+\hat{\boldsymbol{y}}\cos\theta\sin\varphi-\hat{\boldsymbol{z}}\sin\theta \tag{4-47}$$

式（4-46）中的两个点乘表达式可以表示为

$$\boldsymbol{J}\cdot\boldsymbol{u}^{*}=(J_{x}\cos\varphi+J_{y}\sin\varphi)\cos\theta-J_{z}\sin\theta$$

$$\boldsymbol{J}_{m}\cdot(\hat{\boldsymbol{k}}\times\boldsymbol{u}^{*})=-J_{mx}\sin\varphi+J_{my}\cos\varphi \tag{4-48}$$

如果其主极化极化矢量为 $\boldsymbol{u}=\hat{\boldsymbol{\varphi}}$，则

$$\boldsymbol{u}=\hat{\boldsymbol{\varphi}}=\hat{\boldsymbol{x}}\sin\varphi+\hat{\boldsymbol{y}}\cos\varphi \tag{4-49}$$

式（4-46）中的两个点乘表达式可以表示为

$$\boldsymbol{J}\cdot\boldsymbol{u}^{*}=-J_{x}\sin\varphi+J_{y}\cos\varphi$$

$$\boldsymbol{J}_{m}\cdot(\hat{\boldsymbol{k}}\times\boldsymbol{u}^{*})=(J_{mx}\cos\varphi+J_{my}\sin\varphi)(-\cos\theta)+J_{mz}\sin\theta \tag{4-50}$$

对于圆极化天线，如果 $\boldsymbol{u}=\dfrac{(\hat{\boldsymbol{\theta}}+\mathrm{j}\hat{\boldsymbol{\varphi}})}{\sqrt{2}}$，即左旋圆极化，则

$$\boldsymbol{u}=\frac{(\hat{\boldsymbol{\theta}}+\mathrm{j}\hat{\boldsymbol{\varphi}})}{\sqrt{2}}=\frac{\hat{\boldsymbol{x}}(\cos\theta\cos\varphi+\mathrm{j}\sin\varphi)+\hat{\boldsymbol{y}}(\cos\theta\sin\varphi+\mathrm{j}\cos\varphi)-\hat{\boldsymbol{z}}\sin\theta}{\sqrt{2}} \tag{4-51}$$

式（4-46）中的两个点乘表达式可以表示为

$$\boldsymbol{J} \cdot \boldsymbol{u}^* = \left[J_x (\cos\theta\cos\varphi - \mathrm{j}\sin\varphi) + J_y (\cos\theta\sin\varphi - \mathrm{j}\cos\varphi) - J_z\sin\theta \right] / \sqrt{2}$$

$$\boldsymbol{J}_m \cdot (\hat{\boldsymbol{k}} \times \boldsymbol{u}^*) = J_{mx}\frac{(-\sin\varphi + \mathrm{j}\cos\theta\cos\varphi)}{\sqrt{2}} + J_{my}\frac{(\cos\varphi - \mathrm{j}\cos\theta\sin\varphi)}{\sqrt{2}} +$$

$$J_{mz}\frac{\mathrm{j}(\sin\theta\sin^2\varphi - \sin\theta\cos^2\varphi)}{\sqrt{2}} \tag{4-52}$$

如果 $\boldsymbol{u} = \dfrac{(\hat{\boldsymbol{\theta}} - \mathrm{j}\hat{\boldsymbol{\varphi}})}{\sqrt{2}}$，即右旋圆极化，则

$$\boldsymbol{u} = \frac{(\hat{\boldsymbol{\theta}} - \mathrm{j}\hat{\boldsymbol{\varphi}})}{\sqrt{2}} = \frac{\hat{\boldsymbol{x}}(\cos\theta\cos\varphi - \mathrm{j}\sin\varphi) + \hat{\boldsymbol{y}}(\cos\theta\sin\varphi - \mathrm{j}\cos\varphi) - \hat{\boldsymbol{z}}\sin\theta}{\sqrt{2}} \tag{4-53}$$

式（4-46）中的两个点乘表达式可以表示为：

$$\boldsymbol{J} \cdot \boldsymbol{u}^* = \left[J_x (\cos\theta\cos\varphi + \mathrm{j}\sin\varphi) + J_y (\cos\theta\sin\varphi + \mathrm{j}\cos\varphi) - J_z\sin\theta \right] / \sqrt{2}$$

$$\boldsymbol{J}_m \cdot (\hat{\boldsymbol{k}} \times \boldsymbol{u}^*) = J_{mx}\frac{(-\sin\varphi - \mathrm{j}\cos\theta\cos\varphi)}{\sqrt{2}} + J_{my}\frac{(\cos\varphi + \mathrm{j}\cos\theta\sin\varphi)}{\sqrt{2}} +$$

$$J_{mz}\frac{\mathrm{j}(\sin\theta\cos^2\varphi - \sin\theta\sin^2\varphi)}{\sqrt{2}} \tag{4-54}$$

天线的增益可表示为

$$g_1(\boldsymbol{k}, \boldsymbol{u}) = 4\pi |\boldsymbol{A}(\boldsymbol{k}) \cdot \boldsymbol{u}^*|^2 = pG_1(\boldsymbol{k}) \quad (\text{天馈系统部分增益}) \tag{4-55}$$

$$p = |\boldsymbol{U} \cdot \boldsymbol{u}^*|^2 \quad (\text{天线极化效率}) \tag{4-56}$$

$$G_1(\boldsymbol{k}) = (1 - |\Gamma_a|^2)G(\boldsymbol{k}) \quad (\text{天馈系统增益}) \tag{4-57}$$

$$G(\boldsymbol{k}) \quad (\text{天线增益}) \tag{4-58}$$

4.2.5 天线接收理论

根据传输线理论，天线可以看作一个电路元件，其发射与接收可以用两组参数描述：(a, b) 或 (V, I)。在天线之外的自由空间中，无论是发射天线的辐射场或是接收天线的入射场都是非常复杂的，它们具有特定的极化并且幅度和相位随空间改变，难以使用电路参数描述。因此，我们可以通过互易原理来分析天线的接收问题。

假设天线端接恒定幅度源并处于图 4-8（a）所示的发射状态，其辐射场可以表示为 $F_1 = (\boldsymbol{E}_1, \boldsymbol{H}_1)$。假设相同的天线端接幅度表并处于图 4-8（b）所示的接收状态，被入射波 $F_4 = (\boldsymbol{E}_4, \boldsymbol{H}_4)$ 照射。此外，F_1 和 F_4 分别表示为

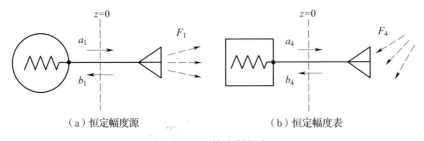

（a）恒定幅度源　　　　　　　　　　（b）恒定幅度表

图 4-8　天线发射状态

$$\begin{cases} \boldsymbol{E}_1 = \boldsymbol{e}(x,y)(a_1 + b_1) \\ \boldsymbol{H}_1 = \boldsymbol{h}(x,y)(a_1 - b_1) \end{cases} \quad (4\text{-}59)$$

$$\begin{cases} \boldsymbol{E}_4 = \boldsymbol{e}(x,y)(a_4 + b_4) \\ \boldsymbol{H}_4 = \boldsymbol{h}(x,y)(a_4 - b_4) \end{cases} \quad (4\text{-}60)$$

如图 4-9 所示，假设 S 为包围天线但不包围入射场源的曲面，S' 为除了天线馈源位置外紧贴天线表面的面，S'_0 为天线馈源外侧任意截面，S' 和 S'_0 共同组合成为一个包围天线以及天线馈源的闭合面并且其外法矢量为 $\hat{\boldsymbol{n}}$。由于 S 面与组合面之间无源，因此在两个面上的积分相等，那么

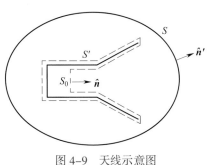

图 4-9 天线示意图

$$\frac{1}{2a_1}\oint_S (\boldsymbol{E}_4 \times \boldsymbol{H}_1 - \boldsymbol{E}_1 \times \boldsymbol{H}_4) \cdot \hat{\boldsymbol{n}}' \mathrm{d}S =$$

$$\frac{1}{2a_1}\oint_{S_0} (\boldsymbol{E}_4 \times \boldsymbol{H}_1 - \boldsymbol{E}_1 \times \boldsymbol{H}_4) \cdot \hat{\boldsymbol{n}} \mathrm{d}S_0 + \frac{1}{2a_1}\oint_{S'} (\boldsymbol{E}_4 \times \boldsymbol{H}_1 - \boldsymbol{E}_1 \times \boldsymbol{H}_4) \cdot \hat{\boldsymbol{n}} \mathrm{d}S' \quad (4\text{-}61)$$

由于 S' 为紧贴天线表面的面，那么根据理想导体边界条件，有

$$\begin{cases} \hat{\boldsymbol{n}} \times \boldsymbol{E}_1 \big|_{S'} = 0 \\ \hat{\boldsymbol{n}} \times \boldsymbol{E}_4 \big|_{S'} = 0 \end{cases} \quad (4\text{-}62)$$

所以，式（4-61）中等号右边第二项积分结果为零，可以进一步简化为

$$\frac{1}{2a_1}\oint_S (\boldsymbol{E}_4 \times \boldsymbol{H}_1 - \boldsymbol{E}_1 \times \boldsymbol{H}_4) \cdot \hat{\boldsymbol{n}}' \mathrm{d}S = \frac{1}{2a_1}\oint_{S_0} (\boldsymbol{E}_4 \times \boldsymbol{H}_1 - \boldsymbol{E}_1 \times \boldsymbol{H}_4) \cdot \hat{\boldsymbol{n}} \mathrm{d}S \quad (4\text{-}63)$$

将式（4-59）和式（4-60）代入式（4-63），可得

$$\frac{1}{2a_1}\oint_{S_0} (\boldsymbol{E}_4 \times \boldsymbol{H}_1 - \boldsymbol{E}_1 \times \boldsymbol{H}_4) \cdot \hat{\boldsymbol{n}} \mathrm{d}S_0 =$$

$$\frac{1}{2a_1}[(a_4 + b_4)(a_1 - b_1) - (a_1 + b_1)(a_4 - b_4)]\int_{S_0} \boldsymbol{e} \times \boldsymbol{h} \cdot \hat{\boldsymbol{n}} \mathrm{d}S_0 \quad (4\text{-}64)$$

由于 $\int_{S_0} \boldsymbol{e} \times \boldsymbol{h} \cdot \hat{\boldsymbol{n}} \mathrm{d}S =1$，并且在匹配接收时 $a_4=0$，则

$$\frac{1}{2a_1}\oint_{S_0} (\boldsymbol{E}_4 \times \boldsymbol{H}_1 - \boldsymbol{E}_1 \times \boldsymbol{H}_4) \cdot \hat{\boldsymbol{n}} \mathrm{d}S_0 = b_4 \quad (4\text{-}65)$$

即

$$\frac{1}{2a_1}\oint_S (\boldsymbol{E}_4 \times \boldsymbol{H}_1 - \boldsymbol{E}_1 \times \boldsymbol{H}_4) \cdot \hat{\boldsymbol{n}}' \mathrm{d}S = b_4 \quad (4\text{-}66)$$

式（4-66）描述的即为发射天线与接收天线之间的互易性[2]。

如图 4-10 所示，在实际应用中，接收天线一般位于发射天线辐射场的远区场，因此认为发射天线的辐射场为远区场，接收天线接收的入射场可以视为平面波。那么，发射天线的辐射场 F_1 可以表示为[2]

$$F_1 = \begin{Bmatrix} \boldsymbol{E}_1(\boldsymbol{r}) \\ \boldsymbol{H}_1(\boldsymbol{r}) \end{Bmatrix} = \begin{Bmatrix} \sqrt{Z}\boldsymbol{A}(\boldsymbol{k}) \\ \sqrt{Y}\hat{\boldsymbol{k}} \times \boldsymbol{A}(\boldsymbol{k}) \end{Bmatrix} \frac{\mathrm{e}^{jkr}}{r}, \quad r \to \infty \quad (4\text{-}67)$$

式中，$Z=Y^{-1}=(\mu/\varepsilon)^{1/2}$。接收天线接收到的平面入射波 F_4 可以表示为

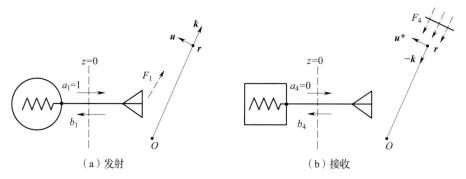

（a）发射　　　　　　　　　　　（b）接收

图 4-10　平面波入射时天线状态

$$F_4 = \begin{Bmatrix} E_4(r) \\ H_4(r) \end{Bmatrix} = C \begin{Bmatrix} \sqrt{Z}\,u^* \\ -\sqrt{Y}\,\hat{k} \times u^* \end{Bmatrix} e^{jk \cdot r} \tag{4-68}$$

式中，C 为平面波的幅度，波矢量为 $-k$ 并且极化矢量为 u^*。

假设图 4-9 中曲面 dS 为惠更斯等效面，有

$$\begin{cases} J_{ms1} = E_1 \times \hat{n}' \big|_S \\ J_{s1} = \hat{n}' \times H_1 \big|_S \end{cases} \tag{4-69}$$

由式（4-66）可知

$$b_4 = \frac{1}{2a_1} \oint_S (E_4 \times H_1 \cdot \hat{n} - E_1 \times H_4 \cdot \hat{n}')\, dS \tag{4-70}$$

将式（4-69）代入式（4-70）中，得

$$b_4 = \frac{1}{2a_1} \oint_S (J_{ms1} \cdot H_4 - J_{s1} \cdot E_4)\, dS = \frac{C}{2a_1} \oint_S \left[-\sqrt{Y}\,\hat{k} \times u^* \cdot J_{ms1} - J_{s1} \cdot \sqrt{Z}\,u^* \right] e^{jk \cdot r}\, dS =$$
$$\frac{-j\lambda C}{a_1} \frac{k}{4\pi j} \oint_S \left[\sqrt{Z}\,J_{s1}(r) \cdot u^* + \sqrt{Y}\,J_{ms1}(r) \cdot k \times u^* \right] e^{jk \cdot r}\, dS \tag{4-71}$$

由于

$$A(k) = \frac{k}{j4\pi} \oint_S \left[\sqrt{Z}(\bar{\bar{I}} - \hat{r}\hat{r}) \cdot J_{s1}(r') + \sqrt{Y}\,J_{ms1}(r') \times r \right] e^{jk \cdot r'}\, dS =$$
$$\frac{k}{j4\pi} \oint_S \left[\sqrt{Z}(\bar{\bar{I}} - \hat{k}\hat{k}) \cdot J_{s1}(r) + \sqrt{Y}\,J_{ms1}(r) \times \hat{k} \right] e^{jk \cdot r}\, dS \tag{4-72}$$

那么

$$A(k) \cdot u^* = \frac{k}{j4\pi} \oint_S \left[\sqrt{Z}\,J_{s1}(r) \cdot u^* + \sqrt{Y}\,J_{ms1}(r) \cdot k \times u^* \right] e^{jk \cdot r}\, dS \tag{4-73}$$

将式（4-73）代入式（4-71），可得

$$b_4 = -j\lambda \left(\frac{C}{a_1} \right) \left[A(k) \cdot u^* \right] \tag{4-74}$$

式（4-48）描述的即为考虑平面波情况下发射与接收天线的互易性[2]。

如果接收天线是线极化天线，根据式（4-48），可以求得 $\hat{\theta}$ 极化天线的匹配接收幅度

$$b_4 = -j\lambda \left(\frac{C}{a_1} \right) \left[\frac{k}{j4\pi} \iiint_V \left[(\sqrt{Z}J_x \cos\theta + \sqrt{Y}J_{my})\cos\varphi + \right. \right.$$
$$\left. \left. (\sqrt{Z}J_y \cos\theta - \sqrt{Y}J_{mx})\sin\varphi - \sqrt{Z}J_z \sin\theta \right] e^{jk \times r'}\, dv' \right] \tag{4-75}$$

根据式（4-50），可以求得$\hat{\varphi}$极化天线的匹配接收幅度

$$b_4 = -\mathrm{j}\lambda\left(\frac{C}{a_1}\right)\left[\frac{k}{\mathrm{j}4\pi} + \iiint_V + I\left[\left(\sqrt{Y}J_{mx}\cos\theta + \sqrt{Z}J_y\right)\cos\varphi + \right.\right.$$

$$\left.\left(\sqrt{Y}J_{my}\cos\theta - \sqrt{Z}J_x\right)\sin\varphi - \sqrt{Y}J_{mz}\sin\theta\right]\mathrm{e}^{\mathrm{j}k\times r'}\mathrm{d}v'\right] \tag{4-76}$$

如果$\boldsymbol{u} = \dfrac{(\hat{\boldsymbol{\theta}} - \mathrm{j}\hat{\boldsymbol{\varphi}})}{\sqrt{2}}$，即接收天线左旋圆极化，根据式（4-52），天线的匹配接收幅度

$$b_4 = -\mathrm{j}\lambda\left(\frac{C}{a_1}\right)\left[\frac{k}{\mathrm{j}4\sqrt{2}\pi}\iiint_V\left[\sqrt{Z}\left[J_x\left(\cos\theta\cos\varphi - \mathrm{j}\sin\varphi\right) + \right.\right.\right.$$

$$J_y\left(\cos\theta\sin\varphi - \mathrm{j}\cos\varphi\right) - J_z\sin\theta\right] + \sqrt{Y}\left[J_{mx}\left(-\sin\varphi + \mathrm{j}\cos\theta\cos\varphi\right) + \right.$$

$$\left.\left.J_{my}\left(\cos\varphi + \mathrm{j}\cos\theta\sin\varphi\right) + \mathrm{j}J_{mz}\left(\sin\theta\sin^2\varphi - \sin\theta\cos^2\varphi\right)\right]\mathrm{e}^{\mathrm{j}k\times r'}\mathrm{d}v'\right] \tag{4-77}$$

如果$\boldsymbol{u} = \dfrac{(\hat{\boldsymbol{\theta}} - \mathrm{j}\hat{\boldsymbol{\varphi}})}{\sqrt{2}}$，即接收天线右旋圆极化，根据式（4-54），天线的匹配接收幅度

$$b_4 = -\mathrm{j}\lambda\left(\frac{C}{a_1}\right)\left[\frac{k}{\mathrm{j}4\sqrt{2}\pi}\iiint_V\left[\sqrt{Z}\left[J_x\left(\cos\theta\cos\varphi + \mathrm{j}\sin\varphi\right) + \right.\right.\right.$$

$$J_y\left(\cos\theta\sin\varphi + \mathrm{j}\cos\varphi\right) - J_z\sin\theta\right] + \sqrt{Y}\left[J_{mx}\left(-\sin\varphi - \mathrm{j}\cos\theta\cos\varphi\right) + \right.$$

$$\left.\left.J_{my}\left(\cos\varphi + \mathrm{j}\cos\theta\sin\varphi\right) + \mathrm{j}J_{mz}\left(\sin\theta\sin^2\varphi - \sin\theta\cos^2\varphi\right)\right]\mathrm{e}^{\mathrm{j}k\times r'}\mathrm{d}v'\right] \tag{4-78}$$

4.3　单端口天线散射分析

4.3.1　散射模型

天线散射的物理模型如图 4-11 所示。该模型包含发射天线、被测天线和接收天线。发射天线、被测天线和接收天线的单位极化矢量分别为：$\boldsymbol{u}$，$\boldsymbol{v}$，$\boldsymbol{U}$。

如图 4-12 所示，在单端口天线的单模传输区取参考面 S_1，在距离天线 $r = r_0$ 处取封闭面 S_2。

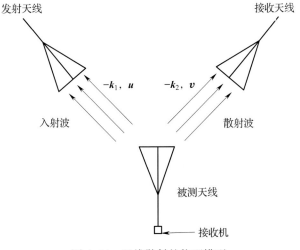

图 4-11　天线散射的物理模型

令（a_i，b_i）分别为封闭面 S_2 处入射场和出射场的球面波幅度矢量。令（a_0，b_0）为馈电传输线中参考面处入射和出射的幅度。被测天线的特征可用散射矩阵完整地加以表征

$$\begin{bmatrix} b_0 \\ [b_i] \end{bmatrix} = \begin{bmatrix} S_{00} & [S_{0j}] \\ [S_{i0}] & [S_{ij}] \end{bmatrix} \begin{bmatrix} a_0 \\ [a_j] \end{bmatrix} \qquad (4-79)$$

式中，

$$b_0 = S_{00}a_0 + [S_{0j}][a_j] \qquad (4-80)$$

$$[b_i] = [S_{i0}]a_0 + [S_{ij}][a_j] \qquad (4-81)$$

由式（4-79）有

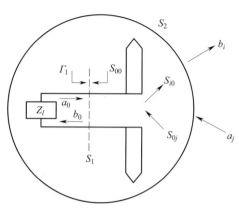

图 4-12 天线的散射矩阵表示

$$b_0 = \sum_{j=0}^{\infty} S_{0j}a_j = S_{00}a_0 + \sum_{j=1}^{\infty} S_{0j}a_j \qquad (4-82)$$

$$b_i = \sum_{j=0}^{\infty} S_{ij}a_j = S_{i0}a_0 + \sum_{j=1}^{\infty} S_{ij}a_j \qquad (4-83)$$

在图 4-12 所示的模型中，b_0 表示被测天线在参考面 S_1 处，由入射波 a_0 产生的反射幅度。b_i 表示由入射球面波 a_i 在封闭面 S_2 外产生的散射场幅度。

如果只考虑天线的辐射问题，则表征入射球面波的 $a_i = 0$。此时有

$$b_0 = S_{00}a_0 \text{（反射幅度）} \qquad (4-84)$$

$$b_i = S_{i0}a_0 \text{（辐射幅度）} \qquad (4-85)$$

$$S_{00} = \Gamma_a = \frac{Z_{in} - Z_c}{Z_{in} + Z_c} \text{（天线反射系数）} \qquad (4-86)$$

式中，b_0 为反射幅度，b_i 为辐射幅度，S_{00} 为天线的反射系数。如果考虑被测天线处于接收、散射状态，则有

$$a_0 = \Gamma_1 b_0 \qquad (4-87)$$

$$\Gamma_1 = \frac{Z_1 - Z_c}{Z_1 + Z_c} \text{（接收机负载反射系数）} \qquad (4-88)$$

$$b_0 = \frac{1}{1 - \Gamma_1\Gamma_a} \sum_{j=1}^{\infty} S_{0j}a_j = \frac{1}{1 - \Gamma_1\Gamma_a} b_0^m \qquad (4-89)$$

$$b_0^m = \sum_{j=1}^{\infty} S_{0j}a_j \qquad (4-90)$$

$$b_i = \sum_{j=0}^{\infty} S_{ij}a_j = S_{i0}\Gamma_1 b_0 + \sum_{j=1}^{\infty} S_{ij}a_j \qquad (4-91)$$

$$b_i^m = \sum_{j=1}^{\infty} S_{ij}a_j \qquad (4-92)$$

$$b_i = b_i^m + \frac{\Gamma_1}{1 - \Gamma_1\Gamma_a} b_0^m S_{i0} \qquad (4-93)$$

式中，Γ_1 为接收机负载反射系数，b_0^m 为天线匹配接收幅度，b_i^m 为天线匹配散射幅度，b_i 为天线散射幅度。将散射幅度转换为散射场即可得到天线散射场基础理论公式

$$E^{s}(Z_{1})=E^{s}(Z_{c})+\frac{\Gamma_{1}}{1-\Gamma_{1}\Gamma_{a}}b_{0}^{m}E_{1}^{t}(Z_{c}) \tag{4-94}$$

式中，$E^{s}(Z_{1})$ 表示被测天线接收机接任意负载情形的散射场；$E^{s}(Z_{c})$ 为天线结构模式散射场，它对应接收机端接匹配负载 Z_{c} 情形的散射电场；$\frac{\Gamma_{1}}{1-\Gamma_{1}\Gamma_{a}}b_{0}^{m}E_{1}^{t}(Z_{c})$ 称为天线模式散射场，$E_{1}^{t}(Z_{c})$ 表示单位幅度源激励情形的辐射电场。于是将天线散射场简记为

$$E^{s}(Z_{1})=E^{s}(Z_{c})+E^{a}(Z_{1}) \tag{4-95}$$

式（4-95）左边表示端接任意负载时天线的散射场。右边第一项表示天线的结构模式项散射场，当天线端接匹配负载时，$Z_{c}=Z_{1}$ 且 $\Gamma_{1}=0$，入射波完全被负载吸收，不存在反射波，因此结构模式项散射场对应于天线端接匹配负载时的散射场。右边第二项表示天线模式项散射场，其中 E_{1}^{t} 表示单位幅度源激励下的辐射电场。

结合天线辐射、接收理论有

$$b_{0}^{m}=-j\lambda C[A(k)\cdot u^{*}] \tag{4-96}$$

$$E_{1}^{t}=\sqrt{Z_{c}}A(k)\frac{e^{-jkr}}{r} \tag{4-97}$$

$$A(k)=|A(k)|U \tag{4-98}$$

式中，b_{0}^{m} 为天线匹配接收幅度，E_{1}^{t} 为单位幅度源激励时天线的辐射场，$A(k)$ 为被测天线的幅度矢量。于是

$$E^{s}(Z_{1})=E^{s}(Z_{c})+\frac{-j\lambda\Gamma_{1}}{1-\Gamma_{1}\Gamma_{a}}C[A(k_{1})\cdot u^{*}]\cdot\sqrt{Z}[A(k_{2})]\frac{e^{-jkr}}{r} \tag{4-99}$$

考虑到接收天线的极化方式为 v，于是将散射场作如下处理，式（4-99）化为

$$E^{s}=E^{s}(Z_{1})\cdot v^{*}=E^{s}(Z_{c})\cdot v^{*}+\frac{-j\lambda\Gamma_{1}}{1-\Gamma_{1}\Gamma_{a}}C[A(k_{1})\cdot u^{*}]\sqrt{Z}[A(k_{2})\cdot v^{*}]\frac{e^{-jkr}}{r}=$$

$$E^{s}(Z_{c})\cdot v^{*}+\frac{-j\lambda\Gamma_{1}}{1-\Gamma_{1}\Gamma_{a}}C[|A(k_{1})|U\cdot u^{*}]\sqrt{Z}[|A(k_{2})|U\cdot v^{*}]\frac{e^{-jkr}}{r} \tag{4-100}$$

式（4-100）同时将发射天线（入射平面波）、被探测天线和接收天线（散射场）的极化方式考虑进天线散射理论中。进一步，通常情况下雷达探测方式为单站，于是有

$$k_{2}=k_{1}=k \tag{4-101}$$

$$u=v \tag{4-102}$$

作如下定义

$$p=|U\cdot u^{*}|^{2} \tag{4-103}$$

$$G_{1}(k)=(1-|\Gamma_{a}|^{2})G_{2}(k) \tag{4-104}$$

式中，p 为天线极化效率，$G_{1}(k)$ 为天馈系统的增益，$G_{2}(k)$ 为天线增益。则式（4-100）进一步可化为

$$E^{s}=E^{s}(Z_{1})\cdot u^{*}=E^{s}(Z_{c})\cdot u^{*}+\frac{\Gamma_{1}}{1-\Gamma_{1}\Gamma_{a}}b_{0}^{m}E_{1}^{t}(Z_{c})\cdot u^{*}=$$

$$E^{s}(Z_{c})\cdot u^{*}+\frac{-j\lambda\Gamma_{1}}{1-\Gamma_{1}\Gamma_{a}}C[A(k)\cdot u^{*}]\sqrt{Z}[A(k)\cdot u^{*}]\frac{e^{-jkr}}{r}=$$

$$E^s(Z_c) \cdot \boldsymbol{u}^* + \frac{-j\Gamma_1}{1 - \Gamma_1\Gamma_a}\frac{\lambda}{4\pi}4\pi[\boldsymbol{A}(\boldsymbol{k}) \cdot \boldsymbol{u}^*]^2\frac{e^{-jkr}}{r} =$$

$$E^s(Z_c) \cdot \boldsymbol{u}^* + \frac{-j\Gamma_1}{1 - \Gamma_1\Gamma_a}\frac{\lambda}{4\pi}pG_1(\boldsymbol{k})\frac{e^{-jkr}}{r} =$$

$$E^s(Z_c) \cdot \boldsymbol{u}^* + \frac{-j\Gamma_1}{1 - \Gamma_1\Gamma_a}\frac{\lambda}{4\pi}p(1 - |\Gamma_a|^2)G_2(\boldsymbol{k})\frac{e^{-jkr}}{r} \quad (4-105)$$

4.3.2 天线两种模式项散射控制

通过分析式（4-105），以下思路可对结构模式项散射场和天线模式项散射场进行控制：

①通过天线外形结构控制结构模式项散射场 $\boldsymbol{E}^s(Z_c)$；

②通过天线阻抗匹配技术令 $\Gamma_1=0$ 可消除天线模式项散射场，令 $\Gamma_a=0$ 且 $\Gamma_1=1$ 可使天线模式项散射场最大；

③通过控制极化效率因子 p 控制天线模式项散射场，当探测雷达一定时，通过控制被测天线的极化方式调节天线模式项散射场，电调极化选择表面是一种很好的解决方案；

④分析式（4-100）可知，如果振幅矢量 $\boldsymbol{A}(\boldsymbol{k}_1)$ 或 $\boldsymbol{A}(\boldsymbol{k}_2)$ 有一个为零，则天线模式项可消除。具体的实现方法是：通过调整 $G_2(\boldsymbol{k})$，控制被测天线的方向图，使被测天线的方向图零点对准发射天线或接收天线，便可消除天线模式项散射场，相控阵是一种很好的解决方案。

通常情况下，天线的结构往往与天线的辐射特性的关系密切，且结构模式散射场与天线模式项散射场之间存在着相位关系，所以需要综合考虑以上方法来达到令人满意的天线散射控制效果。

进一步考虑结构模式项散射场与天线模式项散射场之间的相位关系。如式（4-106）所示，天线的总 RCS（σ）可由结构模式项 RCS（σ_s）、天线模式项 RCS（σ_a）以及它们之间的相位关系 ϕ 决定。

$$\sigma = \left| \sqrt{\sigma_s} + \sqrt{\sigma_a}e^{j\phi} \right|^2 \quad (4-106)$$

令

$$R = \frac{\sigma_{max}}{\sigma_{min}} = \left| \frac{\sqrt{\sigma_s} + \sqrt{\sigma_a}}{\sqrt{\sigma_s} - \sqrt{\sigma_a}} \right|^2 = \left| \frac{\sqrt{\sigma_s/\sigma_a} + 1}{\sqrt{\sigma_s/\sigma_a} - 1} \right|^2 \quad (4-107)$$

由式（4-107）可以得到，当 $\sigma_s/\sigma_a > 10$dB 时，天线 RCS 最大值和最小值之比将小于 5.69dB；当 $\sigma_s/\sigma_a > 20$dB 时，天线 RCS 最大和最小值之比将小于 1.74dB。理论上，当 σ_s/σ_a 足够大时，天线 RCS 最大值和最小值相等，天线接收机负载的阻抗对于天线的散射将不起作用。这一点对射频识别 RFID 天线是相当重要的。通过控制相位因子（即相位差）ϕ 可控制天线 RCS 在最大最小值之间变化，可以达到天线 RCS 理论上的最大值或最小值。

4.3.3 天线散射场表达式

我们在上文中介绍了天线散射场的基础理论公式，在这个公式的基础上，基于不同的具体条件，R. E. Collin、R. C. Hansen 及 R. B. Green 分别给出了不同的天线散射场表达式[3-5]。

首先介绍 R. E. Collin 在 1969 年提出的天线散射场表达式[39]。当天线端接短路负载时，即 $Z_l=0$ 和 $\varGamma_l=-1$，将这些条件代入式（4-94）可得

$$\boldsymbol{E}^{\mathrm{s}}(0) = \boldsymbol{E}^{\mathrm{s}}(Z_{\mathrm{c}}) - \frac{1}{1+\varGamma_{\mathrm{a}}} b_0^{\mathrm{m}} \boldsymbol{E}_1^{\mathrm{t}} \tag{4-108}$$

那么，天线的结构模式项散射场为

$$\boldsymbol{E}^{\mathrm{s}}(Z_{\mathrm{c}}) = \boldsymbol{E}^{\mathrm{s}}(0) + \frac{1}{1+\varGamma_{\mathrm{a}}} b_0^{\mathrm{m}} \boldsymbol{E}_1^{\mathrm{t}} \tag{4-109}$$

S. W. Lee 在参考文献［2］中给出了天线匹配接收幅度 b_0^{m} 与天线短路接收电流 $I(0)$ 的关系以及单位幅度源激励下天线的辐射电场 $\boldsymbol{E}_1^{\mathrm{t}}$ 与单位电流源激励下天线的辐射电场 $\boldsymbol{E}_3^{\mathrm{t}}$ 的关系，如式（4-110）所示

$$b_0^{\mathrm{m}} = -\frac{1}{2}\sqrt{Z_{\mathrm{c}}}I(0)(1+\varGamma_{\mathrm{a}}) \tag{4-110}$$

$$\boldsymbol{E}_1^{\mathrm{t}} = \frac{1-\varGamma_{\mathrm{a}}}{\sqrt{Z_{\mathrm{c}}}}\boldsymbol{E}_3^{\mathrm{t}} \tag{4-111}$$

将式（4-109）、式（4-110）和式（4-111）代入式（4-94），可得

$$\boldsymbol{E}^{\mathrm{s}}(Z_l) = \boldsymbol{E}^{\mathrm{s}}(0) - \frac{1}{2}\frac{(1+\varGamma_l)(1-\varGamma_{\mathrm{a}})}{(1-\varGamma_l\varGamma_{\mathrm{a}})}I(0)\boldsymbol{E}_3^{\mathrm{t}} \tag{4-112}$$

我们定义从天线端口向天线内部看去的阻抗为 $Z_{\mathrm{a}}=Z_{\mathrm{in}}$，从天线端口向负载看去的阻抗为 Z_l，那么阻抗与反射系数之间存在下面的关系

$$\varGamma_{\mathrm{a}} = \frac{Z_{\mathrm{in}}-Z_{\mathrm{c}}}{Z_{\mathrm{in}}+Z_{\mathrm{c}}} \tag{4-113}$$

$$\varGamma_l = \frac{Z_l-Z_{\mathrm{c}}}{Z_l+Z_{\mathrm{c}}} \tag{4-114}$$

将式（4-113）和式（4-114）代入式（4-112）可得

$$\boldsymbol{E}^{\mathrm{s}}(Z_l) = \boldsymbol{E}^{\mathrm{s}}(0) - \frac{Z_l}{Z_{\mathrm{in}}+Z_l}I(0)\boldsymbol{E}_3^{\mathrm{t}} \tag{4-115}$$

上式即为 R. E. Collin 提出的天线散射场表达式。

下面介绍 R. C. Hansen 在 1989 年提出的天线散射场表达式[40]。在式（4-115）中，我们假设天线端口两侧的阻抗相等，即 $Z_{\mathrm{in}}=Z_l$，那么

$$\boldsymbol{E}^{\mathrm{s}}(Z_{\mathrm{in}}) = \boldsymbol{E}^{\mathrm{s}}(0) - \frac{1}{2}I(0)\boldsymbol{E}_3^{\mathrm{t}} \tag{4-116}$$

即

$$\boldsymbol{E}^{\mathrm{s}}(0) = \boldsymbol{E}^{\mathrm{s}}(Z_{\mathrm{in}}) + \frac{1}{2}I(0)\boldsymbol{E}_3^{\mathrm{t}} \tag{4-117}$$

将式（4-117）代入式（4-115）中可得

$$\boldsymbol{E}^{\mathrm{s}}(Z_l) = \boldsymbol{E}^{\mathrm{s}}(Z_{\mathrm{in}}) + \frac{1}{2}\frac{Z_{\mathrm{in}}-Z_l}{Z_{\mathrm{in}}+Z_l}I(0)\boldsymbol{E}_3^{\mathrm{t}} \tag{4-118}$$

我们定义一个新的反射系数 $\varGamma$ 来表征天线与负载的失配程度

$$\varGamma = \frac{Z_{\mathrm{in}}-Z_l}{Z_{\mathrm{in}}+Z_l} \tag{4-119}$$

所以式（4-118）可以写为

$$\boldsymbol{E}^{\mathrm{s}}(Z_1) = \boldsymbol{E}^{\mathrm{s}}(Z_{\mathrm{in}}) + \frac{1}{2}\Gamma I(0)\boldsymbol{E}_3^{\mathrm{t}} \qquad (4\text{–}120)$$

由于短路接收电流 $I(0)$ 与匹配接收电流 $I_{\mathrm{m}}=I(Z_{\mathrm{c}})$ 有下面的关系

$$I(0) = 2I(Z_{\mathrm{c}}) \qquad (4\text{–}121)$$

所以式（4–120）可以最终写为

$$\boldsymbol{E}^{\mathrm{s}}(Z_1) = \boldsymbol{E}^{\mathrm{s}}(Z_{\mathrm{in}}) + \Gamma I_{\mathrm{m}}\boldsymbol{E}_3^{\mathrm{t}} \qquad (4\text{–}122)$$

上式即为 R. C. Hansen 提出的天线散射场表达式。

最后介绍 R. B. Green 在 1963 年提出的天线散射场表达式[41]。在式（4–115）中，我们假设天线端口两侧的阻抗 $Z_{\mathrm{in}}=Z_1^*$，那么

$$\boldsymbol{E}^{\mathrm{s}}(Z_{\mathrm{in}}^*) = \boldsymbol{E}^{\mathrm{s}}(0) - \frac{Z_{\mathrm{in}}^*}{Z_{\mathrm{in}} + Z_{\mathrm{in}}^*}I(0)\boldsymbol{E}_3^{\mathrm{t}} \qquad (4\text{–}123)$$

即

$$\boldsymbol{E}^{\mathrm{s}}(0) = \boldsymbol{E}^{\mathrm{s}}(Z_{\mathrm{in}}^*) + \frac{Z_{\mathrm{in}}^*}{Z_{\mathrm{in}} + Z_{\mathrm{in}}^*}I(0)\boldsymbol{E}_3^{\mathrm{t}} \qquad (4\text{–}124)$$

将式（4–124）代入式（4–115）可得

$$\boldsymbol{E}^{\mathrm{s}}(Z_1) = \boldsymbol{E}^{\mathrm{s}}(Z_{\mathrm{in}}^*) + \frac{Z_{\mathrm{in}}(Z_{\mathrm{in}}^* - Z_1)}{(Z_{\mathrm{in}} + Z_{\mathrm{in}}^*)(Z_{\mathrm{in}} + Z_1)}I(0)\boldsymbol{E}_3^{\mathrm{t}} \qquad (4\text{–}125)$$

我们定义一个新的反射系数 Γ_{A}' 来表征天线与负载的失配程度

$$\Gamma_{\mathrm{A}}' = \frac{Z_{\mathrm{in}}^* - Z_1}{Z_{\mathrm{in}} + Z_1} \qquad (4\text{–}126)$$

由于

$$I_{\mathrm{m}}' = \frac{Z_{\mathrm{in}}}{Z_{\mathrm{in}} + Z_{\mathrm{in}}^*}I(0) \qquad (4\text{–}127)$$

将式（4–126）和式（4–127）代入式（4–125）可得

$$\boldsymbol{E}^{\mathrm{s}}(Z_1) = \boldsymbol{E}^{\mathrm{s}}(Z_{\mathrm{in}}^*) + \Gamma_{\mathrm{A}}' I_{\mathrm{m}}' I(0)\boldsymbol{E}_3^{\mathrm{t}} \qquad (4\text{–}128)$$

上式即为 R. B. Green 提出的天线散射场表达式。

4.3.4 天线散射时域分析

时域分析方法可以从另一个角度给出天线散射两个模式的产生原理。以普通的矩形微带天线（工作频率为 2.0GHz）为例，天线尺寸为 72mm × 72mm × 1.6mm。在离天线最大辐射方向 0.4m 处（远场区），设置理想探针接收散射信号。采用归一化高斯脉冲信号作为入射波，入射方向为 z 轴负方向。

如图 4–13 和图 4–14 所示，当天线馈电线分别端接短路负载和开路负载时，探针信号首先出现入射波波形，紧接着是散射波波形。两种情况下的入射波波形重合，而散射波波形先重合再分离。分析两种情况下的散射波形可以发现，前半部分的波形不随负载情况的变化而变化，这是因为该部分散射是由天线的结构模式项散射造成的，只由天线本身的物理结构决定。在天线结构模式项散射波形之后，由于天线的开路和短路负载的区别，信号在负载处会有 1/2 周期的反转，这一点更证明了此部分对应的散射是天线模式项散射。由以上分析可以得到如下结论：结构模式项散射场和天线模式项散射场对于入射波的响应时

间不同，可以通过时域分离的方法区分这两个模式。利用该结论，可以对天线散射控制提
出如下建议：如果天线的馈电线足够长，结构模式项和天线模式项将足够分离，通过控制
天线馈电线，两模式之间的相位差 ϕ 可得到控制。

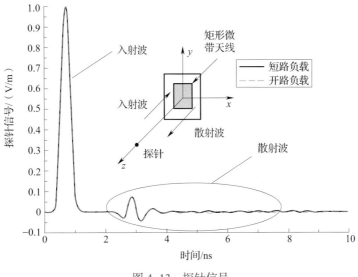

图 4-13　探针信号

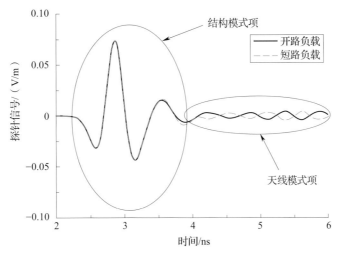

图 4-14　天线散射波信号

4.4　阵列天线基本理论

4.4.1　阵列天线分析模型

在当今的军事通信领域，天线往往以阵列的形式出现，单元数较多的阵列天线大大增
加了计算和设计的复杂度，尤其是阵列天线的散射问题。以下两点导致了阵列天线分析的
复杂性大大提高：①馈电网络带来的天线系统内所有不连续点处的复杂双向反射；②阵列

单元之间的互相耦合。下面采用网络分析模型研究阵列天线。如图 4-15 所示给出阵列天线分析的示意图。该分析模型包含发射 / 接收机，m 个单元的天线阵列，$m+1$ 个端口的馈电网络以及封闭曲面 S_2 外的场。发射 / 接收机的反射系数为 Γ_1。在发射 / 接收机和馈电网络之间的单模传输区取参考面 S_1（传输线特性阻抗为 Z_0），令此参考面上的端口为 0 端口。在天线阵列各个单元与馈电网络连接的传输线单模传输区取一截面作为该单元的端口参考面，构成图中的参考面。令该参考面上与 m 个阵列单元对应的端口为 $1 \sim m$ 端口。

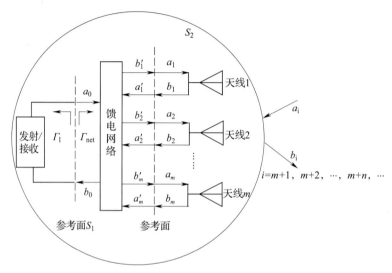

图 4-15　阵列天线分析示意图

馈电网络为 $m+1$ 端口网络，0 端口向馈电网络的入射模复振幅为 a_0，出射模复振幅为 b_0，其他 m 个与天线单元相连的端口中第 i 个天线单元端口向馈电网络方向的入射模复振幅为 a'_i，出射模复振幅为 b'_i。则馈电网络的 S 参数方程

$$\begin{bmatrix} b_0 \\ [b']_m \end{bmatrix} = \begin{bmatrix} S'_{00} & [S']_{0m} \\ [S']_{m0} & [S']_{mm} \end{bmatrix} \begin{bmatrix} a_0 \\ [a']_m \end{bmatrix} \tag{4-129}$$

亦可写为

$$\begin{bmatrix} b_0 \\ b'_1 \\ b'_2 \\ \vdots \\ b'_m \end{bmatrix} = \begin{bmatrix} S'_{00} & S'_{01} & S'_{02} & \cdots & S'_{0m} \\ S'_{10} & S'_{11} & S'_{12} & & S'_{2m} \\ S'_{20} & S'_{21} & S'_{22} & & S'_{3m} \\ & & & & \\ S'_{m0} & S'_{m2} & S'_{m3} & \cdots & S'_{mm} \end{bmatrix} \begin{bmatrix} a_0 \\ a'_1 \\ a'_2 \\ \vdots \\ a'_m \end{bmatrix} \tag{4-130}$$

对天线阵列同样可以采用球面波函数展开的方法进行分析。在天线的辐射空间，选取包含天线阵列的一个球 S_2，将 S_2 外空间的阵列天线辐射和散射总场采用球面波函数展开

$$\boldsymbol{E} = \sum_{i=m+1}^{\infty} \left(a_i \boldsymbol{e}_i^{\text{in}} + b_i \boldsymbol{e}_i^{\text{out}} \right) \tag{4-131}$$

于是用（a_i，b_i）（其中 $i=m+1$，$m+2$，$\cdots$，$m+n$，$\cdots$）表示为场 $\boldsymbol{E}$ 展开中的球面波函数中第 i 个入射球面波 $\boldsymbol{e}_i^{\text{in}}$ 和出射球面波 $\boldsymbol{e}_i^{\text{out}}$ 的复振幅。当 n 趋于无穷大时，可将天线阵列和外场特性用散射矩阵完整地加以表征

$$\begin{bmatrix} b_1 \\ b_2 \\ \vdots \\ b_m \\ \hline b_{m+1} \\ \vdots \end{bmatrix} = \begin{bmatrix} s_{11} & s_{12} & \cdots & s_{1,m} & s_{1,m+1} & \cdots \\ s_{21} & s_{22} & \cdots & s_{2,m} & s_{2,m+1} & \cdots \\ \vdots & \vdots & \ddots & \vdots & \vdots & \cdots \\ s_{m,1} & s_{m,2} & \cdots & s_{m,m} & s_{m,m+1} & \cdots \\ \hline s_{m+1,1} & s_{m+1,2} & \cdots & s_{m+1,m} & s_{m+1,m+1} & \cdots \\ \vdots & \vdots & \vdots & \vdots & \vdots & \ddots \end{bmatrix} \begin{bmatrix} a_1 \\ a_2 \\ \vdots \\ a_m \\ \hline a_{m+1} \\ \vdots \end{bmatrix} \qquad (4\text{-}132)$$

式（4-132）中部分元素减 1 可表示在空间场展开中减去入射场的外形波对应部分

$$\begin{bmatrix} b_1 \\ b_2 \\ \vdots \\ b_m \\ \hline b_{m+1} \\ \vdots \end{bmatrix} = \begin{bmatrix} s_{11} & s_{12} & \cdots & s_{1,m} & s_{1,m+1} & \cdots \\ s_{21} & s_{22} & \cdots & s_{2,m} & s_{2,m+1} & \cdots \\ \vdots & \vdots & \ddots & \vdots & \vdots & \cdots \\ s_{m,1} & s_{m,2} & \cdots & s_{m,m} & s_{m,m+1} & \cdots \\ \hline s_{m+1,1} & s_{m+1,2} & \cdots & s_{m+1,m} & s_{m+1,m+1}-1 & \cdots \\ \vdots & \vdots & \vdots & \vdots & \vdots & \ddots \end{bmatrix} \begin{bmatrix} a_1 \\ a_2 \\ \vdots \\ a_m \\ \hline a_{m+1} \\ \vdots \end{bmatrix} \qquad (4\text{-}133)$$

采用分块矩阵表示为

$$\begin{bmatrix} [b]_m \\ [b]_n \end{bmatrix} = \begin{bmatrix} [s]_{mm} & [S]_{mn} \\ [s]_{nm} & [S]_{nn} \end{bmatrix} \begin{bmatrix} [a]_m \\ [a]_n \end{bmatrix} \qquad (4\text{-}134)$$

式中，$[b]_m = [s]_{mm}[a]_m + [s]_{mn}[a]_n$ 称为反射 / 接收幅度矢量；$[b]_n = [s]_{nm}[a]_m + [s]_{nn}[a]_n$ 称为辐射 / 散射幅度矢量。

显然，馈电网络与阵列天线的 m 个端口相连，有

$$[b']_m = [a]_m, \quad [a']_m = [b]_m \qquad (4\text{-}135)$$

4.4.2 阵列天线单元互耦分析

不论是辐射问题还是散射问题，阵列天线与普通单元天线最主要的不同点在于天线单元间存在耦合。阵列天线单元间的耦合主要分为内部电路耦合和外部耦合两部分。

分析式（4-129）中的 $[S']_{mm}$，$S'_{j,i}$（$i \neq j$）表示 i 单元端口和 j 单元端口之间通过馈电网络连接产生的内部电路耦合。$S'_{j,i}(i=j) = \Gamma_i = \dfrac{Z_i - Z_c}{Z_i + Z_c}$ 表示馈电网络当其他所有端口匹配时 i 端口的反射系数。

分析式（4-134）中的 $[S]_{mm}$，$S_{j,i}$（$i \neq j$）表示 i 单元单位幅度激励，其他单元接匹配负载时，j 单元的匹配接收幅度，它反映的是 i 端口与 j 端口之间通过外部场耦合的强度。$S_{i,i}(i=j) = \Gamma_i^a = \dfrac{Z_i^a - Z_c}{Z_i^a + Z_c}$ 表示天线阵列 $1 \sim m$ 端口除 i 端口以外其他端口均匹配时 i 端口的单元天线反射系数。

单元之间的场耦合并不全部通过端口。观察受 i 单元辐射场激励时，j 单元的散射场。一部分散射场是由于 j 单元的接收机负载不匹配构成的反射信号以 i 单元的辐射场表现的散射场，此时由 j 单元产生的散射为天线模式项散射，该部分场耦合通过端口。另外一部分散射场与 j 单元的接收机负载匹配状态无关，或者说这一部分是在 j 单元接匹配接收机负载时产生的散射场，此时由 j 单元产生的散射为结构模式项散射，该部分场耦合不通过

单元的馈电端口。在进行阵列天线分析时，以上两种散射效应均应考虑在内。

4.4.3　阵列天线辐射分析

天线处于发射状态时，不考虑入射波，则 $[a]_i=[0]$（$i=m+1$，$m+2$，$\cdots$，$m+n$，$\cdots$）；由反射/接收幅度矢量和式（4–135）可知

$$[a']_m = [s]_{mm}[b']_m \qquad (4-136)$$

若记 0 端口的反射复振幅为 $b_0=\Gamma'_0 a_0$，将（4–136）代入式（4–129）可得

$$\Gamma'_0 = S'_{00} + [S']_{0m}[S]_{mm}[[I]-[S']_{mm}[S]_{mm}]^{-1}[S']_{m0} \qquad (4-137)$$

此时 $1\sim m$ 端口的入射复振幅为

$$[a]_m = [b']_m = [[I]-[S']_{mm}[S]_{mm}]^{-1}[S']_{m0}a_0 \qquad (4-138)$$

结合 $[a]_i=[0]$（$i=m+1$，$m+2$，$\cdots$，$m+n$，$\cdots$）可得辐射幅度矢量为

$$[b]_n = [S]_{nm}[a]_m \qquad (4-139)$$

矢量元素为

$$b_i = \sum_{k=1}^{m} s_{ik}a_k, \quad i=m+1, m+2\cdots \qquad (4-140)$$

对上式两边乘以第 i 个外行球面波函数 e_i^{out}，并对下标 i 进行（$m+1\sim\infty$）求和

$$\sum_{i=r+1}^{\infty} e_i^{\text{out}}b_i = \sum_{k=1}^{m}\left(\sum_{i=r+1}^{\infty} e_i^{\text{out}}s_{ik}\right)a_k \qquad (4-141)$$

式（4–140）左边为空间辐射总场

$$E(r) = \sum_{i=r+1}^{\infty} e_i^{\text{out}}b_i \qquad (4-142)$$

分析 $\sum\limits_{i=r+1}^{\infty} e_i^{\text{out}}s_{ik}$，若令 $a_k=1$，$a_p=0$（$p\neq k$），则 $b_i=s_{ik}$，此时

$$\sum_{i=1}^{\infty} e_i^{\text{out}}s_{ik} = \sum_{i=1}^{\infty} e_i^{\text{out}}b_i = E_k^{1t}(Z_c) \qquad (4-143)$$

式中，表示 k 单元单位幅度激励（$a_k=1$），其他单元接匹配负载（$a_p=0$，$p\neq k$）时整个空间的辐射场，它包含了 k 单元的辐射场引起的其他单元的结构项散射场。

需要注意的是，在阵列总场的叠加过程中辐射场的计算应该是以阵列中心为相位参考点来进行计算，假设以 k 单元的中心作为相位中心计算得到的该单元的辐射场为 E_k^{0t}，而 k 单元中心位于阵列平面 ρ_k 的位置，则有

$$E_k^{1t} = E_k^{0t}\exp(j\hat{k}\cdot\rho_k) \qquad (4-144)$$

将式（4–142）~式（4–144）代入式（4–141）可得

$$E(r) = \sum_{i=1}^{\infty} E_k^{0t}a_k\exp(j\hat{k}\cdot\rho_k) \qquad (4-145)$$

式（4–145）为严格考虑了单元互耦的阵列天线辐射场表达式。

若忽略单元之间辐射场的差别，令 $E_k^{0t}\approx E^{0t}$，（$k=1$，2，$\cdots$，r），则式（4–145）变为

$$E(r) = \sum_{i=1}^{m} E_k^{0t}a_k\exp(j\hat{k}\cdot\rho_k) = E^{0t}\sum_{i=1}^{m} a_k\exp(j\hat{k}\cdot\rho_k) = E^{0t}S^a \qquad (4-146)$$

$$S^a = \sum_{i=1}^{m} a_k \exp(j\hat{\pmb{k}} \cdot \pmb{\rho}_k) \tag{4-147}$$

式（4-147）为阵列天线的方向图乘积定理。其中 $\pmb{E}^{0t}$ 为元因子，S^a 为阵因子。

4.5　阵列天线散射分析

4.5.1　阵列天线散射理论分析

对于接收和散射问题，0 端口的接收机负载反射系数为 $\varGamma_1 = \dfrac{Z_1 - Z_0}{Z_1 + Z_0}$（接收机内阻为 Z_1），$a_0 = \varGamma_1 b_0$，于是

$$[\,b'\,]_m = [\,S'\,]_{m0} a_0 + [\,S'\,]_{mm} [\,a'\,]_m \tag{4-148}$$

$$[\,b'\,]_m = [\,S'\,]_{m0} \varGamma_1 b_0 + [\,S'\,]_{mm} [\,a'\,]_m \tag{4-149}$$

记为

$$[\,b'\,]_m = [\,s\,]_{mm}^l [\,a'\,]_m \tag{4-150}$$

其中

$$[\,s\,]_{mm}^l = [\,S'\,]_{mm} + \frac{\varGamma_1}{1 - S_{00}'\varGamma_1} [\,S'\,]_{m0} [\,S'\,]_{0m} \tag{4-151}$$

同理

$$[\,a\,]_m = [\,s\,]_{mm}^l [\,b\,]_m \tag{4-152}$$

代入式（4-134）可得

$$[\,b\,]_m = \left\{ [\,I\,]_{mm} - [\,s\,]_{mm} [\,s\,]_{mm}^l \right\}^{-1} [\,s\,]_{mn} [\,a\,]_n \tag{4-153}$$

$$[\,b\,]_n = [\,s\,]_{nm} [\,s\,]_{mm}^l [\,b\,]_{m+} [\,s\,]_{nn} [\,a\,]_n \tag{4-154}$$

考虑天线匹配接收问题，即阵列天线的 $1 \sim m$ 所有端口全匹配，$[\,a\,]_m = [\,0\,]$，则

$$[\,b\,]_m \big|_{\varGamma_i = 0,(i=1,2,\cdots,m)} = [\,s\,]_{mn} [\,a\,]_n = [\,b\,]_m^x \tag{4-155}$$

式（4-155）称为阵列匹配接收幅度矢量，元素 b_k^x 表示天线在其余所有单元端口均匹配的情况下，受入射波激励时 k 端口的匹配接收幅度。

若入射平面波的入射方向为 $\pmb{k}_i$，极化方式为 $\pmb{u}^*$，应用互易原理有

$$b_k^x = -\mathrm{j}\lambda C [\pmb{A}_k(\pmb{k}_i) \cdot \pmb{u}^*] \tag{4-156}$$

式中，$\pmb{A}_k(\pmb{k}_i)$ 为天线单元的辐射场 $\pmb{E}_k^{1t}$ 对应的幅度矢量。

当 $[\,a\,]_m = [\,0\,]$ 时，可得到匹配散射幅度

$$[\,b\,]_n \big|_{\varGamma_i = 0,(i=1,2,\cdots,m)} = [\,s\,]_{nn} [\,a\,]_n = [\,b\,]_n^x \tag{4-157}$$

将式（4-153）、式（4-155）和式（4-157）代入式（4-154）可得

$$[\,b\,]_n = [\,b\,]_n^x + [\,s\,]_{nm} [\,s\,]_{mm}^l \left\{ [\,I\,]_{mm} - [\,s\,]_{mm} [\,s\,]_{mm}^l \right\}^{-1} [\,b\,]_m^x \tag{4-158}$$

令 $[\,C\,] = \{ [\,I\,]_{mm} - [\,s\,]_{mm} [\,s\,]_{mm}^l \}^{-1}$，$s_{ik}$ 为 $[\,s\,]_{mm}$ 的元素，s_{kp}^l 为 $[\,s\,]_{mm}^l$ 的元素，则散射幅度矢量式（4-158）的元素为

$$b_i = b_i^x + \sum_{k=1}^{m} s_{ik} \sum_{p=1}^{m} s_{kp}^l \sum_{q=1}^{m} C_{pq} b_q^x, (i = m+1, m+2, \cdots, m+n, \cdots) \tag{4-159}$$

对上式两边乘以第 i 个外行球面波函数 $\boldsymbol{e}_i^{\text{out}}$，并对下标 i 进行（$m+1 \sim \infty$）求和

$$\sum_{i=m+1}^{\infty} b_i \vec{e}_i^{\text{out}} = \sum_{i=m+1}^{\infty} b_i^x \vec{e}_i^{\text{out}} + \sum_{k=1}^{m} \sum_{p=1}^{m} \sum_{q=1}^{m} \left(\sum_{i=m+1}^{\infty} \vec{e}_i^{\text{out}} s_{ik} \right) s_{kp}^l C_{pq} b_q^x \qquad (4\text{--}160)$$

令 $\boldsymbol{E}^{\text{s}} = \sum_{i=r+1}^{\infty} b_i \boldsymbol{e}_i^{\text{out}}$，为外行散射波叠加构成的空间散射总场；

令 $\boldsymbol{E}_0^{\text{s}} = \sum_{i=m+1}^{\infty} b_i^x \boldsymbol{e}_i^{\text{out}}$，表示阵列天线 $1 \sim m$ 端口全匹配，匹配散射幅度矢量激励的外行散射波构成的空间散射场；

令 $\boldsymbol{E}_a^{\text{s}} = \sum_{k=1}^{m} \sum_{p=1}^{m} \sum_{q=1}^{m} \left(\sum_{i=m+1}^{\infty} \boldsymbol{e}_i^{\text{out}} s_{ik} \right) s_{kp}^l C_{pq} b_q^x$，$\sum_{i=m+1}^{\infty} \boldsymbol{e}_i^{\text{out}} s_{ik} = \boldsymbol{E}_k^{1t}$，$\boldsymbol{E}_k^{1t} = \boldsymbol{E}_k^{0t} \exp(j\boldsymbol{k} \cdot \boldsymbol{\rho}_k)$，$V_k = \sum_{p=1}^{m} \sum_{q=1}^{m} s_{kp}^l C_{pq} b_q^x$，则 $\boldsymbol{E}_a^{\text{s}} = \sum_{k=1}^{m} V_k \boldsymbol{E}_k^{0t} \exp(j\boldsymbol{k} \cdot \boldsymbol{\rho}_k)$。

于是有 $\boldsymbol{E}^{\text{s}} = \boldsymbol{E}_0^{\text{s}} + \boldsymbol{E}_a^{\text{s}}$，其中 $\boldsymbol{E}_0^{\text{s}}$ 称为阵列天线的结构模式项散射场，$\boldsymbol{E}_a^{\text{s}}$ 称为阵列天线的天线模式项散射场，即阵列天线的空间散射场也可表示为结构模式项散射场和天线模式项散射场的叠加形式。

4.5.2 阵列天线散射乘积定理

忽略天线单元间的耦合，在简化低 RCS 天线阵列的分析和设计方面主要体现在以下方面。

首先忽略单元之间的互耦，则有 $[s]_{mm} = \Gamma^a[I]$，$[s]_{mm}^l = \Gamma^l[I]$（$k=1 \sim m$）；

进一步忽略单元之间的差异（边缘效应等），则有 $\boldsymbol{E}_k^{0t} = \boldsymbol{E}_0^{0t}$，且考虑单站情况时

$$\boldsymbol{E}_a^{\text{s}} = \boldsymbol{E}_0^{0t} \frac{\Gamma^l}{1 - \Gamma^l \Gamma^a} \sum_{k=1}^{m} b_k^x \exp(j\boldsymbol{k} \cdot \boldsymbol{\rho}_k) \qquad (4\text{--}161)$$

$$b_k^x = -j\lambda C[\boldsymbol{A}_k(\boldsymbol{k}_i) \cdot \boldsymbol{u}^*] = -j\lambda C[\boldsymbol{A}_c(\boldsymbol{k}_i) \exp(j\boldsymbol{k} \cdot \boldsymbol{\rho}_k) \cdot \boldsymbol{u}^*] \qquad (4\text{--}162)$$

$$\boldsymbol{E}_a^{\text{s}} = \boldsymbol{E}_0^{0t} \frac{\Gamma^l}{1 - \Gamma^l \Gamma^a} M \sum_{k=1}^{m} \exp(2j\boldsymbol{k} \cdot \boldsymbol{\rho}_k) \qquad (4\text{--}163)$$

其中，$\boldsymbol{E}_0^{0t} \dfrac{\Gamma^l}{1 - \Gamma^l \Gamma^a} M$ 为阵列中单元的天线模式项散射场，$\sum_{k=1}^{m} \exp(2j\boldsymbol{k} \cdot \boldsymbol{\rho}_k)$ 称为阵列散射因子。下面讨论阵列天线的结构模式项散射场。

如入射波平面波用 $\boldsymbol{E}^i(\boldsymbol{r}) = C\sqrt{Z}\boldsymbol{u}^* e^{j\boldsymbol{k} \cdot \boldsymbol{\rho}_k}$ 表示，且在第 k 个天线单元上产生感应电流 $\boldsymbol{J}_k(\boldsymbol{\rho}_k')$，则天线单元在远场产生的散射场的复振幅矢量表示为

$$\boldsymbol{A}^k(\boldsymbol{k}) = \frac{k}{j4\pi} \int_{\Omega} \sqrt{Z} (\bar{\bar{\boldsymbol{I}}} - \hat{\boldsymbol{\rho}}\hat{\boldsymbol{\rho}}) \boldsymbol{J}(\boldsymbol{\rho}_k') e^{j\boldsymbol{k} \cdot \boldsymbol{\rho}_k'} d^3\boldsymbol{\rho}_k' \qquad (4\text{--}164)$$

则其单元的结构模式项散射场可用下式表示

$$\boldsymbol{E}^{ss}(\boldsymbol{r}) = \sqrt{Z} \boldsymbol{A}^k(\boldsymbol{k}) \frac{e^{-jk\rho}}{\rho} \qquad (4\text{--}165)$$

对场进行叠加得阵列天线的结构模式项散射场为

$$\boldsymbol{E}^{\text{s}}(\boldsymbol{r}) = \sum_{k=1}^{m} \sqrt{Z} \boldsymbol{A}^j(\boldsymbol{k}) \frac{e^{-jk\rho}}{\rho} \cdot \exp(2j\boldsymbol{k} \cdot \boldsymbol{\rho}_k) \qquad (4\text{--}166)$$

考虑阵列天线单元间的差异，并忽略边缘效应，则上式简化为

$$\boldsymbol{E}^{\mathrm{s}}(\boldsymbol{r}) = \boldsymbol{E}^{\mathrm{se}}(\boldsymbol{r}) \cdot \sum_{k=1}^{m} \exp(2\mathrm{j}\boldsymbol{k}\cdot\boldsymbol{\rho}_k) \qquad (4\text{-}167)$$

分析上式可发现，阵列天线的结构模式项散射场也提取出了与天线模式项散射场相同的阵列散射因子$\sum_{k=1}^{m}\exp(2\mathrm{j}\boldsymbol{k}\cdot\boldsymbol{\rho}_k)$。与辐射时的阵因子不同，阵列散射因子体现的单元之间的相位差是辐射时的 2 倍。值得注意的是，这样的结论的前提是忽略阵列天线单元间的互耦。

阵列天线的散射机理要比单元天线复杂得多，如果可以通过有效的技术手段控制阵列天线单元间的互耦，将会给低 RCS 阵列天线的分析和设计带来很大的便利。从阵列散射因子的表达式可以看出，阵列散射因子仅与阵列的结构（阵元排布、阵元间距等）有关。通过分析阵列散射因子，可定性地给出低 RCS 阵列天线的设计方案。

4.6　天线结构模式项散射与天线模式项散射分离

由上文分析可知，天线的散射场由结构模式项散射场与天线模式项散射场两部分构成。而如何定量地完成两种散射场的计算，对于天线 RCS 的减缩意义重大。因此，本节就通过天线加载开路短路负载的方法[42]对结构模式项散射场与天线模式项散射场进行分离并予以分析。

4.6.1　天线散射场分离的基本方法

前面我们通过公式推导得到了天线散射的基础理论公式，将天线散射看作是结构模式项散射与天线模式项散射的叠加。在本节中，我们将以前面得到的基础理论公式为基础，具体分析天线结构模式项散射和天线模式项散射，并将两者进行分离[1]。

当天线端接短路负载时，有$Z_l=0$，$\varGamma_l=-1$，将其代入式（4-94）中，可得

$$\boldsymbol{E}^{\mathrm{s}}(0) = \boldsymbol{E}^{\mathrm{s}}(Z_{\mathrm{c}}) - \frac{1}{1+\varGamma_{\mathrm{a}}}b_0^{\mathrm{m}}\boldsymbol{E}_1^{\mathrm{t}} \qquad (4\text{-}168)$$

当天线端接开路负载时，有$Z_l=\infty$，$\varGamma_l=1$，将其代入式（4-94）中，可得

$$\boldsymbol{E}^{\mathrm{s}}(\infty) = \boldsymbol{E}^{\mathrm{s}}(Z_{\mathrm{c}}) + \frac{1}{1-\varGamma_{\mathrm{a}}}b_0^{\mathrm{m}}\boldsymbol{E}_1^{\mathrm{t}} \qquad (4\text{-}169)$$

分别将式（4-168）和式（4-169）相加和相减，可以得到

$$\boldsymbol{E}^{\mathrm{s}}(Z_{\mathrm{c}}) = \frac{\boldsymbol{E}^{\mathrm{s}}(0) + \boldsymbol{E}^{\mathrm{s}}(\infty) + \left(\frac{1}{1+\varGamma_{\mathrm{a}}} - \frac{1}{1-\varGamma_{\mathrm{a}}}\right)b_0^{\mathrm{m}}\boldsymbol{E}_1^{\mathrm{t}}}{2} \qquad (4\text{-}170)$$

$$b_0^{\mathrm{m}}\boldsymbol{E}_1^{\mathrm{t}} = \frac{1-\varGamma_{\mathrm{a}}^2}{2}\left[\boldsymbol{E}^{\mathrm{s}}(\infty) - \boldsymbol{E}^{\mathrm{s}}(0)\right] \qquad (4\text{-}171)$$

将式（4-171）代入式（4-170），可以得到天线结构项散射场的表达式

$$\boldsymbol{E}^{\mathrm{s}}(Z_{\mathrm{c}}) = \frac{1}{2}\left[(1+\varGamma_{\mathrm{a}})\boldsymbol{E}^{\mathrm{s}}(0) + (1-\varGamma_{\mathrm{a}})\boldsymbol{E}^{\mathrm{s}}(\infty)\right] \qquad (4\text{-}172)$$

将式（4-171）和式（4-172）代入式（4-94）中，可以得到天线端接任意负载时的散射场

$$E^{\mathrm{s}}(Z_1) = \frac{(1+\Gamma_{\mathrm{a}})E^{\mathrm{s}}(0) + (1-\Gamma_{\mathrm{a}})E^{\mathrm{s}}(\infty)}{2} + \frac{\Gamma_1}{1-\Gamma_1\Gamma_{\mathrm{a}}} \frac{1-\Gamma_{\mathrm{a}}^2}{2}[E^{\mathrm{s}}(\infty) - E^{\mathrm{s}}(0)]$$

（4-173）

式中，前半部分表示天线的结构模式项散射场，后半部分表示天线模式项散射场。根据这个公式，我们就可以由天线端接开路和短路负载时的散射场直接求解出天线端接任意负载时的散射场。

4.6.2　微带天线的散射场分离

微带天线是一种常见的天线形式，这里来讨论其散射场的构成。所给矩形微带天线的结构如图 4-16 所示，天线谐振频率 2.5GHz，贴片尺寸为 48.6mm × 34.7mm，接地板尺寸为 70mm × 51mm。采用同轴线背向馈电，馈电点距接地板中心点（坐标原点）7.3mm。衬底材料厚 2mm，介电常数为 2.65。

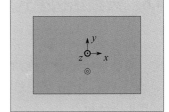

图 4-16　微带天线模型图

为获得天线的辐射场与开路短路加载时的散射场，这里采用 HFSS 软件完成计算。图 4-17 给出了微带天线在 $\varphi=0°$ 平面（x–z 面）的 θ 极化和 φ 极化的增益方向图。而图 4-18 给出的是 φ 极化入射波沿 $-z$ 方向垂直照射到天线上时，天线端接短路负载条件下，由上述方法分离得到的 φ 极化和 θ 极化的天线模式项 RCS。可以看出，两种极化下的天线模式项 RCS 与天线增益的变化趋势基本一致。

图 4-19 分别给出了 φ 极化波和 θ 极化波入射时微带天线在 x–z 面上的结构模式项 RCS 与天线模式项 RCS。可以看出，入射极化与接收极化正交时的天线的结构模式项和天线模式项 RCS 值都很小。同时由于微带天线在 x–z 面的 θ 极化辐射增益很小，导致了 θ–θ 极化的天线模式项 RCS 也是一个很小的值。因此，对于 φ 极化的入射波，φ–φ 极化的天线模式项散射成为影响微带天线 RCS 的主要因素；而对于 θ 极化的入射波，θ–θ 极化的结构模式项散射则应成为微带天线 RCS 控制的重点。

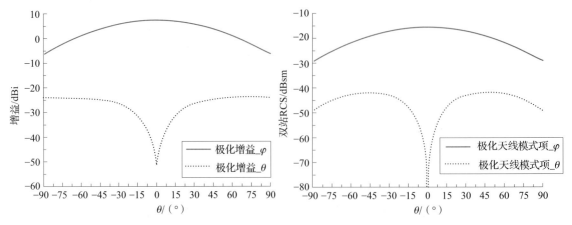

图 4-17　微带天线在 x–z 面的增益方向图　　图 4-18　x–z 面的天线模式项散射方向图

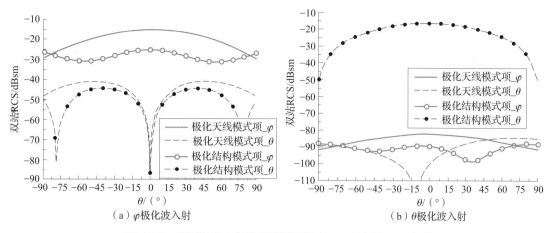

（a）φ 极化波入射 　　　　　　　（b）θ 极化波入射

图 4-19 　不同极化入射波照射下天线在 x–z 面上的 RCS 曲线

图 4-20 给出了 φ 极化的入射波照射端接不同负载的微带天线时的天线单站 RCS。由图可知，天线端接负载的大小对于结构模式项 RCS 没有影响。而对于天线模式项 RCS 来说，负载 $Z_l=0\,\Omega$ 时 $\Gamma_l=-1$，所有天线接收的能量被完全反射，此时的天线模式项 RCS 最大；当负载 $Z_l=50\,\Omega$，$\Gamma_l=0$，所有天线接收到的能量被完全吸收，此时的天线模式项散射消失，天线总的 RCS 等于其结构模式项 RCS；而其他情况下的天线模式项散射与天线端接负载的大小密切相关。

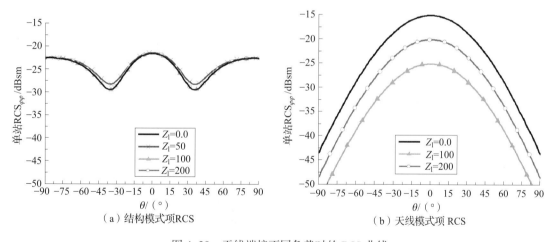

（a）结构模式项 RCS 　　　　　　　（b）天线模式项 RCS

图 4-20 　天线端接不同负载时的 RCS 曲线

4.6.3 单极子天线的散射场分离

单极子天线也是一种常见的天线类型，在使用这类天线时往往会在天线后面配备一个金属反射板以提高天线的增益。本节讨论的单极子天线如图 4-21 所示，单极子高 23.5mm，反射板尺寸为 100mm × 100mm，天线中心工作频率 3GHz。

这里只考虑 θ 极化入射 θ 极化接收、天线端接短路负载时不同角度入射下的天线散射。从图 4-22（a）可知，当入射波垂直照射天线时，单极子与入射电场正交，因此天线模式项散射很小。而此时，天线的反射板与入射波垂直，其平板的镜面反射成为天线散射

的主要形式，因此其结构模式项 RCS 很
大，占据了散射的主要部分。这时，整个
天线的结构模式项 RCS 甚至与去掉单极
子的金属平板产生的散射能量相当。当入
射波倾斜至 60° 时，沿单极子的轴向具有
了电场分量，因此如图 4-22（b）所示，

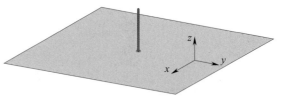

图 4-21　单极子天线模型图

天线模式项 RCS 急剧增大，甚至一度超过了结构模式项 RCS。但在大部分角度下，结构
模式项散射仍是整个天线散射的主要来源。因此，对于这类具有大反射板的天线，如何控
制其结构模式项散射，减小天线反射板引起的镜面强散射，将成为天线 RCS 减缩的关键。

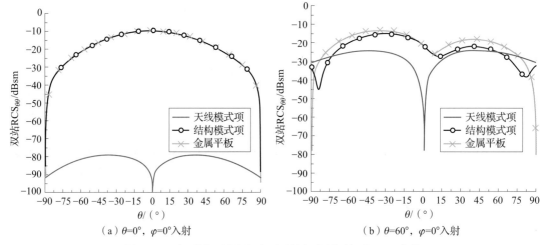

（a）$\theta=0°$，$\varphi=0°$入射　　　　　　　（b）$\theta=60°$，$\varphi=0°$入射

图 4-22　在不同入射波角度下天线与金属平板的 RCS 曲线

4.6.4　对称振子阵列的散射场分离

对称振子天线应用广泛，下面就来研究对称振子阵列天线的散射组成。讨论的八元振
子阵列如图 4-23 所示，天线中心频率 1GHz，振子两臂总长 141.7mm，阵元沿 x 轴方向排
列，单元间距 150mm。

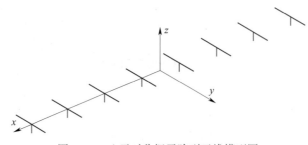

图 4-23　八元对称振子阵列天线模型图

天线在 x-z 面上的 θ、φ 极化的增益方向图如图 4-24 所示。而 φ 极化的入射波沿 $-z$
方向照射阵列（各阵元端口短路）得到的不同极化的结构模式项与天线模式项 RCS 如图
4-25 所示。可以看出，这种天线的结构模式项 RCS 与天线模式项 RCS 大小相当，而天线
模式项 RCS 与天线增益方向图的变化基本一致。

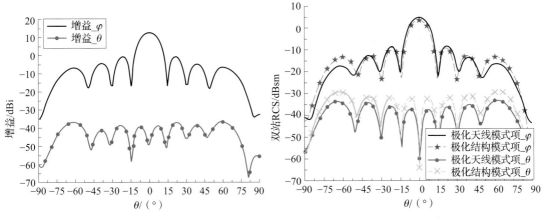

图 4-24　振子阵列的增益方向图　　　　图 4-25　φ 极化波照射下阵列的 RCS 方向图

　　当入射波在 x–z 面上沿 θ 角度倾斜照射到阵列上时，阵列各单元接收到的入射能量会因波程的不同而存在一个相位差。相邻单元的相位差 $P=kd \times \sin(\theta)$，其中 d 为单元间距，k 为入射波波数。这样根据上文的分析，双站情况下的天线模式项散射就相当于各阵元以相位 P 递增馈电的阵列的二次辐射。

　　因此，如图 4-26 所示，以这一相位差馈电的阵列辐射方向图与对应斜入射的天线模式项 RCS 的变化趋势保持一致。这也说明了天线模式项散射与天线的辐射性能密不可分，从而使得对于天线 RCS 的控制将成为一个权衡天线辐射与散射性能的折中过程。

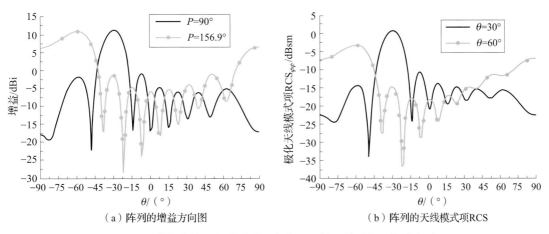

（a）阵列的增益方向图　　　　　　　　（b）阵列的天线模式项RCS

图 4-26　不等相位馈电的阵列增益方向图及斜入射下的天线模式项 RCS

4.7　小结

　　本章构建了单端口天线、阵列天线散射模型，给出了天线散射基本理论，该理论清晰地说明了天线的散射机理，明确了天线散射场的基本构成及其物理实质。基于该理论，结合多类天线实例，推导出了多个天线散射经典结果，实现了天线结构模式项散射和天线模式项散射分离，并为天线散射减缩提供理论指导。本章为天线散射分析与散射抑制的必备基础知识。

第2篇
低可探测性天线设计理论

第 5 章　单元天线 RCS 减缩技术

5.1　微带天线 RCS 减缩技术

微带天线的概念始于 1953 年 G. A. Deschamps[43] 对于微带线辐射现象的研究。在此之后的近 20 年里，对于微带天线的研究进展缓慢。直至 20 世纪 70 年代，R. E. Munson 和 J. Q. Howll 等学者将第一批实用的微带天线研制成功之后，微带天线才得以迅速发展。随着计算机技术的日益进步以及新材料的层出不穷，高性能、新形式的微带天线也如雨后春笋般不断涌现。经过几十年的发展，微带天线最终以其低廉的价格、紧凑的结构、便捷的加工，以及易于集成的优点而受到学者、工程师们的青睐，进而广泛应用于航空、航天、通信、医疗等众多领域。

在军事领域，由于微带天线具有体积小、重量轻、结构简单、易与飞行器表面共形等优势而在目标探测与军事通信中得以普遍使用。随着这一天线形式的普及，其散射控制也逐渐成为天线设计中的热点。尤其是在飞行器的隐身设计中，外形结构的改进和吸波材料的运用已使飞行器载体的 RCS 大幅降低，这时机载雷达天线的低散射特性就对整个平台的电磁隐身效果起到决定性作用。

载体上天线的隐身要求使得低散射天线的设计问题凸显。针对微带天线，考虑采用改变形状的方案来实现保证辐射特性的同时，降低散射的目的。为达到此目标，首先需要分析微带天线的散射形成机制，找出影响散射的主要因素，有针对性地实施具体的天线 RCS 减缩方案。在这一思路的指导下，通过比较天线在不同入射波照射下的表面电流，找出微带天线的散射谐振模式，之后通过开槽技术，截断或削弱这些导致散射峰值的表面电流，从而减小回波散射。

微带天线是在带有导体接地面的介质基底上贴加导体薄片而形成的天线结构。它通过微带线或同轴线等传输结构馈入能量，在导体贴片与接地面之间激励起电磁场，并通过贴片四周与接地板间的缝隙将能量辐射至外部空间。

对于微带天线的分析主要有以下几种方法：①传输线模型理论，该模型将矩形贴片看成是场沿着辐射边没有变化的传输线谐振器，能量通过两个开路端的边缘缝隙辐射而出。这一方法仅能用于分析规则的矩形微带天线。②空腔模型理论，可用于各种规则形状的微带贴片天线，但通常限于介质基板厚度远小于波长的情况。③电磁场数值算法，如时域有限差分、有限元、矩量法等，理论上可分析任意形状的微带天线，计算精度很高，但操作相对复杂、效率相对较低，目前许多商业电磁仿真软件都采用此类方法。

5.1.1　微带天线的空腔模型理论

空腔模型理论是 Y. T. Lo 于 1979 年提出的。该理论的发展是基于对微带谐振腔的分析，把矩形微带天线等效为上下电壁、四周磁壁的谐振腔，从而可以导出腔内电磁场的一般表达式。对于图 5-1 所示的贴片尺寸为 $a \times b$、介质厚度为 h 的微带天线，这一等效需要做如下假设：

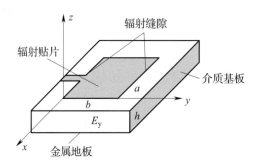

图 5-1　矩形微带天线示意图

①由于腔体高度 $h \ll \lambda$，故假定腔内电场只有一个不随厚度变化的 z 向分量 E_z，磁场只有 H_x 和 H_y 分量，腔内仅存在 TM 波；

②在微带边界，电流没有垂直于边界的分量，即边缘处磁场切向分量为零，故空腔四周可视为磁壁。

根据上述基本假设，在谐振腔内无源区域，可将波动方程改写为

$$(\nabla_t^2 + k^2)E_z = 0 \qquad H = \hat{z} \times \nabla_t E_z / (j\omega\mu) \qquad \text{其中}, k = \omega\sqrt{\mu\varepsilon} \qquad (5\text{-}1)$$

式中，下标 t 表示运算仅对横向坐标进行。求解上式，有

$$\begin{cases} E_z = E_0 \cos\dfrac{m\pi}{a}\cos\dfrac{n\pi}{b} \\[2mm] H_x = j\dfrac{n\pi E_0}{\omega\mu b}\cos\left(\dfrac{m\pi}{a}x\right)\sin\left(\dfrac{n\pi}{b}y\right) \\[2mm] H_y = -j\dfrac{m\pi E_0}{\omega\mu a}\sin\left(\dfrac{m\pi}{a}x\right)\cos\left(\dfrac{n\pi}{b}y\right) \end{cases} \qquad (5\text{-}2)$$

式中，m，n 是不全为零的任意整数，且满足

$$\left(\frac{m\pi}{a}\right)^2 + \left(\frac{n\pi}{b}\right)^2 = k^2 \qquad (5\text{-}3)$$

式（5-2）中，电场模值 $E_0 = V/h$，V 为激励电压。其中 $m=0$，$n=1$ 对应着微带天线的辐射主模。对于矩形微带天线来说，在辐射主模上，腔模理论的单模分析与传输线模型基本一致。然而，腔模理论不但适用于矩形贴片，而且还能用于其他形状规则的贴片。其多模理论由于计及了高次模，故算得的阻抗曲线较为准确。

5.1.2　微带天线散射谐振模式分析

根据腔模理论，微带天线会在其本征模式上谐振，而谐振的频率与天线尺寸密切相关。对于边长为 $a \times b$ 的矩形贴片天线，在平面波的照射下，天线同样会激励起多个谐振模式。对应各模式的谐振频率可通过下式估算[44]

$$f_{mn}(\text{GHz}) = \frac{0.15}{\sqrt{\varepsilon_r}}\sqrt{\left(\frac{m}{a}\right)^2 + \left(\frac{n}{b}\right)^2} \qquad (5\text{-}4)$$

式中，m、n 分别表示沿着长边 a 和宽边 b 所包含的半波长的个数。除了矩形微带天线的工作主模 TM_{01} 模外，其他高次模谐振往往会导致天线 RCS 峰值的生成。

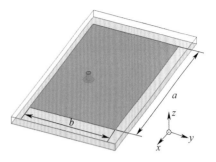

图 5-2　矩形微带天线模型

为了充分反映天线散射的各个谐振峰值，应合理选择微带天线的尺寸，以避免多个峰值因叠加或抵消而难以识别。这里以图 5-2 所示的采用背向馈电的微带天线为例，来研究矩形微带天线的散射特性。其中，天线辐射贴片尺寸为 32mm×21.3mm，金属地板尺寸为 39mm×28mm，介质基板采用厚 1.5mm、介电常数为 2.65 的聚四氟乙烯玻璃布板。

当 θ 极化的入射平面波沿 $\theta=60°$、$\varphi=0°$ 方向照射天线时，通过 HFSS 计算得到的总的单站 RCS 曲线如图 5-3 所示。可见，在 2～10GHz 的频率范围内，一共出现了三个散射峰值，分别谐振于 2.76GHz、6.10GHz、8.18GHz。根据腔模理论，这三个峰值分别对应着（1，0）模、（2，0）模和（3，0）模三个谐振模式。

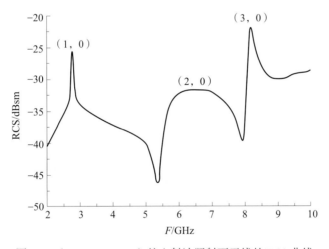

图 5-3　（$\theta=60°$、$\varphi=0°$）的入射波照射下天线的 RCS 曲线

图 5-4 分别给出了这三个谐振模式下天线表面电流的模值分布及流动方向。可见，当入射波从 $\varphi=0°$ 方向照射时，天线的表面电流沿 x 轴方向流动。当入射波频率接近于天线固有（m，0）模式的谐振频率时，就会沿 x 轴方向形成 m 个电流峰值，这就导致了 RCS 峰值的出现。

当 θ 极化的入射波从 $\theta=60°$、$\varphi=90°$ 的角度照射天线时，其单站 RCS 曲线随频率的变化如图 5-5 所示。在 4.0GHz、7.9GHz 频率处分别激励起（0，1）模和（0，2）模两个散射谐振峰值。其表面电流的分布如图 5-6 所示。可以看出，当入射波从 $\varphi=90°$ 的角度入射时，会激励起（0，n）模式，进而产生对应的散射谐振峰值。

当入射波角度为 $\theta=60°$、$\varphi=45°$ 时，会激励起更多的谐振模式。图 5-7 给出了这种情况下的 RCS 曲线。可见，$\varphi=45°$ 入射时不仅保留了 $\varphi=0°$ 和 $\varphi=90°$ 照射的几乎全部谐振模式，而且还激励起了（1，1）模、（2，1）模、（1，2）模和（2，2）模 4 个混合谐振模式。

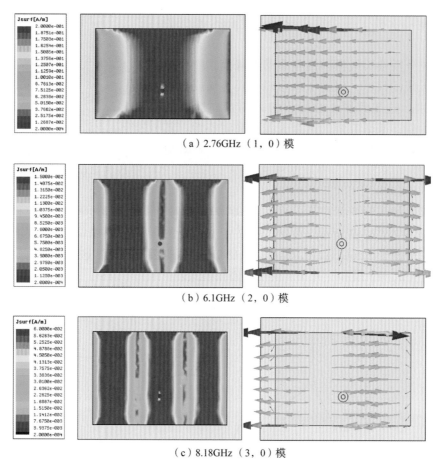

（a）2.76GHz（1，0）模

（b）6.1GHz（2，0）模

（c）8.18GHz（3，0）模

图 5-4 （θ=60°、φ=0°）的入射波照射下天线的表面电流分布

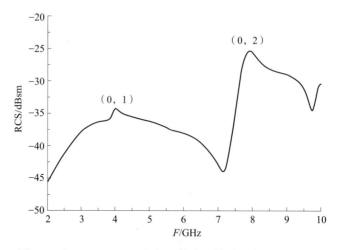

图 5-5 （θ=60°、φ=90°）的入射波照射下天线的 RCS 曲线

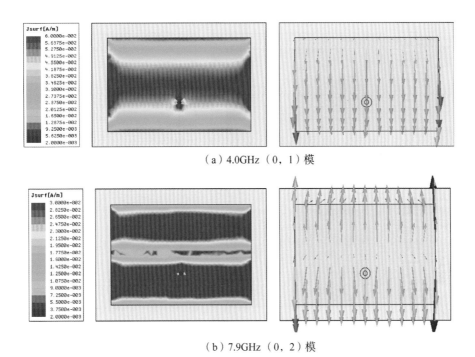

（a）4.0GHz（0，1）模

（b）7.9GHz（0，2）模

图 5-6　（θ=60°、φ=90°）的入射波照射下天线的表面电流分布

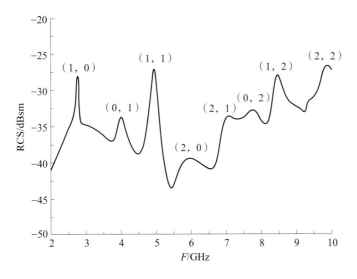

图 5-7　（θ=60°、φ=45°）的入射波照射下天线的 RCS 曲线

　　这 4 个新出现的高次模的电流分布如图 5-8 所示。这里以（1，1）模为例说明其形成原因。当入射波沿 φ=45° 方向以 4.92GHz 频率照射天线时，天线贴片上沿 x 和 y 方向恰好都能形成半个周期的电流分布，两个正交方向的电流相叠加，便形成了图 5-8（a）所示的（1，1）模。其他高次模的出现与之类似，只是对应的入射波频率不同而已。电流峰值的个数为对应尺寸下激励电磁波半波长的整数倍。也就是说，入射波激励的（m，n）模表示在贴片表面，沿着 x 轴有 m 个半波长的电流分布而沿着 y 轴有 n 个半波长的电流分布。

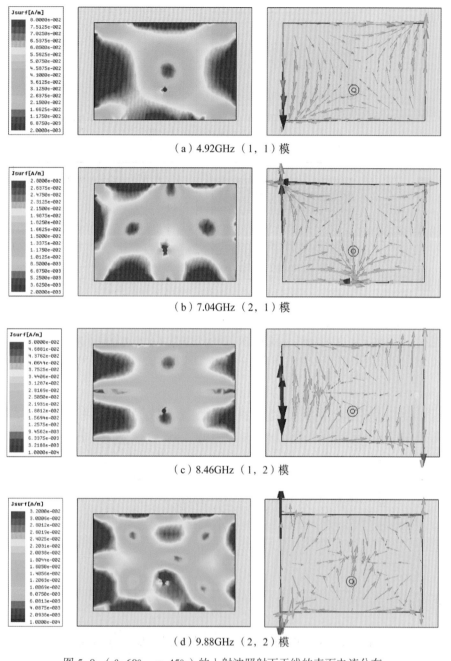

（a）4.92GHz（1，1）模

（b）7.04GHz（2，1）模

（c）8.46GHz（1，2）模

（d）9.88GHz（2，2）模

图 5-8　（$\theta=60°$、$\varphi=45°$）的入射波照射下天线的表面电流分布

综上可知，当入射波从不同角度照射天线时，会激励起不同的散射谐振峰值。当入射波从 $\theta=60°$、$\varphi=0°$ 照射时，可以激励起沿着 x 向变化的（m，0）模；当入射波从 $\theta=60°$、$\varphi=90°$ 照射时，可以激励起沿着 y 向变化的（0，n）模；当入射波从 $\theta=60°$、$\varphi=45°$ 照射时，可以激励多个高次模（m，n）模。正是这些模式的存在导致了天线表面大电流的出现，进而形成了散射的谐振峰值。因此，如果能将固定模式下的谐振电流破坏，便有可能抑制微带天线散射峰值的出现。

将上述仿真得到的散射峰值频率与式（5-2）估计的峰值谐振频率对比，将结果列于表 5-1。可以看出，式（5-2）的计算结果与仿真结果有一定的差别。这是因为式（5-2）的推导是基于不含馈电结构的微带贴片，因此对于实际的含有馈电的微带天线预估误差较大。此外，腔模理论假定了微带贴片与接地板之间为理想磁壁，因而未能计入腔体辐射以及边缘场的储能，故其计算结果对于高次模谐振频率的预估会有所偏差。因此，式（5-2）可以用于矩形微带天线散射峰值频率的快速预估，而要精确计算任意形状微带天线的散射特性，还应采用全波算法。

表 5-1 式（5-2）预估的谐振频率与仿真结果比对

谐振模式		预估的谐振频率 /GHz	
m	n	公式结果	仿真结果
1	0	2.88	2.76
2	0	5.76	6.10
3	0	8.64	8.18
0	1	4.32	4.00
0	2	8.65	7.90
1	1	5.20	4.92
2	1	7.20	7.04
1	2	9.12	8.46
2	2	10.39	9.88

5.1.3 贴片开槽实现对微带天线的散射控制

接地板或贴片上的开槽能够改变微带天线散射峰值的谐振模式，进而实现对微带天线散射的控制。但由于天线散射机理较为复杂，控制天线散射的同时不能过分损失天线的辐射性能，这就要求对于槽位置、槽尺寸等参数进行精确的控制。然而，手动调试天线模型，找出这些参数往往是一个漫长的过程。因此，通过优化策略完成对最佳参数的搜索无疑是一条捷径。而通过上面的分析可知，矩形微带天线的散射峰值与天线尺寸密切相关，不同频率的入射波往往会激励起不同模式的表面电流。如果能够抑制或破坏掉这些模式下的大电流，就有可能改变微带天线散射的谐振峰值，从而实现对 RCS 的控制。因此，我们可以通过开槽设计来削弱产生散射峰值的表面电流，并采用差分进化算法来调节槽的位置和尺寸以平衡辐射性能和低散射效果。

图 5-9 给出了设计的开槽空气微带天线的基本模型。其中，天线辐射贴片面积为 57mm × 42mm，金属地板面积为 75mm × 60mm，两板间距 2mm，采用同轴线背向馈电，馈电点坐标为（0，–7.7mm）。

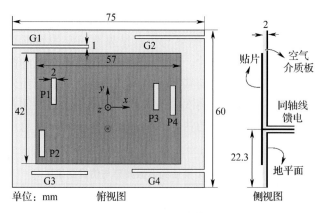

图 5-9　开槽天线模型

根据上面对矩形微带天线的分析可知，此类天线辐射时的工作主模为（0，1）模。此时，天线贴片表面的电流主要沿 y 向流动。因此，为了最大程度地保证天线辐射时产生的表面电流不受影响，在辐射贴片上的开槽应顺着电流流动的方向进行。所以，如图 5-9 所示，本节选择在贴片上切开 4 个 2mm 宽的 y 向切槽。这样的开槽方式能够在一定程度上阻断沿 x 方向流动的电流，从而也就有可能减小入射波在 $\varphi=0°$ 照射时产生的散射峰值。同样，为减弱入射波在 $\varphi=90°$ 照射时产生的散射峰值，这里选择在天线的金属地板上切开四个沿 x 方向的 1mm 宽的方槽以截断沿 y 方向流动的谐振电流。

根据图 5-9 所示的天线模型定义待优化的变量。其中，设贴片上的 4 个槽（P1，P2，P3，P4）和地板上的 4 个槽（G1，G2，G3，G4）的左下角点的坐标为（S_x，S_y），槽长（length）为 S_L。因此，为确定 8 个槽的位置和尺寸，待优化的变量一共有 24 个。同时，对优化变量限制如下：①同一平面内的槽不相连接；②所有槽均远离馈电端口 5mm 以上；③ P1，P2 与 P3，P4 分别位于馈电点左右两端，G1，G2 和 G3，G4 分别位于馈电点上下两端。

定义好了优化变量，再来看适应度函数。适应度函数的设计是优化问题的关键，对于一般的天线优化设计问题，其适应度函数往往只与目标天线的辐射性能相关。而对于低散射天线的优化设计，问题则略显复杂。因为天线不仅是一个向外散射能量的散射目标，而且还是一个能够正常工作的辐射源。因此，需要将天线的辐射性能和散射要求同时纳入适应度函数的考虑范围，并应适当权衡二者的关系，尤其要使天线辐射性能的损失保持在一个可接受的范围内。因此给出的适应度函数如下

$$\text{fit} = a_1 \times \max(S_{11i}) + a_2 \times \frac{1}{J} \sum_{j=1}^{J} |\text{rcs}_j - \text{Drcs}_j| + a_3 \times P_r \qquad (5\text{-}5)$$

式中，下标 i、j 分别表示矩量法计算的天线 S_{11} 和 RCS 曲线中的抽样点编号。rcs 和 Drcs 分别表示候选天线的 RCS 计算值及目标值。散射惩罚因子 $P_r=J_p/J$，其中，J 是 RCS 抽样点总数，J_p 是所有 RCS 抽样点中 rcs>Drcs 时（即 RCS 不达标时）的抽样点个数。a_1 是辐射权重系数，a_2、a_3 是散射权重系数，它们用于权衡天线的辐射性能和散射指标。本节设计的天线工作频率为 3.2GHz，考虑的单站 RCS 控制角度为（θ、φ）=（60°、0°）和（60°、90°），入射波 θ 极化，频率为 2 ~ 12GHz。

表 5-2　变量的优化结果　　　　　　　　　　　　　　　　　　　mm

贴片上的槽（宽 2mm）				地板上的槽（宽 1mm）			
槽	S_x	S_y	S_L	槽	S_x	S_y	S_L
P1	−22.4	1.6	10.0	G1	−37.5	23.2	29.9
P2	−27.0	−18.4	10.1	G2	10.6	26.6	26.9
P3	17.9	−0.6	10.2	G3	−30.1	−25.0	22.0
P4	24.3	−2.4	11.0	G4	9.3	−24.1	28.2

　　经过种群数量为 40 的 500 代差分进化算法的优化，最终的变量优化结果如表 5-2 所示。以此结果加工的开槽天线及其比对天线如图 5-10 所示。

（a）开槽天线　　　　　　　　　　（b）原天线

图 5-10　加工的开槽天线与其比对原天线

　　图 5-11 给出了优化后的开槽天线与未开槽的比对天线（原天线）的实测驻波比曲线。可以看出，开槽天线的阻抗带宽（VSWR<2）为 61MHz（3.180 ~ 3.241GHz），与原天线的带宽基本一致（69MHz，3.180 ~ 3.249GHz）。

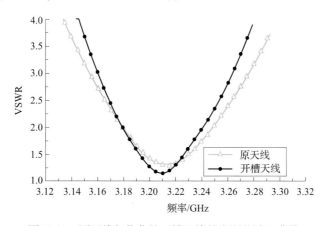

图 5-11　原天线与优化的开槽天线的实测驻波比曲线

　　此外，两天线的 x-z 面和 y-z 面辐射方向图如图 5-12 所示。由于采用了接地板开槽结构，一部分能量从接地板背面辐射出去，造成了开槽天线后向辐射比原天线增大了约 4.5dB，同时，天线的增益也从原天线的 9.69dBi 下降至开槽天线的 9.37dBi。然而，在天线工作的上半空间内，两天线的辐射方向图基本保持一致。

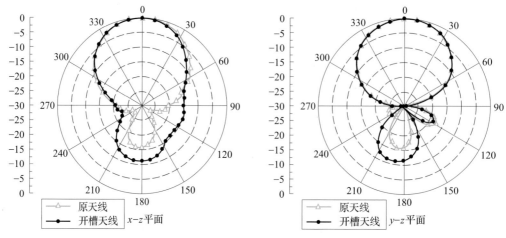

图 5-12 原天线与优化的开槽天线在 3.21GHz 的实测方向图

通过对两天线阻抗匹配情况和辐射方向图的比对，可知开槽后的天线与原天线在主要辐射性能上变化不大。这是因为辐射体上的 y 向槽对天线的工作模式几乎没有影响。这一点可以通过图 5-13 所示的两天线工作频率下的表面电流分布得出。如图 5-13（a）所示，原天线在工作频率内激励起了 TM_{01} 模，这时天线仅在 y 方向上有半个周期的电流波动，而沿 x 方向上电流模值几乎不变。而开槽天线在辐射贴片的中央同样形成了一条沿 x 方向的电流最大值分布带。由图 5-13（b）可知，贴片上的 y 向开槽与原天线工作模式下的电流流向相同，这一开槽方式几乎未对工作模式下的表面电流产生影响，因此天线的辐射特性能够保持基本不变。

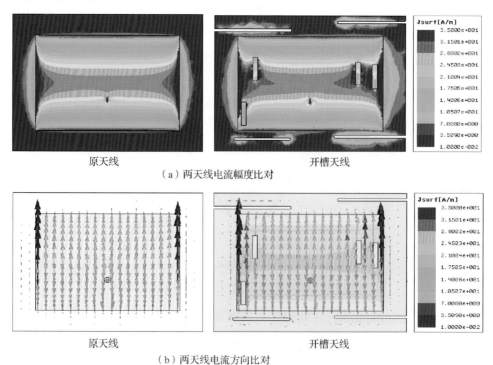

图 5-13 原天线与优化的开槽天线在 3.21GHz 的电流分布

　　而开槽对于散射的影响就比较大了。图 5-14 给出的是两天线在（60°、0°）入射波照射下的单站 RCS 曲线。可以看出，原天线经过开槽之后，RCS 峰值得到一定程度的抑制。7.3GHz 和 9.8GHz 处的两个 RCS 峰值也得到了明显的减缩。

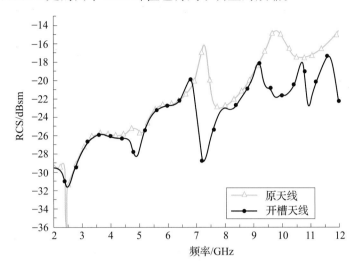

图 5-14　原天线与优化的开槽天线在（60°、0°）入射波照射下的 RCS 曲线

　　图 5-15 给出的两天线电流分布的比对可以解释这两个 RCS 峰值得到抑制的原因。图 5-15（a）给出的是两天线在 7.3GHz 入射波照射下形成的表面电流分布。这时，原天线表面沿 x 方向分别形成三个电流峰值，这就是（3，0）模。开槽后，可以看到，虽然（3，0）模依然存在，但是峰值电流的幅度有了明显的减小。这是由于 y 向的槽在一定程度上截断了 x 向流动的电流，从而导致 7.3GHz 处的 RCS 峰值得到减缩。类似的情形也出现在 9.8GHz，不同的是此频率下散射峰值的谐振模式变成了（4，0）模。然而，开槽依然起到了截断电流的作用，由此导致了对于 9.8GHz 处 RCS 谐振峰值的抑制。

　　图 5-16 给出了两天线在（60°、90°）的入射波照射下的 RCS 随频率的变化。可见，开槽天线的 RCS 在 3.5 ~ 12GHz 的频段内都得到了一定的抑制，对于 6.4GHz 和 9.8GHz 的两个 RCS 峰值，减缩分别达到 2.1dB 和 5.4dB。

　　这一原因同样可以通过电流分布予以解释。如图 5-17 所示的两天线电流分布的比对，原天线在 6.4GHz 和 9.8GHz 两个频点附近分别形成了（0，2）模和（0，3）模两个谐振模式。通过优化的开槽设计，削弱了谐振电流，致使两 RCS 峰值都得以减小，从而带动谐振频点附近一段较宽频带内的 RCS 得到了减缩。

　　图 5-18 给出了两天线的 RCS 随入射 θ 角和频率变化的二维比较图。可见，在多数角度下开槽天线的 RCS 较原天线的 RCS 小，而在某些角度下，开槽天线的 RCS 较原天线有所增大。这说明，采用优化开槽的天线设计思路，能够通过截断表面谐振电流的方式，使天线在指定空域内实现 RCS 的减缩。然而，这种 RCS 的减缩方式实质上是通过将散射能量转移出所关心的区域而达到控制散射的目的，因此该方法适用于指定空域内的天线 RCS 减缩。

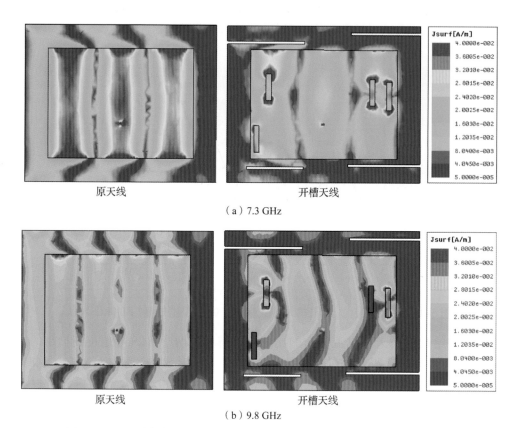

（a）7.3 GHz

（b）9.8 GHz

图 5-15　原天线与优化的开槽天线在（60°，0°）入射波照射下的电流分布

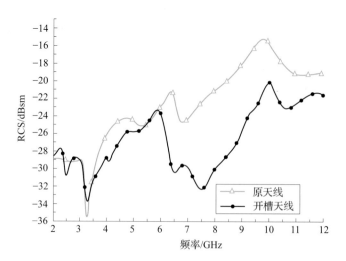

图 5-16　原天线与优化的开槽天线在（60°、90°）入射波照射下的 RCS 曲线

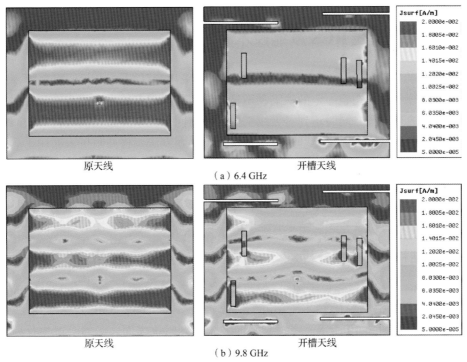

（a）6.4 GHz

（b）9.8 GHz

图 5-17　原天线与优化的开槽天线在（60°、90°）入射波照射下的电流分布

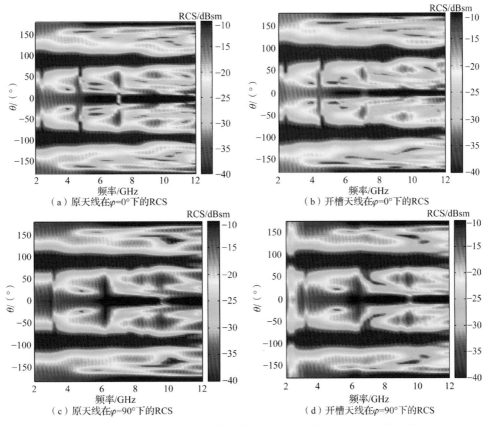

（a）原天线在$\varphi=0°$下的RCS

（b）开槽天线在$\varphi=0°$下的RCS

（c）原天线在$\varphi=90°$下的RCS

（d）开槽天线在$\varphi=90°$下的RCS

图 5-18　原天线与优化的开槽天线的 RCS 随入射 θ 角和频率的变化

5.2　双频微带天线 RCS 减缩技术

一些传统的散射控制方法（如改变天线外形、采用吸波材料或者是使用频率选择表面作为天线罩等）都存在着一定的缺陷和不足，应用这些现有的方法很难做到在保持天线原有辐射性能的基础上，同时达到对天线工作频带内同极化威胁雷达波进行有效减缩这一重要目标。利用高阻抗表面正是基于这一背景提出的新方法，将高阻抗表面用于具有广泛应用背景的微带天线的雷达截面积减缩更能体现出这一方法的效用。本节中先研究有限单元 HIS 结构的散射特性，而后通过级联的方式设计针对双频微带天线的复合 HIS 结构，将 HIS 结构应用于低 RCS 双频微带天线设计，使得加载后能够同时在天线两个工作频带内有效减缩其 RCS。通过仿真和实验结果验证 HIS 结构控制天线散射方法的有效性。

5.2.1　HIS 结构散射特性分析

在应用 EBG 同相反射相位带隙时，人们常称该结构为高阻抗表面[45]（high impedance surface，HIS）或人造磁导体[46-47]（artificial magnetic conductor，AMC）。从传输线角度出发分析 HIS 结构如图 5-19 所示。考虑到平面波入射到阻抗表面，必然会产生反射波，而空间波实际上是由入射波和反射波叠加而成的驻波。由等效模型理论，当电磁波入射到所示结构表面时，由于阻抗的不连续性产生反射波，其中反射系数为

$$\Gamma = (Z_s - \eta_0) / (Z_s + \eta_0) \tag{5-6}$$

对于金属表面，其表面阻抗为

$$Z_s = \frac{1+j}{\delta\sigma} \tag{5-7}$$

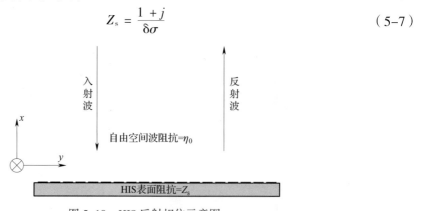

图 5-19　HIS 反射相位示意图

一般情况下，良导体 σ 的数量级在 10^7 左右，铜的电导率为 $\sigma=5\times10^7$（s/m），而良导体的趋肤深度 σ 一般为 10^{-6}m，因此金属表面阻抗 Z_s 一般为 10^{-1} 量级，所以对于自由空间的波阻抗（$\eta_0=377\Omega$），金属表面阻抗可近似为零。因此由式（5-6）可得金属表面的反射系数 $\Gamma=-1$，即金属表面的反射系数幅值是 1，反射系数相位为 180°。如果该表面是 HIS 结构，当入射波频率落在 HIS 的同相反射频带内时，HIS 表面呈现高阻抗特性。此时，$Z_s=\infty$，所以反射系数 $\Gamma=1$。其反射系数相位为 0°，此时 HIS 表面结构类似于理想磁导体（PMC）。对 EBG 两个带隙分析可知，表面波带隙是抑制沿结构表面传播的电磁波，所以很难将其应用于雷达波散射领域。相反，同相反射相位带隙是空间入射波与反射波的

特性，因此有可能将其应用于雷达波散射方面研究。因此，这一节主要研究将 HIS 结构的同相反射相位特性应用在天线雷达截面积减缩中。

在利用 HIS 结构的同相反射相位带隙之前，首先要对其同相反射相位带隙进行细致研究。当空间入射波垂直照射在 HIS 结构表面时，其反射波在一定频段会具有与入射波相同的相位，此时 HIS 结构类似于理想磁导体（PMC）。本节首先分析 HIS 结构的反射相位特性，分析方法是基于无限周期的单元模型。如图 5-20 所示，我们利用 FEM-HFSS 软件仿真 HIS 结构在平面波垂直入射情况下的反射相位特性。对 HIS 结构的反射相位带隙进行详细的参数分析，包括金属贴片宽度、贴片之间的缝隙宽度、介质板的介电常数、介质板厚度和金属过孔半径 5 个参数。

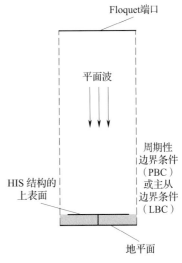

图 5-20　HIS 结构反射相位仿真模型

HIS 单元结构示意图如图 5-21 所示。其初始尺寸为：金属贴片宽度 w=7；介质基板宽度 L=7.3mm；基板厚度 h=1.5mm；介质板介电常数 ε_r=3.2；金属过孔直径 d=1mm；贴片之间的缝隙宽度 g=0.3mm。需要说明的是，我们在分析某一个参数对反射相位带隙的影响时，其他参数是保持不变的。

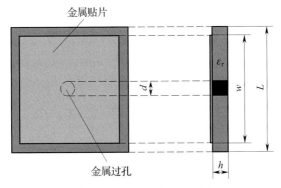

图 5-21　HIS 结构单元模型

（1）金属贴片宽度的影响

利用上述方法对 HIS 结构不同贴片宽度下的反射相位进行仿真，得到如图 5-22 所示的结果。图中不同曲线对应不同的贴片宽度，曲线旁边的数字代表该曲线对应的贴片宽度值。我们可以看到，随着金属贴片宽度的增大，同相谐振点向低频端移动。由于 HIS 结构的等效电容由其周期 a 和贴片缝隙宽度 g 通过式（5-8）确定[48]

$$c = \frac{\varepsilon_0 w (1 + \varepsilon_r)}{\pi} \mathrm{ch}^{-1} \left(\frac{a}{g} \right) \tag{5-8}$$

而电感 L=uh 与周期和缝隙宽度无关。因此当贴片宽度增大时，电容 C 也增大。所以由式（5-8）可知 HIS 结构谐振频率随贴片宽度的增大而减小

$$w = \frac{1}{\sqrt{LC}} \tag{5-9}$$

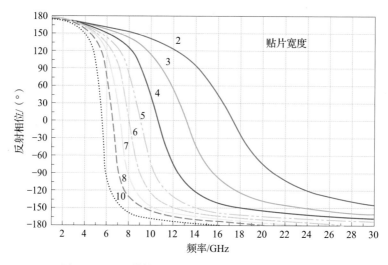

图 5-22 HIS 结构在不同贴片宽度下的反射相位特性

由图 5-22 还可以看出，随着贴片宽度的增大，同相反射相位带隙逐渐变窄，也就是相对带宽变窄。这可以清楚地从表 5-3 中看出，绝对带宽与相对带宽都随着贴片宽度的增加而减小。

表 5-3 HIS 结构的参数分析：金属贴片宽度对反射相位的影响

贴片宽度 /mm	$f_{\varphi=+90°}$ /GHz	$f_{\varphi=-90°}$ /GHz	带宽 /GHz	$f_{\varphi=0°}$ /GHz	BW/%
2	14.18	20.93	6.75	17.34	38.93
3	11.02	15.67	4.65	13.16	35.33
4	9.15	12.41	3.26	10.68	30.52
5	7.92	10.27	2.35	9.03	26.02
6	7.11	9.02	1.91	8.01	23.85
7	6.42	7.97	1.55	7.16	21.65
8	5.89	7.18	1.29	6.51	19.82
10	5.07	6.01	0.94	5.51	17.06

（2）缝隙宽度的影响

图 5-23 所示的是平面波垂直入射到不同缝隙下的 HIS 结构时的反射相位频带特性。从图中可以看到，随着金属贴片之间缝隙的增大，同相反射频带向高频偏移。表 5-4 给出了不同缝隙宽度下 HIS 结构的同相反射频带特性。从表中我们可以看出，随着缝隙宽度的逐渐增大，HIS 结构的同相反射频带变窄。因此可以得出结论：随着缝隙宽度的逐渐增大，HIS 结构同相反射相位带隙逐渐向高频端移动，同时带隙宽度逐渐变宽。但是与贴片的宽度相比，缝隙宽度对 HIS 结构同相反射相位的影响程度相对较弱。

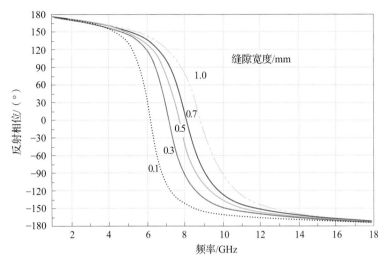

图 5-23　不同缝隙宽度下 HIS 反射相位频带特性

表 5-4　HIS 结构参数分析：金属贴片之间缝隙宽度对反射相位的影响

缝隙宽度 /mm	$f_{\varphi=+90°}$ /GHz	$f_{\varphi=-90°}$ /GHz	带宽 /GHz	$f_{\varphi=0°}$ /GHz	BW/%
0.1	5.63	6.80	1.17	6.20	18.87
0.3	6.42	7.97	1.55	7.16	21.65
0.5	6.86	8.64	1.78	7.71	23.09
0.7	7.19	9.10	1.91	8.10	23.58
1.0	7.80	9.95	2.15	8.85	24.29

（3）介质板介电常数的影响

介质板介电常数是影响微带结构电磁特性的重要参数之一，因此图 5-24 给出了基板不同介电常数时的 HIS 结构反射相位频带特性。从图中可以看出，随着介电常数的逐渐增大，HIS 同相反射相位带隙向低频端移动。同时同相反射相位带隙逐渐变窄，也就是同相反射相位频带逐渐减小。这可以从表 5-5 中清楚地看出，其绝对带宽与相对带宽都随着基板介电常数的增加而逐渐减小。

（4）介质板厚度的影响

图 5-25 为不同介质板厚度下 HIS 结构的反射相位频带特性。由图中曲线可以看出，随着介质板厚度的逐渐增大，HIS 结构的同相反射相位带隙向低频端移动，同时反射相位曲线也变得更加的平缓。这是因为随着厚度的增大，其同相反射相位频带变得越来越宽。表 5-6 所示的反射相位带隙变化数据显示了这种变化趋势。可以清楚地看到，当介质板厚度由 0.5mm 增加到 5mm 后，同相谐振频点从 10.32GHz 减小到 3.74GHz，同时相对带宽由 9.5% 增加到 37.43%。所以在厚度要求不高的地方，增加介质板厚度是 HIS 结构小型化的一个有效途径。

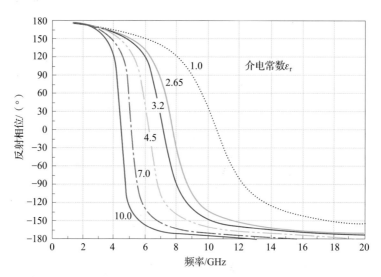

图 5-24　HIS 反射相位频带特性随介质板介电常数的变化

表 5-5　**HIS 结构参数分析：介质板不同介电常数对反射相位影响**

介质板材料	ε_r	$f_{\varphi=+90°}$ /GHz	$f_{\varphi=-90°}$ /GHz	绝对带宽 /GHz	$f_{\varphi=0°}$ /GHz	相对带宽 /%
Air	1.0	8.95	12.27	3.32	10.49	31.65
Teflon	2.65	6.86	8.65	1.79	7.71	23.22
Arlon AD	3.2	6.43	7.96	1.53	7.17	21.34
Arlon AR450	4.5	5.65	6.80	1.15	6.20	18.55
Silicon_nitrate	7.0	4.77	5.53	0.76	5.11	14.87
Arlon AR1000	10.0	4.10	4.65	0.55	4.36	12.62

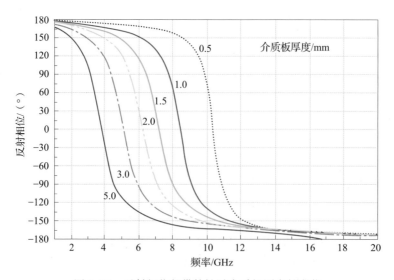

图 5-25　反射相位频带特性随介质板厚度的变化

表 5-6　**HIS 结构参数分析：介质板不同厚度对反射相位影响**

厚度 /mm	$f_{\varphi=+90°}$ /GHz	$f_{\varphi=-90°}$ /GHz	绝对带宽 /GHz	$f_{\varphi=0°}$ /GHz	相对带宽 /%
0.5	9.84	10.82	0.98	10.32	9.50
1.0	7.73	9.11	1.38	8.40	16.43
1.5	6.43	7.97	1.54	7.16	21.51
2.0	5.48	7.06	1.58	6.21	25.44
3.0	4.33	5.88	1.55	5.05	30.69
5.0	3.10	4.50	1.40	3.74	37.43

（5）金属过孔半径的影响

金属过孔在 HIS 结构的表面波抑制带隙中是不可缺少的部分，其半径大小对 HIS 结构的表面波抑制带隙有着非常大的影响。如果没有金属过孔，HIS 结构就没有表面波抑制带隙[49]。由图 5-26 可以看出，对于同相反射相位带隙，随着金属通孔半径的减小，其同相反射相位带隙逐渐向低频端移动。但是当金属通孔的半径小到一定程度后，HIS 的反射相位带隙基本保持稳定，不再有大的变化。梁乐博士[50]与李龙博士论文[51]中指出，当 HIS 结构金属贴片宽度 w 与金属通孔半径 r 满足 $w/r>14.0$ 时，HIS 结构的反射相位基本不变。特别需要指出的是，当没有金属过孔时，HIS 结构的同相反射相位带隙仍然存在。

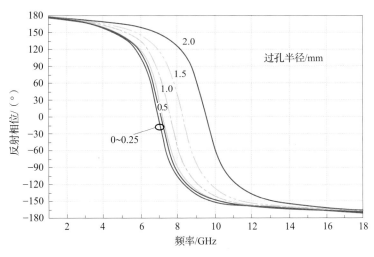

图 5-26　过孔半径对反射相位频带特性的影响

上面详细分析了 HIS 各个结构参数对其反射相位的影响。然而上面的分析是基于无限周期的 HIS 结构模型。在实际的应用中，我们只能应用有限周期单元。当 HIS 有限周期结构从无限周期变为有限周期结构后，其同相反射相位特性会有一定的变化。在同样高度下 HIS 结构和 PEC 结构的反射相位值基本相差了 180°，这就证明了 HIS 有限周期结构可以由金属表面产生的反射场对消（见图 5-27）。

在此分别以 3×3、6×6、3×6、12×12 有限周期为例，分析有限周期结构对 HIS 反射相位特性的影响。图 5-28 为不同周期单元时 HIS 结构的反射相位频率特性。由图中可以看出，由于 HIS 结构的有限周期截断，因此其同相反射相位带隙与无限周期相比有所偏移。在单元数较少时偏移量较大，随着单元数的增多，相位曲线更趋近于无限周期情况。因此在应用 HIS 结构时，必须考虑由于有限周期截断的影响而导致同相反射相位的偏移，这样才能更准确地应用同相反射相位特性。

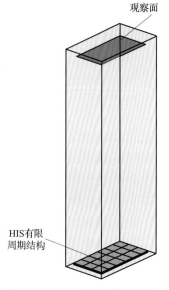

图 5-27　HIS 有限周期结构
相位仿真模型

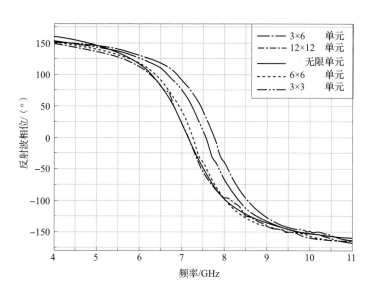

图 5-28　HIS 有限周期结构反射相位频带特性

对于垂直入射电磁波，金属表面的反射波相位为 $180°$，而 HIS 结构表面的反射波相位为 $0°$。因此，考虑两者反射波相位相差 $180°$，可以将金属表面与 HIS 表面结合成一个面，这样对于如图 5-29 所示的金属面与 HIS 的复合面，HIS 结构部分反射波的反射相位为 $0°$；金属面部分的反射相位为 $180°$。而两部分反射波由于相位相差 $180°$，所以散射场互相抵消，从而使金属表面的散射场减小。

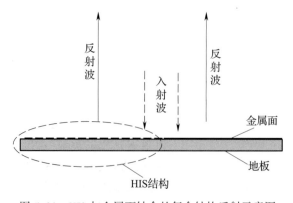

图 5-29　HIS 与金属面结合的复合结构反射示意图

对于上述复合结构，假设入射电磁波为 $E^i(x)=Ae^{-jkx}$，则金属表面和 HIS 结构表面的反射波分别为

$$E^s_{PEC}=\Gamma_{PEC}Ae^{jkr} \tag{5-10}$$

$$E^s_{HIS}=\Gamma_{HIS}Ae^{jkr} \tag{5-11}$$

其中，金属面的反射系数为

$$\Gamma_{PEC}=|\Gamma_{PEC}|e^{j\varphi PEC} \tag{5-12}$$

高阻抗表面的反射系数为

$$\Gamma_{HIS}=|\Gamma_{HIS}|e^{j\varphi HIS} \tag{5-13}$$

对于金属面的反射系数我们可知 $|\Gamma_{PEC}|=1$，$\varphi_{PEC}=180°$，对于图 5-30 所示的 HIS 无限周期结构，我们对其反射系数进行仿真，得到其模值如图 5-30 所示。

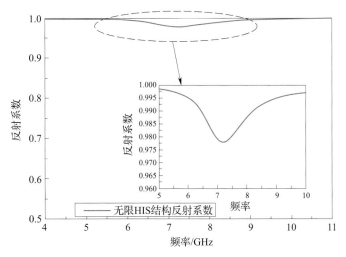

图 5-30　无限周期 HIS 结构的反射系数

可以看出，其反射系数在绝大部分频段都为 1。只有在同相反射频段内有所减小。这可能是由于在该频段 HIS 结构谐振使其介质的损耗增加所致。但是正如图 5-30 所示，这对反射系数的幅度影响非常小，因此在同相反射频段仍然可以认为其反射系数近似为 1。所以当 HIS 介质的损耗较小时应有 $|\Gamma_{HIS}| \approx 1$。

由以上几式及其分析我们可知，当平面波垂直入射时 HIS 结构与金属面组的复合表面的散射场为

$$E^s=E^s_{HIS}+E^s_{PEC} \approx (1\cdot e^{\varphi_{HIS}}-1)Ae^{jkr} \tag{5-14}$$

如果入射波频率是 HIS 的 0° 反射相位所对应的频率，此时 $\varphi_{HIS}=0°$ 导致式（5-14）为零，即复合面的散射场为零。因此上述分析证实了该方法的可行性。在距离 HIS 表面与 PEC 表面相同距离上，两者的反射场相位基本上相差 180°，这样就使得式（5-14）为零（准确地说是无穷小），复合表面的散射场在很大程度上由于被相互抵消而可以减小其雷达截面积。

基于上述分析，如果微带天线的金属贴片周围加载 HIS 结构，在 HIS 结构的同相反射相位带隙内，微带天线金属贴片的反射场会被周围的 HIS 表面反射场所抵消。这样可以减小微带天线的结构模式项散射场，从而减小天线雷达截面积，见图 5-31 和图 5-32。

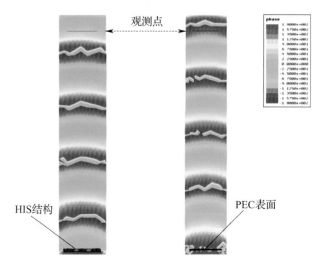

图 5-31　HIS 结构与 PEC 表面空间反射相位

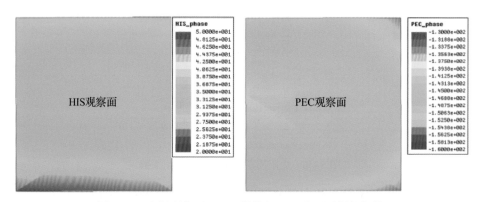

图 5-32　空间观察面上 HIS 结构与 PEC 表面反射场相位

5.2.2　加载 HIS 结构低 RCS 双频微带天线设计

双频微带天线的设计方法比较多，一般采用多贴片、集总元件加载或是槽加载几种方法来实现双频工作特性，但多贴片和集总元件加载的方式都会使天线的结构变得复杂，相对来说，槽加载是一种较为简单的加载方式，易于在单层微带天线上实现双频特性，而且制作相对简单。这里我们采用加载 U 形槽结构设计双频微带天线。

在普通微带天线结构的表面金属贴片上开一个 U 形槽可以分割矩形金属贴片上的电流产生的双频特性。图 5-33 给出了 U 形槽微带天线的结构示意图。从图 5-33（b）中可以看到，从馈电点到宽度为 W 的金属贴片两边的距离由于 U 形缝隙结构的存在而变长了，降低了天线原有的谐振频率，使金属贴片的整体尺寸小于半波长，形成了双工作频率中较低的频率 f_1。通过对尺寸 L 的调整可以改变 f_1 的位置。U 形缝隙底边对电流的影响会形成另一个较高的谐振频率。由于从馈电点到贴片边缘的电流被缝隙阻挡，则由这个 U 形缝隙所围区域产生一个假想的辐射贴片，所以可以通过改变 L_2 的大小来改

变较高的谐振频率 f_2 的大小。U 形缝隙两臂的方向是顺着电流方向对频率的影响不是很大。这样的对称结构可以获得较好的极化特性，也可对阻抗匹配起到一定的调节作用。通过调整 L 和 L_2 两个参数，就可以改变双频天线的两个频段，从而获得设计所需要的频率值。

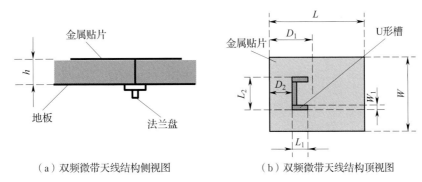

（a）双频微带天线结构侧视图　　　　　（b）双频微带天线结构顶视图

图 5-33　双频微带天线

根据上面给出的设计方法，我们设计了工作频率分别在 5.1GHz 和 7.4GHz 的 U 形槽双频微带天线。经过调整后天线的各项结构参数如下：天线的介质基板长宽尺寸为 170mm×70mm，金属贴片长度为 L=15.4mm，贴片宽度为 W=13mm，馈电中心点到金属贴片边缘的长度 D_1=9mm，U 形槽底边距离贴片长度为 D_2=1.5mm，U 形槽两臂长度为 L_1=4.4mm，U 形槽底边长度为 L_2=8.3mm，U 形槽的缝隙宽度为 W_1=0.7mm。

根据这些结构参数，我们对设计天线进行了仿真计算和实际加工，仿真计算的模型如图 5-34（a）所示，实际加工后的天线如图 5-34（b）所示。

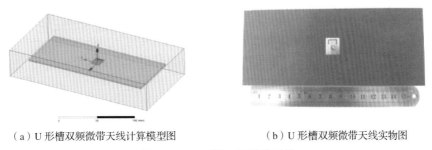

（a）U 形槽双频微带天线计算模型图　　　　（b）U 形槽双频微带天线实物图

图 5-34　U 形槽双频微带天线

图 5-35 给出了双频微带天线仿真计算和实物测量的反射系数结果比对。通过分别对天线的两个工作频带 f_1=5.1GHz 和 f_2=7.4GHz 反射系数数据比对可以看到，天线在两个频带内都能很好地工作，仿真和实测结果吻合良好。较之计算数据，加工的实物天线在较高工作频率 7.4GHz 的反射系数略有下降，中心工作频率以及工作带宽都基本保持不变。

图 5-36 和图 5-37 给出天线在两个工作频率 φ=0° 面和 φ=90° 面的增益方向图。从图中可以看出，天线在两个频率都能进行有效辐射，且辐射方向图具有相似的形式，在两个频率的最大增益分别为 7.93dB 和 3.87dB。图 5-38 和图 5-39 则给出了加工天线的实际测量结果。通过比对我们发现，双频微带天线的仿真与实测结果吻合良好，辐射方向图的形状基本一致。

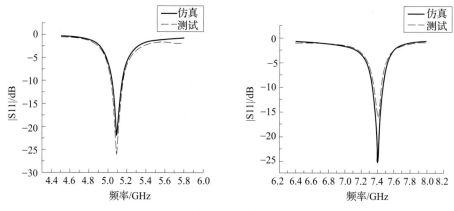

图 5-35　天线反射系数结果比对曲线

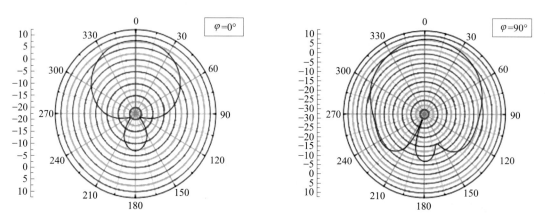

图 5-36　天线在工作频率 5.1GHz 的辐射方向图仿真结果

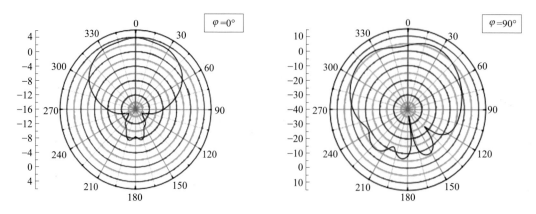

图 5-37　天线在工作频率 5.1GHz 的辐射方向图实测结果

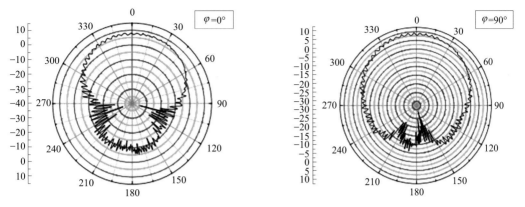

图 5-38　天线在工作频率 7.4GHz 的辐射方向图实测结果

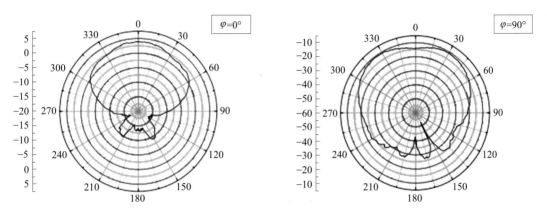

图 5-39　天线在工作频率 7.4GHz 的辐射方向图实测结果

首先我们要考虑如何设计双频 HIS 结构，以使 HIS 结构的同相反射相位带隙覆盖到天线的两个工作频带上。对于方形 HIS 结构来说，单一尺寸的 HIS 结构仅仅具有一个谐振频率，对于 5.1GHz 或 7.4GHz 两个频率很难仅从结构上的调整达到同时覆盖的效果。由于越是靠近同相反射相位点，天线所能达到的减缩效果就越好，所以在天线结构上只加载一种方形 HIS 结构很难达到设计要求。

下面采用对应两个工作频率的两种方形 HIS 结构，将其组合在一起加载到天线当中，形成一种具有双频带特性的 HIS 结构，这种形式就是级联型 HIS 结构。由于两种 HIS 结构对应的工作频率不同，当两种结构组合在一起时，由于相互间产生的耦合作用会导致每种结构本身所对应的工作频率发生偏移，所以不能仅仅从单一结构的有限单元模型对应的同相反射相位带隙来判断加载到天线结构后对应的工作频率，需要将 HIS 单元与天线一起进行仿真分析。由于需要用两种不同的 HIS 结构组合加载到天线结构中，所以存在不同的形式，可以将低频结构靠近天线而高频结构布置在低频结构外侧，也可以将两种结构位置互换放置，本节讨论图 5-40 给出的结构模型。

加载尺寸较大的 HIS 结构对应的工作频率在 f_1=5.1GHz，较小 HIS 结构对应的工作频率则为 f_2=7.4GHz。由于较大尺寸的 HIS 结构的工作频率低，对应的波长更长，所以大尺寸的 HIS 结构若放置于靠近天线的一侧，与天线结构产生较大的互耦，可能会对天线的性能产生影响和干扰。

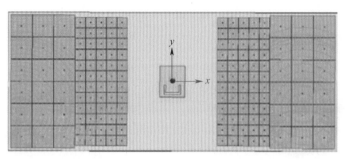

图 5-40　加载 HIS 结构的双频天线模型

将无限周期结构对应工作频率为 5.1GHz 和 7.4GHz 的两种 HIS 结构以级联形式加载到天线两侧，低频 HIS 结构在外，高频结构在内，经过与天线结构联合仿真计算，得出以下结构参数：工作频率在 5.1GHz 的 HIS 结构金属贴片宽度 $W_{5.1GHz}$=11mm，缝隙宽度 $g_{5.1GHz}$=0.2mm，金属过孔半径 $r_{5.1GHz}$=0.2mm，工作频率在 7.4GHz 的 HIS 结构金属贴片宽度 $W_{7.4GHz}$=5.2mm，缝隙宽度 $g_{7.4GHz}$=0.2mm，金属过孔半径 $r_{7.4GHz}$=0.2mm，此外，加载两种 HIS 结构与 U 形槽天线的介质基板厚度为 2mm，基板相对介电常数为 2.65，天线两侧到 HIS 结构金属贴片边缘的间距均为 16.6mm。

图 5-41（a）和图 5-41（b）给出了加载 HIS 结构的 U 形槽双频天线 S 参数仿真计算结果与未加载的天线仿真结果的比对图。图 5-42 和图 5-43 给出了加载前后天线的辐射方向图比对结果。

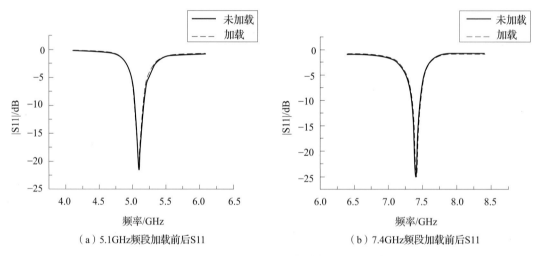

（a）5.1GHz 频段加载前后 S11　　　　　　（b）7.4GHz 频段加载前后 S11

图 5-41　加载 HIS 结构前后仿真结果比对曲线

从图 5-41 的 S 参数仿真对比结果可以看到，加载了 HIS 结构的 U 形槽双频天线的两个工作频点的位置保持不变，加载后的工作带宽也基本与原天线的带宽一致。从图 5-42 和图 5-43 给出的天线辐射方向图的比对结果可以看出，在 5.1GHz 工作频率处，天线的最大增益由原来的 7.93dB 下降到了 7.33dB，减小了 0.6dB，天线的后向后瓣则由 -7.08dB 下降到了 -7.98dB，减小了 0.9dB；在 7.4GHz 工作频率处，天线的最大增益由原来的 3.87dB 增大到了 4.52dB，增大了 0.65dB，天线的后瓣增益由 -8.42dB 上升到了 -6.73dB，增大了 1.69dB。可见，加载 HIS 结构后双频微带天线仍可基本保持原有的辐射特性。

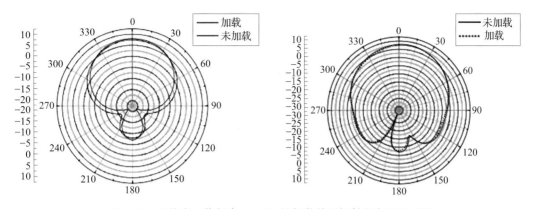

图 5-42　天线在工作频率 5.1GHz 的加载前后辐射方向图比对图

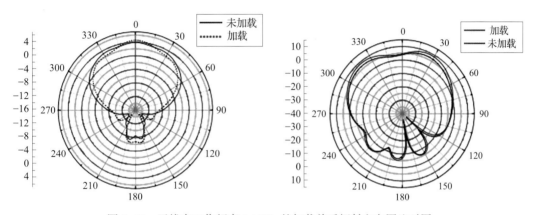

图 5-43　天线在工作频率 7.4GHz 的加载前后辐射方向图比对图

图 5-44 给出了加载 HIS 结构前后天线的单站 RCS 计算结果比对曲线。从图中可见，加载 HIS 结构后，天线在 4.9GHz 到 9GHz 频段范围内 RCS 值都有较为明显的减缩。在 5.1GHz 工作频率处天线的 RCS 由原来的 –2.78dBsm 下降到了 –19.59dBsm，减小了 16.81dB；而在 7.4GHz 的工作频率处天线 RCS 值从 0.37dBsm 下降到了 –5.41dBsm，减小了 5.78dB。天线的两个工作频带内 RCS 都有了较大幅度的减缩，满足了天线加载 HIS 结构的设计要求。

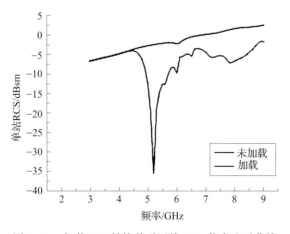

图 5-44　加载 HIS 结构前后天线 RCS 仿真比对曲线

为了进一步证明加载 HIS 结构减缩双频天线两个工作频带内 RCS 方法的可靠性，我们对加载 HIS 结构的天线进行了实物加工及测试，天线实物图如图 5-45 所示。

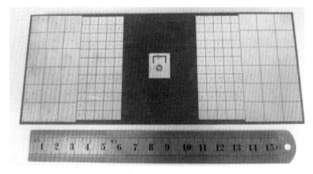

图 5-45　加载 HIS 结构双频天线实物图

我们将加载了 HIS 结构的天线实物测试与仿真结果做了比较。S 参数的比较如图 5-46 所示，天线辐射方向图的仿真与测试结果如图 5-47 ~图 5-50 所示。

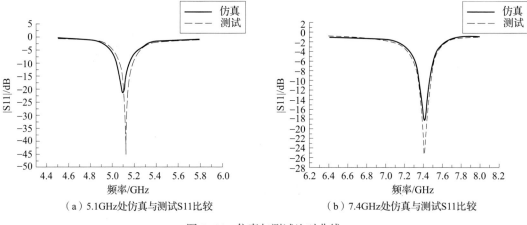

（a）5.1GHz处仿真与测试S11比较　　（b）7.4GHz处仿真与测试S11比较

图 5-46　仿真与测试比对曲线

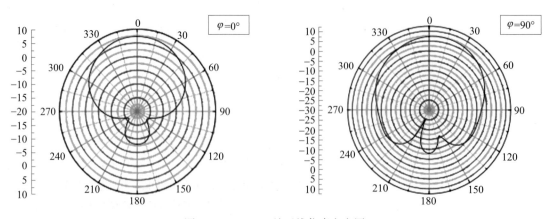

图 5-47　5.1GHz 处天线仿真方向图

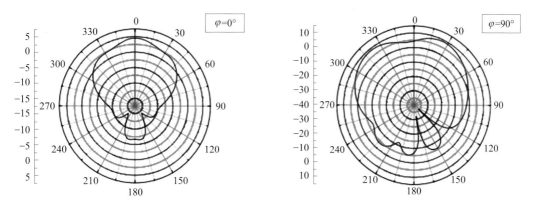

图 5-48　7.4GHz 处天线仿真方向图

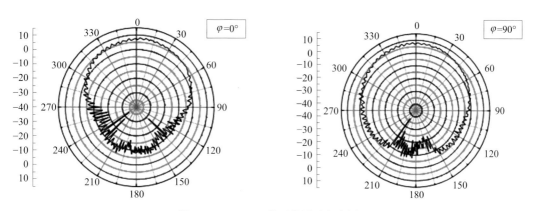

图 5-49　5.1GHz 处天线测试方向图

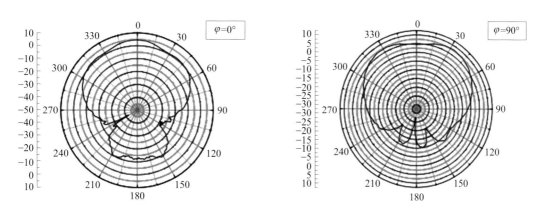

图 5-50　7.4GHz 处天线测试方向图

从图 5-46 可以看到天线仿真计算所得的 S 参数结果和天线加工实测后的 S 参数结果吻合良好，天线的工作频率基本没有偏移，同时天线的工作带宽也没有变窄。从图 5-47 ～图 5-50 天线仿真计算和实测辐射方向图的比对可以看出，天线的辐射方向图吻合较好，仿真和测试的辐射方向图形状基本保持不变。仿真与实测两方面均验证了加载 HIS 结构方法的有效性。

5.3 Vivaldi 天线 RCS 减缩技术

近几年来，超宽带技术发展得异常迅猛，涌现出了不同新形式的超宽带天线，关于超宽带天线的文章、著作也特别多。但这些文章、著作多是研究超宽带天线的辐射特性，对其散射特性进行研究的文献相对较少，本节在保持天线增益和带宽等辐射特性的前提下，分别用覆盖介质层、开槽和改变外形、加载互补开口谐振环等方法研究了 Vivaldi 天线单元的 RCS 减缩途径。

5.3.1 覆盖介质层对 Vivaldi 天线辐射和散射性能影响

吸波材料指能吸收、衰减入射的电磁波，并将电磁能转化成热能损耗掉，或使电磁波因干涉而消失掉的一类材料。它应用于军事目的，比如 F-117 表面的铁氧体涂层，就是我们所知道的"隐身材料"。参考文献[52]提出了一种超宽带 RCS 优化的技术，通过将损耗材料覆盖在导体表面，能实现宽带 RCS 的减缩。参考文献[53]和[54]研究了多层吸波材料的设计方法。下面通过仿真的实例来说明单层介质和双层介质对天线 RCS 的影响，并分别计算了各种情况下 Vivaldi 天线的辐射性能，主要考虑了天线的增益。

首先以一个标准的 Vivaldi 天线作为参考天线，考虑覆盖单层有耗介质，介质的各项参数为 ε_r=5.36，μ_r=1.36，$\tan\delta_e$=0.03，$\tan\delta_m$=0.31，厚度 t=1.05mm，此时 VSWR 如图 5-51 所示。覆盖单层介质层后，阻抗带宽为 3.24 ~ 7.92GHz，相对带宽 83.87%，而参考天线带宽为 3.22 ~ 8.42GHz，相对带宽 89.35%。前者与后者相比，最高截止频率向低频偏移，带宽有所下降。

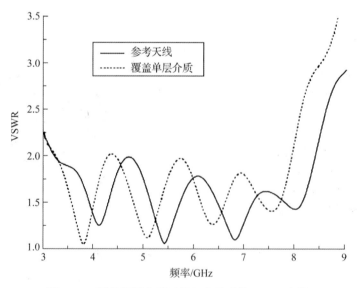

图 5-51　覆盖单层介质天线与参考天线 VSWR 比较

激励为 θ=60°、φ=45° 的 θ 极化平面波照射下的单站 RCS 如图 5-52 所示。从图中得知，覆盖单层介质能在一定程度上减缩天线 RCS，参考天线的多个 RCS 峰值点都得到大幅度的减小。遗憾的是低频部分的 RCS 与参考天线相比有较大程度的增加。

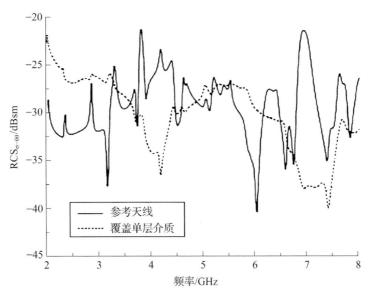

图 5-52　覆盖单层介质天线与参考天线单站 RCS 比较

对于双层介质，覆盖的介质材料为第一层 ε_{r1}=5.27，μ_{r1}=1.00，$\tan\delta_{e1}$=0.20，$\tan\delta_{m1}$=0.20，t_1=0.9mm，第二层 ε_{r2}=20.00，μ_{r2}=1.30，μ_{r2}=1.30，$\tan\delta_{m2}$=0.70，t_2=0.5mm，此时天线在 4.24 ~ 4.52GHz、5.64 ~ 5.8GHz 的 VSWR 大于 2，最高截止频率降低，如图 5-53 所示。θ 极化平面波照射角为 θ=60°、φ=45° 时的单站 RCS 如图 5-54 所示。

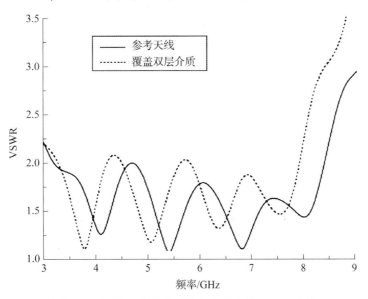

图 5-53　覆盖双层介质天线与参考天线 VSWR 比较

从以上两个例子可以看出，虽然在天线表面覆盖介质材料可以达到降低天线 RCS 的目的，但都是以天线带宽和增益的降低为代价。从表 5-7 和表 5-8 可以看到，随着工作频率的增加，覆盖介质后的天线增益损失变大。同时，覆盖介质后的天线在工作频带内的某些频率增益下降很大，这将导致天线不能正常工作。

表 5-7　覆盖单层介质天线与参考天线增益比较 dB

频率 /GHz	3.5	4.0	4.5	5.0	5.5	6.0	6.5	7.0	7.5	8.0
参考天线	6.62	7.64	8.78	9.47	10.10	10.40	10.91	10.98	11.16	10.72
覆盖单层介质	6.03	6.90	7.97	8.40	8.76	8.84	8.37	8.05	7.77	6.89
增益差值	−0.59	−0.74	−0.81	−1.07	−1.34	−1.56	−2.54	−2.93	−3.39	−3.83

表 5-8　覆盖双层介质天线与参考天线增益比较 dB

频率 /GHz	3.5	4.0	4.5	5.0	5.5	6.0	6.5	7.0	7.5	8.0
参考天线	6.62	7.64	8.78	9.47	10.10	10.40	10.91	10.98	11.16	10.72
覆盖双层介质	5.58	6.50	—	7.39	7.28	7.21	6.65	6.13	5.20	—
增益差值	−1.04	−1.14	—	−2.08	−2.82	−3.19	−4.26	−4.85	−5.96	—

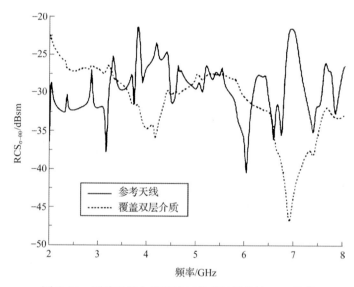

图 5-54　覆盖双层介质天线与参考天线单站 RCS 比较

5.3.2　开槽方法对 Vivaldi 天线单元辐射和散射性能影响

当平面波照射 Vivaldi 天线时，如同照射微带天线那样，在不同的频率激励起不同的感应电流，而天线的散射场正是由这些感应电流所引起的。如果在天线表面开不同形式的槽或细缝时，改变了贴片表面感应电流的流动路径。电流的蜿蜒流动，可使感应电流产生的散射场部分抵消，从而达到减缩天线 RCS 的目的[55-56]。

考虑到本节设计的 Vivaldi 天线两个辐射单元关于带状线对称的特点，首先在辐射单元上沿 y 轴开槽，如图 5-55 所示。所开槽线的参数如表 5-9 所示。设槽线 l_i 的起始点坐标为（x_i，y_i），其中下标 i 表示第 i 条槽线，单位为 mm，所开槽宽均为 1mm。其中从 l_5 开始，奇数项的槽线和偶数项的槽线关于 x 轴对称，故表 5-9 中只列出了 $i \geqslant 5$ 时奇数项的槽线参数。

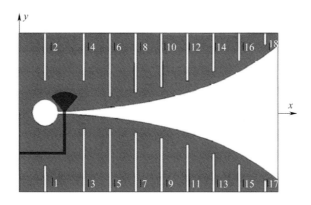

图 5-55 天线 A 示意图

天线 A 的 VSWR 如图 5-56 所示。与参考天线比较，天线 A 的最低截止频率往低频偏移，带宽被展宽。分别计算 $\theta=60°$、$\varphi=0°$ 和 $\theta=60°$、$\varphi=90°$ 入射波角度 θ 极化平面波照射下天线 A 的单站 RCS，如图 5-57 和图 5-58 所示。沿 y 轴开槽时，沿 x 轴流动的感应电流受到较大影响，沿 y 轴流动的感应电流受到的影响较小。所以，当平面波入射波角度为 $\varphi=0°$ 时，RCS 减缩效果比较明显。如图 5-57 所示，除了在 6GHz 附近的频段和高频部分出现了比参考天线 RCS 略有增加的情况外，其他频率点上 RCS 都得到很好的减缩，特别是 2.86GHz 和 6.44GHz 的 RCS 峰值点分别得到了 14.05dB 和 6.29dB 的减缩。

表 5-9 天线 A 槽线参数表 mm

l_i	l_1	l_2	l_3	l_4	l_5	l_7	l_9
(x_i, y_i)	（10，−30）	（10，12）	（25，−30）	（25，12）	（35，−30）	（45，−30）	（55，−30）
长度	10	18	24	18	24	22.5	20.5
l_i	l_{11}	l_{13}	l_{15}	l_{17}			
(x_i, y_i)	（65，−30）	（75，−30）	（85，−30）	（95，−30）			
长度	18	14.5	10.5	4.5			

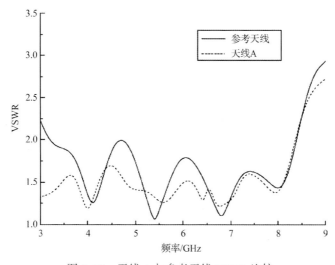

图 5-56 天线 A 与参考天线 VSWR 比较

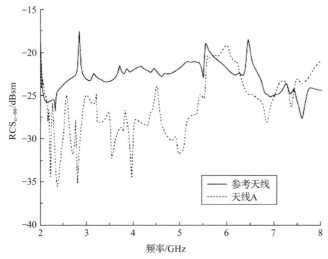

图 5-57 天线 A 与参考天线单站 RCS 特性曲线（$\theta=60°$、$\varphi=0°$ 入射）

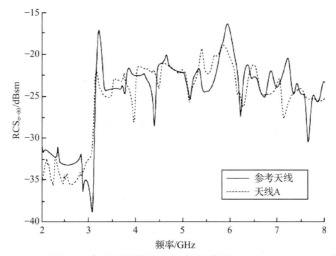

图 5-58 天线 A 与参考天线单站 RCS 特性曲线（$\theta=60°$、$\varphi=90°$ 入射）

图 5-59 是对 Vivaldi 天线沿 x 轴开槽的天线模型。设槽线的起始点坐标（x_i，y_i），其中下标 i 表示第 i 条槽线，则所开槽线的参数如表 5-10 所示，单位 mm。所开槽宽均为 1mm。天线 B 的 VSWR 如图 5-60 所示。

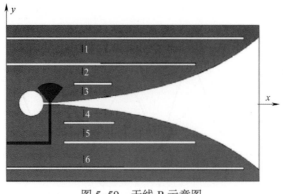

图 5-59 天线 B 示意图

表 5–10　天线 B 槽线参数表　　　　　　　　　　　　　　mm

l_i	l_1	l_2	l_3	l_4	l_{17}	l_6
(x_i, y_i)	(0, 25)	(0, 15)	(27, 8.5)	(23, −7.5)	(23, −15)	(0, −25)
长度	94	75	15	20	52	94

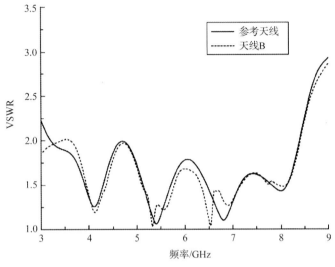

图 5-60　天线 B 与参考天线 VSWR 比较

由图 5-61 可以看出，当入射波角度为 $\theta=60°$、$\varphi=90°$ 时，整个频段 RCS 都得到不同程度的减缩，各个 RCS 峰值点得到抑制。但当平面波入射波角度为 $\varphi=0°$ 时，RCS 减缩无效果，如图 5-62 所示。

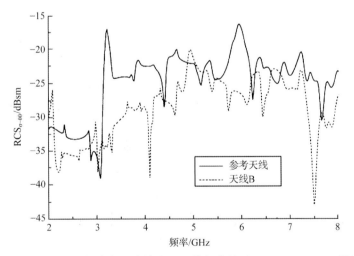

图 5-61　天线 B 与参考天线单站 RCS 特性曲线（$\theta=60°$、$\varphi=90°$ 入射）

对于天线 B 入射波角度为 $\theta=60°$、$\varphi=0°$ 的单站 RCS 和对于天线 A 入射波角度为 $\theta=60°$、$\varphi=90°$ 的单站 RCS 变化不大，这进一步证实了沿 x 轴开槽和沿 y 轴开槽分别对沿 x 轴和沿 y 轴的感应电流影响不大。

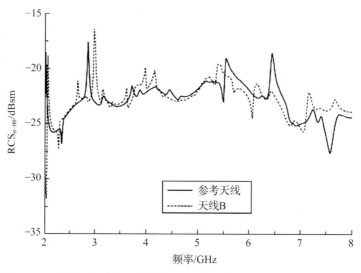

图 5-62   天线 B 与参考天线单站 RCS 特性曲线（$\theta=60°$、$\varphi=0°$ 入射）

表 5-11 为天线 A 和天线 B 与参考天线在不同频率点时增益的比较值。可以看出，天线 A 和天线 B 与参考天线相比，增益减小的数值都小于 1dB，开槽后某些频率点增益反而略有增加。

表 5-11   天线 A 和天线 B 与参考天线在不同频率点时增益的比较值   dB

频率 /GHz	3.5	4.0	4.5	5.0	5.5	6.0	6.5	7.0	7.5	8.0
参考天线	6.62	7.64	8.78	9.47	10.10	10.40	10.91	10.98	11.16	10.72
天线 A	7.98	8.28	8.81	9.53	10.31	10.49	10.01	10.83	10.94	10.67
天线 B	6.99	7.18	8.92	9.48	9.61	10.64	9.46	10.82	10.97	10.95

如何显著地降低天线的 RCS，同时又要尽量减少天线增益的损失和系统的复杂性，这是天线 RCS 减缩技术研究所面临主要的也是最困难的问题。观察 Vivaldi 天线辐射时的电流分布，馈电部分的电流较复杂，而渐变辐射部分的电流主要分布在渐变槽两侧狭小的区域，因此，在对馈电部分进行减缩时，既要保证其辐射电流受到较小影响，RCS 又得到尽可能的减缩。在对馈电巴仑部分开槽时，要与带状线、短截线和槽线空腔保持一定的距离，对于辐射部分的开槽也应如此。

5.3.3   改变外形对 Vivaldi 天线单元辐射和散射性能影响

观察 Vivaldi 天线在工作频带内不同频率点时的面电流分布，如图 5-63 所示。可以看出，辐射单元上的电流主要分布在两个区域：对于槽线渐变部分，电流主要分布在槽线两侧较窄的区域；对于馈电部分，电流主要分布在槽线谐振腔和带状线及其短截线周围一定的区域。因此，对 Vivaldi 天线单元来说，使天线能正常工作的电流分布在辐射单元上较小的范围。

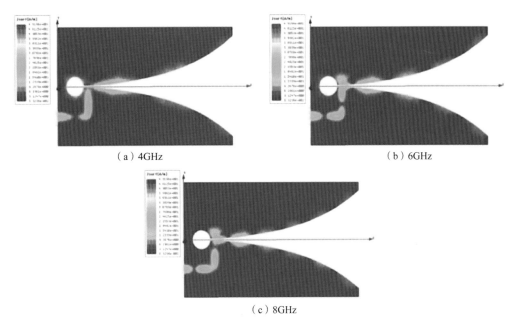

（a）4GHz　　　　　　　　　　　　（b）6GHz

（c）8GHz

图 5-63　Vivaldi 天线单元上的面电流分布

　　Vivaldi 天线的辐射部分电流主要集中在槽线两侧一定的区域，在保证不影响辐射电流或者影响很小的情况下，通过改变 Vivaldi 天线的外形，可以减小天线的面积，进而减小天线的结构项散射。参考文献［57］中提出了一种双指数渐变槽天线，它是对一般 Vivaldi 天线的改进，与一般 Vivaldi 天线不同的地方在于它的外部边缘也是渐变的，如图 5-64 所示。外部导体边缘渐变使双指数渐变槽天线在馈电点处变窄，减小了馈电点处的尺寸，进而缩小了整个天线的面积。

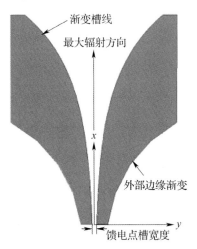

图 5-64　典型的双指数渐变槽天线

　　对于图 5-64 天线，内部的渐变槽线和一般的 Vivaldi 天线一样，使用指数函数来描述

$$y = \pm c_{s} \exp(k_{s} x) \tag{5-15}$$

这里 y 是槽线中线到一个导体内部边缘的距离，$2c_{s}$ 是馈电点处槽线的宽度，k_{s} 是内

部槽线的渐变因子。外部边缘渐变线由式（5-16）定义

$$y= \pm c_w\exp\left(k_w x^{sf}\right) \tag{5-16}$$

这里 c_w 是馈电点处一个导体的宽度和式（5-17）中的 c_s 之和，k_w 定义截距，sf 确定了外部边缘的形状。受以上启发，本节介绍一种改进型 Vivaldi 天线 C，如图 5-65 所示。

改进型 Vivaldi 天线 C 边缘曲线的方程为

$$y = \begin{cases} 30 + \sqrt{17.5^2 - (x-33.5)^2} & P_1 \rightarrow P_2 \\ 2.494 \times e^{0.05 \times (x-33.5)} + 10.006 & P_2 \rightarrow P_3 \end{cases} \tag{5-17}$$

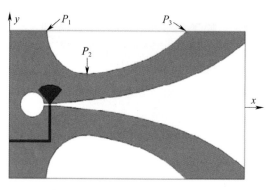

图 5-65　改进型 Vivaldi 天线 C

图 5-66 为天线 C 与参考天线 VSWR 的比较。从图中可以看出，天线 C 的工作频带为 3.28 ~ 8.48GHz，略向高频偏移，相对带宽为 88.44%。

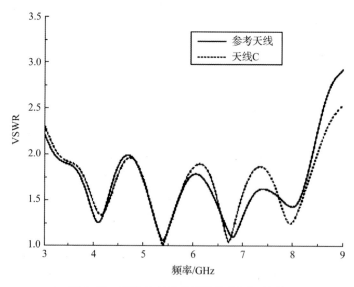

图 5-66　天线 C 与参考天线的 VSWR 比较

天线 C 与参考天线的方向图比较如图 5-67 所示。天线 C 与参考天线相比，不同频率时 E 面和 H 面方向图主瓣波瓣宽度略微变窄，这主要是因为沿外部边缘的电流增强了槽线的电流，产生了窄的主瓣。计算改进型 Vivaldi 天线在四种典型角度下的 θ 极化平面波入射下的单站频域 RCS，结果如图 5-68 所示。

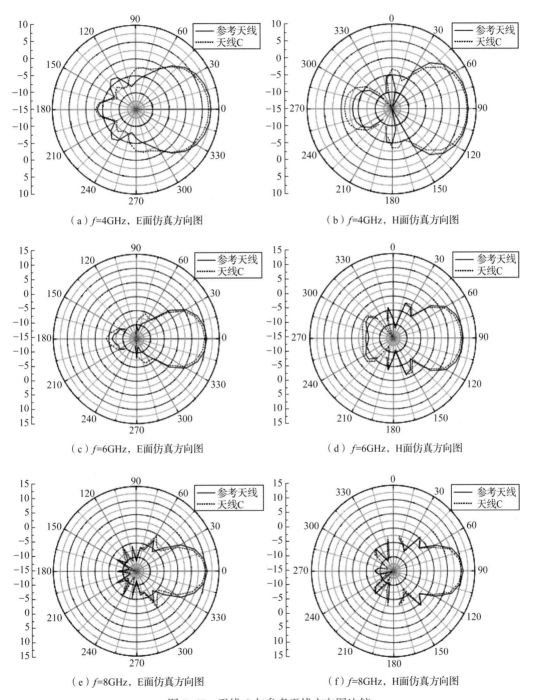

（a）f=4GHz，E面仿真方向图　　　　（b）f=4GHz，H面仿真方向图

（c）f=6GHz，E面仿真方向图　　　　（d）f=6GHz，H面仿真方向图

（e）f=8GHz，E面仿真方向图　　　　（f）f=8GHz，H面仿真方向图

图 5-67　天线 C 与参考天线方向图比较

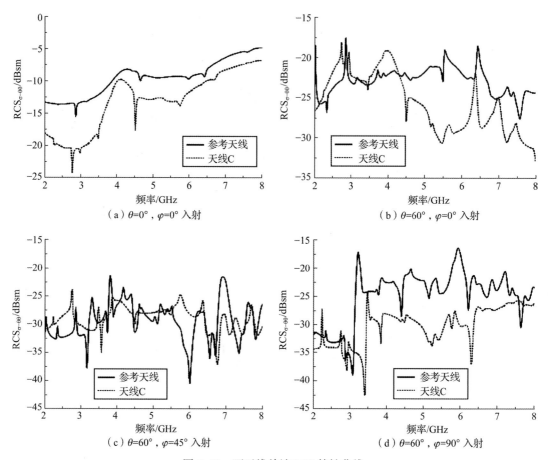

图 5-68　两天线单站 RCS 特性曲线

　　当入射波角度为 $\theta=0°$、$\varphi=0°$ 和 $\theta=60°$、$\varphi=90°$ 时减缩效果比较理想。入射波角度为 $\theta=60°$、$\varphi=0°$ 时，4.32 ~ 8GHz 的 RCS 具有较大程度的减缩，但在 2.74GHz、2.94GHz 和 3.98GHz 出现新的 RCS 峰值。入射波角度为 $\theta=60°$、$\varphi=45°$ 时，改进型 Vivaldi 天线在 2.76GHz 和 5.76GHz 出现了比参考天线高的 RCS 峰值。

　　由表 5-12 可以看出，天线 C 在 RCS 得到减缩的同时，增益最大损失 0.70dB，满足 RCS 减缩的要求。

表 5-12　天线 C 与参考天线不同频率时的增益比较　　　　　　　　　dB

频率 /GHz	3.5	4.0	4.5	5.0	5.5	6.0	6.5	7.0	7.5	8.0
参考天线	6.62	7.64	8.78	9.47	10.10	10.40	10.91	10.98	11.16	10.72
天线 C	6.24	6.98	8.32	9.47	10.15	9.70	10.65	10.75	10.63	10.19
增益差值	−0.38	−0.66	−0.46	0	0.05	−0.70	−0.26	−0.23	−0.53	−0.53

天线 C 与参考天线相比，在辐射性能降低不多的情况下，各个典型角度下的单站 RCS 能实现一定程度的减缩。但是还应该看到，入射波角度为 θ=60°、φ=0° 和 θ=60°、φ=45° 下的某些频段的单站 RCS 出现恶化，这说明天线 C 还有改进的空间，可以达到更好的减缩效果。

5.3.4　加载互补开口谐振环用于 Vivaldi 天线 RCS 减缩

根据 CSRR 的较宽频带的滤波特性，我们可以考虑在将其加载于 Vivaldi 天线实现其斜入射角域的 RCS 减缩。对于 Vivaldi 天线而言，其辐射主极化为 φ 极化，而行波散射产生的机理决定了入射波必须沿散射体传播方向存在电场分量，也就是说入射波为 θ 极化。在这种情况下，入射波极化方式与 Vivaldi 天线辐射主极化正交，此时天线的模式项散射场近乎于零。本节将着重讨论在入射波为 θ 极化斜入射情况下，加载 CSRR 对 Vivaldi 天线的 RCS 减缩研究。

在入射波为 θ 极化斜入射情况下，相当于在 Vivaldi 天线的一端进行激励。由于本节研究的双层 Vivaldi 天线的结构为细长型双层金属结构，类似于一种典型的传输线结构。通过在 Vivaldi 天线辐射电流较弱的区域蚀刻 CSRR 结构，可以实现类似于具有滤波特性的传输线结构。由于通过蚀刻互补谐振环结构，该谐振特性也决定了针对 Vivaldi 天线的 RCS 减缩不可能具有较宽频带的效果。

图 5-69 为蚀刻 CSRR 环结构示意图，其中线宽 d 均为 0.5mm，外环窄边，w_1 为 5.5mm，长边 w_2 为 8mm，外环开口宽度 k_1 为 1mm，内环窄边 n_1 为 3.5mm，内环长边 n_2 为 6mm，内环开口宽度 k_1 为 1mm，内外环空隙 x 为 1mm。

图 5-70 为将该 CSRR 结构周期性地蚀刻在 Vivaldi 天线上下层辐射金属贴片区域的结构示意图。其中，CSRR 结构的开口方向与 Vivaldi 槽线开口方向一致，周期特性沿 x 轴方向间距为 0.5mm，沿 y 轴方向间距为 1mm。

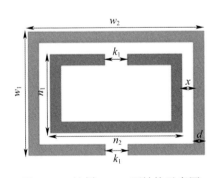

图 5-69　蚀刻 CSRR 环结构示意图

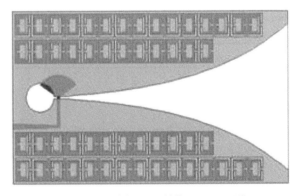

图 5-70　蚀刻 CSRR 结构 Vivaldi 天线

图 5-71 为加载 CSRR 结构的 Vivaldi 天线与参考天线 VSWR 的比较。从图中可以看出，加载 CSRR 结构后的工作频带为 3.4 ～ 10.4GHz。相比于参考天线，工作频段带宽略有增大，由于对天线辐射电流的一定破坏，加载 CSRR 结构后的个别工作频点驻波比略微升高，但性能基本满足超宽带天线的应用。

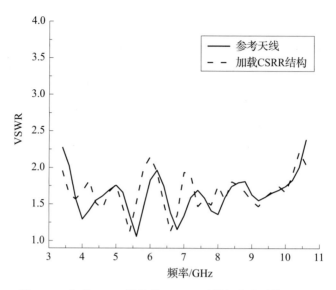

图 5-71　加载 CSRR 结构的 Vivaldi 天线与参考天线 VSWR

　　图 5-72 为加载 CSRR 结构前后 Vivaldi 天线在工作频段的主辐射方向增益变化曲线，可以看出加载 CSRR 结构后天线在低频段的增益有所提高。这是由于蚀刻的 CSRR 环减弱了远离指数槽线的非辐射区域电流分布，使得辐射电流集中在槽线附近区域，从而提高 Vivaldi 天线的增益。图 5-73 为两天线在工作频点 5GHz、8GHz、10GHz 的 E 面（左）和 H 面（右）辐射方向图。与参考天线相比，加载 CSRR 结构后不同频率时 E 面和 H 面方向图主瓣波瓣宽度基本保持不变，高频略有变窄。这主要是因为沿外部边缘的电流增强了槽线的电流，产生了较窄的主瓣。

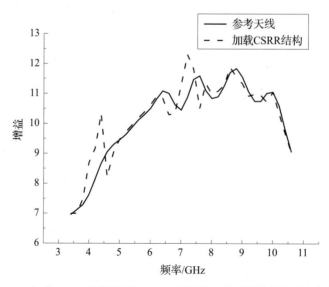

图 5-72　加载 CSRR 结构前后 Vivaldi 天线在工作频段的主辐射方向增益

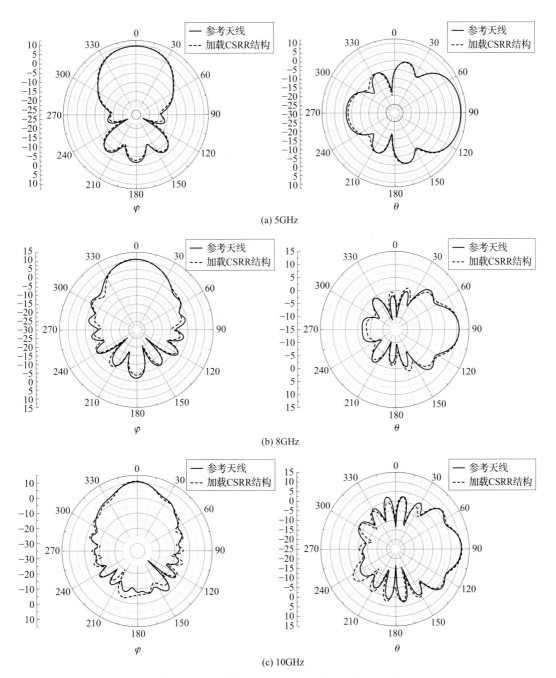

图 5-73　加载 CSRR 结构前后 Vivaldi 天线 E 面和 H 面辐射方向图

　　通过对比加载 CSRR 结构前后 Vivaldi 天线辐射性能可以看出，该结构对 Vivaldi 天线的辐射性能没有明显的影响，下面就主要针对天线的散射特性和 RCS 减缩效果进行详细的分析研究。

　　图 5-74 为加载 CSRR 结构 Vivaldi 天线和参考天线在入射波角度照射下的单站 RCS 随频率变化曲线对比。通过对比可以明显看出加载 CSRR 结构可以针对 Vivaldi 天线部分

频段内实现有效的 RCS 减缩。但是，对入射波的极化方式和入射波角度有较大的限制。根据 CSRR 结构滤波特性的限制，加载 CSRR 结构的双层 Vivaldi 天线的具有滤波特性的等效传输线只能传输电场矢量垂直于金属贴片的电磁波，故本节只讨论入射波为 θ 极化情况下的 RCS 减缩效果。

图 5-74（a）为入射波角度 θ 极化垂直照射（$\theta=0°$）时，加载 CSRR 结构前后 Vivaldi 天线单站 RCS 对比，可以看出在部分频段（4 ~ 5GHz，7 ~ 9.5GHz）的 RCS 有一定的减缩效果。随着入射波角度 θ 的增大，加载 CSRR 结构的 Vivaldi 天线在该频段的减缩效果有明显改善，但是减缩频段开始变窄。这是由于随着入射波角度 θ 的增大，此时平面波传输方向近乎平行于 Vivaldi 天线，这是等效于在天线一端激励的等效传输线。此时，具有滤波特性的 CSRR 结构将在谐振频段实现有效的 RCS 减缩。

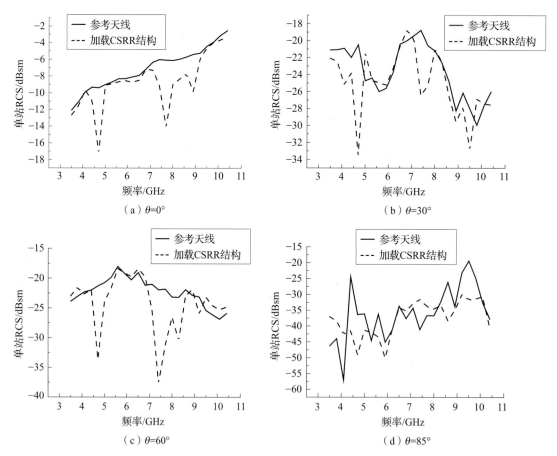

图 5-74　加载 CSRR 结构 Vivaldi 天线和参考天线在单站 RCS 随频率变化对比

由于 CSRR 结构的线宽、环尺寸、环开口大小，以及开口方向等均对其滤波特性有较大的影响，也将影响天线 RCS 的减缩效果。因此，本节将对以上的参数进行分析，观察各参数对于 Vivaldi 天线 RCS 减缩的影响。

图 5-75 为 CSRR 环开口 k_1 大小对加载 CSRR 结构的 Vivaldi 天线的 RCS 减缩效果的影响。可以明显观察到随着开口 k_1 的增大，天线的 RCS 减缩频段带宽有一定的增大，也可以看出 RCS 减缩量却随之减小。由于 CSRR 结构开口 k_1 的增大，其谐振带宽有所增加，

从而可以实现加载 CSRR 结构 Vivaldi 天线 RCS 减缩频段的增加。因此,设计 CSRR 结构开口大小应同时考虑减缩带宽和大小的要求。

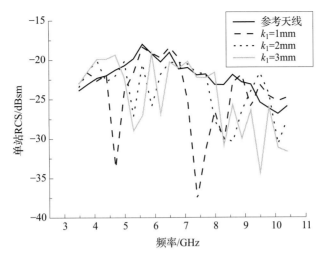

图 5-75 CSRR 环开口 k_1 大小对 RCS 减缩效果的影响

CSRR 结构周期蚀刻于 Vivaldi 天线金属辐射贴片两侧区域,图 5-76 为 CSRR 环开口方向分别沿 y 轴和 x 轴方向的 RCS 减缩效果对比。当 CSRR 环开口沿 x 轴方向周期分布时,与入射波激励的等效滤波传输线方向垂直,可以明显看出此时 CSRR 结构仅有一个谐振频段。相反地,当 CSRR 环开口沿 y 轴方向周期分布时,与入射波激励的等效滤波传输线方向平行,此时加载 CSRR 结构的 Vivaldi 天线可以在两个频段实现有效的 RCS 减缩,但是相对于整个工作频段的减缩还有较大的差距。

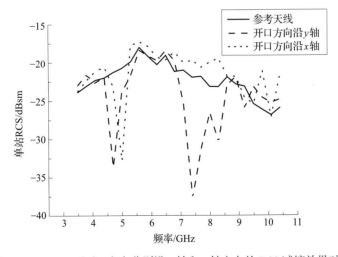

图 5-76 CSRR 环开口方向分别沿 y 轴和 x 轴方向的 RCS 减缩效果对比

图 5-77 为 CSRR 结构不同尺寸大小对加载 CSRR 结构的 Vivaldi 天线的 RCS 减缩效果的影响。其中 CSRR1、CSRR2 和 CSRR3 分别对应外环尺寸 w_2 为 6mm、8mm 和 10mm,其余尺寸均按比例变换。可以看出,随着 CSRR 环尺寸的增大,加载 CSRR 结构 Vivaldi 天线的两个 RCS 减缩频段向低频偏移,带宽没有明显变化。

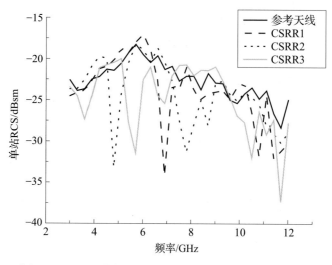

图 5-77　CSRR 结构不同尺寸大小对 RCS 减缩效果的影响

5.4　频率选择表面在 RCS 减缩技术中的应用

频率选择表面（frequency selective surface，FSS）是一种二维的周期阵列结构，通常由介质表面周期排列的金属贴片单元或金属表面周期分布的缝隙单元构成。FSS 本身不吸收能量，而是通过自身的结构特性传输和反射入射电磁波，因此可以将其等效为一种空间滤波结构。在电磁隐身技术中，频率选择表面的使用是一种重要的手段，许多新型的 FSS 已投入到武器装备的实际应用中。有报道称带通型 FSS 技术已在美国最新的隐身战斗机 F-22 上得到应用；瑞典的维斯比级护卫舰也采用了被 FSS 封闭包围的传感器；美国圣安东尼奥级两栖船坞运输舰也采用 FSS 制成了全封闭式的隐身桅杆。而在天线的隐身设计中，频率选择表面同样得到广泛使用，如采用带通型 FSS 设计的雷达天线罩能够实现对飞行器头锥方向雷达舱的 RCS 控制；采用带阻型 FSS 设计的天线反射板能够实现对天线法向的 RCS 减缩[58]。此外，在抛物面天线的设计中，使用 FSS 作为天线的副反射面能够使几个相互独立的馈源同时共用一个主反射面，实现了频率复用。这一使用减少了反射面的个数，也不失为一种减缩系统 RCS 的思路。

目标散射的控制无非都是基于两种思路：吸收入射能量和反射入射能量。涂覆雷达波吸波材料（RAM）是一种典型的吸收入射电磁能量的方法，而整形技术则是一种常见的反射入射波、减小定向回波能量的手段。频率选择表面不同于吸波材料，它本身不能吸收射频能量，而是通过自身的空间滤波特性使得电磁波的传播路径发生改变，改变回波散射方向，从而实现对 RCS 的控制。FSS 在天线 RCS 减缩中的应用主要有三种方式。

（1）基于带通 FSS 的天线罩技术

在天线前方放置一个具有带通特性的频率选择天线罩，可以有效减小天线工作频带以外的 RCS。这种天线罩在天线工作频带内对于天线是透明的，天线可以自由地发射和接收电磁波；而在天线工作频带外，入射波会被强烈地反射到威胁角域之外，从而实现天线 RCS 的减缩。这与极化选择表面（PSS）天线罩的工作机制类似。这一方法已被广泛应用于飞行器等目标的雷达舱表面设计，能够实现任意天线的带外 RCS 控制，但对于天线工作频带内的入射波照射无效。

（2）基于带阻 FSS 的天线反射板技术

对于需要使用金属反射板等结构的天线来说，该金属板对于微波频段的电磁波会呈现全反射特性，这是导致天线 RCS 增大的一个重要原因。将带阻型 FSS 用于天线的反射板设计，在天线工作频带内，它会像金属板一样起到反射电磁波的作用；而在天线工作频带外，FSS 对于入射波完全或部分透明，从而使入射能量全部或部分透过反射板，由此使回波反射减小，达到天线 RCS 减缩的效果。同样地，这一方法对于天线工作频带内的 RCS 控制失效。

（3）基于 FSS 滤波特性的多功能天线技术

将 FSS 结构用于如卡塞格伦等天线的副反射面时，它能够对某些频段的馈源呈现出全传输效应，从而构成前馈的单反射面系统；而对于其他频段的馈源则会呈现出全反射特性，因而形成后馈的双反射面系统。这种频率复用的思想，提高了主反射面的利用效率，减少了反射面的使用个数，缩小了天线体积，使得散射源数量下降，进而带来整个系统 RCS 的减缩。

然而，用于天线的 FSS 结构需要满足小型化的要求，过大的 FSS 单元在有限的天线空间内不易形成规模，难以发挥作用。因此，FSS 单元的小型化设计也成为频率选择表面技术发展的一个趋势。而分形（fractal）是一种自然界普遍存在的现象，这一结构具有的独特自相似特性使得它在空间填充过程中具有一定优势。经典的分形结构，如 Koch 分形、Minkowski 分形、Hilbert 分形等已被成功用于天线的小型化设计。而将这一思想移植到 FSS 设计中，同样能够实现 FSS 结构的尺寸减缩。

下面我们就用一种准分形结构设计一款小尺寸带阻型频率选择表面，该结构的单元尺寸仅为传统结构的 31.4%。因此，能够将其用于天线的反射板设计。实验表明，采用该 FSS 反射板设计的天线与原金属板天线相比，辐射性能几乎不变，而天线的 RCS 却能得到有效的控制。

5.4.1　小型化准分形频率选择表面设计

在天线设计中，分形结构很早就得到应用，常见的对数周期天线采用的就是一种典型的分形设计。图 5-78 中 Koch、Minkowski、Hilbert 等分形结构也都在天线设计中广泛使用[59-60]。分形结构之所以能够用于天线设计，与天线的谐振特性有关。天线对于电磁波的谐振受自身电尺寸的影响很大，而将分形结构用于天线设计，通常会给天线带来两种影响：①分形的应用能够使天线对于自身不同迭代阶段的局部结构产生谐振，因此，对于具有不同电尺寸的自相似结构的谐振就会得到不同的谐振频率，这就使得天线具有多频带的特性。而在某些情况下，几个较为靠近的谐振频点又会叠加而使天线呈现出宽频带特性。②分形结构具有很高的空间填充效率。Hilbert 曲线若将无限迭代下去，则会在有限的空间内形成一条无限长的曲线。由于天线的谐振频率与天线的电尺寸相关，而分形曲线的使用能够使天线在更小的空间内达到与原天线相同的谐振尺寸，这无疑会给天线设计带来尺寸减缩的效果。

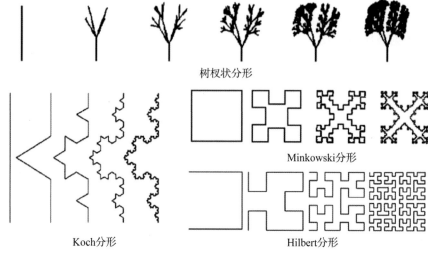

图 5-78　几种常见的分形结构

　　无论是多频带还是小型化，对于天线的 RCS 减缩都是有益的。多频带天线的使用能够减少平台上的天线个数，因而能够降低整个平台散射源的数量；而天线小型化能够减小散射目标的金属面积，通常也会带来一定程度的 RCS 减缩效果。

　　分形结构在天线的设计中应用较为广泛，而在频率选择表面中使用较少。因此，下面就利用分形结构能够使谐振结构小型化这一特点来设计 FSS 单元。

　　如图 5-79 所示，参考分形的思想，定义本节所设计的分形结构的形成规则为：将直线的中段向上弯曲，形成"几"字形弯折结构；对于 1 阶以上的曲线，可按照实际的空间情况合理地安排弯折的位置。由于这一迭代过程并非严格地按照自相似的规律运行，因此这里将其称为"准分形"。

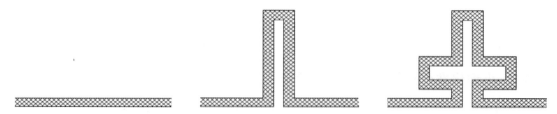

图 5-79　定义的 0 阶、1 阶、2 阶准分形曲线

　　由前文的分析可知，对于天线反射板来说，表现出带阻特性的贴片型 FSS 单元无疑是首选；对于实际天线的隐身，常要求实现一定的角度范围下的 RCS 减缩，而环形单元是制造高质量斜入射 FSS 的首选形式[61]。因此本节采用图 5-80（a）所示的传统六边环单元作为基本单元加以改进。

　　图 5-80（a）的传统正六边环形结构是以半波直偶极子演化而成，单元面积较大。由于环形 FSS 的谐振波长正比于环周长，因此增大单元面积、延长环周长，就可以降低谐振频率；换而言之，若保持谐振频率不变，想要减小单元面积，则应延长环形 FSS 单

元的周长。基于这一思路，按照图 5-80 定义的分形规则将传统六边环（可视为 0 阶单元）的直边向内弯折一次，得到图 5-80（b）的 1 阶变形结构，继续弯折，便得到本文提出的图 5-81（a）所示的 2 阶单元。显然，相同面积下，该 2 阶单元比传统的正六边环具有更长的环周长。设计的阵列排布如图 5-81（b）所示，这里采用有利于增强角度稳定性的等边三角形排列形式。

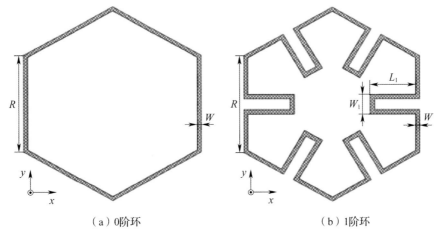

（a）0 阶环　　　　　　　　　　　　（b）1 阶环

图 5-80　0 阶、1 阶环形 FSS 单元

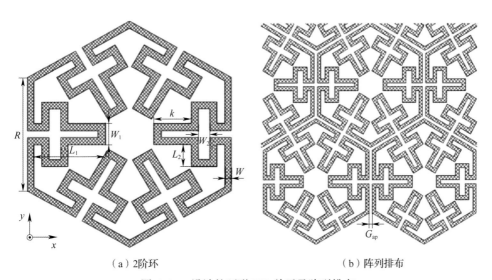

（a）2 阶环　　　　　　　　　　　　（b）阵列排布

图 5-81　设计的环形 FSS 单元及阵列排布

图 5-81 中，R 为六边形半径，W 为环形带宽，L_1、L_2、W_1、W_2 分别为 1、2 阶重复结构的长和宽。k 为 1、2 阶结构的比例调节因子。两单元相距为 G_{ap}，较小的间距也可保证斜入射响应的稳定。考虑到后文设计的天线工作于 S 波段，调节上述参数，使该 FSS 谐振于 3.2GHz。此时，各参数的尺寸为：R=6.3mm，W=0.35mm，L_1=3.6mm，W_1=1.2mm，L_2=1.2mm，W_2=0.4mm，k=1.9mm，G_{ap}=0.35mm。

采用厚度为 1mm、介电常数为 2.65 的聚四氟乙烯玻璃布板为衬底材料，最终加工得到的实物如图 5-82 所示。

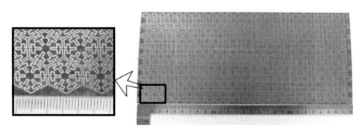

图 5-82　所给 FSS 的加工实物

对于不同工作频率的天线，可随频率的改变幅度等比例地调整以上参数，以使 FSS 谐振频率与天线工作频率保持一致。

这里通过 Ansoft Designer 软件的仿真结果和微波暗室的测试数据来分析所给 FSS 的透射性能。首先考虑所给结构的尺寸减缩效果。同样采用厚度 1mm、介电常数 2.65 的衬底材料，则半径均为 6.3mm 的三种环单元的 S_{21} 曲线如图 5-83 所示。其中传统六边环单元与图 5-80（b）的 1 阶变形单元、图 5-81 的 2 阶单元的响应频率分别是 4.8GHz、3.5GHz、3.2GHz，谐振波长依次增大，这正好与三种结构的环周长依次变长的情况相对应。

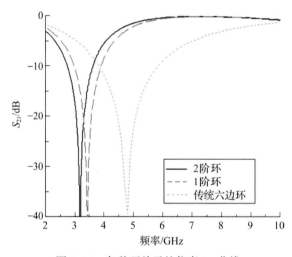

图 5-83　各种环单元的仿真 S_{21} 曲线

对于这一频率响应的变化趋势可以采用等效电路的思想来解释。对于常见的环形 FSS 结构，其谐振频率可通过式（5-18）估算[62]

$$f = 1/\left(2\pi\sqrt{L_e C_e}\right) \qquad (5\text{--}18)$$

式中，L_e、C_e 分别为原六边环结构的等效电感和等效电容。当采用一次弯折结构之后，相当对原有的环结构加载了一个串联电感，得到总的等效电感为 L_{e1}，则两次弯折加载后的总电感为 L_{e2}，显然有 $L_{e2} > L_{e1} > L_e$。同时由于结构较传统的六边环更为紧凑，使得单元的等效电容增大。这些变化使式（5-9）的分母变大，因此谐振频率下降。

调整图 5-83 中讨论的三种结构的单元尺寸，使其全部谐振于 3.2GHz。这样，得到的传统六边环和 1 阶分形环单元的面积分别为 347mm^2 和 134mm^2，而采用图 5-81 结构的单元面积是 109mm^2，仅为传统结构面积的 31.4%，可见所给结构更具尺寸优势。

为实现多角度的单站 RCS 减缩，设计的 FSS 结构必须考虑斜入射的情况。对此，图 5-84 分别给出了以 x-z 面为水平参考面，在水平极化（HH）和垂直极化（VV）情况下，入射波角度 θ 变化时所给 FSS 结构的 S_{21} 曲线。由图 5-84（a）、（b）可见，在 $\theta=0°$ 入射的理论 -10dB 带宽均为 0.89GHz（2.71 ~ 3.60GHz），FSS 谐振于 3.15GHz 附近。而图（c）、（d）中实测的谐振频率均稳定在 3.2GHz，最大衰减约为 -35dB。虽然由于加工精度、测试环境等因素的影响，仿真与实测结果略有差异，但各角度的响应几乎都谐振于同一频点，这表明所给结构对于入射波角度 θ 的变化不敏感。

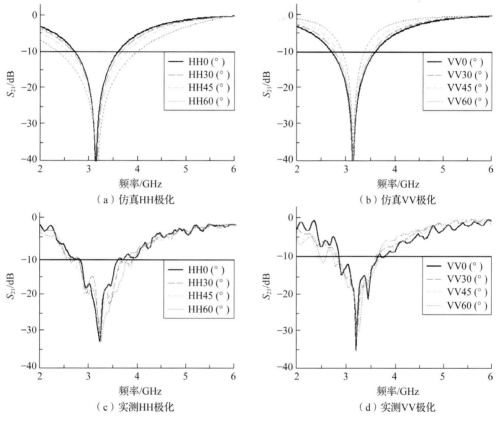

图 5-84　θ 变化时仿真与实测的 S_{21} 曲线

同时可以看出，HH 极化时阻带的 -10dB 带宽随入射波角度 θ 的增大而增大，而 VV 极化时 -10dB 带宽随入射角的增大而减小，带宽的变化正比或反比于 $\cos\theta$。这一规律从表 5-13 中可以清晰得到。

表 5-13　所给 FSS 在不同角度入射波照射下的频率响应

HH 极化　（频率单位 /GHz）			
入射波角度 θ	谐振频率	-10dB 范围	带宽 BW	BW×$\cos\theta$
0°	3.154	2.71 ~ 3.60	0.89	0.890

表 5-13（续）

HH 极化 （频率单位 /GHz）				
入射波角度 θ	谐振频率	−10dB 范围	带宽 BW	BW × $\cos\theta$
30°	3.156	2.66 ~ 3.66	1.00	0.860
45°	3.164	2.57 ~ 3.76	1.19	0.841
60°	3.170	2.36 ~ 4.00	1.64	0.820
VV 极化 （频率单位 /GHz）				
入射波角度 θ	谐振频率	−10dB 范围	带宽 BW	BW/$\cos\theta$
0°	3.144	2.71 ~ 3.60	0.89	0.890
30°	3.144	277 ~ 3.53	0.76	0.878
45°	3.142	2.83 ~ 3.46	0.63	0.891
60°	3.142	2.93 ~ 3.37	0.44	0.880

由于所给 FSS 单元及阵列结构具有良好的对称性，因此这里仅讨论 VV 极化的透射特性。图 5-85 给出了 θ=60° 时，随入射波角度 φ 变化的 S_{21} 仿真曲线。可以看出，在 φ=0°、45°、90° 的角度下，三条 S_{21} 曲线基本重合，这说明该结构对于 φ 角度的变化也不敏感。

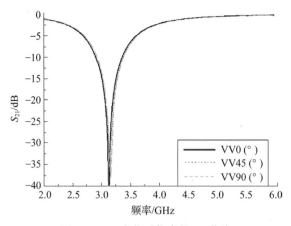

图 5-85　φ 变化时仿真的 S_{21} 曲线

经上述不同斜角度入射下的透射效果比对，可以得出结论：所给的 FSS 结构具有良好的角度稳定性，因而可将其用于不同角度入射下的天线 RCS 减缩。

5.4.2　基于频率选择表面反射板的天线 RCS 减缩

我们采用印刷振子天线来验证所给 FSS 结构的 RCS 减缩效果。其中，印刷振子天线的结构和尺寸如图 5-86（a）所示，天线由介质正面的振子双臂和背面的馈电结构组成。

天线谐振频率为 3.2GHz，VSWR ≤ 1.7 的阻抗带宽为 2.5 ～ 3.9GHz。

此类天线为达到性能要求，常配有一个提高增益的金属反射板。这种反射板会产生强烈的镜面散射，常常成为此类天线 RCS 过大的主要原因。为实现天线 RCS 减缩，本节将原天线的金属反射板换成上述的分形 FSS 结构，得到的低散射印刷振子天线如图 5-86（b）所示。

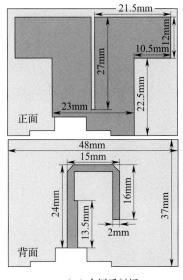

（a）金属反射板　　　　　　　　　　（b）FSS 反射板

图 5-86　天线结构及实物照片

下面我们对它的辐射性能进行比较，对天线的改动不过分影响天线的辐射性能是天线 RCS 减缩的一个重要前提，因此，这里来讨论一下所给 FSS 结构对于天线辐射性能的影响。采用两种反射板（原金属反射板与 FSS 反射板）的天线在中心频率 3.2GHz 处的实测 E 面和 H 面方向图如图 5-87 所示。使用 FSS 反射板的天线与原天线相比，其辐射方向图仅在天线后向上略有变化，而在主要辐射方向上两天线基本相同。其中，原天线与 FSS 天线的增益分别为 7.11dBi 和 6.79dBi。由于所给 FSS 在天线工作频带内表现出良好带阻特性，因此将其用做反射板后天线增益仅损失 0.32dB。由此得出结论：所给的 FSS 结构基本未对天线的辐射性能造成影响，该 FSS 结构可用于替换原金属反射板。

使用 FSS 结构作为天线的反射板时，在天线的工作频带内，FSS 表现为带阻特性，将辐射能量反射，提高天线的增益；在工作频带外，FSS 表现为低反射甚至是带通特性，大部分入射能量透过所给的 FSS，通过减小回波散射而实现天线带外 RCS 减缩。

图 5-88 给出了采用不同反射板的两天线在平面波垂直照射下的仿真和实测的单站 RCS 随频率变化的曲线。其中，波传播矢量沿 $-z$ 方向，电场沿 y 方向，具体的入射方式可见右下角的示意图。可以看出在 2.5 ～ 3.9GHz 的天线工作频带内，天线的 RCS 几乎未见减缩；而在天线工作频带外 RCS 均有下降，尤其是在 5.5 ～ 8.0GHz 范围内，天线的单站 RCS 减缩超过了 10dB。这说明所给结构发挥了良好的 RCS 减缩作用，实测结果与理论预测符合。此外，由于采用 Ansoft HFSS 软件计算得到的 RCS 仿真结果与实测曲线吻合良

好，因此以下也给出斜入射情况下的 RCS 仿真与实测结果比对曲线来分析所给 FSS 结构在斜角度下的天线 RCS 减缩效果。

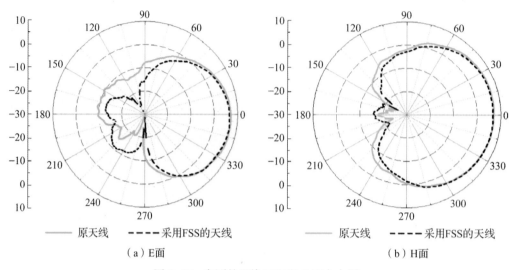

（a）E面　　　　　　　　　　　　　（b）H面

图 5-87　实测的天线 E 面和 H 面方向图

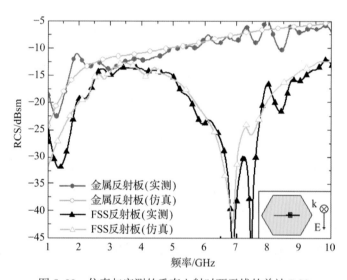

图 5-88　仿真与实测的垂直入射时两天线的单站 RCS

图 5-89 分别给出了上述两种天线在入射波角度分别为（θ=60°、φ=0°），（θ=60°、φ=45°），（θ=60°、φ=90°）时的天线 RCS 仿真曲线。可以看出，在这三个斜角度入射下，天线在带内的 RCS 峰值几乎没有得到减缩，甚至在带外一些窄带范围内的 RCS 还略有增加。但是在带外的大部分频段内，天线的单站 RCS 都得到了不同程度的减缩。尤其是对于 6.2 ~ 8.9GHz 的（θ=60°、φ=0°）入射和 5.4 ~ 10GHz 的（θ=60°、φ=90°）入射，RCS 减缩基本都在 5dB 以上。这正是所给 FSS 结构具有的良好角度稳定性的体现。这也表明，使用这一 FSS 反射板对于天线的斜单站角散射也有着不错的抑制效果。

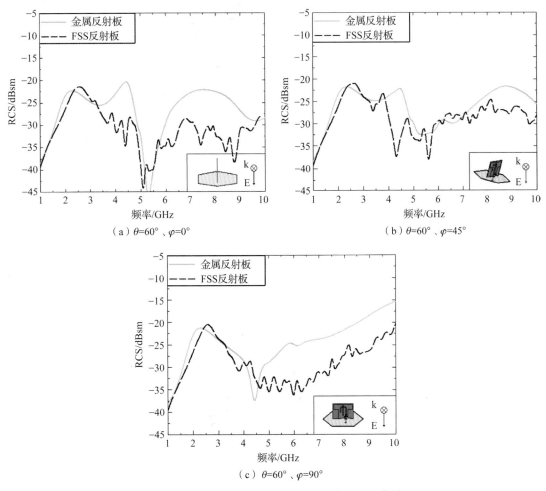

（a）$\theta=60°$、$\varphi=0°$　　　　（b）$\theta=60°$、$\varphi=45°$

（c）$\theta=60°$、$\varphi=90°$

图 5-89　仿真的斜入射时两天线的单站 RCS 曲线

5.5　仿生概念在低 RCS 天线设计中的应用

仿生学[63-69]已经成功应用在各种工程系统和现代技术中，但在天线 RCS 减缩领域却很罕见。作为工程设备名词的 Antenna（天线）来源于英文"触角"一词，意为动物、禽鸟、昆虫等的触觉器官，说明天线的概念来源于自然界，天线的功能与某些生物结构的功能是相似的。天线来源于生物模型，生物模型也必可以应用到天线设计中。

仿生概念已经成功应用于很多领域，天线的隐身必然也可应用仿生技术寻求新的设计方案。实验已经证实，海鸥的外型尺寸与燕八哥相似，但其 RCS 却比它大近百倍；蜜蜂的外型尺寸虽小于麻雀，但其 RCS 却比它大很多。仿生学具有丰富的资源，如果能够充分利用它，必将对天线隐身技术领域起到很好的推动作用。

5.5.1 昆虫触角天线

如图 5-90 所示，昆虫的须状触角有利于其感知外界信息，在一定程度上与天线的功能是相似的。经过自然演化而形成的触角结构一定有利于昆虫本身的生存，这点在一定程度上与隐身的概念相似。因此，本节我们将使用昆虫触角作为基础模型，设计具有低 RCS 特性的天线。

根据 J. X. Liang 提出的圆形平面单极子超宽带天线，以其具有的超宽频带、易于加工性能稳定、易于共形等优势而被广泛应用和研究。在此我们对超宽带天线的辐射和散射特性做相应的研究，研究所采用的天线 A 结构如图 5-91 所示。

图 5-90　昆虫触角图片

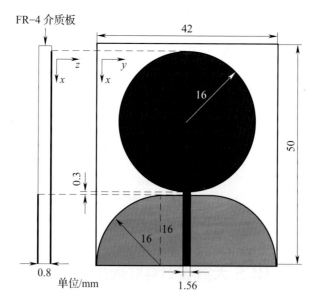

图 5-91　天线 A 结构示意图

该天线由印制在介质板两侧的辐射单元和辐射地板以及微带馈线组成。介质的相对介电常数为 4.4，厚度为 0.8mm，尺寸为 42mm×50mm。辐射单元为印制在介质板一侧的圆形贴片，辐射地板为印制在介质板另外一侧的倒有 90° 圆弧角的矩形贴片，该天线采用微带线馈电，其仿真和测试的阻抗带宽如图 5-92 所示。从图中可看出，参考天线在满足 $|S_{11}| \leqslant -10\text{dB}$ 条件下的测试带宽为 2.8 ~ 12.8GHz，满足一般 UWB 所要求的 3.0 ~ 10.6GHz。但是，圆形贴片辐射单元给天线带来良好辐射性能的同时，也造成了这种天线的 RCS 一般比较大。

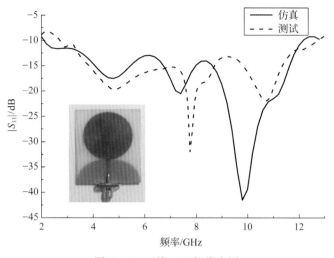

图 5-92　天线 A 阻抗带宽图

根据图 5-93 所示的昆虫触角模型，我们设计了一款仿生天线（ITA），天线结构如图 5-94 所示。将天线 A 作为参考天线（PCDMA），设计天线与参考天线除了辐射单元不同以外，其余部分的结构和尺寸完全相同，这点主要是为考察仿生辐射单元是否具有较好的 RCS 减缩效果而设计的。设计天线的辐射单元是基于昆虫触角结构而设计的，它由 8 条圆弧条组成，沿 x 轴正方向将圆弧条从小到大依次编号。

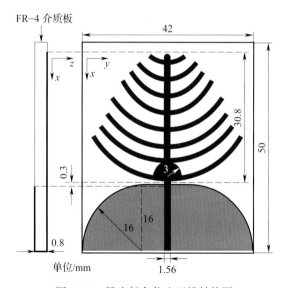

图 5-93　昆虫触角仿生天线结构图

表 5-14　圆弧条的圆心角和半径

编号	1	2	3	4	5	6	7	8
半径 /mm	6	9	9	11	16	18	19.5	20.6
圆心角 / (°)	84	104	134	142	114	108	110	118

以辐射和散射特性为优化目标，对圆弧条的圆心角和半径进行优化设计，具体尺寸如表 5-14 所示。圆弧条之间相隔 3mm，每个圆弧条均沿中线对称。对设计天线的性能进行仿真和测试，其阻抗带宽如图 5-94 所示。

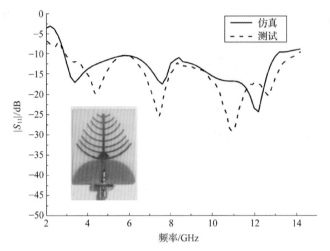

图 5-94　设计天线阻抗带宽图

从图 5-95 中可以看出，设计天线在满足 $|S_{11}| \leq -10\text{dB}$ 条件下的测试带宽为 3.0 ~ 14.0GHz，满足一般 UWB 所要求的 3.0 ~ 10.6GHz。

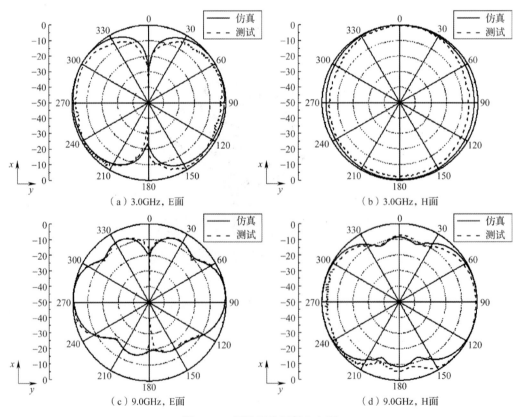

（a）3.0GHz，E面　　　　　　　　（b）3.0GHz，H面

（c）9.0GHz，E面　　　　　　　　（d）9.0GHz，H面

图 5-95　设计天线辐射方向图

在微波暗室中测试和仿真的辐射方向图如图 5-96 所示，其中包含设计天线的 E 面（x-y）和 H 面（y-z）方向图，且在每个考察频率点处方向图已作归一化处理。从图 5-96 中可以看出，天线方向图的仿真和测试结果吻合良好，且表现类似平面单极子天线，其最大辐射方向垂直于 x 轴。

图 5-96 给出了参考天线与设计天线在离散频率下的测试增益对比图，从图中可以看出两天线的增益整体变化趋势是随着频率的增加而逐渐升高。参考天线与设计天线的平均增益分别是 3.84dBi 和 3.95dBi。

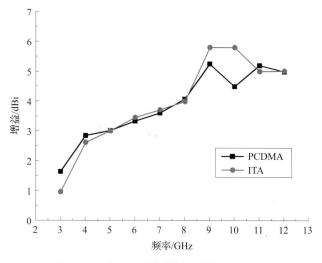

图 5-96　参考天线与设计天线增益对比图

从测试结果来看，设计天线具有与参考天线相似甚至是更优异的辐射性能。为了进一步考察设计天线在超宽带技术中的应用，图 5-97 给出了设计天线的实测群延迟特性，从图中可以看出，在整个 3.0 ~ 14.0GHz 频带内，设计天线的群延迟特性均在 ±0.5ns 以内，在工作频带内设计天线的传输函数具有良好的瞬态响应。以上结果均表明，我们设计的仿生天线具有良好的超宽带辐射工作特性。

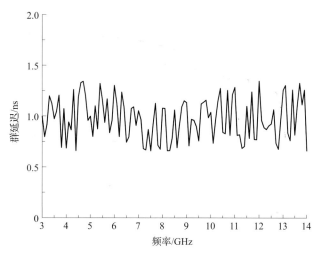

图 5-97　设计天线的群延迟特性

下面讨论参考天线（PCDMA）与设计天线（ITA）的散射特性。图 5-98 ~ 图 5-101 分别给出了参考天线与设计天线在端接开路负载、短路负载和匹配负载时的 RCS 随频率变化曲线图。图 5-98 中包含了两种极化方式，即入射波电场平行于 x 轴或 y 轴，入射波的入射方向为 z 轴负方向，该方向也是天线的最大辐射方向。图 5-99 和图 5-100 中所示的数据可用于计算天线接任意负载下的天线结构模式项 RCS。

对两天线端接任意负载下的 RCS 进行对比，如图 5-101 所示。从图中可以看出设计天线在整个频带内的 RCS 均小于参考天线。我们知道，天线模式项 RCS 与天线的增益密切相关，而设计天线的平均增益略大于参考天线，但其 RCS 却小于参考天线，因此可推论出，设计天线的 RCS 小于参考天线的主要原因在于天线结构模式项 RCS 的减小。

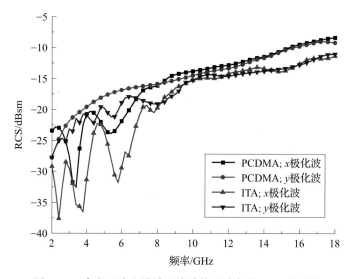

图 5-98　参考天线和设计天线端接开路负载 RCS 对比图

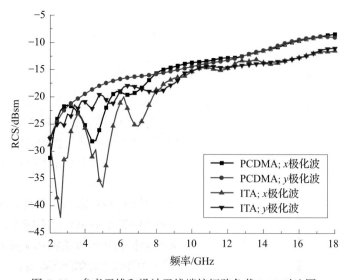

图 5-99　参考天线和设计天线端接短路负载 RCS 对比图

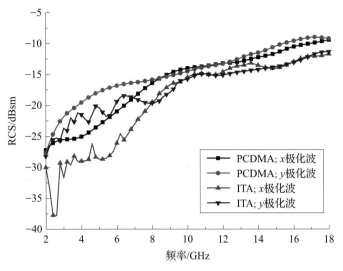

图 5-100　参考天线和设计天线端接匹配负载 RCS 对比图

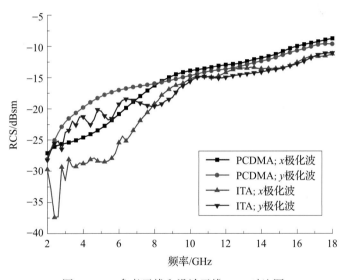

图 5-101　参考天线和设计天线 RCS 对比图

　　值得注意的是，在不影响超宽带天线辐射特性的前提下，减小天线的结构模式项 RCS 对于天线整体的 RCS 减缩效果一般只能在高频端有所体现，而在低频端往往失效，其主要原因就在于天线的结构尺寸与入射波波长间的关系。因此，单纯减小天线的表面积并不能在整个频带内均达到令人满意的 RCS 减缩效果。例如，图 5-101 给出了将参考天线的圆形辐射单元改为圆环形后，参考天线与圆环天线（AA）的 RCS 对比图。参考天线与圆环天线除辐射单元外，其余的结构和尺寸完全相同。圆环天线的圆环形辐射单元的面积比参考天线的圆形辐射单元要小，但是从图 5-102 中可以看出，虽然在高频端圆环天线的 RCS 小于参考天线，但是在低频端却无减缩效果。我们设计的仿生天线很好地解决了这个问题，它与参考天线相比在整个频带内均具有良好的 RCS 减缩效果。

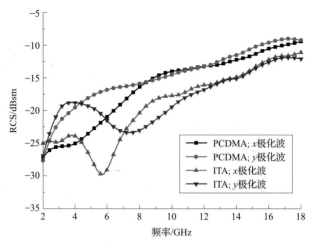

图 5-102　参考天线和圆环天线 RCS 对比图

5.5.2　扇形天线

前面所介绍的仿生天线具有全频段的 RCS 减缩效果和优异的超宽带辐射性能，但是有一个缺点就是，模拟昆虫触角的圆弧条的尺寸对天线性能影响没有规律性可循，不便于设计。为解决该问题，我们对昆虫触角仿生天线进行改进，设计了扇形天线。

扇形天线的结构如图 5-103 所示。所采用的参考天线与之前所使用的完全相同。扇形天线包括：辐射单元，辐射地板和相对介电常数为 4.4、厚度为 0.8mm 的 FR-4 介质板。天线辐射单元和辐射地板分别印制在介质材料板的两侧。辐射单元为由一个矩形条带和对称分布在该矩形条带上的 8 个圆弧条组成的扇形结构。这些圆弧条的宽度为 1.0mm，且具有相同的圆心和圆心角；圆弧半径自上而下按等间隔递增，圆弧间的间隔为 3.0mm。辐射地板为两边倒有 90° 圆弧角的矩形，矩形的长为 42mm，宽为 16mm。辐射单元与宽度为 1.2mm 的微带馈电线连接。同样地，为说明扇形天线的辐射单元结构在 RCS 减缩方面的优越性，扇形天线和参考天线的辐射地板和介质板尺寸完全相同。

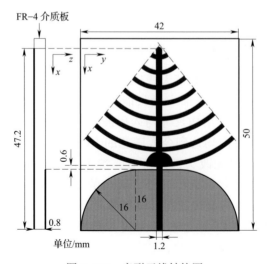

图 5-103　扇形天线结构图

通过印制板技术加工两天线的天线样机。图 5–104 和图 5–105 分别给出两天线 VSWR 的仿真计算结果和实际测试结果，测试采用 Agilent E8361 网络分析仪。从图中可以看出计算结果与测试结果比较吻合。实测结果表明，在 VSWR 小于 2.0 时，扇形天线具有 2.75 ～ 13.4GHz 的带宽，参考天线具有 3.0 ～ 14.0GHz 的带宽，均充分覆盖了 UWB 所要求的 3.1 ～ 10.6GHz 带宽。

图 5–106 和图 5–107 分别给出扇形天线在低频（3GHz）和高频（8GHz）的 E 面（x–z 面）和 H 面（x–y 面）辐射方向图，计算和测量结果吻合良好。图 5–108 给出了两天线离散频率点的实测增益对比。从图中可以看出，扇形天线可视为平面单极子天线，其最大辐射方向垂直于 x 轴，且在整个 UWB 带宽内具有良好的全向性，可以较好地用于超宽带系统。

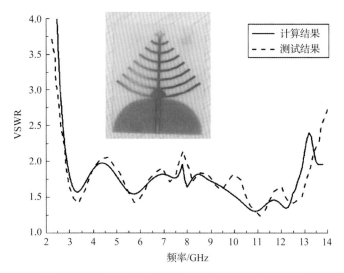

图 5–104　扇形天线 VSWR 的计算结果和测试结果

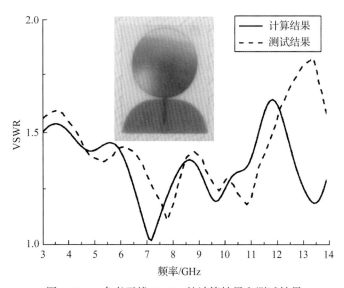

图 5–105　参考天线 VSWR 的计算结果和测试结果

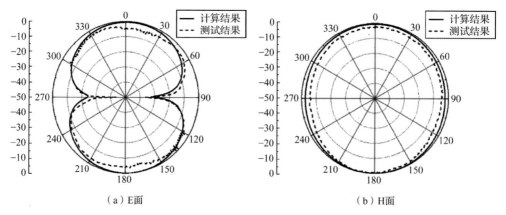

（a）E面 （b）H面

图 5-106　天线低频的辐射方向图（3GHz）

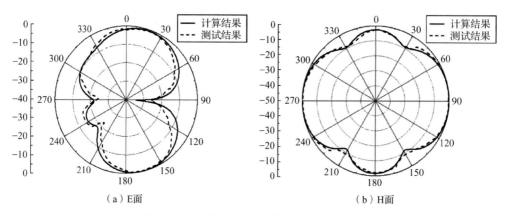

（a）E面 （b）H面

图 5-107　天线高频的辐射方向图（8GHz）

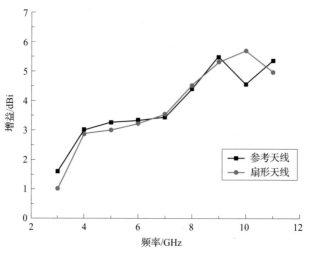

图 5-108　天线增益对比图

图 5-109 给出了扇形天线在开路负载、短路负载和匹配负载状态下的 RCS 随频率变化的曲线图。入射平面波的入射方向为 z 轴负方向，即天线的最大辐射方向；极化方式为垂直极化，即平面波电场矢量方向平行于 x 轴。

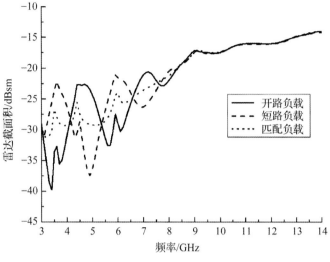

图 5-109　扇形天线雷达截面积曲线图

计算两天线在端接 50Ω 负载状态下的天线雷达截面积，如图 5-110 所示。从图中可看出我们提出的设计天线在很宽的频带内 RCS 均小于参考天线。这种现象可解释为：扇形天线辐射单元的面积小于参考天线的圆形辐射单元面积；扇形天线独特的辐射单元结构会产生与圆形辐射单元结构完全不同的散射场，更有利于天线隐身。扇形辐射单元结构相比传统的圆形辐射单元结构具有更好的 RCS 减缩特性，解决了以往仅减缩天线金属覆盖面积，如将辐射单元由圆形改为环形等方法无法在整个超宽频带内尤其是低频谐振区达到良好效果的问题。与之前所设计的触角仿生天线相比，扇形结构更简单，更易于工程设计。

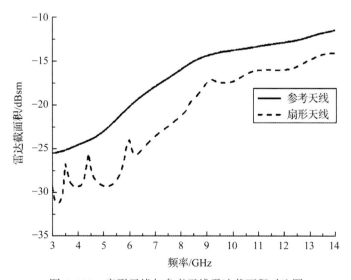

图 5-110　扇形天线与参考天线雷达截面积对比图

5.6　小结

本章以多款不同形式的典型单元天线为例，介绍了单元天线 RCS 减缩技术，分析了不同单元天线散射机理的差异，基于不同的散射机理采用开槽、HIS 结构加载、频率选择表面加载、仿生学等特异性 RCS 减缩技术，在保证天线辐射性能的前提下，实现典型单元天线的 RCS 减缩。通过仿真和实测结果验证了所提出的单元天线 RCS 减缩方法的有效性。

第6章 阵列天线RCS减缩技术

6.1 基于修形的RCS减缩技术

微带天线的自身低剖面、易共形、重量轻等特点决定了其未来的应用前景十分广泛；雷达截面积（RCS）作为一个定量表征隐身能力强弱的重要参数，其RCS减缩技术也受到了越来越多的学者所关注。本节提出了低RCS微带天线综合设计方法，分析了天线阵列单元的间距、阵列排布方式、地板尺寸等相关参数对微带贴片天线阵列RCS的影响，并在满足辐射性能的基础上，设计出低RCS微带贴片天线阵列。

6.1.1 基于圆形开槽与接地板小型化的低RCS贴片天线设计

（1）低RCS的微带贴片单元天线

参考天线单元选用工作在4.3GHz的微带贴片天线（Ant 1），主要考虑入射波角度由$\theta=85°$入射时，对天线RCS的有效控制。在参考天线的一组对边进行两次圆形开槽$R_1=10$mm，$R_2=5$mm，得到设计天线Ant 2；保证Ant 2贴片结构不变的情况下，对Ant 2的地板以及介质的尺寸进行了减缩，得到最终的小型化设计天线Ant 3。三组天线结构模型如图6-1所示。

从图6-1中可以看出，相比较参考天线Ant 1，设计天线Ant 2与Ant 3在采用分形开槽结构之后，贴片的尺寸均减小很多。通过对微带天线的散射分析得知，当平面波角度沿$75° \leqslant \theta \leqslant 90°$照射时，通过减小贴片尺寸，直接减少电磁波照射时贴片上产生的总能量，有效地控制天线的RCS。

Ant 1、Ant 2的地板尺寸为30mm×30mm，Ant 3的地板尺寸为25mm×25mm，地板尺寸的缩小使天线的增益有所损失，对Ant 2和Ant 3进行比较，天线地板尺寸发生变化，其增益有一定的减小。但是，随着天线地板尺寸的减小，相应的RCS也会有一定的减缩效果。三组天线的辐射性能如图6-2所示。

从图6-2中可以看出天线的辐射性能有一定的损失。三组天线均保证谐振频率在4.3GHz，设计天线的带宽有所损失。参考天线Ant 1的带宽为86MHz，而设计天线Ant 2和Ant 3的带宽分别为48MHz和44MHz。Ant 1的增益为6.6dB，而设计天线Ant 2的增益为6.2dB，增益损失0.4dB，设计天线Ant 3由于减缩地板尺寸，增益进一步损失，增益为5.9dB，共计损失0.7dB。另外，三组天线的辐射方向图保持一致。

Ant 3与Ant 1相比，无论天线贴片尺寸，还是地板尺寸均实现小型化，两组天线在入射波极化方式为垂直极化，方向分别沿着$\theta=85°$、$\varphi=45°$和$\theta=85°$、$\varphi=0°$两个角度入射时的散射情况如图6-3所示。

图6-3比较设计天线Ant 3与Ant 1在两个不同入射波角度的RCS情况，可以看出相

比较 Ant 1 而言，Ant 3 的 RCS 具有良好的减缩效果，高频段减缩效果明显，在 10GHz 具有 10dB 以上的减缩效果。

这是因为 Ant 3 相对 Ant 1 而言，天线的贴片尺寸减小了一半以上，有效地减少了入射波能量在贴片与地板之间的反射，减小了入射波在贴片上的感应电场的总能量；另外 Ant 3 地板尺寸的减小，也在一定程度上减少了天线结构模式项散射的贡献。综合以上两种因素，Ant 3 实现了 RCS 减缩的目的。

另外，选取入射波极化为垂直极化，入射波角度 $\theta=85°$，方位角 $\varphi=-45° \sim 45°$，步长 1°，选取 6 个不同的入射波频点 1GHz、2GHz、4GHz、8GHz、10GHz、12GHz，对三组天线在相应频率的 RCS 算术平均值进行比较，如表 6-1 所示。

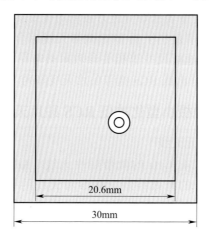

（a）参考天线 Ant 1

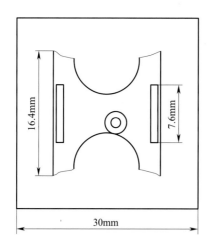

（b）设计天线 Ant 2

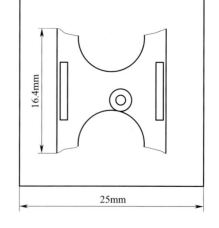

（c）设计天线 Ant 3

图 6-1　三组天线结构示意图

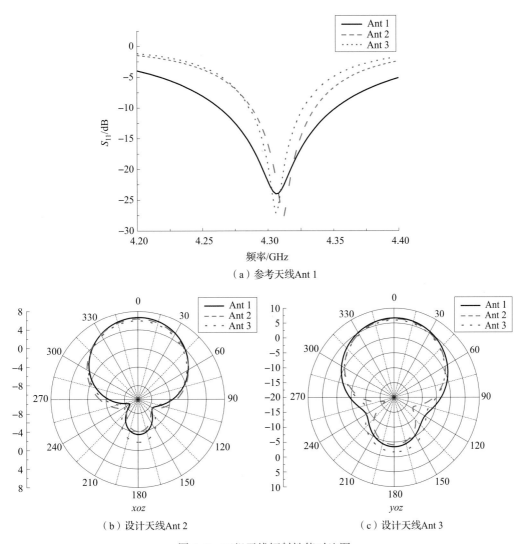

（a）参考天线Ant 1

（b）设计天线Ant 2

（c）设计天线Ant 3

图 6-2 三组天线辐射性能对比图

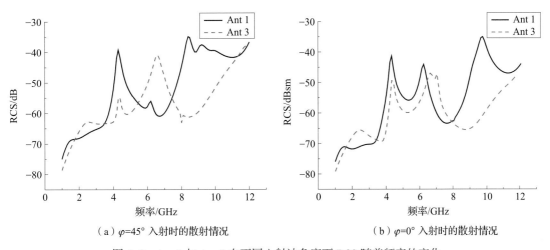

（a）φ=45° 入射时的散射情况

（b）φ=0° 入射时的散射情况

图 6-3 Ant 1 与 Ant 3 在不同入射波角度下 RCS 随着频率的变化

表 6-1   低 RCS 天线在相关频点不同迎向的 RCS 平均值比较   dBsm

频率 /GHz 天线	1	2	4	8	10	12	平均
Ant 1	−75.44	−68.79	−54.01	−47.10	−38.24	−39.36	−41.16
Ant 2	−71.81	−64.12	−58.53	−51.93	−48.06	−45.17	−50.32
Ant 3	−74.62	−66.07	−62.94	−53.21	−53.67	−46.4	−53.13

从表 6-1 中可以看出相对于参考天线 Ant 1，在低频情况下（1GHz、2GHz）时，设计天线并没有明显的减缩效果。可以理解为这是由于入射波波长此时远远大于天线尺寸结构，天线单元的散射呈低频散射特征，因此减缩效果不明显。而在 4GHz 以上 Ant 2 和 Ant 3 均具有良好的 RCS 减缩效果。设计天线 Ant 2 贴片尺寸减小，有效减少了贴片的感应电流面积，控制了天线的 RCS，因而整个频段 RCS 平均散射值获得了 9dB 的减缩效果。而与 Ant 2 相比，设计天线 Ant 3 地板的尺寸减缩 30%，因此获得了额外 3dB 的结构模式项的 RCS 减缩效果，相比参考天线 Ant 1 在整个频段的平均值具有 12dB 的减缩效果。Ant 3 在保证天线辐射性能的基础上，实现了 RCS 的有效减缩。

（2）阵列天线 RCS 参数影响

本节对 2×2 微带天线阵列进行散射分析，以上（1）中的参考天线 Ant 1 作为参考阵列的天线单元，设计天线 Ant 2、Ant 3 为设计阵列的天线单元，分别从阵列间距、阵列摆放位置、地板尺寸、改进单元等方面考虑低 RCS 阵列天线的设计，最终设计的微带贴片天线阵列实现低 RCS 特性。

①阵列间距

首先选取参考天线 Ant 1 作为天线阵列单元，进行 2×2 阵列排布，如图 6-4 所示，通过改变阵列间距，进行 RCS 的优化。参数 λ 对应天线谐振频率 4.3GHz 的波长，即 $\lambda=70$mm。考虑入射波角度 $\theta=85°$、$\varphi=-45°:1°:45°$，极化方式为垂直极化，入射波频率分别选取 1GHz、2GHz、4GHz、8GHz、10GHz、12GHz，阵列间距 d 选取 0.2λ、0.4λ、0.5λ、0.6λ、0.8λ。通过 Ansoft HFSS 仿真，分别观察相应频率下不同间距对应的 RCS。

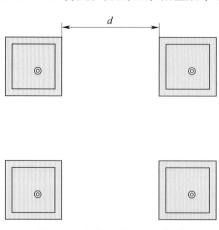

图 6-4   参考天线 Ant 1 阵列

其 RCS 平均值如表 6-2 所示。

表 6-2　阵列不同间距的参考天线 RCS 平均值对比　　　　　dBsm

阵列间距 d ＼ 频率 /GHz	1	2	4	8	10	12	平均
0.2λ	−68.73	−72.16	−44.49	−37.055	−33.7	−33.57	−35.66
0.4λ	−75.87	−64.07	−46.11	−38.67	−32.67	−34.16	−35.38
0.5λ	−83.13	−62.69	−49.79	−39.21	−32.78	−31.49	−35.72
0.6λ	−81.43	−61.24	−47.64	−43.84	−34.48	−36.79	−36.17
0.8λ	−72.36	−60.61	−44.19	−41.47	−34.08	−37.52	−36.56

从表 6-2 中可以看出随着入射波频率的增大，RCS 越来越大，尤其在高频段 8GHz、10GHz、12GHz 时，不论间距如何选择，RCS 大多在 −40dBsm 以上。从所有频点的平均值看，不论间距的取值为多少，整体波动都不大，均在 −36dBsm 左右，这说明通过调整间距，不能在所有的频点实现理想的 RCS 减缩。但通过对表 6-2 的观察，可以清楚地看到，当间距取 0.6λ 时，其 RCS 在大多频点均在最低值，此时 RCS 减缩效果最优。

以 0.4λ 为最初的参考模型，对应相应频点，当间距取 0.6λ 时整体平均 RCS 可以获得 0.79dB 的减缩效果，除了在 2GHz 外均有减缩效果。在 8GHz 可以获得 4dB 以上的减缩效果，在 12GHz 可以获得 2dB 以上的减缩效果。总之，通过调整阵列单元的间距在一定频点可以获得良好的减缩效果，而整体 RCS 均值实际变化不大。

②阵列摆放方式

设计天线阵列如图 6-5 所示。考虑入射波沿着 x 轴负方向入射（mode 1）与入射波沿着 y 轴负方向入射（mode 2）时，天线阵列的散射情况可能会不同，观察这两种模式下天线阵列的散射情况，如图 6-6 所示。

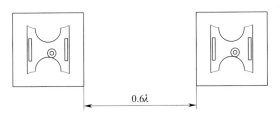

0.6λ

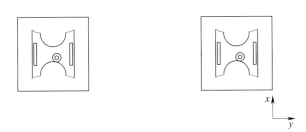

图 6-5　设计天线 Ant 2 阵列

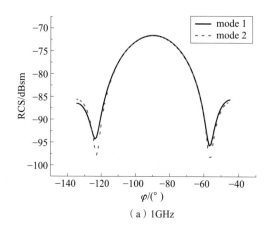

（a）1GHz

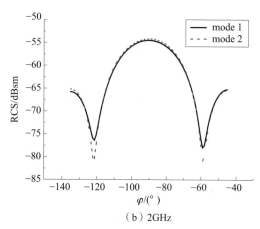

（b）2GHz

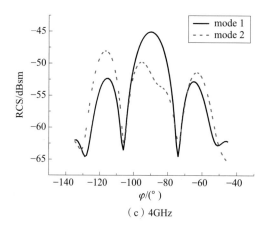

（c）4GHz

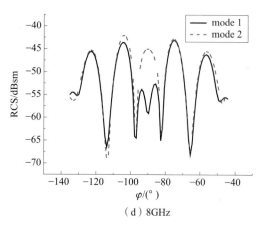

（d）8GHz

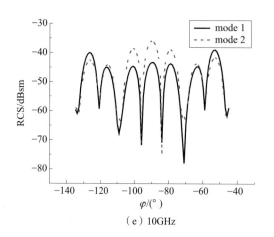

（e）10GHz

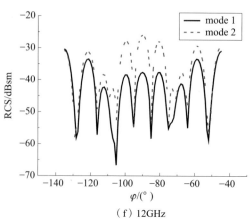

（f）12GHz

图 6-6　设计天线 Ant 2 阵列在相应频点不同模式的 RCS 情况对比

天线单元尺寸 30mm × 30mm，介质板高 1.5mm，单元间距 42mm，组阵之后，天线阵列边长为 102mm，高度 1.5mm。6 个相应频点的对应波长如表 6-3 所示。

表 6-3 相应频点的对应波长

频率 /GHz	1	2	4	8	10	12
波长 /mm	300	150	75	37.5	30	25

从表 6-3 中可以看出，天线阵列的边长介于 2GHz 与 4GHz 的对应波长之间。当入射波频率为 1GHz、2GHz 时，散射曲线基本重合，这是由于此时散射特性为低频散射特性，符合瑞利散射的特征，因此无论天线阵列是以直边迎向入射波方向还是以弧线迎向入射波方向，总体散射变化不大。

随着入射波频率的增大，入射波波长小于阵列尺寸，微带天线阵列的散射特性从低频区进入谐振区。当频率进一步增大，进入高频区内，物体的各个散射体之间的相互作用变小，而散射体的细节对散射场的影响很大。

从图 6-6 中可以看出，在谐振区的相应频点中，mode 1 和 mode 2 曲线均出现不重合的情况，且在除了 4GHz 以外的其他 5 个频点，mode 1 的 RCS 曲线均要低于 mode 2。这是因为在 mode 1 的情况下，入射波照射的边缘为一条直线，只在入射波角度为 -90° 时，在直线的边缘垂直入射，产生镜面反射，而在其他角度，相对于该直边均为斜入射。而 mode 2 由于该边缘为弧线，因此当入射波照射时，在多个角度出现了镜面散射。所以 mode 1 的 RCS 曲线低于 mode 2。在各个频点的 RCS 平均值如表 6-4 所示。mode 1 相对于 mode 2 在 5.5GHz 以上均有 1dB 以上的减缩效果，且在散射情况较差的 12GHz 具有 5 个 dB 以上的减缩效果，在整个频带的平均值上具有 4.3dB 的减缩效果。因此，通过调整阵列的排布，改变入射波的迎向角度，具有一定的减缩效果。

表 6-4 Ant 2 阵列在两种情况下的 RCS 平均值比较

频率 /GHz	1	2	4	8	10	12	平均
mode1	−76.31	−59.21	−51.66.	−49.21	−45.85	−38.39	−45.54
mode2	−76.31	−58.93	−53.17	−47.77	−43.5	−33.05	−41.23

③通过调整地板尺寸减缩天线阵列的 RCS

众所周知，地板的减小对微带天线的增益有所损失，对 Ant 2 和 Ant 3 进行比较，天线地板尺寸发生变化，其增益有一定的减小。但是由于地板的减小，相应的 RCS 也会有一定的减缩效果。与 Ant 1 进行比较，增益损失不足 0.8dB，与天线 Ant 2 阵列 mode 1 进行比较，其散射曲线如图 6-7 所示。

从图 6-7 可以明显地看出通过调整天线地板的尺寸，将天线单元地板的面积由 900mm^2 降低到 625mm^2，单元尺寸减小至 70% 之后，阵列的 RCS 在除 8GHz 以外的其余 5 个频点均具有一定效果的减缩。需要注意的是，虽然减缩地板尺寸之后，天线的增益有所损失，但 RCS 减缩的原因并不是增益损失之后减小了天线的二次辐射，减小天线模式项 RCS。因为入射波角度 θ=85°，天线接收的能量本就有限，所以二次辐射贡献的 RCS 更是少之又少。主要造成 RCS 减缩的原因是减小尺寸之后，减小了整个天线阵列的面积，进而减小结构模式项 RCS。相应频点的 RCS 减缩平均值如表 6-5 所示。

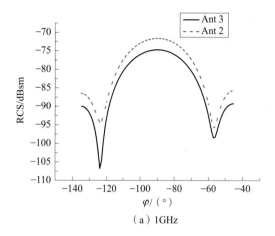

（a）1GHz

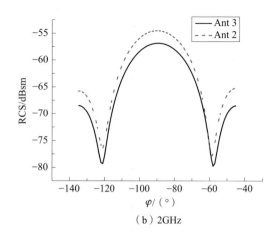

（b）2GHz

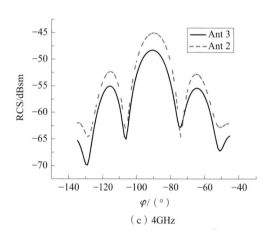

（c）4GHz

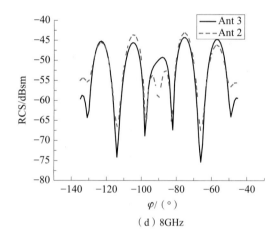

（d）8GHz

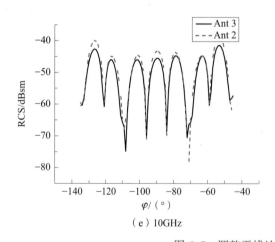

（e）10GHz

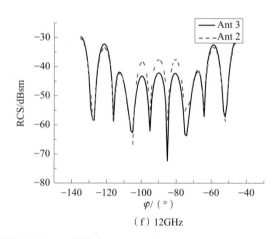

（f）12GHz

图 6-7　调整天线地板尺寸对 RCS 的影响

表 6-5　通过调整地板尺寸观察天线的 RCS 平均值　　　　　dBsm

频率 /GHz	1	2	4	8	10	12	平均
Ant 2	−76.31	−59.21	−51.66	−49.21	−45.85	−38.39	−45.54
Ant 3	−79.41	−61.56	−54.7	−49.55	−47.75	−38.12	−45.88

通过表 6-5 可以看出在除了 8GHz、12GHz 以外的其他频点，RCS 的平均值均有 1 ～ 2dB 的减缩效果。如前文所说，在低频，即 1GHz 与 2GHz，由于阵列的尺寸属于瑞利散射特性，因此散射体的体积是对 RCS 贡献最为明显的，前文提出的调整天线阵列排布及改变入射波迎向减缩 RCS 的方法在低频段不适用。这里通过调整天线地板尺寸，在低频段 RCS 平均值也有 2dB 以上的减缩效果。在 12GHz 没有较为明显的减缩效果，且在 12GHz 的 RCS 高出其余频点，因此，8 个频点平均值的减缩只有 0.3dB。

④低 RCS 天线阵列设计

从前边提到的三种减缩思路可以看出，通过调整阵列间距、调整天线地板的尺寸均具有一定的 RCS 减缩效果，但在整个频段的平均 RCS 减缩得并不明显；而调整天线阵列排布，改变入射波迎向，在整个频段的平均 RCS 减缩有 4 个 dB 以上的效果。但减缩天线阵列 RCS 最有效的手段还是通过改变天线单元形式，采用低 RCS 的天线单元进行组阵，才可以获得最好的减缩效果。

这里以参考天线 Ant 1 作为参考天线阵列单元，以 25mm 地板的设计天线 Ant 3 作为最终的设计天线阵列进行比较。Ant 3 经过组阵之后的 RCS 情况如图 6-8 所示。从图 6-8 可以看出相对参考天线 Ant 1 阵列，低 RCS 天线 Ant 3 阵列具有良好的 RCS 减缩效果，在 4GHz 以上的减缩效果尤为明显。

其相应频点 RCS 平均值如表 6-6 所示。

通过表 6-6 可以清楚地看出，Ant 3 阵列在 8GHz 具有 11dB 的减缩效果，在 10GHz 也有 15dB 的减缩效果，除了在这两个频点具有十分明显的减缩之外，在除 2GHz 以外的所有频点也均有 4dB 以上的减缩。在整个频段的 RCS 平均值可以有效减缩 10dB。

在追求天线的低 RCS 特性的同时，是以牺牲天线的增益、带宽、效率为代价的，这也体现了微带贴片天线的 RCS 减缩是要在其辐射性能和散射性能之间做一个折中的处理。参考天线 Ant 1 阵列与设计天线 Ant 3 阵列的 *xoz* 与 *yoz* 的辐射方向图如图 6-9 所示。

三组天线的带宽、增益以及组阵之后的增益如表 6-7 所示。

参考天线 Ant 1 的最大辐射方向的增益可以达到 13dB，设计天线 Ant 3 经过组阵之后的增益也可以达到 12.3dB，增益损失不到 1dB，在可以接受的范围之内，方向图基本保持一致。

天线阵列 Ant 3 综合使用了提出的 4 种减缩方法（调整单元间距、调整阵列排布、调整地板大小、使用低 RCS 天线单元），实现了在 8 个频点的平均 RCS 有 10dB 以上的减缩效果，设计出了低 RCS 天线阵列。

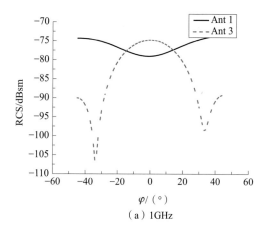

（a）1GHz

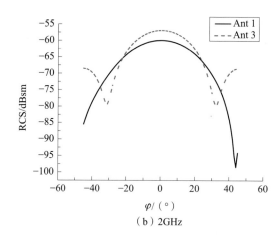

（b）2GHz

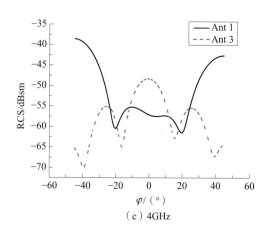

（c）4GHz

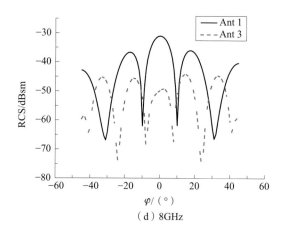

（d）8GHz

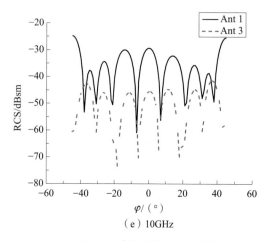

（e）10GHz

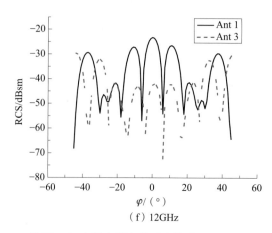

（f）12GHz

图 6-8　参考天线 Ant 1 阵列与设计天线 Ant 3 阵列 RCS 在相应频点的对比情况

表 6-6　设计天线 Ant 1 阵列与参考天线 Ant 3 阵列的 RCS 平均值比较　　dBsm

频率 /GHz	1	2	4	8	10	12	平均
Ant 1	−75.87	−64.07	−46.11	−38.67	−32.67	−34.16	−35.38
Ant 3	−79.41	−61.56	−54.7	−49.55	−47.75	−38.12	−45.88

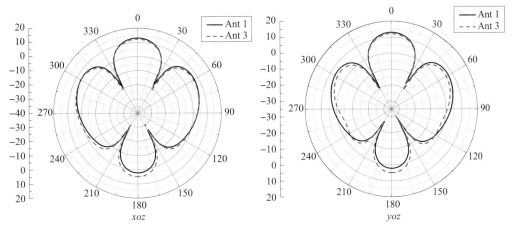

图 6-9　参考天线 Ant 1 阵列与设计天线 Ant 3 阵列的辐射方向图

表 6-7　三组天线的带宽、增益以及组阵之后的增益

三组天线	Ant 1	Ant 2	Ant 3
带宽	84MHz	48MHz	44MHz
单元增益	6.6dB	6.2dB	5.9dB
阵列增益	13dB	—	12.3dB

6.1.2　基于贴片与接地板开槽技术的低 RCS 贴片天线设计

（1）贴片开槽的低 RCS 天线单元设计

对于矩形微带贴片天线来说，符合谐振条件的电流模式都可以在贴片表面流动，如沿 y 轴方向变化的电流模式 TM_{01}、TM_{02} 模等，沿 x 轴方向变化的 TM_{10}、TM_{20} 模等，沿 x、y 轴方向同时变化的 TM_{11}、TM_{12}、TM_{21}、TM_{22} 模等。开槽贴片可以使一些模式电流分布改变，该谐振模式不能谐振从而减缩对应的 RCS 峰值。但为了保证天线的辐射性能，贴片开槽要对 x 轴方向变化的模式电流进行抑制的同时还要保证 TM_{10} 模正常工作，可以采取接地板开槽的技术。

接地板开槽可以改变微带天线的辐射和阻抗特性，同贴片开槽类似，在接地板上适当开槽也可以改变贴片表面感应电流的流动路径。电流的蜿蜒流动，可使感应电流产生的散射场部分抵消，从而达到减缩天线 RCS 的目的。另外，接地板的大小对微带贴片天线的散射特性有一定的影响。在设计低 RCS 微带天线时，在不影响天线的场结构及辐射性能的前提下，接地板应设计得尽量小一些。

为了体现接地板开槽的作用，首先设计了一个开槽贴片，贴片及参数如图 6-10 所示，基片厚度 H=2.5mm，相对介电常数 ε_r=2.2，天线谐振频率是 2.49GHz，地板尺寸 39mm×46.5mm。同时设计了工作于同频率的矩形微带天线作为参考天线，尺寸为 36mm×45.8mm，介质层厚度和介电常数不变。两天线的 S_{11} 对比图如图 6-11 所示。开槽微带天线的带宽相对于矩形微带天线损失了 1.2%。两天线的辐射方向图对比如图 6-12 所示。

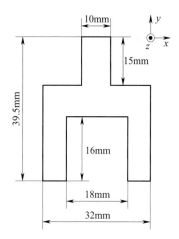

图 6-10　开槽贴片微带天线结构图

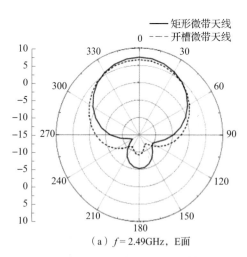

图 6-11　两天线 S_{11} 对比图

（a）f = 2.49GHz，E面　　　　（b）f = 2.49GHz，H面

图 6-12　两天线辐射方向图

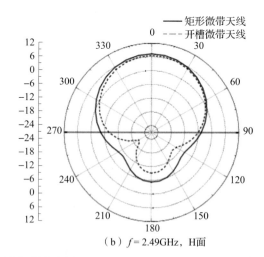

由两天线的增益方向图对比可以看出，对比矩形微带天线，开槽微带天线的增益下降约 0.7dB，E 面方向图后瓣略有增大，半功率波瓣宽度稍微变大，H 面方向图后瓣略减小。整体来说开槽微带天线的辐射性能较矩形微带天线变化不大。

图 6-13 给出了不同入射波角度 θ 极化平面波照射下两幅天线的单站 RCS。总的来说，在三个不同角度入射下，开槽微带天线在 2 ~ 8GHz 频段都有一定的减缩效果，且 RCS 曲线比较平缓，所有的峰值基本上都得到了较好的抑制。

由上面对该开槽微带天线的辐射性能和散射性能的分析，可以看出在对辐射性能影响较小的情况下，该天线贴片结构可以较好地减缩整个频段的 RCS。

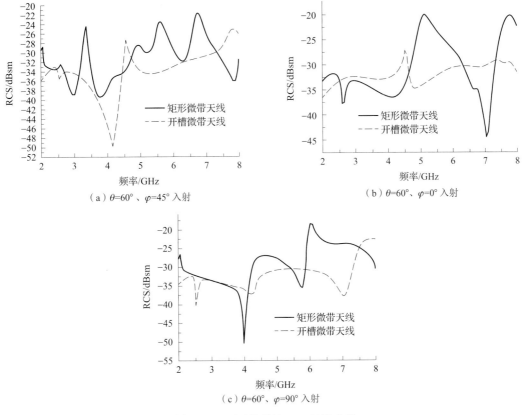

（a）$\theta=60°$、$\varphi=45°$入射

（b）$\theta=60°$、$\varphi=0°$入射

（c）$\theta=60°$、$\varphi=90°$入射

图 6-13　两天线单站 RCS 特性曲线

（2）贴片与接地板开槽的低 RCS 天线单元设计

上面介绍了开槽贴片天线的辐射和散射性能，接下来我们将介绍与开槽接地板结合的开槽贴片天线，如图 6-14 所示。天线介质基片的厚度改为 $H=2\text{mm}$，相对介电常数改为 $\varepsilon_{\text{r}}=2.6$，天线的谐振频率是 2.29GHz。同样为了比较天线辐射和散射的性能，设计了工作于同频率的矩形微带天线，尺寸为 37mm×47.4mm，介质层厚度和介电常数都不变。

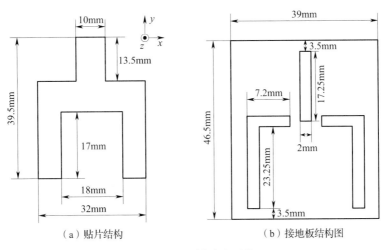

（a）贴片结构

（b）接地板结构图

图 6-14　开槽贴片天线

两天线的 S_{11} 参数的仿真数据比较如图 6-15 所示，可以看出天线工作的中心频率为 2.29GHz，带宽约为 1.3%，工作于同一频率的矩形微带天线的带宽约为 1.96%，带宽损失了约 0.7%。

两天线计算的 $\varphi=0°$ 和 $\varphi=90°$ 增益方向图比较如图 6-16 所示，开槽微带天线增益的仿真结果约为 5.72dB，工作于同一频率的矩形微带天线增益仿真结果约为 6.65dB，增益下降了 0.9dB。从仿真结果可以看出，$\varphi=90°$ 开槽微带天线后瓣变小，$\varphi=0°$ 的半功率波瓣宽度略微变大。

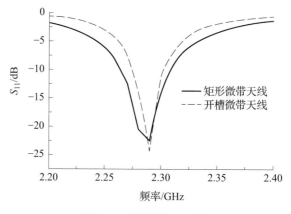

图 6-15　两天线 S_{11} 对比

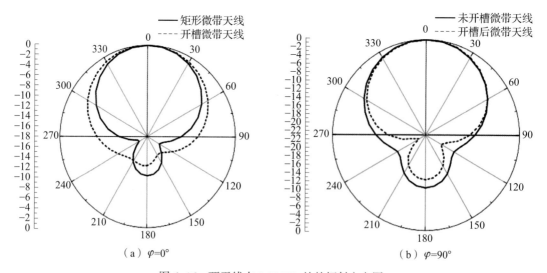

（a）$\varphi=0°$　　　　　　　　　　（b）$\varphi=90°$

图 6-16　两天线在 2.29GHz 处的辐射方向图

图 6-17（a）、（b）、（c）分别给出了各个典型入射波角度、θ 极化平面波照射下两副天线的 RCS。可以看出开槽天线 RCS 在整个频带内都有一定的减缩，与仅贴片开槽的微带天线 RCS 相比，贴片与接地板开槽结合的微带天线基本没有明显的峰值，三个角度 RCS 整体减缩效果比较好，所以在 RCS 减缩上贴片与地板开槽结合明显要优于仅贴片开槽。

（3）低 RCS 阵列天线设计

微带阵列天线单元一般采用微带线侧馈的馈电方式，侧馈的优点就是使得馈电网络可以与微带天线单元集成在同一介质基板上[70]，但是馈电网络不仅对阵列天线的辐射性能有影响，对阵列天线的散射也有一定的影响。所以可以使馈电网络和辐射贴片不在同一层，这样贴片受馈电网络的影响就小了。

设计的阵列天线单元采用上一节的贴片与地板开槽结合微带天线，采用各单元分别同轴馈电方式排阵，阵列为 1×4 线阵，并将矩形贴片微带天线阵作为参考天线，分别如图 6-18 和图 6-19 所示。

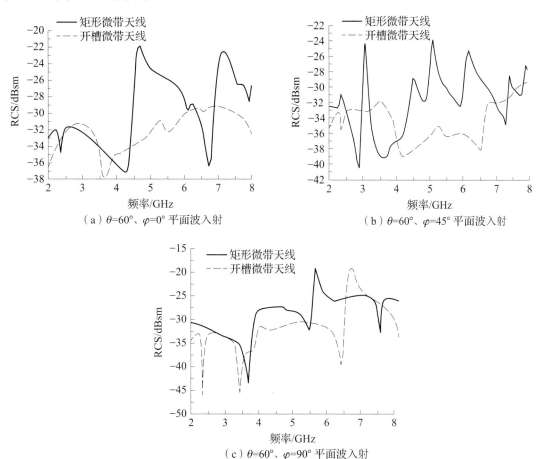

（a）$\theta=60°$、$\varphi=0°$ 平面波入射

（b）$\theta=60°$、$\varphi=45°$ 平面波入射

（c）$\theta=60°$、$\varphi=90°$ 平面波入射

图 6-17　两天线在不同方向入射平面波的 RCS 响应

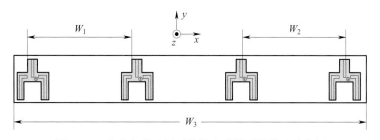

图 6-18　贴片与接地板开槽结合微带天线线阵结构图

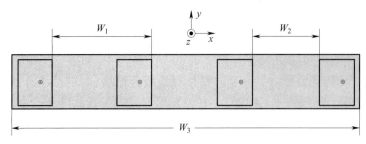

图 6-19　矩形微带天线线阵结构图

图 6-18 中，单元贴片尺寸与上一节相同，W_1=104.8mm（约 0.8 倍波长），W_2=72.8mm，W_3=353.4mm。图 6-19 中，单元贴片尺寸为 37mm×47.4mm，W_1=104.8mm，W_2=67.8mm，W_3=362.4mm。两阵列天线的介质板厚度 H=2mm，介电常数 ε_r=2.6。两天线线阵均工作在 f=2.34GHz，E 面、H 面增益方向图如图 6-20 所示。可以看出矩形微带天线线阵增益为 12.3dB，而贴片与接地板开槽结合微带天线线阵的增益为 10.7dB，增益下降了 1.6dB。

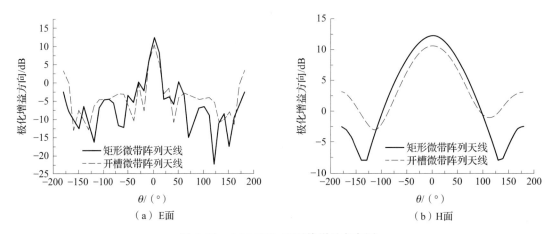

（a）E面　　　　　　　　　　　　　（b）H面

图 6-20　f=2.34GHz 两天线增益方向图

图 6-21（a）、（b）、（c）分别给出了各个典型入射波角度、θ 极化平面波照射下两阵列天线的单站 RCS。图 6-21（a）所示，θ=60°、φ=0° 平面波入射时，3.5GHz 以后减缩效果明显，平均有 5dB 左右的减缩，4.8GHz 处的分支大约减缩了 12dB，整个 RCS 曲线变得比较平滑，但是带内 RCS 略有上升。图 6-21（b）所示，θ=60°、φ=45° 平面波入射时，带内减缩效果很明显，谐振频率处 RCS 减小超过 15dB，整个带内 RCS 减缩超过 10dB，3.2 ~ 4GHz 的 RCS 有所上升，4 ~ 5.5GHz 的 RCS 减缩也很明显，有大约 10dB 的减缩。图 6-21（c）所示，θ=60°、φ=90° 平面波入射时，带内 RCS 减缩超过 6dB，3 ~ 8GHz 的 RCS 整体都有一定的减缩。从整体来看三个角度的 RCS 减缩效果良好。

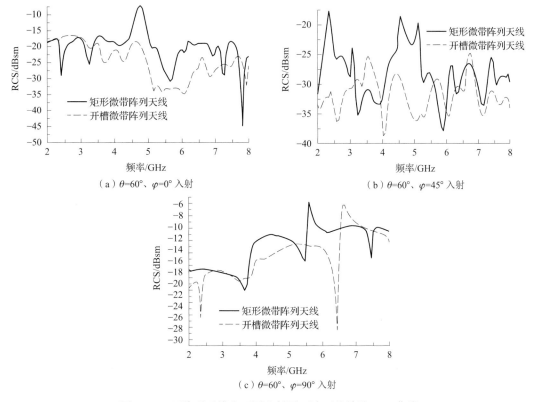

(a) $\theta=60°$、$\varphi=0°$ 入射　　　　　(b) $\theta=60°$、$\varphi=45°$ 入射

(c) $\theta=60°$、$\varphi=90°$ 入射

图 6-21　两阵列天线在不同入射平面波下的单站 RCS 曲线

6.2　基于圆极化阵列天线的 RCS 减缩技术

圆极化天线在无线电领域中具有重要作用，在电子侦察和干扰、电子对抗、无线通信和雷达的极化分集、全球定位等领域得到了广泛的应用。与线极化天线相比，圆极化天线有如下优点：

①可以接收任意极化方向的线极化波，圆极化天线辐射的圆极化波也可以由任意极化方向的线极化天线接收；

②圆极化天线具有旋向正交性，左旋圆极化天线不能接收右旋圆极化波，反之亦然；

③圆极化波入射到对称目标（如平面、球面等）时，反射波将改变旋向。

在航天飞行器中，由于飞行器位置姿态的不固定，它们的通信测控设备都要求共形、重量轻、体积小而且成本低的圆极化天线。本节设计了一种具有低 RCS 特性的圆极化微带阵列天线，并对低 RCS 圆极化微带阵列天线的辐射特性和散射特性进行了分析。

6.2.1　馈电网络设计

通信系统中，需要将某一输入功率按照一定比例分配到多个支路中，其中最常用的方法是采用功分器实现[71-74]。最常见的微波功分器是微带线或波导功分器。波导功分器具有插损小、平衡度好的优点，但是端口之间的隔离度较差并且加工工艺复杂，微带功分器加工方便，但是存在相对带宽较小的问题[75]。

根据网络理论，可以将一分二功分器看作是一个三端口网络，那么任意三端口网络均可由包含 9 个独立元素的散射矩阵表示

$$S = \begin{bmatrix} S_{11} & S_{12} & S_{13} \\ S_{21} & S_{22} & S_{23} \\ S_{31} & S_{32} & S_{33} \end{bmatrix} \tag{6-1}$$

如果该器件是无源的并且不包含各向异性材料，那么这个器件一定是互易的。由无耗互易网络的幺正性可知，散射矩阵元素存在下列关系

$$\begin{cases} |S_{11}|^2 + |S_{12}|^2 + |S_{13}|^2 = 1 \\ |S_{12}|^2 + |S_{22}|^2 + |S_{23}|^2 = 1 \,(\text{振幅条件}) \\ |S_{13}|^2 + |S_{23}|^2 + |S_{33}|^2 = 1 \end{cases} \tag{6-2}$$

$$\begin{cases} S_{11}^* S_{12} + S_{12}^* S_{22} + S_{13}^* S_{23} = 0 \\ S_{11}^* S_{13} + S_{12}^* S_{23} + S_{13}^* S_{33} = 0 \,(\text{相位条件}) \\ S_{12}^* S_{13} + S_{22}^* S_{23} + S_{23}^* S_{33} = 0 \end{cases} \tag{6-3}$$

如果器件三个端口均匹配，即 $S_{11}=S_{22}=S_{33}=0$，那么

$$\begin{cases} S_{13}^* S_{23} = 0 \\ S_{12}^* S_{13} = 0 \\ S_{12}^* S_{23} = 0 \end{cases} \tag{6-4}$$

所以，在 S_{12}、S_{13} 和 S_{23} 中至少有两个为零，这明显与式（6-2）矛盾。所以要保证无耗互易三端口网络同时匹配是不可能的。

如果只需要无耗、互易和全部端口匹配这三个条件中的两个，那么这种器件就可以实现。这就是一分二功分器设计的理论基础。

本节中提出的圆极化阵列天线是一个四单元线阵，因此需要一个一分四的功分器对其馈电，采用两级一分二功分器级联实现四个端口等幅同相馈电，这样的设计具有结构简单、一致性好、利于实现等优点。功分器结构如图 6-22 所示，馈电网络印制在 1mm 厚的相对介电常数为 4.4 的 FR4 介质板上。馈电网络由两级一分二功分器组成，端口 1 为输入端口，端口 2 至端口 5 为输出端口。通过 Ansoft HFSS 软件进行了仿真和优化，如图 6-23 所示为根据优化尺寸加工的功分器样机。

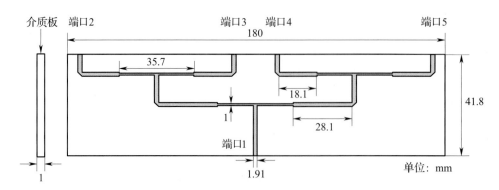

图 6-22　馈电网络结构图

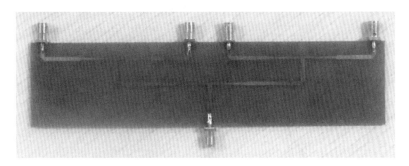

图 6-23 馈电网络样机

如图 6-24 所示为馈电网络端口 1 的回波损耗曲线。可以看到，当端口 2 至端口 5 端接 50Ω 负载时，端口 1 在 1.927 ~ 2.089GHz 的频带内均能保证 30dB 以上的回波损耗。

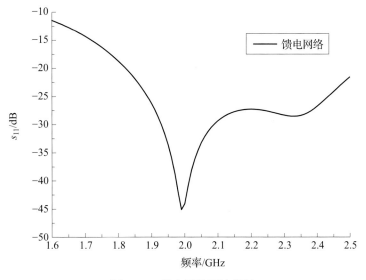

图 6-24 馈电网络回波损耗

如图 6-25 所示为馈电网络端口 1 至端口 2、端口 3、端口 4 和端口 5 的传输系数，4 个输出端口输出信号幅度基本相同，在 1.95 ~ 2.05GHz 的频带内输出端口输出信号幅度之差均小于 0.2dB。如图 6-26 所示为馈电网络端口 1 至端口 2、端口 3、端口 4 和端口 5 的输出相位，可以看到 4 条相位曲线完全拟合。根据上面的分析可以知道，设计的馈电网络可以在所需的频带内实现较好的阻抗匹配，并且在 4 个输出端口实现等幅同相输出。

6.2.2 低 RCS 圆极化阵列天线设计

在本节中，以一个低 RCS 圆极化微带天线为阵列单元设计了一种具有低 RCS 特性的圆极化阵列天线（设计天线），与具有类似结构的参考天线相比，在保证阵列天线辐射性能的同时，在很宽的频带和观察角域内实现了阵列天线 RCS 控制。

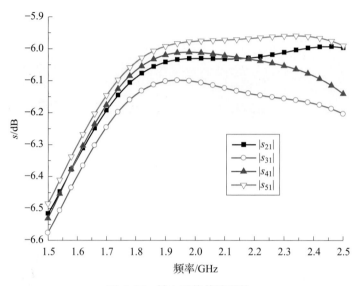

图 6-25　馈电网络传输系数

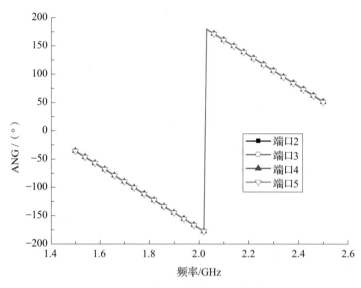

图 6-26　馈电网络输出端口相位

　　设计天线的结构如图 6-27 所示，设计天线由 4 个相同的阵列单元一字排开组成，阵列单元间距为 76mm，设计天线包括辐射单元、辐射地板和介质板三部分。天线的辐射单元和辐射地板分别印制在长为 297mm、宽为 69mm、厚度为 1.6mm，相对介电常数为 4.4 的 FR4 介质材料板两侧。设计天线通过分布在介质板上的 4 个通孔对辐射单元进行馈电。为了通过对比说明设计天线的优秀辐射特性，设计了一个参考天线，参考天线的辐射地板为印制在介质板上的金属贴片，其他结构与设计天线完全相同。

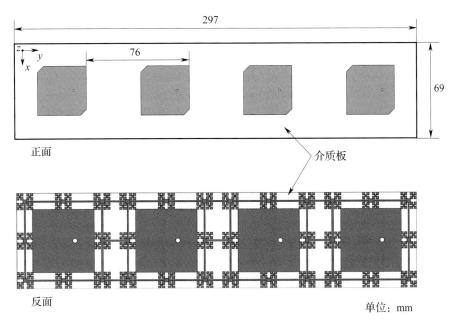

图 6-27　设计天线结构示意图

根据设计尺寸加工了设计天线和参考天线样机，如图 6-28（a）、（b）所示。图 6-29 为设计天线与参考天线电压驻波比的测试结果，测试采用 AgilentE8361 网络分析仪。实测结果表明，在驻波比小于 2 的条件下，设计天线测试带宽为 1.98 ～ 2.05GHz，参考天线测试带宽为 1.99 ～ 2.06GHz，两天线的阻抗带宽基本一致。

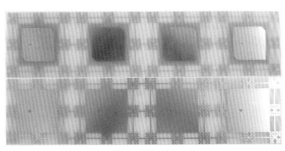

（a）设计天线

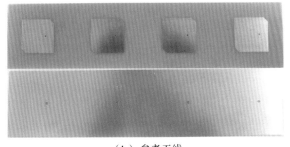

（b）参考天线

图 6-28　设计天线和参考天线样机

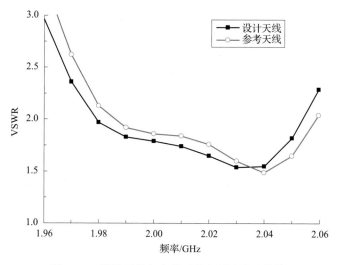

图 6-29　设计天线与参考天线电压驻波比曲线

　　图 6-30 为设计天线与参考天线轴比的仿真结果对比，仿真采用 Ansoft HFSS 商业软件。结果表明，在轴比小于 3dB 的条件下，设计天线的轴比带宽为 1.974 ~ 1.999GHz，参考天线的轴比带宽为 1.974 ~ 2GHz，两天线具有基本相同的工作频带。轴比带宽的中心频率点约有 1MHz 的频偏，这主要是由于地板上的准分形结构对天线辐射性能产生的影响。在微波暗室对设计天线在 1.99GHz 工作时，天线最大辐射方向的轴比进行了测量，轴比测试值为 2.56dB，仿真值为 1.93dB，两者相差 0.63dB，这主要是天线样机加工误差以及焊接 SMA 连接头时馈电点位置误差造成的，此外 4 条连接馈电网络和阵列天线的馈电线长度不均也是造成误差的重要原因。

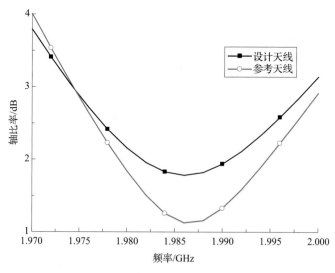

图 6-30　设计天线与参考天线轴比曲线

　　辐射方向图是阵列天线设计中最关心的工作指标之一，为了系统研究设计天线的辐射性能，在微波暗室对天线工作在 1.99GHz 时的辐射方向图也进行了测量。如图 6-31（a）、（b）所示为设计天线在 x-z 面和 y-z 面上的左旋圆极化归一化辐射方向图。从图中可以看到在主瓣方向测量结果与仿真结果拟合良好，天线最大辐射方向始终保持在 0° 方向，即垂直于辐射贴片的方向。

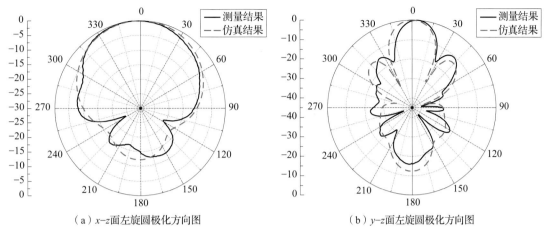

（a）x–z面左旋圆极化方向图　　　　　　（b）y–z面左旋圆极化方向图

图 6-31　设计天线左旋圆极化方向图

图 6-32 为设计天线和参考天线在 1.95 ～ 2.03GHz 频带内的增益曲线，可以看到设计天线的最大左旋圆极化增益达到 7.4dB，参考天线的最大左旋圆极化增益达到 7.6dB，两天线在 1.95 ～ 2GHz 频段的增益始终大于 6.5dB，并且两天线的增益相差始终小于 0.5dB。

由对阵列天线散射机理的分析可知，阵列天线的散射与天线散射具有很多共同之处，其散射也可以分为结构模式项散射和天线模式项散射。阵列天线的散射也有其独特之处，阵列天线的结构模式项散射可以看作由两部分组成，一部分是具有叠加性质的散射，由于大部分阵列单元对于入射波具有相同的散射特性，在不考虑边缘效应的情况下，各单元可以认为具有相同的形式；另一部分是由有限大阵列的边缘效应以及尖顶绕射等组成的非叠加散射。

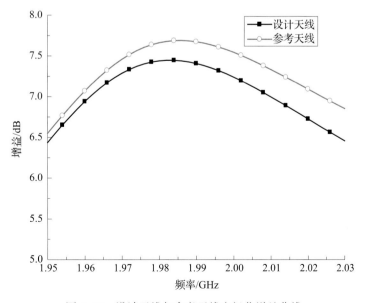

图 6-32　设计天线与参考天线主极化增益曲线

在本节中，入射平面波的入射方向设定为 z 轴负方向；极化方式为 x 极化，即电场矢量方向平行于 x 轴。由于设计天线和参考天线在 1.97GHz 匹配良好，所以在这一频点两天线几乎没有天线模式项散射。

图 6-33（a）、（b）和（c）为在 1.97GHz 平面波入射时，设计天线与参考天线分别在 x-z 面、x-y 面和 y-z 面的结构模式项 RCS 曲线。在图 6-33（a）和（c）中，0° 为天线的主瓣方向，可以看到设计天线的结构模式项 RCS 均有所降低。在图 6-33（b）中，两天线结构项 RCS 曲线交替上升和下降并且 RCS 值均较低，这是由于在 x-y 面天线的结构模式项散射本身较低，并且辐射地板表面结构的改变对该方向的散射影响很小。总之，从图中可以知道天线的结构模式项散射得到了控制，但是在该频点的 RCS 减缩幅度较小，其原因将在下节中设计天线的频域散射特征中进行分析。

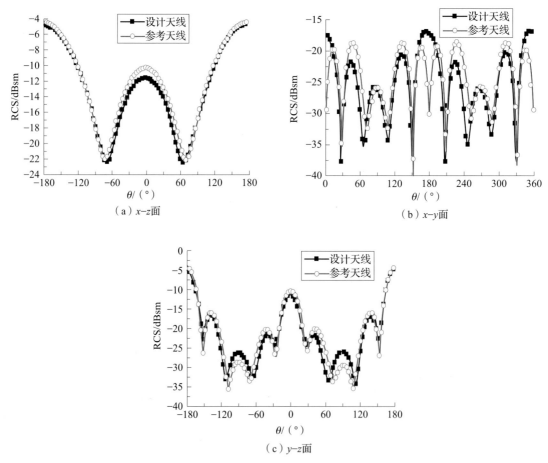

（a）x-z面　　（b）x-y面

（c）y-z面

图 6-33　设计天线与参考天线结构模式项 RCS 对比

6.2.3　低 RCS 圆极化阵列天线 RCS 控制

根据前文中对阵列天线辐射和散射特性的分析，研究了阵列天线在平面波入射情况下各端口端接 50Ω 负载时的 RCS 曲线。为了证明设计天线具有良好的低 RCS 特性，将其双站 RCS 随频率变化的曲线与参考天线进行了对比。在本节入射平面波垂直照射在天线表面,即入射方向为 z 轴负方向;入射波为 x 轴极化,即入射波电场方向与 x 轴平行。图 6-34(a)、(b)和(c)分别为散射角(观察点方向与 z 轴正方向的夹角)为 0°、10° 和 20° 时设计天线和参考天线的双站 RCS。

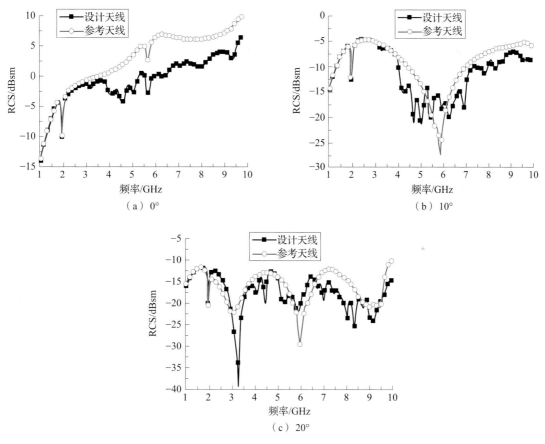

图 6-34　不同角度观察时设计天线与参考天线 RCS

在图 6-34(a)中,在 1 ~ 1.5GHz 的频带内,设计天线与参考天线的 RCS 基本重合,这是由于在低频区域,天线的结构模式项散射表现为瑞利散射,因此细节上的改变对天线整体的散射影响不大。随着入射波频率的升高,天线电尺寸逐渐增大,细节结构对天线整体散射的影响也越来越大,所以参考天线的 RCS 得到了良好的控制。在图 6-34(b)、(c)中,随着观察角度的增加,设计天线和参考天线的 RCS 曲线逐渐靠拢,设计天线的 RCS 减缩程度逐渐降低,不过在整个频带内设计天线的 RCS 峰值均得到了很好的控制。

6.3　基于附加延时线的 RCS 减缩技术

由于天线模式项散射与天线的辐射机理相似,受天线波束指向和馈电结构的影响很大。阵列天线由于具有较高的增益,其天线模式项散射场在总的散射场中占有较大比重,其 RCS 减缩将是天线隐身设计中的重要一环。修形、涂覆吸波材料、阻抗加载、使用 FSS

天线罩等现有的天线散射控制手段能够通过调整天线相应的谐振尺寸或是以吸收、反射入射波的方式来实现天线的 RCS 减缩。然而当入射波频率等于天线工作频率时，这些方法往往会使辐射性能恶化而失效。在天线工作频带内，对天线结构模式项散射的控制需要对相应的天线谐振尺寸进行调整，这往往也会导致天线辐射性能的下降。因此减缩天线模式项散射就成了控制天线带内总散射的重要手段。

6.3.1 附加延时线在天线散射控制中的应用

回顾对天线散射场的分析，得知天线模式项散射场 $\boldsymbol{E}_{\mathrm{an}}$ 可表示如下

$$\boldsymbol{E}_{\mathrm{an}} = b_0^m \times \frac{\varGamma_1}{1 - \varGamma_1\varGamma_{\mathrm{a}}} \times \boldsymbol{E}_0 \qquad （6-5）$$

式中：b_0^m——匹配接收幅度；

$\boldsymbol{E}_0$——单位幅度源激励下天线的辐射电场。

该式反映了天线模式项散射场形成的实质：在入射波照射下，天线首先作为接收装置接收到一些入射能量（对应式（6-5）第 1 项）；然后，一部分能量经负载、馈电网络的多次反射返回天线馈电端口（对应式（6-5）第 2 项）；最后，天线再以发射装置的身份将反射的能量作为激励信号辐射到外部空间中（对应式（6-5）第 3 项）。

阵列天线的散射分析要复杂得多，忽略天线单元间的互耦及各单元的差异，可以得到 n 元阵列的天线模式项散射场

$$\boldsymbol{E}_{\mathrm{an}} = b_0^m \frac{\varGamma_1}{1 - \varGamma_1\varGamma_{\mathrm{a}}} \vec{E}_0^0 \sum_{j=1}^{n} \exp\left[\mathrm{j}(\boldsymbol{k} - \boldsymbol{k}^i) \cdot \boldsymbol{\rho}_j\right] \qquad （6-6）$$

式中，b_0^m 同样为匹配接收幅度，即天线在所有单元端口均匹配的情况下，受入射波激励时阵列中心 0 号单元端口的接收幅度。$\boldsymbol{k}^i$、$\boldsymbol{k}$ 分别表示入射、辐射时的波矢量，$\boldsymbol{\rho}_j$ 为第 j 号单元在阵列中的位置矢量，$\boldsymbol{E}_0^0$ 表示 0 号单元在单位幅度源激励情形下的辐射电场。可以看出，阵列的天线模式项散射场的形成同样经历着一个接收—反射—再辐射的过程。也就是说天线模式项散射的本质是天线的二次辐射，而造成这二次辐射的能量来自于天线截获能量在系统内部不匹配处的反射。因此其能量传输的路径（辐射终端—馈电网络不匹配处—辐射终端）与天线辐射时的路径（馈电网络—辐射终端）有着本质的差异，这一差异正是本节减缩天线模式项散射的切入点。

在天线散射控制中，带内 RCS 之所以难以减缩，一个重要的原因就是对带内散射的抑制往往会导致天线辐射性能的恶化。虽然天线模式项散射与天线辐射有着密不可分的联系，但上述分析表明：在天线辐射时，能量仅仅经过信号源到天线这一路径一次；而天线模式项散射的产生需要能量通过这条路径两次（在天线工作频带内，天线匹配较好，反射到天线端口的能量再次反射回负载的高阶反射可以忽略）。对于阵列天线，若各辐射单元到信号源路径的电长度相同，则阵列天线各单元受到的馈电同相。忽略传输线损耗，改变各单元到信号源路径的长度，则各单元受到的馈电将有一组相位差。采用相位综合技术优化这组相位差，则对于天线的辐射性能往往会得到如低副瓣、波束扫描等优良特性。而对于天线模式项散射，当入射波照射时，阵列各单元二次辐射所需的激励能量在失配处反射前后都经历了一次相位的变化，因而最终形成的天线散射场与辐射场的变化趋势不同。这就有可能通过优化这组相位差使阵列的天线模式项散射峰值偏离天线最大辐射方向，以实现一定

空域内的 RCS 减缩。

如图 6-35 所示，在原阵列天线单元（端口 a 处）与馈电网络（端口 b 处）之间接入一组长度不等的传输线作为相位延时线，设对应于单元 j 的传输线的电长度为 β_j，则当天线辐射时所有传输线移相相位为 $\boldsymbol{B}=[\beta_1, \beta_2, \cdots, \beta_j, \cdots, \beta_n]$；而当天线受到入射波照射时，入射能量两次通过这段传输延时线后作为天线模式项二次辐射时的相位改变为 $2\boldsymbol{B}$。这样，通过优化变量 $\boldsymbol{B}$，便可得到满足辐射要求且具有较低 RCS 的阵列。

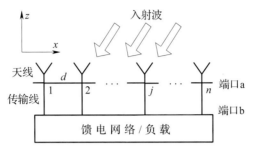

图 6-35　入射波照射阵列天线示意图

6.3.2　适应度函数设计

本节采用矩量法计算天线辐射参数及天线模式项 RCS，并通过粒子群算法完成参数优化。考虑到附加传输线会对阵列辐射性能造成一定的影响，因此这里仍以阵列增益和最大副瓣电平这两个重要辐射指标为参考，给出的目标函数如下

$$\text{fit}=a_1 \times |G-G_d|+a_2 \times \text{SLL}+a_3 \times \underset{i=1,\cdots,I}{\text{Max}}(\text{ARCS}_i) \tag{6-7}$$

式中：G——计算得到的阵列增益；

G_d——目标增益，通常等于或略大于参考阵列（原阵列）的增益。

若将 G 定义为优化前参考阵列最大辐射方向处的增益，则优化时，随着该方向上 $|G-G_d|$ 的值不断减小，阵列合成的增益将不断靠近目标增益 G_d，从而保证阵列天线的最大辐射方向不发生偏移。SLL 为阵列的最大副瓣电平值，ARCS_i 为阵列在第 i 个角度抽样点下的天线模式项 RCS 值。a_1、a_2、a_3 为权值系数，其选取应参考具体的需求，原则上应使式（6-7）右边三项保持在同一数量级。为实现对 RCS 的最大控制，也可在阵列辐射性能不恶化的前提下尽量增大 a_3 以提高散射在优化中的比重。

6.3.3　优化实例

实例 1： 考虑一个工作于 1GHz、单元间距 0.4 倍波长的 16 元对称振子阵列。如图 6-36 所示，振子臂沿 y 轴方向摆放，阵列沿 x 轴方向排列。以不加延时传输线的阵列为原阵列，其最大辐射方向为 $\theta=0°$ 方向。当 φ 极化入射波沿 $\varphi=0°$、$\theta=0°$ 方向照射时，在阵列镜面方向将会形成散射峰值，这对天线隐身是不利的。这里不失一般性地以双站角 $\theta \in [-30°, 30°]$ 为威胁角域来优化天线模式项 RCS。考虑权值系数 $[a_1, a_2, a_3]=[3, 2, 1]$，经过种群规模为 40 的 500 代优化，最终得到的移相相位 $\boldsymbol{B}=[157.76°, 56.08°, 152.91°, 68.56°, 156.45°, 65.37°, 155.41°, 62.72°, 151.43°, 67.89°, 156.98°, 50.63°, 117.66°, 179.99°, 74.16°, 172.70°]$。

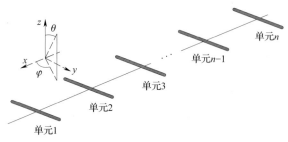

图 6-36　天线阵列示意图

以其对应长度的传输线接入端口 a、b 之间便得到了低散射阵列，通过 HFSS 建模计算得到的两天线辐射方向图与天线模式项 RCS 的比对结果如图 6-37 所示。在图 6-37（a）给出的 x–z 面方向图中，优化的阵列与原阵列的最大副瓣电平几乎相同，但优化后阵列增益有 0.81dB 的损失。图 6-37（b）给出了优化前后的天线模式项 RCS 曲线，可见原阵列最大的 RCS 峰值出现在 $\theta=0°$ 方向，这与天线最大辐射方向相同。对于飞行器等天线载体来说，该方向附近的区域正是最容易被探测雷达截获的空域，也是天线 RCS 减缩的关键角域。而接入延时传输线后，在这一威胁角域内天线模式项散射完全得到抑制，$\theta=0°$ 的 RCS 最大峰值获得了约 17dB 的减缩，效果明显。

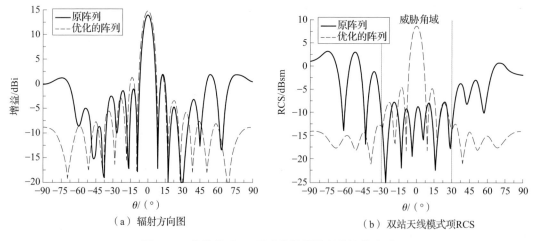

（a）辐射方向图　　　　　　　　　　（b）双站天线模式项RCS

图 6-37　优化前后 16 元对称振子阵列的性能比对

实例 2： 考虑一个工作于 1GHz、单元间距 0.4 倍波长的 12 元对称振子阵列。这里，不失一般性地以单站角 $\theta \in [-20°，20°]$ 为威胁角域，考虑优化的权值系数 $[a_1，a_2，a_3]=[2，2，1]$，经过种群规模为 30 的 450 代优化，最终得到的移相相位 $\boldsymbol{B}=[162.54°，50.98°，139.83°，68.83°，161.08°，81.33°，167.24°，75.02°，167.23°，86.34°，179.82°，120.34°]$。将对应长度的传输线接入端口 a、b 之间，采用 HFSS 软件建模计算，得到的辐射与散射比对结果如图 6-38 所示。可见，优化的阵列与原阵列相比仅有 0.93dB 的增益损失，而天线模式项 RCS 却得到明显减缩。如图 6-38（b）所示，威胁角域内原阵列的天线模式项 RCS 峰值完全被抑制，最大峰值得到 14.1dB 的减缩。而加载延时线后的阵列在威胁角域之外的 $\theta=-37°$ 和 $\theta=38°$ 处生成了两个较大的峰值，这说明，采用的附加延时线实际是通过各个单元的激励相差将天线模式项散射峰值移出优化前设定的威胁角域，进而达到抑制散射的目的。

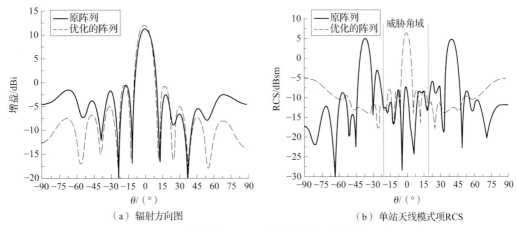

（a）辐射方向图　　　　　　（b）单站天线模式项RCS

图 6-38　优化前后 12 元对称振子阵列的性能比对

6.4　基于共形微带贴片天线的 RCS 减缩技术

微带天线具有低剖面的特点，因而易于做成同各曲面物体共形的微带天线及阵列。目前，共形微带天线已经获得广泛应用，特别是在高速运动的物体上，例如，导弹、火箭、卫星和各种飞行器等。降低阵列天线 RCS 的另一个途径就是将阵列表面由平面结构修改成曲面结构，以便直接与飞行器表面共形[76]。这种共形曲面阵上各单元的散射场相位各异，因而可以互相抵消或部分抵消，使其结构项雷达截面积能显著降低。

6.4.1　共形阵与平面阵的主要区别

共形阵与平面阵的主要区别在于[70]：

①由于共形阵各阵元的方向图最大值的指向不同，所以一般情况下方向性乘积定理不适用于共形阵，这增加了计算或综合共形阵的方向图复杂性。

②由于各阵面在曲面上所处的位置不同，曲面对它们影响也不同。

③共形阵必须考虑交叉极化分量，这是由于每一阵元处于不同方向，因此对空间某一方向上各元辐射场的极化方向一般是不相同的，这就有可能形成较大的交叉极化分量。

④对于共形相控阵。当波束扫描到某一方向时，不是所有阵元都对主波束有贡献。这就必须断开对主波束无贡献的单元激励，以免增加旁瓣电平和降低效率。

共形微带天线与一般平面微带天线不同，后者是平面结构，且在微带后面的接地板也是平面。在分析平面微带天线时一般总是假设接地平面为无限大。共形微带天线不仅微带贴片是曲面，而且贴片后的接地面也是曲率半径为有限值的曲面。因此，在分析这种天线时必须要考虑到曲率对天线性能的影响，这就增加了分析的复杂性。

飞行体是由圆锥形的头部，圆柱形或椭圆形的主体，楔形的机翼和尾翼等构成的，外形很不规则，而天线装在它的各个部位上，所以受到其复杂外形的约束。因此，为了求解理论问题，必须将它的外形分别的逼近于有规则的几何形状。

参考文献［77］和［78］基于并矢格林函数导出的圆柱微带共形天线电场的一般表达式，研究了圆柱共形微带线的辐射和散射特性，分析了介电常数、介质厚度和金属圆柱半径对圆柱共形微带线方向图的影响：

①随着金属圆柱体半径的增加，共形微带线的后向辐射减弱，同时伴随着方向图主瓣宽度的减小；

②介质层介电常数的增大导致方向图主瓣变宽；

③随着介质层厚度的增加，方向图主瓣宽度略微加大。

由于共形微带线很窄，可以近似把它看成一电流丝，另外，根据腔模理论，微带线的辐射可近似等效为开槽缝的辐射。圆柱共形微带线的雷达目标散射宽度随微带线沿圆柱方向对圆柱中心的张角的变化趋势与圆柱共形微带天线的辐射方向图一致。圆柱体上共形微带天线有两种模式，一种是辐射边沿圆柱轴线方向，称为轴向模式；另一种是辐射边沿圆柱的圆周方向，称为周向模式。下面比较一下同一个二元阵在两种模式下的散射特性。

6.4.2 圆柱共形低 RCS 微带天线

采用参考文献［79］中给出的周向模式圆柱共形微带天线，天线的尺寸如表 6-8 所示，其中贴片沿圆周方向对圆柱中心的张角为 α，基片张角为 β，对于给定的贴片尺寸，圆柱曲率半径越小，则 α、β 越大。本节设计的轴向模式圆柱共形微带天线与前述天线具有相同的尺寸，两副天线的结构示意图分别如图 6-39 和图 6-40 所示。

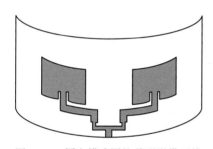

图 6-39　周向模式圆柱共形微带天线

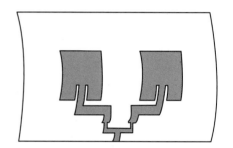

图 6-40　轴向模式圆柱共形微带天线

表 6-8　共形天线阵相关尺寸　　　　　　　　　　　　　　　　　　　　　mm

L	W	C	D	W_1	W_2	T	T_1	F
37.97	30	8.7	76	3.2	5.7	82	41	9

阵列的两个天线单元通过功率分配器相接，L、W 分别是共形阵列天线单元的长和宽，W_2 是 50Ω 的微带线宽，W_1 是 70.7Ω 的微带线宽，D 为单元中心间距，T 是基片长度，F 是微带馈线插入深度。外圆柱半径是 118.8mm，内圆柱半径是 116.8mm。基片介电常数 $\varepsilon_r=2.6$，厚度 $h=2mm$。

由仿真结果可知，周向模式圆柱共形微带天线的最大增益为 10.7dBi，而轴向模式天线的最大增益为 9.6dBi，两天线的工作频率同为 3.20GHz。图 6-41 和图 6-42 给出了两个天线的 E 面和 H 面方向图。可以看到，周向模式圆柱共形天线具有较高的增益和较为理想的方向图，两个天线的后瓣都普遍偏大，因此实际应用时必须采用有效的手段抑制天线的后瓣，使天线的方向图满足要求。

θ 极化平面波以 $\theta=60°$、$\varphi=45°$ 角度入射时，两个天线的单站 RCS 曲线如图 6-43 所示。可以看到，在大部分频带内，周向天线的 RCS 要低于轴向天线，其带内 RCS 稍有增加。由以上对两副天线辐射性能及散射性能的比较可知，设计低 RCS 圆柱共形天线时，宜采用周向模式。

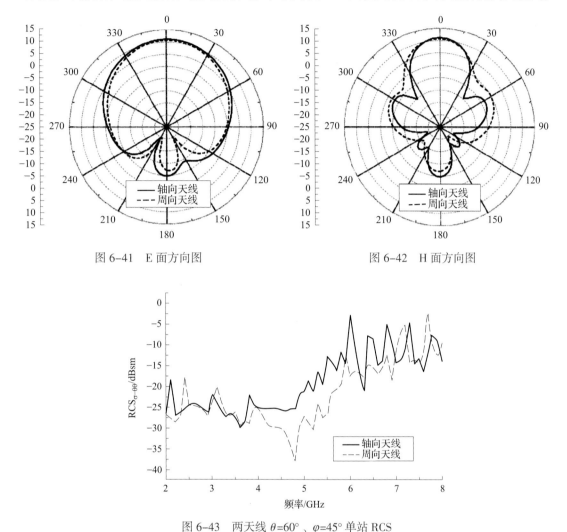

图 6-41　E 面方向图　　　　　　　　　图 6-42　H 面方向图

图 6-43　两天线 $\theta=60°$、$\varphi=45°$ 单站 RCS

6.4.3　开槽共形微带贴片天线阵列

一种基于开槽方式的轴向圆柱共形天线，如图 6-44 所示，利用位于单元中心的矩形耦合口径来代替对地板的开槽，贴片的长度为 27.2mm，位于贴片中心的矩形耦合口径的尺寸为 1.2mm×13.3mm。外圆柱半径为 124mm，内圆柱半径为 120mm。天线介质层和馈电介质层的厚度均为 2mm，介电常数为 2.65。

开槽共形贴片阵列的工作频率为 2.87GHz。天线的增益为 11.6dB。工作于同频率的平面矩形贴片天线阵列的增益为 12dB。同平面矩形贴片天线阵列相比，开槽阵列的增益下降了 0.4dB，方向图有一些改变，最大辐射方向略有偏移，带宽变宽。图 6-45 给出了两天线阵列的 S_{11} 参数和方向图的比较。

图 6-44　开槽轴向圆柱共形贴片天线阵列

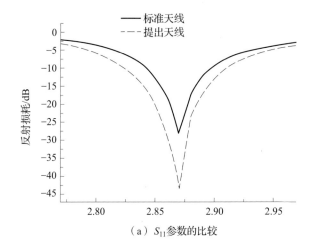

（a）S_{11} 参数的比较

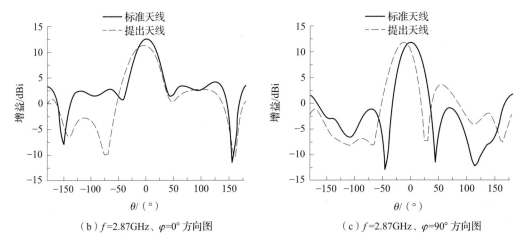

（b）f=2.87GHz、φ=0° 方向图　　　　（c）f=2.87GHz、φ=90° 方向图

图 6-45　两阵列天线的 S_{11} 参数的比较和方向图的比较

分别计算了各个典型入射波角度 θ 极化平面波照射下两阵列天线的单站 RCS，如图 6-46 所示。可以看到，当 θ=60°、φ=0° 方向入射时，部分频段的 RCS 得到了减缩。而 θ=60°、φ=45° 方向入射时，除了开槽减缩掉的 RCS 峰值外，在 2.87GHz 处的峰值得到了 3dB 的减缩，这是共形阵列产生的减缩效果。当 θ=60°、φ=90° 入射时，大部分峰值都的得到了减缩，共形阵列的 RCS 整体趋于平缓，没有明显的峰值。

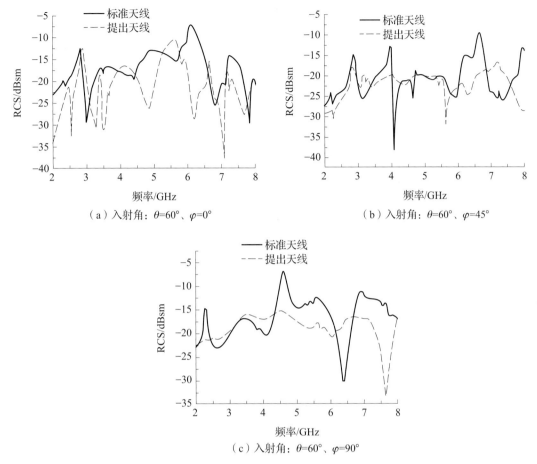

图 6-46　不同方向入射平面波下两阵列天线的 RCS 比较

6.5　基于微带平面反射阵天线的 RCS 减缩技术

6.5.1　反射阵列单元结构

近年来，越来越多的研究致力于降低微带平面反射阵天线的 RCS[80-83]。经过不断探索，创新性地集成了频率选择表面的滤波特性和反射阵列天线的高增益特性，提出了一种新型的低 RCS 高增益微带平面反射阵天线。其中，减缩途径选取了归于非全时减缩的频率选择表面技术。该天线的主要构成有：反射阵列，频率选择表面，馈源以及支架等，以下逐一说明。

本节选取了方形环作为反射阵列单元，具体尺寸结构如图 6-47 所示，周期边界为 L_1=64mm，内边长与外边长的关系 L_4=L_3×0.2，介质基板分三层，其中最上层和最下层，即 A 层相对介电常数 ε_r=3.2，厚度为 1.58mm，中间层，即 B 层为空气介质，厚度为5mm。设置空气介质层的目的是为了降低反射相位曲线的坡度，有益于提高加工精度，减小误差。

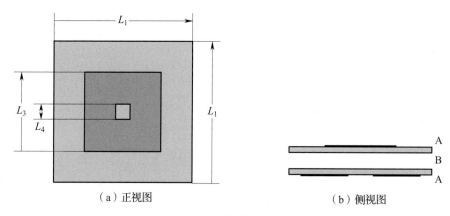

（a）正视图　　　　　　　　　　　　（b）侧视图

图 6-47　反射阵列单元尺寸结构示意图

为了实现低 RCS 效果，设计了一种频率选择表面以代替传统天线的金属地板。FSS 单元也采用方形环的结构，其周期边界 L_2=32mm，也就是反射阵列单元周期尺寸的一半。由图 6-47（b）易见，在侧视方向上一个反射阵列单元对应两个 FSS 单元，也就是说在俯视方向上一个反射阵列单元对应于 4 个 FSS 单元。采取不同的周期边界，可以减小反射层以及地板层间的相互影响，进一步减小 RCS 减缩对天线辐射特性的影响。

因为所要分析结构的总体尺寸远大于工作波长，可以将其等效为无限大二维周期问题。当平面阵列结构和频率选择表面可以被理想地视为无限大时，此类结构的电磁问题可以应用 Ansoft HFSS 11.0 新引进的 Floquet 端口进行计算。此时，将每个位置的单元都近似为垂直入射的平面波照射，且将单元间的互耦考虑在内。于是，通过 HFSS 计算可以很方便地得到以边长 L_3 为变量的反射相位曲线，用于之后阵列的设计。仿真结果如图 6-48 所示，可以看出，该曲线在 L_3 取值为 30 ~ 45mm 的区间内线性良好、平滑且坡度较缓，因此在制作小型阵列时，选取该区间内的尺寸效果更佳。

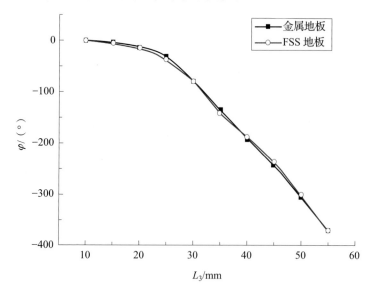

图 6-48　地板分别为金属板以及 FSS 时的相位曲线

地板单元的基本结构如图 6-49 所示，外边长和内边长分别为 L_5 和 L_6。FSS 可以近似为无限大二维周期性结构，因此同样应用 Ansoft HFSS 的 Floquet 端口调节方形环的边长，使其在工作频率 2.5GHz 达到全反射，从而实现在工作频带内等同于全反射地板的效果。经优化，确定 L_5=27mm，L_6=24.2mm，此时 FSS 的频率响应如图 6-50 所示。

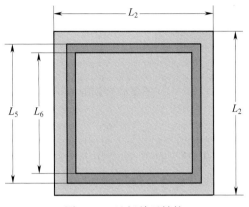

图 6-49　地板单元结构

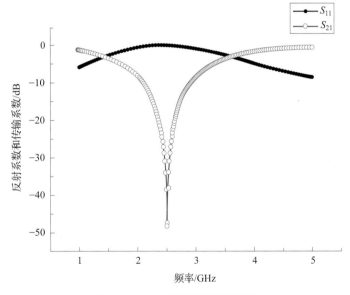

图 6-50　FSS 的反射及透射系数

此外，为了研究 FSS 对天线在工作频带内的影响，对比了地板分别为 FSS 及金属板时，阵列单元的反射相位曲线，仿真结果如图 6-48 所示。易见，两条曲线基本重合，即 FSS 对各个大小的反射阵列单元的相位基本上没有影响，这意味着对天线工作时的增益影响甚微。

为最大程度地减小遮挡，馈源选择了后向辐射较小的微带贴片天线。其特点是地板尺寸大于介质基片尺寸，有效地抑制了后向辐射，降低了对阵列反射波的干扰。其基本结构如图 6-51 所示，辐射贴片边长 L_9=32mm，地板边长 L_7=54mm，介质基板相对介电常数 ε_r=3.2，厚度 h=1.58mm，边长 L_8=35mm。其工作频率为反射阵列的工作频率 2.5GHz。

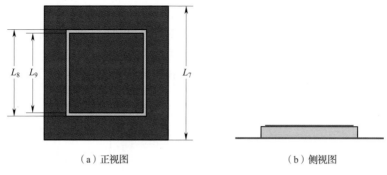

（a）正视图　　　　　　　　　　　（b）侧视图

图 6-51　馈源基本结构示意图

6.5.2　低 RCS 反射阵天线

在该设计中，微带平面反射阵选取了 37 个单元，在圆域内分布，加工制作了模型，如图 6-52 所示。其中，根据选定的介质材料及其厚度、馈源与介质板之间的距离、各单元间的间距，给每个单元设计可实现所需相位补偿的边长。由于结构的对称性，只需计算 8 种不同尺寸的单元，按至中心单元的距离由近到远，其外边长依次取为：44mm，42.4mm，41.2mm，39.5mm，38.8mm，37mm，36.4mm，35.8mm。单元间的中心间距为 64mm，总的阵面边长为 $D=450mm$。

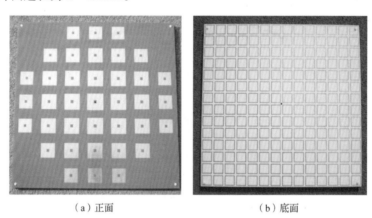

（a）正面　　　　　　　　　　　（b）底面

图 6-52　加工制作的天线模型照片

频率选择表面选了 196 个单元，每个单元大小一致，均为外环边长 $L_5=27mm$，内环边长 $L_6=24.2mm$，总的阵面边长为 $D=450mm$。其中，反射阵列单元利用印刷电路板工艺印制在上层介质板的正面，地板单元印制在下层介质板的背面。上下层介质板通过塑料隔离柱支撑。在馈源的设置方面，馈电方式选择正馈，馈源距天线阵面中心 $F=400mm$，即 $F/D=0.89$。馈源通过两根垂直放置的绝缘支撑柱固定，经过加工制作，完整的天线结构如图 6-53 所示。

使用商用软件 Ansoft HFSS v11 对天线的模型进行了仿真分析与优化，通过调节最终实现了具有良好特性的低 RCS 微带平面反射阵天线，根据设计结果加工制作了天线模型，并进行了测量。

对天线的改动尽可能不影响天线的辐射性能是天线 RCS 减缩的一个重要前提，因此，这里先来讨论一下 FSS 结构对天线辐射性能的影响。采用两种地板（原金属板与 FSS 地板）的

天线在中心频率 2.5GHz 处的实测 E 面和 H 面归一化方向图
如图 6-54 所示。从图中可以看出，使用 FSS 地板的天线与
原天线相比，其辐射方向图变化很小，在主辐射方向上两天
线基本相同。其中，E 面和 H 面方向图天线主波束方向为偏
离法线方向 $\theta=-2°$，是由于馈源位置偏差及天线构架不稳固
等原因造成的；H 面的不对称性是由于支撑架的遮挡、加工
误差等原因造成的。由此得出结论：所给的 FSS 结构基本未
对天线的辐射性能造成影响，也就是说在工作频带内，该频
选地板可以代替原金属地板。

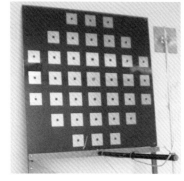

图 6-53　制作的天线模型实物图

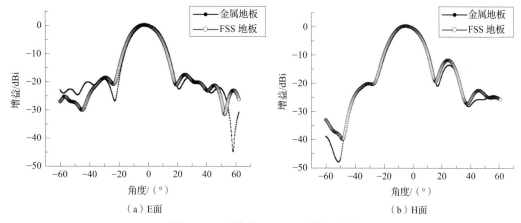

（a）E面　　　　　　　　　　（b）H面

图 6-54　天线在 2.5GHz 时的方向图

　　图 6-55 显示了两类天线在 1 ~ 20GHz 频带内的单站 RCS 比较。从图中可以看出，在
工作频带内即 2.5GHz 时，天线的 RCS 几乎未见减缩，这是为了保证天线辐射特性做出的
折中；在 2.5GHz 以外的非天线工作频带内，RCS 均有下降，尤其是在 7GHz 时达到峰值，
天线的单站 RCS 减缩超过了 19dB。这说明所给的地板结构发挥了良好的 RCS 减缩作用，
仿真结果与理论预测相符合。

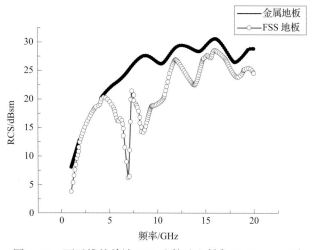

图 6-55　两天线的单站 RCS 比较（入射角 $\theta=0°$、$\varphi=0°$）

6.6 基于频率选择表面反射板的 RCS 减缩技术

在电磁隐身技术中，频率选择表面的使用是一种重要的手段，许多新型的 FSS 已投入到武器装备的实际应用中。频率选择表面是一种使反射/传输响应表现出不同频率特性的周期结构，通常可分为贴片型和孔径型两类。贴片型 FSS 一般会呈现出全反射的带阻特性，而孔径型 FSS 往往会表现出全透射的带通特性。而结构复杂的 FSS 对入射波的频率选择特性主要受单元的尺寸和形式、阵列的排列方式以及衬底介质特性等多方面因素的影响。本节基于上一章的六边环准分形频率选择表面结构，设计了一个 4×2 振子阵列，将其用于天线的反射板设计。试验表明，采用该 FSS 反射板设计的天线与原金属板天线相比，辐射性能几乎不变，而天线的 RCS 却能得到有效的控制。

以印刷振子天线作为阵列天线的基本单元，形成如图 6-56（a）所示的 4×2 振子阵列。其中，阵元间距为 60mm，阵列使用厚度为 1mm、介电常数为 2.65 的介质基层，由两个 1 分 4 的微带功分器馈电，能量由巴仑结构送到振子两臂，阵列天线的反射板尺寸为 280mm × 175mm。在印刷振子天线表面还采用了如图 6-56（b）所示开槽窗口结构以增加天线带宽。

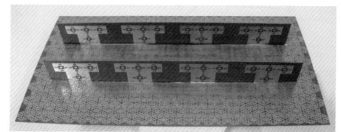

（a）4×2印刷振子阵列实物照片 　　　　　（b）振子表面窗口结构

图 6-56　设计的 4×2 印刷振子阵列

采用金属反射板的原天线与采用 FSS 反射板的 FSS 天线的实测驻波比曲线如图 6-57 所示。可见，两天线的驻波比曲线基本相同，VSWR ≤ 1.5 的阻抗带宽均为 2.58 ~ 4.03GHz，所给 FSS 结构对于天线的阻抗匹配几乎未产生影响。

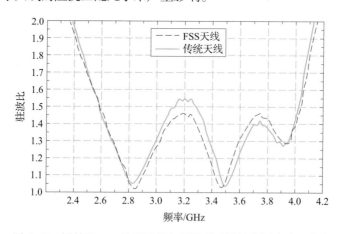

图 6-57　设计的 FSS 阵列天线与原阵列天线的实测驻波比曲线

两天线在阵列工作频率 3.2GHz 处的实测方向图如图 6-58 所示。可以看出，除了在后半空间内有一些差异外，两天线的辐射方向图基本一致。这说明采用 FSS 结构后，天线的主要辐射性能没有大的改变，说明该 FSS 结构可以取代原阵列的金属反射板，此方案具备天线 RCS 减缩的可能性。

如图 6-59 所示，将两天线分别置于微波暗室的泡沫塔上进行散射测量，以比对二者的 RCS 水平，从而验证所给频率选择表面结构在阵列天线 RCS 减缩中的可行性。

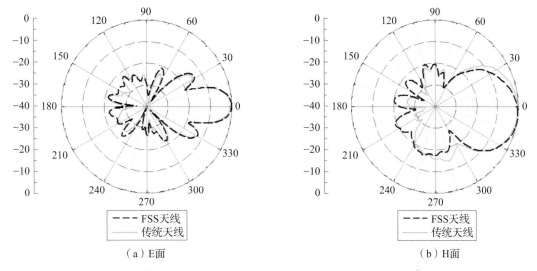

（a）E面　　　　　　　　　　　　（b）H面

图 6-58　设计的 FSS 阵列天线与原阵列天线在 3.2GHz 时的实测方向图

图 6-59　微波暗室中的天线 RCS 测量

图 6-60（a）给出的是 θ 极化的入射波垂直照射在阵列上时，θ 极化接收得到的 RCS 曲线。可见，在 1 ~ 15GHz 的范围内，原天线的 RCS 曲线大部分位于 0 ~ 10dBsm 之间，其背向散射很大，容易被探测雷达发现。使用 FSS 反射板替换金属反射板之后，在 2.58 ~ 4.03GHz 的天线的工作频带内，FSS 表现出带阻特性，此时 FSS 反射板与金属反射板作用类似，未能实现 RCS 减缩；而在这一频带之外，FSS 表现出带通特性，天线 RCS 减缩效果明显。尤其是在 5.5 ~ 13.5GHz 频段内，减缩基本都超过 10dB。

图 6-60（b）给出的是 θ 极化的入射波沿（$\theta=60°$、$\varphi=0°$）的方向照射阵列时得到的 RCS 曲线。在这一状态下采用 FSS 反射板后，天线带外位于 5.57GHz，7.21GHz，8.72GHz，10.32GHz，11.21GHz 和 13.33GHz 频率附近的 RCS 峰值都得到了抑制。虽然有个别频带内的 RCS 略有增加，但大部分频带内的 RCS 都有了一定程度的减小，该 FSS 结构对于斜入射的天线 RCS 控制依然有效。

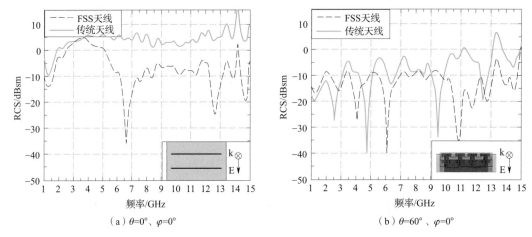

（a）$\theta=0°$、$\varphi=0°$　　　　　　　　（b）$\theta=60°$、$\varphi=0°$

图 6-60　设计的 FSS 阵列天线与原阵列天线的实测 RCS 曲线

综上所述，采用所给的带阻频率选择表面结构作为阵列天线的反射板，能够在不影响天线主要辐射性能的前提下实现天线的带外 RCS 减缩，而这一减缩对于沿反射板法向入射的电磁波尤为有效。

6.7　基于 EBG 结构的 RCS 减缩技术

光子晶体结构是指具有光子带隙[84-85]（photonic bandgap，PBG）的人工周期结构。当把这种结构应用于微波与毫米波领域时，该结构就被称为电磁带隙（electromagnetic bandgap，EBG）结构。众所周知，电磁带隙结构有两个带隙：即同相反射相位带隙和表面波抑制带隙[86]。由于这两个独特的电磁特性，EBG 结构在电磁学的很多领域受到了关注。同时利用这两个电磁带隙，EBG 结构已经成功地在电磁学的很多领域得到了实际的应用。当表面波频率落在 EBG 结构表面波抑制带隙内时，表面波将无法在 EBG 结构表面传播。因此很多学者利用该特性将 EBG 结构用于提高天线的增益，减小天线的后向辐射、减小天线之间的互耦以及消除相控阵天线的扫描盲区，展宽扫描范围等。同时，EBG 结构还具有同相反射相位带隙。即当入射波频率落在 EBG 结构同相反射相位带隙内，反射波的反射相位为 0°，此时 EBG 结构表面类似于理想磁导体。由镜像原理可知，理想电导体表面上方的电流其镜像电流与原电流方向相反，而理想磁导体表面上方的电流其镜像电流与原电流同向。然而对于很多类型天线，常需要金属面作为反射面来提高天线的增益，但金属面与天线距离必须足够远，通常为四分之一波长，因为距离太近原电流会被镜像电流所"抵消"而被短路。而 EBG 结构在谐振频率附近类似理想磁导体，由于理想磁导体产生的同向镜像电流，所以天线可以放置在离反射面很近的地方，大大减小了天线的整体尺寸，实现了降低天线剖面的目的。很多学者已经成功将其应用在对称振子、倒 L 和平面螺旋天线等形式的天线中。

6.7.1　加载 EBG 结构的低 RCS 波导缝隙阵列天线

波导缝隙天线具有辐射效率高、容易实现低或极低副瓣性能等优良电气特性，而且具有较好的刚度和强度、重量轻、结构紧凑、体积小、性能稳定、功率容量大等优势，从而在机载火控雷达、机载预警雷达、气象雷达、导弹巡航等方面有着其他天线无法替代的优势。尤其是在新型的雷达系统中，波导缝隙天线已成为优选的天线形式。在实际应用中，为保证天线的辐射效率和探测范围，在飞行器上一般将波导缝隙阵列天线放置在入射波能够直接照射的地方。这样在飞行器头部方向产生极强的雷达截面积（RCS）贡献，通常其结构项 RCS 可高达 20 ~ 30dBsm。因此，设法减小波导缝隙阵列天线的 RCS 对提高飞机的生存能力具有重要的军事意义和应用前景。在考虑缝隙间相互耦合的情况下，由入射波在平板裂缝处激励起的场产生的模式项散射，远小于平板自身的结构项散射，因此合成后的远区散射场，在 0° ~ 60° 范围内基本上按平板结构项散射的规律变化。若要有效地降低平板裂缝阵列天线的 RCS，必须首先消除平板的结构项散射。

（1）EBG 结构分析

在平面波垂直入射情况下，Mushroom-like EBG 结构去掉金属过孔时同相反射相位（又称反射波相位）带隙依然存在，为了仿真和制作简单，本章采用的 EBG 结构为无过孔的贴片型 EBG 结构，结构示意图如图 6-61 所示。贴片型 EBG 单元是由表面贴片印制在接有金属地面的介质基板上，介质基板厚度为 t，相对介电常数为 ε_r，单元金属贴片的宽度为 W，单元之间的缝隙宽度为 g，这种 EBG 结构具有有效的同相反射相位带隙。下面分析贴片型 EBG 结构各参数对其同相反射相位带隙的影响，包括金属贴片的宽度 W、缝隙宽度 g、介质板厚度 t 和相对介电常数 ε_r 4 个参数。

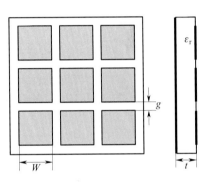

图 6-61　无过孔 EBG 结构示意图

EBG 单元初始尺寸为：金属贴片的宽度 W=3.5mm，缝隙宽度 g=0.2mm，介质板厚度 t=1.5mm，相对介电常数 ε_r=2.65。在分析其中一个参数对其反射相位特性的影响时，其他参数保持不变。图 6-62 ~ 图 6-65 分别表示贴片宽度 W、缝隙宽度 g、介质基板厚度 t 和介电常数 ε_r 对 EBG 结构垂直平面波照射的反射相位特性的影响。

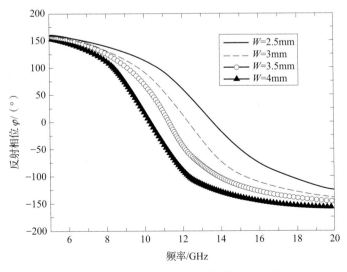

图 6-62　不同贴片宽度的反射相位频率特性

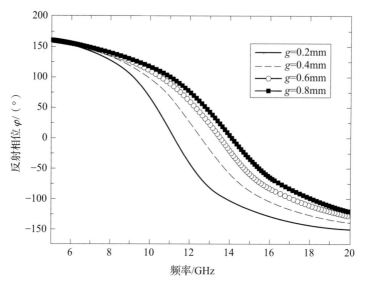

图 6-63　不同缝隙宽度的反射相位频率特性

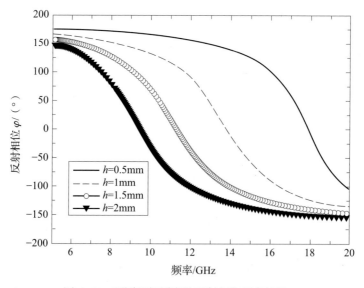

图 6-64　不同基板厚度的反射相位频率特性

从图中可以看到，随着金属贴片宽度的增大、随着介质基板厚度的增加及随着介质基板介电常数的增大，EBG 结构的同相反射相位带隙均向低频端移动；相反地，随着缝隙宽度的增大，同相反射相位带隙向高频端移动。上述结论为后面 EBG 结构的设计和应用提供了重要的理论指导。

（2）加载 EBG 结构后的天线性能分析

本节的波导缝隙阵列天线选用的是参考文献［87］中的天线，天线结构示意图如图 6-66 所示，天线为 4×6 阵元的波导宽边缝隙阵列天线，中心工作频率为 12GHz，VSWR ≤ 2 的阻抗带宽为 210MHz，采用半高标准波导 BJ-120 作为辐射阵面的组成波导，

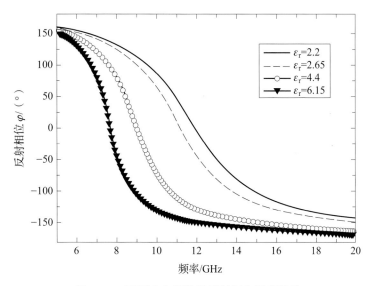

图 6-65　不同介电常数的反射相位频率特性

具体尺寸为：波导宽边 a_f=19.05mm，波导窄边 b_f=4.76mm，波导壁厚 t=1mm。在金属波导的上表面宽边方向，偏离中心线位置开有长度近似为 λ/2 的矩形纵缝，相邻缝隙中心间距为 $λ_g$/2，缝隙交替分布在波导宽边中心线的两侧，缝长为 11.1mm，缝宽为 1mm。缝隙由于切割横向表面电流产生辐射，波导中传输 TE_{10} 模，耦合波导宽边尺寸 a_c=15.96mm，窄边尺寸 b_c=5.99mm，4 个缝隙的倾角分别为 –15°、30°、30°、–15°，长度均为 16.9mm。阵列总尺寸为 81.2mm×99.39mm，天线的口径分布采用泰勒分布。

本章选用的波导缝隙阵列天线的中心工作频率为 12GHz，为了减缩天线带内 RCS，根据上述 EBG 结构设计思想，通过优化选择 EBG 结构参数为：介质基板的相对介电常数 $ε_r$ 为 2.65，厚度 t=1.5mm，贴片宽度 W=2.8mm，缝隙宽度 g=0.2mm。

基于上述分析，为了减缩天线的 RCS，并且消除对入射波极化方式的敏感性，将波导缝隙阵列天线的阵面分为 4 个区域，EBG 结构加载在天线阵面的一、三象限，如图 6-67 所示，同时在 EBG 结构上开槽，其尺寸略大于波导缝隙的尺寸，这样在 EBG 结构的同相反射相位带隙内，两者的散射场相互干涉，从而可以减小天线的后向 RCS，同时不影响其辐射性能。

天线 RCS 的减缩最主要的问题在于低 RCS 效果和辐射性能的兼顾，下面分析加载 EBG 结构后对天线辐射性能的影响。图 6-68 给出了天线加载 EBG 结构前后 S_{11} 对比曲线图，可以看出，波导缝隙阵列天线加载 EBG 结构后，S_{11} 稍微变大了，但仍满足天线工作带宽。图 6-69 为天线加载 EBG 结构前后 E 面和 H 面增益方向图。

可以看出，加载 EBG 结构的天线与原天线相比，其辐射方向图略有变化，加载 EBG 结构的天线主瓣有些变窄，副瓣略有增加，后瓣变小；其中，加载 EBG 结构的波导缝隙阵列天线 E 面和 H 面最大增益比原天线降低了 0.7dB，这主要是由于 EBG 结构与缝隙之间的相互作用，而且由于 EBG 结构具有抑制表面波作用，所以方向图后瓣变小。

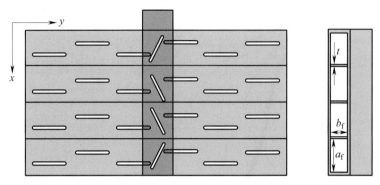

图 6-66　波导缝隙阵列天线结构示意图

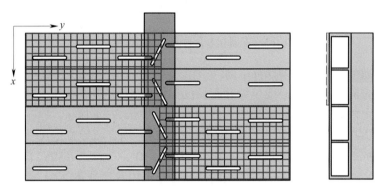

图 6-67　波导缝隙阵列天线加载 EBG 结构后的示意图

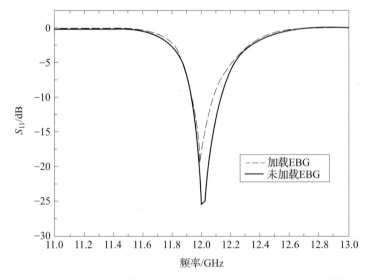

图 6-68　加载 EBG 结构前后波导缝隙阵列天线 S_{11} 比较曲线图

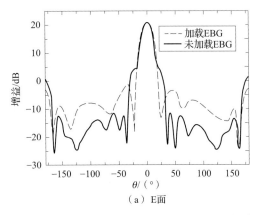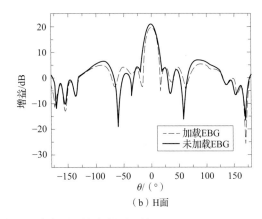

（a）E面　　　　　　　　　　　　（b）H面

图 6-69　加载 EBG 结构前后波导缝隙阵列天线方向图比较

图 6-70 给出了天线在 2 ～ 18GHz 频段内的单站 RCS 频率曲线图，其中，实线和虚线分别表示没有加载 EBG 结构和加载 EBG 结构的波导缝隙阵列天线的 RCS 仿真结果。

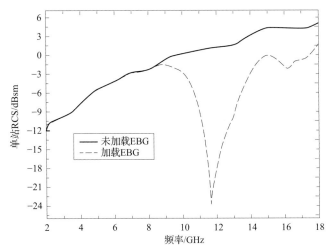

图 6-70　加载 EBG 结构前后天线的单站 RCS 比较结果图

从图 6-70 中可以看出，在 10.2 ～ 18GHz 的频段内天线单站 RCS 都得到了不同程度的减缩，在 11.7GHz 频点，天线 RCS 减缩最大，减缩了 23.93dB。可看出，波导缝隙阵列天线加载 EBG 结构后，单站 RCS 得到了明显的减缩效果。

6.7.2　高阻抗表面在天线 RCS 减缩中的应用

在本节分析了高阻抗表面的散射特性和各参数对其反射相位的影响，设计了一款通过加载 HIS 结构来降低其 RCS 的双频微带天线，在此为验证高阻抗表面在阵列天线 RCS 减缩方面的作用，将 HIS 结构加载在两个微带贴片天线周围。……

两天线中心相距 d=40mm；介质板尺寸：$L_1 \times L_2 \times h$=114mm×48mm×1.5mm，其中 h 为介质板厚度。为了保证 HIS 结构与微带天线之间不会相互影响各自的工作特性，必须使微带天线与 HIS 结构之间保持一定的距离。在本例中 HIS 结构金属贴片边缘与微带天线贴片边缘之间的距离为 16mm。

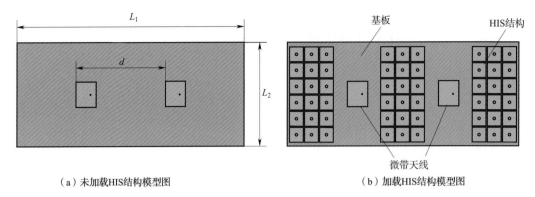

（a）未加载HIS结构模型图　　　　　　　　（b）加载HIS结构模型图

图 6-71　两微带天线结构图

对所加载的 HIS 结构的反射相位进行仿真，得到其反射相位频带特性如图 6-72 所示。由该图可看出，所加载的 HIS 结构无限周期 0° 反射相位所对应的谐振频率为 7.2GHz。因此，由上述分析可知，加载 HIS 结构后，微带天线的 RCS 应在以 7.2GHz 为中心的同相反射相位频带内有较大的减缩。为了证实该推断，对加载 HIS 结构前后的微带天线 RCS 进行仿真。设置平面波垂直入射到天线结构表面，入射波极化沿两天线的轴线。加载 HIS 结构前后天线 RCS 随频率的变化如图 6-73 所示。

可以看出，在 HIS 结构同相反射所对应的频率区域内，微带天线在垂直方向上的 RCS 得到了很大程度的减缩。根据上面的推断，RCS 的最大的减缩量应该发生在 HIS 结构 0° 所对应的频率 7.2GHz。但是仿真结果表明在 7.6GHz 附近天线的 RCS 得到最大的减缩。同时由图 6-73 可以看出，HIS 的同相反射区与天线 RCS 的减缩区域并没有完全对应。并且在 6.5 ～ 6.8GHz 这较小的同相反射频带内，天线 RCS 不但没有减缩，反而增大。这与之前的分析有些不一致。究其原因，这是由于上述的 HIS 反射相位是基于无限周期结构所得到的结果。而实际应用的 HIS 结构是 3×6 单元有限周期结构。根据研究可知，有限周期 HIS 结构的同相反射相位与无限周期结构相比会有一定的偏移。所以，上述结果中同相反射频带与天线 RCS 减缩频带的不一致应该是由于有限周期的同相反射频带偏移所致，因此下面给出了 3×6 单元 HIS 结构的反射相位曲线如图 6-74 所示。

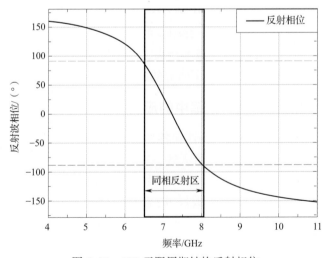

图 6-72　HIS 无限周期结构反射相位

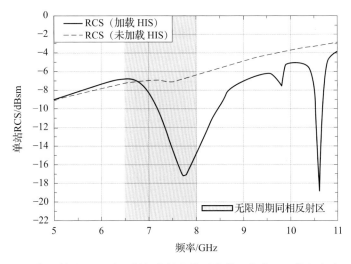

图 6-73　垂直入射时 RCS 随入射频率的变化（微带天线中心工作频率为 7.6GHz）

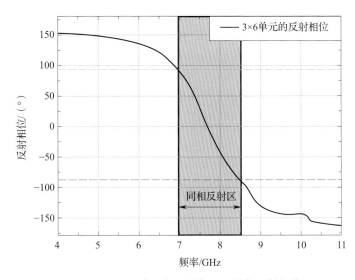

图 6-74　3×6 单元有限周期 HIS 结构反射相位

从图 6-74 中可以清楚地看到，3×6 单元的 HIS 结构其反射相位带隙向高频端偏移了大约 400MHz。其中 0° 反射相位对应的频率为 7.6GHz，这与无限周期结构相比也偏移了 400MHz。再同时将有限周期与无限周期的两个带隙与微带天线的 RCS 减缩频段进行比较，如图 6-75 所示。可以看出，微带天线的 RCS 减缩频段与有限周期的同相反射带隙基本上是准确对应的。图 6-75 所示的 0° 反射相位对应的频点为 7.6GHz，在图 6-73 中 RCS 的最大减缩量也发生在 7.6GHz 附近。

为了验证微带天线的 RCS 确实是由 HIS 结构表面减缩的，而不是由其他原因而减小。设计微带天线工作频率在同相反射频带之外，如果其 RCS 还是在如图 6-75 所示的红色频带区域内减小，就证明不论天线工作在哪个频带，其 RCS 减缩始终是在 HIS 结构所对应的频带内，从而证实了该方法是有效和正确的。因此设计微带天线的工作频率在 6GHz，再对微带天线加载 HIS 结构后的 RCS 进行仿真，得到结果如图 6-76 所示，中心频率为

6GHz 的微带天线的 RCS 最大减缩还是在 HIS 结构同相反射区域内。这就说明不论天线工作在哪个频段，其尺寸怎么变化，其 RCS 减缩频段始终是由 HIS 结构的同相反射相位带隙决定。

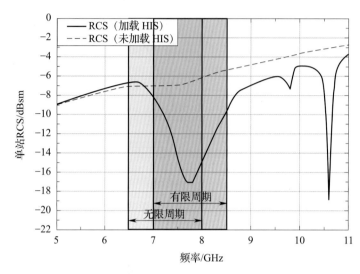

图 6-75　两微带天线的 RCS 与反射相位的对比（微带天线中心工作频率 7.6GHz）

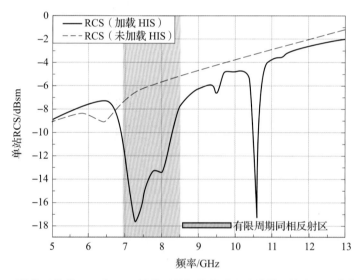

图 6-76　两微带天线的 RCS 与 HIS 结构反射相位的对比（微带天线中心工作频率 6GHz）

　　上述证实了微带天线加载 HIS 结构确实可以减小其 RCS。同时由于 HIS 结构表面波抑制带隙的存在，因此应该对两微带天线之间的互耦会有所影响。所以对图 6-71 所示的两微带天线（中心工作频率为 7.6GHz）加载 HIS 结构与不加载 HIS 结构，微带天线的反射系数与互耦进行仿真。仿真时设置两微带天线同时辐射，再研究其互耦。仿真结果如图 6-77 所示。图中可以看到在微带天线的工作频段内，两天线之间的互耦有明显的减小。同时微带天线的反射系数 S_{11} 在加载 HIS 结构后有一定的增大和频偏，但是其 -10dB 工作带宽基本覆盖了微带天线的工作频段。

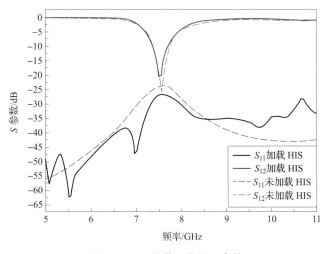

图 6-77　两微带天线的 S 参数

　　由于 HIS 结构能抑制表面波的传播，因此加载 HIS 结构后天线的后瓣应该会被抑制。图 6-78 给出了加载 HIS 结构前后两天线在中心工作频率 7.6GHz 时的辐射方向图。从图中可以明显看出，辐射方向图的后瓣有了明显的减小，这就是 HIS 结构抑制表面波传播后的效果。然而为了在天线单元之间放置至少三个 HIS 单元，天线之间的距离已经大于一个工作波长，所以微带天线阵列的方向图已经出现了两个副瓣。由于目前 HIS 结构单元尺寸的限制，还不能做到在一个波长间距内放置三个 HIS 结构单元。因此要将该方法应用到阵列天线的 RCS 减缩中，首要问题是解决 HIS 结构的小型化。

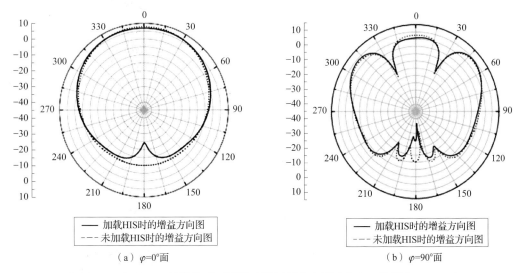

（a）$\varphi=0°$面　　　　　　　　　　　　（b）$\varphi=90°$面

图 6-78　加载 HIS 结构前后两微带天线辐射方向图（中心工作频率 7.6GHz）

实物与实测结果验证：

　　为验证上述分析，设计了一个同轴底端馈电的微带天线。该天线中心工作频率为 8.2GHz，其详细结构及尺寸如图 6-79 所示。其中介质板介电常数为 2.65。其他结构参数与上述仿真模型一致。给两个相同的微带天线加载 HIS 结构来减缩其 RCS。根据设计加工出实物如图 6-80 和图 6-81 所示。

俯视图

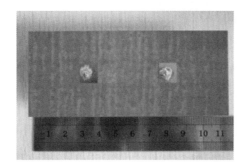

图 6-79　微带天线结构示意图（工作频率为 8.2GHz）

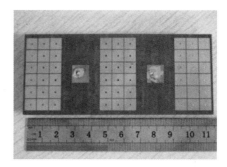

图 6-80　加载 HIS 结构前的微带贴片天线　　　　图 6-81　加载 HIS 结构后的微带贴片天线

对加载 HIS 结构前后两天线的互耦进行仿真与测试，结果如图 6-82 所示。从图中可以看出，加载 HIS 结构后天线的反射系数稍有增大，但是其 –10dB 带宽并没有明显的变化。同时在天线工作频带内，两天线之间的互耦有了较为明显的减小。测试结果与仿真结果吻合良好，证实了仿真结果的正确性。

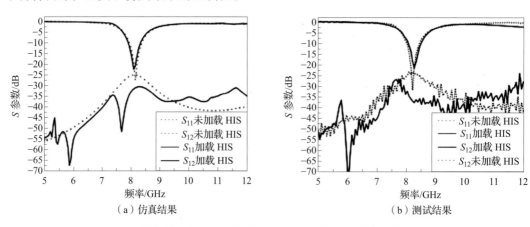

（a）仿真结果　　　　　　　　　　　　　　（b）测试结果

图 6-82　天线加载 HIS 结构前后的反射系数与互耦

由于实物的结构尺寸没有变化，只是将介质板的介电常数变为 2.65。因此分析可知介电常数为 2.65 的 HIS 结构与介电常数为 3.2 的 HIS 结构相比，其同相反射频点会变高。图 6-83 给出了实物所对应的有限周期与无限周期同相反射相位频带特性的比较，可看出有限周期结构的同相反射相位频点向高频端偏移了 600MHz，在 8.2GHz 附近。

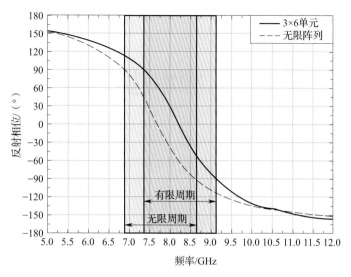

图 6-83　有限周期（3×6 单元）与无限周期反射相位频带特性

　　实物对应的 RCS 仿真结果如图 6-84 所示。从图中可以看出，加载 HIS 结构后的天线实物在其中心工作频率 8.2GHz 附近的频带内，其 RCS 得到了明显的减缩。至此，从理论、仿真与测试结果上都证实了该方法的正确性。

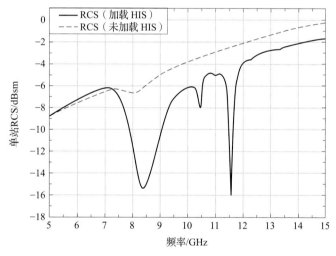

图 6-84　加载 HIS 结构前后两微带天线 RCS（微带天线工作频率为 8.2GHz）

6.8　小结

　　本章以多款不同形式、不同极化的典型阵列天线为例，介绍了阵列天线 RCS 减缩技术，分析了不同阵列天线低散设计需求，并据此采用修形法、附加延时线法、EBG 结构加载法等多种 RCS 减缩技术，并综合考虑阵列的单元间距、阵列排布方式等，实现典型阵列天线的 RCS 减缩。通过仿真和实测结果验证了所提出的阵列天线 RCS 减缩方法的有效性。

第7章　频率选择表面

周期表面是指针对结构完全相同的单元，按照一维或者二维的排布方式组成的无限大阵列。由于阵列结构在现代化的军事研究范畴内具有独特的电磁特性和光学特性，因此周期表面在相关领域内具有广泛的应用前景。作为一种典型的周期表面结构，频率选择表面（frequency selective surface，FSS）是一种由大量无源谐振单元在介质层上按二维周期性排列构成的单层或多层准平面结构。这种周期结构本身不吸收能量，但是却能够有效地控制入射电磁波的传输和反射，而且能够实现对电磁波的频率选择和极化选择。正是由于频率选择表面呈现出的开放空间的电磁滤波器的功能，使得它在现代电子战和无线通信领域内发挥着无可替代的作用。

7.1　引言

7.1.1　研究背景及意义

现代战争运筹帷幄之中，决胜千里之外。电子战（EW）或称电子对抗（EC）就是以现代高新技术为背景的，电子侦察与反侦察，电子干扰与反干扰，电子隐身与反隐身的综合战争。现代战争中电子侦察技术在飞机、导弹等制空因素中的应用，很大程度地决定了战争的胜负。因此，对于未来的高科技综合电子战而言隐身技术将得到大量的应用，因而世界上越来越多的国家重视和发展隐身技术。

隐身技术又称目标特征信号控制技术或低可探测技术。通过降低或改善武器装备系统等目标的可探测特征信号，降低其被发现、识别、跟踪和受攻击的可能性，从而达到保存自己打击敌人的目的。目标特征信号包括飞行器、军舰、潜艇、车辆，以及战斗人员本身的电磁辐射、红外辐射、声学和光学等。

对现代作战飞行器而言，进气道、座舱以及雷达和红外末制导舱是三大强散射源，其RCS在整机特征信号中占很大比例。减缩控制这些强散射源的RCS能大大提高飞行器的隐身能力。传统隐身技术如外形隐身技术、涂覆吸波材料技术和阻抗加载技术等能有效控制进气道和座舱的RCS，但是对雷达系统却功效甚微。雷达舱包括天线、支撑结构和雷达罩等，其中天线是主要的散射源。对导弹而言雷达舱的RCS占整机RCS的60%左右，因此对雷达舱的RCS减缩控制就非常重要。然而减缩控制雷达舱的RCS并非易事，首先既要实现RCS减缩控制以躲避敌方雷达的搜索，又要保证己方雷达正常工作；其次对飞机构成威胁的雷达频段相当宽，从高频的Ku（12～18GHz）波段到低频的S（2～4GHz）和L（1～2GHz）波段，甚至米波段都需要隐身，此时诸如涂覆吸波材料和外形设计等传统隐身技术就显得捉襟见肘，不能在全频段内有效控制雷达舱的RCS。而在雷达罩上加载频率选择表面可以很好地解决各种矛盾，从而获得良好的隐身效果，是雷达舱隐身的一种重要手段。

从电磁理论角度看，目标对电磁波隐身的研究其实是对复杂目标雷达波散射理论的研究。目标的雷达截面积（RCS）代表目标的可检测性，RCS 越小，目标被发现的可能性就越小。RCS 减缩就是控制和降低军用目标的雷达特征，迫使敌方电子探测系统和武器平台降低其战斗效力，从而提高军用目标的突防能力和生存能力；狭义地说，RCS 减缩就是反雷达隐身技术。因此，降低武器系统 RCS 作为反侦察的重要手段受到重视。在影响 RCS 的因素中，飞机或导弹的整体 RCS 主要是由头部雷达天线产生的[89]，而常规的介质雷达罩并不能减少这种散射。本章所研究的频率选择表面（FSS）在 RCS 减缩方面具有独特的优势和广阔的应用前景。

频率选择表面是一种周期结构，由周期性排列的金属贴片单元或金属屏上周期性排列的开孔单元构成（理想情况是无限多的单元组成无限大的表面结构，实际情况中尺寸是有具体数值大小的）。频率选择表面对不同频率的电磁波具有选择性反射或透射特性，在单元谐振频率附近呈现全反射（贴片型）或者全传输（开孔型）特性[88-90]；对于电磁波的散射，频率选择表面及其附属结构可以在一定程度上实现某些频带的 RCS 减缩。

在现代电子战中，当敌我双方雷达的工作频段不相同时，采用带有频率选择表面的雷达罩（包围雷达天线及附属部件）来控制己方飞行器的雷达波散射特性，可以实现减少飞行器头向 RCS，这是目前国内外正在攻克的难题。该技术实质上属于带外隐身方案，目前可以有两种解决途径，一是采用带阻型 FSS 周期结构，制作选频反射面集成于天线系统之中；二是利用带通型 FSS 周期结构，制作选频雷达罩。这两种方案各有其优势，但均不是十分完美的方案。通过比对，采用带通型 FSS 制作的隐身雷达罩代替传统的雷达罩，可以有效地降低飞行器头向尖端的 RCS，这种方案的隐身效果具有非常良好的优势：对飞行器雷达罩设计的影响十分微小、保证雷达系统电气特性的良好状态、雷达罩机械强度保持不变。从现役飞行器隐身改装和新型隐身飞行器设计的长远发展角度出发，研究带通型隐身雷达罩具有十分重要的军用价值。

7.1.2　国外发展现状

人类对频率选择表面的认识始于 18 世纪后期。美国人 F. Hopkinson[91-92] 在 1785 年观察到自然光通过一条丝带手绢后发生奇异的散射现象。1786 年，美国科学家 D. Rittenhouse 发表了他对发丝制成的等间距光栅对日光衍射现象的研究结果。1823 年，人们成功地把一束自然光分解成为具有不同颜色的单色光。直到 1889 年，赫兹（Hertz）用金属栅对低频电磁波做了相似的实验，Tompson 等发表了一些文章来解释 Hertz 的实验。这个时候的栅大都是一维的线栅和带栅。由于物理学上对晶体衍射现象的深入研究，二维和三维的栅也开始得到人们的广泛关注[93-101]。

西方发达国家对 FSS 的研究起步比较早，20 世纪 60 年代初许多研究小组在本国政府的资助下开始对频率选择表面进行了广泛而深入的研究，目前已经具有较为系统的理论体系。美国 Ohio State University 的 R. J. Luebbers 和 B. A. Munk 教授领导的研究小组，在美国莱特 – 帕特森（Wright–Patterson）空军基地航空电子实验室的资助下，从 60 年代中后期便开始对 FSS 的基础理论和实际应用进行了长达几十年的研究。他们以模匹配法为基础，对各种 FSS 结构进行深入研究并于 1974 年制作了第一个含有 FSS 的锥形金属雷达罩实验模型，这一研究成果代表了当时国际金属雷达罩研究的最高水平。模型中使用了 Y 形 FSS 单元，同其他形状的单元相比 Y 形单元对不同极化和不同角度的入射波有很好的稳定性，同时它还适宜于在锥形雷达罩的曲面外形上保持较好的周期性。80 年代美国 Illinois 大学的 R. Mittra 等的研究小组也对 FSS 的理论研究做出了卓越的贡献，他们致力于 FSS 结构的数值分析技术研究，率先提出了至今广泛使用的 FSS 全波分析法——谱域法。此外，美国加利福尼亚技术学院喷射推进实验室的 T. K. Wu 等长期致力于多频段卫星天线技术的研究，他们的研究结果从 FSS 单元形状到介质衬底结构构成，对多波段 FSS 的设计提供了有益的指导。

英国肯特大学 E. A. Paker 和 J. C. Vardaxoglou 等的研究小组，在英国科学与工程委员会和 Marconi 防卫系统有限公司的长期资助下，从 70 年代末至今一直活跃在 FSS 研究领域。他们对不同形式的单元形状从等效电路角度给出了有工程应用价值的结果，同时对构成频率选择表面的诸多参变量对频响特性的影响进行过多方面的讨论。另外，德、法、意、日等国也对 FSS 的研究投入了大量的人力、物力和财力，在很大程度上推进了 FSS 的研究和发展。

国外 FSS 的许多研究成果已投入实际应用中，有报道称在美国 F-22 战斗机上已经采用了带通式的 FSS 雷达罩技术。另外，该技术在海军现役的新型水面舰船上也已经付诸应用，如瑞典的维斯比级护卫舰上的传感器被频率选择表面封闭包围，美国 LPD-17 圣安东尼奥级两栖船坞运输舰用频率选择表面制成了全封闭式的隐身桅杆。频率选择表面的应用已经成为军事通信设备隐身的一种趋势。

FSS 在隐身领域巨大的潜在应用价值是其引起世界各国关注的主要原因，而高选择性、高角度稳定性的 FSS 正是隐身雷达罩设计中所需要的，因此 FSS 的研究也以此为目标展开。国际上每年公开发表的文献中，有大量关于 FSS 的研究成果的文献，从这些公开发表的文献来看，目前 FSS 的研究热点在于以下几个方面：高性能的新型 FSS 设计，多层和多频 FSS，有限大 FSS 和曲面 FSS、有源或无源器件加载的 FSS，以及在天线、滤波器、衰减等领域中应用的 FSS 等。同时一些数值技术，如 FEM、FDTD 等相继在周期结构（包括 FSS）分析中得到应用，快速算法在 FSS 理论分析中的运用也越来越为人们所关注。此外，还有用仿真软件诸如 Ansoft HFSS 实现对 FSS 的设计及分析。这些 FSS 研究的新方法和新观点从不同角度丰富了 FSS 研究的内容，拓展了 FSS 的应用领域，推动了 FSS 的理论研究和应用的发展。

7.2　频率选择表面分析方法

频率选择表面的发展至今已有 200 多年的历史，然而由于条件的限制，人们在很长时间内无法对其进行深入的研究。直至 20 世纪 60 年代，计算机技术和印刷电路技术的发展为系统地研究 FSS 提供了必要的条件。计算机技术的发展使得对 FSS 严格的数值分析成为可能，而印刷电路技术的发展使得 FSS 的实际应用成为可能。由于 FSS 广泛的应用前景，科学家们对 FSS 等周期性结构进行了广泛而深入的研究并提出了一系列的分析方法。迄今为止对 FSS 等周期性结构比较成熟的分析方法大致可分为两大类：一类是近似方法，又称标量法，包括变分法和等效电路法，这类方法采用的是标量求解，只能计算周期结构的反射系数和透射系数的幅度，无法获得相位和极化信息；另一类是严格的全波分析方法，又称矢量法，包括模式匹配法、谱方法、互阻抗法、有限元法（FEM）、时域有限差分法（FDTD）和频域有限差分法（FDFD）。这类方法运用矢量求解，可以同时求出散射场的幅度、相位和极化信息。近似分析法计算量小但通用性较差，全波分析方法计算量大但通用性好，模式匹配法和谱方法是目前分析 FSS 应用最为广泛的两种方法。

7.2.1 标量分析方法

（1）变分法

变分法是早期用来分析 FSS 等周期结构的一种方法，1961 年 Kieburtz 和 Ishimaru 最早将变分法应用于 FSS 的求解。该方法根据变分原理建立 FSS 的广义变分公式，通过求解 FSS 的广义能量算子方程的本征值，得到 FSS 的等效导纳或阻抗参数，然后运用传输线理论计算 FSS 的频率响应特性[102]。运用变分法可以对矩形、圆形、十字形等正规几何形状单元的 FSS 进行分析。该方法原则上可以用于求解任意结构的二维周期金属贴片或孔径的散射问题，然而，由于求解的成败依赖于试探函数的选取，当 FSS 结构单元形状比较复杂时，很难选取合适的试探函数，因此该方法仅出现在早期的文献中，现在没有实际的应用。

（2）等效电路法

等效电路法最早由 R. J. Langley 等[103-106]在 1983 年提出，其原理是根据无限长导带的电感量计算公式和相邻导带间的电容量计算公式近似计算 FSS 单元的等效电容和等效电感，利用等效电路法进行吸波性能分析，将复杂的电磁波散射问题化为简单的传输线理论问题，从而建立 FSS 结构所对应的等效传输网络，运用电路理论知识计算其反射系数和透射系数。对于多层 FSS 和均匀层状介质做衬底的 FSS 可采用网络级联的方法进行分析，同时还可引入电阻元件近似地表示传输损耗。作为一种标量分析方法，等效电路法无法求得 FSS 散射场的相位和极化信息。该方法仅适用于单元形状由薄窄条所构成的几何图形（如矩形单元、十字形单元、方形环单元和耶路撒冷单元），等效参数求解过程中，也无从考虑相邻单元间、阵列与介质间以及多层阵列间的互耦作用，而且其在反射与投射系数的预估上，其精确度只能达到谐振频率为止，超过谐振频率时，其误差值加大。另外，该方法中的等效电路参数无法和平面波的入射方式联系起来，仅限于对平面波垂直入射情况下的散射分析，因此该方法不能用于综合设计。然而，尽管等效电路分析法有众多的不足之处，但是它以集总元件电路理论为基础，可以对 FSS 结构各个部分的作用做直观解释，对工程上而言是一种很好的预估方法，目前很多文献依然采用该方法对 FSS 进行分析。

7.2.2 矢量分析方法

（1）模式匹配法

模式匹配法又称模式展开法或矢量模式法，是目前分析 FSS 常用的矢量方法。该方法在 1970 年由 Chen 率先提出[107-108]，当时 Chen 利用模式匹配法分析了有限厚度导体板上周期性开槽结构的传输系数，分析时采用的模式是由 Galind 和 Amitay 在分析相控阵天线时首次提出的 Floquet 模式组。1975 年 Montgomery[109-111]用模式展开方法研究了有介质衬底的薄导体周期阵列的平面波散射特性。1978 年 Munk 等利用模式匹配法分析了有厚度缝隙阵列单面、双面涂覆介质层和缝隙填充介质等模型。模式匹配法的求解原理是将 FSS 的入射场、反射场分别按 Floquet 矢量模式展开，然后利用导体表面电场切向分量为零的边界条件，建立关于 FSS 单元结构的导体表面感应电流积分方程，最后用矩量法求解，得到导体表面电流。用电流求出散射场，从而确定 FSS 的反射和透射系数。模式匹配法的关键步骤是选取一组适当的基函数来表示贴片电流或缝隙上的未知场，以保证解的收敛性。

原则上，该方法适用于任意单元形状及排列方式的无限大平面 FSS 结构的求解，还可用于多层 FSS 以及均匀介质衬底等结构。模式匹配法利用了矢量模式，故可全面地分析 FSS 的多种散射参数，但是在处理复杂的、多层的 FSS 时，公式变长，计算量非常大，而且在实际的数值求解过程中要选择适合复杂单元形状的基函数并非易事，因而难以保证解的收敛速度，这就影响了该方法的有效性。并且该方法最终要对积分进行数值处理，故在低频区较好，而在高频区（周期尺寸 > (1 ~ 2)λ) 对于同样的求解精度所要求的矩阵较大，进一步限制了该方法的应用。

（2）谱域法

谱方法又称谱域法，是求解 FSS 另一种常用的矢量方法。20 世纪 80 年代 R. Mitra[112-114] 在用积分方程求解周期结构时，注意到周期性结构的场分布具有周期性，同时电流分布也具有周期性，变换到谱域具有离散谱，因此谱方法从建立 FSS 表面上电流分布的矢量积分方程着手，在求解过程中利用 FSS 单元的周期性，通过广义傅里叶变换的方法以及时域中的电磁场边界条件，将电流积分方程转化为代数方程，用 Galerkin 矩量法求得电流解，进而求得反射和透射场。该方法原理上也能分析任意单元形状的 FSS 结构，在求解无限大 FSS 问题时与模式匹配法相当。该方法在求解过程中也要求选取合适的基函数来保证收敛性，可直接用于求解有耗 FSS 的散射问题，与迭代技术相结合也可求解有限尺寸的 FSS 散射问题。与模式分析法相比，谱方法不仅利用了场的周期性，还注意到电流分布的周期性特征，故求解模型简单、计算量小，是一种很好的方法。

（3）互阻抗法

互阻抗法由美国科学家 B. A. Munk 在 1967 年提出[115]，用于分析传输线加载、偶极子加载阵列的反射系数。该方法对阵列中各个单元的互阻抗求和，以获得各个单元的输入阻抗，称为互阻抗法。在处理偶极子阵列时该方法考虑了厚度的影响，可以处理较薄的缝隙或贴片阵列。该方法和谱域法相结形成分析 FSS 的混合方法，混合法能对多层级联的平面 FSS 结构进行分析，还能分析有耗 FSS、有限单元 FSS。混合方法结合了传统分析方法的优点，是今后 FSS 分析法发展的新方向之一。

（4）时域有限差分法

1966 年 K. S. Yee[116-120] 首次提出了一种电磁场数值计算的时域有限差分法（finite difference time domain，FDTD）。FDTD 方法以 Yee 元胞为空间离散单元，将麦克斯韦旋度方程转化为差分方程，表述简单，容易理解，结合计算机技术能处理十分复杂的电磁问题，在时间轴上逐步推进地求解，有很好的稳定性和收敛性。

此外，通常的分析方法还有传输矩阵级联法和广义散射矩阵法。传输矩阵法是先求出单层 FSS 的散射矩阵，然后将它转化为相应的传输矩阵，然后与介质层的传输矩阵相乘，得到整个系统的传输矩阵，最后再将传输矩阵转化为散射矩阵，从而得到整个系统的散射矩阵。这种方法由于要涉及从散射矩阵到传输矩阵和从传输矩阵到散射矩阵的转换，所以效率比较低。

广义散射矩阵法在求解多层 FSS 的散射特性时，将 FSS 与其相邻的介质层看作一个结构单元块，分别求出这些单元块在多个入射模式（入射的平面波及其相应的高阶 Floquet 模式）时的多模散射矩阵，求出后一层上的入射、反射波与前一层的入射、反射波的关系，通过递推关系得到总的散射矩阵。此方法比传输矩阵级联法的效率要高一些。但是这两种方法对于某些问题是不适用的。由此可见，对于多层 FSS 的问题，仍是一个值得深入研究的问题。

近年来，差分类方法如有限元法（FEM）、时域有限差分法（FDTD）、频域有限差分法（FDFD）等在周期结构中的应用受到了越来越多的关注。与上述方法相比，差分类方法优点在于通用性非常强，不受结构的限制。而该方法的不足在于它需要剖分的网格多，计算量大。然而通过和区域分解算法及有限元互联与分裂算法相结合可以将大问题化为若干小问题求解，可以解决计算量超过机器承受能力的问题。因此，目前差分方法也经常用于 FSS 等周期结构的分析设计中。

7.2.3　电磁软件仿真

随着电磁场数值计算研究的深入以及计算机技术的发展，大量电磁仿真软件被开发出来，并在实际的设计过程中得到应用。这些软件利用高效的计算机虚拟模型取代费时费力的 "cut-and-try" 试验方法，可大大缩短设计周期，降低设计成本，正逐渐成为电磁学领域的学者们设计时使用的主要工具。周期结构作为电磁学中具有代表性的一个领域，大部分软件都提供了该项分析功能。如 HFSS、Designer、CST、IE3D 等都能够对周期性电磁结构进行快速准确的分析。

（1）HFSS 软件

HFSS 是高频结构仿真器（high frequency structure simulator）的缩写，是 Ansoft 公司在 1990 年推出的全球第一个能仿真复杂三维结构的商用电磁仿真软件。该软件神奇地把 FEM 的强大功能带给了射频、微波设计师，因此很快得到了普及。此后，软件不断升级改进，先后利用了如自动匹配网格产生及加密、切线向矢量有限元、ALPS（adaptive lanczos pade sweep）和模式 - 节点转换（mode-node）等先进技术，使工程师们可利用有限元法（FEM）在自己的电脑对任意形状的三维无源结构进行电磁场仿真。

利用 HFSS 软件提供的主从周期边界条件（master/slave），可以用单元仿真实现对无限大 FSS 的分析。其建模分析步骤如下：首先建立 FSS 的一个单元模型，包括介质参数设定以及单元形状的建立；然后设定边界条件（主从边界条件），主从边界条件将 FSS 的一个单元扩展为无限大的平面结构，最后添加 FloquetPort 激励以及设置扫频范围并求解即可得到 FSS 的各种传输和反射系数。

用该软件可以仿三维 FSS 结构，且 FSS 阵列的栅格排列方式灵活。缺点是仿平面波垂直入射时结果较准确，仿其他角度的入射波时结果不是很准确。

（2）Designer 软件

Designer 是 Ansoft 公司推出的基于矩量法的一款平面电磁分析软件。软件采用了最新的视窗技术，是第一个将高频电路系统、版图和电磁场仿真工具无缝地集成到同一个环境的设计工具。Ansoft Designer 中集成了结合阵列技术的矩量法（periodic moment method, PMM），与 HFSS 中集成 Master/Slave 边界一样，给工程师带来了二维周期结构的分析工具，而无须自己编程，再一次增加了收益。

运用 Designer 中的 PMM 方法，同样可以用单元仿真实现对无限大 FSS 的分析。在 Designer 中 FSS 的分析是在平面电磁设计模块（planar EM design）中完成的。首先依然是建立 FSS 的一个单元模型，与 HFSS 不同的是 Designer 是平面设计软件，因此单元模型建立是分层设计的，可以根据需要添加所需要的层，可以选择添加的是介质层（dielectric layer）、孔径型 FSS 层（metalizedsignal layer）和贴片型 FSS 层（signal layer）。并定义每一层的参数，在对应的 FSS 层上建立相应的 FSS 单元形状；然后设定无穷阵列和边界；最后设定入射波和扫频求解范围，求解即可得到 FSS 的传输和反射系数等参数。

Designer 擅长仿真平面结构，容易建模。并且在该软件中，栅格排列方式灵活，既可以排矩形阵，也可以排不同角度的斜阵。同时对于平面波的斜入射情况，该软件也可以很好地求解。但是 Designer 软件只能仿 FSS 的平面结构，对于具有三维结构的 FSS 没法建模，这也限制了 Designer 软件的应用范围。

（3）CST 软件

CST Microwave Studio 主要有时域求解器（time solver）、频域求解器（frequency solver）和本征模求解器（eigenmode solver）三个求解器。我们将采用基于有限时域积分法的时域求解器仿真 FSS，具体步骤如下：①设置背景材料；②按实际尺寸和厚度建立 FSS 单元；③设置周期边界条件，单元的前后或左右分别设置为理想电壁或理想磁壁；④在单元的上下边界添加两个 port；⑤建立解；⑥开始计算。

CST 的时域求解器，计算速度特别快，其求解精度与 Designer 相似。缺点是排阵方式不灵活，只能排矩形阵，同时只能仿平面波垂直入射的情况。

（4）FEKO 软件

FEKO 是针对天线设计、天线布局与电磁兼容性分析而开发的专业电磁场仿真软件，基于矩量法（MoM）对 Maxwell 方程组的求解，实现了非常全面的 MoM 代码，可以解决很多结构类型的问题；它还针对许多特定问题，例如，平面多层介质结构、金属表面的涂覆等，开发了量身定制的代码，在保证精度的同时获得最佳的效率。为了求解电大尺寸问题，FEKO 引入了多层快速多极子方法（MLFMM）。在此之前，求解此类问题只能选择高频近似方法。FEKO 中有两种高频近似技术可用，一个是物理光学（PO），另一个是一致性绕射理论（UTD）。在 MoM 和 MLFMM 需求的资源不够时，这两种方法提供求解的可能性。FEKO 中通过混合 MoM/PO 和 MoM/UTD 来为电大尺寸问题的精度提供保证。FEKO 还开发了 MoM/FEM 混合方法用于高效求解非均匀介质目标的辐射和散射问题，从而非常适合于分析天线设计、雷达截面积、开域辐射、电磁兼容中的各类电磁场分析问题。

FEKO 通常处理问题的方法是：对于电小尺寸的天线等电磁场问题，FEKO 采用完全的矩量法进行分析，保证了结果的高精度。对于具有电小与电大尺寸混合的结构，FEKO 既可以采用高效的基于矩量法的多层快速多极子法，又可以将问题分解后选用合适的混合方法，如用矩量法、多层快速多级子分析电小尺寸部分，而用高频方法分析电大尺寸部分，从而保证了高精度和高效率的结合，因此在处理电大尺寸问题如天线设计、RCS 计算等方面，其速度和精度均是其他软件无法比拟的。采用以上的技术路线，FEKO 可以针对不同的具体问题选取不同的方法来进行快速精确的仿真分析，使得应用更加灵活，适用范围更广泛，突破了单一数值计算方法只能局限于某一类电磁问题的限制。由于 FEKO 基于严格的积分方程，因此它不需要建立吸收边界条件，没有数值色散误差，在计算电大尺寸问题时不会因尺寸增加而误差增大。而且 FEKO 支持工程中的各种激励、模式，可以构建任意结构、材料的模型，根据用户要求可以考虑多种不同层面的问题。除了计算内核的高效率和强大的功能外，FEKO 还具有友好的用户界面、完善的前后处理功能以及良好的接口兼容性。FEKO 前处理的建模功能提供了各种规则几何体的直接创建，支持全参数化的几何尺寸输入，可以进行多种布尔操作和旋转、扭曲、螺旋、拉伸等操作。此外，几乎所有目前的主流 CAD 软件建立的模型都可以直接输入到 FEKO 中进行计算，这一功能大大简化了复杂模型的构建难度。独特的循环控制进一步增强了分析和控制的能力。功能强大完善的后处理模块可以得到所有我们关心的物理量，包括 S 参数、阻抗、方向图、增益、极化、场分布、电流、电荷、RCS、SAR 等，并能够以非常直观、灵活的二维、三维、动画、图表及文件等方式输出。除了常规分析外，FEKO 还具备自适应频率采样的宽频智能化扫频技术、时域分析功能和多参数优化设计功能。

7.3　频率选择表面特性

频率选择表面（FSS）设计必须考虑众多参数的影响，所以在设计一个合理的 FSS 之前，了解 FSS 的基本概念及参数影响是非常必要的。本节中，首先简单介绍两种类型的 FSS 及其相应的特性，然后介绍若干重要参数如单元形状、尺寸、阵列栅格、介质加载以及平面波入射状态与 FSS 的频率特性之间的相互关系。

7.3.1　频率选择表面单元类型

频率选择表面由周期性排列的金属贴片单元或金属屏上周期性排列的开孔单元构成。这种周期结构对于谐振情况下的入射电磁波具有选择性反射或透射特性，在单元谐振频率附近呈现全反射（贴片型）或者全传输（开孔型）特性，故分别称为带阻型或带通型 FSS。

对于贴片型 FSS，在其谐振频率上等效于一个理想的导电平板，能够使入射的电磁波完全反射，但在其他频率上，则有不同程度的电磁能量透过。图 7-1 为典型的贴片型 FSS 及其反射系数曲线。

孔径型 FSS 是贴片型 FSS 的互补结构，在其谐振处对入射电磁波是全透过的，而在其他频率的电磁波则只有部分能透过。典型的孔径型 FSS 如图 7-2 所示，同时图中也给出了这种类型 FSS 的典型传输系数曲线。

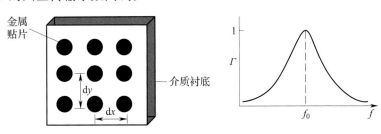

图 7-1　贴片型 FSS 及其反射系数曲线

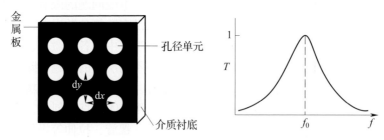

图 7-2   孔径型 FSS 及其传输系数曲线

7.3.2   频率选择表面性能参数

（1）单元尺寸及形状

常见的单元结构如图 7-3 所示。从单元形式来看，无论是贴片型 FSS 还是孔径型 FSS，当没有介质支撑时，其性质也有很大的差异，具体比较性能列于表 7-1 中。从表中可以看出，不同单元类型的 FSS 在谐振频率的稳定性、带宽、抑制交叉极化等方面均有很大的不同，即 FSS 的频率特性与周期表面上的单元类型有很大的关系。

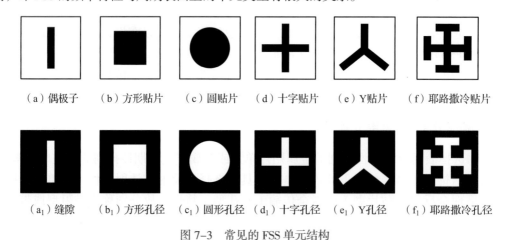

（a）偶极子　　（b）方形贴片　　（c）圆贴片　　（d）十字贴片　　（e）Y贴片　　（f）耶路撒冷贴片

（a₁）缝隙　　（b₁）方形孔径　　（c₁）圆形孔径　　（d₁）十字孔径　　（e₁）Y孔径　　（f₁）耶路撒冷孔径

图 7-3   常见的 FSS 单元结构

表 7-1   常见 FSS 单元的特性比较

单元类型	谐振频率的稳定性	抑制交叉极化的能力	带宽	隔离传输和反射所需频带
偶极子	最差	最好	最小	最小
正方形	最好	最好	最大	最小
圆环形	最好	好	最大	最小
十字形	差	差	小	大
Y 形	差	差	小	最小
耶路撒冷十字形	次好	差	大	小

FSS 的频率响应主要取决于周期表面上的单元形状和尺寸。不同形状单元构成的 FSS 对入射波的频率响应特性、抗交叉极化特性和对不同角度入射的频率稳定性都存在相当大

的差异。在常见的孔径型 FSS 的单元形状中，方形环、圆形、圆形环、Y 形单元有最好的频率稳定性和抗交叉极化能力，耶路撒冷十字形单元次之，偶极子和十字形单元最差。在进行 FSS 设计之前了解各种形状单元 FSS 自身的特性，针对特定的应用需求选择合适的 FSS 单元，有利于获得理想的频率特性。

用于构成 FSS 的单元形状并不仅仅局限于图 7-3 中所列的几种。随着 FSS 研究的展开，新颖的 FSS 单元不断出现，这些新单元中有的是由基本单元组合在一起形成的复合单元，有是引入其他学科的技术形成的新型单元，有的甚至是由不规则几何形状构成的单元。新型 FSS 单元的出现丰富了 FSS 的研究内容，拓展了 FSS 的应用领域。

然而，无论 FSS 单元的形状怎么变化，其工作原理都是一样的。FSS 的频率特性主要取决于 FSS 单元的形状和尺寸。根据天线理论，对于偶极子单元，当它的长度为半波长（或半波长的整数倍）时，平面波可使其谐振并发生再次辐射。当构成偶极子阵列时，阵列再辐射的能量就在透射方向相干叠加（透射角等于入射角）。而对于方形环和圆形环阵列，平均环周长应为一个波长才会出现谐振。当印刷在介质基片上时，由于介质加载的作用，平均环周长应为一个有效波长（小于一个自由空间波长）。单元尺寸远离谐振尺度时，周期阵列对入射波呈透明。

（2）栅格布阵方式及单元间距

对 FSS 进行研究时，栅瓣是一个非常重要的概念[121]。图 7-4 给出了 FSS 的栅瓣传播方向示意图。图中平面波入射到单元间距为 D_x 的一维周期阵列上，θ 表示入射角。从图中可知，每个单元的入射波相对于其左边的相邻单元有 $kD_x\sin\theta$ 的相位延迟，但是在透射和反射方向上，右边单元相对于左边相邻单元又有 $kD_x\sin\theta$ 的相位超前。因此，平面波在透射和反射方向总是处于同相状态，能够形成向前传播的平面波。

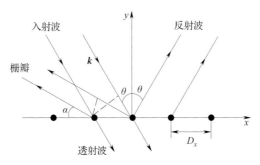

图 7-4　FSS 的栅瓣传播方向示意图

然而，除了反射方向和透射方向外，在其他的方向上也有可能发生传播。假定入射波不变，一个可能的传播的方向用 a 表示，在 a 方向上两个相邻单元的总相位延迟是 kD_x（$\sin\theta+\cos\alpha$）。如果相位延迟等于 2π 的整数倍时，波在 a 方向上是同相的，可以形成传播的平面波。这一方向的波就称为栅瓣[122]。

栅瓣出现的条件是

$$kD_x（\sin\theta+\cos\alpha）=2n\pi \tag{7-1}$$

式中，$k=\dfrac{2\pi}{\lambda_g}$。

栅瓣出现的频率为

$$f_g = \frac{C}{\lambda_g} = \frac{nC}{D_x(\sin\theta + \cos\alpha)} \qquad (7\text{-}2)$$

平面波任意方向入射时，栅瓣出现的最低频率是 $\alpha=0°$ 的时候。此时栅瓣传播方向平行于 FSS 平面。栅瓣出现的最低频率只决定于入射角 θ 和单元间距 D_x，入射角和单元间距越大，栅瓣出现的频率越低。当栅瓣出现在 FSS 谐振频率附近时会对 FSS 性能产生较大的影响，因此，在 FSS 的设计中应该尽量避免栅瓣的出现。

二维 FSS 的布阵方式一般有两种：即正方形布阵和等腰三角形（包括等边三角形）布阵。和阵列天线一样，为了避免栅瓣的出现，不管哪种布阵方式，FSS 相邻单元的间距在边射方向（垂直）入射时应小于一个波长。表 7-2 列出了不同布阵方式时避免栅瓣出现的 FSS 单元间距选取准则。根据大量仿真计算，实际中单元间距应近似等于或小于表中给出值的 2/3。

表 7-2   避免栅瓣出现的 FSS 阵列间距条件

布阵方式	最大间距	$\theta=0°$	$\theta=45°$
正方形（$\Omega=90°$，$D_x=D_y=d$）	$\dfrac{d}{\lambda_0} < \dfrac{1}{1+\sin\theta_0}$	$\dfrac{d}{\lambda_0} < 1$	$\dfrac{d}{\lambda_0} < 0.59$
等边三角形（$\Omega=60°$）（$D_x=d$，$D_y=\dfrac{d}{2}\tan\Omega$）	$\dfrac{d}{\lambda_0} < \dfrac{1.15}{1+\sin\theta_0}$	$\dfrac{d}{\lambda_0} < 1.15$	$\dfrac{d}{\lambda_0} < 0.67$
等腰三角形（$\Omega=63.4°$）（$D_x=d$，$D_y=\dfrac{d}{2}\tan\Omega$）	$\dfrac{d}{\lambda_0} < \dfrac{1.12}{1+\sin\theta_0}$	$\dfrac{d}{\lambda_0} < 1.12$	$\dfrac{d}{\lambda_0} < 0.65$

（3）介质加载与多屏 FSS

众所周知，贴片型 FSS 阵列不可能无所依托地放置在自由空间中。同样地，很薄的孔径型 FSS 也无法承受其自身的重量而独立存在，因此 FSS 一般都要以一定厚度的介质材料作为支撑，有时为了增加 FSS 的强度还需要使用多层介质。设计合理的介质层不仅对 FSS 有支撑作用，而且还能改善 FSS 的频率特性。

单层 FSS 几种常见的介质加载方法如图 7-5 所示。其中，介质层在周期表面后面加载时（见图 7-5（a）），中心频率对介质厚度的变化极为敏感，且随介质厚度的增加中心频率和传输损耗在一定的频率范围内出现谐振。介质层在周期表面前面加载的情况（见图 7-5（b））相当于波从后面加载的介质方向入射，两种情况的传输系数振幅一样。相同介质前后同时加载情况（见图 7-5（c））消除了单侧介质加载而造成的失配现象，可以对任意厚度的介质层实现无耗传输，且前后同时加载的 FSS 结构对谐振频率的调制作用更强，由于传输失配损耗得到抑制，FSS 带内传输损耗小，对入射角的频率稳定性更好。

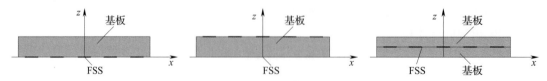

（a）介质层在周期表面后面加载　　　（b）介质层在周期表面前面加载　　　（c）相同介质前后同时加载

图 7-5   单层 FSS 常用的介质加载方式

　　单屏 FSS 在很多情况下很难满足系统带宽要求，这时就需要使用双屏或者多屏的 FSS。多屏 FSS 是将多个单屏 FSS 通过介质层级联，便构成多屏多介质层的 FSS。实际中一般采用双屏的 FSS。双屏 FSS 比单屏 FSS 的带宽要宽很多，同时谐振带宽的边缘截止也明显加强，这正是双屏 FSS 目前广泛使用的主要原因。双屏 FSS 的两个金属屏结构可以相同也可以不同，相同结构可以用谱域法结合镜像屏技术求解，不同结构需要单独求解单屏，再用级联的方法处理。单元结构相同的双屏 FSS 的边缘截止比同样结构的单屏 FSS 要明显很多。同时双屏 FSS 可消除单屏 FSS 的产生的表面波影响，提高传输或反射的效果。

　　图 7-6 是双层 FSS 常见的介质加载方式，几种加载方式各有特点。图 7-6（a）周期阵列紧贴于介质层两侧的外表面，这种 FSS 对入射角变化比较敏感。当中间介质材料的介电常数较大或厚度较小时，传输系数谐振区域出现较深的凹陷，这是由于两个 FSS 表面近场耦合作用的结果。图 7-6（b）为 FSS 在三层介质的外表面，该方法能改善第一种加载方式的凹陷现象，但是随着入射角的变化 FSS 的传输带宽变化很剧烈，这是在实际应用中不期望发生的。当 FSS 表面置于 5 层介质内部时（见图 7-6（c）），不仅频带内的凹陷现象得到改善，而且带宽对不同入射角的稳定性也能得到很好的改善。

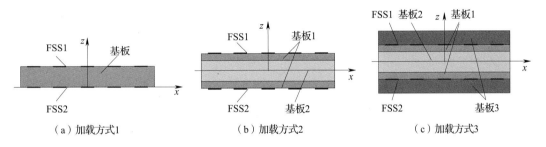

（a）加载方式1　　　　　　（b）加载方式2　　　　　　（c）加载方式3

图 7-6　双层 FSS 常用的介质加载方式

　　双层 FSS 结构最重要的特征就是通过层间电磁场衰减模的近距耦合来改变频率响应特性，耦合程度可由介质的几何和物理参数进行调整，一般相对于单层 FSS 结构来说，双层 FSS 的频率响应具有平顶、下降较快等特征。当双层 FSS 的相对介电常数增加时，FSS 的中心频率和带宽都会减小。双层 FSS 之间的厚度同样对 FSS 的性能有着很大的影响，层间厚度通常取四分之一谐振波长，因为这时从两个金属表面来的反射波相互抵消。此时第二个 FSS 屏相当于一个的阻抗匹配层来消除不希望的反射。对于多频 FSS 来说该厚度应取为低频谐振波长的四分之一和高频谐振波长的四分之一的整数倍。当两个波长不能兼顾时，应迁就高频谐振波长，这是因为较小的厚度改变相对于低频波长来说比较小，但相对于高频波长来说改变已经很大。

　　（4）入射平面波的入射角和极化

　　当应用频率选择表面时，不仅要考虑电磁波垂直入射时的频率响应，还要考虑当入射波以一定的角度和极化方式入射 FSS 时它的频率响应特性，以满足实际应用的要求。考虑平面波的入射方式，定义平面波的传播方向和被照射平面法向所在的平面为入射面，入射平面波的电场矢量垂直于入射平面的情况为 TE 极化（H 面入射），电场矢量平行于入射平面的情况为 TM 极化（E 面入射）。

当平面波为 E 面入射时，随着入射角的增大，FSS 的传输系数的带宽大约以 $1/\cos\theta$ 的比例增大，其中 $\theta=0°$ 对应着垂直入射。当平面波为 H 面入射时，随着入射角的增大，FSS 的传输系数的带宽大约以 $\cos\theta$ 的比例减小。而对于贴片型 FSS，则正好相反，当平面波为 H 面入射时，随着入射角的增大，FSS 的传输系数的带宽大约以 $1/\cos\theta$ 的比例增大。当平面波为 E 面入射时，随着入射角的增大，FSS 的传输系数的带宽大约以 $\cos\theta$ 的比例减小。

入射角不仅影响带宽，对 FSS 的谐振频率也有一定的影响，但其影响要比对带宽的影响小得多。同时，选择不同形状单元的 FSS，其谐振频率随入射角的变化也有很大程度上的差异。

（5）其他

除了以上介绍的影响 FSS 特性的参数，金属屏的有耗性也可以改变 FSS 的频率特性，这里不作具体讲解。

7.4　频率选择表面设计

频率选择表面（FSS）具有众多的几何参数和物理参数可以用来调整其频率响应特性，以满足各种实际需要，因此它的设计具有较大的灵活性；但另一方面，多参数的优化过程又会使 FSS 设计变得十分复杂。现行的 FSS 设计一般要靠相当复杂和十分费时的计算程序，这些程序往往都具有内部优化过程。

在雷达隐身设计过程中，根据给定频率选择特性设计 FSS 的过程大体可以按照以下的步骤进行。

首先由要求的频率特性确定所需 FSS 的层数及每一层 FSS 的导纳特性。FSS 层数决定于要求的 RCS 减缩大小以及其所需要的带宽，通常层数增加时，带外 RCS 减缩效果增大，且选频特性变得更加陡峭。

其次是找出可实现的 FSS 几何形状，使之尽可能地接近于每层 FSS 所要求的导纳特性。一般说来，要采用的单元几何形状都是规定好的，因而能改变的只是单元尺寸、排列形式和间距。

然后根据选定的几何参数来计算整个 FSS 结构的频率响应特性，该特性也是入射波极化方向和入射角的函数。

最后是执行重复的设计，直到找到一个易于加工又性能优越的组合。只要给出指标要求（如带内外衰减量及其带宽等）即适当的约束条件（如 FSS 结构的最大厚度等），通常可用一组计算机程序来完成这 4 个步骤。

7.4.1　Y 形频率选择表面

（1）Y 形单元的特性研究

频率选择表面能够较好地控制电磁波的传输和散射，使入射电磁波发生全反射或全透射。实际上 FSS 就相当于一个对入射角、极化方式、频率等均有作用的空间滤波器。FSS 在微波、红外直至可见光波段都具有广泛的应用，将 FSS 制备在飞行器雷达罩上，以实现飞行器雷达舱的隐身是 FSS 在微波波段极为重要的应用。Y 形单元和 Y 环单元形状简单，工艺精度也很容易达到，对任意极化的情况都能够应用，带宽比较窄，中心频率对入射角的变化也比较稳定。本节应用 Munk 提出的基本理论思想设计了 Y 形单元、Y 环单元以及对称双层 Y 环单元三种带通型 FSS，由于其本身的单元形状特点使得其最适合使用正三角形排列，即 60° 排列。按照 Munk 的基础模型，Y 孔单元的两个臂的长度之和接近半波长时将产生共振，Y 环孔单元的周长接近一个波长时将产生共振。若设中心频率为 f_0，当加载介质时 FSS 中心频率将向低频漂移，如果在 FSS 单侧加载介电常数为 ε_r 的介质衬底，则中心频率大致漂移到 $f_0/\sqrt{(1+\varepsilon_r)/2}$。

以中心频率 f_0=5GHz 为例，应用基于矩量法的 Ansoft Designer v3.5 软件进行设计仿真，得到在这一频段具有带通特性的 Y 形孔径单元，具体结构如图 7-7 所示，参数见表 7-3。电磁波正入射时分为垂直极化（TM）和水平极化（TE）两种情况。当 φ=0° 时，考察传输特性曲线随入射角 θ 的变化情况（见图 7-8），可以得到在 TE 波和 TM 波入射下，不同角度的 –3dB 带宽呈现逐渐减小的趋势。TE 在 0° 时，–3dB 带宽为 1.8GHz，而 TE 在 60° 时 –3dB 带宽减小到 0.8GHz 并且中心频率向高频偏移了 0.15GHz。TM 波入射的情况与 TE 波入射时类似，入射角由 0° 增加到 60°，中心频率也产生了偏移。由图可知 TM 极化下，频率的偏移比 TE 波入射时要大，TM 60° 入射时中心频率偏移 0.5GHz。

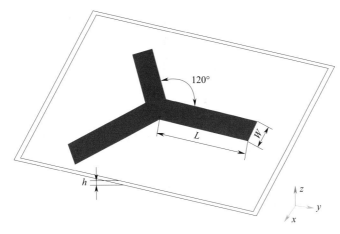

图 7-7　Y 形孔径单元

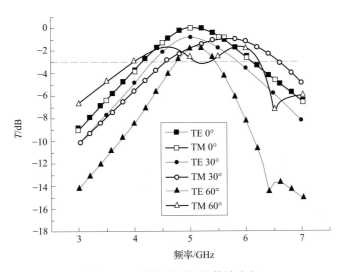

图 7-8　Y 形孔径单元的传输响应

表7-3　Y形单元参数

单元周期	孔径宽度	枝节长度	介质厚度	介电常数	入射波角度	单元排列角度
25mm	$W=3$mm	$L=13.5$mm	$H=0.381$mm	$\varepsilon_r=2.2$	$\theta=0°$，30°，60°	正三角形

（2）Y环单元的特性研究

在大角度入射下Y环单元FSS比Y孔单元FSS有更为稳定的中心频率。环单元FSS对垂直和水平极化波的适应性更强，滤波特性较Y孔单元FSS更明显；介质厚度的变化对中心频率、带宽的影响要比Y环单元FSS的大。

应用Ansoft Designer v3.5软件进行设计仿真，得到在5GHz具有带通特性的Y环孔径单元。具体结构如图7-9所示，参数见表7-4，TE波入射和TM波入射的传输特性曲线如图7-10所示。当TE波和TM波入射时，随着入射波角度的增大，中心频率都有所偏移，-3dB带宽也存在一定减小。TE在60°入射时中心频率偏移了0.1GHz，-3dB带宽减小到0.5GHz；TM在60°入射时中心频率偏移了0.4GHz，-3dB带宽减小到1.1GHz。因此，从不同极化波下的中心频率特性及带宽特性随入射角的变化情况来看，Y环单元有着更稳定的中心频率而且带宽较窄。

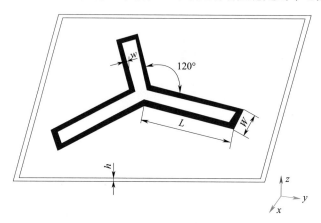

图7-9　Y环孔径单元

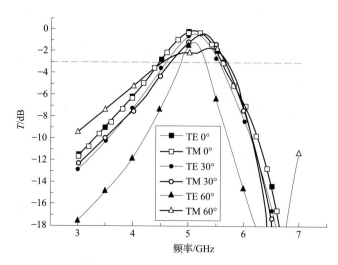

图7-10　Y环孔径单元的传输响应

表 7-4　Y 形单元参数

单元周期	外枝节宽度	枝节长度	介质厚度	介电常数	槽宽度	入射波角度	单元排列角度
20mm	$W=3$mm	$L=9.9$mm	$H=0.381$mm	$\varepsilon_r=2.2$	$W=1$mm	$\theta=0°$，30°，60°	正三角形

（3）对称双层 FSS 的传输特性分析

目前，一层贴片或缝隙周期阵列和若干层均匀介质基板的 FSS 已经得到了比较深入的研究。已有的许多文献中提到对称双层 FSS 具有宽频带、中心频率稳定性好的特点，尤其是它具有单层 FSS 所不具备的陡截止频率特性。

图 7-11 为两个单层的 FSS 通过介质层连接所得到的关于 $z=t_2+0.55t_3$ 平面对称的双层 FSS，其中 t_1、t_2 分别为单层 FSS 覆盖层和衬底的厚度，其介质参数分别为 ε_1、μ_1 和 ε_2、μ_2，t_3 为中间连接层的厚度，介质参数为 ε_3、μ_3。由于对称双层 FSS 在大角度入射的情况下容易出现较深的凹沟，因此合理设定 FSS 介质层的参数十分重要。分析双层频率选择表面的结构可知，导致传输曲线谐振区出现凹沟的关键因素就是层间电磁场衰减模的近距耦合，通过对介质电参数及厚度等变化来调整电磁场的耦合程度，从而改善整个结构电磁特性。

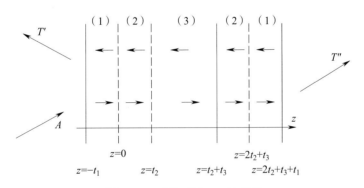

图 7-11　对称双层 FSS 示意图

由于通过层间的电磁耦合可以达到改善结构频率响应特性的目的并且可以改善所需的通带的稳定性。因此，主要针对对称双层 Y 环单元进行分析，如图 7-12 所示，其中 FSS1 介质厚度为 $h_1=0.381$mm，FSS1 介质介电常数 $\varepsilon_2=2.2$，FSS2 介质厚度 $h_1=0.381$mm，FSS2 介质介电常数 $\varepsilon_2=2.2$，中间层厚度 $H=5$mm，中间层材料为空气，入射波角度为 $\theta=0°$、30°、60°，单元排列角度：60°。传输特性如图 7-13 所示，从图中可以看到双层频率选择表面在雷达波散射特性上相对单层有较大的改善，中心频率点有了较大改善。TE 0° 和 TM 0° 入射时，-3dB 带宽为 1.1GHz（4.5 ~ 5.6GHz），并且陡截止频率特性明显；当入射波角度增大时，TE 60° 时偏移了 0.3GHz，TM 60° 时偏移了 0.4GHz，-3dB 带宽减小了 0.2GHz。由于适当设置了介质层的各参数，谐振区内的凹沟也得到了抑制。

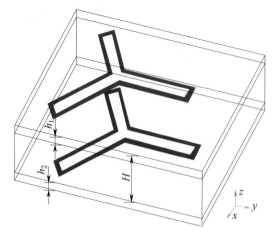

图 7-12　对称双层 Y 环孔径单元

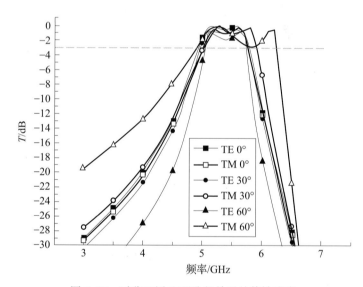

图 7-13　对称双层 Y 环孔径单元的传输响应

　　Y 形单元臂长主要影响中心频率，单元间距主要影响带宽。对于 Y 环单元，臂宽和缝宽在影响中心频率的同时也影响带宽，介质加载主要使中心频率降低，但是中心频率并非随着介质层厚度的增加单调减小，加载介质的厚度和介电常数均会影响中心频率，但中心频率对衬底的介电常数的变化更为敏感。从以上的仿真试验结果可以看出这几种 Y 形孔径结构在性能上比较稳定，由于带宽较窄，随入射波角度的变化，中心频率改变不大，加之结构简单易于加工，因此 Y 形单元成为了设计带通型 FSS 天线罩的理想单元结构。

7.4.2　方形单元

　　频率选择表面是一种无限大的周期阵列，实际应用中为了实现 FSS 的基本性能，要求实际加工 FSS 的单元数至少为 20×20 的单元。从 7.2 节的分析中得到，FSS 的谐振频率主要由单元的尺寸大小决定的。对于环形 FSS，当环周长大约等于波长的整数倍时发生谐振。若实际中需要 FSS 工作在低频的情况下，按常规方法，则要求单元的尺寸要相应地变大。这就会导致最后加工出的实物很大，无论是在重量上还是在加工成本上，都存在很大的劣势。因此，如何调节 FSS 的低频化和小型化的矛盾也是 FSS 中研究的一个热点，现在有很多文献都致力于研究该问题。

解决上述问题现有两种主要方法：第一是保持单元面积不变，采用大介电常数的介质板来降低谐振频率，但该方法会增大加工成本，不是一个可行方案；第二是采用普通的介质板，在一定的单元面积上想办法增大环形单元的周长来降低谐振频率，该方法更实际可行些。

本节中，将以单方环和双方环 FSS 为例简单介绍第二种方案的思路。双方环的模型仍如图 7-14（b）所示，未指明时，参数的值与表达含义均与图 7-14（b）中一样，仅有以下值发生了改变：S_{11}=9mm，W_1=W_2=0.3mm，S_{12}=7mm，g=0.4mm。

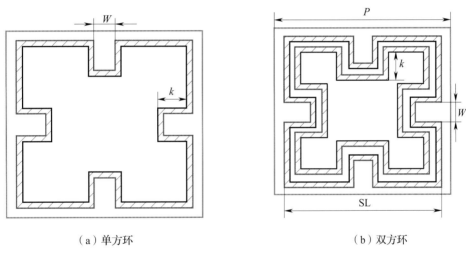

（a）单方环　　　　　　　　　　　　（b）双方环

图 7-14　单方环和双方环的改进模型

（1）单方环

对于上述尺寸的双方环 FSS，现假设只考虑双方环的最外环，即单方环 FSS，采用图 7-14（a）的改进模型。其中 W=1.2mm，k=1.5mm，则单方环和改进型 FSS 的频率响应特性的比较如图 7-15 所示。可以看出，谐振频率由原先的 6.4GHz 降到 5.53GHz，减小了 0.87GHz。如果采用普通单方环仍实现相同的频率特性，如图 7-16 所示，大致仿真出谐振频率在 5.53GHz 的单方环的单元大小约为 P=13.42mm，且 L=11.25mm，g=0.3mm，与同样能达到相同效果的改进型模型的 p=10mm 相比，面积减小了大约 44%。

下面将讨论改进型 FSS 的参数 k 和 W 对 FSS 性能的影响。图 7-17（a）表示当 W=1.2mm 固定不变时，调节参数 k 对透射系数影响规律，谐振频率随着 k 的增大而降低。图 7-17（b）表示当 k=1.5mm 时调节参数 W 的影响，可以看出 W 与 k 有着相反的影响规律，谐振频率随着 W 的增大反而降低，并且参数 k 比参数 W 对谐振点的影响更明显。

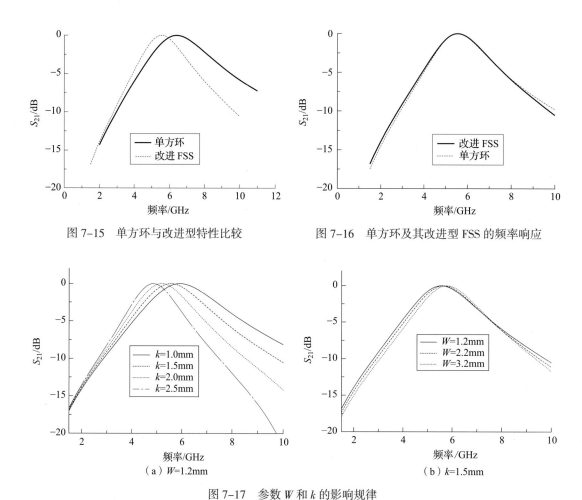

图 7-15　单方环与改进型特性比较　　　图 7-16　单方环及其改进型 FSS 的频率响应

（a）W=1.2mm　　　　　　　　　　（b）k=1.5mm

图 7-17　参数 W 和 k 的影响规律

　　对于单方环 FSS，当环周长大约等于波长的整数倍时发生谐振。调节参数 W 和 k 时会使得环周长发生变化。其中增大 k 会让环周长迅速增大，从而使谐振频率点降低得很明显。而增大 W 不会让环周长变化得很快，所以 W 的变化对透射系数的影响较小，谐振点不会发生明显的改变。所以当 FSS 工作在低频点时，不用按通常办法增大单方环单元的面积，只需要合理调节参数 k，并兼顾参数 W 即可。在一定意义上来说，相当于降低了单元面积的大小。

　　（2）双方环

　　对于双方环，同样可以采用在一定单元面积上增大环周长的办法来实现其双谐振点的低频化。按照单方环改进模型的思路，双方环的改进模型如图 7-14（b）所示，仍取 W=1.2mm，k=1.5mm。图 7-18 为双方环 FSS 及其改进模型的透射系数对比图，可以看出，改进后的模型实现了双谐振点的频率下降，其中高频谐振点大约由原来的 8.6GHz 降低到 7.1GHz，而低频谐振点大约由原来的 6.2GHz 降低到 5.1GHz。因此只要在一定面积上对双方环的模型稍作改变，想办法增大内外环周长就可以使两个谐振点处的谐振频率明显降低，达到预期效果。

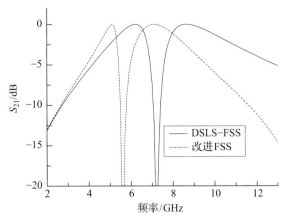

图 7-18　双方环 FSS 及改进模型 FSS 的频率特性比对

　　与单方环的影响规律相同，参数 k 和 W 对谐振点的影响程度不同。图 7-19（a）为参数 $W=1.2$mm 时，参数 k 对双谐振点的影响。图 7-19（b）为 $k=1.5$mm 时，参数 W 对双谐振点的影响。可以看出，参数 k 对双谐振点的影响明显，双谐振频率随着 k 的增大而降低，参数 W 对双谐振点却几乎没有什么影响。在设计时，同样要根据要求合理调节参数 k 和 W。

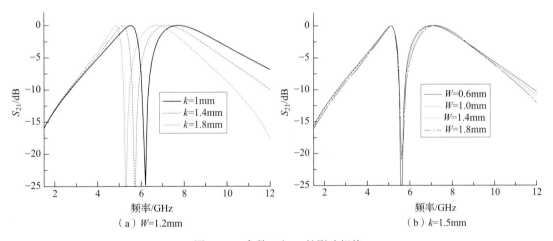

|（a）$W=1.2$mm|（b）$k=1.5$mm|

图 7-19　参数 k 和 W 的影响规律

（3）极化特性的比对

　　从上面的分析中可知，单方环和双方环的改进模型可以很好地实现单频点和双频点处谐振频率的降低，对于 FSS 的小型化的研究有一定的参考意义。由于 FSS 的实际应用中还要考虑到不同角度不同极化方式的入射波，所以对于改进型 FSS，我们还需要进一步讨论不同入射角及不同极化方式下的频率响应，若其频率响应很差，则改进型 FSS 的研究是没有意义的。

　　下面将分别对单方环和双方环及其改进模型在不同入射角及不同极化方式下的频率响应进行比对。图 7-20 和图 7-21 分别为单方环和双方环及其改进模型在不同角度及极化下性能的比对。可以看出，在不同的角度和极化方式下工作，单方环和双方环都能保持很好的谐振频率稳定性。改进型 FSS 并没有损坏普通单方环和双方环的极化特性，对不同角度不同极化方式的入射波，仍能保持良好的谐振频率稳定性。

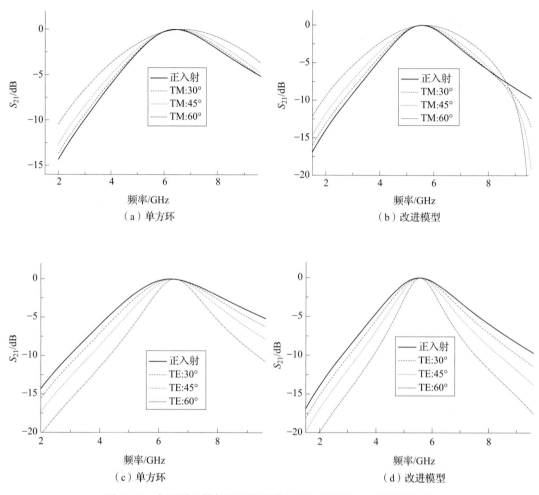

图 7-20　在不同入射角及极化下单方环和改进型 FSS 的特性比较

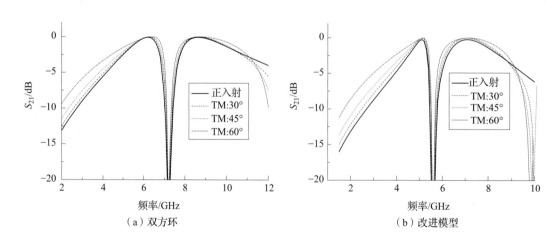

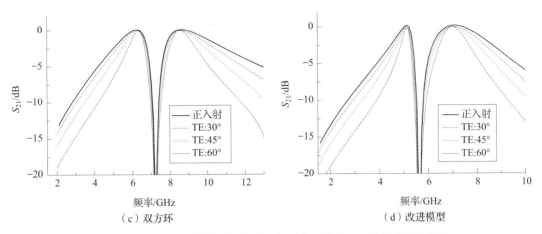

（c）双方环　　　　　　　　　　（d）改进模型

图 7-21　在不同入射角及极化下双方环和改进型 FSS 的极化特性比较

7.4.3　锯齿状贴片

对于偶极子及方形、圆形等板状贴片型 FSS，当单元尺寸大约为 $\lambda_0/2$ 时，就会发生谐振，此时贴片型 FSS 会对入射波产生全反射现象。假设入射波频率为 4GHz，其对应的波长为 75mm，如果设计方形贴片使其能够反射 4GHz 的平面波，那么贴片的边长应为 37.5mm。如果要实现贴片型 FSS 只反射 4GHz 附近频率的电磁波，同时不影响其他频段电磁波的正常传播，那么相邻方形贴片单元之间应保持合适的间距。方形贴片型 FSS 的结构如图 7-22 所示。其中，介质基板选用相对介电常数为 4.4 的 FR4 材料，且其厚度为 h_1=3mm。本章所提到的所有 FSS 结构，其介质基板厚度均用 h_1 表示。谐振单元的排布与方形贴片单元排布相同，所以在下列介绍中只给出单元结构示意图，不再给出整体 FSS 结构图。任意相邻的两个单元之间的中心间距记为 SL。

为了说明 SL 对于 FSS 频率响应的影响，给出不同间距下 FSS 的反射系数曲线，如图 7-23 所示。从图 7-23 中可以看出，当 SL=40mm 时，FSS 几乎在全频段都具有良好的反射电磁波的能力，这与普通金属板的反射性能相差不大。当 SL=50mm 时，FSS 在 5GHz 以上的高频段具有一定的透波能力，即在一定程度上可以实现对阻带内电磁波的反射及对通带内电磁波的透射。当 SL=60mm 时，FSS 在 5GHz 以上的高频段具有更好的透波能力，同时在低频段 2 ~ 4.4GHz 对电磁波呈现出良好的反射效果。当 SL=70mm 时，高频段的透波能力保持不变，但是阻带带宽较 SL=60mm 时变窄，为 2.2 ~ 3.7GHz。综合而言，要使方形贴片型 FSS 在 4GHz 附近的频段反射电磁波，而在其他频段透射电磁波，相邻单元的中心间距至少要达到 60mm。这样一来，FSS 单元的尺寸就会比较大，满足不了天线小型化的设计要求。同时，这种 FSS 的阻带带宽相对来说较窄，不能满足超宽阻带的要求。

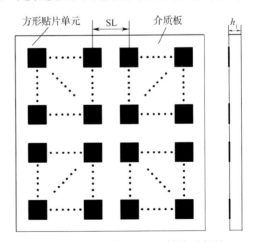

图 7-22　方形贴片型 FSS 结构示意图

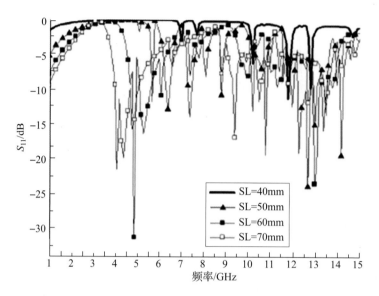

图 7-23 FSS 的反射系数随 SL 变化结果

为了实现 FSS 单元的小型化，同时实现超宽阻带设计，对方形贴片单元进行类分形处理，即在方形贴片的四边分别连续地减掉长度依次递减的矩形，得到带有锯齿状结构的梭形十字贴片。采用这一设计，增加了贴片的实际周长，从而有效地增加了频率选择表面单元的电尺寸，进而展宽了频率选择表面阻带带宽。锯齿状梭形十字贴片的结构如图 7-24 所示。

锯齿状梭形十字结构包括 4 个臂，且相邻两臂顶点之间的距离为 n，n 也就是原方形贴片的边长；锯齿的宽度记为 W，高度记为 l。锯齿状梭形十字贴片刻蚀在厚度为 h_1、相对介电常数为 4.4 的 FR4 介质板的一侧。锯齿状梭形十字的每个臂上单侧锯齿的个数

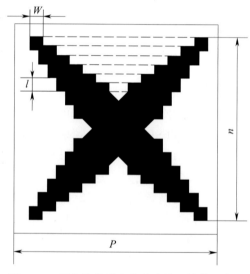

图 7-24 锯齿状梭形十字贴片单元结构示意图

可根据具体情况确定，一般取 4 ~ 8 个即可满足超宽阻带的要求。锯齿的高度与宽度之间需满足一定的关系，即 $l=kw$，且 $0.65 \leqslant k \leqslant 0.75$。FSS 的周期为 P，P 的取值应满足 FSS 对阵列间距的要求。

图 7-25 给出当 $n=19$mm，锯齿个数为 6，$W=1.5$mm，$l=1$mm，$h_1=3$mm，$P=20$mm 时，FSS 的传输系数曲线和反射系数曲线。由图 7-25 可以看到，FSS 的 -3dB 工作带宽为 1.5 ~ 7.1GHz，满足超宽阻带 FSS 的要求。另外，由传输系数曲线可以看到，在 1.5 ~ 7.1GHz 频带之外，FSS 具有一定的透波能力。将具有这种性能的 FSS 设计成天线反射板，可以实现在天线工作频

段内反射电磁波，从而保证天线的正常工作；但在天线工作频段外对电磁波又具有一定的透波能力，不会影响到周围其他天线的正常工作。

7.5　新型频率选择表面设计

性能优异的带通型频率选择表面（FSS）应该具有准确的中心频率，小的插入损耗，良好的角度稳定性，稳定的极化特性以及较高的频率选择性。以上述指标为指导，本节提出了小型化 FSS、单边带陡降 FSS 和准椭圆

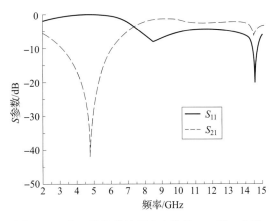

图 7-25　基于锯齿状棱形十字贴片 FSS 的 S 参数

滤波响应 FSS 三种新型 FSS。其中小型化 FSS 解决了低频段 FSS 的小型化问题；单边带陡降 FSS 在工作频带的附近形成传输零点，极大地提高了 FSS 的选择特性；准椭圆滤波响应 FSS 在工作频带两边同时形成传输零点，几乎实现了理想的带通响应特性——矩形滤波响应。

7.5.1　小型化频率选择表面

理论上 FSS 是无限大的周期结构，但在实际应用中 FSS 都是有限的周期阵列。FSS 的无限大周期被截断后，必然会对 FSS 的性能带来显著的影响。通常情况下为了保持其原有的特性，有限 FSS 的单元数目不能少于 20×20。然而，当实际工作频率很低（S、L 波段）的时候，FSS 单元太大，在实用尺寸之内很难用有限的单元数来体现 FSS 的频率选择性。因此在低频应用时 FSS 的小型化显得尤为重要。

人们在 FSS 小型化方面已经做了很多工作，本节提出了一种新的小型化 FSS，并对其入射角的频率稳定性进行了分析。与前人的研究成果相比，本文设计的小型化 FSS 单元尺寸更小，有更好的选择性和角度稳定性。

根据 MUNK 理论，对于方环单元，当环的周长约为入射波长整数倍时发生谐振。因此可以在原来方环单元的内部空间中弯曲方环边长，这样就可以在增加谐振长度、降低中心频率的同时而不增大单元的面积。图 7-26 为设计的小型化 FSS 单元的几何结构示意图。其中 D_x，D_y 为 FSS 的周期，它们的取值可以相等也可以不相等，但所取数值必须满足频率选择表面对阵列间距的要求以避免栅瓣的出现。L_1 和 L_2 分别为方环孔径的内外边长，$L_3 \sim L_7$ 为向内弯曲的各个枝节的长度。图中枝节的长度各不相同，从单元的中心向两边呈阶梯状排列。这样设计的目的旨在最大限度地利用方环的内部空间。W 为孔径的宽度，为了能够插入更多的枝节，W 的取值应尽量小，但所取数值也不能太小，否则电磁波将无法沿着弯曲孔径传播。

图 7-26 右边所示为该小型化 FSS 单元右上角的局部视图。取 L_1=7.8mm，W=0.2mm，各枝节长度为 $[L_3, L_4, L_5, L_6, L_7] = [L_2/2.3, L_2/2.5, L_2/3, L_2/5, 45W]$，其中 $L_2=L_1 - 2 \times W$。单元间距 $D_x=D_y$=8mm，阵列采用正方形栅格排列。介质厚度为 1mm，介电常数为 2.65。图 7-27 是该小型化 FSS 在电磁波垂直入射时的频率响应。从图中可以看出，该小型化单元 FSS 的中心频率为 2.9GHz，–3dB 工作带宽为 2.62 ～ 3.14GHz。在实际应用中可以通过改变枝节的长度来获得需要的工作频率。

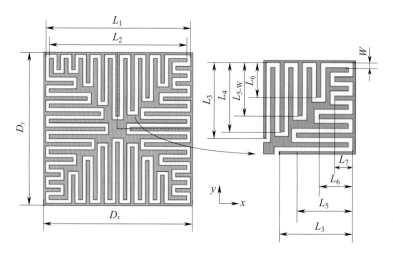

图 7-26　FSS 小型化单元结构示意图

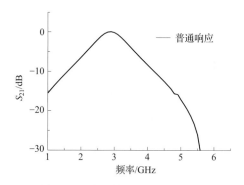

图 7-27　小型化 FSS 的频率响应

该小型化单元和原来的方环单元的尺寸对比如表 7-5 所示。从表中可以看出，谐振频率都为 2.9GHz 时，原来方环单元的面积为 289mm²，小型化单元的面积仅为 64mm²，比原来的方环单元面积缩小了 78%。这正是由于充分利用了方环的内部空间的结果。

表 7-5　小型化单元和方环单元的尺寸比较（2.9GHz，θ=0°，φ=0°）

单元类型	谐振频率 /GHz	周期 /mm	孔径宽度 /mm	面积 /mm²
小型化单元	2.9	8	0.2	64
方环单元	2.9	17	0.2	289

在实际工程应用中，尤其在雷达天线罩上应用的 FSS，绝大多数单元对来波均处于大角度入射状态。因此用于雷达罩上的 FSS 必须具有很好的角度稳定性，即中心频率不随入射角的增大而改变以保证当入射角很大时雷达观测设备仍然能够正常地工作。对该小型化 FSS 进行了角度稳定性分析，用软件仿真得到了不同入射角下该小型化 FSS 的频率响应，如图 7-28 所示。

从图 7-28（a）中可以看出对于 TM 极化，当入射角从 0°增大到 60°时，该小型化 FSS 的 –3dB 工作带宽从 1.04GHz 减小到 530MHz，中心频率几乎没有发生偏移，都谐振在

2.9GHz。图 7-28（b）对于 TE 极化带宽的变化正好与 TM 极化相反，入射角从 0° 增大到 60° 时，-3dB 工作带宽从 1.04GHz 增大到 1.83GHz，中心频率仍然为 2.9GHz，几乎不随入射角变化。良好的中心频率稳定性主要取决于单元本身结构的对称性。60° 入射时 TE 极化响应在 5.2GHz 处出现了一个较大的栅瓣，这主要是由 FSS 单元的周期性引起的，对于正方形的栅格排列单元间距 D 应满足式（7-3）。

$$D < \frac{\lambda_0}{1 + \sin\theta} \tag{7-3}$$

式中，λ_0 为自由空间波长，θ 为入射角。根据式（7-3），当入射角增大时为了避免栅瓣的出现，相应的单元间距应该变小。这样原来垂直入射时满足条件的单元间距在入射角增大时不可避免地引起了栅瓣的出现。所幸的是该栅瓣距工作频带较远，对带内特性的影响可以忽略。

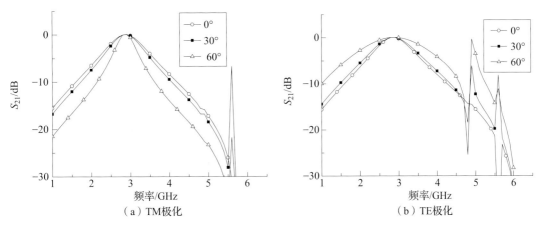

图 7-28　小型化 FSS 的角度稳定性

　　图 7-29 是垂直入射时小型化 FSS 和方环 FSS 的带宽比较。由图可知与方环单元 FSS 相比，小型化 FSS 带宽变窄，曲线边缘更陡峭，具有更好的频率选择性。这可以从方环孔径型单元的等效电路角度来解释（见图 7-30）。小型化单元弯曲枝节的长边可以等效为并联电感，增加枝节使等效电路的总电感 L 增大，而总电容几乎不变，根据电路的品质

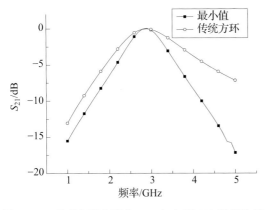

图 7-29　垂直入射小型化 FSS 与方环 FSS 带宽比较

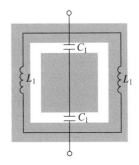

图 7-30　方环单元的等效电路模型

因数计算公式（式（7-4））可知，谐振频率f_0相同时L增大使Q值增大，进而小型化FSS带宽减小，具有更好的频率选择性

$$Q = \frac{2\pi f_0 L}{R} \tag{7-4}$$

60°斜入射时小型化FSS和原来的方环FSS的角度稳定性比较如图7-31所示。对TE和TM极化小型化FSS谐振在2.9GHz，垂直入射时也在2.9GHz处谐振，中心频率没有随入射角的增大而改变。而传统的方环FSS在60°斜入射时的谐振频率为3.0GHz，与垂直入射时的2.9GHz相比有100MHz的频偏。与传统的方环相比，小型化FSS具有更好的角度稳定性，非常适合应用在对来波呈大角度入射的雷达罩设计当中（见图7-32~图7-34）。

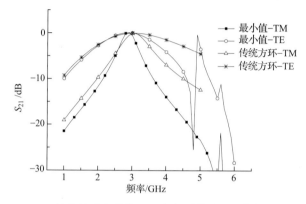

图7-31　60°斜入射时小型化FSS和方环单元FSS角度稳定性比较

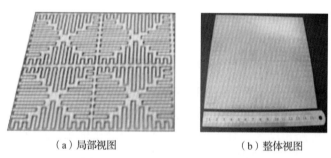

（a）局部视图　　　　　　　　（b）整体视图

图7-32　小型化FSS的实物图片

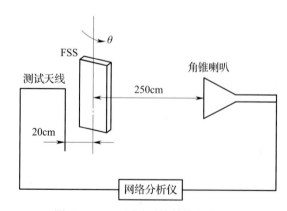

图7-33　FSS测试系统结构示意图

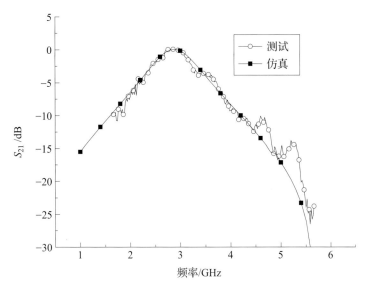

图 7-34　垂直入射小型化 FSS 的仿真与测试结果对比

7.5.2　边带陡降高性能频率选择表面

根据单元的类型，FSS 有贴片型和孔径型之分，它们分别对应着带阻和带通频率响应。对孔径型 FSS，理想的带通响应为矩形滤波响应，在工作频带之内传输损耗应尽量小，而在工作频带之外损耗越大越好，在通带和阻带的过渡带上频率响应越陡峭越好。然而，实际的带通 FSS 频率响应通常从通带的中心频率向两边缓慢下降，很难实现陡降现象。针对这一问题，本节设计了单边带陡降 FSS 和准椭圆滤波响应 FSS，分别实现了带通响应的单边带陡降和双边带陡降。

本节提出了一种改进双层方环 FSS。与原来普通双层方环 FSS 相比，改进的 FSS 在工作频带附近有一个传输零点，实现了通带和阻带频率响应的陡峭过渡。改进之后的 FSS 工作带宽相对原来的带宽减小了 70%，在很大程度上提高了 FSS 的选择性。

本节的双层 FSS 结构均采用介质加载方式，介质厚度为 1mm，介质损耗角正切为 0.001，介电常数为 ε_r=2.65，FSS 单元对称地分布在介质的上下表面。FSS 阵列均采用矩形栅格排列。

面结构图如图 7-35（a）所示，其结构参数在表 7-6 中给出，频率响应如图 7-36 所示。图中传统 FSS 的中心频率为 7.4GHz，-3dB 带宽为 2.1GHz（6.5 ~ 8.6GHz），频率响应曲线从中心频率向两边缓慢地下降。在 10.2GHz 时出现了一个栅瓣，该栅瓣较大会引起新的能量传输进而影响 FSS 的整体性能。另外，在 10.9GHz 处有一个传输零点，由于该零点的存在使得频率响应迅速下降，形成一个陡降的边带。然而，该零点距离 FSS 的工作频带较远，对 FSS 性能的提高没有什么帮助。因此，本文对传统 FSS 进行了改进，使得传输零点出现在通带附近，极大地提高了 FSS 的选择特性。

263

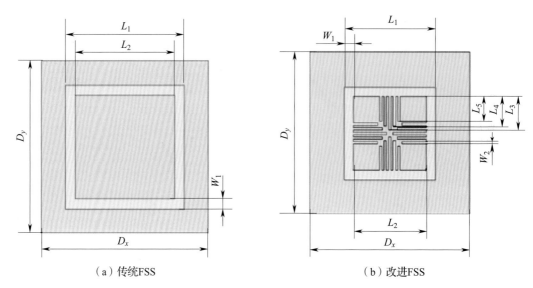

（a）传统FSS　　　　　　　　　　　　（b）改进FSS

图 7-35　FSS 面结构示意图

表 7-6　传统的和改进的 FSS 几何结构参数

D_x	14mm	D_y	14mm
W_1	0.8mm	W_2	0.2mm
L_1	8mm	L_2	6.4mm
L_3	$L_2/2.2$	L_4	$L_2/2.5$
L_5	$L_2/3$		

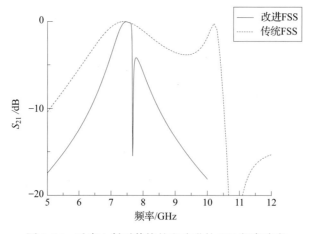

图 7-36　垂直入射时传统的和改进的 FSS 频率响应

　　根据 MUNK 理论，贴片周长是入射电磁波长的整数倍时贴片将发生谐振，增大贴片周长即可降低零点出现的频率。因此对传统的双层方环 FSS 结构做了改进。改进 FSS 的单元平面结构示意图如图 7–35（b）所示。改进的 FSS 单元的内部贴片上开了对称分布的缝隙，贴片中心缝隙的阶梯分布同样是为了最大限度地增加贴片的周长。对称结构主要用来满足 FSS 的双极化特性。改进 FSS 的结构参数见表 7–6，频率响应曲线如图 7–36 所示。改进型 FSS 的中心频率为 7.5GHz，与传统 FSS 相比仅有 10MHz 的频率偏移。–3dB 带宽为 0.64GHz，与传统 FSS 带宽相比降低了 70%。改进型 FSS 的频率响应中传输零点出现在 7.9GHz，已经靠近 FSS 的工作频带，在上边带上引起了频率响应陡降，对提高传统 FSS 的选择性有很大帮助。改进型 FSS 在 7.9GHz 的电场分布情况如图 7–37（b）所示，图中颜色代表的意义与图 7–37（a）相同。主要的电场能量依然分布在方环内部的贴片上，由此表明此时传输零点依然是由贴片谐振引起的，并没有破坏传统 FSS 的功能特性，但选择性有了很大的提高。

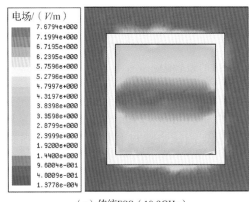 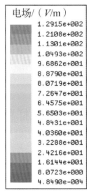 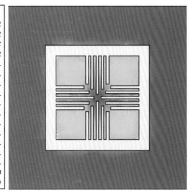

（a）传统FSS（10.9GHz）　　　　　　　　　　（b）改进FSS（7.9GHz）

图 7–37　FSS 结构的场分布图

不同频率下 FSS 物理结构上的电磁场分布是研究 FSS 各个部分功能最直观的方法。因此，图 7–37（a）给出了 10.9GHz 时传统 FSS 结构上的场分布图，以此研究传统 FSS 的哪一部分结构在形成传输零点时起主要的作用。图中左边给出了电场强度及其代表颜色，深蓝色表示的场强最弱，依次往上，红色代表的场强最强。根据电磁场理论可知，电磁谐振往往发生在电磁能量集中的地方。10.9GHz 时电场能量主要集中在方环内部的贴片上，由此可知在该频率上 FSS 方环内部的贴片发生谐振，引起了频率响应中的传输零点。

（1）单边陡降 FSS 的角度稳定性分析

一个性能优良的 FSS 应该具有很好的角度稳定性，即 FSS 的频率响应特性不应随入射波角度和极化状态的改变而改变。因此设计 FSS 时必须考虑 FSS 的角度稳定性。图 7–38 给出了不同入射角和极化状态下改进型 FSS 的频率响应。从图中可以看出，改进的 FSS 有很好的角度稳定性，中心频率和带宽没有随着入射角的改变而发生明显的变化。TE 极化时，斜入射下栅瓣开始出现，并随着入射角的增大栅瓣迅速向通带靠拢。然而，在 45° 的大角度入射下该栅瓣离通带中心频率仍有 1.3GHz 的频带间隔，对通带的影响不会很大。TM 极化时，随入射角的增大上边带抑制性能变得更好，但通带内的插入损耗变大，出现凹陷现象，这主要是由于在斜入射时 FSS 等效的缝隙宽度变窄，层间发生过耦合情况引起的。

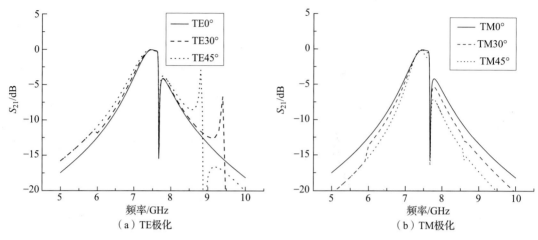

图 7-38　不同入射角下改进型 FSS 的频率响应

（2）单边陡降 FSS 的测试与结果分析

图 7-39 给出了 FSS 实物图片。测试样件的尺寸为 210mm × 210mm，包含了 15 × 15 个 FSS 单元。测试系统结构示意图依然如图 7-33 所示。测试步骤与上节中小型化 FSS 的测试步骤相同。

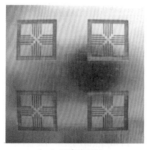

（a）局部视图　　　　　　（b）整体视图

图 7-39　改进型 FSS 实物图

垂直入射时的测试结果如图 7-40 所示。从图中可以看出测试结果中包含了噪声的影响，这可能是由测试步骤的不严密引起的。因为在测试过程中噪声系数记录之后，要放置 FSS 屏，以及对 FSS 做旋转以得到特定角度的传输系数。在这一系列过程中，有可能引入了人为的干扰，使得结果 S_{21}^{t}（dB）中包含的噪声与最先记录的背景噪声 S_{21}^{n}（dB）不一致，因此，在 S_{21}^{n}（dB）和 S_{21}^{t}（dB）相减的过程中无法完全消除背景噪声的影响。但除了包含的噪声之外，改进 FSS 的测试结果与仿真结果趋势一致，二者吻合得非常好。不同入射波角度和极化状态下改进型 FSS 的频率响应在图 7-41 中给出。同样的除去噪声因素外，测试结果与仿真结果一致。验证了改进型 FSS 结构的正确性。

本节提出的改进型 FSS 成功地降低了传统 FSS 中由贴片谐振引入的传输零点频率，在工作频带附近形成了陡降的传输响应，极大地提高了带通型 FSS 的频率选择性。

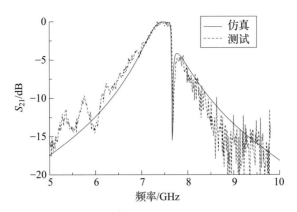

图 7-40　改进型 FSS 的仿真和测试结果

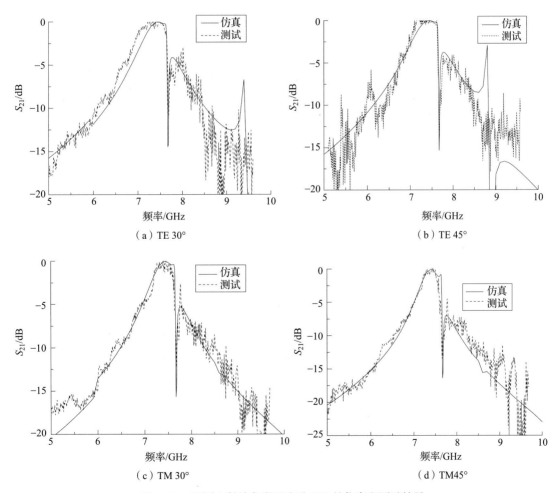

（a）TE 30°　　　　　　　　　　　　　　（b）TE 45°

（c）TM 30°　　　　　　　　　　　　　　（d）TM45°

图 7-41　不同入射波角度下改进 FSS 的仿真和测试结果

7.5.3　准椭圆滤波响应频率选择表面

7.5.2 节设计的改进双层方环 FSS 实现了单边带陡降的频率响应特性。然而对带通型 FSS 来说，这种响应不是最理想的。因此，提出本节的准椭圆滤波响应 FSS，实现近乎理想的带通响应——矩形滤波响应。

基片集成波导（substrate integrated waveguide，SIW）技术是近年来提出的一种可以集成于介质基片中的具有低插损、低辐射等特性的新型导波结构。在上下底面为金属层的低损耗介质基片上，利用金属化通孔阵列在介质基片上实现传统的金属波导的功能。SIW 具有品质因数高、易于设计、重量轻、选择性好等优点，把 SIW 技术引入到 FSS 的设计中，能够有效提高传统 FSS 的性能，是近年 FSS 研究的一个热点。参考文献中给出了若干基片集成波导腔（SIWC）FSS 的设计实例，例子中通过腔体谐振在 FSS 频率响应中引入传输零点，并且零点的频率可以通过改变 SIWC 的腔体尺寸进行调整，该设计方法具有一定的普适性，有效地提高了 FSS 的频率选择性。然而参考文献中的准椭圆滤波响应 FSS 是通过基片集成波导腔体级联技术实现的，该模型属于多层 FSS 结构。多层 FSS 结构不仅设计上费时费力，而且加工时精度也难以保证。本节针对这一问题，提出双层复合 FSS 结构，该 FSS 将分别具有上边带陡降和下边带陡降滤波特性的 FSS 单元组合在一起形成新的复合 FSS 单元，由该单元组成的复合 FSS 几乎不破坏组合前 FSS 的上下边带陡降特性，并且能将上边带陡降和下边带陡降特性结合在一起实现准椭圆滤波响应特性。

（1）复合 FSS 设计

FSS 单元的平面结构图如图 7-42 所示。图 7-42（a）和图 7-42（b）分别是双层十字 FSS 和 SIWC 十字 FSS 的结构图。这两个 FSS 的单元尺寸分别为：$P_{1x}=P_{1y}=12mm$，$l=10mm$，$W_1=2mm$，$P_{2x}=P_{2y}=14mm$，$W_2=2mm$，$r_1=6.5mm$，$d=0.6mm$，$\theta=15°$。两种 FSS 阵列均采用矩形栅格排列方式。介质厚度为 1mm，介质损耗角正切是 0.001，介电常数 $\varepsilon_r=2.65$。FSS 单元对称地分布在介质的上下表面。SIWC 是将 FSS 单元的上下表面用金属化通孔连接，通过通孔阵列形成腔体，FSS 单元位于腔体中心，腔体可以是圆形、方形等任何形状。为建模方便本文采用圆形 SIWC 结构。

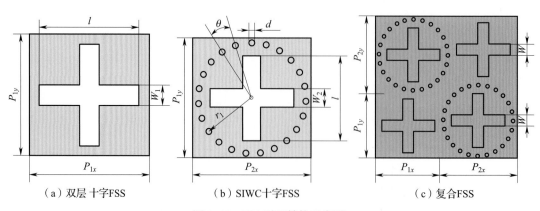

（a）双层十字FSS　　　（b）SIWC十字FSS　　　（c）复合FSS

图 7-42　FSS 平面结构示意图

双层十字 FSS 和 SIWC 十字 FSS 的频率响应如图 7-43 所示。图中双层十字 FSS 的中心频率为 12.4GHz，-3dB 带宽为 2.8GHz（11.2 ~ 14GHz），传输零点出现在 11.2GHz，传输损耗从 -3dB 下降到 -25.2dB 时频率从 11.2GHz 下降到 11GHz，仅有 20MHz 的过渡带宽，是下边带陡降的 FSS。SIWC 十字 FSS 的中心频率为 12.8GHz，-3dB 带宽为 1.8GHz（11.7 ~ 13.5GHz），传输零点频率是 13.7GHz，传输损耗从 -3dB 下降到 -21dB 时频率从 13.5GHz 增加到 13.7GHz，同样只有 20MHz 的过渡带宽，是上边带陡降的 FSS。

图 7-42（c）用两个双层十字 FSS 单元和两个 SIWC 十字 FSS 单元组合形成新的复合 FSS 单元。因为单元周期 P_1 不等于 P_2，为了便于采用矩形栅格排列方式，复合 FSS 单元采用了交叉排列结构，最终使 x 和 y 方向的周期相等。复合 FSS 十字孔径宽度调整为 2.2mm 以达到最佳的零深。除了十字孔径宽度外，复合 FSS 的单元结构尺寸、介质参数、阵列栅格与组合前的 FSS 完全一致。复合 FSS 的频率响应如图 7-44 所示。其中心频率为 12.7GHz，-3dB 带宽是 1.76GHz（11.77 ~ 13.53GHz）。第一个传输零点出现在 11.69GHz，当传输损耗从 -3dB 下降到 -9.08dB 时，对应频率从 11.77GHz 下降到了 11.69GHz，有 80MHz 的过渡带宽。第二个传输零点在 13.63GHz，插入损耗从 -3dB 下降到 -11.92dB 时，对应频率从 13.53GHz 增加到 13.63GHz，有 100MHz 的过渡带宽。两个传输零点出现在复合 FSS 工作带宽附近，实现了准椭圆滤波响应特性。图中在通带内 12.86GHz 到 12.43GHz 有 0.5dB 左右的插入损耗，这可能是由于组合前的两个 FSS 中心频率和带宽不完全一致引起的。调整参数使双层十字 FSS 和 SIWC 十字 FSS 有相同的中心频率和带宽时，复合 FSS 具有更平坦的带内响应。

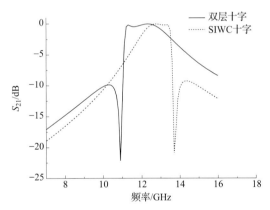
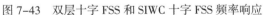
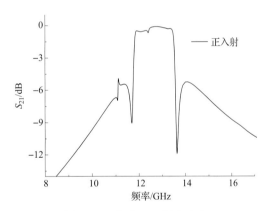

图 7-43　双层十字 FSS 和 SIWC 十字 FSS 频率响应　　　　图 7-44　复合 FSS 频率响应

不同频率下的电场分布图依然是观察 FSS 结构各个部分功能最简便的方法。图 7-45 给出了不同频率下复合 FSS 的电场分布情况，这些电场分布图对复合 FSS 的频率响应做了最直观的解释。图中各种颜色表示的意义与 7.5.2 节中相同。12.7GHz 时，主要的电场能量分布在十字孔径周围，说明在该频率下 FSS 正处于孔径谐振模式，对应了传输曲线中的带通响应。11.69GHz 时，大部分电场能量集中在双层十字 FSS 单元的金属贴片上，此时双层十字 FSS 起主要作用，其贴片谐振导致了复合 FSS 频率响应中的第一个传输零点。13.63GHz 时，几乎所有的能量集中在 SIWC 与十字孔径之间，这时 SIWC 十字 FSS 起主要作用，腔体的谐振形成了传输曲线中的第二个零点。

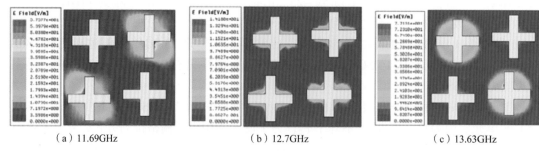

（a）11.69GHz　　　　　　　（b）12.7GHz　　　　　　　（c）13.63GHz

图 7-45　不同频率下复合 FSS 的电场分布图

从上面分析中可以看出，复合 FSS 在不同的频率下依然由组合前的 FSS 在发挥各自的作用。因此这种设计方法可以先设计两个分别具有上边带陡降和下边带陡降的 FSS，然后将其组合稍作调整即可得到我们期望的频率响应特性。由于每个设计步骤相对独立，因此大大降低了准椭圆滤波响应 FSS 的设计难度。

（2）复合 FSS 的角度稳定性分析

同样地，对复合 FSS 结构进行角度稳定性分析。不同入射角时复合 FSS 的频率响应如图 7-46 所示。从图中可以看出该复合 FSS 结构的角度稳定性不是很好。随着入射角的增大 FSS 的性能发生了很大的改变。TE 极化时，随着入射角的增大，通带内低频部分产生了附加增益，而高频部分损耗急剧增大。TM 入射时整个通带插入损耗都增加了 1dB 左右。在 10GHz 时还出现了一个较大的栅瓣。

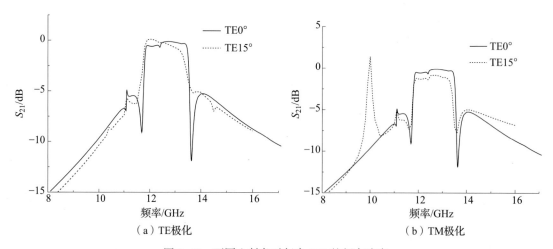

（a）TE 极化　　　　　　　　　　　　　（b）TM 极化

图 7-46　不同入射角时复合 FSS 的频率响应

引起复合 FSS 角度稳定性差的原因有很多，首先是由十字形 FSS 单元结构本身特性决定的，十字形 FSS 单元的角度和极化稳定性在所有 FSS 单元中都不是最佳的。本文之所以采用十字形结构是因为十字形 FSS 单元在形成 SIWC 谐振时所需腔体尺寸最小。而本文设计时旨在探讨该设计方法的可行性，这样在进行实物制造可以节约成本。其次，为了采用矩形栅格排列方式，复合 FSS 采用的是一种非对称的结构，这同样也可能是引起复合 FSS

角度稳定性变差的原因。尽管如此，入射角在 10° 范围以内的小角度入射时，该复合 FSS 依然有一定的实用性。

（3）复合 FSS 的测试结果与分析

复合 FSS 实物图片如图 7-47 所示。样件大小为 234mm × 234mm，包含了 9 × 9 个 FSS 单元。整个试验过程在微波暗室中完成，测试结果在图 7-48 中给出。从图中可以看出测试结果与仿真结果吻合得很好，验证了本文设计方法的实用性。但是，在测试结果中仍然包含有噪声，这是因为本节的复合 FSS 与上节中单边陡降 FSS 是在同一个测试系统中完成的，同样可能由于测试过程的不严密而无法完全消除噪声的影响。

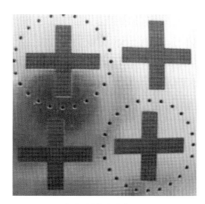

（a）局部视图　　　　　　　　　　（b）整体视图

图 7-47　复合 FSS 实物图

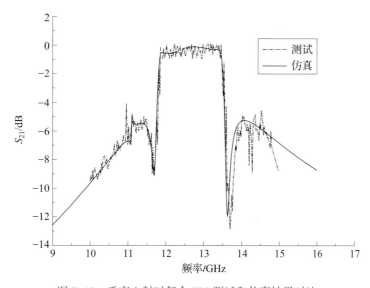

图 7-48　垂直入射时复合 FSS 测试和仿真结果对比

本节中设计的复合 FSS 有效地在传输带宽附近引入了两个传输零点，使得 FSS 带通响应实现了从通带到阻带的快速过渡，对提高 FSS 的频率选择性有很大帮助。虽然设计的复合 FSS 的角度稳定性不是很理想，但垂直入射时测试和仿真结果的一致性，验证了实现准椭圆滤波响应的这种设计方法的正确性。

7.5.4 基片集成波导频率选择表面

基片集成波导（SIW）技术是最近几年提出的一种可以集成于介质基片中的具有低插损、低辐射等特性的新的导波结构，它是通过在上下底面为金属层的低损耗介质基片上，利用金属化通孔阵列而实现的，其目的是在介质基片上实现传统的金属波导的功能，具有品质因数高、易于设计、重量轻、选择性好等优点。带宽是频率选择表面中的重要参数，主要受单元间距的影响。单元间距越大，带宽越窄；单元间距越小，带宽越宽。当 FSS 需要窄的带宽时，光靠增大单元间距是不行的，因为 FSS 在不同的排列方式下为避免栅瓣的出现还存在着间距公式的限制，必须采用其他方法来克服该矛盾。在参考了相关文献后，我们以 Y 环孔 FSS 和单圆环 FSS 为例，把 SIW 技术引入到 FSS 的设计中，很好地解决了带宽和单元间距的矛盾，并深入探索了这种基片集成波导 FSS 的具体性质。

对于基片集成波导 FSS 的研究，文中采用 CST 仿真软件，通过 CST 软件，可以观察到不同参数对该新型 FSS 的透射系数的影响。文中采用正方形栅格排列方式如图 7–49 所示。所使用的介质基板均为 1mm 厚的 F_4B（聚氯乙烯），其介电常数 $\varepsilon_r=2.65$ 对谐振频率的偏移影响很小。

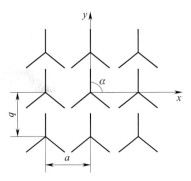

图 7–49　FSS 的正方形栅格排列

Y 形单元的 FSS 因为形状简单，对平面波不同方式的入射具有很好的稳定性，同时由于能与圆锥形雷达罩曲面的外形保持较好的周期性，所以 Y 形单元被很多学者从不同的角度进行了研究，但是都没能很好地解决带宽的问题。同样，单圆环 FSS 由于结构简单，对不同入射波角度和极化又有很好的稳定性，所以在实际应用中也备受人们的关注。

单元间距主要影响带宽，单元间距越大，带宽越窄，频率选择性越好；单元间距越小，带宽越宽，频率选择性越差。当 FSS 需要窄的带宽时，增大单元间距是最有效的方法。但 FSS 在采用一定的栅格排列方式后，其单元间距受最大间距公式限制，过大的单元间距容易导致 FSS 栅瓣的出现，影响其性能。本文在不改变原普通 Y 环孔和单圆环 FSS 的基础上引入了基片集成波导技术，很好地解决了带宽和单元间距的矛盾。同时还对这两种基片集成波导 FSS 的性质进行了深入的研究。

图 7–50 和表 7–7 分别是普通型 Y 环孔单元和单圆环单元以及它们改进后的模型和参数。以 Y 环孔 FSS 为例，普通的频率选择表面是在介质板的一侧附有一层被腐蚀成 Y 环孔单元的金属屏。而用基片集成波导改进后的频率选择表面是在介质板的上下两侧都有被腐蚀成 Y 环孔单元的金属屏，且两个金属屏之间用金属化通孔连接，即 SIW 结构。

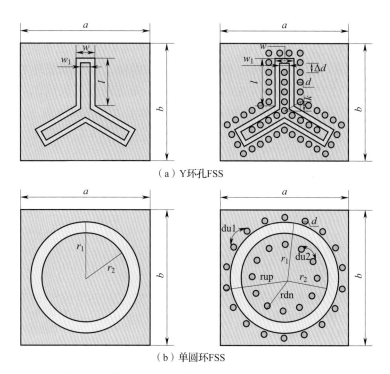

（a）Y环孔FSS

（b）单圆环FSS

图 7-50 普通 Y 环孔和单圆环 FSS 以及它们改进模型

表 7-7 Y 环孔 FSS 和单圆环 FSS 的参数

（a）Y 环孔 FSS

a	13mm	b	13.8mm
w	2mm	w_1	1mm
l	5mm	k	1mm
Δd	1mm	d	0.6mm
tang（δ）	0.001	ε_r	2.65

（b）单圆环 FSS

a	12mm	b	12mm
rup	5.5mm	rdn	3.5mm
dul	20°	du2	30°
r_1	5mm	r_2	4mm
d	0.6mm	ε_r	2.65
tang（δ）	0.001		

图 7–51（a）和（b）分别是普通 Y 环孔和单圆环 FSS 及其用 SIW 改进后的 FSS 在垂直入射时透射系数的频率响应。由图可见，对于 Y 环孔 FSS 而言，其 –3dB 带宽由原来的 7.26 ~ 8.68GHz 变为 7.32 ~ 8.11GHz，带宽减小了大约 630MHz，而谐振频率变化不是很大，由原来的 7.97GHz 变为 7.72GHz，降低了大约 250MHz。对于单圆环 FSS，其 –3dB 带宽由原来的 7.35 ~ 11.72GHz 变为 7.93 ~ 10.90GHz，带宽降低了大约 1.4GHz，谐振频率变化不是很大，由原来的 9.31GHz 变为 9.26GHz，降低了大约 50MHz。

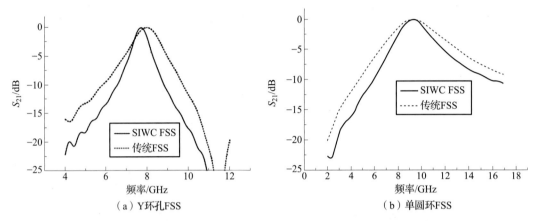

（a）Y环孔FSS　　　　　　　　　　（b）单圆环FSS

图 7–51　垂直入射时 Y 环孔和单圆环 FSS 以及它们改进型 FSS 的频率响应

对于频率选择表面而言，其谐振频率主要与其表面腐蚀的形状和单元尺寸相关。同样地，对于 Y 环孔 FSS 和单圆环 FSS，它的频率响应主要取决于周期表面上的单元形状和尺寸，即单元的尺寸主要决定了谐振频率。本文中，我们并没有改变原来普通型 FSS 的形状和尺寸，只是在原普通频率选择表面的基础上添加了 SIW 结构。所以从图 7–51 中可以看出，基片集成波导频率选择表面的谐振频率几乎不变。等效电路法是根据无限长导带的电感量计算公式以及相邻带间的电容量计算公式近似计算 FSS 的单元等效电容和电感，再按 LC 谐振回路的观点计算其频率响应特性。为了定性解释带宽减小的原因，我们选择从等效电路的角度出发考虑该问题。把 SIW 技术引入频率选择表面的设计中相当于增加了并联电感，这就意味着等效电路中的总电感值增大了。根据品质因数 Q 的表达式：$Q = \omega_0 L/R$，我们可以得知随着电感 L 的增大，品质因数 Q 增大，则相应的带宽 B 也就降低了。同时，由公式 $\omega_0 = 1/\sqrt{LC}$，我们还可以定性的估计出谐振频率也会略微下降，正好与改进后的 Y 环孔 FSS 和单圆环 FSS 的谐振频率略有下降相吻合。

要想设计一个性能好的频率选择表面，不仅要选择好单元类型，还要综合考虑单元尺寸、单元间距、介质等一系列因素的影响。下面我们将重点讨论这些参数对基片集成波导频率选择表面性质的影响。

（1）Y 环形 FSS 的臂长 l 和单圆环的内半径 r_2

众所周知，FSS 的频率特性主要是由其表面单元形状决定的。图 7–52（a）和（b）分别为 Y 环孔和单圆环 FSS 的臂长 l 和内半径 r_2 对它们的改进型 FSS 即基片集成波导频率选择表面的性能影响。从图中可以看出，随着臂长 l 和内半径 r_2 的增大，Y 环孔和单圆环基片集成波导 FSS 的谐振频率均降低。

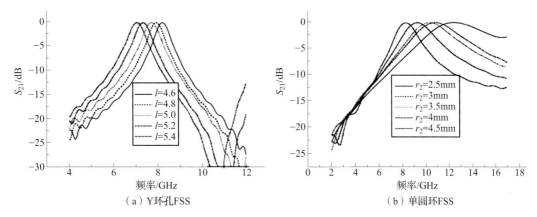

（a）Y 环孔 FSS　　　　（b）单圆环 FSS

图 7-52　臂长 l 和内半径 r_2 分别对基片集成波导 FSS 的性能影响

同时，对于 Y 环孔 FSS 而言，臂长 l 主要影响谐振频率，对带宽几乎没影响，而单圆环 FSS 的内半径 r_2 则不仅对谐振频率有影响，对带宽也有很大的影响。带宽随内半径 r_2 的增大而减小。从以上分析中可以得出，Y 环孔 FSS 的臂长 l 和单圆环的内半径 r_2 无论对于它们的普通型 FSS 还是改进型 FSS，其影响规律是相同的。所以，在改变单元的尺寸大小时，改进型频率选择表面中的基片集成波导没有对新型 FSS 的变化趋势有太大的影响。

（2）SIW 的直径

图 7-53 为基片集成波导的直径对改进型 FSS 的传输系数的影响。可以看出，SIW 的直径大小对该改进型 FSS 的性能几乎没有任何影响。理想的频率选择表面是无限大的周期结构，为保证频率选择表面的性质，一般实际中用的频率选择表面的板子是比较大的，单元数至少为 20×20。所以在设计 FSS 时，考虑到 FSS 的实际应用，我们很希望所设计的频率选择表面重量轻。本文中用 SIW 改进的 FSS 由于金属化通孔的存在，所以重量上会比普通频率选择表面的低，而且孔径大小的选取对其性能几乎没有影响。所以可根据实际的需要设计合适的孔径大小，以最大程度地降低频率选择表面的重量。

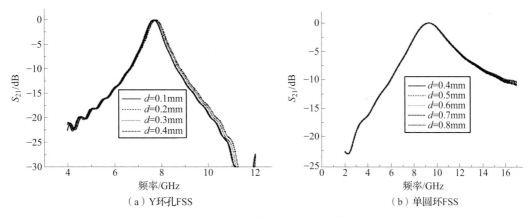

（a）Y 环孔 FSS　　　　（b）单圆环 FSS

图 7-53　SIW 的直径对传输系数的影响

（3）改进型 FSS 的介质板厚度

图 7-54 为介质板厚度对用 SIW 改进型 FSS 的影响。可以看出，随着介质板厚度的增大，无论是 Y 环孔 FSS 还是单圆环 FSS，其谐振频率和带宽均降低了。这是因为等效电

路中的并联电感与厚度成正比,即 $L=\mu h$(μ 是比例系数)。随着 h 的增大,L 增大,则相应的谐振频率 ω_0 降低,Q 增大,带宽 B 减小,同时从图中还可以看出对于带内插入损耗,介质板厚度的增大对其几乎没有影响。但是介质板厚度稍增大时,栅瓣就很容易产生。

对于普通型 FSS 而言,一开始随着介质板厚度的增大,谐振频率降低,同时带内的传输损耗增大。当厚度继续增大时,带内的传输损耗又降低,同时谐振频率向高频移动。当厚度增大到一定值时,谐振频率将趋于一个定值,不再随着厚度的增大而变化。普通型 FSS 随着介质板厚度的增大也会产生栅瓣,但不会像改进型 FSS 对厚度的变化那么敏感。从以上分析可以得出,对于用 SIW 改进后的频率选择表面,在介质板厚度变化的同时,SIW 起到了重要的作用。

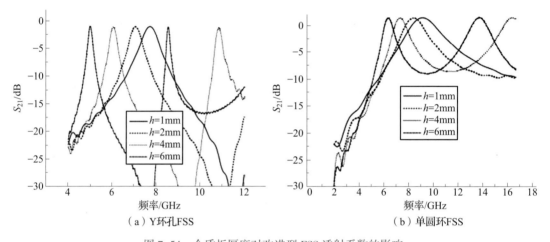

（a）Y环孔FSS　　　　　　　　（b）单圆环FSS

图 7-54　介质板厚度对改进型 FSS 透射系数的影响

（4）单元间距

单元间距主要影响带宽。单元间距越大,带宽越窄;单元间距越小,带宽越宽。图 7-55 为单元间距对改进型 FSS 的透射系数的影响。可以看出,改进后的 FSS 没有因为 SIW 的引入而破坏单元间距对 FSS 的影响规律,仍然遵循相同的变化趋势,即带宽随着单元间距的增大而减小。

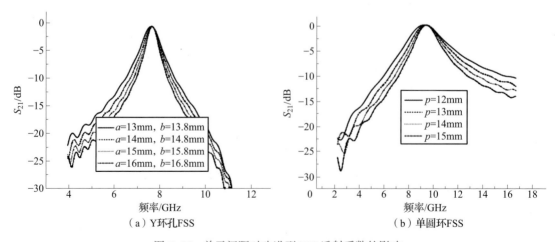

（a）Y环孔FSS　　　　　　　　（b）单圆环FSS

图 7-55　单元间距对改进型 FSS 透射系数的影响

（5）介电常数

介质板不仅有支撑 FSS 的作用，而且还可以改善 FSS 的性质。当介质板存在时，FSS 的谐振频率会降低，且对于不同极化和不同入射角的来波，其谐振频率和带宽都会比不加介质板的稳定。图 7-56 为介质板不同介电常数对改进型 FSS 的透射系数的影响特性曲线。和普通型 FSS 的变化趋势类似，随着介电常数的增大，谐振频率和带宽均降低了。

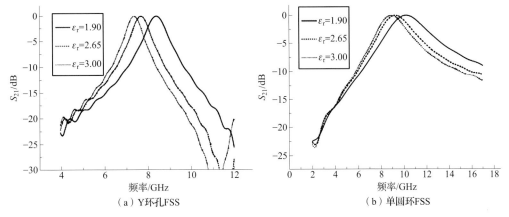

（a）Y 环孔 FSS　　　　　　　（b）单圆环 FSS

图 7-56　介电常数改进型 FSS 透射系数的影响

（6）基片集成波导 FSS 的实测研究

我们以用 SIW 改进的 Y 环孔 FSS 为例，加工出实物如图 7-57 所示，面积大小为 260mm × 276mm。由于加工后的频率选择表面面积较小，和仿真时的无限大平面有差距。同时，由于板子的周围还存在着绕射波的影响，所以在测试的结果中，难免会存在着误差。

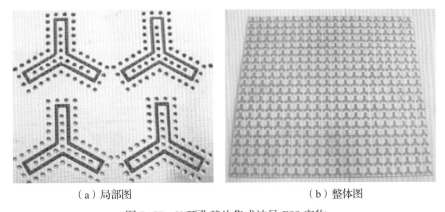

（a）局部图　　　　　　　　　（b）整体图

图 7-57　Y 环孔基片集成波导 FSS 实物

图 7-58 为 FSS 的测试图，发射源用波导探针，接收用喇叭天线。为了保证探针发射的电磁波绝大部分照射到 FSS 上，我们将 FSS 与探针间的距离调整在 10cm 左右，这么近的距离内，到达 FSS 的电磁波为球面波，这与仿真计算时假设平面波照射有较大差距，但更接近 FSS 在天线工程中的实际应用。整个测试都是在微波暗室里进行，并且主要用到了矢量网络分析仪。其具体测试步骤如下。

第一步：取掉 FSS，测得 S_{21}（dB）；第二步：放置 FSS 板，测得的 S'_{21}（dB）。则透射

系数：$T=S_{21}(\text{dB})=S_{21}''(\text{dB})-S_{21}'(\text{dB})$；反射损耗：$\Gamma(\text{dB})=S_{11}(\text{dB})=10\log\left(1-10^{\frac{S_{21}(\text{dB})}{10}}\right)$。测试结果如图 7–59 示，可以看出，仿真结果和测试结果趋势基本是相同的。

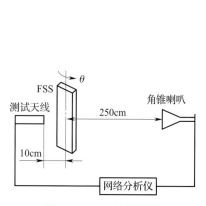

图 7–58　FSS 的测试图

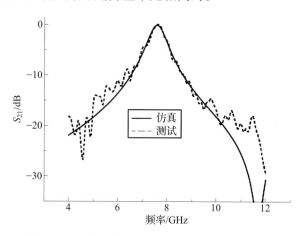

图 7–59　垂直入射时仿真结果和测试结果的比较

从以上的分析可以看出，这种用基片集成波导改进后的频率选择表面能在不改变普通 FSS 其他参数的情况下减小带宽，很好地解决了带宽和单元间距之间的矛盾，避免了由于过大单元间距而导致栅瓣的出现。并且这种改进后的 FSS 重量轻，易于加工，频率选择性更好，在天线罩中有很大的研究和应用价值。

7.6　频率选择表面工程应用

频率选择表面的研究是从可见光频段开始的，随着有关周期结构电磁特性研究的逐步深入，拓展了频率选择表面的应用领域，主要包括可见光频段、红外频段、微波频段等。其中，在微波频段，基于频率选择表面研制的反射面天线的副反射器可以提高多频天线的利用效率；基于频率选择表面研制的天线罩可以降低军用目标的雷达截面积特性等。

7.6.1　混合雷达罩

频率选择表面的诸多应用中，最显著的莫过于雷达罩的设计与应用，它可以使天线工作频段以外的雷达截面积得到减缩。典型的雷达天线罩如图 7–60 所示，飞行器前端采用带通型的雷达罩可以滤除带外电磁波，降低飞行器的散射特性。在作战环境下，对于入射电磁信号，天线罩会做频率的检查，如果信号与雷达罩的工作频率不相符，入射平面波根据雷达罩的外形进行多方向的双站反射，降低电磁波在入射方向的回波强度；如果信号与雷达罩的工作频率相符，那么，雷达天线即相当于完全暴露在外部环境下，这时的雷达罩就对减缩天线的雷达截面积没有作用，电磁波在入射方向的回波强度就取决于天线自身的雷达截面积特性。

频率选择表面在飞行器上的另一个应用就是飞行器的进气道设计，因为进气道的目标散射特性可以占据整个飞行器的很大一部分。针对这种情况，将频率选择表面一般设计成栅格型，减少空气的阻力。同时，栅格型的频率选择表面是属于孔径型的频率选择表面。

因此，在谐振时是全透射的，但是在谐振频带外频段的反射特性一般有所区别，所有的入射波都会反射，反射波会沿着不同的方向传播。因此，也可以降低飞行器的雷达截面积。

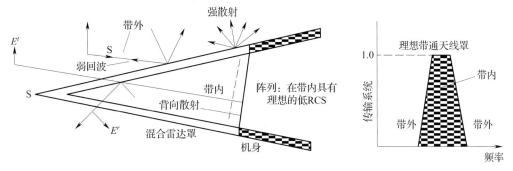

图 7-60　典型混合雷达罩的示意图

7.6.2　带阻滤波器

　　频率选择表面在微波频段的另一个应用就是带阻型的天线罩，其典型的结构如图 7-61 所示，一个架设在桅杆上的天线采用带阻型天线罩的传输 / 反射系数。采用频率选择表面覆盖的天线及结构阻止非工作频段的信号通过，而允许工作频段的信号通过，其工作原理与带通型的频率选择表面天线罩相同，区别在于两者的工作方式刚好相反。

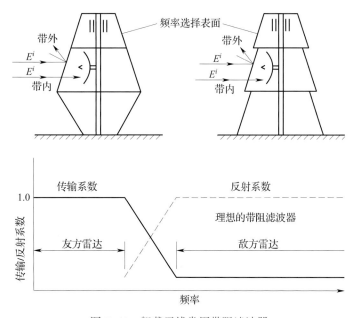

图 7-61　舰载天线常用带阻滤波器

　　舰船所装载的雷达通信设备一般工作在 C 波段以下，负责信号处理的通信系统也是工作在此频段。因为舰艇是一个由很多简单形态的部件组装成的外形巨大的复杂散射体，因为其外表面巨大，可以类似地看成是大平面反射源，因此，对整体结构的隐身性能有巨大的影响。由于倾斜外板设计具有减小入射雷达波回波的功能，因此，倾斜外板已经是世界各国针对大型舰艇隐身设计的首选措施，采用此设计的舰艇和船只的外部轮廓，包括烟囱和桅杆的设计，都可以在一定程度上降低自身的雷达截面积。同时，针对舰艇上复杂的部件，比如甲板上的通信装置、弹药武器、救生装置等，都需要进行隐身措施的处理，统一采用频率选择表面组成的结构可以保持舰艇甲板平面的整洁和连续性，很大程度上减小规划的复杂性和降低整体的雷达截面积。图7-62左图是采用频率选择表面结构达到隐身性能的舰艇外部结构，右图是放大化的一体化桅杆的结构。现代世界航海强国都在为自己的海军力量积极装备先进的通信桅杆，该桅杆集多功能于一身的一体化桅杆，又称封闭式桅杆或者隐身桅杆。

图 7-62　国内研发的一体化桅杆

封闭式桅杆的研究难点就是内部电磁干扰、电磁兼容等电磁问题。桅杆的作用非常重要，除了传统的桅杆支撑作用，核心功能就是将舰艇的通信"眼睛""鼻子""嘴巴"等架设于高处，因为受到地球曲率的影响，增加通信设备的高度，可以增大通信距离和提高通信质量。

7.6.3　反射面

（1）二色性副反射面

现代科学技术的发展有力地促进了通信事业的发展步伐，人类对外太空的探索梦想也慢慢地变成了现实。当卫星、飞船等人造飞行器在外太空穿梭飞行时，尤其是离地球越来越远的时候，太空中的天体、黑洞等诸多物质都对电磁波有很强的吸收能力，增加了电磁波在传输过程中的损耗。因此，考虑到上述实际问题，长距离的卫星通信中的无线电发射和接收装置必须具有很高的增益，比如大型抛物面天线，该天线必须具有多馈源、多频段同时工作的特性，而该优势特性同时也是天线工程中有待解决的难题之一。

频率选择表面除了可以用作带阻、带通滤波器以外，还可以作为卡塞格伦天线的副反射面。卡塞格伦天线可以实现双频段或者多频段的同时工作，由于频段之间的间隔较大，可以使彼此之间的干扰相对较小，典型的示意结构如图7-63所示。图中是一种双频段同时工作的天线，右下角的喇叭天线是接收天线，工作在 K 波段，左下角的喇叭天线是发射天线，工作在 U 波段。图中右下角所示的较小的曲面板就是基于频率选择表面单元研制的副反射面。采用这样的结构设计，可以将频率为 f_a 的馈源与卡塞格伦天线的其中一个焦点吻合，而工作频率为 f_b 的馈

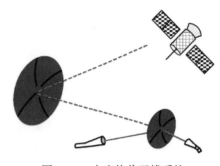

图 7-63　卡塞格伦天线系统

源与另一个焦点吻合，实现了不同的频段共用一个反射面的设想，不仅经济，而且可以提升空间利用率。副反射面的结构不拘泥于一种结构，既可以是双曲面，也可以是平面。工程应用中平面结构相比于曲面结构具有易于加工的优势，但是平面结构也存在一定的劣势，比如位置的精确性、工作时间的长久性等。凸面结构虽然难以加工，但是该结构可以很好地满足工程应用中的需求。

工程应用中有许多的注意事项，最主要是电磁波和周期结构的法线夹角为 0° 时，加载副反射面的抛物面天线可以实现多频段的频率复用；当电磁波和周期结构的法线夹角不为 0° 时，或者电磁波的极化方式发生变化，多频段的频率复用效率会受到很大的影响。因此，实际情况中，针对副反射面的选择，必须衡量不同入射角和不同极化方式的电磁环境对系统的需求。

（2）二色性副反射面

频率选择表面除了可以作为反射面天线的副反射板，还可以作为主反射面，典型结构如图 7-64 所示。当 X 波段的天线阵列在左侧，极化器位于整体结构的中间部位，主反射面在结构的右侧。当天线阵列工作时，发射的电磁波经过极化器，然后入射到主反射面的背面。由于主反射面对 X 波段的电磁波呈现通透性，当 Q 波段入射的电磁波照射主反射面时，主反射面呈现出金属反射面的特性，并且整个系统的体积较小，可以放置在潜艇的潜望镜中，实现可见光的多频复用。同时将该结构进行加工和测试。最终的测试结果表明，X 波段的电磁波在透过极化器和主反射面之后的传输损耗微乎其微，因此二色性反射面可以当作透镜使用。但是 X 波段的电磁波透过主反射面之后，波束会发生变形，宽度会减小，而二色性反射面对 Q 波段电磁波充当的是理想 PEC 作用，Q 波段电磁波的辐射方向图与金属反射面的辐射方向图具有很高的吻合度。

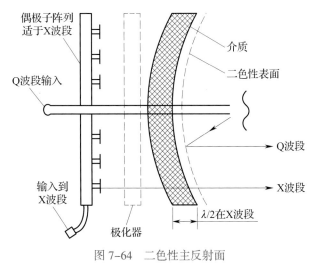

图 7-64　二色性主反射面

7.6.4　电路模拟吸收体

周期结构中具有典型代表的是频率选择表面，不仅包括有耗型结构，还存在无耗型结构。其中，无耗型频率选择表面可以通过加载吸波材料实现较好的吸波性能。吸波材料在设计初期就存在一堆互相矛盾的因素，一方面对于吸波性能具有很好的要求，另一方面对空间体积有一定的限制，然而实际操作运行中，两者不能同时满足，需要找到一个平衡点。国内外众多学者在研究吸波材料的时候尝试将无耗型频率选择表面加入其中，或者是加载于表面，或者是加载于内部，设计思想是利用频率选择表面的滤波特性来改善相应频段的吸波特性。最终的研究结果证实，加载频率选择表面之后，吸波材料的吸收性能在不同的频段差异很大，其中在低频端的吸收特性尤为明显。

有耗型频率选择表面可以用来改善经典的共振吸收体，例如，尧曼层和索尔兹伯里屏。众所周知，这种吸收体主要包括纯电阻板，并且带宽非常宽。加载电容和电感之后，可以使这些结构变成许多应用中都需要的宽带吸收体（又称电路模拟 CA 或吸收体）。图 7-65（a）给出了一种经典的电路模拟设计，等效电路表示法如图 7-65（b）所示。其中，电感与导电单元中的直线部分相关联，并且电容与导电单元之间的缝隙相关联，电阻表示导电单元（其特征为有限传导体）的损耗。从图中可以看出，电路模拟层的顶部加载有十字形金属贴片单元，底部连接的是接地地板，这种结构和早期的 Salisbury 周期结构有相似之处。然而，由于等效电路元件有电抗分量，这种周期结构比早期的结构性能上有很大的优越性，特别是当用多层结构级连接起来时，可以有很宽的谐振带宽。虽然，十字形的单元作为无耗的结构式，工程应用没有别的单元应用广泛，但是作为有耗的材料时，有很好的工作特性，可以作为实际的工程应用选择对象。

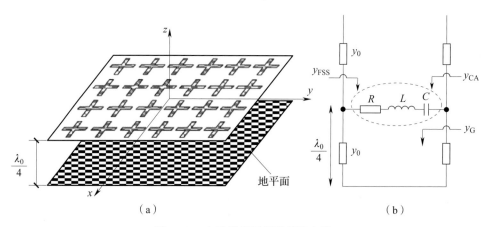

（a）　　　　　　　　　　　　　　　　（b）

图 7-65　电路模拟层以及等效电路

7.6.5　其他应用

（1）电磁兼容

国际电工委员会标准 IEC 对电磁兼容（electromagnetic compatibility，EMC）的定义为：系统或设备在所处的电磁环境中能正常工作，同时不会对其他系统和设备造成干扰。其中，电磁兼容包括电磁干扰（electromagnetic interference，EMI）及电磁耐受性（electromagnetic susceptibility，EMS）两部分。所谓电磁干扰是指任何能使设备或系统性能降级的电磁现象，而所谓电磁耐受性是指在存在电磁干扰、电磁骚扰的情况下，装置、设备或系统能够避免性能降低的能力。

在日常工作和生活中，无线局域网扮演着一个很重要的角色，由于局域网中的电子设备需要工作，就会产生电磁信号，会对置身于局域网内的设备产生电磁干扰或者骚扰。考虑到安全因素，部分局域网对信号的辐射空间有一定的限制。有人尝试采用频率选择表面来实现局域网中设备信号的安全性，将整面墙都加载频率选择表面做成具有带阻特性的墙体。由于带阻墙可以实现这一功能，因此人们尝试制作更多的来实现不同的要求，最终带阻墙可以分为两种，一种是具有反射功能的反射墙[123-124]，虽然可以满足全信号反射的要求，但是会带来多径效应；另一种是具有吸波特性的吸收墙[125-127]，它的设计初衷就是吸收所有照射到墙上信号，虽然可以解决反射墙所特有多径效应，但是实际成本较高，实际中应用较少。吸收墙的目的就是吸收电磁波，因此可以将它归类为吸收体，图 7-66 是常规的吸收体结构。频率选择表面作为吸收结构主要有两种应用方法：一种是采用全反射性的频率选择表面替代地面，除了保证应有的工作特性外，对工作频带之外的特性影响几乎可以忽略还可以降低结构设计的复杂性；另一种是采用部分频段反射的频率选择表面单元，此时需要增加纯金属结构的地板，可以将频率选择表面等效为传输线，达到减小吸收层与地板之间的距离，但是该方法对全频段的适用性不高，低频的适用性远高于高频的适用性。

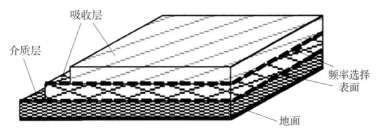

图 7-66　频率选择表面作为吸收体

（2）极化器

极化器，顾名思义是改变极化方向的装置，在电磁场领域中主要用来控制天馈系统的极化方向。它可以实现线极化与圆极化、垂直极化与水平极化、水平极化与倾斜 45° 线极化等多种功能。实现途径有内用和外用两种。内用极化器是通过将一些不连续性结构或者铁氧体材料加载于馈线与天线之间，以实现极化转换的功能；外用极化器与天馈系统的内部无关，主要是修改后期的天线方向图特性等。

常见的外用极化器主要包括曲折线[128-129]极化器、带线[130]极化器、偶极子[131-132]极化器以及华夫网格[133]极化器等，如图 7-67 所示。极化器的基本原理是对任意角度入射的电磁波，极化器都可以将其分解成垂直极化与水平极化（平行于曲折线的轴线），垂直极化分量的电磁波相位会增加一个正的增量，即相位有所延迟，水平极化分量的电磁波相位会增加一个负的分量，即相位有所提前。曲折极化器不同于别的极化器，当对入射波的极化方式为垂直极化时，极化器可以等效为并联电感加载到传输线中，当对入射波的极化方式为水平极化时，极化器可以等效为并联电容加载到传输线中。当入射电磁波刚好介于上述两者之间即倾斜 45° 时，可以将其分解成垂直分量和水平分量，更理想的情况是，当且仅当垂直分量和水平分量的相位差为 90° 时，入射的线极化电磁波将变成圆极化电磁波，如图 7-68 所示。如果极化器的性能不够理想，可以通过频率选择表面级联来改善带宽特性，由频率选择表面构成的周期表面可以等效成电纳，也可以采用矩量法计算，介质层相应地可以等效为传输线，而且介质的加载可以增加电磁波斜入射时谐振频率的稳定性。

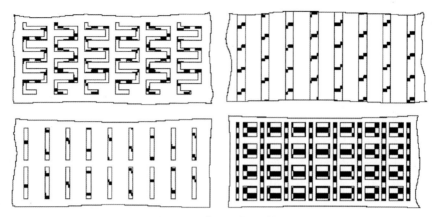

图 7-67　典型极化器结构

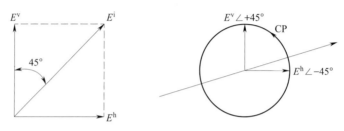

图 7-68　倾斜 45° 合成圆极化波

（3）红外波段

频率选择表面在红外波段有诸多的应用，主要分为远红外波段和近红外波段。在远红外波段，频率选择表面有诸多应用。比如激光器的腔体镜，主要利用的是频率选择表面的反射特性，用来提高激光器的泵浦效率；红外传感器，主要利用的是频率选择表面的带通特性，降低感应时间，提高感应效率。在近红外波段，频率选择表面也有诸多应用，最典型的当属具有吸收太阳能的吸收面，该应用基于带通型结构的滤波机制，可以有效地提高吸收效率。

（4）家居生活

频率选择表面在人们的日常生活中也有很广泛的应用。比如厨房里微波炉有它的影子；再比如汽车道路定位探测器有它的足迹，这些都是根据其特有的电磁特性而设计的应用于不同领域中的设备。典型微波炉中的应用就在于那层肉眼看到的透明的玻璃门上面内嵌有一层金属网格，其目的是阻止对人体有害的微波波段的电磁波通过，而同时又对可见光呈现通过性，使操作者能够看到微波炉内部的加热情况。

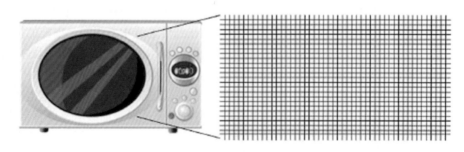

图 7-69　微波炉中频率选择表面的应用

　　人们的代步工具从最初的马车，经历工业革命之后的蒸汽机车到现如今的智能化汽车、混合动力汽车、零排放的燃料电池汽车以及纯电动汽车。代步工具发展得越来越智能化，其中一个最明显的特征就是汽车运行速度的高速化。对其速度测量的难度系数也在提高，因此需要更为先进的智能化电子系统来解决这一难题。如图 7-70 所示，汽车的速度测量、与前车的车距测量等，都可以通过电子设备来轻而易举地获得和行驶汽车有关的参数。图中行驶的小轿车前部安装有雷达测距系统，天线具有固定的工作频段，当其连续发射周期变化的电磁信号时，电磁信号将照射铺设在运行道路上的频率选择表面，然后通过返回信号就可以计算出车头与感应贴片的距离。现代汽车所配备的自动泊车系统、自动驾驶防撞系统等都有频率选择表面的应用。

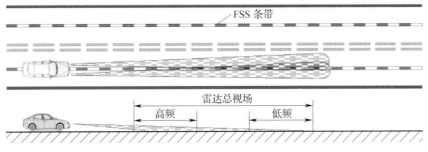

图 7-70　车载道路定位系统

7.7　小结

　　本章介绍了频率选择表面的发展历程、分析理论及工程应用。介绍了频率选择表面的研究背景及国内外研究现状，给出了几种频率选择表面典型分析方法，研究了多个典型频率选择表面与新型频率选择表面的频率响应特性，结合具体工程应用实例，说明了频率选择表面的广泛应用场景与潜在应用价值。

第 3 篇　低可探测性天线
工程应用实例与验证

第8章 机载雷达天线RCS
减缩工程应用实例

8.1 机载雷达天线简介

机载雷达是战斗机必不可少的关键探测设备，为了满足各种不同用途要求，常规飞机机载雷达可分为脉冲多普勒雷达、连续波雷达、脉冲压缩雷达、相控阵雷达、合成孔径雷达、频率捷变雷达等多种体制，图8-1示出了先进作战飞机装备的不同类型雷达的图片。然而，它在通过发射电磁信号探测敌方目标的同时，自身天线的强雷达波散射又将自己暴露给了敌方雷达。即使在机载雷达不工作的状态下，雷达天线也会在战斗机的头锥方向上产生很大的雷达截面积（RCS），其量级可达到甚至超过战斗机RCS的总和（不含天

(a) F-22 装备 APG-77 主动相控阵雷达

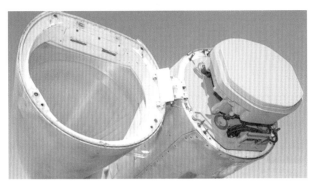

(b) F/A-18E/F 装备 APG-79 主动相控阵雷达

(c) F-15C 装备 APG-63（V）2 主动相控阵雷达

(d) F-35 装备 APG81 主动相控阵雷达

（e）B-1B装备APQ-164被动相控阵雷达

（f）F-16装备APG-68机械扫描脉冲多普勒雷达

（g）U-2飞机装备的SAR侦察雷达

图 8-1 先进作战飞机装备的不同类型雷达

线时）。以常用的平板阵列天线为例，其 RCS 通常可达到数千平方米（取决于天线口径大小）。因此，雷达天线的散射特性研究以及通过改进雷达天线设计以降低其 RCS 的研究很早（20 世纪 60 年代）就得到了人们的重视。

因为受到不能影响雷达天线正常发射的约束，雷达天线 RCS 的减缩问题非常棘手，以至于在隐身技术发展的早期人们甚至对它采取了消极回避的态度。最初的隐身战斗机 F-117 上不装备火控雷达正是因为雷达天线的隐身问题当时还得不到解决。F-117 战斗机虽然可以有效躲避对方雷达的探测，但是只能用于攻击地面目标，缺乏主动攻击的能力。而 F-22 战斗机在装备机载火控雷达的情况下 RCS 仍达到了 $0.01m^2$ 以下，说明美国在雷达天线 RCS 减缩技术方面已取得了重大进展。

隐身性能已成为当今先进战斗机机载雷达天线设计必不可少的重要方面之一（其重要性与阻抗匹配和方向图性能同等）。居世界领先地位的诺斯罗普 - 格鲁门公司 1985 年便开发出第一代有源孔径天线，其与另一世界著名的天线制造商雷神公司合作开发的第四代有源相控阵雷达已在隐身战斗机 F-22 上装备。

8.2 阵列天线散射设计

有源相控阵雷达是目前航空武器装备的主流设备，相控阵雷达天线的 RCS 是制约平台隐身性能的重要因素。相控阵雷达首先要具备在复杂电磁环境下的强大探测能力,阵列天线辐射特性要实现高增益、宽频带、超低副瓣等,同时又要实现低 RCS 特性,是有源相控阵雷达天线设计的关键技术难点。图 8-2 示出了某型机载雷达在 X 波段的 RCS 测试曲线,可以看出到其前向直射回波峰值达到了 30dBm² (1000m²) 以上,因此雷达天线作为前向角域 RCS 的主要 RCS 贡献者必须采取措施来减缩。

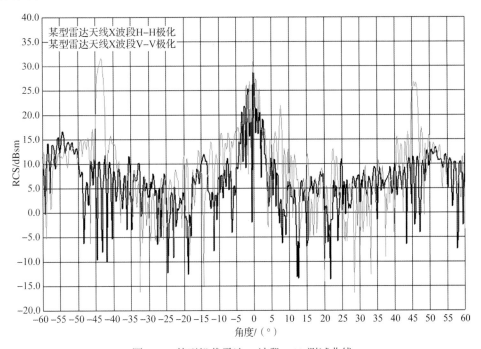

图 8-2 某型机载雷达 X 波段 RCS 测试曲线

阵列天线的散射可从概念上划分为模式项与结构项。对于大规模阵列天线,其散射是一个复杂的多系统的散射集合。

对于包含许多散射体的复杂物体,假设复杂物体由 M 个简单的散射体组成,每个散射体的 RCS 分别为 σ_1,σ_2,...,σ_M,则总 RCS 的一级近似公式为

$$\sigma = \left| \sum_{m=1}^{M} \sqrt{\sigma_m} \cdot e^{j\frac{4\pi r_m}{\lambda}} \right|^2 \tag{8-1}$$

式中,r_m 是单个散射体到场点的距离,λ 是波长。

对于相控阵雷达天线,总 RCS 可以分解为模式项和结构项

$$\sigma_T = \left| (1-\Gamma_{ap})\sqrt{\sigma_a} \cdot e^{j\frac{4\pi r_{am}}{\lambda}} + \Gamma_{ap}\sqrt{\sigma_s} \right|^2 \tag{8-2}$$

在式 (8-2) 中,σ_T 是总 RCS,Γ_{ap} 是口面反射系数,σ_a 是天线模式项,σ_s 为天线结构项,r_{am} 是模式项的等效反射点到口面的距离。在带内同极化时,良好设计的阵面口面反射系数很小,式 (8-2) 反映了模式项对于结构项具有屏蔽作用;交叉极化状态下阵面无法吸收电磁波,天线结构项将起主要作用。

8.2.1 阵列天线结构项

结构项散射指的是来自阵面平板的镜面反射,它有散射量值高和影响角域小两个特

点。从图 8-2 可以看到，散射量值高的特点表现在当电磁波按照阵面法向方向入射时，其峰值会达到 30dBm² （1000m²）以上；影响角域小表现为当入射方向偏离一个小的角度时，阵面散射就会降低 20 ~ 25dB，一般这个角度为 5° 左右。

天线结构项取决于阵列具体的形状、材料、结构，近似分析时仅考虑安装阵列的面板（其他结构多处于被遮挡状态，影响次要）。对于光滑的电大尺寸物体，物理光学法计算简便，在主瓣附近有很好的精度，可用于近似计算。假设面板为理想导体，结构项计算公式为

$$\sqrt{\sigma_s} = \frac{-jk}{\sqrt{\pi}} \int_S \boldsymbol{n} \cdot \boldsymbol{e}_r \times \boldsymbol{h}_i e^{jk\bar{r}\cdot(i-s)} \mathrm{d}A \qquad (8-3)$$

式中，$\boldsymbol{n}$ 是表面法向，$\boldsymbol{e}_r$ 是接收极化单位矢量，$\boldsymbol{h}_i$ 是入射磁场单位矢量，$\boldsymbol{i}$ 是入射单位矢量，$\boldsymbol{s}$ 是散射单位矢量，对于单站 RCS，$\boldsymbol{i}=-\boldsymbol{s}$，因此，$\boldsymbol{i}-\boldsymbol{s}=2\boldsymbol{i}$。在一级近似中，假设散射体对极化不敏感，并考虑散射体为一般介质的情况，结构项计算公式可简化为

$$\sigma_s = \frac{4\pi\Gamma^2}{\lambda^2} \left| \int_S e^{j2kr\cdot i} \mathrm{d}A \right|^2 \qquad (8-4)$$

式中，Γ 为表面反射系数。在面板法线方向，$\sigma_s = \dfrac{4\pi A^2 \Gamma^2}{\lambda^2}$，$A$ 为面板的面积。由此式可知 X 波段 1m² 的面板在法向约产生 104m² 的 RCS，与形状无关，这表明不能将平面朝向威胁空域。对于其他方向，图 8-4 显示了简单形状的面板在 uv 空间的 RCS 图形。

通过考察简单形状的 RCS 图形，可以得出以下一些结论。

首先，RCS 随入射波偏离法向角度增大而减小。圆形面板具有旋转对称性，在所有 φ 截面 RCS 近似按 $1/n^3$ 下降（n 是波瓣号）；矩形面板则是空间不均匀的，在与边垂直的主截面，RCS 按 $1/n^2$ 下降，而在其间的斜截面，RCS 按 $1/n^4$ 下降。事实上，矩形面板在空间

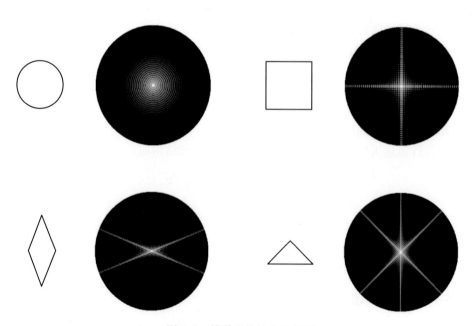

图 8-3　简单形状的 RCS 图形

的 RCS 图形是两主切面图形的乘积，称为可分离的。这种形状在隐身设计中非常有用，除了存在 RCS 下降迅速的空域，其另一优点是可将加工误差限制在发生的维度，而不会向另一维度传播。对于隐身天线这是显著的优点，因为加工误差最终限制了天线能实现的 RCS。

可以按另一种方式理解 RCS 图形。一般面板的 RCS 是空间不均匀的，如图 8-4 所示，RCS 会向与边垂直的方向"汇聚"，边越长汇聚作用越强。圆形没有汇聚作用，因其边缘任意方向不占优；平行四边形边缘只有两个方向，相应 RCS 也集中在两个方向，如果平行四边形朝向使威胁区域位于两个特征方向之间，则可以得到良好的隐身性能。这一观察可用于指导形状设计，少量的特征方向是有利的，且特征方向应与整机的特征方向一致。图 8-4 是这一原理的应用示例。

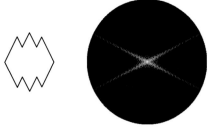

图 8-4　复杂形状的 RCS 图形

8.2.2　阵列天线模式项

天线与普通散射体的不同之处在于它不仅是一个简单的被动散射体，它除了对入射的探测波直接散射产生结构项散射之外，其作为电磁波转换装置，当天线终端匹配不良时，进入天线的雷达波能量还会通过天线再次辐射而形成二次散射场，称这一部分散射为模式项散射。

由天线散射公式写出阵列单元的模式项表达式（记单元编号为 m，n）

$$(E_s)_{mn} = \left[\frac{j\eta}{4\lambda R_r} h \left(h \cdot E_i \right) \frac{e^{-jkR}}{R} \right] \Gamma_{mn} \tag{8-5}$$

单元在阵列中具有有效面积 A_{em}，与等效高度的关系为

$$|h| = 2\sqrt{\frac{A_{em} R_r}{\eta}} \tag{8-6}$$

注意 h 是矢量，与单元远场电场方向相同，假设入射电场幅度为 1，利用远场距离近似，可将式（8-6）简化为

$$(E_s)_{mn} = \frac{j}{\lambda} A_{em} \cos(\gamma) \cos(\Delta_p) e^{j2k \cdot r'_{mn}} \left(\frac{e^{-jkr}}{r} \right) \Gamma_{mn} \tag{8-7}$$

式中，r'_{mn} 是单元位置矢量，γ 是单元法向与来波方向之间的夹角，Δ_p 是来波极化与单元极化的夹角。由式（8-7）可得阵列的模式项公式

$$\sigma_a = \frac{4\pi A_{em}^2}{\lambda^2} \cdot \cos^2(\gamma) \cdot \cos^2(\Delta_p) \left| \sum_{mn} \Gamma_{mn}(\theta, \phi) e^{j2k \cdot r'_{mn}} \right|^2 \tag{8-8}$$

对于大的周期阵列，可视区未出现栅瓣时，单元有效面积 A_{em} 近似与阵列网格面积 A_e 相等。若假设所有单元具有相同的反射系数 Γ_0，式（8-8）可以简化为

$$\sigma_a = \frac{4\pi A_e^2 \Gamma_0(\theta, \phi)}{\lambda^2} \cdot \cos^2(\gamma) \cdot \cos^2(\Delta_p) \left| \sum_{mn} e^{j2k \cdot r'_{mn}} \right|^2 \tag{8-9}$$

由式（8-9）在阵列法向上入射波同极化时，$\sigma_a = \frac{4\pi A^2 \Gamma_0^2}{\lambda^2}$，$A$ 为阵列的面积。这一结果类似前文结构项，通常数值很大，因此同样不能朝向威胁区域。

8.2.3 阵列栅瓣

图 8-2 中垂直极化曲线在 ±40° 左右产生了两个非常明显的峰值，一般称为布拉格旁瓣（Bragg Lobe），其产生的原因是因为裂缝单元的间隔大于雷达工作波长，在特定的照射角度产生反射叠加效应。阵面坐标系如图 8-5 所示，单元位于平面 z=0。单元坐标记为

$$\boldsymbol{r}'_{mn} = x'_{mn}\hat{x} + y'_{mn}\hat{y} \tag{8-10}$$

笛卡儿坐标系 xyz 对应的球坐标记为 $r\theta\varphi$，模式项中与阵列排布相关的因子是式（8-9）中的求和项，称为阵因子，在阵面坐标系下具有表达式

$$F = \sum_{mn} e^{j2\boldsymbol{k}\cdot\boldsymbol{r}'_{mn}} = \sum_{mn} \exp\left[j2k(x'_{mn}\sin\theta\cos\phi + y'_{mn}\sin\theta\sin\phi) \right] \tag{8-11}$$

式中，$k = \dfrac{2\pi}{\lambda}$ 是波数。（注意与通常阵列理论的区别，散射分析中阵因子的指数中多了因子 2）

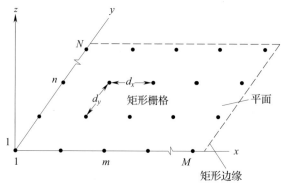

图 8-5　阵列坐标系

(θ, φ) 是散射的方向，定义

$$\begin{cases} u = \sin\theta\cos\varphi \\ v = \sin\theta\sin\varphi \end{cases} \tag{8-12}$$

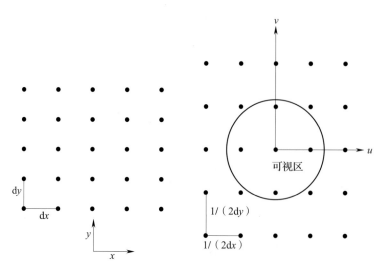

图 8-6　矩形网格及栅瓣

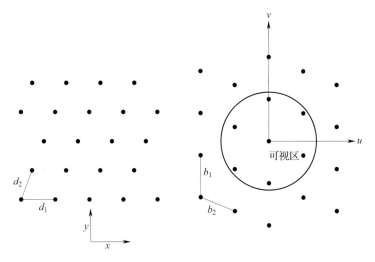

图 8-7　一般网格及栅瓣

对于实际空间的方向，显然有 $u^2 + v^2 \leqslant 1$，在 uv 空间中称为可视区。若阵列坐标以波长为单位（$\lambda = 1$），uv 空间中阵因子具有简单的形式

$$F = \sum_{mn} \exp[\mathrm{j}4\pi(x'_{mn}u + y'_{mn}v)]\tag{8-13}$$

对于矩形网格，$x'_{mn} = md_x(1 \leqslant m \leqslant M)$，$y'_{mn} = nd_y(1 \leqslant n \leqslant N)$，

$$|F| = \left|\frac{\sin 2M\pi d_x u}{\sin 2\pi d_x u} \cdot \frac{\sin 2N\pi d_y v}{\sin 2\pi d_y v}\right|\tag{8-14}$$

由式（8-11）可知 F 具有栅瓣结构。$(u, v) = (0, 0)$ 时，F 的幅度具有最大值，这是可视区的主瓣。而当 $d_x u = 0$，$\pm\frac{1}{2}$，± 1，$\pm\frac{3}{2}$，$\cdots$，$d_y v = 0$，$\pm\frac{1}{2}$，± 1，$\pm\frac{3}{2}$，$\cdots$时，F 同样具有最大值。除主瓣外，这些波瓣称为栅瓣（或 Bragg 瓣）。当 dx<1/2，dy<1/2 时，所有的栅瓣在可视区以外，即实际空间中栅瓣并不出现；当此条件不满足时，实际空间将出现栅瓣，此时需要同时关注主瓣和栅瓣所在空域，因为它们的阵因子具有相同的幅度。

对于平面上的一般网格，记

$$\boldsymbol{r}'_{mn} = m\boldsymbol{d}_1 + n\boldsymbol{d}_2\tag{8-15}$$

其中，$\boldsymbol{d}_1$、$\boldsymbol{d}_2$ 不必要正交，设 $\boldsymbol{d}_1 = d_{1x}\hat{x} + d_{1y}\hat{y}$，$\boldsymbol{d}_2 = d_{2x}\hat{x} + d_{2y}\hat{y}$，可得

$$|F| = \left|\frac{\sin 2M\pi(d_{1x}u + d_{1y}v)}{\sin 2\pi(d_{1x}u + d_{1y}v)} \cdot \frac{\sin 2N\pi(d_{2x}u + d_{2y}v)}{\sin 2\pi(d_{2x}u + d_{2y}v)}\right|\tag{8-16}$$

由上式，可知栅瓣位置出现在 $i\boldsymbol{b}_1 + i\boldsymbol{b}_2$，$i = 0$，$\pm 1$，$\pm 2$，$\cdots$，$j = 0$，$\pm 1$，$\pm 2$，$\cdots$，其中，

$$\boldsymbol{b}_1 = \begin{bmatrix} \dfrac{d_{1y}}{2\Delta} \\[2mm] \dfrac{-d_{1x}}{2\Delta} \end{bmatrix};\quad \boldsymbol{b}_2 = \begin{bmatrix} \dfrac{-d_{2y}}{2\Delta} \\[2mm] \dfrac{d_{2x}}{2\Delta} \end{bmatrix};\quad \Delta = d_{1x}d_{2y} - d_{2x}d_{1y}\tag{8-17}$$

显然，$\boldsymbol{b}_1 \perp \boldsymbol{d}_1$，$\boldsymbol{b}_2 \perp \boldsymbol{d}_2$。

8.3 天线散射减缩技术

上节对相控阵天线阵列特性的散射特性、散射设计进行了分析，包括阵列布局、坐标系的建立、阵列天线特有的散射栅瓣等，除阵列特性外，相控阵天线的散射减缩技术还要归结到天线上，包括对散射起作用的天线单元、天线阵面、吸波材料/结构和天线后端的部分馈电线路。

8.3.1 天线结构项散射减缩措施

天线结构项散射减缩措施主要包括阵面设计、吸波材料/吸波结构应用、与雷达罩一体化设计。

阵面设计包括围框（图 8-8 中绿色示意）和阵子的隐身设计。

在围框隐身设计方面，围框边界应避免与 1 框构成二面角，尽量采用钝角构型。围框外形的设计应同时考虑散射和阵子排布形式。尽量选择多边形或者与 1 框边界相同的外形。

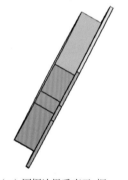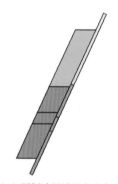

（a）围框边界垂直于1框　　　　（b）围框边界沿纵向方向

图 8-8　不同围框形状

在阵子隐身设计方面，包括阵子高度设计、阵子形状和阵子排布设计。阵子高度的设计应综合考虑阵子上吸波结构厚度和阵子与雷达罩间距。阵子高度高，其上的吸波结构厚度就大，吸收效果就好，但受雷达罩空间的限制。阵子应选择低 RCS 剖面的形状。阵子排布的设计既要考虑探测性能需求，同时要考虑耦合栅瓣的散射抑制，尽量使耦合栅瓣排除在前向重要隐身角域之外。

吸波材料/吸波结构应用主要用于抑制耦合散射。舱内耦合散射的控制包括围框侧壁、1 框和锯齿盖板的耦合散射设计以及阵子与围框的耦合散射设计两方面。

围框侧壁、1 框和锯齿盖板的耦合散射主要是控制围框和锯齿盖板的间距以及填充吸波结构两种措施。围框与锯齿盖板间距离的控制应综合考虑雷达阵面大小、1 框后总体布置情况，需要在围框、1 框、锯齿盖板耦合散射大小与舱内吸波结构吸收效果进行权衡设计。间距大，耦合散射强，但吸波结构厚度大，吸收效果好；反之，耦合散射小，但吸波结构厚度小，吸收效果不好。参考 F-35 的雷达舱布局，围框与锯齿盖板的间距应尽量大。在此基础上，围框侧壁、1 框和锯齿盖板之间采用高效吸波结构进行填充，进一步降低耦合散射。

　　阵子与围框的耦合散射设计，主要是在阵子上覆盖高效吸波结构，抑制阵子和围框的耦合散射，同时也降低阵子间耦合栅瓣散射。

（a）天线阵面应用吸波材料/结构　　　　　（b）天线围框应用吸波材料/结构

图 8-9　雷达天线应用吸波材料 / 结构

　　雷达天线系统带外 RCS 减缩主要利用曲面频选雷达罩的低 RCS 特性，在远离带通频段的位置，具有良好截止性能的频选雷达罩可以通过其外形来决定 RCS 特征，因此需要与雷达罩开展一体化设计。

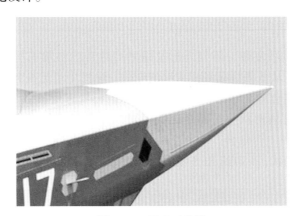

图 8-10　雷达天线罩

8.3.2　天线模式项散射减缩措施

　　天线模式项散射是天线相比较于一般散射体特有的散射模式，天线散射减缩也正因为模式项散射的存在具有一定的特殊性。前序章节已经给出了天线模式项散射的表达式，从表达式中可以看到，通过减小天线反射系数，即改善天线的匹配特性可实现天线模式项散射减缩。

　　为了进一步说明匹配对于天线散射减缩的重要性，图 8-11 给出了有无地板情况的天线在平面波照射下的等效电路示意图。对于无地板情况，当天线终端共轭匹配时，反射系数可写为

$$\Gamma = \frac{R_{\mathrm{A}} \| 2R_{\mathrm{A}} - 2R_{\mathrm{A}}}{R_{\mathrm{A}} \| 2R_{\mathrm{A}} + 2R_{\mathrm{A}}} = -\frac{1}{2} \qquad (8\text{-}18)$$

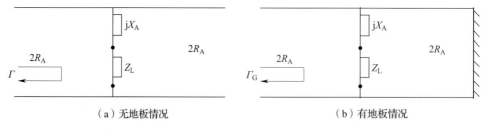

（a）无地板情况　　　　　　　　　　（b）有地板情况

图 8-11　有无地板情况下的天线等效电路图

而当终端短路时 $\Gamma=-1$，相比较于终端短路状态，未加地板情况下，天线终端共轭匹配时 RCS 将降低 6dB。当在天线后方增加地板时，会对天线阻抗产生影响，其可以等效为特性阻抗为 $2R_A$ 的传输线与地板带来的电抗的并联再与 jX_A 的串联。当 Z_L 与终端得到的阻抗共轭匹配时，沿着左端传输线入射的信号将全部被吸收，即 $\Gamma_G=0$。因此对于带有地板的天线而言，当天线终端共轭匹配时，天线模式项散射将降到最低[134]。表 8-1 给出了天线模式项 RCS 与馈源反射系数之间的关系进一步表明了天线匹配对于 RCS 控制的重要性。

表 8-1　天线模式项 RCS 与馈源反射系数的关系

反射系数	0.1	0.2	0.3	0.4	0.5	0.6	0.7	0.8	0.9	1
$\dfrac{\sigma_a(\Gamma)}{\sigma_a(\Gamma=1)}$ /dB	−20	−13.98	−10.46	−7.96	−6.02	−4.44	−3.10	−1.94	−0.92	0

阵列模式项比结构项复杂，阵列外形及网格均对 RCS 波瓣有影响。下面给出两个矩形阵列的例子，显示了从低频到高频模式项的变化。由图中可见高频时栅瓣将起作用。

由此两个实例并结合图 8-3 结构项的图形，可以得到阵列散射设计的一个非常重要的准则：同形。显然，阵列形状应与面板形状相同，否则将存在两类不同的 RCS 图形；阵元在阵列边缘处应对齐，否则会产生复杂的 RCS 图形。由阵列 2 可见这一点。其网格类型使得横边边缘为锯齿状，y 向的 RCS 波瓣因而汇聚不充分，显然劣于阵列 1。

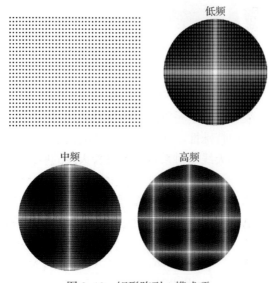

图 8-12　矩形阵列 1 模式项

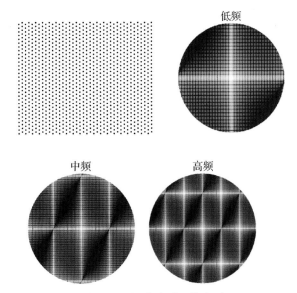

图 8-13　矩形阵列 2 模式项

平台进行隐身设计时，通常需要使 RCS 仅有少量很大的峰值，出现在精心控制的方向上，可见对齐是一个普适的概念，阵列散射设计也需要尽可能利用已有的方向。因此，尽管阵列设计时最方便的坐标系是阵面坐标系，散射设计经常需要平台的视角。

阵面坐标系 xyz 通常选择阵面位于 xy 平面，z 轴为阵面法向，对应的球坐标为 $r\theta\varphi$，由前文，空间中的方向方便以 uvw 来表示

$$\begin{cases} u = \sin\theta\cos\varphi \\ v = \sin\theta\sin\varphi \\ w = \cos\theta \end{cases} \tag{8-19}$$

用带撇的符号表示平台坐标系，平台坐标系依据平台方便选定。对于空间的一般坐标变换，可以按照某种次序完成的三次相继转动来作出从一个给定笛卡儿坐标系到另一个的变换，转动的角度称为欧拉角。转动并不唯一，可以选择不同的转动次序。一种常用的次序从坐标系 xyz 开始，首先将初始坐标系绕 z 轴旋转一个角度 a，其次绕新的 x 轴旋转一个角度 b，最后再绕新的 z 轴旋转一个角度 c，得到最终的坐标系 $x'y'z'$。两坐标系的转换可用矩阵表达

$$\begin{bmatrix} u' \\ v' \\ w' \end{bmatrix} = \boldsymbol{A} \begin{bmatrix} u \\ v \\ w \end{bmatrix} \tag{8-20}$$

$\boldsymbol{A}$ 矩阵为正交矩阵，$A^{-1}=A^{\mathrm{T}}$

$$\boldsymbol{A} = \begin{bmatrix} cc \cdot ca - cb \cdot sa \cdot sc & cc \cdot sa + cb \cdot ca \cdot sc & sc \cdot sb \\ -sc \cdot ca - cb \cdot sa \cdot cc & -sc \cdot sa + cb \cdot ca \cdot cc & cc \cdot sb \\ sb \cdot sa & -sb \cdot ca & cb \end{bmatrix} \tag{8-21}$$

$ca = \cos a \quad sa = \sin a \quad cb = \cos b \quad sb = \sin b \quad cc = \cos c \quad sc = \sin c$

利用坐标变换，可以观察平台坐标系下的阵列的 RCS 图形。以实例说明，假设平台

坐标系与阵面坐标系如图 8-14 所示，阵面坐标系为平台坐标系绕 x' 轴旋转 $-25°$ 得到，作出一个菱形阵列在平台坐标系下的 RCS 图形，图中白框显示了威胁区域的位置（方位 $\pm 40°$，俯仰 $\pm 10°$）。

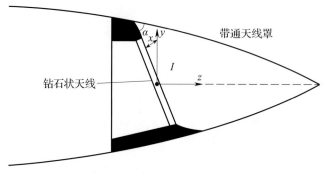

图 8-14　平台坐标系

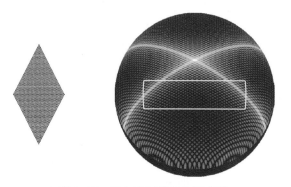

图 8-15　平台坐标系下的模式项

8.3.3　新型天线散射减缩技术

8.3.3.1　对消技术

（1）基于附加延时线的对消技术

通过天线散射理论分析可知，天线模式项散射与天线辐射机理相似，受天线波束指向和馈电结构的影响很大。阵列天线由于具有较高的增益，模式项散射在总的散射场中占有较大比重。天线模式项散射场的形成可理解为：在平面波照射下，天线首先作为接收装置接收到部分入射能量；一部分能量经负载、馈电网络的多次反射返回天线馈电端口；天线再以发射装置的身份将反射的能量作为激励信号辐射到外部空间中。可以看出天线模式项散射的本质是天线的二次辐射，而造成二次辐射的能量均来自于天线截获能量在系统内部不匹配处的反射。但散射能量传输路径（辐射终端—馈电网络不匹配处—辐射终端）与辐射路径（馈电网络—辐射终端）有本质的差异，即在天线辐射时，能量仅经过信号源到天线这一路径一次；而天线模式项散射时，能量通过这一路径两次。对于阵列天线，若各辐射单元到信号源的电长度相同，则阵列天线各单元的馈电同相。改变各单元到信号源路径的长度，则各单元的馈电会有一定的相位差，采用相位综合技术对相位差进行优化，可使天线得到低副瓣、波束扫描等优良的辐射特性。而对于天线模式项散射，在平面波照射

300

下，各天线单元二次辐射所需的激励能量在失配处反射前后都经历了一次相位变化，最终形成的天线散射场与辐射场的变化趋势不同。因此可通过优化相位差使天线模式项散射峰值偏离天线最大辐射方向，实现一定空域内的 RCS 减缩。

图 8-16 给出了阵列天线在平面波照射下的示意图，在原天线单元（端口 a 处）与馈电网络（端口 b 处）之间接入一组长度不等的传输线作为相位延时线，设对应于单元 j 的传输线的电长度为 β_j。则当天线辐射时所有传输线移相相位为 $\boldsymbol{B}=[\beta_1, \beta_2, \beta_3, \cdots, \beta_j, \cdots, \beta_n]$，当天线在平面波照射时，入射能量两次经过延时线后作为天线模式项散射的相位改变为 $2\boldsymbol{B}$。通过优化变量 $\boldsymbol{B}$，便可得到满足辐射要求且具有天线模式项散射减缩的阵列。

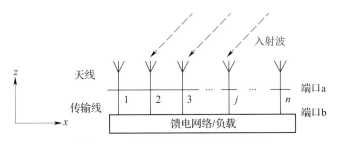

图 8-16　入射波照射阵列天线示意图

利用该方法仿真优化一个沿 x 方向排布的工作于 1GHz、y 极化、单元间距 0.4 倍波长的 16 元对称振子阵列。以不加延时线的阵列作为原阵列，其最大辐射方向为 $\theta=0°$ 方向。当 φ 极化入射波垂直入射时，在阵列镜面方向将会形成散射峰值，这对天线隐身是不利的。不失一般性地以双站角 $\theta \in [-30°, 30°]$ 为威胁角域优化天线模式项散射，得到一组延时传输线的长度，代入天线阵列模型中得到如图 8-17 所示的两天线辐射方向图与模式项散射的对比结果。从图中可以看出，对比辐射特性，两天线辐射特性基本相同，优化的天线最大副瓣电平也与原天线几乎相同。对比天线模式项 RCS 曲线，可见原阵列最大RCS 峰值出现在 $\theta=0°$ 方向，与天线最大辐射方向相同。当接入延时传输线之后，威胁角域内天线模式项散射完全得到了抑制，$\theta=0°$ 方向的 RCS 最大峰值获得了约 17dB 的减缩。证明了该方法的有效性[135-136]。

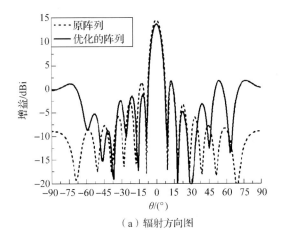

（a）辐射方向图

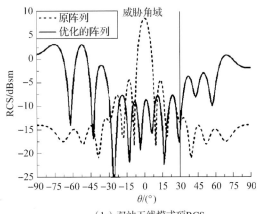

（b）双站天线模式项 RCS

图 8-17　优化前后 16 元对称振子阵列的性能对比

（2）基于编码天线单元的对消技术

简单分析间距为 d 的天线子阵 A 和 B，若两个天线子阵采用完全相同的单元形式，此时可得到天线阵列的辐射场和散射场表达式

$$E_{\text{rad}}(\theta,\varphi) = E_e(\theta,\varphi) \cdot f_a(\theta,\varphi) \cdot (1+e^{jkd\sin\theta}) \qquad (8-22)$$

$$E_{\text{sca}}(\theta,\varphi) = E_e^s(\theta,\varphi) \cdot f_a^s(\theta,\varphi) \cdot (1+e^{2jkd\sin\theta}) \qquad (8-23)$$

但当天线子阵 A 和 B 分别采用两种不同的天线单元，且两种单元辐射特性相同，在电磁波垂直照射下反射幅度相同，但反射相位相差 180°。此时对于天线阵列的辐射场而言，由于两个天线子阵采用的天线单元辐射特性相同，因此可以得到辐射场表达式与原天线阵列相同

$$E_{\text{rad}}(\theta,\varphi) = E_e(\theta,\varphi) \cdot f_a(\theta,\varphi) \cdot (1+e^{jkd\sin\theta}) \qquad (8-24)$$

对于散射场而言，由于两个天线子阵中的天线单元的反射幅度相同，而反射相位相差 180°，所以有

$$E_{eA}^s(\theta,\varphi) = E_{eB}^s(\theta,\varphi) \cdot e^{j\pi} \qquad (8-25)$$

由于散射情况下阵列的单元间距未发生变化，因此散射阵因子保持不变，该种情况下阵列的总散射场可表示为

$$E_{\text{sca}}(\theta,\varphi) = E_e^s(\theta,\varphi) \cdot f_a^s(\theta,\varphi) \cdot (1+e^{2jkd\sin\theta+j\pi}) \qquad (8-26)$$

从上式中可以看出，对于垂直入射的电磁波，其单站方向 $E_{\text{sca}}(0°,\varphi)=0$，此时天线阵列在未影响辐射特性的同时实现了单站 RCS 减缩[137]。

为了验证方法的有效性，可通过在天线单元设计中引入可控器件实现对反射相位的单独调控。设计的天线单元结构如图 8-18 所示，天线单元基本结构为普通的微带天线，在地板上引入矩形槽线，在辐射贴片周围加载环形寄生结构，将二极管等器件加载于寄生结构上，利用二极管导通与截止时电特性的不同控制天线的反射相位。分别将二极管通断的天线状态称为天线状态"1"和"0"[138]。

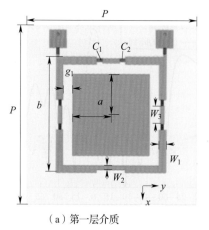
（a）第一层介质

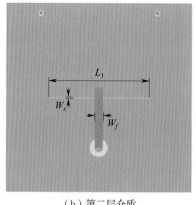
（b）第二层介质

（c）侧视图

图 8-18　天线单元结构图

从仿真试验结果可以得出，对于二极管切换不同状态时，天线的辐射特性几乎未受影响，状态"1"和状态"0"近乎保持着相同的辐射特性。但对于反射特性而言，状态"1"和状态"0"对于 x 极化和 y 极化的入射波表现出相同的反射系数幅度，但反射相位相差约180°。进而将"编码"思想[139]引入到天线状态控制中实现对于双站散射方向图的调控。通过控制天线单元中二极管的通断，使天线阵列表现出不同的编码状态实现对双站散射方向图的控制。图 8-19 给出了两种不同编码状态下的天线散射和辐射方向图，从图中可以看出，通过改变天线的工作状态，可在保持相同辐射方向图的同时实现对双站散射方向图的调控。

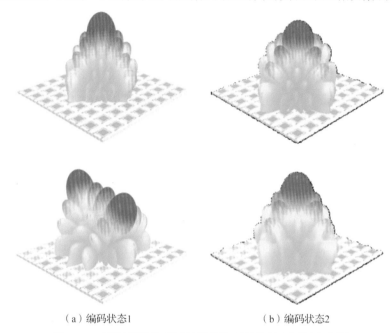

（a）编码状态1　　　　　　　　（b）编码状态2

图 8-19　不同编码状态下的天线阵列的散射和辐射方向图

8.3.3.2　新型低散射天线单元

（1）宽带低散射天线设计

传统天线 RCS 减缩方法，如基于吸波材料加载手段的 RCS 减缩方法往往受限于较窄的减缩带宽。人工电磁材料加载技术和紧耦合天线设计技术，为宽带 RCS 减缩提供了新的设计手段。

将人工电磁材料合理应用于天线设计可实现天线的宽带 RCS 减缩效果。参考文献[140]给出了一种设计方案，图 8-20（a）给出了设计的两种人工电磁材料单元及其反射相位，从图中可得出在 7.7 ~ 18.9GHz 频带内两种单元实现 180° ±30° 的反射相位差。进而将两种人工电磁材料单元组成棋盘型布局并合理放置在贴片天线周围（如图 8-20（c）中插图所示），可通过宽带相位对消实现 RCS 减缩效果。图 8-20（b）给出了加载人工电磁材料表面与未加载人工电磁材料表面的两种天线的 S 参数对比，从图中可得出，人工电磁材料的加载未对天线辐射性能产生影响。进一步对比两种天线的单站 RCS 可得出，通过加载人工电磁材料表面，相比较于参考天线，设计天线可在 7 ~ 19GHz（相对带宽92.3%）频带内实现 RCS 减缩效果，10dBRCS 减缩带宽可达到 8.9 ~ 19GHz。因此，合理利用人工电磁材料可实现天线宽带 RCS 减缩效果。

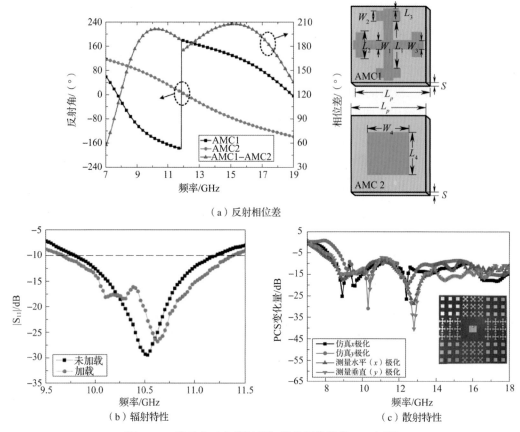

（a）反射相位差

（b）辐射特性

（c）散射特性

图 8-20　基于人工电磁材料加载的天线宽带 RCS 减缩

随着紧耦合技术的发展及在天线阵列设计中的应用，基于紧耦合技术的宽带天线阵列 RCS 减缩技术的研究也逐渐增加。参考文献［141］给出了一种低散射紧耦合天线阵列设计方案。对于紧耦合天线阵列，自身可在较宽的频带范围内实现良好的阻抗匹配特性，因此在带内同极化电磁波垂直照射下，表现为吸波结构实现宽频带的低散射特性，但对于交叉极化入射波，其散射特性类似于 PEC 结构，具有较高的散射量级。参考文献中将具有极化选择特性的吸波结构与紧耦合天线阵列进行一体化设计，如图 8-21（a）所示，将吸波结构放置在紧耦合天线阵列上方，利用吸波结构实现交叉极化方向的 RCS 减缩，从图 8-21（c）可以看出引入吸波结构后紧耦合天线阵列在 6 ～ 18GHz 实现了 10dB 的 RCS 减缩效果。通过合理设置吸波结构与天线之间的间距可减小对天线辐射特性的影响。

（2）高增益低散射天线设计

天线的辐射和散射特性均与天线的结构相关，利用外形修形等手段时往往会造成天线辐射增益的损失。天线 RCS 减缩的同时实现增益的提升一直是研究的热点问题。参考文献［142］给出了一种基于 F-P 谐振腔和棋盘型布局人工电磁表面的增益提升的低散射天线设计方案，设计使用了两种 FSS 单元，如图 8-22（a）所示，将两种单元组成棋盘型结构布局，并作为贴片天线的覆层结构，整体天线结构如图 8-22（b）所示。在散射情况时，不同 FSS 单元反射的电磁波之间存在相位差，控制相位差在 180° ±30° 的范围内实现宽带低散射特性，在辐射情况时，FSS 单元下层结构与天线组成 F-P 谐振腔，通过调控 FSS 单元下层的反射相

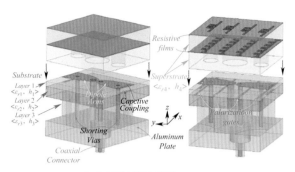
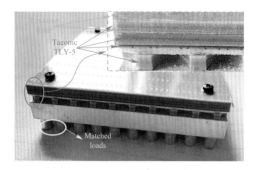

（a）参考与设计天线　　　　　　　　　　（b）天线实物

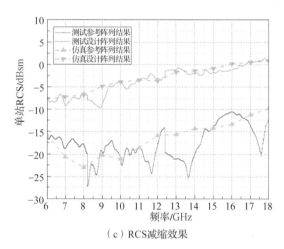

（c）RCS减缩效果

图 8-21　紧耦合天线的宽带 RCS 减缩

位，使辐射电磁波在覆层与天线之间多次反射后叠加实现增益提升。仿真得到的辐射和散射特性如图 8-22（c）所示，覆层加载并未对天线的阻抗匹配特性产生较大影响，F-P 谐振腔结构使设计天线在 9.4 ~ 11.1GHz 实现了 3dB 的增益提升。在平面波照射下，相比较于参考天线，由于不同 FSS 单元反射波的相对对消，设计天线在 8 ~ 18GHz 实现了 RCS 减缩。

　　不同于基于反射对消思想的天线 RCS 减缩方法，参考文献［143］给出了一种基于 F-P 谐振腔和吸波结构结合的低散射天线设计，该天线基于吸波的思想实现天线带内加

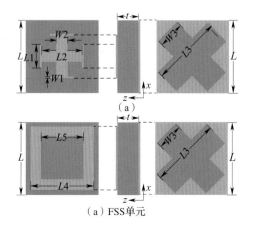

（a）FSS单元

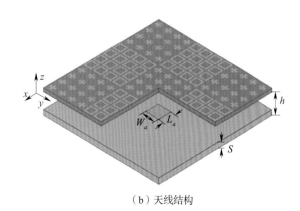

（b）天线结构

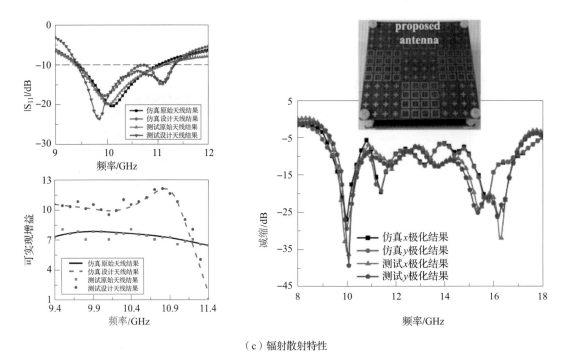

（c）辐射散射特性

图 8-22　基于 F-P 谐振腔结构和棋盘型布局的低散射天线设计

带外的 RCS 减缩效果。天线 RCS 减缩实现原理如图 8-23（a）所示，对于带外的入射波，电磁波会被天线上层部分反射面的 AS（absorbing surface）结构上的电阻吸收消耗掉。带内入射波会通过覆层的 RS（reflecting surface）层进入到天线内部被天线周围加载的 MA（metamaterial absorber）吸收掉，从而实现天线带内加带外的 RCS 减缩效果。而对于辐射特性，RS 结构、MA 的地板和天线地板组成准 F-P 谐振腔结构实现天线辐射增益的提升，并增加辐射贴片与周围 MA 之间的距离以减小 MA 对天线辐射特性的影响。

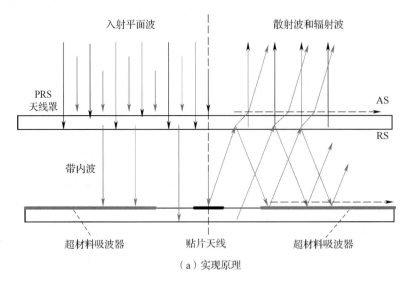

（a）实现原理

306

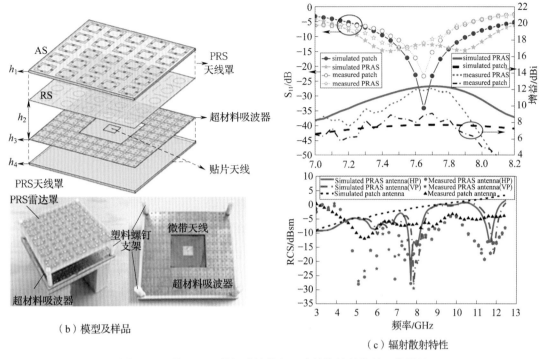

（b）模型及样品

（c）辐射散射特性

图 8-23　基于 F-P 谐振腔结构和吸波结构的低散射天线设计

（3）辐射散射一体化天线设计

对于传统的天线 RCS 减缩方法设计，往往是利用传统的天线形式，通过一些额外的 RCS 减缩手段实现散射控制。近年来，部分低散射天线在设计之初便考虑了天线的隐身性能，设计新型天线辐射结构，将天线辐射结构作为低散射设计的一部分进行辐射散射一体化设计。参考文献 ［144］ 给出了一种设计实例，设计天线结构如图 8-24（a）所示，天线设计利用了 4 种不同的人工电磁表面结构，对于天线辐射而言，通过缝隙激励带有金属化过孔的贴片型人工电磁表面实现圆极化的辐射特性。该结构又作为散射控制的一部分，与其他三种 AMC 结构在宽频带内反射相位依次相差 90° 左右，因此可在宽频带内通过相位相消实现单站 RCS 减缩。由图 8-24（c）可得设计天线在 5 ~ 10GHz 实现单站 RCS 减缩。

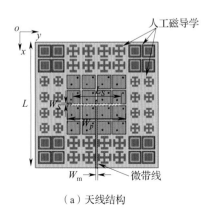

（a）天线结构

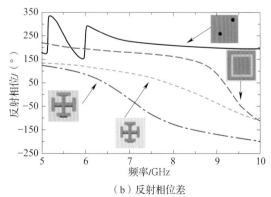

（b）反射相位差

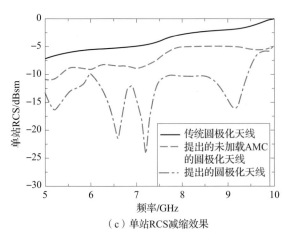

（c）单站RCS减缩效果

图 8-24　辐射散射一体化设计的低散射圆极化天线

8.4　材料在天线隐身中的应用

天线的散射可以分为工作频带内、工作频带外的散射。在带外天线不工作的频带，可以通过反射型频率选择表面（FSS）、带通型天线罩或者吸波材料等减缩其 RCS；在带内，天线需要收发电磁波，其散射特性的控制较为复杂。新一代隐身飞行器最重要的特点在于其高隐身特性，在满足机动性的前提下，如何实现降低带内、带外以及宽角域内的隐身，是当前需要深入研究的问题，也是各高校和科研院所面临的一大难题。考虑针对飞行器的雷达数目占比中以 X 波段居多，兼顾 L、S、C、Ku 波段和其他波段，且飞行器前向威胁区为 ±45°。研究在保证辐射特性的基础上，天线宽带（包括带内带外）、宽角域的雷达截面积控制技术对我国隐身技术的发展具有重要的作用[145]。

8.4.1　吸波材料

通常外形隐身只能改变目标 RCS 的空间分布，在威胁方向达到隐身的效果，并不能使能量减少，而雷达吸波材料是通过不同损耗机制将入射电磁波转化为热能或者是其他能量形式，从而使目标回波强度显著衰减的功能性材料，材料本身具有吸收性能。

为了使吸波材料在厚度、吸收频带上能够满足要求，研究者们做了大量的工作，包括单层和多层的电吸收材料和磁吸收材料。传统的吸波材料已经不能满足要求，2013 年，M. W. Niaz 等[146]提出了基于频率选择表面和电阻元件加载的吸收结构，文章中对比了电阻加载及加载电阻数目与未加载电阻对吸收结构吸波特性的影响，得出了通过加载电阻可以拓宽吸收器的吸收频带并增强吸收器在宽频带内的吸收特性得结论，最终分别设计了频带覆盖 2.2 ~ 9.4GHz 和 4.5 ~ 17GHz 的吸波材料。随后 Saptarshi Ghosh 等[147]利用耦合线理论分析基于频率选择表面的吸波结构的等效电路模型，它可以看作是一系列的 RLC 谐振器与耦合电容和短路传输线并联，奇数和偶数个耦合整体来准确地确定集总参数，以及吸波结构的吸收频率，文中分析了介质厚度和介电常数对半峰吸收带宽的影响。

O. Luukkonen 等[148]提出了一种平面型电磁吸波结构的设计方法。这种吸收器可以在 ±45° 较宽的入射角范围内实现 TE 和 TM 极化的谐振。该吸收结构由带有金属过孔的有耗介质板上的贴片阵列组成高阻抗表面，文中分析 FSS 之间的通孔的存在对于高介电常数和低介电常数吸收体的影响，通过推导简单而有效的解析表达式，证明了金属通孔对斜入射情况下 TM 极化电磁波的吸收存在影响，将通孔插入吸收体结构中通过合适的设计，可以拓宽吸收带宽实现更高的吸收性能。2016 年，F. Costa 等就电磁吸波体的发展状况以及设计准则做了汇总[149]。文中提出了在吸波结构与自由空间匹配的情况下设计宽带吸波的方法，从上述参考文献也可以看出，现有吸波材料仍然存在频带不够宽、不能覆盖多个波段的问题。

8.4.2　频率选择表面

由于全透波天线罩的高透过性，使得自身的 RCS 非常低，因此其不需要特殊的隐身处理。但是为了进一步减缩军事平台的雷达天线系统带外的 RCS，非常有用的隐身手段之一为 FSS。

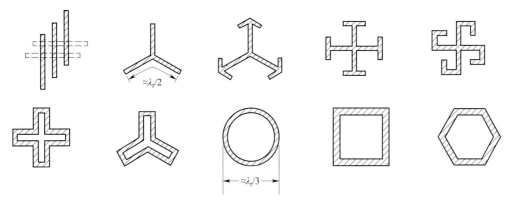

图 8-25　不同形状的 FSS 单元

在隐身天线罩设计中，玻璃纤维、石英陶瓷等介质材料在天线罩中主要起到结构支撑、保证强度与防护隔热等作用，而 FSS 是天线罩隐身的关键。针对实心单元的研究是最早开始的，Kieburtz 和 Ishimaru 对方形缝隙阵列金属屏的散射特性进行了研究，随后 Lee 和 Chen 又对有介质加载和有限厚度情况下的结构做了进一步的分析。

研究人员通常是将带通型的 FSS 做成天线罩来实现 RCS 减缩，带通 FSS 天线罩具有选频滤波特性，即可实现在己方雷达频带范围有着高效的透波特性，确保天线进行有效的收发；而在通带之外，它可看作为流线型的全反射金属表面，具有低 RCS 特征，可把敌方来波打到非威胁角域而非己方的天线上。FSS 实现隐身的原理在图 8-26 中给出，己方雷达电磁波可无阻碍穿过该天线罩，所以其中天线亦能很好地运转，而敌方探测雷达波却没有办法进到天线罩里面，阻止了己方天线上因感应电流而有了强散射出现，同时探测电磁波被反射到远离来波方向，无法返回敌方雷达，在敌方雷达探测方向上表现为很低的散射截面，受到探测的可能性大大降低，因而达成了天线系统隐身效果[150]。除此以外，研究人员还会将带阻型的 FSS 做成反射板，其具有完全反射己方雷达工作频段的电磁波，而对敌方拥有高效的透波特性的特点，加之采取使用一些吸波材料在天线的后端吸收透射波的方法；从而使得己方雷达天线可正常工作，最终达成了军事平台天线系统的隐身效果[151]。

采用上述天线罩频选技术进行隐身的优点是研究时我们只用设计出性能切合的天线罩或反射板即可，而不会影响到己方天线本身的结构。该技术存在的缺点是当敌方与己方的雷达电磁波工作频率相同时，其可实现的隐身效果便会消失[152]。

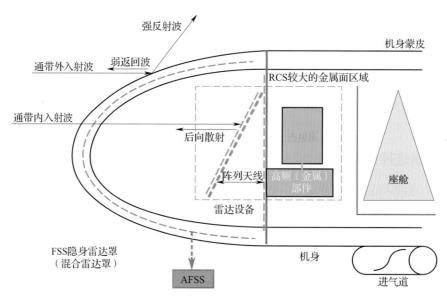

图 8-26　频率选择表面技术在天线隐身中的应用

在 FSS 结构设计方面，自从美国俄亥俄州立大学 B. A. Munk 等在 20 世纪 70 年代先后完成了 T 形、十字形及圆形 FSS 理论工作并在 1974 年制造出第一个锥形天线罩，标志着 FSS 结构从理论开始进入实物化应用的阶段。FSS 结构因其频率选择性透过特性、带外的低散射特性、抗带外电磁干扰特性而受到了研究者的广泛关注。国外报道 FSS 结构的发展程度的有限资料显示，国外对于 FSS 结构的研究已经达到较高的水平。研究方法从计算分析到优化设计；从无源 FSS 结构扩展到有源 FSS 结构；从单屏 FSS 结构到多屏 FSS 结构；介质材料种类繁多，形式多样。

由于涉及军事机密，国外很少具体报道其隐身天线罩设计技术的发展程度。但从有限的资料中显示，国外对于隐身天线罩的研究已经达到很高的水平。隐身雷达罩在美国已投入了工程应用，先是应用于导弹，后又应用于飞机上。据悉，美国轻型喷气式运输机 C-140 使用了 FSS 隐身天线罩。而以 F-22 和 F-35 为代表的第四代战斗机雷达天线罩，就采用了"脊"形尖削锥体的隐身气动外形和 FSS 技术实现了带外隐身和带内传输的功能。法国的拉斐特隐身战舰的天线罩就采用了 FSS 技术，并结合外形设计达到天线隐身的目的。英国 BASE 公司的机载雷达罩宣传广告上大篇幅地介绍了其在 FSS 天线罩方面的设计软件和加工制造能力，并提供了可供用户选用的 FSS 雷达罩。

而国内对于 FSS 带通雷达罩的研究工作，自"九五"时期甚至更早时期便已开展，多家科研机构先后立足于预研层面开展过大量工作。"十一五"期间，研究了在导弹罩内侧夹层 FSS 或在导弹罩内采用 FSS 衬罩技术。目前在天线舱 RCS 减缩的研究中，已综合采用了天线偏置结合使用吸波材料技术，并在 FSS 雷达罩研制中取得了阶段性成果。

在 FSS 结构设计方面，西安电子科技大学的王文涛等提出一种新型的基于准分形结构的带阻 FSS，并将其作为印刷振子天线的反射板来实现天线 RCS 的减缩。南京电子技术研究所的李小秋等提出了一种改进型 Y 孔新单元，新单元 FSS 在电磁波大角度入射时具有高透过率，频响性能更稳定。侯新宇等对单屏和双屏有限大频率选择表面的频响特性进行了分析，测试获得了双层与三层频选结构的 RCS 数据。

8.4.3 人工电磁材料

人工电磁材料（metamaterial）是一类具有自然界中不存在的电磁特性的周期性结构[153]，由于其超常的物理性质及可人工制备的特性已使它广泛应用于各大领域[154-156]。近年来，尤其是哈佛大学在 *Science* 发表了关于"广义反射和折射定律"之后[157]，又掀起了学术界关于人工电磁材料的研究热潮。人工磁导体（artificial magnetic conductor，AMC）是人工电磁材料的一种，可在其工作频带内实现 0° 反射相位特性，因此将其与金属的 180° 反射相位特性相结合可通过相对对消实现单站 RCS 减缩。但由于 AMC 结构本身的窄带特性，这种方法也只能实现窄带的 RCS 减缩[158]。为了实现宽带 RCS 减缩效果，可将两种工作在不同频带的 AMC 结构组成棋盘型结构[159]，如图 8-27 所示，从图中可以看出两种单元分别在 18GHz 和 13.5GHz、22.5GHz 实现零反射相位。将两种 AMC 单元组成棋盘型结构，不同单元区域产生的反射波在 14.4 ~ 21.8GHz 具有 180° 反射相位差，因此可在电磁波垂直入射下 40% 带宽内实现 10dB 的 RCS 减缩效果（如图 8-27（c）所示）。

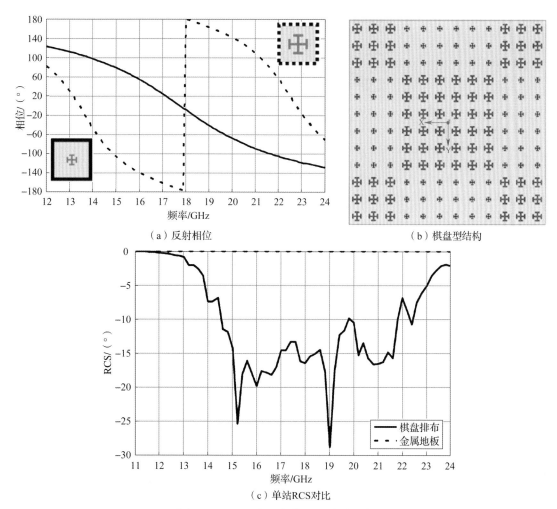

（a）反射相位　　　　　　　（b）棋盘型结构

（c）单站RCS对比

图 8-27　AMC 实现宽带 RCS 减缩示意图

两种 AMC 单元组成的棋盘型结构也可用于天线阵列 RCS 减缩设计[160]。图 8-28 给出了基于 AMC 材料的低散射天线，设计的两种 AMC 在 6 ~ 14GHz 提供近似 180° 的反射相位差，而在天线工作频带表现为类似为 PEC 的反射特性。因此将两种 AMC 单元组成的棋盘型结构作为天线阵列的地板结构，在不影响辐射特性的基础上在 6 ~ 13.4GHz 实现对于 x 极化和 y 极化入射波的单站 RCS 减缩效果。

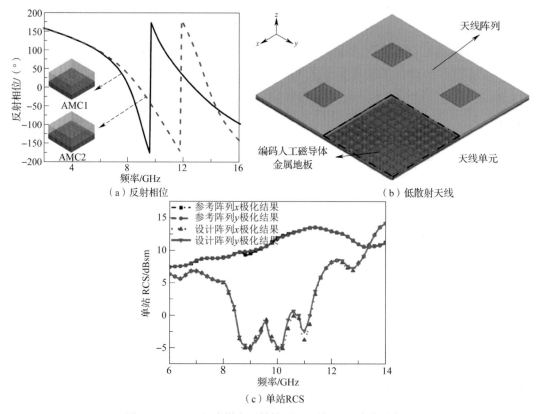

图 8-28　AMC 组成棋盘型结构用于天线 RCS 减缩示意图

相位梯度表面（phase gradient metasurface，PGM）是一种相邻单元反射相位按一定梯度渐变的结构材料，在相位梯度渐变方向引入一个波矢量，从而使得垂直入射的电磁波发生奇异反射[161]。利用 PGM 的这种特性，可以将入射波反射到非威胁角域，从而实现单站 RCS 减缩[162]，图 8-29 给出了 PGM 的工作机理。PGM 表面的设计过程为：首先设计可提供不同反射相位的单元结构，各单元间反射相位差稳定，且总反射相位差可达到 360°；将不同单元结构根据反射相位进行合理排布组成 PGM 表面，在 x 方向和 y 方向分别得到反射相位梯度 $\mathrm{d}\varphi/\mathrm{d}x$ 和 $\mathrm{d}\varphi/\mathrm{d}y$，整个 PGM 的反射相位梯度为 $\mathrm{d}\varphi/\mathrm{d}r$。因此当平面波照射到 PGM 时，会将电磁波反射到预定方向。将 PGM 表面作为缝隙阵列天线的覆层结构，并对 PGM 做出适当修改以减小对天线辐射性能的影响（如图 8-29（b）所示）。当设计天线阵列在平面波照射下时，其散射特性如图 8-29（c）所示，可见能量最大反射方向将偏离入射波方向，实现单站 RCS 减缩[163]。

极化旋转反射面（polarization rotation metasurface，PRM）是一种能够将线极化入射波转换为其交叉极化反射波的人工电磁表面[164]。类似地，将 PRM 组成棋盘型结构，通过

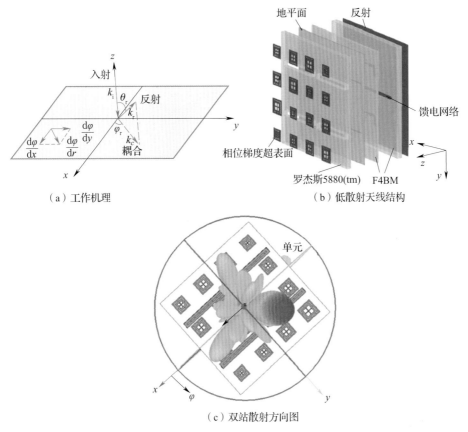

（a）工作机理　　　　　　　　（b）低散射天线结构

（c）双站散射方向图

图 8-29　PGM 用于天线 RCS 减缩设计

相邻子阵间的极化对消，可实现宽带 RCS 减缩效果[165]。实现 RCS 减缩的原理如图 8-30（a）所示，对于左上角的 PRM 单元，可将 +y 方向极化的电磁波转换为 -x 方向极化的反射波，进而将 PRM 单元通过顺序旋转构成棋盘型结构。在 +y 极化入射波照射下，不同单元区域产生的反射波具有不同的极化特性且相互对消，因此可在来波方向实现低散射特性。

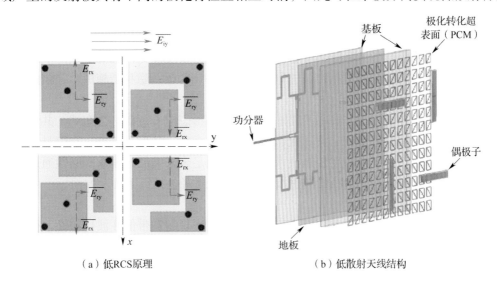

（a）低 RCS 原理　　　　　　　　（b）低散射天线结构

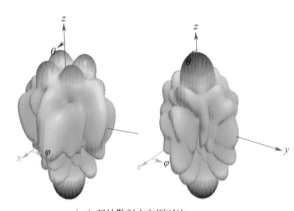

（c）双站散射方向图对比

图 8-30　PRM 棋盘型结构及在天线 RCS 减缩中的应用

图 8-30（b）给出了基于 PRM 棋盘型结构的低散射圆极化天线设计方案[166]，将 PRM 作为偶极子天线的地板，地板反射的电场极化方向与偶极子天线正向辐射的电场极化方向相互正交，通过调整偶极子与 PRM 之间的间距可实现圆极化的辐射特性。通过 PRM 棋盘型结构不同部分反射电磁波之间的极化对消实现天线阵列在垂直入射电磁波下的单站 RCS 减缩效果。利用 PRM 棋盘型结构地板和利用普通金属地板的天线的双站散射方向图如图 8-30（c）所示，从图中可以看出，在电磁波垂直照射下，设计天线的散射能量主要分布在远离来波方向的其他 4 个方向。

8.5　雷达天线低散射技术发展趋势

　　雷达天线低散射技术的发展是以全面满足载机平台的极低 RCS、强探测以及适装性需求为牵引的，新一代载机平台具有"五超"能力——超高声速、超常机动的超飞行能力，优于四代机的超隐身能力，极强的态势感知和数据融合能力，超高速打击、持续作战的超打击能力，无人机 – 无人机、无人机 – 有人机、体系联合、无缝协同的超协同能力。对天线提出了宽谱感知、宽谱隐身、全向感知、全向隐身、多功能一体化等高要求，特别是隐身性能的要求，由传统隐身向自适应、智能化转变，面对各种探测手段，实现完全"消失"，隐身能力不断提高，隐身频段由窄带向多频段全频段转变，隐身空域由窄域向全方位、全空域转变，隐身谱域囊括声波、电磁波、红外、射频，隐身措施由单一措施向综合隐身措施转变。

　　为满足未来战斗机的探测和隐身需求，雷达天线形态向着宽谱、分布式、共形、多功能方向发展，具有孔径轻薄化、蒙皮化、积木化、可承载、共形等特点，对隐身设计技术提出了更高的挑战，传统的散射控制技术已经不能满足未来发展的需求，必须通过新理论新技术的应用，未来的雷达天线低散射技术主要实现途径包括以下几个方面。

　　（1）超宽带阻抗匹配技术

　　首先要实现天线与自由空间的超宽带阻抗匹配，实现超宽带低驻波比特性，被广泛使用的 Vivaldi 天线单元具有良好的宽带特性，但是对于轻薄化、蒙皮化的需求，这种单元形式并不适应，需要探索更低剖面的单元形式，如平面化单元，文献中对平面化单元的报道很多，但其带宽仍需拓展。其次，辐射链路的宽带匹配技术是保证天线低散射的必要措施，涉及宽带射频器件（如移相器、环形器）以及宽带互联技术的需求。

（2）主动隐身技术

主动隐身技术的一个思路是主动对消技术，通过检测入射电磁波的入射方向、信号频率、极化特性、相位和幅度信息，通过计算实时生成对消场，与来波实现矢量对消，大幅降低天线散射能量。主动对消技术实现难度很大，目前还在理论研究阶段，距离工程应用还很遥远，面临的主要困难是来波信号的检测和对消场的产生，虽然难度大，但这是最有潜力的发展方向。主动隐身的另外一个思路是由崔铁军院士团队提出的相位时域可调技术，通过检测入射波信号特征，采用可编码超材料表面实现反射电磁波相位调制，扰乱敌方雷达信号累积过程，使探测失效，从而大幅降低敌方的探测概率，实现我方雷达的隐身。存在的问题是可编码超材料与天线的集成，既要实现带内透波，又要实现全频段反射相位调制，该技术仍在实验室研究阶段。

（3）共形隐身蒙皮技术

共形隐身蒙皮技术是为了满足未来战斗机对分布式雷达的需求而发展起来的，目前该技术得到广大学者和高校的重视，处于原理样机研制阶段，该技术使得雷达天线可以与机身表面共形，并且可以布置在任何部位。与发展多年的智能蒙皮技术相似，具有元器件高度集成、频选表面与天线一体化、可承载、多物理场兼容等特点，由于所处位置为机身随机，共形隐身蒙皮需实现广域辐射和广域散射的性能，其入射电磁波的入射角度可接近掠入射，因此，对 Bragg 栅瓣的控制是非常值得重视的。

（4）时域隐身技术

由于天线系统需要接收和辐射电磁波，在保证天线系统正常辐射和接收工作信号的同时，实现对敌方雷达波的隐身是非常困难的，在时域上，不要求全程开机的雷达可以在关机状态设法隐藏起来，开机时再恢复探测和接收状态，针对这种情况，采用开关控制的FSS 表面进行全反射和透波状态的切换，可采用加载变容二极管、MEMS（微机电系统）、PIN 二极管、光控开关等形式进行关断和打通的控制，该技术已经得到相关单位的研究，并取得了一定进展。

（5）吸透一体超材料天线罩技术

当前带外隐身完全依赖天线罩的隐身外形来实现，但如果截止能力不够时，舱内会进入电磁波并形成多径散射，降低带外隐身性能，如果能够设计一种带内透波而带外吸波的超材料天线罩，这样不仅可利用外形隐身的好处，而且在外形隐身的基础上天线罩本身具有吸波的性能，可大幅提升带外隐身性能。也可将吸透一体超材料设计为与天线阵列同形结构置于阵列的表面，实现天线的带外隐身目的。因此吸透一体超材料天线罩是具有很大的潜力研究方向，目前文献上可见一些吸透一体超材料的设计研究，但是距离宽带宽角透波以及带外高吸收的使用要求还有很大距离，需开展持续研究工作。

8.6　小结

机载雷达天线是目前航空武器装备的主流设备，雷达天线的 RCS 是制约平台隐身性能的重要因素。本章从航空武器装备主流设备有源相控阵雷达入手，分五个方面介绍和总结了机载雷达天线 RCS 减缩技术及工程应用实例。

（1）机载雷达天线简介。包括国外常用机载雷达类型、特点、隐身特性等。

（2）阵列天线散射设计。详细地介绍了相控阵天线的散射特性构成，包括阵列布局、坐标系的建立、阵列天线结构项及模型项，以及其特有的散射栅瓣等，为 RCS 减缩奠定了理论基础。

（3）天线散射减缩技术。包括传统的天线结构项和模式项减缩方法，以及针对飞机的更高隐身性能所采用的新型天线散射特性减缩、对消技术、新型低散射天线单元等新兴技术，多种技术综合运用，可以有效实现机载雷达天线 RCS 减缩。

（4）材料在天线隐身中的应用。隐身材料是 RCS 减缩的重要手段之一，文中针对吸波材料、频率选择表面、人工电磁材料等多种隐身材料的 RCS 减缩机理及具体适用形式进行介绍，为机载雷达天线的 RCS 的进一步减缩提供了有效的材料技术支撑。

（5）雷达天线低散射技术发展趋势。为满足未来飞机更高隐身的需求，进一步探讨了雷达天线低散射技术发展趋势，提出了几项雷达天线低散射技术，包括超宽带阻抗匹配技术、主动隐身技术、共形隐身蒙皮技术、时域隐身技术和吸透一体超材料天线罩技术。

第9章 机载电子战天线 RCS 减缩工程应用实例

电子战系统中的天线功能是用来把电信号转换成空间电磁波，或者把空间电磁波转换为电信号。电子战系统由于其侦收及干扰基本功能的需求，感兴趣接收或发射信号的频率范围通常在一个很宽的频率范围，感兴趣的信号方向通常也是来自四面八方甚至全空域，因此对天线的基本要求是频段宽开和空域宽开。天线体制的选择和安装需遵从这些要求。电子战天线在机载平台上表现出频带宽、孔径数量多及安装位置分布等特点，天线形式的选择和隐身设计必然要遵从这些特点。除了电气及隐身方面的要求，天线的设计还需要考虑安装性、环境适应性、可制造性、可靠性、保障性、维修性、测试性等方面的要求。

现有大部分机载平台都具有电子战功能，是与雷达、通信导航敌我识别（CNI）等功能并重的任务载荷功能，天线孔径在全机孔径中占有较大的比重，其隐身特性全机隐身性能贡献比重较大，其性能及隐身设计在任务系统设计中占有重要的地位。

本章对机载电子战天线 RCS 减缩技术方面的研究进行介绍。

9.1 机载电子战系统天线介绍

在天线原理及设计方面，多年来出版了很多专著，包括《天线理论与设计》（第2版）等。在有关文献中对电子战宽带天线进行了综述和介绍。《微波无源测向》一书较早及较为系统地阐述了电子战天线分类及特点。对于机载天线应用，按照天线形态，可以分为宽带单元天线、宽带反射面天线及宽带阵列天线等，按照功能特点及系统体制可分为干涉仪天线、干扰发射、数字波束形成（digital beam forming，DBF）阵列天线、相控阵等。

从宽带单元天线的角度，可用于机载电子战的宽带天线形式包括：平面螺旋天线、锥面螺旋天线、双锥天线、单锥天线、带偶极子天线、宽带刀天线、笼形天线、对数周期天线、加脊喇叭天线（单脊、双脊、四脊）、槽缝天线等形式。利用这些单元可以构成干涉仪阵、DBF 测向阵或者相控阵。由于安装空间的限制，机载天线较少采用反射面作为电子战系统的天线形式。

机载电子战的典型宽带阵列包括：宽带单脉冲天线、宽带多波束天线、宽带干涉仪天线、宽带相控阵天线、宽带数字波束形成天线等形式。

对于机载隐身平台，受隐身性能及措施限制，天线的选择范围有限，通常从有利于孔径综合化、阵列化及共形化等角度进行选型。

9.1.1 宽带天线定义

如上所述，电子战天线的典型特征是宽频段特性。宽带是带宽的一个相对度量，通常用两种定义来规定天线的工作带宽。所谓带宽通常是指在规定的带宽内阻抗或者增益或者方向图特性满足规定的要求，或者没有显著的变化。一种是百分比带宽

$$B_P = \frac{f_U - f_L}{f_C} \times 100\% \qquad (9\text{-}1)$$

另一种是相对带宽比

$$B_r = \frac{f_U}{f_L} \qquad (9\text{-}2)$$

式中，f_U、f_L、f_C 分别为工作频段的高频点、低频点及中间频率。窄带天线的带宽通常用百分比带宽表示，宽带天线通常用带宽比表示。一般而言，将低于 B_P 小于 20% 的天线归为窄带天线，B_r 大于 2 的天线归为宽带天线，介于两者之间的根据需求和特点灵活确定。

9.1.2 宽带天线分类及特点

正如文献指出，为了获得天线的宽带特性，通常要求结构上没有显著的物理尺寸突变，而是使用平滑边界的材料，这对于天线的宽带性以及隐身性控制都是至关重要的，是设计上考虑的重要概念。

天线从辐射电流的机理可以分为驻波天线（谐振天线）和行波天线两大类。从辐射天线分布特性来区分，可分为线天线及口径天线等。

根据典型天线机理来分类，具备宽带天线特性的包括加脊喇叭天线、领结型振子天线、叠层微带天线、柱螺旋天线（法向模及轴向模螺旋）、双锥天线、套筒天线、平面螺旋天线、对数周期天线、渐变槽线天线（TSA，又称 Vivaldi 天线）等。其中平面螺旋天线、对数周期天线由于良好的非频变特性，在电子战天线中得到广泛应用。渐变槽线天线可以认为是加脊喇叭的变形而来，也可归为行波天线的类型，是近年来发展起来的一种宽带特性优良的宽带天线，由于其紧凑的结构、易于组阵等特点，在宽带阵列中得到广泛应用，也是一种常用的电子战天线形式，在隐身机载平台中得到广泛的应用。

近年来发展起来的紧耦合天线，利用天线单元间的紧耦合特性，实现极好的宽频段特性、组阵特性，并具备易于共形的特点，逐渐在机载平台得到应用。

典型的宽带天线示意图见图 9-1 ~ 图 9-5。

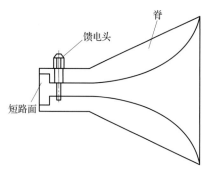

图 9-1 加脊喇叭天线　　　　　　　图 9-2 平面螺旋天线

图 9-3 对数周期天线

图 9-4 渐变槽线天线阵列

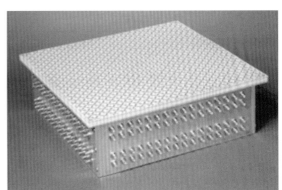

图 9-5 贴片型紧耦合天线阵列

典型的宽带电子战天线特点对比见表 9-1。

表 9-1 典型的宽带电子战天线特点对比

天线形式	主要性能	特点	备注
加脊喇叭天线	带宽 3：1； 中、高增益	尺寸较大； 增益较高	
平面螺旋天线	带宽 1 ~ 18GHz； 增益 -7 ~ 3dB； 单元尺寸超过 λ_h； 多用于比幅告警及测向	单元增益和功率无法满足要求； 无法构成宽角扫描相控阵	
宽带对数周期天线	有较宽的带宽； 中等增益； 可以实现小间距组阵	厚度尺寸大，无法做到低剖面； 不易曲面共形； 内埋安装，隐身性能差	
宽带槽缝天线	带宽可以到 2 ~ 18GHz 组阵； 中等增益； 可以实现小间距组阵	厚度尺寸大，无法做到低剖面； 不易曲面共形； 内埋安装，隐身性能差	

表 9-1（续）

天线形式	主要性能	特点	备注
紧耦合型对极天线	可以看作是槽缝天线的变形，也是一种紧耦合天线； 带宽可以做到 10∶1 以上（美国 Harris 公司）	非平面结构，不利曲面共形	
平面型多模天线	有较宽的带宽； 中等增益； 可以实现环形组阵，用于如弹载环境的电子战应用	不利于机载环境的应用	
紧耦合型贴片天线	结合了宽带平面天线和紧耦合天线的特点，带宽可以做到 10∶1 以上	馈电相对复杂，对工艺装配要求高	
叠层微带贴片天线	便于共形； 带宽不超过 50%	带宽较窄，如要使用需分成多个频段，不适合多功能应用	

9.2 电子战天线 RCS 减缩技术研究进展

9.2.1 需求分析

电子传感器系统（包括雷达、电子对抗、通信导航敌我识别（CNI）等）及其承载平台在实施对敌探测或干扰的同时要保证己方不被敌方侦察和发现，要求具备一定的隐身能力。天线孔径是传感器系统与外界进行电磁波能量传递和交换的接口，往往构成重要的散射源，直接影响平台的隐身性能。近年来，随着 F-117、F-22、F-35、B-2 等一系列隐身飞机的装备，说明美国飞机隐身技术已经达到很高的水平。在国内，随着新一代隐身战斗机的研制，飞行器隐身技术也得到了长足的发展。通过外形设计、使用吸波材料等技术，飞机上的传统强散射源，如座舱、进气道、垂尾等的雷达截面积（RCS）已经得到很大的减缩。在这种情况下，作为飞行器上的强散射源之一，天线的隐身显得尤其重要。从工程研究的角度，不论是隐身天线或天线隐身（stealth antenna or antenna stealth），皆是侧重于在满足平台隐身和系统功能的前提下开展天线孔径在电性能、隐身及给定环境条件下综合优化设计。

注：广义上讲，隐身能力是指在射频、可见光、红外以及声呐等方面具有低可观测特性（LO）。而射频隐身又包括辐射隐身和反雷达隐身两个方面。由于雷达在军事对抗中的重要作用，低雷达截面积特性已成为评估隐身能力的主要指标，隐身一般也特指反雷达隐身。

天线的雷达波散射比普通散射体要复杂得多，除了入射波在天线表面上引起感应电流将直接产生的雷达波散射形成结构散射项外，天线接收电磁波后还会因其馈源系统的反射形成再辐射场，从而构成天线的模式散射场。在保证天线具有要求的辐射特性情况下，降低天线的散射特性是一个复杂而困难的课题。不过，降低天线 RCS 是一项非常有意义的工作，否则飞机其他隐身措施的价值将大打折扣。由于需要保证辐射特性，天线隐身不能简单采用涂覆吸波材料等措施，而是要进行天线散射机理研究，找出降低天线 RCS 的可行途径。进而进行低 RCS 天线形式设计，并在特定飞行条件和战术条件下采取相应的隐身措施。国内外在这些方面已经进行了大量的研究工作。

天线孔径是电子对抗系统的关键部件之一，也是系统与外界进行电磁波能量传递和交换的接口，往往构成重要的散射源，直接影响平台的隐身性能。研究表明，对于机载平台，电子对抗天线孔径是除进气道、飞行员座舱、雷达天线舱之外另一重要散射源（见图 9-6 和图 9-7）。电子对抗系统由于具有被动探测、态势感知等优势，成为隐身平台上越来越重要的传感器；而对于电子对抗系统天线，由于其频带宽、孔径数量多及安装位置分布等特点，使得其隐身问题更具挑战性。

在隐身设计方面，通过外形设计和吸波材料等传统隐身技术（见图 9-8），平台目标的隐身问题在很大程度上可以得以较好的解决。但对于天线孔径来说，作为接收和发射电磁波的装置，采取传统隐身措施会直接影响天线电性能。必须在天线散射机理研究的基础上，从隐身性能 / 天线性能综合优化的角度，结合作战需求和实际的系统需求，开展电子对抗天线隐身技术课题研究，以满足平台隐身的需要。

综上所述，电子对抗系统天线隐身问题已经成为影响平台隐身的关键因素，是隐身平台电子对抗系统亟待解决的关键技术问题和前沿课题。随着新一代隐身战斗机、隐身无人机、隐身轰炸机等隐身平台的研制及论证实施，军事应用需求也越来越迫切。

下面介绍一下当前国内外在隐身天线技术尤其是电子战宽带隐身天线方面的进展。

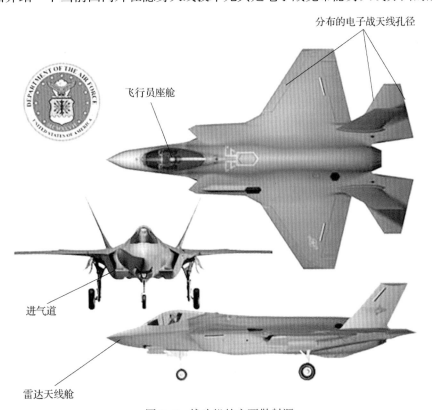

图 9-6 战斗机的主要散射源

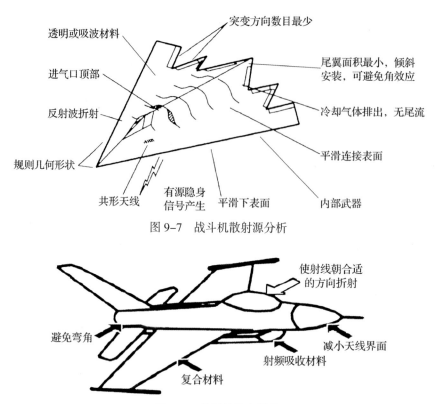

图 9-7　战斗机散射源分析

图 9-8　常规的隐身措施

9.2.2　国内外研究进展

　　受平台隐身需求推动，以美国为代表，西方军事强国从 20 世纪 50 年代起就开始研究天线的散射机理，并在此基础上研究和试验了多种可能的天线 RCS 减缩技术，以雷达天线等窄带天线最为广泛和成熟。伴随着几代隐身飞机的成功研制，天线隐身技术取得了较大进展，已经在若干型号工程中得到应用。在以 F-22 和 F-35 为代表的新一代隐身飞机研制过程中，美军方投入了相当巨大的力量来解决天线隐身问题，在这方面的投入及思路值得借鉴。关于天线隐身，由于天线与系统功能体制关系密切，隐身天线的技术和水平又与平台隐身水平密切相关，因此关于隐身天线公开发表的资料极少，但可以通过学术界发表的研究情况一窥端倪。综合各方资料来看，国外隐身天线技术的发展可以分为三个阶段。

　　（1）第一阶段（20 世纪 50—80 年代）：常规天线加一定的隐身措施

　　此阶段以美国为代表的隐身飞机刚起步，传感器天线功能比较单一，电子设备如 F-117 战斗机主要装备通信设备，并未安装有源的雷达设备。从公开发表的资料及学术论文主要侧重于对天线散射机理的研究，如关于天线最小散射理论方面的文章。1985 年出版的《雷达截面积——预估、测量和减缩》是隐身研究史上的重要文献，其中还未提到关于天线隐身的问题。工程上侧重研究雷达天线的 RCS 减缩，以期在获得雷达对抗方面的微弱优势。天线形式主要是微带贴片为主的低剖面天线，以及适用于机头雷达机扫体制的 K 波段反射面天线，用于电子对抗的天线形式单一，以宽带特性较好的单锥天线和螺旋天线为代表。此阶段，国外天线设计人员开始关注天线的散射特性测试，积累了大量的天线 RCS 测试数据，如 1973 年美国麻省理工学院林肯实验室给出了"抛物面天线散射界面技术报告"较为全面地给出了天线处于不同状态下的 RCS 特性，同时也有人对用于军用飞行器的雷达天线如喇叭、卡塞格伦天线、波导开槽平板天线、螺旋天线等进行了详尽的试验研究，为天线隐身技术的研究打下了基础。频率选择表面（FSS）也开始提出并进行了验证，可查的典型例子是 1974 年俄亥俄州立大学电子实验室给出的 FSS 天线罩设计方案，见图 9-9。

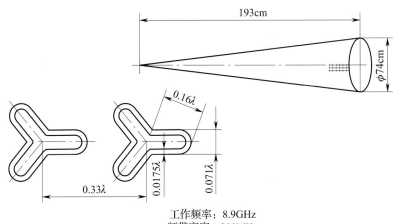

工作频率：8.9GHz
频带宽度：200MHz
罩外形尺寸：长193cm，底部 ϕ74cm
质量：4.54kg
罩材料：0.09cm铜片及0.95cm基片，基片材料为ε_r=2.5的玻璃纤维增强聚四氟乙烯

图 9-9　俄亥俄州立大学电子实验室给出的频选罩方案

（2）第二阶段（20 世纪 80 年代—2000 年）：阵列天线、天线集成隐身技术

在这个阶段，伴随第四代隐身飞机研制的逐渐深入，平台隐身技术带动天线隐身技术迅猛发展。相关专业刊物发表了大量的关于天线散射机理分析、天线 RCS 仿真计算、天线 RCS 减缩方法。典型应用是关于机载相控阵雷达的 RCS 减缩措施。此阶段，阵列天线应用逐渐广泛，研究领域更注重阵列天线的 RCS 机理分析及减缩措施。用于电子对抗的宽带天线隐身也提上日程，根据相关资料，在 F-22 和 F-35 上采用内埋式的 Vivaldi 天线阵结合与机体的集成式设计方案，解决装机电性能、隐身性能及结构强度等方面的矛盾。总的来看，此阶段的天线方案与飞机平台所采用的技术是密切相关的，根据美军"宝石柱"和"宝石台"计划，F-22 的天线功能强，但天线孔径数量多，综合化程度不够；F-35 天线进行了进一步简化和综合，并且以牺牲电性能为代价，尝试采用低剖面的平面化天线代替内埋阵列天线的趋势。此阶段，美军开始针对下一代"先进技术验证"，提出开发用于先进传感器和通信系统的"共享孔径天线"（见图 9-10），海军研制用于海军舰艇的新型多功能天线系统（多功能电磁辐射系统，MERS）（electronic defense，1997 年），试图开发一个多功能天线用单个、低可探测性的结构替代大量的传感器天线，覆盖 UHF 波段通信、联合战术信息分配系统、敌我识别系统及用于电子侦察的测向系统。

另一方面，频率选择表面（FSS）已经投入实际工程应用，用于机头雷达前向空域范围的 RCS 减缩，见图 9-11。

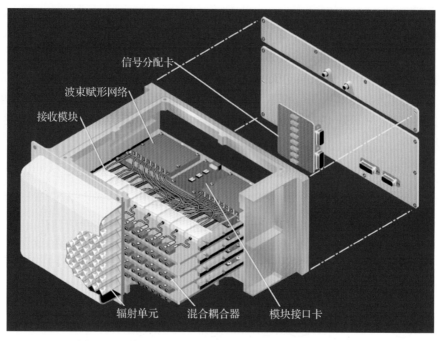

接收模块

波束赋形网络

信号分配卡

辐射单元　混合耦合器　模块接口卡

图 9-10　美国海军研究实验室提出的共享孔径技术概念

图 9-11　F-35 的机头雷达罩剖视图

在电子对抗天线隐身方面，通过 F-22 及 F-35 电子对抗天线布局的分析，可以看出天线布局对于隐身的重要性，主要体现在两个方面：①宽带阵列综合及孔径共用，通过减小天线孔径尺寸及阵列间距，实现宽频段及宽空域的隐身；②充分实现天线与机体结构的一体化设计，即采用复合结构实现天线加载、结构复合及吸波隐身的功能，体现了高度的综合化设计思路。

据相关资料，美国 F-22 和 F-35 在新一批次的投产机型中，有可能采用共形开槽天线用作电子支援措施（ESM）的全向告警 / 测向系统的天线阵，天线需要通过展宽波束或副瓣波束来覆盖所要求的空域，结合新颖的相位校准技术，实现高精度的测向。无论是天线单元形式还是测向体制都采用了与常规不同的全新模式。由于与机身共形，可以获得极佳的隐身性能。可以看作是从空域的角度来实现天线隐身。另外，对于低频段天线（CNI天线或 UHF/VHF/L 波段 ESM 天线），以及高波段天线（Ka 频段以上）则采用频率选择表面（FSS）来实现综合隐身，见图 9-12，可以看作是频域的角度实现隐身。另外洛克希德 – 马丁公司下属电子公司提出了有源滤波表面及电控辐射表面技术用于宽带天线隐身，其技术思路实际上是从时域的维度来理解并实现隐身。由于上述手段或多或少会降低电性能，因此仅从天线性能的角度并非最优，体现了一种综合最优的原则。另一方面，这些手段的实现由于要兼顾电性能，也面临极大的技术挑战及风险，目前大都处于探索研究阶段。

（3）第三阶段（2000 年以后）：共享孔径、共形天线、智能蒙皮

进入 21 世纪以后，美国开始论证第六代隐身战斗机的概念，从发展趋势来看，第五代隐身战斗机将朝无人机方向发展。以 X-45A 和 X-47（见图 9-13）为代表的无人战斗机，相比第五代战斗机翼型更薄，装机条件更为苛刻，没有了典型的机头雷达阵列；系统将更倾向于采用一体化综合集成化发展，具体来讲就是任务载荷集成化、后端处理微系统化。这也给天线孔径的发展提出了新的要求。基于"共形天线"的集成式共享孔径技术成为研究热点，同时针对低剖面平台开发新型的低可观测天线技术。如果说 2000 年以前的相关技术还是在概念研究和体制研究阶段，2000 年以后宽带共享阵列技术已经逐渐向实用化发展。共形天线的研究以美国雷神公司研制的共形天线为代表，到目前为止已经历四代发展：第一代共形天线以无源阵列为主，第二代天线形成可以用于扫描的波束，第三代天线可实现有源电扫，第四代共形天线、折纸天线，可实现柔性、多频段设计。

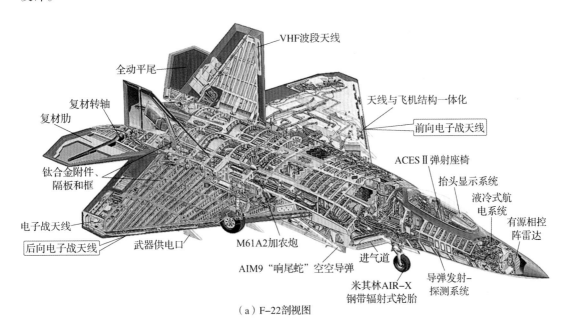

（a）F-22 剖视图

1. 雷达罩
2. 电扫描多功能雷达
3. 红外传感器
4. 表反光罩
5. 右侧操纵台，油门在左侧
   杆在右侧
6. 马丁·贝克Mk16轻型弹射座椅
7. 打开的座舱盖
8. 轮
9. 进气口
10. 复合材料进气道
11. 二级正反转升力风扇
12. 升力风扇喷口，偏转角从向前
    15°向后30°
13. 升力风扇双叶舱盖
14. 升力风扇进气口
15. 各型通用系统
16. 三舱，左右各一个
17. 三舱盖
18. AIM-120中程空空导弹
19. GBU-30 454kg JDAM炸弹
20. AIM-132先进近程格斗空空导弹
21. 条灯
22. 风扇传动轴
23. 进气口
24. 进气口舱门

25. F119-611发动机
26. 主起落架
27. 主起落架舱
28. 天线
29. 前缘襟翼
30. 前缘襟翼旋转作动筒及传动轴
31. 前缘襟翼操纵动力源
32. 外挂架加强连接点
33. 外挂架加强翼肋
34. 机翼整体油箱
35. 航行灯
36. 襟副翼
37. 襟副翼结构
38. 襟副翼作动筒
39. 滚转控制管道
40. 滚转控制喷口
    （固定87°，喷流角4°）
41. 加力燃烧室

42. 三轴承支承推力矢量喷管，可向前
    下方偏转95°；垂直起降时，可水平
    偏转±10°
43. 低可探测性轴对称喷口
44. 可收放空中加油管
45. 方向舵作动筒
46. 低可探测性机体
47. 多梁、肋式垂尾结构
48. 铝合金蜂窝结构垂尾前缘
49. 方向舵
50. 全动水平尾翼
51. 水平尾翼作动筒
52. 垂尾
53. 水平尾翼结构
54. 铝合金蜂窝结构水平尾翼前缘、后缘

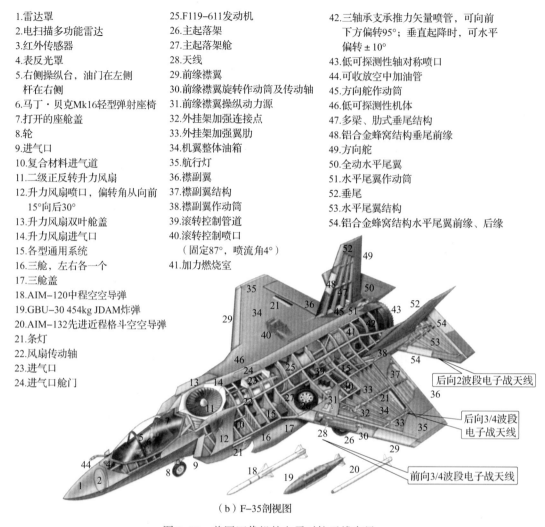

（b）F-35剖视图

图 9-12　美国四代机的电子对抗天线布局

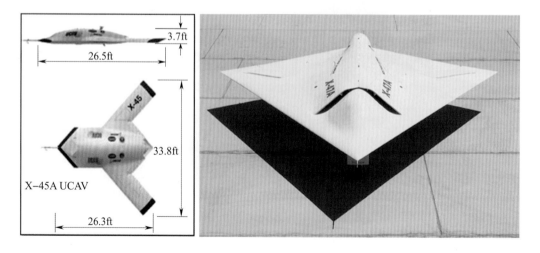

图 9-13　无人作战飞机（UCAV）的典型代表 X-45A 和 X-47

另外以美国 BAVT 公司为代表的天线设计公司，针对 F-35 及新一代隐身平台的未来发展需求，开发了一系列的低可观测（LO）天线，包括宽带天线（用于 EW）及窄带天线（GPS、IFF、TTNT 等）。所有天线基本形式都采用共形安装方式，结合边缘处理降低RCS。

图 9-14　共形于半球面的贴片阵列

图 9-15　与机翼（椭圆函数描述）共形的 X 波段共形阵列

（4）其他新技术研究

等离子隐身天线、基于超材料的天线隐身技术的研究也有见报道，但未见具体的工程应用。超材料是当今电磁领域的研究前沿和热点，为解决孔径隐身提供了理论基础。超材料能针对电磁波的应用需求，利用变化光学和等效媒质等理论逆向设计基本特征结构单元的特殊空间排列，确保与电磁场以预先设想的方式相互作用，由此产生的材料（或设备）可以在很宽的带宽上有效地吸收或释放电磁辐射，或者在指定的方向使电磁辐射方向性更好、更敏感。因可实现隐身、电磁黑洞等诸多奇特性质而在民用、军事领域具备庞大的应用需求，以美国为例，除了老牌军工企业如洛克希德－马丁、雷神、波音公司，还有多达 94 家企业获得 SBIR（企业创新研究资助计划）和 STTR（企业技术转移资助计划）资助，对超材料技术进行大量研究和产品转化。

图 9-16　美军 C 波段共形阵列测试现场

（5）国内研究情况

从国内来讲，"十五"以前主要针对关键部件和整机开展了散射特性分析和 RCS 减缩、RCS 室内 / 室外测试技术、外形隐身技术以及雷达吸波材料等方面的研究工作，成果斐然；但对天线隐身方面工作较少，特别是对于电子对抗天线。"十一五"期间，在某些型号背景需求推动下，各个专业研究所及科研院校在各自领域开展了有针对性的天线隐身技术预研课题研究。"十二五"期间，四代机等项目正式立项并进入工程研制阶段，相关单位开展了如火如荼的天线隐身技术研究，天线孔径隐身水平大都提升一个数量级。

9.3　宽带天线及阵列散射特性

9.3.1　单元天线的散射机理

散射机理是开展天线隐身技术研究的基础。众所周知，电子对抗系统天线最大的特点是频段宽。其散射机理与窄带天线（如常规雷达天线、CNI 天线）类似，宽带天线的总散射为结构项散射和模式项散射的共同作用，但其宽带特性使得机理分析与 RCS 减缩更具复杂性。通过宽带天线散射机理的研究，了解对于结构项散射和模式项散射的影响因素，得以通过合理的天线设计来实现辐射性能与散射性能的综合指标。

天线散射是一个比较特殊的问题，原因在于是天线与散射两种现象的组合。一般来讲，天线的分析往往是作为发射机（transmitter）来考虑的，但天线散射的分析应该作为接收机（receiver）来对待。对于一般的接收天线，如果仅关心对传递到负载上的功率，基于互易原理，往往也是用发射天线的特性进行分析。对于天线散射，除了负载吸收能量，还有天线结构向周围空间散射的能量，简单地利用互易原理是不行的。

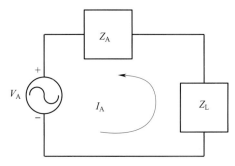

图 9-17　接收天线等效电路

接收天线可以用 Thevenin 等效电路来进行分析。如图 9-17 所示。其中 $Z_A=R_A+jX_A$ 为天线阻抗，$Z_L=R_L+jX_L$ 为负载阻抗。V_A 为等效电路的开路端电压。在入射波 $\boldsymbol{E}^i$ 的作用下，V_A 可以表示为

$$V_A = -\boldsymbol{h}_A^r \cdot \boldsymbol{E}^i \tag{9-3}$$

式中，$\boldsymbol{h}_A^r$ 为在接收方向上的等效矢量长度。根据互易定理，该天线用作发射且单位电流源作激励时的远区辐射场为

$$\boldsymbol{E}^t = -j\frac{\eta}{2\lambda}\boldsymbol{h}_A^t \frac{e^{-j\beta r}}{r}$$
$$V_A = -\boldsymbol{h}_A^r \cdot \boldsymbol{E}^i \tag{9-4}$$

式中，r 为天线到远场点的距离；$\boldsymbol{h}_A^t$ 为天线辐射等效矢量长度，当参考方向与接收情形的定义一致时，有

$$\boldsymbol{h}_A^t = \boldsymbol{h}_A^r \tag{9-5}$$

按照图中定义的电流参考方向，对于作为接收负载是正向电流，但对于回路则构成反向电流，因此

$$I(Z_L) = -\frac{V_A}{Z_A+Z_L} \tag{9-6}$$

基于上述定义和分析，我们可以将天线散射场表示为

$$\boldsymbol{E}^s(Z_L) = \boldsymbol{E}^s(0) - \frac{Z_L I(0)}{Z_A+Z_L}\boldsymbol{E}^t \tag{9-7}$$

式中，$\boldsymbol{E}^{\mathrm{s}}(0)$ 和 $I(0)$ 分别为短路条件下的散射场和终端电流（即 $Z_{\mathrm{L}}=0$）。这里假设频率、极化方向、入射和接收方向是固定的。

式（9-7）称为天线散射的基本方程，其实质是将天线散射分解为两部分：短路条件下的散射场和短路电流激励天线产生的二次辐射场。实际上，考虑天线散射的情况下，短路条件并不方便，比如很难将其与天线的匹配联系起来。因此，有必要将其表示成另外一种形式。

令 $Z_{\mathrm{L}}=Z_{\mathrm{A}}^{*}$，可得

$$\boldsymbol{E}^{\mathrm{s}}(0) = \boldsymbol{E}^{\mathrm{s}}(Z_{\mathrm{A}}^{*}) + \frac{Z_{\mathrm{A}}^{*} I(0)}{2R_{\mathrm{A}}} \boldsymbol{E}^{\mathrm{t}} \tag{9-8}$$

由式（9-6）可得

$$I(0) = \frac{2R_{\mathrm{A}}}{Z_{\mathrm{A}}^{*}} I(Z_{\mathrm{A}}^{*}) \tag{9-9}$$

代入式（9-8）可得

$$\boldsymbol{E}^{\mathrm{s}}(0) = \boldsymbol{E}^{\mathrm{s}}(Z_{\mathrm{A}}^{*}) + \frac{Z_{\mathrm{A}}^{*} I(Z_{\mathrm{A}}^{*})}{Z_{\mathrm{A}}} \boldsymbol{E}^{\mathrm{t}} \tag{9-10}$$

进一步代入式（9-7）可得

$$\boldsymbol{E}^{\mathrm{s}}(Z_{\mathrm{L}}) = \boldsymbol{E}^{\mathrm{s}}(Z_{\mathrm{A}}^{*}) + I(Z_{\mathrm{A}}^{*}) \boldsymbol{E}^{\mathrm{t}} \varGamma_{\mathrm{V}} \tag{9-11}$$

其中

$$\varGamma_{\mathrm{V}} = \frac{Z_{\mathrm{L}} - Z_{\mathrm{A}}^{*}}{Z_{\mathrm{L}} + Z_{\mathrm{A}}^{*}} \tag{9-12}$$

式（9-11）将天线散射表示成为匹配情形下的天线散射和匹配电流作为激励的天线二次辐射，分别称为天线模式项散射和结构项散射。该方程是天线散射机理分析的基础。由此可见，天线的散射一般包括两部分：一部分称为天线结构散射场，其散射机理与普通散射体的散射机理相同，是由于入射平面波在天线结构上的感应电流或位移电流所产生，与散射天线的负载情况无关，对应的 RCS 称为天线的结构项 RCS；另一部分是随天线负载情况变化的天线模式散射场，要随天线的负载情况变化，其散射机理是负载与天线的不匹配而反射的功率经天线再次辐射，对应的 RCS 称为天线的模式项 RCS。分别用 σ_{s} 和 σ_{e} 表示天线的结构散射 RCS 和模式散射 RCS，则实际的天线 RCS 是两者的相位叠加

$$\sigma = \left| \sqrt{\sigma_{\mathrm{s}}} + \sqrt{\sigma_{\mathrm{e}}}\, \mathrm{e}^{\mathrm{j}\phi} \right|^{2} \tag{9-13}$$

式中，ϕ 为 σ_{s} 和 σ_{e} 之间的相位差，是一个受天线结构、馈源和频率影响的参数，一般很难准确地定量分析。一般说来，结构项散射与天线的结构形式、构成材料有关，可以用分析普通散射体的雷达波散射理论和数值方法直接求解；模式项散射则与天线增益 G、极化匹配因子 μ、馈电系统反射系数 $\varGamma$ 和雷达波长 λ 等因素有关

$$\sigma_{\mathrm{e}} = \frac{\lambda^{2} G^{2} \mu^{2} \varGamma^{2}}{4\pi} \tag{9-14}$$

在分析方法上，通过散射项分离分析影响天线 RCS 的影响因素，分析不同散射项对总散射的相对贡献作用，在此基础上寻求有效的散射抑制方法。不同天线对结构项、模式项的敏感程度是不一样的，可想而知，只有有的放矢的散射减缩方法才是有效的。

下面分析了一种槽缝天线的散射特性。该天线工作在 S、C 波段，尺寸约 $60\text{mm} \times 100\text{mm}$，具有中等增益和较宽的波束宽度。为了分析天线散射机理，首先利用 HFSS 计算了 $Z_L = \infty$（开路）、取 $Z_L = 0$（短路）以及 $Z_L = 50\Omega$（短路）三种状态下单站 RCS，这里平面波沿 H 面入射，VV 极化。S、C、X 波段的典型频点在三种状态下的计算结果如图 9-18 所示。可以看出，在不同负载条件下，天线的散射变化很大，匹配条件下的 RCS 相对开路、短路条件下要小很多，说明了模式项散射分量很大，对于总的 RCS 起重要的贡献。总的来看，该天线的 RCS 处于较低的水平，但若用于阵列，为了降低峰值 RCS，需要进行 RCS 减缩。

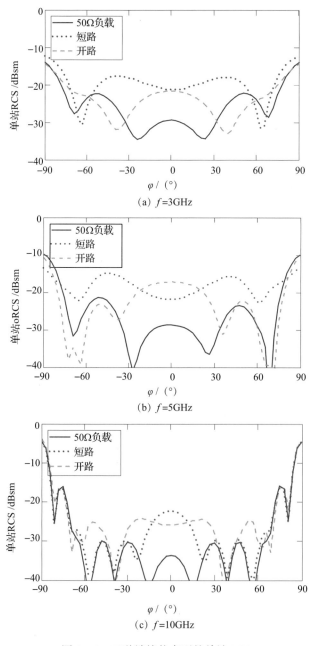

图 9-18　三种端接状态下的单站 RCS

在天线工作频带内，如果馈源系统为理想匹配，入射的电磁波能量应全部或绝大部分地进入接收系统，没有二次辐射。这时天线实际上是一个理想的接收装置。当来波频率偏离天线工作频率时，天线馈源系统将失配，即使是在天线工作频带内，馈源系统通常也不会是理想匹配。这时入射波就会被反射并经天线重新辐射出去，形成较强的模式散射场。在天线工作频带以外，天线馈源系统将完全失配，模式项散射会更强。

9.3.2　宽带天线阵列的散射特性

相对而言，阵列天线具有较大的口径尺寸，在带来高增益、窄波束等优势的同时，也可能带来较强的散射，是天线孔径隐身必须重点考虑的问题。针对阵列的隐身应用问题，本文首先讨论了阵列散射在波束宽度、栅瓣控制等方面的特性，并设计了一种低 RCS 天线单元，最后，提出了几种散射控制与 RCS 减缩的技术措施。

9.3.3　阵列散射特性

对于阵列散射，基于隐身方面的设计，主要考虑以下几个问题：
①散射波束宽度；
②散射波束副瓣电平；
③散射波束"栅瓣"控制。
下面以 N 元均匀直线阵为例，分别予以说明。

对于间距为 d 的 N 元均匀线阵，在全向阵元、等幅等相位差馈电条件下，其辐射方向图可以表示为

$$\text{GAIN} \approx \left| \sin\left(\frac{N\phi}{2}\right) \middle/ \sin\left(\frac{\phi}{2}\right) \right|^2 \tag{9-15}$$

式中，$\phi = kd \sin\theta_s - kd \sin\theta$；$f$ 为阵列单元的方向图函数。

而天线阵列结构项单站散射方向图可以表示为

$$\text{RCS} \approx \left| \sin(N\phi) \middle/ \sin(\phi) \right|^2 \tag{9-16}$$

式中，$\phi = \Delta\phi - kd \sin\theta_i$。

在非扫描情况下，上述 $\theta_s = 0$，$\Delta\phi = 0$。以非扫描情况的 N 元侧射式天线阵为例，讨论其特性。当 N 很大时可用小宗量近似。

对于波束宽度，按照文献，由

$$u = \frac{N}{2}kd \sin\theta_{3dB} = 1.392$$

$$u = Nkd \sin\theta_{3dB} = 1.392$$

可得 3dB 波束宽度。

下面，重点讨论对于散射栅瓣的控制。对于 N 元天线阵，一般情况是等相位差馈电，即 n 相对于 $n-1$ 元的超前相位为

$$\phi_n - \phi_{n-1} = \Delta\phi \tag{9-17}$$

扫描方向 θ_s（即最大波束指向）与 $\Delta\phi$ 的关系为

$$\Delta\phi = kd \sin\theta_s \tag{9-18}$$

相邻阵元 n 相对于 $n-1$ 元在任意方向上的波程差为

$$\phi = kd\sin\theta_s - kd\sin\theta \qquad (9-19)$$

不出现栅瓣的条件是

$$|\phi| = |kd\sin\theta_s - kd\sin\theta| < 2\pi \qquad (9-20)$$

$$d(\sin\theta_s - \sin\theta) < \lambda \qquad (9-21)$$

对于所有 θ 上式中成立的条件是

$$d < \frac{\lambda}{|\sin\theta| + |\sin\theta_s|} \qquad (9-22)$$

一般要求无栅瓣的范围是 $\pm 90°$，因此

$$d < \frac{\lambda}{1 + |\sin\theta_s|} \qquad (9-23)$$

从上面可以看到，栅瓣总是出现在波束的异侧。

对于散射问题（仅考虑后向散射，对应单站 RCS），电磁波要走双程路径，如图 9-19 所示，相邻阵元在后向散射方向的波程差为

$$\phi = \Delta\phi - 2kd\sin\theta \qquad (9-24)$$

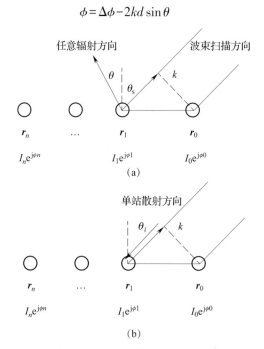

图 9-19　阵列辐射和散射示意图

注意，这里的 $\Delta\phi$ 是阵元的反射相位（不同于控制相位）。一般在相同的负载条件下，$\Delta\phi = 0$。此时，在 θ_s 方向不出现栅瓣（称为 Bragg 衍射瓣）的条件是

$$|\phi| = |-2kd\sin\theta_i| < 2\pi \qquad (9-25)$$

$$d < \frac{\lambda}{2|\sin\theta_i|} \qquad (9-26)$$

当 $\theta_i \in (-90°, 90°)$ 时，无 Bragg 瓣的条件是

$$d < 0.5\lambda \qquad (9-27)$$

当 $\theta_i \in (-45°, 45°)$ 时，无 Bragg 瓣的条件是

$$d < 0.71\lambda \tag{9-28}$$

如果 $\Delta\phi = 0$，也就是存在波束扫描，则满足无 Bragg 瓣的条件是

$$|\phi| = |\Delta\phi - 2kd\sin\theta_i| < 2\pi \tag{9-29}$$

一种理想情况是，反射相位与控制相位一致，即满足式（9-20），则无 Bragg 瓣的条件为

$$d < \frac{\lambda}{3|\sin\theta_i|} \tag{9-30}$$

显然上述条件比式（9-28）更为严格。

另外，如果要波束指向控制，也就是相位应该补偿散射波程差，则应满足

$$|\phi| = |2kd\sin\theta_i - 2kd\sin\theta_s| < 2\pi \tag{9-31}$$

式中，θ_s 为给定的散射波束指向。相应的无 Bragg 瓣的条件为

$$d < \frac{\lambda}{2|\sin\theta_i| + 2|\sin\theta_s|} \tag{9-32}$$

在这种情况下，散射波束的 Bragg 瓣控制比相应阵列辐射的栅瓣控制严格。

以实际常用的电子战天线阵为例，$f_h/f_l = 3:1$，阵元间距为高端频率波长的 1/2，可以保证在 $\pm 90°$ 内扫描无栅瓣。则对于频率为 f_r 的雷达来波：

①当 $f_r > f_h$ 时在 $\pm 90°$ 范围始终会出现 Bragg 瓣，频率越高，Bragg 瓣离主瓣越近；

②当 $f_r < f_h$ 时在 $\pm 90°$ 范围不会出现 Bragg 瓣；

③当 $f_h < f_r < 1.4f_h$ 时，在 $\pm 45°$ 不会出现 Bragg 瓣，但在 $\pm(45° \sim 90°)$ 内出现 Bragg 瓣；

④当 $1.4f_h < f_r$ 时，在 $\pm 45°$ 内出现 Bragg 瓣。

上述结论对于阵列的散射控制具有指导意义。由于阵列往往具有较大的孔径尺寸，与辐射的合成波束类似，阵列散射合成形成散射尖峰，一般是在阵列法线方向。当阵列间距较大时，会在偏离法线方向形成另一个散射尖峰，也就是 Bragg 瓣，这对于阵列隐身是不利的。对于宽带阵列，如果阵列本身是无测向模糊的，则当雷达来波频率处于阵列工作带内时，在忽略反射相位的情况下，可以保证在扫描范围内的单站散射没有 Bragg 瓣；在工作频段以外的高端，则会出现阵列 Bragg 瓣。因此宽带阵列隐身的矛盾之一在于 Bragg 瓣的控制。

如果反射相位（可能来自阵元内部及后端网络的不一致）不能刚好抵消 Bragg 瓣的作用，则还会形成除主瓣、Bragg 瓣外的其他散射尖峰。

9.4　宽带隐身天线设计及 RCS 减缩技术

9.4.1　概述

从散射机理上说，物理孔径是相对独立的散射源，相互耦合较小，因此隐身指标的分解按照物理孔径给出，隐身设计按照物理孔径进行分析考虑。

天线隐身设计应从三个层面考虑：

（1）天线单元选择

天线单元选择尽可能采用低 RCS 单元形式，比如易于与机体共形的天线，以最大限度不破坏原机体的外形或者最低限度形成凹腔、凸台或者强散射连接边为原则，或者选择易于内埋安装的天线形式，避免形成强烈的腔体散射。由于电性能的要求或者装机方面的限制，允许采用技术相对成熟的天线模块，但在天线组阵、孔径综合及与机体的集成安装方面必须体现隐身设计的原则。天线应尽可能实现宽带匹配，以避免形成较强的天线模式散射。

（2）天线组阵及安装布局

天线组阵及安装布局应尽可能满足低 RCS 布局的要求，原则是尽可能将阵面偏转到非隐身要求区域（非威胁区域），将降低天线阵在威胁区域的旁瓣散射。天线组阵后满足RCS 要求。即在满足空域覆盖的情况下，在要求的隐身空域内形成较低的 RCS 分布。典型来讲，就是在机头方向不要形成较高的 RCS 副瓣（或栅瓣），而且 RCS 主峰（通常是阵面法向）波束要窄，以有利于空间隐身技术（如方位偏转及俯仰偏转）的实现。

（3）孔径方面

孔径方面与机体的安装集成，采用低 RCS 阵列安装结构，降低安装连接部件的结构项散射。天线底板 / 腔体结构往往构成天线孔径的强散射来源，必须对其进行处理，这是比较有效的 RCS 减缩技术措施之一。通常从两个方面进行：底板 / 背腔外形设计或者利用吸波材料。在装机空间紧张的情况下，前者较为受限，而后者是必须考虑的手段，同时也是改善天线辐射性能必须考虑的技术。随之而来的技术问题是宽带、薄型、高吸收率的吸波材料的问题。目前，要在 2 ~ 18GHz 范围内达到高的吸收率（10dB 以上）是很困难的，尤其是低端性能很难保证，可保证重点波段的性能。

以上是天线隐身设计的通用准则，具体设计实现应与天线电性能要求、结构设计要求及装机条件协调考虑。

一般来说，天线孔径越大，其散射越强。对于尺寸处于谐振区的天线来说，结构项散射并不是天线孔径尺寸的简单递增函数，而是呈振荡变化；但是对于宽带天线来说，孔径越大，增益越高，对应的模式项散射越强，并且往往占决定性的地位。对于非谐振区（瑞利区和光学区），常规散射结构的散射强度一般来说随天线尺寸增大。因此，总的来说，减小天线孔径的尺寸，肯定会有利于天线 RCS 的减缩；另一方面，也是解决装机矛盾的必然需求。

下面分开阐述。

9.4.2 低 RCS 天线单元设计技术

由于隐身平台的特点，天线孔径的安装空间有限，要求天线尽可能压缩口径尺寸，同时对综合化设计提出了极高的要求，比如在宽带化方面，比传统电子对抗天线宽带要求更高，要求从 3∶1 提高到 9∶1 以上，同时在波束覆盖、增益方面保持在较好的水平。在天线小型化的同时，也需要同步考虑天线低 RCS 设计措施，因为任何的隐身措施同时也会影响天线性能，特别是在超宽带小口径的情况下，电性能和隐身设计是一项综合优化的过程。通过合理的天线外形设计，使天线具有低 RCS 外形，在保证天线辐射性能的情况下，天线口径的强散射得到抑制，减缩了天线的结构项散射。

（1）宽带天线单元选型

通过散射机理研究，得到了典型电子对抗宽带天线单元辐射/散射属性，典型的天线散射特性对比见表 9-2。

表 9-2　典型宽带天线的辐射及散射特性比较

天线形式	典型工作频段	可实现尺寸	组阵适用性	典型的 RCS（法向）/dBsm	宽角散射特性	备注
加脊喇叭天线	2 ~ 6GHz 6 ~ 18GHz	大	可用于虚拟基线干涉仪阵和有栅瓣的相控阵，不适合小间距组阵（对于正交双极化）	−20 ~ −10	宽角强散射	
背腔天线	2 ~ 18GHz	较大	可用于虚拟基线干涉仪阵，不适合小间距组阵	−20 ~ −10	宽角强散射	
平面螺旋天线	2 ~ 18GHz	较大	可用于虚拟基线干涉仪阵，不适合小间距组阵	−20 ~ −10	宽角强散射	
楔形对数周期天线	2 ~ 12GHz	大	不适合小间距组阵（对于正交双极化）	−25 ~ −10	宽角散射	不便于应用吸收结构项散射的措施
印制对数周期天线	2 ~ 12GHz	较大	不适合小间距组阵（对于正交双极化）	−30 ~ −20	宽角弱散射	不便于应用吸收结构项散射的措施
单锥天线	2 ~ 18GHz	较大	不适合小间距组阵（对于正交双极化）	−30 ~ −20	宽角弱散射	需要突出表面安装
常规槽缝天线	0.7 ~ 2GHz、 2 ~ 6GHz、 6 ~ 18GHz	较大	不适合小间距组阵（对于正交双极化）	−30 ~ −20	宽角弱散射	
小型化槽缝天线	2 ~ 18GHz	小	适合小间距组阵	−40 ~ −30	宽角弱散射	
平面开槽天线	2 ~ 18GHz	小，适合共形安装	可用于虚拟基线阵列组阵	−40 ~ −30	宽角弱散射	
多波束透镜天线	18 ~ 40GHz	小	适用	−40 ~ −30	宽角弱散射	
组合印制天线	0.35 ~ 2GHz	较大	不适用小间距组阵	−20 ~ −10	宽角强散射	需要结合带外隐身技术

（2）基于阻抗加载的带内隐身技术

天线本身的结构项散射，是由于入射平面波在天线结构上的感应电流或位移电流所产生，因此在不太影响天线辐射性能的前提下进行必要的外形设计是必需的；天线本身的模式项散射，是由于接收天线内部或者接收天线与负载之间不匹配而形成的天线再次辐射造成的。阻抗加载是很有希望的天线隐身技术，目前已有理论分析依据，关键在于工程实现，会涉及到馈电网络集成设计和系统控制等方面的问题：

①采用吸波型载体对天线周围的安装结构进行包裹吸收，并模拟共固化天线的安装条件；

②除天线辐射口面采用结构性的匹配吸波材料加载，实现电性能的宽带匹配，有效减缩天线的模式项散射和结构项散射；

③根据关键技术研究阶段，对天线的成像诊断与分析，重点对天线阵内的强散射部分进行处理（去掉耦合较强部位的虚元）。

9.4.3 低 RCS 阵列设计与布局

随着电子战技术的发展，阵列逐渐成为电子战系统天线的重要形式。相对而言，阵列天线具有较大的口径尺寸，在带来高增益、窄波束等优势的同时也可能带来较强的散射，是天线孔径隐身必须重点考虑的问题。研究表明，阵列散射主要来源于阵元晶格散射（包含了阵元散射及阵元间相互作用）以及安装底板／腔体的散射。除了对阵元本身的低 RCS 设计要求，针对阵列的散射控制与 RCS 减缩对于天线孔径隐身至关重要。需要重点分析阵列散射在波束宽度、栅瓣控制等方面的特性，与阵列辐射特性进行比较，综合分析阵列辐射／散射的综合性能。

研究阵列散射的主要目的是在给定安装方式的条件下，通过阵列合理的布局设计，改变或控制阵列的散射尖峰，使之位于隐身性能要求的空域之外。

天线阵的装机布局本身考虑了隐身的需要（与襟翼前缘的隐身布局一致，阵面指向偏离机头 49° 方向），但由于是阵列天线，首先需要考虑组阵 Bragg 瓣的影响，在某些方向上会出现与阵列法向 RCS 接近的峰值，应予以避免和处理。从隐身的角度考虑，小间距的均匀组阵对于 RCS 散射峰值有明显的控制，如果减少虚元数量，会使 RCS 副瓣升高。从图 9-20 可以看出，间距为 9.5mm 的均匀阵列，在 18GHz 以下频段最近的 Bragg 栅瓣约在 61°，考虑到飞机后掠角（以后会调整为 42°），9.5mm 的间距基本可完全满足整个频段在天线覆盖范围内无 Bragg 栅瓣，这对于阵列隐身设计是非常有利的。

从图 9-20 中可以看出，间距为 12.4mm 的均匀阵列，在 18GHz 以下频段最近的 Bragg 栅瓣约在 42°，考虑到飞机后掠角（49°），12.4mm 的间距基本可满足 15GHz 以上在天线覆盖范围内无 Bragg 栅瓣。如前所述，从进一步提高隐身性能考虑，2 ～ 18GHz 天线阵将采用 9.5mm 间距。从测试结果来看，6 ～ 18GHz 天线阵换成 9.5mm 间距的阵列后，有 2 ～ 3dB 的改善。

9.4.4 宽带隐身天线孔径设计技术

（1）天线孔径的高效辐射与低散射的匹配设计

在隐身载机平台上，对于天线孔径来说的最大问题是安装孔径紧凑，导致无论是因

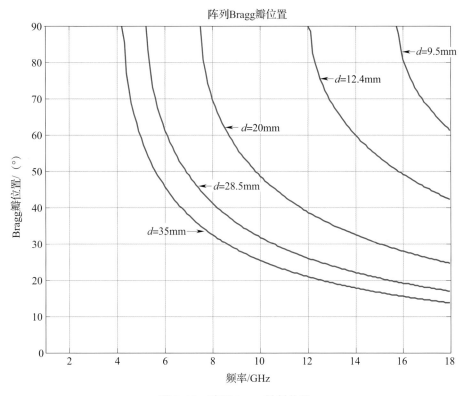

图 9-20　阵列 Bragg 散射位置

隐身设计需要的吸波材料还是天线保护需要的天线罩透波材料，与天线之间都是一种紧耦合，相互影响极大，导致电性能及隐身性能严重失配。在天线罩外形相对固定、空间相对有限的情况下，天线孔径与这些吸波、透波材料之间的匹配无疑是实际隐身孔径设计的关键技术问题。

（2）天线孔径综合

一般来说，对于给定的雷达入射波，天线孔径数量越多，孔径尺寸越大，其雷达回波也越强。因此，减少天线散射的一个重要而有效的途径是对众多天线孔径进行综合。也就是利用较少的孔径实现多种功能。在目前的天线方案中，在孔径综合方面采取的措施包括：

ESM 天线（包括 RWR、干涉仪以及阵列测向等）进行最大程度的天线单元共用，面临的挑战是降低天线之间的互耦、干涉仪解模糊、有栅瓣测向等技术问题。

用单副更宽频带的天线代替多副天线，比如将研究 2 ～ 18GHz 的 ESM 阵列，代替原来分成 2 ～ 6GHz、6 ～ 18GHz 两段实现的阵列，减少天线孔径数。ESM 天线与 ECM 天线之间的孔径综合与共用，涉及到电磁兼容、收发隔离等方面的问题。

进行孔径综合，除了利于天线隐身外，也是电子战天线装机布局的必需；通过孔径综合，将极大提高天线装机的可行性。

（3）利用低 RCS 外形及接口边界设计等手段实现孔径隐身

天线底板 / 腔体结构往往构成天线孔径的强散射来源，必须对其进行处理，这是比较有效的 RCS 减缩技术措施之一。有两种可行的手段：底板 / 背腔的低 RCS 外形设计或者利用吸波材料。在装机空间紧张的情况下，前者较为受限，而后者是必须考虑的手段，同时也是改善天线辐射性能必须考虑的技术。随之而来的技术问题是宽带、薄型、高吸收率的吸波材料的问题。目前，要在 2 ~ 18GHz 范围内达到高的吸收率（10dB 以上）是很困难的，尤其是低频段的吸波性能很难保证。采用天线、天线罩及吸波结构一体化思路，进行低 RCS 天线的综合设计。在新材料的研制、选用及天线罩与隐身结构一体化方面，可与国内相关单位开展合作研究。

9.5 典型宽带天线隐身设计

9.5.1 槽缝天线隐身设计

Vivaldi 天线（即指数渐变的槽缝天线）由于其频带宽、结构紧凑、一致性好等特点在宽带相控阵系统和无源探测系统中得到广泛的应用。根据目前得到的资料，绝大多数尤其是机载环境下的宽带阵列单元采用了 Vivaldi 天线形式。由于阵列口径尺寸大，在带来高增益、窄波束等优势的同时也可能带来较强的散射，是天线孔径隐身（低 RCS 特性，通常指后向散射，也称单站 RCS）必须重点考虑的问题。初步研究表明，阵列散射主要来源于阵元晶格散射（包含了阵元散射及阵元间相互作用）以及安装底板 / 腔体的散射。针对主要散射机理采取各个击破的方法对于阵列散射减缩是较为实际可行的途径。比如，采取一定技术手段可以将安装底板 / 腔体等结构散射降低至可以接受的水平。在忽略安装底板 / 腔体等结构散射、阵元互耦作用的情况下，阵列 RCS 的峰值可达 $N^2 \sigma_e$（其中 σ_e 为单元的 RCS，N 为阵元数）。相比阵元，RCS 方向图的波束宽度变窄。当阵元之间间距较小、互耦较强，RCS 的峰值将小于 $N^2 \sigma_e$。因此减缩阵列 RCS 峰值一个重要的方面是减缩阵元本身的 RCS。

对于 Vivaldi 天线阵，研究 Vivaldi 单元的散射特性与 RCS 减缩方式具有重要的意义。本文首先基于天线散射理论对 Vivaldi 天线的散射特性做了分析，这对于 Vivaldi 天线的辐射 / 散射机理的理解具有重要意义。在此基础上，利用阻抗加载方法实现对天线 RCS 的减缩，通过仿真实例进行了验证。

（1）Vivaldi 散射特性分析

Vivaldi 天线由馈线、变换巴伦、渐变辐射口径等组成。根据严格的天线散射理论，其等效散射示意图如图 9–21 所示，而天线的散射场可以表示为

$$\boldsymbol{E}^s(Z_L) = \boldsymbol{E}^s_{mc} + \frac{\Gamma_L}{1 - \Gamma_L \Gamma_A} \boldsymbol{E}^m \tag{9–33}$$

其中

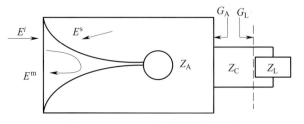

图 9–21　Vivaldi 天线散射示意图

$$\boldsymbol{E}_{mc}^{s}=\boldsymbol{E}^{s}(Z_{C}) \tag{9-34}$$

$$\Gamma_{L}=\frac{Z_{L}-Z_{C}}{Z_{L}+Z_{C}} \tag{9-35}$$

$$\Gamma_{A}=\frac{Z_{A}-Z_{C}}{Z_{A}+Z_{C}} \tag{9-36}$$

式中，Γ_{L}、Γ_{A} 分别表示向负载和向天线看去的反射系数，Z_{A} 为天线输入阻抗。式（9-33）表示的是以匹配阻抗作为参考的天线结构项散射场和模式项散射场。根据不同的物理意义，结构项散射和模式项散射可以有其他的表示形式。便于将相对固定的散射分量（结构项散射）与可以调整的散射分量（模式项散射）分离开来，从而实现针对性的散射减缩与控制。式中指定两种端接状态（$Z_{L}=Z_{L1}$ 和 $Z_{L}=Z_{L2}$），则可得到

$$\boldsymbol{E}^{s}(Z_{L})=$$

$$\frac{\Gamma_{L1}(1-\Gamma_{L1}\Gamma_{A})\boldsymbol{E}^{s}(Z_{L2})-\Gamma_{L2}(1-\Gamma_{L2}\Gamma_{A})\boldsymbol{E}^{s}(Z_{L1})}{\Gamma_{L1}-\Gamma_{L2}}+$$

$$\frac{\Gamma_{L}}{1-\Gamma_{L}\Gamma_{A}}\frac{(1-\Gamma_{L1}\Gamma_{A})(1-\Gamma_{L2}\Gamma_{A})}{\Gamma_{L1}-\Gamma_{L2}}[\boldsymbol{E}^{s}(Z_{L1})-\boldsymbol{E}^{s}(Z_{L2})] \tag{9-37}$$

上式的意义在于，通过将任意负载条件下天线阵的散射用已知负载条件下的散射场来表示。因为天线的散射实际上可以看作是一般目标加上给定的负载条件，通过软件仿真或者测试，可以得到给定负载状态条件下的 RCS，一般取 $Z_{L}=\infty$（开路）或者 $Z_{L}=0$（短路）两种状态的散射场，分别记为 $\boldsymbol{E}_{oc}^{s}$、$\boldsymbol{E}_{sc}^{s}$，然后可以表示出任意负载条件下的散射场

$$\boldsymbol{E}_{mc}^{s}=\frac{(1-\Gamma_{A})\boldsymbol{E}_{oc}^{s}+(1+\Gamma_{A})\boldsymbol{E}_{sc}^{s}}{2} \tag{9-38}$$

$$\boldsymbol{E}^{m}=\frac{(1+\Gamma_{A}^{2})(\boldsymbol{E}_{oc}^{s}-\boldsymbol{E}_{sc}^{s})}{2} \tag{9-39}$$

根据散射场可求得 RCS。另外，$\boldsymbol{E}^{m}$ 也可看作是天线端口全反射形成的二次辐射场（不包含结构项散射），其对应的 RCS 可以直接根据天线的增益计算进行估算

$$\sigma_{a}=G_{a}A_{ea}=\frac{G_{a}^{2}\lambda^{2}}{4\pi}=\frac{4\pi A_{ea}^{2}}{\lambda^{2}} \tag{9-40}$$

（2）Vivaldi 天线的结构项散射和模式项散射

下面分析了一种 Vivaldi 天线的散射特性。首先利用 Ansoft HFSS 计算了 $Z_{L}=\infty$（开路）、取 $Z_{L}=0$（短路）以及 $Z_{L}=50\,\Omega$（短路）三种状态下单站 RCS，这里平面波沿 H 面入射，VV 极化。可以看出，在不同负载条件下，天线的散射变化很大，匹配条件下的 RCS 相对开路、短路条件下要小很多，说明了模式项散射分量很大，对于总的 RCS 起重要的贡献。总的来看，该天线的 RCS 处于较低的水平，但若用于阵列，为了降低峰值 RCS，需要进行 RCS 减缩。

利用计算得到的矢量散射场以及天线参数，可以分离出天线结构项散射与模式项散射。计算结果如图 9-22 所示。

从前面计算结果可以得出几点结论：

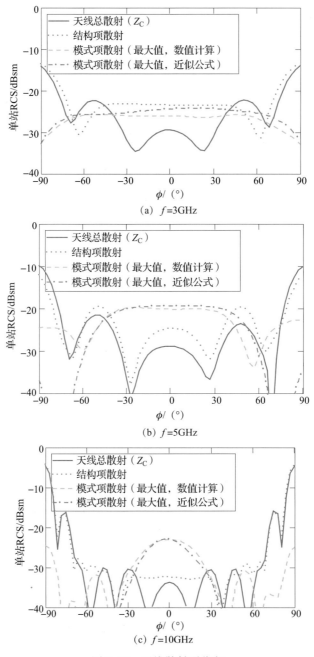

图 9-22　天线散射项分离

①对于不同的散射分量，给出了利用不同方法计算的结果，基本上吻合验证了计算方法的有效性；

②对于本例给出的 Vivaldi 天线而言，在关键空域方向（天线法向 ±45° 内），天线模式项散射比结构项散射大很多，说明在该区域内天线二次辐射是主要散射机理；在远离天线法向区域，结构项散射较强，主要来自天线金属面的镜面反射和边缘绕射。这给 Vivaldi 天线的 RCS 减缩提供了依据。

（3）Vivaldi 天线 RCS 减缩

根据前面的分析，对于单元而言，其 RCS 减缩包括两个方面：

①天线结构项散射减缩。可以通过合理的外形设计避免镜面反射、抑制边缘绕射及高阶散射模，这是结构项散射减缩的重要方面。从前面的结果可以看出，对于理想的单元天线（无法兰盘和底板等附加结构），在天线法向区域附近，天线的结构项散射已经处于较低的电平（−20 ～ −30dBsm），因此进一步降低 RCS 不现实也无必要；但对于实际应用，则需要消除附加结构的影响。

②对模式项散射进行减缩或控制，实现总 RCS 的减缩。一般来说，给定天线设计后，除了 Γ_L 参数可变，其他参数是确定的。

令

$$\boldsymbol{E}^s(Z_L) = \boldsymbol{E}^s(Z_C) + \frac{\Gamma_L}{1-\Gamma_L\Gamma_A}\boldsymbol{E}^m = 0 \qquad (9\text{--}41)$$

可得

$$\Gamma_L = \frac{\boldsymbol{E}^s(Z_C)}{\Gamma_A\boldsymbol{E}^s(Z_C) - \boldsymbol{E}^m} \qquad (9\text{--}42)$$

上式表明，对于给定结构项散射和模式项散射，如果能找到到合适的 Γ_L，可能使结构项散射和模式项散射相互抵消。利用式（9–42）可以反推得到加载阻抗值。

考虑到实际的物理模型，可能有两种情况：

①$\left|\boldsymbol{E}^s(Z_C)\right| \leqslant \left|\boldsymbol{E}^s(Z_C)\Gamma_A - \boldsymbol{E}^m\right|$ 时，满足 $\left|\Gamma_L\right| \leqslant 1$，可以通过选择适当的加载阻抗实现散射对消；

②$\left|\boldsymbol{E}^s(Z_C)\right| > \left|\boldsymbol{E}^s(Z_C)\Gamma_A - \boldsymbol{E}^m\right|$ 时，满足 $\left|\Gamma_L\right| > 1$，无法通过无源阻抗加载实现对消，除非是有源加载或者通过改变结构项散射后通过阻抗加载实现对消。

由于上式限制条件，严格满足式（9–42）是很不容易的，会得到负电阻值。实际上，可以令其小于一个门限值，可以得到一个加载阻抗值范围，再从中搜索满足无源加载条件的阻抗值。

图 9–23 给出了按照上述方法进行阻抗加载得到的结果。以天线法向方向散射为基准进行加载，在该方向得到接近很大的零深，其中得到的阻抗值分别为：

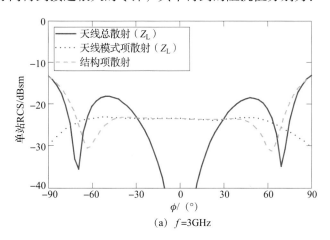

(a) f=3GHz

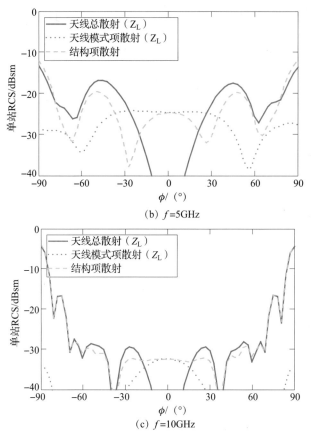

(b) f=5GHz

(c) f=10GHz

图 9-23　天线 RCS 减缩（阻抗加载方式）

3GHz：Z_L=-9.875-37.713i

5GHz：Z_L=15.681-16.224i

10GHz：Z_L=54.977+42.842i

在 3GHz 时得到的是负电阻值，可以用前面介绍搜索方法得到无源加载阻抗。可以以任意频率、任意入射波角度作为加载阻抗计算基准，从而实现宽频带 RCS 动态减缩。

9.5.2　宽带阵列隐身设计

（1）低散射天线单元设计

通过上述分析可知，要使天线阵列在所需空域范围内无栅瓣，通常要求 $d<0.5\lambda_{min}$，即单元间距小于频率高端的半波长。这对宽带阵列天线单元的设计提出了更高的要求。

天线单元的散射通常包括两部分：一部分是与散射天线负载情况无关的结构项散射场，它是天线接匹配负载时的散射场，其散射机理与普通散射体的机理相同；另一部分则是随天线的负载情况而变化的天线模式项散射场，它是由于负载与天线不匹配而反射的功率经天线再辐射而产生的散射场，这是天线作为一个加载散射体而特有的散射场。

本文设计了一种小尺寸阵列天线单元，兼顾了阵列的辐射特性和散射特性。该天线单元布阵方向尺寸小于高端频率的半波长，从而保证了天线阵列在所需空域内无散射栅瓣。对于天线的辐射特性则通过天线单元间的互耦来实现。

该天线单元组阵示意图见图 9-24。对于天线阵列
散射场，阵列间距为 d，且 $d<0.5\lambda_{min}$，从而有效抑制
了天线阵列的 Bragg 散射。对于辐射场，利用单元之
间的互耦，增大了天线单元的有效辐射口面，从而改
善了辐射方向图。

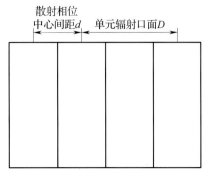

图 9-25 为采用低散射天线单元与普通天线单元的
阵列单站 RCS 仿真结果。由图可以看到，采用低散射
天线单元后，在保证电气性能的前提下，有效地抑制
了阵列的散射栅瓣。

图 9-24　低散射阵列天线单元示意图

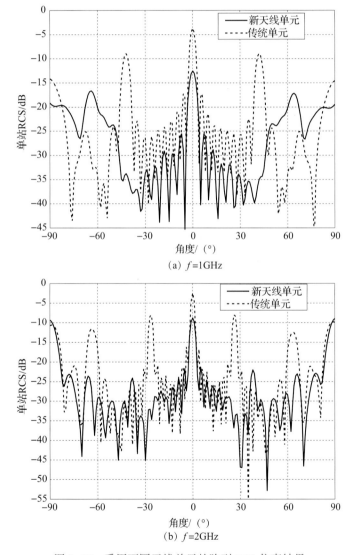

（a）f=1GHz

（b）f=2GHz

图 9-25　采用不同天线单元的阵列 RCS 仿真结果

（2）宽带阵列散射控制及 RCS 减缩

如前所述，阵列散射对于隐身的矛盾主要在于阵列散射尖峰及 Bragg 瓣的抑制。对于

宽带阵列及宽带隐身，主要矛盾在于要兼顾阵列布局方面与 RCS 减缩两方面的要求。

下面从几个层次说明宽带阵列隐身应该努力的方向。

（1）阵列散射尖峰 RCS 的减缩

对于阵列而言，其 RCS 减缩可能包括以下几个方向：

采取一定技术手段将安装底板 / 腔体等结构散射降低至可以接受的水平，降低附加结构对于阵列法向散射尖峰的贡献；

减缩阵元本身的 RCS，有利于减缩阵列法向 RCS 峰值及 Bragg 瓣。

（2）Bragg 瓣的抑制

当威胁雷达来波频率高于阵列最高工作频率时，容易出现 Bragg 瓣。

目前，实际工作的阵列的带宽有限，一般不超过 3∶1。因此，从宽带阵列散射控制的角度，实现宽带小型化阵列是极为必要的。

（3）宽带阵列隐身的综合考虑

由于本身的工作机理，阵列的强散射（尤其是法向散射）是客观存在的，要在保证阵列辐射性能，又要同时保持低散射特性，即所谓的最小散射天线，是很困难且不现实的，现实的是在空间域、频域或者时间域上兼顾辐射与散射的综合。

9.5.3 低 RCS 载体测试及应用

（1）需求概述

天线孔径安装于载体平台时，其边界与平台合为一体。在设计验证之初，由于没有平台配合，不可避免会存在人为的截断边界。根据散射理论，任何截断边界都会产生附加的散射影响，这对于 RCS 要求本身很高的隐身天线而言尤为重要，其边缘绕射的量级甚至可与天线 RCS 的要求比拟。这相当于信号测试中的背景或干扰已经可与信号本身比拟。低 RCS 载体问题的提出主要是为了满足天线孔径局部截断带来的附加散射影响。图 9-26 给出了 RCS 测量与信噪比（SNR）关系曲线。

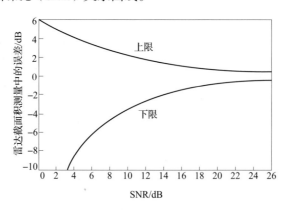

图 9-26　RCS 测量误差与信噪比关系

对于常规大型目标而言，在主要关心的区域，阵面反射和散射对 RCS 结果起主要作用，边缘散射影响不大，因此没有低 RCS 载体设计的必要。但对于对 RCS 要求甚高的隐身天线而言，天线从设计之初就考虑到低 RCS 的需求，天线的阵面反射和散射电磁波已非常微弱，这时边缘不连续带来的 RCS 就会跟天线的 RCS 在一个数量级上甚至更高，这种情况下边缘的处理就显得至关重要。

常规天线的 RCS 测试存在负面效应的原因主要有以下两个：

①表面的突然截断或者不连续性带来的边缘多次绕射；

②由于安装要求或者天线本身的设计形成的夹角带来的多次散射。

以一个简单的锥面体作为天线模拟件为例来形象地解释表面不连续给 RCS 带来的影响。

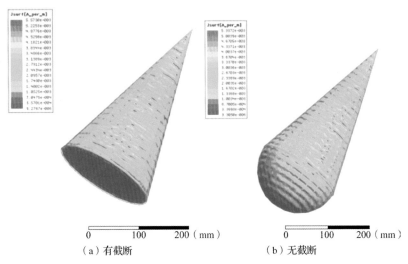

（a）有截断　　　　　　　　　（b）无截断

图 9-27　模型示意图

锥面体某频点的单站 RCS 仿真结果如下。

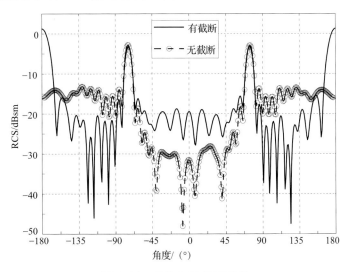

图 9-28　单站 RCS 仿真结果

从表面散射电流分布可以看出，边缘（尤其是后端边缘）的散射很强，经过简单处理消除截断后电流的分布均匀化且有所削弱。RCS 仿真的结果更清晰地验证了这一点：在较宽的范围内（±60°）无截断比有截断的 RCS 能降低 10dBsm 以上。

夹角对 RCS 的影响可按照光学的方法来理解，相关资料都有详细的推算及仿真，这里不再赘述。

（2）低 RCS 载体的设计及验证

下面对典型隐身天线和共形天线的低 RCS 载体的设计分别进行分析，同时也对基于相同原理的低 RCS 支撑结构进行简单的分析。

下面给出某阵列天线有无载体对比仿真结果。

图 9-30 给出其有无载体的对比仿真结果（上图为某低频点 f_1，下图为某高频点 f_2）。

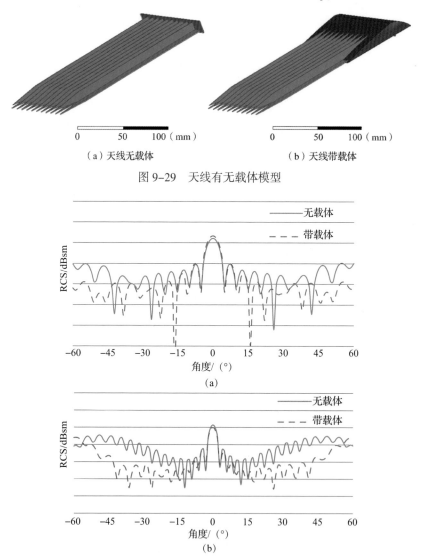

（a）天线无载体　　　　　　　　　（b）天线带载体

图 9-29　天线有无载体模型

图 9-30　有无载体仿真结果对比（纵坐标间隔 10dBsm）

从图 9-30 的 RCS 性能仿真结果可得：

①低 RCS 载体有效降低了天线阵的 RCS，特别是频点 f_2，在部分角度可以降低近 20dBsm，并且在较大角度范围内没有增大 RCS；

②低 RCS 载体对高频点效果比较明显，说明低 RCS 载体有一定的适用范围。

（3）共形天线的低 RCS 载体设计

隐身飞机的外形设计实现了外形隐身与空气动力学的完美融合，共形天线在不破坏飞机结构的基础上可以保持隐身飞机的外形，因此共形天线得到了越来越多的应用。但是共形天线的 RCS 测试却绝不能够直接进行，必须依赖于低 RCS 载体。

关于共形天线的低 RCS 载体有一个低 RCS 特性非常好的模型：杏仁体。

杏仁体模型的几何外形参数方程如下：

当 $-0.41667<t<0$，$-\pi<\phi<\pi$ 时，

$$\begin{cases} x = \mathrm{d}t \\ y = 0.193333d\sqrt{1-\left(\dfrac{t}{0.416667}\right)^2}\cos\phi \\ z = 0.064444d\sqrt{1-\left(\dfrac{t}{0.416667}\right)^2}\sin\phi \end{cases}$$

当 $0<t<0.58333$，$-\pi<\phi<\pi$ 时，

$$\begin{cases} x = \mathrm{d}t \\ y = 4.83345d\left[\sqrt{1-\left(\dfrac{t}{2.08335}\right)^2}-0.96\right]\cos\phi \\ z = 1.61115d\left[\sqrt{1-\left(\dfrac{t}{2.08335}\right)^2}-0.96\right]\sin\phi \end{cases}$$

式中，ϕ 为 y-z 平面内的角度；d 为杏仁体的总长度。其模型如图 9-31 所示。

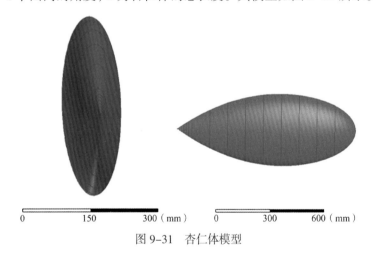

图 9-31　杏仁体模型

长度为 252mm 的杏仁体 3GHz 的单站仿真如图 9-32 所示（水平极化，俯仰角为 90°，方位角为 -180° ～ 180°）。

而同等横截面积的圆球和锥球同频点的水平极化单站 RCS 由图 9-33 给出。

通过对杏仁体、圆球和锥球的 RCS 仿真对比分析，在 ±45° 范围内，杏仁体的低 RCS 特性表现优秀，基本上可保持在 -40dBsm 之下，圆球的 RCS 几乎随角度的变化不大，在 -31dBsm 左右，锥球的 RCS 在 ±45° 范围内明显比杏仁体差。实际应用中常常取用杏仁体的一半，切面用共形天线所在的机身面，制作成低 RCS 载体来测试有无天线的 RCS，根据测试结果进行对比分析。

由于加工杏仁体低 RCS 载体存在困难，实际加工了如图 9-34 所示的一个低 RCS 载体。

天线置于图示的背面，背面正对方向对应测试角度 0°，测试结果如图 9-35 所示。从测试结果明显看出天线的隐身性能，同时也解决了共形天线 RCS 测试困难的问题。

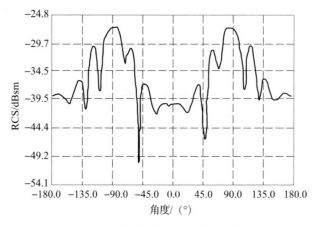

图 9-32　杏仁体单站 RCS 仿真结果

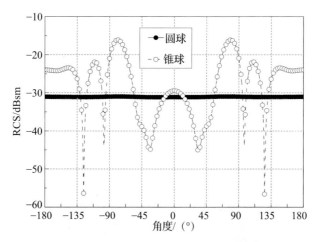

图 9-33　圆球和锥球单站 RCS 仿真结果

图 9-34　低 RCS 载体示意图

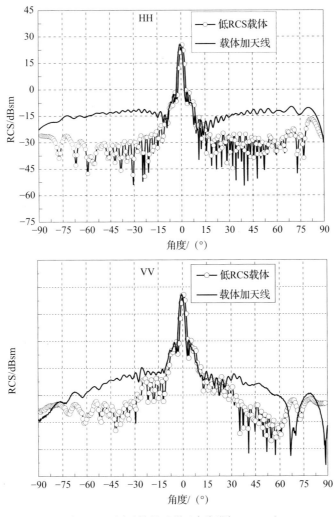

图 9-35　测试结果（纵坐标间隔 15dBsm）

9.6　小结

　　机载电子战天线孔径在全机孔径中占有较大的比重，其隐身特性对全机隐身性能贡献比重较大，其 RCS 减缩设计在任务系统设计中占有重要的地位。本章从 5 个方面介绍和总结了机载电子战天线 RCS 减缩技术及工程应用实例。

　　（1）机载电子战系统天线介绍。包括宽带天线的定义、宽带天线的分类及宽带天线的特点。从宽带单元天线及宽带阵列的角度，以及考虑机载隐身平台限制，梳理可用于机载电子战的宽带天线形式。

　　（2）电子战天线 RCS 减缩技术研究进展。从常规天线加一定的隐身措施，阵列天线、天线集成隐身技术，共享孔径、共形天线、智能蒙皮，以及等离子、超材料等新型天线技术发展的四个阶段，描述当前国内外在隐身天线技术尤其是电子战宽带隐身天线方面的进展。

（3）宽带天线及阵列散射特性。包括单元天线的散射机理和宽带天线阵列的散射机理两方面。通过宽带天线及阵列散射机理的研究，了解对于结构项散射和模式项散射的影响因素，得以通过合理的天线设计实现辐射性能与散射性能的综合指标。

（4）宽带隐身天线设计及 RCS 减缩技术。天线物理孔径是相对独立的散射源，相互耦合较小，因此隐身设计按照物理孔径分析。天线单元选择、天线组阵及安装布局以及孔径与机体的安装集成为天线隐身设计的三个通用准则。具体设计实现应与天线电性能要求、结构设计要求及装机条件协调考虑。

（5）典型宽带天线隐身设计。包括槽缝天线隐身设计、宽带阵列隐身设计和低 RCS 载体测试及应用三个部分。针对典型宽带天线隐身设计以及隐身天线 RCS 测试需求进行了比较全面的分析与阐述。

第10章　机载 CNI 系统天线 RCS
减缩工程应用实例

10.1　CNI 系统天线简介

CNI（communication，navigation，identification）系统是由通信、导航和识别功能组成的航空电子综合系统，包括超短波通信、卫星通信、数据链、精确测距、卫星导航、敌我认别等功能。为实现上述功能，CNI 系统需配备相关功能天线，且工作频段各不相同，覆盖了 VHF ~ Ka 频段，天线波束基本覆盖了平台 4π 空间。因此 CNI 系统射频天线不仅数量众多，且安装位置遍布于飞行器平台，其中大部分位于机背和机腹。

在隐身飞行器平台中，为了减小 CNI 系统天线对平台 RCS 的影响，大量采用共形天线设计，以实现良好的隐身性能。F-35、歼 20 等新型隐身战斗机，其表面的 CNI 系统天线已全部实现了共形设计，见图 10-1。

（a）歼20

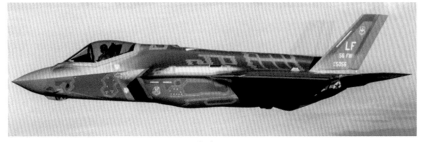

（b）F-35

图 10-1　CNI 系统天线共形设计

10.2　天线 RCS 减缩设计技术

10.2.1　设计思路及原则

机背/腹位置共形天线主要由天线罩、辐射体、天线结构及发射/接收机及馈线等部分组成，一般分为如图 10-2 所示的内置共形及如图 10-3 所示的共形两种形式。

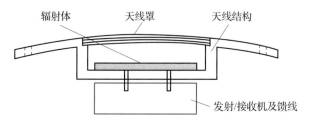

图 10-2　机背/腹位置内置共形天线

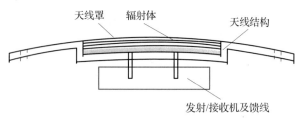

图 10-3　机背/腹位置共形天线

为减小对机载平台 RCS 的影响，并兼顾考虑天线低 RCS 性能的实现、安装位置、结构及功能等要求的情况下，机载 CNI 天线宜采用共形天线形式进行设计。

天线的后向 RCS 由辐射体、天线结构、天线罩三部分的散射组成，可表示为

$$\sigma_{\text{Ant}} = \left| \sqrt{\sigma_{\text{array}}} + \sqrt{\sigma_{\text{str}}} \cdot \exp\left(\text{j}\phi_1\right) + \sqrt{\sigma_{\text{rad}}} \cdot \exp\left(\text{j}\phi_2\right) \right|^2 \tag{10-1}$$

式中，σ_{array}、σ_{str}、σ_{rad} 分别为辐射体、结构、天线罩 RCS，ϕ_1、ϕ_2 为散射场之间的相对相位差。

天线罩为了对辐射体及结构进行保护，位于最外层。当电磁波对天线照射时，天线罩将对辐射体、结构形成遮挡，从而对其 RCS 产生影响。在不考虑耦合影响的条件下，天线罩透波率越低，天线 RCS 将越小。因此，天线 RCS 可表示为

$$\sigma_{\text{Ant}} = \left| T \cdot \sqrt{\sigma_{\text{array}}^0} + T \cdot \sqrt{\sigma_{\text{str}}^0} \cdot \exp\left(\text{j}\phi_1\right) + \sqrt{\sigma_{\text{rad}}} \cdot \exp\left(\text{j}\phi_2\right) \right|^2 \tag{10-2}$$

式中，σ_{array}^0、σ_{str}^0 分别为辐射体、结构在没有天线罩情况下的 RCS，T 表示天线罩的透波率。

辐射体可以是单天线或阵列天线，当辐射体是阵列天线时，辐射体 RCS（σ_{array}^0）可由天线单元的 RCS 合成得到，且各天线单元的 RCS 也可分解为结构项 RCS（σ_{ems}^0）和模式项 RCS（σ_{ema}^0），即为

$$\sigma_{\text{array}}^0 = \left| \sum_{i=1}^{N} \left(\sqrt{\sigma_{\text{ems}}^0} + \sqrt{\sigma_{\text{ema}}^0} \exp\left(\text{j}\phi\right) \right) \cdot \exp\left(2\text{j}\boldsymbol{k} \cdot \boldsymbol{R}_i\right) \right|^2 \tag{10-3}$$

式中，k 为电磁波入射方向，R_i 为各天线单元的相对位置矢量，ϕ 为天线单元结构项和模式项散射场之间的相对相位差。

天线 RCS 减缩设计的主要原则有两条：

首先，在满足结构及功能的要求的前提下，进行 RCS 减缩设计；

其次，宜采用具有低剖特性的天线形式进行共形设计，见图 10-4，减小天线高度有利于天线实现更低 RCS 特性。

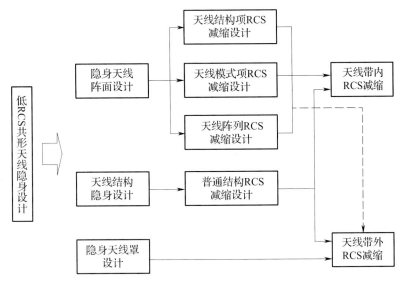

图 10-4　低 RCS 共形天线隐身总体设计图

10.2.2　单元结构项 RCS 减缩

天线的结构项 RCS 主要与天线的形式、结构、材料、尺寸等物理参数有关，也与入射波的频率、极化、方向等参数有关。对于天线结构项 RCS 的减缩将针对入射波的参数特性，对天线的结构、材料、尺寸等进行优化设计。

（1）外形修形

结构外形对结构项 RCS 会产生较大的影响，对结构中产生强散射峰的不连续边等外形进行修形，可以降低强散射峰的量级或者将强散射峰移出威胁角域。如图 10-5 所示，介质板外形由圆形修改为菱形，可以将强散射峰移出威胁角域。

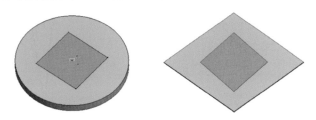

图 10-5　天线单元基板外形修形对比示意图

如图 10-6 所示，经过外形修形，天线 RCS 在前向一定角域内（0° ~ 30°）得到了大幅减缩。

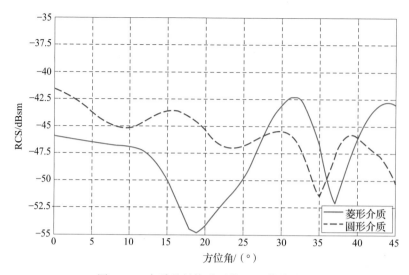

图 10-6　介质基材修形天线 RCS 曲线对比

（2）小型化

在保证天线电性能的基础上，通过如图 10-7 所示的小型化设计减缩辐射体等尺寸可有效降低结构项 RCS，达到减缩天线 RCS 的目的，如图 10-8 所示，天线 RCS 在关键频点减缩超过 2dB。

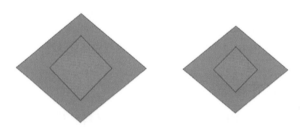

图 10-7　天线小型化后结构示意图

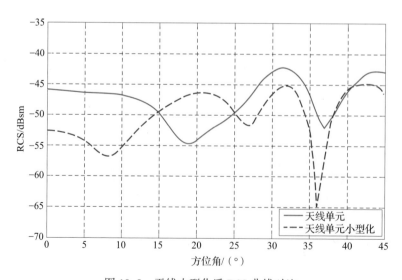

图 10-8　天线小型化后 RCS 曲线对比

（3）吸波材料 / 结构的应用

在保证天线电性能的基础上，宜在非 / 弱辐射区域使用吸波材料等对结构项 RCS 进行减缩设计，如图 10-9 所示。在经过吸波材料应用后，天线 RCS 在关键频点可以减缩 3dB 以上，见图 10-10。

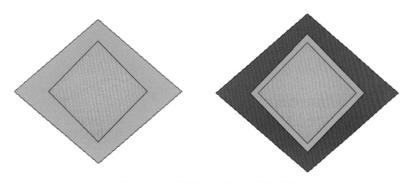

图 10-9　天线吸波材料应用示意图

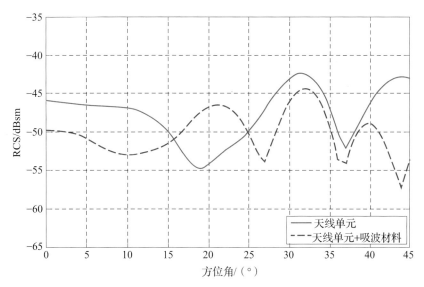

图 10-10　天线上应用吸波材料后 RCS 曲线对比

10.2.3　单元模式项 RCS 减缩

作为电磁辐射和接收装置的天线与普通散射体不同，当天线终端匹配不良时，进入的雷达波能量还会通过天线再次辐射而形成二次散射场，这一部分散射被称为模式项散射。天线的模式项 RCS 可表示为

$$\sigma_{ema}^0 = G^2\mu^2\Gamma^2\lambda^2/4\pi \qquad (10-4)$$

式中，G 为天线增益，μ 为天线极化匹配因子，Γ 为天线负载失配时的电压反射系数，λ 为雷达波场。极化匹配时，天线增益 G 和反射系数 Γ 共同决定天线模式项 RCS 的大小。天线系统的匹配状况对天线 RCS 有很大的影响，通过天线接匹配等效负载来改善匹配状况，可以抑制模式项散射。

（1）极化匹配

线极化天线仅对单一工作极化的模式项 RCS 有较好的抑制效果，对交叉极化处于失配状态，可对正交极化端口进行阻抗匹配设计，见图 10-11，降低天线的模式项 RCS。

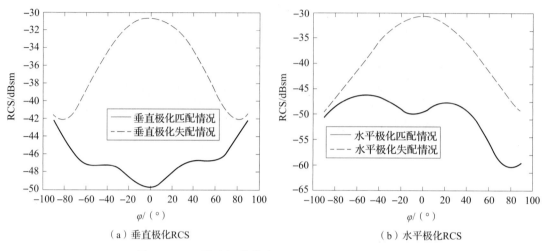

（a）垂直极化RCS　　　　　　　　　（b）水平极化RCS

图 10-11　天线全极化模式匹配设计后 RCS 仿真结果

（2）阻抗匹配

通过阻抗匹配设计，可以有效减缩天线模式项 RCS。如通过加入 3dB 电桥等方式，提高天线单元的端口匹配性能，从而对天线的模式项 RCS 进行减缩，如图 10-12 所示。

天线的模式项 RCS（σ_{ema}）与天线端口的反射系数 Γ 的平方成正比。因此可通过天线的端口阻抗匹配技术，减缩天线的模式项 RCS，从而降低天线的整体 RCS。

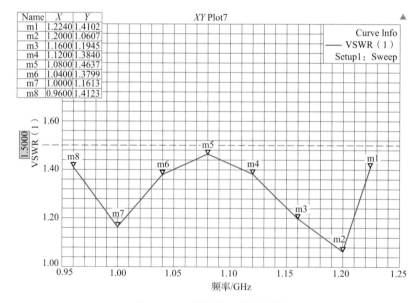

图 10-12　天线带内驻波曲线

图 10-13 为天线 RCS 曲线随不同阻抗的匹配负载的 RCS 仿真曲线。可以看出，天线匹配负载对天线 RCS 影响较大。天线开路时，前向 RCS 在 –13dBsm 左右。随着匹配负载

增大到 50Ω，天线的 RCS 下降到 -24dBsm 左右。这是由于在天线带内，天线可以作为接收器接收入射电磁信号，并传输到端口（端口一般为 50Ω 匹配）处。当天线的入射阻抗与端口阻抗不匹配时，接收电磁波会通过天线发射至自由空间，从而影响天线的带内 RCS 特性。在本例中，可通过天线宽带匹配设计实现天线整个带内具有良好的阻抗匹配特性，入射电磁波可以通过后端匹配进行吸收，从而减缩天线模式项 RCS。

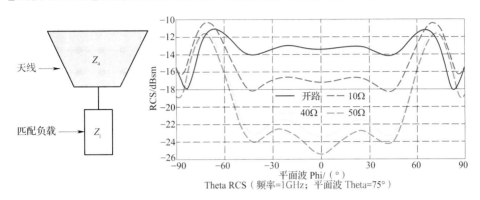

图 10-13 天线仿真 RCS 随端口匹配负载的变化曲线

10.2.4 阵列 RCS 减缩设计

天线阵列 RCS 由阵列中所有天线单元的 RCS 矢量叠加而构成，因此受天线单元的相对位置关系、电磁波入射（及散射）方向、入射波频率及极化等共同影响。

假设电磁波入射、散射角度均为 (θ,φ)，天线阵列排布于 xoy 面内，在 x 方向布阵间距为 D_x、共 M 行，在 y 方向布阵间距为 D_y、共 N 列，单元位置 $x_m = (M-1)D_x$、$y_m = (N-1)D_y$，并认为各天线单元的 RCS 一致为 $\sigma_a(f,\theta,\varphi)$，可以得到天线阵列单站 RCS 与天线单元单站 RCS 的关系

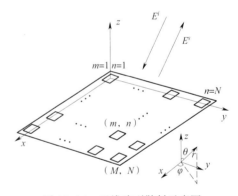

图 10-14 天线阵列散射示意图

$$\sigma_{\text{array}}(f,\theta,\varphi) = \sigma_a(f,\theta,\varphi) \cdot \left| \sum_{m=N} \exp\left(\text{j} \cdot \frac{4\pi f}{c}(\sin\theta \cdot \cos\varphi \cdot x_m + \sin\theta \cdot \sin\varphi \cdot y_m)\right) \right|^2 =$$

$$\sigma_a(f,\theta,\varphi) \cdot \left| \sum_{m=M} \exp\left(\text{j} \cdot \frac{4\pi f}{c}(\sin\theta \cdot \cos\varphi \cdot x_m)\right) \sum_{n=N} \exp\left(\text{j} \cdot \frac{4\pi f}{c}(\sin\theta \cdot \sin\varphi \cdot y_n)\right) \right|^2 =$$

$$\sigma_a(f,\theta,\varphi) \cdot \left| \text{sinc}(\delta_1) \cdot \text{sinc}(\delta_2) \right|^2 \qquad (10\text{-}5)$$

式中，$\text{sinc}(\delta_1) = \dfrac{\sin(N\delta_2/2)}{\sin(\delta_1/2)}$，$\delta_1 = \dfrac{4\pi f \cdot \sin\theta \cdot \cos\varphi \cdot D_x}{c}$，$\delta_2 = \dfrac{4\pi f \cdot \sin\theta \cdot \sin\varphi \cdot D_y}{c}$。

若在特殊电磁波入射方向 (θ_b, φ_b) 使天线阵列 RCS 取得最大值（或极大值），则该散射峰为天线阵列的 RCS 栅瓣，根据天线散射阵因子进行计算，其入射方向 (θ_b, φ_b) 满足如下条件

$$\frac{2\pi f \cdot \sin\theta_b \cdot \cos\varphi_b \cdot D_x}{c} = \pm\pi, \pm2\pi, \cdots \text{或}$$

$$\frac{2\pi f \cdot \sin\theta_b \cdot \sin\varphi_b \cdot D_y}{c} = \pm\pi, \pm2\pi, \cdots$$

$$\sin\theta_b \cdot \cos\varphi_b = \frac{n \cdot \lambda}{2 \cdot D_x}$$

（10-6）

$$\text{或} \quad \sin\theta_b \cdot \sin\varphi_b = \frac{n \cdot \lambda}{2 \cdot D_y} \qquad n = 1, 2, 3, \cdots$$

典型机载 CNI 天线安装在飞机背部或者腹部位置，飞机水平面对应天线俯仰角度为 90°，天线阵列散射阵因子峰值一般出现在天线阵列边缘法向方向。以一个常规 8×8 矩形阵列为例，阵列布阵间距为对应工作频点 f_0 的半波长，阵列示意图如图 10-15 所示。在频率为 f_0 时，飞机水平面上该天线阵列散射因子会在阵列边缘法向（对应飞机坐标方位 ±45°）产生一个非常大的峰值，为了降低该峰值，抑制天线阵列散射因子，可以适当改变间距，如图 10-16 所示，当天线阵列间距减少时，天线散射因子峰值得到抑制，当降到 0.375 波长时，天线散射因子由于相邻单元抵消而形成差波束效果。

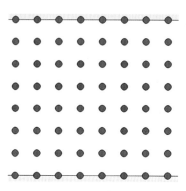

图 10-15　矩形阵列示意图

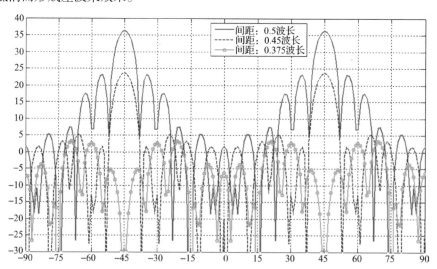

图 10-16　不同间距下天线阵列散射因子

但是，随着天线单元间距的减少，天线的有效辐射面积也减少了，造成天线增益降低。为了兼顾天线的高辐射性能，可以保持天线辐射单元间距半波长，在天线单元之间增加相同的天线虚元，保持二者结构相同，但是不对其馈电。虚元结构示意图如图 10-17 所示，其中，红色方形为天线辐射单元，蓝色圆形为添加的虚元，天线阵列散射阵因子如图 10-18 所示，散射阵因子峰值和均值得到了抑制。

虚元添加方法有效地保证了天线的高辐射和低散射性能，

图 10-17　虚元结构示意图
（蓝色圆形单元为虚元）

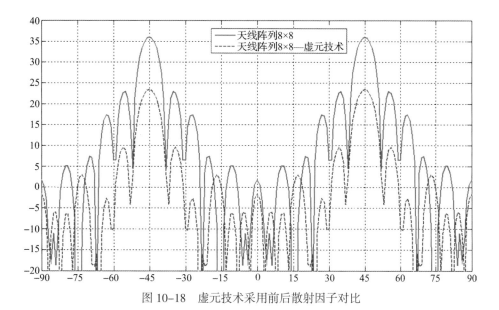

图 10-18　虚元技术采用前后散射因子对比

需要在布阵之前对天线进行小型化设计，在前述章节已经做了叙述，不再赘述。

　　在天线设计时，一般将天线阵面对角线方向与飞机的航向保持一致，从而将散射峰值向侧向偏移，矩形排布天线阵列散射因子峰值出现天线阵列的边缘对应的法线方向，相当于飞机坐标方位 ±45°。为了实现更大的偏移，还可以对天线阵列排布形状进行优化。如图 10-19 所示，为采用菱形排布，夹角为80°，其散射阵因子如图 10-20 所示，重点区域边缘散射峰偏移了 10°，但是在区域内，部分角域内散射阵因子又有所提高。因此，在天线阵列排布时，应根据隐身要求角域和天线实际需要，对天线阵列排布进行优化设计。

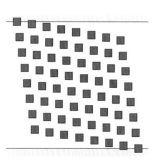

图 10-19　阵列排布修形
（菱形排布）

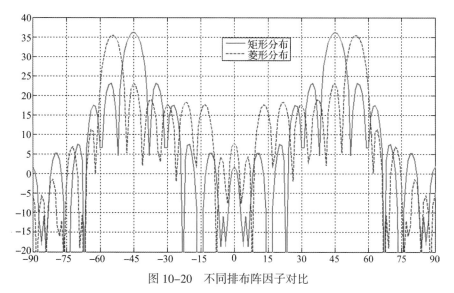

图 10-20　不同排布阵因子对比

10.2.5 结构腔 RCS 减缩

辐射体内置共形天线在天线罩与天线阵面之间存在结构腔体，该结构腔体是强散射结构之一，需要通过腔体修形及吸波材料/结构的应用等技术手段对其散射进行抑制，常用的手段包括腔体倒角、修形及吸波材料/结构的应用等。

（1）腔体修形

外形修形技术在机载平台隐身设计中起着重要作用，甚至在多种机载隐身平台 RCS 减缩技术中，外形修形贡献了 70% 以上的减缩效果。在天线结构项 RCS 减缩设计中，外形修形技术同样起着不可忽视的作用。对于大多数飞机平台，其前向角域为主要威胁区域，雷达波 RCS 指标要求最高。因此，天线结构隐身设计也以前向角域的 RCS 指标作为重点。为降低天线前向考查角域内的 RCS，需通过结构修形的方式，将天线结构中不可避免的强结构散射峰值移出考查角域。

在天线阵面结构框的设计中，将结构框的形状由圆形腔体设计成为夹角为 θ 的菱形，使阵面结构框边缘产生的散射峰值偏移出考查角域，降低前向考查角域内的 RCS 均值及峰值，如图 10-21 所示。

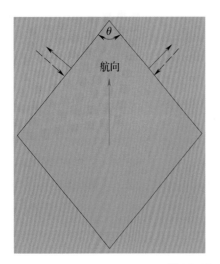
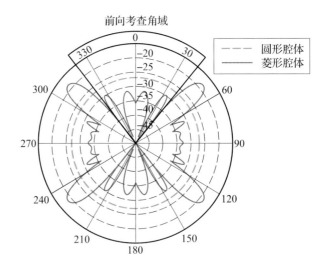

图 10-21　天线结构修形及其散射示意图

（2）腔体倒角

为了实现天线与平台表面的共形，天线通常采用内埋方式来实现，从而带来腔体效应。通过对腔体倒角的设计，可以减小腔体效应，提高天线的 RCS。例如，可将常见的直腔设计成一定倾角的斜腔，如图 10-22 所示，腔体倾角增大为 135°。腔体的角度，需要综合考虑 RCS 考核的俯仰角范围以及口径尺寸。当该角域的电磁波入射时，可将其天线腔体侧面的镜向散射峰值偏移出考查角之外，从而降低整个天线的 RCS。图 10-23 为天线腔体为直角

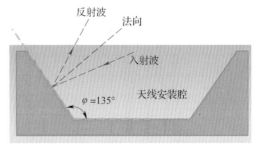

图 10-22　天线腔体侧面角度设计

90° 和 135° 斜腔的 RCS 减缩效果，可以看出斜腔可明显减缩腔体的整体 RCS。故在实际天线设计中，可对其腔体进行倒角设计。

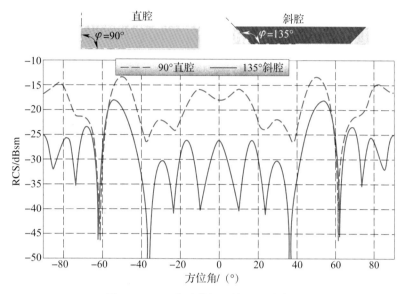

图 10-23　天线腔体侧面修形设计效果

（3）吸波材料的应用

吸波材料能吸收入射的电磁波能量，并通过材料的损耗转化为热能。吸波材料的应用，可有效减缩天线结构项 RCS，但对天线辐射也会带来影响，使得天线辐射效率降低。因此，吸波材料的应用需在兼顾天线辐射性能和散射性能的基础上，进行综合平衡设计。

吸波材料应用前可对天线强辐射电场区域进行分析，并尽量避开在强电场辐射区域。通过对天线辐射电场和电流分析，发现天线辐射体区域为天线的强辐射电场区域，而腔体侧面和底面为弱电场区。因此，在腔体侧面和底面加载吸波材料，在保证天线辐射性能的基础上，减缩天线结构 RCS。图 10-24 为在某天线非强辐射区域加载吸波材料示意图，图 10-25 为加载吸波材料的 RCS 减缩效果。可以看出，由于吸波材料的吸收作用，减小了天线的腔体效应，使得天线的 RCS 减缩效果非常明显。

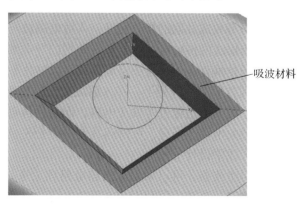

图 10-24　吸波材料加载应用示意图

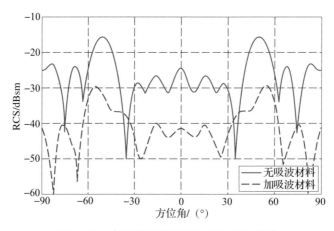

图 10-25　加吸波材料前后的 RCS 对比曲线

10.2.6　频选天线罩

在当前低 RCS 天线设计中，频率选择表面（FSS）天线罩是实现天线隐身性能的重要技术手段，是隐身天线设计的关键技术。FSS 是一种二维金属周期阵列结构，具有带内透波和带外截止的电磁选择滤波特性，可以起到空间滤波器的作用。当在天线罩上应用 FSS 技术，利用其频率选择滤波特性，可以保证天线带内电磁波正常透波，而带外电磁波则像金属一样被全反射，FSS 天线罩对天线 RCS 减缩原理如图 10-26 所示。在天线工作频带内，FSS 具有高透波特性，电磁信号可自由通过，从而保证天线的正常工作；而在雷达威胁频带，由于 FSS 高截止特性，雷达波将被全反射到其他方向，则可以依靠天线罩低 RCS 的结构外形，提高整个天线的隐身性能。

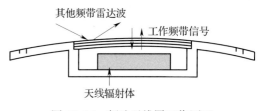

图 10-26　频选天线罩工作原理

（1）FSS 的等效电路理论

本质上，FSS 天线罩是一种空间滤波器。按照滤波特性，可分为低通、高通、带阻和带通 FSS。其典型结构为贴片型、栅格型、环形和缝隙型 FSS 单元结构。图 10-27 分别为 4 种不同滤波特性的 FSS 结构及其等效电路。

无限大周期性 FSS 单元可等效成并联的集总元件，入射电磁波与 FSS 的相互作用可表示成含电阻、电感和电容的传输线的传输波。对于 FSS 阵列的导电细线结构，其等效为电容还是电感取决于入射波电场是垂直还是平行于金属细线。以贴片型 FSS 为例，当电场沿竖直方向的电磁波垂直入射到方形 FSS 阵列上。在入射波交变电场作用下，相邻贴片 FSS 边缘产生感应交变电荷聚集。故 FSS 边缘可等效成电容，而贴片自身则可等效成电感。故贴片 FSS 可等效为电容和电感的串联。同理，可得到其他三种 FSS 单元形式的等效电路。

（2）基于滤波器的 FSS 天线罩设计

实际上，FSS 是一种空间滤波器，可以采用滤波器电路理论来进行综合和逆向设计，即滤波器理论综合得到 FSS 的等效电路，再利用 FSS 等效电路的反演方法将其电路模型转换成 FSS 的结构参数，从而得到 FSS 天线罩的物理结构和尺寸参数。该方法可以克服传统

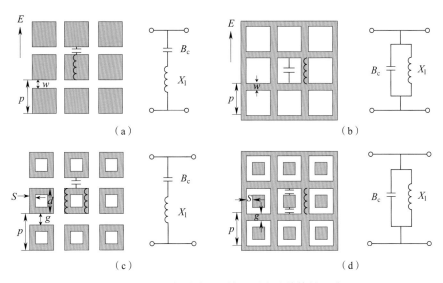

图 10-27　4 种不同 FSS 单元形式及其等效电路

数值仿真中缺乏理论指导和设计盲目的问题。大大降低计算量，提高设计效率。同时，物理过程简单直观，可以实现任意层数的高阶 FSS 的快速精确设计。

　　为了实现良好电磁匹配特性，多层 FSS 一般采用夹层结构进行设计。如图 10-28 所示，采用高密度蒙皮、FSS 图案和低密度的芯层交错排列而成。芯层电长度接近 $\lambda/4$（λ 为工作波长）。

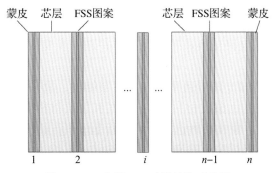

图 10-28　多层 FSS 天线结构示意图

　　根据四分之一波长阻抗变换器特性（又称 J 变换器），可以进一步变换得到图 10-29（b）所示电路。不难发现，其即为 n 阶带通滤波器标准电路形式。二者等效条件为

$$C_i = C'_i \quad (i=1,3,5,\cdots, i \text{ 为奇数}) \tag{10-7}$$

$$L_i = L'_i \quad (i=1,3,5,\cdots, i \text{ 为奇数}) \tag{10-8}$$

$$C_i = L'_i/Z_0^2 \quad (i=2,4,\cdots, i \text{ 为偶数}) \tag{10-9}$$

$$L_i = C'_i Z_0^2 \quad (i=2,4,\cdots, i \text{ 为偶数}) \tag{10-10}$$

式中，C_i 和 L_i 分别为第 i 层 FSS 的等效电路值；C'_i 和 L'_i 为第 i 层 FSS 经变换后等效电路值；$Z_0=377\Omega$ 为自由空间特性阻抗。

　　获得 FSS 天线罩的等效电路模型以及各层等效电路数值后，再基于全波数值仿真计算

和微波网络理论精确提取介质中 FSS 的等效电路参数，可以获得 FSS 结构参数和等效电路参数的一一对应关系，从而可将等效电路值转化成 FSS 图案结构参数。

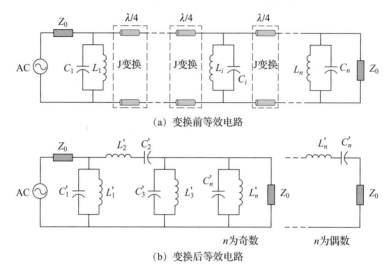

(a) 变换前等效电路

(b) 变换后等效电路

图 10-29　多层 FSS 的滤波器电路模型

（3）FSS 天线罩设计实例

要求设计的 FSS 天线罩工作在 K 波段，中心频率为 f_0，相对带宽 δ=20%，上下阻带对应频率为 $0.5f_0$ 和 $1.5f_0$，阻带截止率大于 20dB。

滤波器电路采用 0.1dB 波纹的切比雪夫分布进行设计。根据滤波器理论，可求得该滤波器电路的阶数 n=3。并采用 0.1dB 波纹切比雪夫滤波器低通滤波器电路参数。进行频率和阻抗变换，将低通原型电路变换成带通电路，并进一步变换成多层 FSS 结构的电路形式，如图 10-30 所示。

根据上述电路模型可知，该带通型 FSS 为三层结构，故采用 C 夹层结构，其夹层结构如图 10-31 所示。该结构由蒙皮材料、FSS 图案和芯层材料交替组合而成，FSS 图案嵌入到蒙皮材料的中心位置。蒙皮材料选用环氧树脂基体和石英纤维布混合的复合材料。天线罩芯层材料选用聚甲基丙烯酰亚胺泡沫，芯层泡沫材料约为 $\lambda_0/4$（λ_0 为中心频率 f_0 对应的介质波长）。整个天线罩结构总厚度约为 $0.52\lambda_0$。

缝隙型 FSS 是一种具有带通特性的 FSS 单元形式，可等效成电容和电感的并联。相比十字形、Y 形、方形环和圆形等缝隙结构，六边形缝隙单元具有旋转对称性，极化一致性较好等优点，见图 10-32。故该多层 FSS 将采用六边形缝隙 FSS 单元。为了使结构更加紧凑，采用三角排布设计。

利用 FSS 等效电路的计算方法，可分别得到电容和电感随 FSS 结构尺寸（周期 P、缝宽 W 和 r）的变化曲线。固定 FSS 单元周期 P=$0.27\lambda_0$，得到各层 FSS 图案的结构参数为：w_1=w_3=$0.014\lambda_0$，w_2=$0.012\lambda_0$，r_1=r_2=r_3=$0.091\lambda_0$。

采用有限元全波分析方法对 FSS 周期结构进行数值仿真。其传输特性随频率变化曲线如图 10-33 所示。由图中曲线可知，该频选天线罩的传输曲线出现了明显的通带。通带频率范围为 $0.9f_0 \sim 1.08f_0$，相对带宽 δ=18%，在截止频率 $0.5f_0$ 和 $1.5f_0$ 处，FSS 天线罩截止率大于 20dB，达到了预期设计效果。

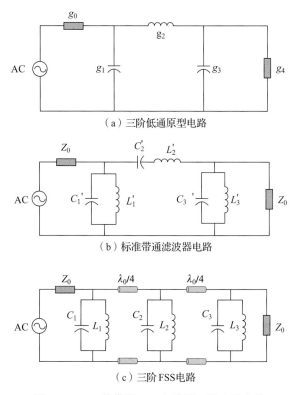

（a）三阶低通原型电路

（b）标准带通滤波器电路

（c）三阶 FSS 电路

图 10-30　三阶带通 FSS 电路原理图以及变换

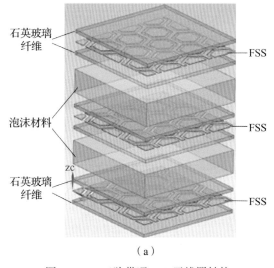

（a）

图 10-31　三阶带通 FSS 天线罩结构

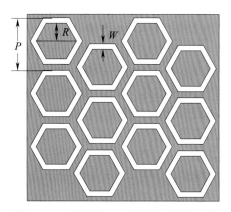

图 10-32　缝隙型 FSS 图案及其等效电路

　　为了进一步验证上述设计效果，设计制作了 FSS 图案，并采用天线罩一体化敷制成形工艺，加工了 200mm×200mm 的平面天线罩样件，如图 10-34 所示。该天线罩样件总厚度约为 $0.53\lambda_0$，与设计值（$0.52\lambda_0$）非常接近，满足厚度误差要求。

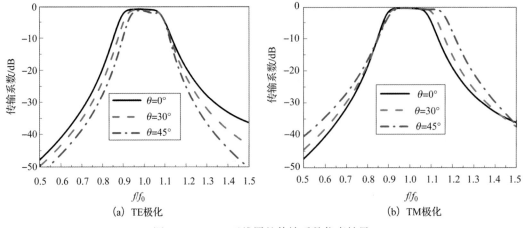

图 10-33　FSS 天线罩的传输系数仿真结果

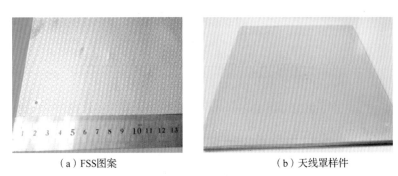

(a) FSS图案　　　　　　　　　(b) 天线罩样件

图 10-34　天线罩样件实物照片

（1）传输特性测试

测试得到的天线罩的法向传输特性曲线如图 10-35 所示，并与滤波器电路计算的理论曲线和 HFSS 仿真曲线进行对比。可以看出，测试结果与仿真曲线基本重合，二者与滤波器理论计算的传输系数曲线也基本一致，从而验证了设计方法的准确性。

（2）电性能影响测试

进一步采用某阵列扫描天线测试了该天线罩对天线辐射性能的影响。图 10-36 为中心频率点 f_0 处，天线扫描角为 0°、30° 和 45° 的加罩前后的方向图对比曲线。由图可知，该天线罩在扫描角为 0°、30° 和 45° 的主波束的插入损耗分别为 1.18dB、1.05dB 和 1.12dB，与仿真结果基本吻合。除损耗外，该天线罩对天线的波束宽度、副瓣以及方向图形状等天线电性能影响很小。达到了预期的设计结果。

（3）RCS 减缩效果测试

为了验证该 FSS 天线罩的 RCS 减缩效果，本项目设计该天线罩 RCS 减缩测试的载体和天线安装腔体。通过测试天线腔体在不加天线罩和加天线罩两种状态下 RCS 效果，得到该三层频选天线罩的 RCS 减缩效果。

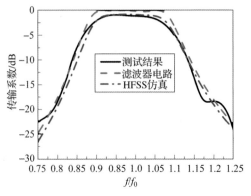

图 10-35　天线罩样件传输系数测试结果

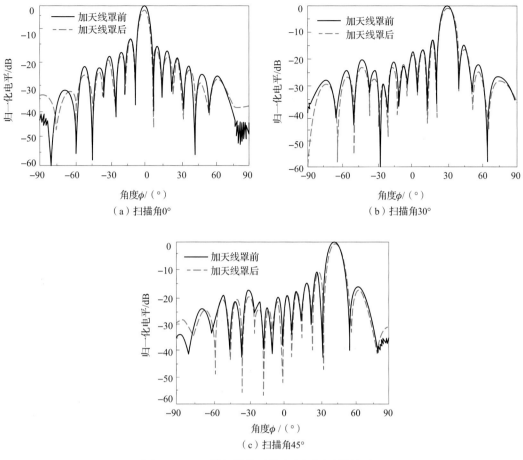

（a）扫描角0°　　（b）扫描角30°

（c）扫描角45°

图 10-36　天线加罩前后的方向图测试结果对比

　　采用室内紧缩场的测试方法，测试了天线安装腔体在 X 波段不加 FSS 天线罩和加 FSS 天线罩的 RCS 对比曲线。由图 10-37 可知，该 FSS 天线罩对天线腔体的 RCS 减缩作用非常明显，在前向 -45° ~ +45° 角域的 RCS 减缩效果大于 10dB，起到良好的 RCS 减缩效果。

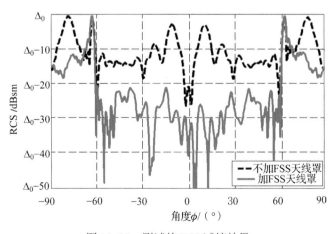

图 10-37　测试的 RCS 减缩效果

10.3 小结

机载 CNI 系统中的天线数量多、功能多、安装位置多、工作频段多，涉及的天线隐身技术繁杂。本章中参考了实际工程应用实例，将机载 CNI 系统天线 RCS 减缩技术进行了介绍和总结，具体内容包括：

（1）设计思路及原则。该节确立了机载 CNI 系统天线 RCS 减缩的思路和原则，即共形天线为主要天线形式，在满足结构及功能要求的前提下进行 RCS 减缩设计。

（2）单元结构项 RCS 减缩。该节介绍了机载 CNI 系统天线常用的三种单元结构项 RCS 减缩技术，即为外形修形、小型化和吸波材料应用技术，并结合仿真结果分析了三种技术手段的 RCS 减缩效果。

（3）单元模式项 RCS 减缩。该节介绍了机载 CNI 系统天线常用的两种单元模式项 RCS 减缩技术，即为极化匹配和阻抗匹配技术，并利用电路分析结合仿真软件的方式分析了这两种技术手段的 RCS 减缩效果。

（4）阵列 RCS 减缩设计。该节介绍了机载 CNI 系统天线常用的阵列 RCS 减缩理论与技术，基于天线阵列散射理论，介绍了以天线阵列散射阵因子为抓手的阵元间距、虚元法和阵列排布优化三种 RCS 减缩方法，并通过仿真验证了技术手段的有效性。

（5）结构腔 RCS 减缩。该节介绍了机载 CNI 系统天线的安装腔体的 RCS 减缩技术，介绍了腔体修形和腔体倒角技术，将散射电磁波偏离出威胁角域之外，并辅以吸波材料加载，吸收剩余电磁能量，实现隐身设计。

（6）频选天线罩。该节介绍了频率选择表面的基础理论和等效电路分析方法，将频率选择表面融入到天线罩技术中，结合工程实例，验证了频选天线罩实施减缩天线 RCS 的有效性和可行性。

本章从外部的天线罩深入到天线后端的射频链路，通过层层剖析与设计，最终有效地实现了机载 CNI 系统天线的隐身。

第11章 射频孔径与隐身结构一体化设计工程应用实例

射频孔径作为隐身飞机的主要散射源，对隐身飞机低频宽频、全向隐身性能具有重大影响。本章针对雷达天线舱、机载电子战天线、卫通天线、UV一体化天线等主要射频孔径，深度分析其雷达散射特性，并详细介绍上述射频孔径的综合隐身一体化设计技术。

11.1 雷达天线舱隐身一体化设计技术

雷达天线舱为隐身飞机三大强散射源之一，隐身一体化设计需要兼顾隐身性能和雷达天线工作的电性能。在雷达天线工作频带内，要对雷达天线的辐射性能影响尽可能小；在雷达天线工作频带外，雷达天线舱要具有良好的隐身性能。

11.1.1 雷达天线舱散射特性分析

11.1.1.1 总体设计方案

雷达天线舱隐身一体化设计主要包括：外形隐身设计、天线隐身设计、雷达罩隐身设计等方面。外形隐身设计主要是针对隐身飞机的外表面进行低RCS设计，以及雷达罩与机身连接几何外形设计，如锯齿对接。天线隐身设计详见第7章内容。

雷达罩隐身设计通常采用超材料频选技术和超材料吸波技术，分别在雷达辐射透波区和非透波区进行隐身设计，如图11-1所示。在透波区，超材料频选技术在雷达工作频段内具有优秀的透波性能，对雷达辐射的电磁波具有高透过性；在雷达工作频段外具有高截止特性，入射电磁波无法进入雷达罩内部，散射能量集中到威胁角域之外，如图11-2所示。在非透波区，即雷达罩尾部区域，是电磁不连续部分，也是雷达罩主要散射源，可采用超材料吸波技术对该区域雷达波散射进行高效抑制。对比传统频率选择表面FSS技术，超材料是由"微"结构构成的人造物质，提供材料级响应，传统FSS是由"大"结构构成的结构体，不具备材料级响应。因此，超材料能提供超性能、超宽带的雷达波散射和辐射调制。

根据雷达天线舱的功能和结构特征，下面主要对雷达罩在雷达辐射透波区、非透波区（包括盖板）的散射特性进行阐述。

11.1.1.2 透波区散射源分析

透波区为雷达波束照射区域，该区域主要包含超材料微结构的夹层结构、雷电防护分流条以及防雨蚀头。

具有频选功能的超材料微结构功能层覆盖了透波区所有区域，超材料微结构的特征散射是雷达罩的散射源之一。除了超材料微结构的散射，透波区的其他次散射源为罩体表面的雷电防护分流条和防雨蚀头等。

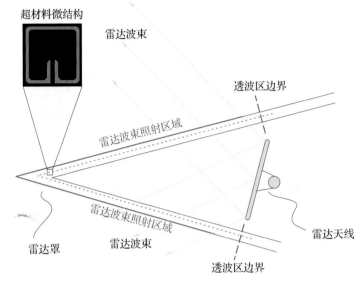

图 11-1　雷达罩透波区及其边界示意图

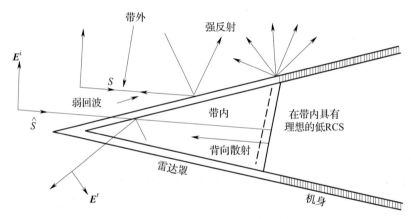

图 11-2　超材料雷达罩实现雷达天线舱低 RCS 特性

11.1.1.3　非透波散射源分析

非透波区为雷达罩尾部区域，是超材料功能层到载体 / 机身的过渡区，属于典型的电磁不连续区域，存在多个材料边界，主要包括超材料功能层尾部边界和盖板前缘、盖板后缘边界，非透波区的隐身设计主要是消除这些阻抗不连续边界的雷达波散射。

雷达天线舱主要散射源及抑制手段见表 11-1。

表 11-1　雷达天线舱主要散射源分析

散射源	散射源分析	抑制手段
雷达天线	在低频波段，雷达天线舱内吸波组件吸波性能较弱，雷达天线散射较强；在雷达天线工作带宽内，雷达天线舱的隐身性能由雷达罩和雷达天线共同决定	①在工作带宽外，如低频波段，雷达罩设计为强截止，屏蔽雷达来波，通过雷达罩低散射外形降低雷达天线舱 RCS 量级；②在工作带宽内，降低雷达罩散射，同时控制雷达天线散射，从而降低雷达天线舱整体散射

表 11-1（续）

散射源	散射源分析	抑制手段
超材料微结构散射-透波区	超材料微结构的本征散射，与超材料微结构拓扑结构及几何尺寸相关	通过超材料微结构设计优化选型，降低透波区超材料功能层散射
超材料微结构散射-尾部边界	低频截止频段，超材料微结构软板上的表面行波在超材料软板尾部不连续处的行波散射	①通过超材料微结构软板与盖板耦合设计，减小行波散射；②通过在超材料微结构软板尾部加载吸波超材料，对表面行波进行吸收
金属盖板边缘	透波区边界金属盖板边缘的棱边绕射	在盖板边缘锯齿化的基础上，通过阻抗匹配设计进一步降低金属盖板的棱边绕射
雷电防护分流条	金属材质，金属尖端散射与行波回波散射	低散射结构及排布，降低分流条散射

11.1.2　雷达天线舱综合隐身设计

11.1.2.1　透波区隐身设计

在透波区，超材料微结构散射是散射源之一，通过对超材料微结构进行设计选型，在满足电性能的前提下设计低散射微结构构型，是透波区隐身设计的主要方向。

在超材料微结构类型的选择上，有带通和带阻两种技术路线。其中带阻型微结构可以通过在特定频段设计带阻谐振峰，达到该频段强截止的效果，其缺陷为低频段截止性能较差。而带通型微结构在低频波段具有强截止性能，图 11-3 为典型带通和带阻型微结构 S 曲线对比。实际应用可根据雷达罩对不同波段隐身需求，选取带通和带阻型微结构技术路线。

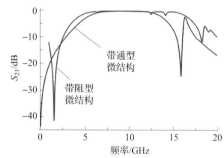

图 11-3　带通和带阻型微结构 S_{21} 曲线对比

在降低超材料微结构散射量级上，研究不同拓扑形状、几何尺度上超材料微结构散射的敏感程度。由于超材料微结构典型特征尺寸小于最高工作频率对应波长的 2/1000，且图案复杂，直接对超材料微结构散射进行建模仿真会耗费大量的计算资源，通常采取电磁建模仿真与微波暗室测试两种手段结合进行选型。图 11-4 为超材料微结构散射平板样件测试照片，菱形放置可降低平板边缘散射对测试结果的干扰。需要说明的是，超材料因其特征尺寸小，能够提供材料级响应，传统 FSS 则不具备材料级响应，因此，超材料雷达罩在工作带宽内能够得到更低的散射量级。图 11-5 为 X 波段、VV 极化超材料相对传统 FSS 雷达罩成像图。

11.1.2.2　雷电防护系统隐身设计

雷击对隐身飞机的飞行安全有非常大的威胁，在飞机雷达罩的设计中必须考虑雷电防护措施。一般地，复合材料雷达罩的雷电防护采用分流条的方案。分流条主要分为纯金属分流条、分段式分流条以及金属氧化物分流条。为了减小雷电防护系统对雷达罩电性能和隐身性能的影响，同时综合考虑雷电防护性能和维修性，可采用分段式分流条。根据雷电防护设计原则，分流条排布方向基本与航向一致，这也有利于隐身设计，即分流条头向散射降到最小。

图 11-4　微结构散射平板
典型件测试照片

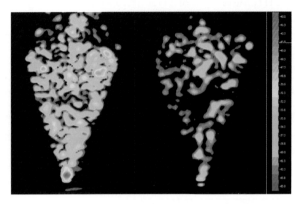

图 11-5　超材料相对传统 FSS 雷达罩成像图
（X 波段 VV 极化）

图 11-6 为雷达罩在有无分流条两种状态下 RCS 摸底测试结果对比。可以看到在 X 波段，头向主要威胁角域内，有分流条对 RCS 贡献为 HH 极化 1.2dB，VV 极化 0.5dB，在可接受范围内。

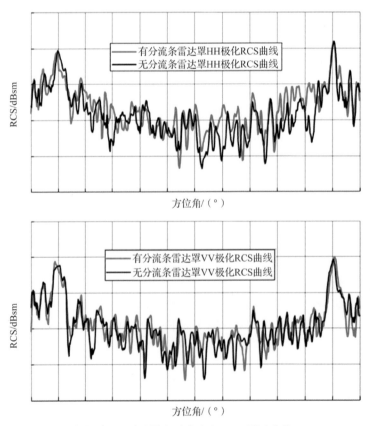

图 11-6　雷达罩有无分流条 RCS 测试曲线

11.1.2.3 非透波区隐身设计

在非透波区，隐身设计目标为实现从透波区到非透波区的阻抗匹配设计，即从超材料微结构到盖板的阻抗匹配设计。盖板的引入导致盖板前缘与雷达罩之间阻抗失配，导致高频波段散射增强。为了降低盖板前缘的棱边绕射，一方面要进行锯齿化设计，另一方面在盖板前缘雷达罩上设计阻抗匹配超材料，进一步降低盖板前缘散射。

超材料微结构软板后边缘在工作带宽外也是主要散射源之一，可通过设计吸波超材料来抑制。

传统材料很难实现理想的阻抗匹配，而宽频带的连续阻抗匹配实现起来就更加困难，这一限制极大地阻碍了行波散射抑制技术的发展。不过，超材料技术的发展打破了阻抗匹配实现困难的这一限制，为宽频高效阻抗匹配技术的工程化提供了可能性。

超材料盖板前缘与超材料微结构软板后边缘综合隐身方案示意图如图 11-7 所示。

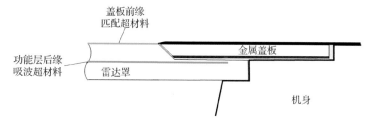

图 11-7 雷达罩尾部非透波区隐身方案示意图

图 11-8 和图 11-9 分别为雷达罩尾部非透波区使用阻抗匹配设计前后雷达罩尾部典型平板样件 RCS 仿真与测试曲线对比，可以看到相对于雷达罩尾部无隐身设计方案平板样件，在阻抗匹配设计后，平板散射降低 10dB 以上。

11.2 机载电子战天线孔径隐身一体化设计技术

机载电子战天线孔径的分布与形状特征，对飞机隐身效果具有举足轻重的影响，如果不能有效控制机载电子战天线孔径系统的特征信号（包括 RCS 和电磁辐射控制），则整机的隐身水平就难以保证。

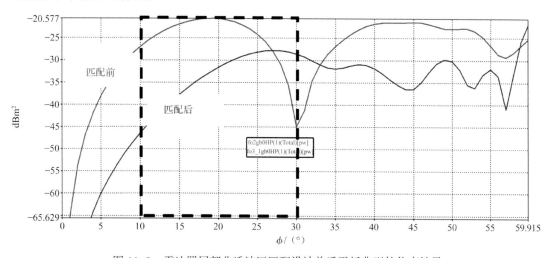

图 11-8 雷达罩尾部非透波区匹配设计前后平板典型件仿真结果

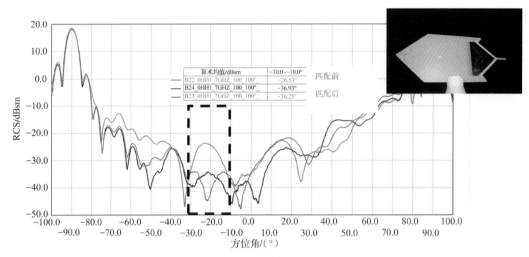

图 11-9 雷达罩尾部非透波区匹配设计前后平板典型件测试结果

11.2.1 机载电子战天线散射特性分析

机载电子战天线孔径因天线功能不同，如 ECM 天线、ESM 天线，工作带宽各异，使得电子战天线孔径隐身结构方案差异明显。分析总结出机载电子战天线的基础散射源大致分为以下几类：

①边缘绕射，如机载电子战天线孔径边缘、边肋边缘；

②镜面反射，如未经处理的天线后端工字梁；

③腔体散射，如未经处理的天线舱内部，包括边肋、中间肋与天线之间形成的二面角；

④表面行波散射，机载电子战天线孔径局部金属裸露区域；

⑤界面不连续散射，如各部件对接缝裸露区域、蒙皮透波区域与非透波区界面；

⑥天线模式项形成的散射；

⑦天线结构项形成的散射。

在隐身设计方案中，针对各种基础散射源采取对应的抑制手段，汇总如表 11-2 所示。

表 11-2　各种散射源及其抑制手段

序号	RCS 散射源	部位	抑制手段
1	镜面散射	气动外形面	极低 RCS 共形天线设计
2	二面角	腔体散射	极低 RCS 共形天线设计；边缘抑制超材料、吸波蜂窝
3	边缘散射	天线与梁分离面边缘；天线和机体分离面边缘	边缘抑制超材料
4	天线结构项和模式项散射	电磁波照射到天线区域	低驻波天线设计、低 RCS 外形设计、吸波蜂窝
5	表面行波散射	边缘、缝隙、材料不连续处	超材料吸波结构
6	台阶散射	天线与梁安装的位置	直角台阶结合结构外形设计；边缘抑制超材料

11.2.2　综合隐身设计方案

机载电子战天线孔径根据工作频段不同通常分为 B-34（2010 ~ 2025MHz）和 B-2
（1850 ~ 1910MHz）功能段天线孔径。对 B-34 天线孔径，机载电子战天线工作频段涵盖
微波全频段，对天线罩蒙皮的要求为全频段透波。天线孔径采用"高透波蒙皮 + 低 RCS
赋形 + 边缘抑制超材料 + 吸波超材料"的综合隐身设计方案。为了降低高透波状态下的
腔体结构后向散射，天线孔径内部采用了低 RCS 渐变金属化赋形，与 B-34 天线连接。同
时，在天线孔径的边缘处加载吸波超材料，降低边缘处台阶的散射贡献。

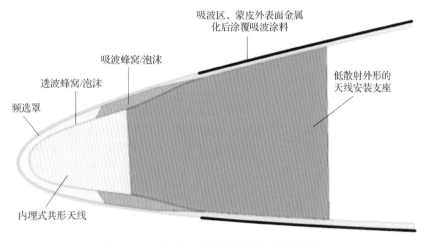

图 11-10　机载电子战天线孔径结构示意图

对 B-2 天线孔径，机载电子战天线孔径工作频段涵盖微波低频波段，天线孔径采用"超
材料频选蒙皮 + 共形天线 +B-12（699 ~ 716MHz）天线非透波区高效吸波蜂窝"的综合隐身
设计方案。因天线罩的低透高阻特性，B-2 天线舱在低频完全暴露在电磁波探测下，B-12 天
线需设计成低散射共形天线，天线面外形可以近似等同于金属外形，实现天线本身的低散射
特性。结合边缘抑制超材料和吸波蜂窝，进一步降低天线与端肋 / 中间肋形成的台阶散射。

11.3　机载卫通天线孔径隐身一体化设计技术

机载卫通天线孔径安装于飞机背部，是飞机整体结构的一部分，用于保持气动外形，
承受飞行中的气动载荷、惯性载荷等，满足结构强度要求。天线舱内配装了多个频段有源
相控阵天线，分别工作于相关频段。机载卫通天线孔径隐身一体化设计主要包括：超材料
卫通天线罩设计、低散射天线及低散射天线舱体隐身设计。

11.3.1　卫通天线孔径散射特性分析

11.3.1.1　天线罩超材料功能层散射

天线罩的设计目标是在不影响天线透波性能的同时实现良好的隐身性能。由于天线罩
需要保留多个不同波段的透波窗，需要使用不同的超材料微结构设计来实现其透波需求，
因此，会造成如图 11-11 所示的不同超材料微结构之间的电不连续，导致天线罩体表面的

雷达波散射变大。

同时，为了保证罩体其他区域的电磁屏蔽性能，整个罩体非天线辐射区域需做电磁屏蔽设计，这样会引入电磁波透波功能区与屏蔽区之间的电磁不连续，同样会增强雷达波散射。天线罩超材料功能层隐身设计主要是消除上述电磁非连续边界的散射贡献。

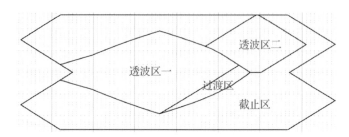

图 11-11　超材料功能层及装配边界散射示意图

11.3.1.2　天线舱散射

对多个波段工作的卫通天线，对工作带宽 1 天线窗处于高透波状态，并且在大角度掠入射情况下工作波段 2 天线窗不完全截止，就使部分入射波可以进入天线舱内产生雷达波散射从而降低其隐身性能。要对天线舱进行隐身设计，首先需要分析天线舱内可能产生雷达波散射的散射源，如图 11-12 所示。

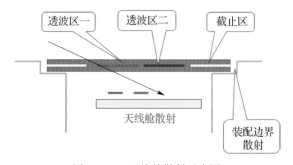

图 11-12　天线舱散射示意图

天线舱主要散射源包括阵列天线、天线金属底板及天线舱内壁：

①阵列天线的外形、周期都是影响雷达波散射的因素，需要特别设计；

②天线金属底板的形貌也会产生较强的行波散射及边缘绕射，是腔体内的主要散射源；

③天线舱内壁上可能存在的二面角及各种棱边也会对雷达波散射做贡献。因此，想要处理好天线舱内的散射，就需要对上述散射源做相应的隐身设计。

11.3.1.3　天线罩装配边界散射

装配边界即天线罩与机体的装配边缘，出于工艺的限制，装备边缘会存在装配紧固件、装配缝隙等，形成电磁缺陷，是次弱散射源。装配边界的隐身设计主要是消除这些电磁缺陷所造成的影响。

11.3.2　综合隐身设计方案

卫通天线孔径隐身设计主要包括：天线罩、天线舱、装配边界隐身设计。其中，天线罩的设计目标是在不影响天线透波性能的同时实现良好的隐身性能。为了实现这种兼容性能，总体方案上，天线罩蒙皮结构采用："分区 + 低散射 + 阻抗匹配"的高透波、低散射设计方案；天线舱采用"宽频吸波 + 阻抗匹配"的宽频综合隐身设计方案。

11.3.2.1　天线罩隐身设计

天线罩隐身设计主要涉及超材料功能层及装配边界的隐身设计。由于天线罩锯齿边对表面电流的反射角在后向考查角域内，超材料功能层对于垂直极化入射波具有较强的行波回波散射，通过图 11–13 所示的末端阻抗匹配设计降低其后向散射特性。

末端阻抗匹配设计可以渐变地耗散行波电流，降低因功能层边缘电磁不连续缺陷引起的行波回波散射；另外，通过外形设计，将功能层与阻抗匹配边界进行锯齿设计优化，可以进一步降低后向行波散射。

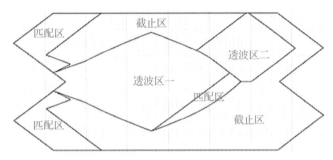

图 11–13　超材料功能层末端阻抗匹配设计示意图

此外，由于天线罩具有多个不同的功能区，每个功能区所选用的超材料微结构各不相同，各功能区间存在超材料微结构过渡问题。

功能层分区过渡设计主要从超材料微结构拓扑结构与阻抗匹配两个方面进行考虑：

①针对超材料拓扑结构，优选带通超材料，另外，通过设计不同功能区之间的超材料结构分布，增强不同功能区之间的电连接，可降低其电不连续所引入的雷达波散射。

②针对分区过渡的电磁缺陷问题，可以通过阻抗匹配设计进一步抑制。但由于部分不同功能区之间的间距较小，可结合设计空间进行综合优化。

11.3.2.2　天线舱隐身设计

天线舱散射源包括天线、天线金属底板及金属吊舱，具体隐身设计如下。

（1）天线隐身设计

有源天线对 RCS 的影响主要考虑天线不同状态下的匹配情况。在工作状态下，天线模式项散射，主要采用低驻波设计，可以有效降低工作状态下对 RCS 的影响；断电状态下，可以采用完全失配状态来模拟。

对于天线结构项散射，受限于辐射性能的要求，可通过单元结构及阵列排布外形进行隐身设计，通过将单元外形及整体外形与罩体外形平行，有效减缩后向 RCS。

（2）天线金属底板隐身设计

天线金属底板的形貌对入射波雷达波散射有较大的影响，掠入射情况下散射的产生主要来源于金属板边缘散射及行波回波散射。对于这两种散射，可采用以下三种思路进行隐身设计：

①针对棱边进行倒角设计，水平极化电磁波在电场平行于棱边时会产生较强的棱边散射，对棱边进行倒角处理可以降低其散射特性；

②面与面之间锐利的拐角会产生较强的行波回波，增强行波回波散射，对其进行倒角处理可以降低表面行波回波散射；

③通过在金属地板表面加载吸波超材料或吸波涂料，可以进一步降低表面行波散射。

（3）天线吊舱隐身设计

考虑天线装配及密封性，采用金属天线吊框结构方案，如图 11-14 所示。受装配影响，天线舱前向头部出现垂直金属壁，由于工作波段的不完全截止，该垂直金属壁往往会影响后向散射特性。

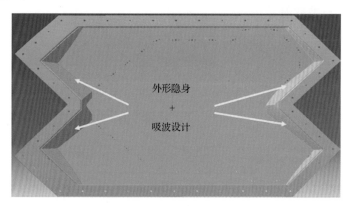

图 11-14　天线吊框隐身设计

为此，主要采取外形隐身设计手段，利用金属化赋形手段将可能产生镜像回波的吊框侧壁处倾斜设计，减缩目标 RCS；另外，为进一步降低入射电磁波散射强度，可采用吸波技术进行隐身优化设计，在侧壁上设计低频宽频高性能吸波超材料。

11.3.2.3　天线罩装配边界隐身设计

装配边界的散射源主要有紧固件、缝隙以及台阶，需要针对不同散射源进行不同的隐身设计。对紧固件，采用贴附吸波材料降低装配紧固件的散射；对装配缝隙、台阶，通过超材料吸波技术及阻抗匹配技术进行隐身设计。

11.4　UV 一体化天线孔径隐身一体化设计技术

UV 一体化天线具有收发超短波频段信号的功能，并配合完成话音通信、数据传输功能；同时，一体化形式的天线罩具有保护天线、维持气动外形、承载等功能，属于结构 / 功能一体化部件。隐身一体化设计主要围绕"透波"加"屏蔽"思路实现隐身性能，其中主要散射源分别为：①天线辐射体部分；②介质罩部分；③整罩与机体连接处散射。

11.4.1　一体化天线孔径散射特性分析

11.4.1.1　天线辐射体散射源分析

天线结构主要依靠外形技术，通过改变其散射场方向，从而达到降低后向回波低的目的。RCS 重要散射源主要是镜面反射和边缘绕射。天线结构存在金属棱边，当入射电磁波垂直于棱边时，产生边缘绕射现象。因此，边缘绕射为主要散射源。而由抑制边缘散射的机理对天线辐射体进行外形优化，可以有效达成 RCS 减缩效果。

11.4.1.2　介质罩散射源分析

介质罩隐身设计分为前后向设计和侧向设计，以镜面散射、棱边散射及行波回波散射为主要散射源。

11.4.1.3　整罩与机身接口处散射源分析

整罩与机身连接处的主要散射源包括封严板散射、金属接头散射以及螺钉紧固件散射。其中封严板的散射主要来源于其棱边散射以及表面行波散射；金属接头的散射包括镜面反射以及边缘绕射；螺钉紧固件自身散射较弱，但多个螺钉紧固件的阵列排布会产生栅瓣效应导致其散射大幅增强。

11.4.2　综合隐身设计方案

11.4.2.1　天线辐射体散射隐身设计

天线辐射体的主要散射源为棱边散射。通过结构外形隐身技术对棱边角度进行设计，使其引起的散射峰落在非威胁角域，同时结合超材料低散射天线技术，可使其隐身性能得到有效提升。

11.4.2.2　介质罩隐身设计

介质罩隐身设计分为前后向设计和侧向设计，其中介质罩侧向隐身主要采用了"透波"设计思想，实现结构趋近"透明"，进而降低 RCS，而前后向的隐身设计主要通过低散射结构外形设计技术来降低 RCS，使结构外形面具有很好的气动和隐身性能。

11.4.2.3　整罩与机身接口处散射源分析

若存在封严板，其散射通过在其表面加载吸波涂料来抑制其棱边散射和行波散射；金属接头通过优化其外形来降低散射；螺钉紧固件由于其尺寸问题无法直接做隐身处理，采用屏蔽的思想来进行隐身设计，在封严板前做金属尖劈赋形设计，对金属接头和螺钉紧固件起遮挡作用，同时在尖劈外加载吸波蜂窝，在外形隐身的基础上进一步降低散射。

11.5　小结

本节以雷达天线、电子战天线、通信天线等典型隐身飞机机载射频孔径为例，对射频孔径与隐身结构一体化设计技术、基于装机约束的总体隐身方案进行了介绍和总结，具体内容包括：

（1）雷达天线舱隐身一体化设计技术。介绍了雷达天线、雷达天线罩透波区 / 非透波区等主要散射来源，并对雷达天线舱综合隐身方案进行了描述，包括：超材料微结构选型分析、雷电防护系统设计与阻抗匹配设计。

（2）机载电子战天线孔径隐身一体化设计技术。包括机载电子战天线散射特性分析，与其综合隐身方案设计。

（3）机载通信天线孔径隐身一体化设计技术。选取卫通天线与 UV 天线为例，从天线舱散射、天线罩散射以及天线罩装配边界散射三方面分析了通信天线散射特性，给出针对性隐身方案。

第 12 章　目标 RCS 测量

12.1　RCS 测量基本概念

　　20 世纪 80 年代后，全尺寸目标雷达波散射研究渐渐受到人们的重视。我们知道，全尺寸目标的电尺寸常常很大，例如，飞机的尺寸可达 20m，当波长 $\lambda=2cm$ 时，电尺寸就会达到 1000 个波长。现有的电磁场技术其实无法满足电大尺寸目标散射的研究需求。原因在于，雷达波散射计算中的高频近似计算方法可计算电大尺寸目标的散射，但计算精度无法满足要求；而满足高精确度计算结果的数值计算方法，却在目标电尺寸上有一定局限。因此，在这种情况下，散射测量受到更大的关注，相关技术也取得了快速进步。

　　武器系统隐身化是当今战场电磁对抗的主流方向之一，良好的低可探测性能成为先进隐身装备的标志性特征。随着隐身技术的发展，"雷达—目标"之间的探测与反探测对抗，发展成为了新的隐身与反隐身技术的对抗。雷达隐身技术途径主要有：低 RCS 外形技术、吸波材料涂覆技术、雷达吸波结构技术、无源与有源阻抗加载技术、等离子隐身技术等。研究飞行器雷达隐身特性的方法主要包括理论建模分析和试验测试。当今的雷达系统面对的目标外形更加复杂，尤其是越来越多的经过隐身性能设计的飞行器散射量级低，并且包含大量的非金属结构，这就加大了理论计算的研究难度，也使得测试的方法成为获取目标雷达波散射辐射特征数据的主要手段。

　　武器装备全面隐身化，隐身性能指标成为装备最重要的战技指标之一。隐身测试评估是实现装备隐身性能不可缺少的重要环节，涉及隐身装备从方案设计验证、研制方案筛选、部件和整机隐身效果评估、使用维护检定等全生命周期。隐身性能评估测试已发展成为一项专业技术，在隐身装备研制中发挥重要作用。

　　飞行器隐身性能的测试评估，主要利用室内微波暗室（紧缩场）、室外静态测试场、室外动态试验设施三种试验平台，分别完成隐身飞行器从概念设计到装备部队全寿命周期的隐身性能测评工作，不同阶段需要不同的测量手段和设备来支撑，从而形成了一个完整的研制生命周期如图 12-1 所示。装备研制过程中，为了能更好地对装备目标特性进行设计和评估，在研制的不同阶段需要借助不同的测试手段对目标的散射性能加以测评。在装备的概念研究、设计验证和装备研制阶段，常需要验证一些设计样件、模型和零部件，室内静态测试实验室由于环境可控制度好、测量精确，比较适合此阶段的使用。当研制进入设计试生产阶段，对于全尺寸结构和模型的测试在精度相对较高的室外全尺寸静态测试场进行就会比较有效。当装备进入了生产应用阶段，室外动态试验设施将发挥对装备在真实应用环境中的评估与测试作用。如此根据各阶段的特点，测试评估体系可以全程准确支撑装备的研发[167]。

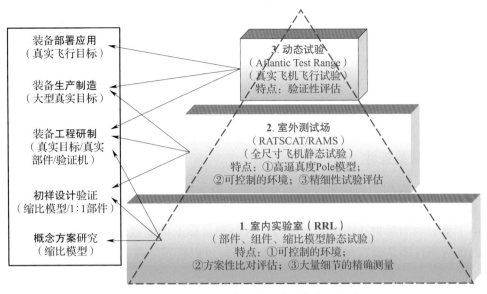

图 12-1　飞行器隐身性能试验评估应用体系

12.1.1　RCS 测量基本原理

雷达截面积（RCS）的定义为

$$\sigma = 4\pi \lim_{R \to \infty} R^2 \frac{|\boldsymbol{E}^{\text{s}}|^2}{|\boldsymbol{E}^{\text{i}}|^2} = 4\pi \lim_{R \to \infty} R^2 \frac{|\boldsymbol{H}^{\text{s}}|^2}{|\boldsymbol{H}^{\text{i}}|^2} \tag{12-1}$$

一般来说，我们在理论上研究影响 RCS 的诸多因素时一般认为 RCS 与距离 R 无关，而是与目标结构、频率、电磁波方向和入射/散射场极化状态等因素相关的函数。但是在实践中，测量场地、测试方法和设备也对 RCS 的测量结果有一定影响。

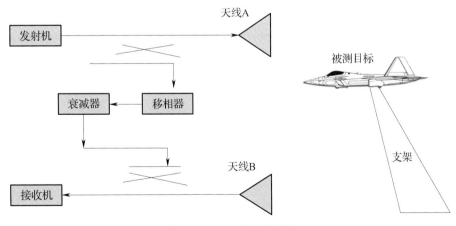

图 12-2　RCS 测量原理图

微波信号经发射机产生通过天线 A 发射，信号经目标散射后通过天线 B 接收，再传回接收机。测量步骤如下：

①矢量背景对消。为了实现让发射信号的一部分抵消天线 A 到天线 B 的直漏信号以

及目标支架和背景的散射信号，采用在不放置目标的情况下，调节图 12-2 中的衰减器与移相器，使接收机的接收信号最小。

②用标准球进行定位。将一个 RCS 已知的标准金属球放于测量支架上，然后记录标准球的散射信号 E_1^s。

③将球换成被测目标，记录目标的散射信号 E_2^s。

④假定目标处的入射场 E^i 与标准处的入射场相等且恒定不变，则可根据标准球的 RCS 值以及 E_1^s 与 E_2^s 的关系得到被测目标的 RCS 测量结果。

12.1.2　远场测量条件

通过雷达截面积的理论定义式得知，为了消去距离对 RCS 特性的影响，雷达和目标间的距离需要为无限大。这种限制实际上是将对目标照射的球面波等效为平面波照射。由于目标与测量雷达距离的局限性，入射到目标上的电磁波几乎都是球面波，RCS 测量的远场条件即是研究在怎么样距离条件下，可以将实际测量中的球面波近似为平面波[168]。

解决这个问题的一种方法是假设雷达为点源，考察入射到与目标不同宽度口径上相位波前偏离均匀分布的情况。根据图 12-3 所示几何关系，可求得用距离 R 和目标横向尺寸 d 表示的最大路径差

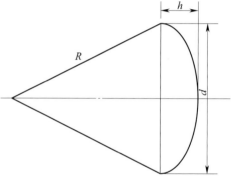

$$h = R\left[1 - \sqrt{1 - \left(\frac{d}{2R}\right)^2}\right] \qquad (12-2)$$

假设 $d \ll 2R$，则有

$$h \approx \frac{d^2}{8R} \qquad (12-3)$$

图 12-3　平面波前在目标口径面上的
相位偏移

因此，入射到目标中心与目标边缘处的电磁波相位差是 kh。通常要求该相位偏移小于 $\frac{\pi}{8}$ rad（即 22.5°）就认为是近似的平面波入射，于是可得到常用的 RCS 远场测量条件是

$$R_0 \geq 2\frac{d^2}{\lambda} \qquad (12-4)$$

其结果与天线方向图测量中的远场条件相似。

12.1.3　背景条件

（1）背景噪声的影响

E_T^s 背景杂波是指由其他非被测目标原因产生的回波。杂波可以分成两种类型：其一是由无线电设备和自然界的电磁信号等组成的外界干扰信号，如通信、广播、雷电信号等；其二是由于 RCS 测量系统发射信号的照射下，由其他物体产生的回波。在 RCS 实际测量的过程中，背景杂波电平太高，或者被测目标的 RCS 太低，都将严重影响测量的精度。

设待测目标回波场强为 E^s，背景回波场强为 $E^{s'}$，两者夹角为 ϕ，如图 12-4 所示。

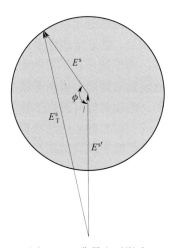

实际接收的回波场强 $E^s_T = E^s + E^{s'}$

写成标量形式为

$$E^s_T = \sqrt{\left[(E^s)^2 + (E^{s'})^2 + 2E^s E^{s'} \cos\phi \right]} \approx$$
$$E^s \left(1 + \frac{E^{s'} \cos\phi}{E^s} \right) = E^s (1+\alpha) \qquad (12-5)$$

当 $\phi=0°$ 和 $\phi=180°$ 时，对应的最大和最小误差分别为

$$\Delta\sigma_{\max} = 20\log(1+|\alpha|) \qquad (12-6)$$

$$\Delta\sigma_{\min} = 20\log(1-|\alpha|) \qquad (12-7)$$

图 12-4　背景电平影响

表 12-1　目标回波与背景回波之比同 RCS 测量精度的关系

目标回波与背景回波比 /dB	31	25	19	16	10.69
精度 /dB	0.25	0.5	1	1.5	3

（2）目标支撑结构

背景噪声来源中最重要的是支撑目标的支架带来的。它在距离（或时间）上又和目标回波相同，无法采取距离波门选择技术来消除支架的散射。低散射支架问题也是 RCS 测量中需要解决的重要问题。常用的低散射目标支撑方法有低密度泡沫支架，高强度非金属支撑线，涂覆吸收材料的塔架，空心固体塑料支架等 4 种[169]。

在这 4 种支架中，第 1 种较为成功且使用广泛，而第 4 种则使用较少。它们都有其优点和局限性。当设计和使用得当时，泡沫塑料支架的背景反射小，但其承重能力有限。用非金属线悬吊目标比泡沫塑料支架的背景反射还要小，但目标的方位角控制难以保证。金属塔架具有良好的载荷特性，但要求有特殊的配件才能把目标固定，因而目标必然会在固定点受到伤害；此外，涂覆吸波材料的金属支架会使目标与支架间的耦合增加，且造价也很高。塑料管支架通常仅能在窄频带内使用，此时塑料管的前面和后面的反射可能"调谐"到彼此对消，但在频带以外，其干扰回波可能和金属支架一样高。

（3）目标与地面的干涉

对于有些目标来说，目标与转台或地面间存在相互作用和散射场干涉，带来的影响可能很大。对于散射几乎是无方向性的目标，如球体、接近于侧面入射的圆柱体等，就有可能出现如图 12-5 所示的多重散射现象。由于目标直接散射的回波与多重散射回波具有不同的路径长度，因而在目标主回波后可出现一系列的"重影"回波，虽然重影回波的反射强度没有实际目标那么高，但它

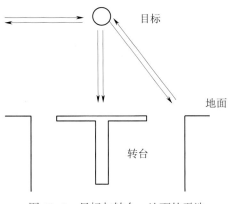

图 12-5　目标与转台、地面的干涉

们也可能达到足以构成同相叠加或反相抵消的程度（这决定于目标高度），因此会引入测量误差。由于金属球是最常用的定标器，所以这种误差的潜在威胁比设想的更普遍一些。

为了减小目标与地面干涉的多径影响，最方便的办法是用雷达吸波材料覆盖转台和目标附近的地面。但由于吸波材料暴露于大气之中，且承受目标、支架、目标装卸人员等重压，因此对材料的力学性能要求亦很高。

利用短的雷达脉冲宽度是消除目标与地面相互作用的另外一种方法，包括实际的短脉冲或借助于现代跳频技术综合而成的短脉冲。将"距离波门"技术应用在，当目标长度相对目标离地面的距离小很多的情况下，将目标最远部分回波以后的其他所有杂散回波人为地置零，以达到时域滤波效果，从而有效地消除了目标与地面多重散射的影响[170]。

12.1.4 缩比原理

在实际测量中，由于微波暗室中静区尺寸的限制，通常并没有条件进行目标的全尺寸测试。缩比模型在生产、测试过程中比真实目标更方便，成本更低，且电磁缩比理论可以很有效地给出缩比模型与真实目标的雷达波散射特性之间的关系。

当目标的尺寸缩小 N 倍时，入射波频率必须相应增加 N 倍，以保证目标对应波长的电尺寸保持一致。针对不同材料的被测目标，其缩比理论各不相同，通常有理想导体、理想介质、不良导体、色散介质 4 种类型：

①对于理想导体，介电常数和磁导率为不随频率变化而变化的固定常数，电导率趋于无穷大，则全尺寸目标的 RCS 应在缩比 N 倍的模型 RCS 基础上增加 $10\lg(N^2)$ 的增量。

②对于理想介质目标，介电常数和磁导率不随频率的变化而变化，电导率为零，则全尺寸模型与缩比模型的 RCS 同样满足 $10\lg(N^2)$ 的差值的关系。

③对于复合材料、碳纤维结构等不良导体，其电导率为有限大常数，当模型尺寸缩小 N 倍，电导率必须增大 N 倍。此情况下，缩比模型测试结果能推导至全尺寸模型测试结果，但模型的制造就变得很难了。

④对于吸波涂层、吸波结构等色散介质，其介质参数（如磁导率、介电常数）随频率的变化而变化。对于吸波涂层，物理模型较为简单，介电常数、磁导率随频率变化，在测试过程中可以适当调整和修正，但模型制造材料的模拟也变得更难；对于吸波结构，由于内部结构的复杂性和不良导体的存在，我们除了要考虑电阻片的电导率、介质的介电常数的修正，还要考虑实际结构几何尺寸的调整，因此进行缩比测试较麻烦。

12.2 室外 RCS 测量

12.2.1 室外 RCS 测量的特点

为了满足要求的远场条件，场地的纵向长度必须要很大。由于无法建立尺寸非常大的微波暗室，早期的 RCS 静态测试主要限于室外测试。20 世纪 60 年代，美国和其他发达国家就建立了多个用于天线和 RCS 测量的室外测试场。时至今日，外场仍是全尺寸目标静态雷达波散射测量的重要手段。外场测量技术也不断取得新的发展。

室外静态场主要用于全尺寸目标包括实际武器装备的隐身性能的检测，它通过在室外搭建测量转台和轨道，形成大距离范围的测量系统，以此来满足散射特性测试所需的远场条件。

为了进行飞行器隐身性能评估和雷达波散射特性测量，美国在全国建立了几十个骨干实验室、研究中心和测试基地，技术已经十分先进。最具代表性的是建立于 1963 年的美国国立雷达目标散射特性测试场（RATSCAT），目前有主测试场地和先进测试系统（RAMS）两个外场、静态雷达特性测试场地（见图 12-6）。其他军工企业测试场还包括：洛克希德 – 马丁公司海伦达尔室外测试场、波音公司波德曼室外测试场（见图 12-7）。

图 12-6　美国国立测试场（主测试场和先进测试系统）

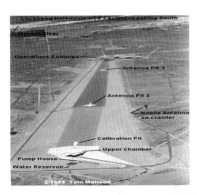

图 12-7　洛马公司与波音公司室外测试场

室外静态测试场历史长、直观、技术较成熟，是衡量武器系统低可探测设计效果的尺码，由于非金属结构材料大量用于军用飞行器等武器系统的设计制造。图 12-8 所示为外军典型隐身飞行器外场测试图例，自左至右依次为：F–35、X–47B 和直升机。

室外 RCS 测量的优点有：

①可以实现对大型目标的测试，即适合进行全尺寸、大目标等对目标尺寸无严格限制的散射特性测试；

②可以采用室内测试场难以实现的脉冲体制的测试雷达；

③具有优良的低频段性能。

室外 RCS 测量的缺点有：

①保密性较差，容易在卫星等装置侦察和拍照时暴露目标；

图 12-8　外军典型隐身飞行器外场测试图例

②室外 RCS 测试容易受到气候环境和周围建筑树木的影响，如雨水会损坏目标，雨点会带来干扰回波，大风造成的目标固定困难，以及不良环境造成的工作人员身体不适等；

③对微波高端和毫米波的大尺寸目标，难以满足必需的远场条件。

建造和使用室外 RCS 测试场需要解决的一个主要问题是要不要利用地面的影响。利用地面影响的优势是地面反射可能使目标上集中更多的能量，从而提高整个系统的灵敏度。利用地面的影响的劣势包括对目标和雷达天线的安装，以及对地面特性所提出的严格限制。

对于普通的 RCS 测量，室外测试场所需要的测量设备比较简单，但是为了取得相干数据，测量设备可能会变得相当复杂。

12.2.2　室外 RCS 测量设备

雷达测量设备的质量、数量和复杂性随测试场的不同而不同。在此仅介绍简单的幅度测量雷达。测试雷达系统所包含的各个基本单元在图 12-9 中给出。图中所示收发天线是两副分开的独立天线，但由于它们相距很近，对目标所张成的双站角很小，因而测试结果与单站情况也没有很明显的差异。若要试验严格的单站测量，即用同一副天线完成收发两项功能，通常需要把保护器安装在接收机上，防止因为发射机的高功率能量进入了接收机将其烧毁。另外，还应以尽量小的传输损耗将天线接收到的回波信号送至接收机[171]。

可调射频源的功能是产生发射能量，它们是具有几百毫瓦输出的低功率信号源。射频功率放大器的功能是将可调射频源产生的低电平信号放大到几千瓦的功率电平。射频功率放大器一般使用行波管放大器。脉冲发生器的功能是输出方波，以产生触发脉冲。该触发脉冲加在行波管的栅极，使行波管在短时间内导通从而形成高频发射脉冲。脉冲发生器的脉冲宽度和脉冲重复频率通常是可选择的。室外测试雷达的脉冲宽度的典型值是 $0.1 \sim 0.5\mu s$，占空系数（脉冲持续时间和间歇时间之比）的数量级大约是 0.5%。如果需要更大的发射功率，则可以采用两级行波管放大，第一级为输出几百瓦的小功率放大器，第二级为输出几百千瓦的大功率放大器。有的室外测试场则直接采用磁控管来产生从几千瓦到几兆瓦的脉冲功率。

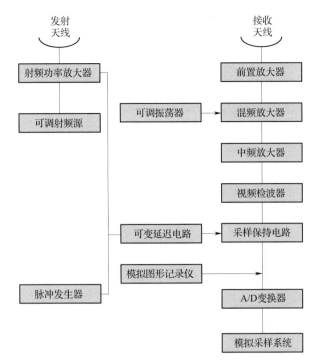

图 12-9　简单的幅度测量雷达框图

可调振荡器的功能是产生可调谐的本机振荡器信号，此信号与目标回波信号（发射频率）同时进入混频放大器。混频放大器输出的是二者频率之差的中频信号。可调振荡器是低功率器件，一般输出不超过 10mW。

需要注意的是，图中的可调振荡器和发射机的信号源是彼此独立而"自由振荡"的。对于相干雷达系统，二者必须同步，且要一起锁定。实现同步有很多种方法，方法之一是把这两个信号与一个低频晶体振荡器一起锁定。第三个信号源也必须锁入系统，以提供参考的中频信号，并与回波中频信号进行比较以便从目标信号中提取相位信息。

中频放大器可以是线性的或对数式的，其输出信号随输入信号分别呈线性变化或对数式变化。视频检波器为中放单元的一个主要部件，它输出一个可记录的慢变化低电平直流电压。采样保持电路的功能是实现在目标回波到达时对视频输出信号采样，从而去掉检波信号中所包含的地面反射干扰和其他非目标回波干扰。脉冲发生器的触发脉冲经过适当延迟后去触发采样保持电路，这个延迟的触发脉冲称为"距离波门"。距离波门的延迟时间应等于信号从反射天线到目标后再反射回雷达所需的时间之和，以保持在适当的时间对视频信号采样。

采样保持电路保持一个与目标信号相对应的电压，直到为再次采样而输出的下一个触发脉冲到来为止。因此，采样保持输出信号是一个可以记录的慢变化直流电压，经适当放大和处理后可将其输出直接送入模拟的绘图记录仪中。图样的位置随安装在目标转台转轴上的同步装置而移动，以使记录仪的曲线位置直接与目标的视线角相联系，这样就可绘出目标旋转时所测量到的散射方向图[171]。

现代测试雷达大都装有数字式记录系统，此时必须用模数（A/D）变换器把采样保持电路的模拟输出变换成数字形式。A/D 变换器有多种型式，可根据分辨率和脉冲重复频率等若干因素来选择。

实际的测试雷达系统可能要比图 12-9 给出的框图还要复杂得多。测试设备确定后，则需要设计测试场地和安装各种测试设备，包括选择测试场的尺寸和测试距离；确定天线和目标的架设高度等参数；设计和制造目标支撑系统等。测试场建成后应检测目标附近的入射场结构，以确保场分布不均匀性小到可以接受的程度，否则需要调整天线和其他系统。同时还需要测量背景回波（大部分是由目标支架产生的），确定是否满足给定测量精度所需的信噪比，否则应调整支架或其他系统。

在正式测量目标 RCS 之前，应对系统进行"定标"，即将事先校正了的标准目标（通常是适当大小的金属球）放在支架上目标的中心位置处，根据已知的（理论的）定标目标回波来校正整个测试系统，然后移去定标目标并安装被测目标，旋转目标并记录下随视线角变化的数据。移去目标后再重新校正系统和背景信号。再次放上目标后进行观测，考证数据的正确性，如果数据可用，并和预期的一样，则可取出处理数据的实时图，进行下一次测量。

12.2.3　场地距离要求

RCS 测量必须满足以下远场条件

$$R \geqslant \frac{2D^2}{\lambda} \qquad\qquad (12-8)$$

表 12-2 给出点源情况下，波长 λ =3mm 时不同目标尺寸 D 所要求的最小测试距离。

表 12-2　点源情况下最小测试距离表（波长 λ=3mm）

项目	数　值				
D/m	5	10	15	18	20
R/m	1667	6667	15000	21600	26667

由该表可见，λ=3mm 时，对 20m 的飞机测试距离要求 27km。

表 12-3 给出了一些国外典型室外静态 RCS 测试场地的情况。由该表可见，场地类型多为地面反射场（或称为地平面场），在有些情况下，也可以采用自由空间场。根据目标的尺寸和测试频率不同，测试距离要求不同，因此一般外场的测试距离设计成便于改变的状态。例如，在一条测试跑道上设置几个转台，或者将不同距离的目标转台安放在不同跑道上。多数外场的最大测试距离为 1km 左右。这比上面举例中提到的距离（27km）短很多。显然，人们并不能完全根据远场条件决定室外测试场的距离，而必须根据可选用的场地条件以及要求的系统灵敏度和动态范围等多方面因素合理折中。

表 12-3　国外典型室外 RCS 测试场地[171]

名称	场地类型	测试距离 /m	目标支架	频率 /GHz
Ratscat 国家测试场	地平面场	138 ～ 2250	低反射泡沫架、金属	0.03 ～ 24
Boeing 公司	地平面场	45 ～ 1200	聚乙烯泡沫架	1 ～ 18
Martin 公司	自由空间场	200 ～ 800	低反射泡沫架、金属架	0.5 ～ 18
Rockwell 公司	地平面场	90 ～ 870	聚氨酯泡沫架	0.5 ～ 17.5
McDonnel 公司	地平面场	405 ～ 1149	低反射泡沫架、金属架	0.15 ～ 24

12.2.4 地面影响和消除

我们在进行 RCS 测量时，通常除了测试雷达至目标的直达波外，还要测量经地面反射到目标的电磁波。后者相当于雷达天线在地面以下的镜像天线直接到达目标的电磁波。如果进行了合理的设计，可通过两种电磁波的叠加来提高系统的灵敏度，另外，利用地面反射还可能增加信号强度。这种利用地面反射提高增益的场地称为地平面场或地面反射场[170]。

图 12-10 为地面反射场示意图，此图也可表示地面的影响。地面的影响主要取决于入射波在镜面反射点 P 处的反射特性。对于光滑平面，反射点的位置可由地面下的镜像天线的位置计算给出。RCS 测量时，直射路径为 ATA，镜像路径为 APTPA，双向路径 I 为 ATPA，双向路径 II 为 APTA。实际上，两条双向路径是双站回波，因为对目标的入射波角度和散射角度是不同的。不过对于多数测试场而言，天线高度 h_a 远小于测试距离 R，故其双站角 γ 是很小的。

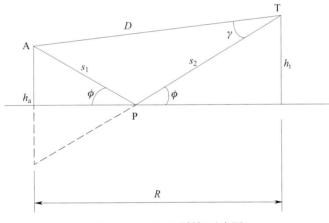

图 12-10 地面反射场示意图

设 σ_0 为自由空间中的雷达截面积，σ 为受地面影响的雷达截面积，ρ 为地面的有效反射系数，D 为直达路径的长度，$I = S_1 + S_2$ 为间接路径长度，则[172]

$$\sqrt{\sigma} = \sqrt{\sigma_0}\left[\,e^{-j2kD} + 2\rho e^{-jk(D+I)} + \rho^2 e^{-j2kI}\,\right] \tag{12-9}$$

式中，$\sqrt{\sigma_0}\,e^{-j2kD}$ 相当于自由空间的回波散射，$\sqrt{\sigma_0}\,2\rho e^{-jk(D+I)}$ 相当于双站回波散射，$\sqrt{\sigma_0}\,\rho^2 e^{-j2kI}$ 相当于镜像回波散射。

对式（12-9）两边平方取振幅，得到

$$\frac{\sigma}{\sigma_0} = \left|\,1 + \rho e^{-jk(I-D)}\,\right|^4 \tag{12-10}$$

对于理想导体，$\rho = 1$，可得

$$\frac{\sigma}{\sigma_0} = \{2\sin\left[\,(kI-kD)/2\,\right]\}^4 \tag{12-11}$$

当 $(kI-kD) = m\pi$，$m = 1,2,3$ 时，σ/σ_0 取得极大值。

根据图 12-10 所示几何关系，可以写出

$$D = \left[(h_t - h_a)^2 + R^2\right]^{1/2} \approx R + \frac{(h_t - h_a)^2}{2R} \tag{12-12}$$

$$I = \left[(h_t+h_a)^2+R^2 \right]^{1/2} \approx R + \frac{(h_t+h_a)^2}{2R} \qquad (12\text{-}13)$$

D 和 I 两者的路径差 δ 为

$$\delta = I - D \approx 2\frac{h_a h_t}{R} = \frac{m\lambda}{2} \qquad (12\text{-}14)$$

当 $m=1$ 时，使散射场最强的表达式近似为

$$h_a h_t = \frac{R\lambda}{4} \qquad (12\text{-}15)$$

式（12-15）是地面反射场采用的"高架公式"。满足该式时，接收的功率比目标在自由空间时大 16 倍。图 12-11 表示地面反射场相对功率增益与目标垂直高度的关系[172]。实际应用时，一般采用地面干涉图的第一个最大值。

以上讨论的是理想导体地面，其反射系数为 -1。在微波段（1.5 ~ 15GHz），实际土壤的掠入射系数模值约 0.9，相角为 170°。此时目标处直达波和反射波的干涉波形与图 12-10 差别不大，第一波瓣的相对高度基本不变，相对功率增益降低 1dB。

另外，地面的反射系数与土壤的类型、湿度和粗糙度有关。粗糙表面向各个方向散射能量，地面愈粗糙，散射也愈强。能量的散射减小了在指定方向上的反射。因此，愈粗糙的地面，在 RCS 测量中其信号增强作用也愈小。为此，可用两个彼此独立的因子分别计入土壤性质和粗糙度对地面有效反射系数的影响

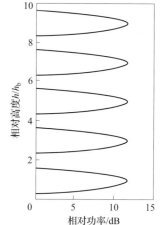

图 12-11　地面反射场相对功率
增益与目标垂直高度的关系

$$\rho = \Gamma \rho_s \qquad (12\text{-}16)$$

式中，Γ 是由完全平整的介质表面给出的经典菲涅尔反射系数；而 ρ_s 则是考虑了因地表面的粗糙而使反射系数减小的粗糙因子，它是一个介于 0 ~ 1 之间的实数，且

$$\Gamma_v = \frac{\sin\phi - \sqrt{\varepsilon_r - \cos^2\phi}}{\sin\phi + \sqrt{\varepsilon_r - \cos^2\phi}} \quad (水平极化) \qquad (12\text{-}17)$$

$$\Gamma_h = \frac{\varepsilon_r\sin\phi - \sqrt{\varepsilon_r - \cos^2\phi}}{\varepsilon_r\sin\phi + \sqrt{\varepsilon_r - \cos^2\phi}} \quad (垂直极化) \qquad (12\text{-}18)$$

式中，ε_r 为地面材料的相对介电常数，ϕ 为入射电磁波的擦地角，如图 12-10 所示。

表面粗糙因子 ρ_s 可以由下式估计，即

$$\rho_s = \exp\left[-8\pi^2\left(\frac{\sigma_h}{\lambda}\sin\phi\right)^2 \right] \qquad (12\text{-}19)$$

式中，σ_h 为地面不平度的均方根值（rms）。如果规定擦地角 $\phi=1$，$\rho_s=0.9$（干涉波瓣幅度降低 1dB），则得到 $\sigma_h=2\lambda$。对于不同频率，地平面场的不平度如表 12-4 所示。

表 12-4　地平面场的不平度要求

项目	数　值		
频率 /GHz	3	10	40
σ_h/cm	20	6	1.6

由此，对测试场地面进行平整和夯实，或用沥青或混凝土筑成以保证要求的地面平整度。地面的复介电常数 ε_r' 和 ε_r'' 与地面含水量有关，这将使地平面场的应用受到天气的影响。由式（12-16）可以看出，ρ_s 只影响反射系数的振幅而不影响反射系数的相位。因此，当 ρ_s 变化时，式（12-15）仍然成立。

然而，相比利用地面反射而言，消除地面影响有时具有更大的优越性。建立反雷达杂波干扰屏障是抑制地面反射的一种方法。图 12-12 给出了一种典型的装置。为了有效地消除地面镜像点的反射，通常需安装多个屏障。这种屏障是用金属薄片或金属栅条做成，并且为了减小向雷达的反向散射，可用吸波材料涂覆屏障的前面；为了抑制屏障上边缘对目标的绕射，可把屏障的上缘做成锯齿形。

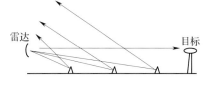

另一种方法是在目标与雷达间建立一个三角形的护道，如图 12-13 所示。这种护道也可以是地面上的一座山峰，但为延缓风化，应该用沥青或混凝土进行加固。为减小棱边向目标反射，护道的顶角应是尖的，而不能是圆的。斜边应该很宽，以便能很好地把能量反射到目标区域的外面。典型护道高约 1.2m，宽约 6m。

在毫米波段，可以通过采用高增益天线或增大天线高度和目标高度，从而减小对地面的照射来有效抑制地面的反射。

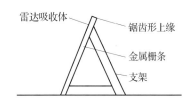

图 12-12　反雷达杂波干扰屏障

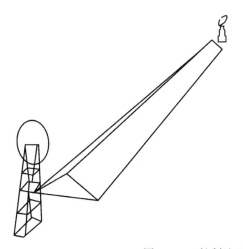

图 12-13　抑制地面反射的护道

12.3 室内 RCS 测量

12.3.1 室内 RCS 测量特点

室内 RCS 测量的优缺点正好和室外 RCS 测量相反。室内测量避免了气候影响这个最不利的因素，测试人员也可以在舒适的环境中工作。另外，室内的环境有效防止了目标被卫星等设备的侦察，同时，具有屏蔽作用的测试场外壁也有效防止了雷达能量的泄露，这都有利于测试的保密性。

由于空间和尺寸的限制，室内测量只能测量较小的目标，这是室内测量最主要的缺点，并且进行室内测量时还需要对墙壁反射的影响进行消除或减小。尽管吸波材料可以有效地减少墙壁反射带来的影响，并且采用适当的仪器也可以用来进一步抑制墙壁反射，但一个无回波微波暗室的建造需要相当可观的人力、物力和财力。因此，室内 RCS 测量的一个重要问题就是暗室的设计[173]。

室内测量一般是在微波暗室中比较狭窄的区域进行的，因此一般脉冲雷达都需要进行一定的改进设计才能投入使用。因为在发射机和接收机之间都存在较强的直接耦合，而较为微弱的目标回波一般只可延迟一个较短的时间，因此可能完全淹没于强大的直接耦合发射脉冲之中。

所以，室内 RCS 测量一般选择恢复时间短、设备费用低的连续波雷达系统。由于时间延迟特性的差异在这种系统中不能被用来隔离干扰杂波和信号回波，因此我们会加装特殊的连续波对消系统，用来对消不需要的干扰杂波[174]。

紧缩场通过在微波暗室内采用精密的反射面，通常可分为单反射面与双反射面系统，将点源产生的球面波在近距离内变换为平面波，从而实现散射特性测量要求的单一平面波照射和单一平面波接收的条件（见图 12-14）。典型的室内紧缩场测量系统，如林肯实验室的紧缩场（见图 12-15）可以测量尺寸为 3.6m 的目标，波段为 400 ~ 100GHz。

紧缩场占地小、效率高，不仅可以高精度地检测目标的 RCS，提取其点频信号、频响特性、多维高分辨率成像，而且可以完成材料反射率及其电参数的测量，所有这些都是完成目标低可探特性研究必不可少的，随着紧缩场设计和制造趋于成熟，需求更加迫切，超大型紧缩场将得到发展，美国波音公司已研制出静区达 12m 的超大紧缩场。

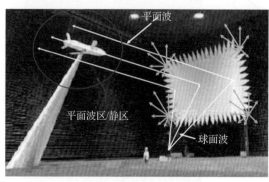

（a）单反射面

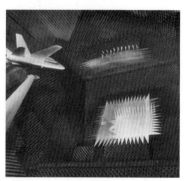

（b）双反射面

图 12-14 紧缩场测量示意图

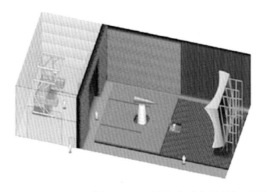

图 12-15　林肯实验室紧缩场及其反射面

12.3.2　暗室结构

矩形暗室是出现最早并且应用最广的暗室形状，因为矩形暗室的形状容易建造。但是我们发现，已装有吸波材料的微波暗室，仍可能像利用地面的室外测试场一样受到多径效应的影响，如图 12-16 所示。因此我们选择在地面、天花板和两个侧壁这 4 条可能的反射路径处安装高质量的吸波材料。

带波纹的设计是早期抑制墙壁反射的一种办法，即在墙壁、天花板和地面的中点处做成纵向的折线形状，如图 12-17 所示。这些折线能使其反射波不传向目标区域，而反射到其他方向，和室外测试场消除地面影响的护道起到相同的作用。墙壁反射扰动最小的"静区"尺寸取决于尖顶高度相对于横向宽度的百分比[174]。

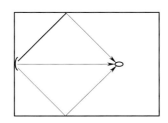

图 12-16　矩形微波暗室的多路径影响

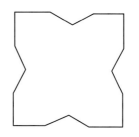

图 12-17　凹形墙暗室的横截面

最好的微波暗室形状是图 12-18 所示的锥形结构，这种结构优于一般的矩形暗室是因为它能有效地去掉产生镜面反射的两个墙边。在用小喇叭作为发射天线来探测暗室内部场强时，除发现矩形结构中的多径效应已基本消除外，还发现场强随传播距离的衰减偏离了自由空间的值，呈现不规则性。后来发现这是由于锥形暗室顶点附近的多路径反射所致。由于处在暗室顶点的照射天线不是一个点源，而墙壁反射又十分靠近天线，因而在暗室轴线方向产生了一个干扰波，它的影响改变了辐射场的衰减速度。尽管如此，锥形暗室仍优于矩形，特别是当低频测量而不能使用高增益天线来减少边墙照射的情况下。

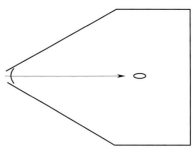

图 12-18　锥形暗室结构，
可减小边墙反射

12.3.3 紧缩场技术

微波暗室尺寸的有限性，无法满足较大目标需要获得的平面波入射条件。紧缩场技术解决了这一问题，它是通过利用一种高频准光学装置（如透镜和反射镜）来校正天线的辐射波束，使之在一定范围内的入射波前成为平面，因而可在通常标准远场距离的几分之一处进行较为精确的室内 RCS 测量。能量透过微波透镜，天线与目标分置于透镜两侧，如图 12-19 所示。使用反射镜时，能量被反射，天线和目标须置于反射镜的同一侧，如图 12-20 所示。这种紧缩场装置实际上就是面天线中的相位校正器。

透镜的一个面通常是平面，另一个面则是旋转双曲形的凸面，如图 12-19 所示。透镜凸面朝向源天线，平面朝向目标，这样可以减少透镜表面的反射波进入天线。双曲线的形状取决于透镜的焦距 f 和材料的折射率 n。

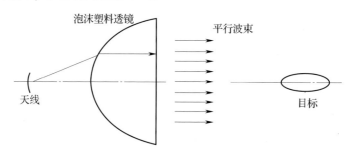

图 12-19 使用微波透镜的紧缩场

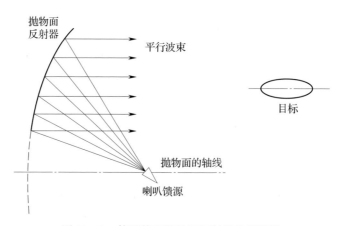

图 12-20 使用偏置抛物面反射器的紧缩场

设计透镜剖面是以辐射器到透镜平面口径上任意点都具有相等光程为依据的。由图 12-21 可见，经过任意点 P 的光程为 $[(FP)+n(PP_1)]=[(FP)+n(QQ_1)]$ 应等于沿轴线的光程 $[(FO)+n(QQ_1)]$，即 $FP=FO+n(OQ)$。

若采用极坐标，设 P 点坐标为 (r, ϕ)，则等光程条件可写为

$$r=f+n(r\cos\phi-f) \tag{12-20}$$

即

$$r=\frac{(n-1)f}{n\cos\phi-1} \tag{12-21}$$

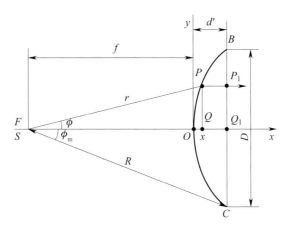

图 12-21　介质透镜剖面计算

当 $n>1$ 时，透镜的表面只有双曲线的形式。可得口径张角 ϕ_m 为

$$\sin\phi_m = \frac{D}{2R}\qquad(12\text{-}22)$$

式（12-22）中，R 是从焦点 F 到透镜边缘的距离；D 为透镜直径，则

$$R = \frac{(n-1)f}{n\cos\phi_m - 1}\qquad(12\text{-}23)$$

如取 $y=D/2$，$x=d'$，则可得透镜厚度

$$d' = \frac{-f}{n+1} + \left[\left(\frac{f}{n+1}\right)^2 + \frac{(D/2)^2}{n^2-1}\right]^{1/2}\qquad(12\text{-}24)$$

可知，当 D 和 f 为任何值时，都能得到一个 d' 使源天线的球面波经过透镜后校正成为具有平行射线路径的平面波。

12.3.4　近场技术

随着隐身与反隐身技术的发展，实际飞行器产品的细节测试与验证测试需求正变得越来越迫切，如何利用地面设施（如机库、厂房等）建立经济、高效和可靠的室内散射特性测试手段用于隐身性能的出厂验收或装备部队后的维修检测显得十分必要。

近年来，随着计算机及传感器技术的飞速发展，RCS 近场测试方法在目标特性领域受到越来越多的重视，该方法采用近距离变换测试与远场测试进行相对比较的方法进行产品隐身性能的出厂验收及使用维护后的检定测试，该技术效率高、成本低，逐渐成为散射特性测试领域关心的热点问题，并不断加强与关注其理论与技术的发展。图 12-22 给出了室内 RCS 近场测试场布局，飞行器采用起落架支撑方式置于图中所示的目标区，通过地面转台可旋转飞行器目标，位于场地一侧的专用仪表雷达发射并接收飞行器在不同角度下近场散射响应，利用近远场变换关系得到远场散射特性，同时为减小墙壁对目标测试的影响，在场地相应位置铺设吸波材料[175-176]。

近年来发展的室内近场测量技术，采用近场变换测量与远场测试进行相对比较的方法进行产品隐身性能的出场验收及使用维护后的检定测试。该技术效率高、成本低，逐渐成为散射测量领域关心的热点问题，各国都在不断加强与关注其理论与技术的发展。近年

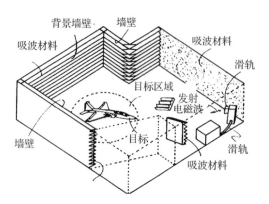
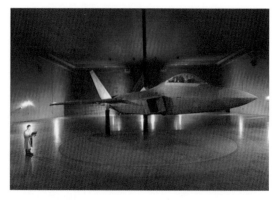

图 12-22　RCS 近场测试示意图

来，近场散射特性测量在目标特性领域受到越来越多的重视。其中，美国、俄罗斯、欧洲各国、印度、南非等都加快了近场散射特性测量研究，并已开发出相应的近场测量设备，使近场测量真正走向了实用化。典型的近场测量系统是美国洛克希德 – 马丁公司的 ATF（acceptance test facility），该装置通过在有限的距离内测得的近场数据外推出其远场散射特性，在 F-22 和 F-35 战斗机的研制与出厂验收（见图 12-23）中，隐身效果的验证均是利用该测量系统来完成的。该测量系统效率高，与相关的硬件相配合，现在已经实现在一天内完成 F-35 隐身性能的初步验证。

图 12-23　F-22 和 F-35 近场测量示意图

近场测量多用于天线辐射特性测量，散射近场测量与辐射近场测量相比较，表面上只是被测目标有所改变。然而，正是由于被测目标的不同，导致了两种方法本质上的区别。在多数情况下，辐射近场测量多用于测量天线的方向图。一般而言，人们设计一副天线，对天线的技术指标有先验的信息。天线多为锐波束，测量时由天线发射出辐射场，只要扫描截断电平低于 –35 ～ –40dB 就能够保证截断误差小。散射近场测量并非如此，相比辐射近场测量，散射近场测量则更为复杂和困难。一般我们需要一个照射源对这些无源的散射体进行照射。待测目标的散射能量也不同于天线集中在某一个方向上，而是将入射场向各个方向散射。这时，扫描面的截断误差将使后向空间散射方向图的可信域变小。散射近场测量也很大程度上受到测量环境的影响。如此来看，进行散射近场测量时，我们需要考虑以下几个问题：

①怎样提供高质量的照射平面波；

②怎样有效减少由有限扫描面引入的截断误差；

③怎样提供较好的背景相消和系统校准；

④怎样在工程应用中减少机械扫描时间等。

理论上，目标散射特性的测试是建立在雷达与目标间距离无限远的基础之上的。换言之，照射目标的电磁波必须为理想平面波，此时电磁测试系统的输出可严格地表示为目标的真实散射特性，当目标与测试雷达的距离不能满足上述条件时，雷达波散射为近场散射，此时测试系统的输出不能代表目标的真实散射特性。因此散射特性的近场测试需要对采集到的信号进行相关变换才能得出目标的真实远场散射特性。近场 RCS 测量常用的方法有以下几种[177]。

（1）双探头扫描的近场 RCS 测量

近场散射测量的常规测量方法之一就是双探头平面近场扫描。根据综合平面波理论，在进行近场散射测量时，可以利用一个发射探头在一个平面内扫描，可综合出入射的准平面波。接收探头为了测出散射近场的幅度和相位分布，在另一平面内进行近场扫描。伴随发射探头的每一次移动，接收探头都在全平面内扫描一次。然后在计算机中，将发射探头位于不同位置时，接收探头测得的散射近场进行加权叠加处理，即可得到不同方向入射的准平面波投射到待测目标上产生的散射近场的幅度和相位分布，然后通过近远场变换即可求出目标一个角域内的散射远场，进而可以确定目标的双站远场 RCS[178]。

在实际应用中，多采用发射探头和接收探头位于同一个平面的双探头共平面近场扫描。如图 12-24 所示，设探头 1 用作发射，探头 2 用作接收，并在距目标前方 z=d 的平面上进行扫描测量。

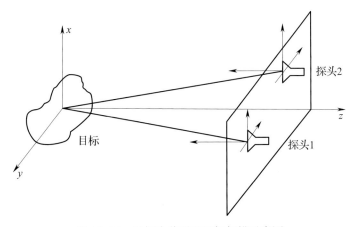

图 12-24　双探头共平面近场扫描示意图

（2）自收自发平面近场 RCS 测量

双探头共平面扫描测量是近场 RCS 测量的一种常规方法。这种方法不但一次测量就可以获得丰富的信息量，并且理论上还适用于任何目标的 RCS 测量。我们可以通过对所得数据进行数据处理，实现入射平面波方向的变化，从而获得不同入射方向平面波照射下目标的空间散射特性。这种方法不仅能得到目标的单站（后向）散射特性，也能得到目标的小双站角散射特性[177]。

事实上，在实际测量时，由于每固定一个发射探头的位置，接收探头就要完成一次全平面的扫描测量，因此所需要的测量时间比较漫长。同时，测量时间与取样点数几乎成四次方的关系，对于一些电大尺寸或物理大尺寸的目标，为了完成一次测量有时需要消耗几周，甚至几年的时间。如此漫长的测量时间成为我们进行近场散射测量工程化的严重障碍。另外随着测量时间的增长，还会引入一些由于系统不稳定、环境温度变化、背景对消困难等带来的误差。近场数据采集是整个测量过程中最为耗时的一个重要环节，怎样能在保证精度的情况下提高测量速度的问题对于提高整个近场测量的效率具有重要意义[179]。

为了解决上述问题，基于物理光学近似，自发自收平面近场散射测量的方法逐渐被提了出来。在高频情况下，由高频局部性原理可知，目标各个部分的散射是独立产生的，其他部分影响的积累量很小，甚至是可以忽略的。同样，在高频时，只有自发自收近场数据对远场起主要作用，其他数据的相位快速振荡变化，从而在远区的一个小的角度范围内其贡献的累计量可以忽略。由这个理论得出，散射体某个方向的后向散射总场与其他方向散射场的波谱无关，仅与该方向散射场的波谱有关。该方法之所以能使测试时间按开方律下降，是因为这种方法只需一个探头自发自收，或者是将收发探头并在一起共同移动，作一次全程扫描。易知，这种测量方法简化了测试过程，使得工程上变为可行，但是相对于双探头共平面方法，它只使用了双探头测量中自发自收的数据，自然损失了许多的信息。实验测量结果表明，测量所得到单站 RCS 的相对量在扫描面外法向附近一个角域内具有良好的工程精度。此理论为散射近场测量实用目标（如飞机的缩比模型）奠定了良好的基础，使散射近场测量真正走向了实用化[177]。

（3）近场的无相位（标量）测量

前述的近场测量方法，都是通过测量出近场的相位和幅度，从而利用近场理论计算出天线的远场电特性。然而，由于各种不同因素的影响，随着频率的增加近场相位测量越来越不准确。这些因素包括：探头定位误差（特别是在与扫描平面垂直的方向上）、温度变化、连接探头与接收器电缆的机械运动以及发射和接收机的稳定性和精度。尤其是在毫米波或亚毫米波波长的测量中，相位测量变得特别的不可靠。因而，基于模式分析可靠性的要求，以及对场的相位分布情况精确性的要求，测量也就需要更加精密的测量设备或技术。随着工作频率以及待测天线尺寸的增加，测量成本也变得更加昂贵。近年来，许多近远场变换方法慢慢被提出，用以简化计算公式和测量系统，并且降低测量时间与测量的相位误差。目前，微波全息技术和相位恢复技术是最有前途的技术。

①微波全息技术

微波全息技术是以 Gabor 全息术作为基础，开发了 AUT（antenna under test）及发射参考波之间的干涉场强模式的测量方法。此模式测量是通过数值计算获得 AUT 的远场，还存在许多的缺点。首先，测量平面必须离孔径平面充分远，目的是获得一个合理的扫描时间，即可以接受的测量间隔。那么，如果要在 1000GHz 测量一个直径为 2m 的天线，测量平面需要距离天线 15m。由于测量平面离天线的距离要大于常规近场测量，导致了测量设施成本的显著增加。另外，由于必须将参考波从测量信号中去除，以获得 AUT 的远场，因而远场估计的准确性与参考天线的精确性密切相关。在测量过程中，参考波稳定性的保证在 AUT 的尺寸和频率增加的时候变得十分关键。

②相位恢复技术

相位恢复技术即考虑只采用幅度信息来重新获得整个矢量场分析的方法。这种方法在近远场变换技术和天线测量及诊断中获得很大的关注。

该方法的基本思想为[179]：测出 S_1，S_2 两个面的幅度值（A_1，A_2），人为选定 S_1 面测量值的相位（ϕ_1），先由 S_1 面的幅度、相位值（A_1，ϕ_1）计算出 S_2 面的幅度、相位值（a_2，ϕ_2），用 A_2 代替 a_2，再由（A_2，ϕ_2）求出 S_1 面的（a_1，ϕ_1），用 A_1 代替 a_1，重新由（A_1，ϕ_1）求出 S_2 面新的（a_2，ϕ_2），如此迭代下去直至 $A_1-a_1 \leqslant \varepsilon$ 和 $A_2-a_2 \leqslant \varepsilon$（$\varepsilon$ 为测量精度），便可得到 S_1 或 S_2 面的相位分布。此时，可由 S_1 或 S_2 实测的幅度和迭代过程所得到的相位求得天线的远场电特性。

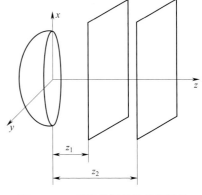

图 12-25　无相位测量的几何结构

③算法描述

考虑一个有限范围的源辐射的场，该场在 Σ_1 和 Σ_2 两个平面上被测量，Σ_1 和 Σ_2 相对于同一个坐标系位于 $z=z_1$，$z=z_2$ 的位置上（见图 12-25）。为了简单起见，假定探头是纯线性极化，场的每一个分量可以分开来处理。E_1^s 和 E_2^s 分别代表在 Σ_1 和 Σ_2 平面上的电场。远场 E 通过并矢线性算子与平面上的场 E_1^s 和 E_2^s 相联系。

$$E = T_1 \cdot E_1^s = T_2 \cdot E_2^s \tag{12-25}$$

式中，T_1 和 T_2 依赖于 Σ_1 和 Σ_2 的形状和位置。

将 Σ_1 和 Σ_2 上的切向电场分量的幅度平方分布，分别表示为 M_1^2 和 M_2^2，我们定义一个方程

$$M^2 = (M_1^2, M_2^2)^T \tag{12-26}$$

式中，$M_1^2 = E_1^{s*} E_1^s = B_1(E_1^s)$

假设 Γ 为联系 Σ_1 上的切向场分量 E_1^s 与 Σ_2 上的切向场分量 E_2^s 的一个线性算子，即

$$E_2^s = \Gamma \cdot E_1^s \tag{12-27}$$

则

$$M_2^2 = \left| \Gamma E_1^s \right|^2 = B_2(E_1^s) \tag{12-28}$$

由上式可以看到，B_1 和 B_2 是将 E_1^s 与两个近场扫描平面上幅度平方分布联系起来的算子，定义

$$M^2 = B(E_1^s) \tag{12-29}$$

其中，$B(E_1^s) = (B_1(E_1^s)$，$B_2(E_1^s))^T$。B 是一个二次算子，E_1^s 和 $\Gamma \cdot E_1^s$ 的实部和虚部均线性地依赖于它，它的取值范围为 $Y = L_2^+(-\infty, +\infty) \times L_2^+(-\infty, +\infty)$。

在理想情况下，精确测量所得的两组近场幅度分布 M_1 和 M_2 都存在，并且有唯一的远场 E 与之对应。如果用集合 l_1^s 和 l_2^s 分别代表在两个面上所测幅度对应的场

$$l_1^s = \left\{ E_1^s : abs(E_1^s) = M_1 \right\} \tag{12-30}$$

$$l_2^s = \left\{ E_2^s : abs(E_2^s) = M_2 \right\} \tag{12-31}$$

相应地，远场通过算子 $T_{1,2}$ 对 $l_{1,2}^s$ 的映射，分别表示为集合 l_1 和 l_2，则集合 l_1 和 l_2 有且仅有唯一的交点，该交点就是所求的远场 E，如图 12-26 所示。

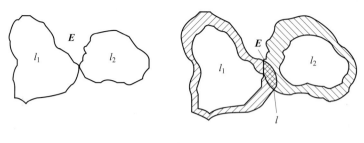

（a）理想数据　　　　　　　　　　　（b）含误差数据

图 12-26　远场映射示意图

由于测量误差不可避免，含有误差的所得数据与真实分布不同，表示为 $\tilde{M}_1^2$ 和 $\tilde{M}_2^2$。又由于噪声的存在，$\tilde{M}_2^2$ 并不属于算子 B 的取值范围 Y。因此，我们无法完全确定这样的解是一定存在的，问题变为了一个病态问题。然而，若在考虑实际测量所得的近场幅度对的同时，还在测量精度范围内考虑其他所有与测量数据匹配的幅度分布，那么，集合 l_1^s 和 l_2^s 范围扩大了，相应的远场集合 l_1 和 l_2 间不可避免地出现了交集 $l=l_1 \cap l_2$，如图 12-26（b）所示。l 内的任何一个元素都与现有的近场数据匹配，而我们的任务就是从中确定出所需的远场 E，即利用一组含有噪声的幅度平方分布来恢复 E_1^s，即

$$\tilde{M}^2 = (\tilde{M}_1^2, \tilde{M}_2^2)^{\mathrm{T}} \tag{12-32}$$

所以自然地引入了求解最小量的泛函

$$\phi(E) = \left\| \tilde{M}^2 - B(E_1^s) \right\|^2 \tag{12-33}$$

其中，$\|\cdot\|$ 是普通的二范数。由于我们讨论的是一个有限带宽的场。因此，规定 E_1^s 属于一个有限维集合 X，记为 X_0。而定义在这样一个集合上的泛函总存在一个最小量，所以本问题总存在一个解答。

泛函的最小量方程可以重写为

$$\phi(E) = \| |PE_1^s|^2 - \tilde{M}_1^2 \|^2 + \| |TPE_2^s|^2 - \tilde{M}_2^2 \|^2 \tag{12-34}$$

式中，$T=F\exp(-jk_z(z_2-z_1))F^{-1}$，$F$ 和 F^{-1} 分别代表正傅里叶变换算子及逆傅里叶变换算子。

（4）球面波点源测量技术

散射全双站测量时间周期长，工程上的电磁特性的近场测量通常是在近距离对目标进行球面波照射，采集近场数据，然后采用近远场变换以及信号处理技术外推出目标的电磁特性。对于实际三维空间中的目标体，若要完备描述需要采用三维成像的方法，目标的三维散射图能给出目标的三维空间散射分布数据，更有利于对强散射点的定位。目前，三维扫描方式主要分为平面扫描、柱面扫描和球面扫描三种。可以更进一步假设目标的高度充分小到在竖直面内满足远场条件，在上述假设下，近场照射为柱面波，此时的扫描方式可以简化为水平面内的直线与圆周扫描方式。

理论上，目标散射特性的测量是建立在雷达与目标间距离无限远的基础之上的。换言之，照射目标的电磁波必须为理想平面波，此时电磁测量系统的输出可严格地表示为目标的真实散射特性，当目标与测量雷达的距离不能满足上述条件时，雷达波散射为近场散

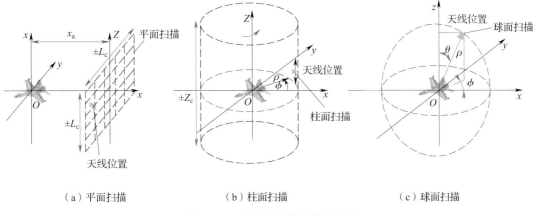

（a）平面扫描　　　　　（b）柱面扫描　　　　　（c）球面扫描

图 12-27　近场测量信号采集方式

射，此时测试系统的输出不能代表目标的真实散射特性。因此散射特性的近场测试需要对采集到的信号进行相关变换才能得出目标的真实远场散射特性。

理论计算与试验测量均表明，在高频区，目标总的雷达波散射可以认为是由某些局部位置上的雷达波散射所合成的，这些局部性的散射源通常被称为等效多散射中心，为了分析的方便，人们把位于目标表面不同位置、不同幅度散射中心的几何分布表征为散射分布函数。

以柱面扫描模式为例（如图 12-28 所示），收发天线沿垂直地面导轨以固定步长作线性运动，同时目标在转台的控制下作等间隔方位向旋转，天线以波数（$k=2\pi f/c$）对目标进行照射，并记录被测目标在所有频率点的散射回波数据，然后移至下一采样点重复同样的测量过程。探头为全方向性天线，目标为三维散射体，其散射分布函数为 $\gamma(x', y', z')$，其中（x'，y'，z'）表示散射中心的位置，γ 表示散射中心的幅度。电磁波的时谐分量为 $e^{j\omega t}$，ρ 为柱面扫描半径，（ϕ，z）分别表示目标旋转角度与扫描探头的高度。

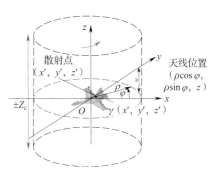

图 12-28　柱面扫描模式示意图

目标后向散射回波信号可表示为下式

$$u(k,\varphi,z) = \frac{1}{(4\pi)^2}\iiint \gamma(x',y',z')\left[\frac{e^{-j2kR}}{R^2}\right]dx'dy'dz' \qquad (12\text{-}35)$$

其中，各散射中心与扫描天线距离为

$$R = \sqrt{(x'-\rho\cos\phi)^2+(y'-\rho\sin\phi)^2+(z'-z)^2} \qquad (12\text{-}36)$$

式（12-35）中方括号部分 e^{-j2kR} 表示电磁波散射的双程相位延迟，$1/R^2$ 表示电磁波双程散射过程中的幅度衰减。

根据傅里叶变换的性质，采用扫频信号测量，对式（12-35）在频率域与距离域分别进行两次傅里叶变换

$$U(k,\phi,z) = \frac{1}{\pi}\int R\left[\int u(k,\phi,z)e^{-j2kR}dk\right]e^{j2kR}dR \qquad (12\text{-}37)$$

式（12-37）相当于对回波数据 $u(k,\phi,z)$ 在距离域进行加权，加权因子为 R，具体流程如图 12-29 所示。

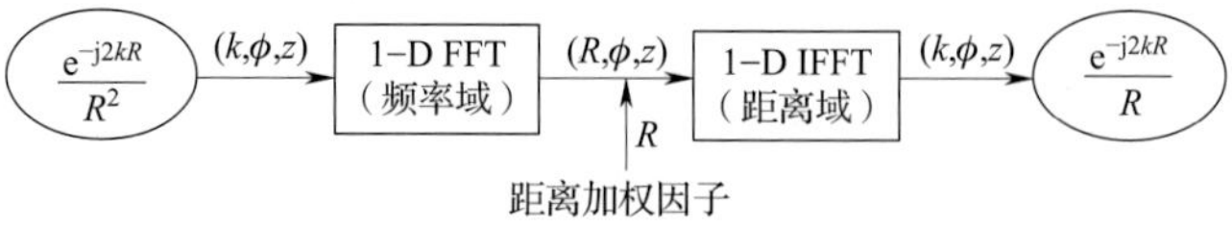

图 12-29 距离域加权流程图

将式（12-35）代入式（12-37）得到

$$U(k,\phi,z) = \frac{1}{(4\pi)^2} \iiint \gamma(x',y',z') \left[\frac{e^{-j2kR}}{R} \right] dx'dy'dz' \qquad (12-38)$$

在柱坐标系中，式（12-38）又可写为下式

$$U(k,\phi,z) = \frac{1}{4\pi} \iiint \gamma(\boldsymbol{r}') \left[\frac{e^{-j2k|\boldsymbol{r}-\boldsymbol{r}'|}}{4\pi|\boldsymbol{r}-\boldsymbol{r}'|} \right] dr^3 \qquad (12-39)$$

式中，$\boldsymbol{r}$（$\rho\cos\phi$, $\rho\sin\phi$, z）为天线位置，$\boldsymbol{r}'$（x', y', z'）为目标上各散射中心位置，定义式（12-39）中方括号部分为以 2 倍波速传播的球面波函数，即

$$\psi = \frac{e^{-j2k|r-r'|}}{4\pi|\boldsymbol{r}-\boldsymbol{r}'|} \qquad (12-40)$$

在圆柱坐标系中，上式可变换为[180]

$$\psi = \frac{j}{8\pi^2} \int_0^\infty \frac{e^{-j\sqrt{k^2-k_\rho^2}(z-z')}}{\sqrt{k^2-k_\rho^2}} k_\rho dk_\rho \int_{-\pi}^{\pi} e^{-jk_\rho\rho\cos(\phi-\phi')} d\phi \qquad (12-41)$$

上式也可用汉克尔函数表示为[175]

$$\psi = \frac{j}{8\pi} \int_0^\infty \frac{H_0^2(k_\rho\rho) e^{-j\sqrt{k^2-k_\rho^2}(z-z')}}{\sqrt{k^2-k_\rho^2}} k_\rho dk_\rho \qquad (12-42)$$

将式（12-42）代入式（12-39）中

$$U(k,\phi,z) = \int \gamma(\boldsymbol{r}') \frac{j}{8\pi} \int_0^\infty \frac{H_0^2(k_\rho\rho) e^{-j\sqrt{k^2-k_\rho^2}(z-z')}}{\sqrt{k^2-k_\rho^2}} k_\rho dk_\rho dz \qquad (12-43)$$

利用汉克尔函数的相加定理[177]

$$H_0^2(k_\rho\rho) = \sum_{n=0}^\infty H_n^2(k_\rho\rho) e^{jn\varphi} J_n(k\rho') \qquad (12-44)$$

将式（12-44）代入式（12-43）

$$U(k,\phi,z) = \sum_{n=0}^\infty H_n^2(k_\rho\rho) e^{jn\varphi} J_n(k\rho') \int_0^\infty \gamma(\boldsymbol{r}') \frac{j}{8\pi} \frac{e^{-j\sqrt{k^2-k_\rho^2}(z-z')}}{\sqrt{k^2-k_\rho^2}} k_\rho dk_\rho dz \qquad (12-45)$$

将式（12-45）更换积分顺序再求和

$$U(k,\phi,z) = \sum_{n=0}^\infty H_n^2(k_\rho\rho) e^{jn\varphi} e^{j\sqrt{k^2-k_\rho^2}z} \cdot \int_0^\infty \gamma(\boldsymbol{r}') \frac{j}{8\pi} J_n(k\rho') \frac{e^{-j\sqrt{k^2-k_\rho^2}z'}}{\sqrt{k^2-k_\rho^2}} k_\rho dk_\rho dz \qquad (12-46)$$

不妨设

$$S_0 = \int_0^\infty \gamma(\boldsymbol{r}') \frac{j}{8\pi} J_n(k\rho') \frac{e^{-j\sqrt{k^2-k_\rho^2}z'}}{\sqrt{k^2-k_\rho^2}} k_\rho dk_\rho dz \qquad (12-47)$$

则式（12-46）简化为

$$U(k,\phi,z) = \sum_{n=0}^{\infty} H_n^2(k_\rho \rho) e^{jn\varphi} e^{jk_z z} S_0 \qquad (12\text{-}48)$$

对上式两边做二元傅里叶变换

$$\int_{-\infty}^{\infty} e^{-jk_z z} dz \int_0^{2\pi} U'(k,z,\phi) e^{-jn\varphi} d\phi = \sum_{n=0}^{\infty} H_n^2(k_\rho \rho) S_0 \qquad (12\text{-}49)$$

进一步整理得到

$$S_0 = \sum_{n=0}^{\infty} \frac{\displaystyle\int_{-\infty}^{\infty} e^{-jk_z z} dz \int_0^{2\pi} U(k,z,\phi) e^{-jn\varphi} d\phi}{H_n^2(k_\rho \rho)} \qquad (12\text{-}50)$$

当收发天线与目标之间的距离满足远场条件时，则有下面近似计算成立

$$|r - r'| \cong r - r \cdot r' \qquad (12\text{-}51)$$

则

$$\frac{e^{-j2k|r-r'|}}{4\pi|r-r'|} = \frac{e^{-j2kr}}{4\pi\rho} e^{j2kr \cdot r'} \qquad (12\text{-}52)$$

同时，汉克尔函数的大宗量近似为

$$H_n^{(2)}(k_\rho \rho) \underset{k_\rho \rho \to \infty}{=} \sqrt{\frac{2}{\pi k_\rho \rho}} e^{-j(k_\rho \rho - \frac{2n+1}{4}\pi)} \qquad (12\text{-}53)$$

将式（12-52）、式（12-53）代入式（12-48），通过整理便可得到柱面扫描模式下近场散射与远场散射的变换关系式

$$S_{FF}(k,\phi,k_z) = \sqrt{\frac{\rho}{\pi k_\rho}} e^{-j\rho(k_\rho - k)} e^{j\frac{2n+1}{4}} \sum_{n=0}^{N} \frac{e^{jn\varphi}}{H_n^2(k_\rho \rho)} \int_{-\infty}^{\infty} e^{-jk_z z} dz \cdot \int_0^{2\pi} U(k,\phi,z) e^{-jn\varphi} d\phi \qquad (12\text{-}54)$$

式中，$k^2 = k_\rho^2 + k_z^2$，$H_n^{(2)}$ 是第二类 n 阶的汉克尔函数，按 $kD+10$ 进行截断，D 是包围目标并且与测量圆同心的圆柱的最小直径。

$$\begin{cases} k_x = k\sin\theta\cos\phi \\ k_y = k\sin\theta\sin\phi \\ k_z = k\cos\theta \end{cases} \qquad (12\text{-}55)$$

式（12-54）中，$S_{FF}(k,\phi,k_z)$ 为目标的三元远场波数域数据，即远场频域数据，对其进行三元逆傅里叶变换就可以得到目标的远场像，但是在进行三元逆傅里叶变换之前，需将外推远场数据 $S_{FF}(k,\phi,k_z)$ 按照式（12-55）给出的波数域映射关系作插值处理 $(k,\phi,k_z) \to (k_x,k_y,k_z)$，完成目标像的重构。同样，将 $S_{FF}(k,\phi,k_z)$ 按照式（12-55）进行插值得到 $S_{FF}(k,\phi,\theta)$，便可获得目标的远场 RCS。

平面扫描模式与球面扫描模式下的近远场变换关系可以参照柱面扫描变换流程进行，只不过对式（12-36）中 R，平面扫描模式定义如下

$$R = \sqrt{(x'-x_a)^2 + (y'-y)^2 + (z'-z)^2} \qquad (12\text{-}56)$$

式中，(x_a,y,z) 为天线探头位置。

球面扫描模式定义为

$$R = \sqrt{(x'-r\sin\theta\cos\phi)^2 + (y'-r\sin\theta\sin\phi)^2 + (z'-r\cos\theta)^2} \qquad (12\text{-}57)$$

式中，(r,θ,ϕ) 为天线探头位置。

12.4 RCS 测量中的数据处理技术

随着隐身技术的发展与日趋成熟，隐身化已逐步成为飞行器发展的重要需求与特征，各种飞行器都提出了隐身化设计需求，它通常要求飞行器具有很低的雷达波散射特征信号，以此来降低被雷达发现的概率。对于飞行器这类大型复杂复合材料目标，利用现有的手段计算其散射特性非常困难。因此面向隐身装备的低散射测试技术，特别是低散射高分辨成像测试技术是分析诊断强散射源、指导隐身飞行器研制、评估飞行器隐身性能等的最有效、快捷和准确的手段。

12.4.1 低散射测试技术

随着装备越来越注重隐身性能的设计，雷达波散射测试所面对的目标散射截面积越来越小，各种闪烁噪声体现得也越发明显，这就对测试场和测试系统都提出了更高的要求。在 RCS 测试中，需要保证测试场背景回波水平比目标散射水平低 20dB 才能使测试结果不确定度达到 1dB，所以低散射测试技术主要解决的就是场地背景回波的问题。为了达到这个目的，测试中通常要使用专门设计的低散射支架来支撑目标，采用硬件脉冲距离选通、软件波门距离选通和矢量背景对消等方法，可以实现室内测试场有效目标 RCS 测试值达到 $10^{-4}m^2$ 量级，室外测试场达到 $10^{-3}m^2$ 量级。随着技术的发展，目标支撑结构的进步也为降低测试场地背景提供了更多的方法。除了采用更好的低散射外形设计和更高水平的表面吸波处理，带有目标平动功能的新型支撑系统配合后期信号处理，可以将支撑结构本身对场地背景和测试结果的影响进一步消除。

12.4.2 宽带幅相精密测试技术

宽带幅相精密测试技术是指采用高稳定度全相参测试系统，配合精密目标姿态控制设备对目标进行宽带雷达波散射特性测试的技术。测试过程中，要使用精密定标体对测试系统和环境进行精确的幅相标定。经过标定后，系统对目标散射场相位信息的测量精度可以达到优于 $2°$ 的水平，进一步可以获得目标的宽带幅相精密测量数据。这些数据可以为目标高分辨处理、高精度目标识别方法研究等工作提供丰富的目标特征信息。

12.4.3 先进背景对消技术

RCS 测试时，背景噪声与目标散射电场一起进入接收机，影响测量精度，但考虑到测试环境基本是不变的，绝大部分回波稳定地重复出现，可以用矢量相减的技术予以减小与消除。

对于 RCS 近场测试，由于环境因素的影响，造成背景杂波与目标支撑结构回波不稳定，常规的矢量背景对消算法可能仅在短时有效。即使在低频段，对于大尺寸目标，由于长时间安放与吊装，系统与测试场的背景电平会产生漂移，造成空背景信号与测量目标时的背景信号失去相干性，限制对消效果。

造成背景信号失相干的因素并非都是随机的，可能是一种系统级变化，以这种背景的系统级变化建立参数模型，从空背景信号与目标信号中估计出这种参数变化，在背景对消前进行补偿处理，以此来提高背景对消效果。实际测量中，其背景对消效果取决于这种系统级变化是否是引起背景变化的主要因素。

实际测量时，目标回波不为 0，会使得参数 $\alpha_{1,2}$ 估计值出现偏差。为了减小这种偏差，采用扫频测量，利用 FFT 变换在距离域对目标信号与背景信号加软件门，该软件门内不含目标回波，不同的软件门位置可能产生的偏差会有所不同，图 12-30 给出了算法框图。为了验证算法，进行仿真分析。背景散射点如图 12-31（a）所示，对空背景回波在频域引入偏移。仿真参数如下：频率 9 ~ 10GHz，频率间隔 1MHz，方位角范围 0° ~ 360°，角度间隔 1°，测试距离 70m。图 12-31（b）分别给出了矢量相减法与基于参数估计法的背景对消数据。从仿真结果来看，基于参数估计的背景对消法能够有效消除由于背景电平漂移所带来的误差，与常规的矢量背景对消算法相比，采用参数估计方法对目标背景信号对消后测试的动态范围大大扩宽了。

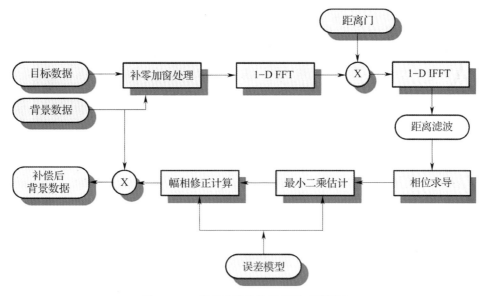

图 12-30　基于参数估计的背景对消算法

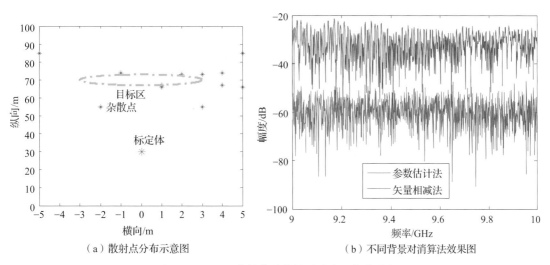

（a）散射点分布示意图　　　　　　　（b）不同背景对消法效果图

图 12-31　基于参数估计背景对消方法仿真分析

12.4.4　场地杂波抑制技术

ISAR 成像测量中，天线持续照射旋转目标，从而使目标散射中心产生多普勒频移，将此多普勒信息进行提取，便可获得目标在方位向的分辨率。然而，如图 12-32（a）所示，天线主瓣和旁瓣也会照射目标区附近的其他微动或静止目标（如目标支架），产生很小或接近于零的多普勒频移，我们将此类测试杂波称作零多普勒杂波，简称 ZDC（zero-Doppler-clutter）杂波。ISAR 成像时，ZDC 杂波通常会出现在零多普勒窗口，分布在横向距离为零的纵向距离线上（如图 12-32（b）中红色区域所示）。

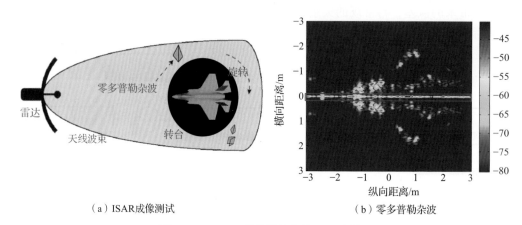

（a）ISAR成像测试　　　　　　　（b）零多普勒杂波

图 12-32　ISAR 成像测量中的 ZDC 杂波

目前有多种减小零多普勒杂波的方法，主要包括：优化测试场布局或在场地内铺设吸波材料，以及利用窄波束天线来控制照射区域。此外，常采用矢量背景相消技术来抑制 ZDC 杂波[180-181]，但由于环境因素及安放目标后，空背景信号与目标测量时的背景信号间失去相干性，会使对消效果受到影响。上述方法在一定程度上改善了 ISAR 成像质量，但还是没从根本上消除 ZDC 杂波。本节给出了在角域抑制 ZDC 杂波的方法，对点频、扫频数据都可进行处理，同时降低该方法对目标信号的影响，仿真分析与实验数据证明了该方法的有效性。

假设被测目标散射回波信号为

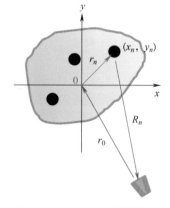

图 12-33　ISAR 成像测量中的点散射模型

$$E_s = E_T + E_{ZDC} + E_N \qquad (12-58)$$

式中，E_T 为目标散射场，E_{ZDC} 为零多普勒杂波分量（称为 ZDC 分量），E_N 为噪声分量。

理论分析表明，在高频和宽角度积累的条件下，可认为旋转角内目标散射回波信号的复数均值为一个趋近于 0 的物理量。平均后的总场以零多普勒杂波分量为主，因此可以估计出零多普勒杂波分量。

通常，选取在角域利用部分方位角的数据估计出 ZDC 杂波，然后再进行相消处理，该方法经常用来消除 RCS 测量中目标支架的影响，上述所说的角度范围，也叫窗口。窗口类型与长度的选择是 ZDC 杂波抑制效果、对目标信号的影响等综合均衡的结果。为了实现 ZDC 杂波估计对消算法，必须选择合适的窗口类型与长度。

为了评估算法在不同的窗口类型（一种为矩形窗，另两种为汉明窗与汉宁窗）、不同窗口长度下的 ZDC 对消效果，首先采用理想点目标进行仿真分析，给出了不同窗口长度下 ZDC 对消效果示意图，如图 12-34 所示。

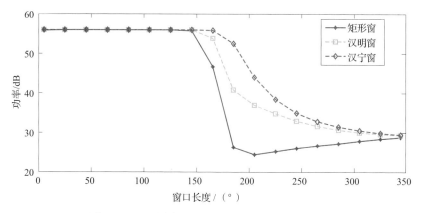

图 12-34　不同窗口长度下 ZDC 对消效果示意图

图 12-34 表明，窗口长度越小，ZDC 对消效果越理想，但此时可能会引起目标信号功率的损失。通常情况下目标散射点对 ZDC 估计的平均贡献不会是 0，更一般的，它肯定会对杂波估计有一个贡献分量。同样，反过来 ZDC 估计对消方法肯定会在一定程度上改变该散射点的幅度大小。图 12-35 给出了 ZDC 估计对消算法对目标信号的影响。图 12-36 给出了 ZDC 杂波抑制前后的 ISAR 图像，可以明显看出采用 ZDC 杂波估计对消算法后，分布在横向距离为零的纵向距离线上的 ZDC 杂波已完全消除。

为了验证 ZDC 估计对消算法，用某缩比模型进行试验测量，测试中心频率 31.25GHz，带宽 2.5GHz，目标方位旋转 -180° ~ 180°，角度间隔 0.05°。图 12-37 给出了 ZDC 杂波抑制前后的 ISAR 图像，可以明显看出采用 ZDC 杂波估计对消算法后，位于横向距离为零的纵向距离线上的 ZDC 杂波已完全消除。图 12-38 给出了零多普勒杂波抑制前后 RCS 对比效果，可以看出，对目标角域数据进行零多普勒杂波抑制后，其 RCS 值降低了 2 ~ 3dB。

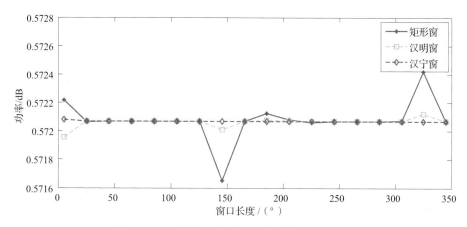

图 12-35　不同窗口长度下目标功率损失示意图

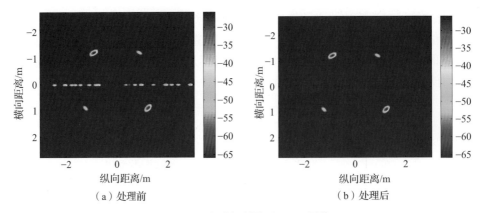

图 12-36 杂波抑制前后 ISAR 图像

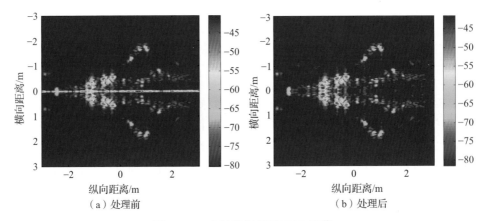

图 12-37 杂波抑制前后 ISAR 图像

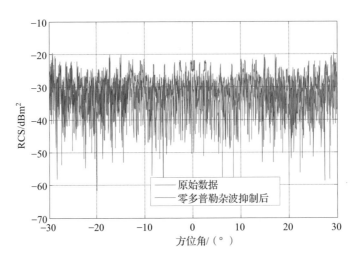

图 12-38 零多普勒杂波抑制前后 RCS 对比效果

12.4.5 支架与目标耦合抑制技术研究

金属支架对目标的干扰抑制技术一直是国内外 RCS 测量研究的热点与难点。在 RCS

测量过程中，金属支架对普通目标的干扰强度较目标本身的散射弱很多，对测试精度并无太大影响。但是在极低 RCS 目标测试中，金属支架对目标的干扰是一个重要的杂波源。金属支架对目标的干扰波不仅包括支架本体的散射回波，还包括目标与支架之间的干涉效应。目标与支架的干涉强弱与目标的形状、尺寸、材料等密切相关，甚至是同一目标在不同姿态、测量频率等测量条件时与支架的干涉也不相同[182-183]。

成像滤波技术是一种常用的抑制方法，即对测量数据进行逆傅里叶变换得到目标散射中心的一维距离像，提取距离像中的尖峰位置作为目标散射中心的径向距离。基于谱估计的距离维成像方法主要有两类：一类是非参数化方法，如傅里叶变换（FFT）。FFT 的分辨率受到瑞利限的限制，精度较低，难以获得满意的雷达图像；另一类是基于参数估计的超分辨方法。这类方法突破了瑞利限的限制，分辨率不受带宽的约束，而且超分辨方法受数据长度的限制比非参数化方法要小，如果模型足够准确，其成像精度和动态范围均优于非参数化方法[184-190]。

由于傅里叶变换受到测量带宽的限制，散射中心的估计有较大误差，并且散射中心的数目也不准确，在窄带数据处理过程中受到严重限制。为了在窄带测量中获得更高的分辨率，利用 TLS_ESPRIT 超分辨算法对散射中心参数进行估计，并结合 GTD 模型来移除 RCS 测量中支架对被测目标的加性干扰。相比于常规的傅里叶技术，该方法具有更高的准确性和分辨率。

基于几何绕射理论（GTD）的参数模型比（衰减）指数和模型更接近实际散射物理现象，对散射中心信息的估计精度更高，而且能提供一般模型所不能提供的关于散射中心的几何类型的信息，从而使目标散射中心的描述更为精确全面。根据几何绕射理论，如果目标的尺寸远大于入射波的波长，那么目标远区后向散射场可以认为是由多个孤立散射中心贡献的合成，即

$$E(k) = \sum_{i=1}^{M} A_i (j\frac{f(k)}{f_c})^{\alpha_i} \cdot \exp[j4\pi f(k) r_i/c] + n(k) \tag{12-59}$$

式中，f 是频率，f_c 为中心频率，c 是光速，$n(k)$ 为加性复高斯白噪声，模型参数集 $\xi=\{A_i, r_i, \alpha_i\}$，$(i=1, \cdots, M)$ 描述了 M 个散射中心的特性。这里，A_i 是第 i 个散射中心的复散射强度系数，r_i 表示散射中心相对于零相位参考面的距离，α_i 为频率影响参数，是 1/2 的整数倍，表征了散射中心的几何类型，即类型参数。常用的估计方法有正交法及二项式近似法等。表 12-5 给出了一些典型散射中心频率依赖特性的对应情况。

表 12-5 α 值与散射中心几何类型的关系

参数 α 取值	散射中心几何类型
1	平板反射，二面角散射
1/2	单曲面散射
0	点散射，球面散射，直边镜面反射，双曲面反射
-1/2	边绕射
-1	角绕射

ESPRIT 是借助旋转不变技术估计信号参数（estimation of signal parameter via rotational invariance technique）的英文缩写。ESPRIT 算法是一种用于谐波恢复（估计正弦数与频率）的特征分解法，通过利用广义特征值直接进行信号参数估计，求得散射点空间位置，避免了在整个频域上对方位矢量进行扫描。

金属支架对目标的干扰是低散射隐身目标 RCS 测量中的一个重要误差来源。成像滤波技术是一种常用的抑制方法。但是，基于传统的 FFT 得到的距离像分辨率受测量带宽的限制。对于窄带测量，其散射中心位置信息的估计有较大的误差，并且散射中心数目也不准确，严重影响了滤波效果。

本文采用 TLS_ESPRIT 超分辨算法并结合 GTD 模型对被测目标的距离像进行滤波。仿真结果表明，相比于常规的傅里叶变换，该方法具有更加良好的滤波效果。橄榄体（ogive）是一典型的低散射目标，其结构和散射机理简单，但在实际测量时与低散射金属支架之间存在严重的耦合效应，甚至超过目标本身的散射。本文对橄榄体、支架本体、橄榄体与支架组合体进行仿真分析。其中，橄榄体与支架组合体的结构如图 12-39 所示，其中，橄榄体长度为 1m，支架前棱与水平面夹角为 60°，后棱与水平面夹角 53°。为了完好保留目标与金属支架之间的干涉信息，本文采用的计算方法是矩量法（MOM），仿真频率范围为 0.1 ~ 1.0GHz，采样点数为 51 点。

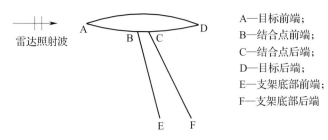

图 12-39　橄榄体与金属支架组合体结构

图 12-40（a）给出了 VV 极化条件下该模型的扫频仿真结果。图中黑线表示橄榄体与金属支架组合体的 RCS，红线表示自由空间中的橄榄体的 RCS，蓝线代表低散射金属支架的 RCS。从图中可以看出，橄榄体的散射比金属支架的散射弱得多。为了更好地了解目标与支架之间干涉效应的影响，图 12-40（b）给出了扫频数据的一维距离像。从橄榄体 VV 极化的一维距离像中可以看出自由空间中橄榄体的散射强度较低，并且前后尖端都有一散射中心。未盖端帽的金属支架顶部前端和后端不连续处即对应的 B、C 两点存在强散射。由于干涉的影响，安装上嵌入式目标后 B 点和 D 点的回波明显增强。在图 12-40 中组合体 A 点的散射中心位置与橄榄体 A 点的位置有一定的偏差，这主要是由于橄榄体的散射较弱，在成像时附近强散射中心（如 B 点）的旁瓣对其产生严重干扰。

需要说明的是，在暗室实际测量时因采用距离门技术，金属支架低端的回波将会被距离门滤除，即图 12-40 中 E、F 两处的强散射回波在实际测量时并不能返回接收机中。加距离门处理后的 RCS 随频率的变化如图 12-41（a）所示，从图中可以看出加距离门后获取的测量值仍与理论真值有较大的差异。在橄榄体与支架组合体中橄榄体的散射能量只占了很小的一部分，即在暗室中测量橄榄体形目标所获得的测量值与期望获得的理论真值相差甚远。

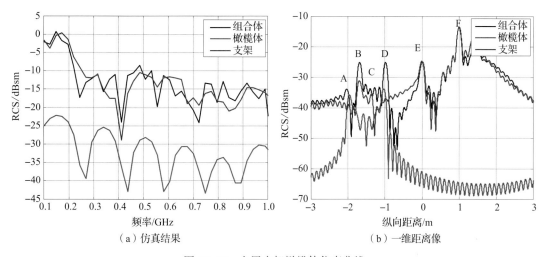

（a）仿真结果　　　　　　　　　　　　（b）一维距离像

图 12-40　金属支架橄榄体仿真曲线

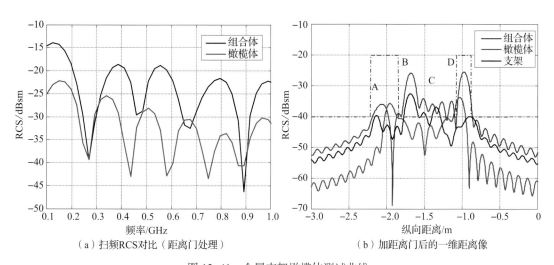

（a）扫频 RCS 对比（距离门处理）　　　　　（b）加距离门后的一维距离像

图 12-41　金属支架橄榄体测试曲线

对应的一维距离像如图 12-41（b）所示。对组合体的一维距离像使用传统 FFT 的成像滤波技术，所加的矩形窗滤波范围如图 12-41（b）所示，提取了扫频结果如图 12-41（b）中蓝线所示。与自由空间中橄榄体的 RCS 相比，传统的 FFT 成像滤波技术得到的 RCS 高了大约 8dB。这是因为在 0.9GHz 窄带宽时传统的 FFT 分辨率有限，在 D 点并不能有效地分辨出橄榄体本身的散射回波和支架的干扰回波，加窗处理后大部分的支架干扰回波都被保留下来。因此本文使用 TLS_ESPRIT 超分辨算法重新进行滤波处理，对比结果如图 12-42 所示。通过对比发现，使用 TLS_ESPRIT 算法处理后的 RCS 强度与橄榄体本体的散射强度相当，距离像中 D 点的干扰也得到了有效抑制。但是使用 TLS_ESPRIT 算法得到的扫频曲线的起伏趋势与橄榄体的 RCS 起伏趋势有一定的偏差，特别是在低频段。产生这一现象的主要原因是在 GTD 模型一般是针对高频测量，在低频时类型参数 α 的估计有较大的偏差。

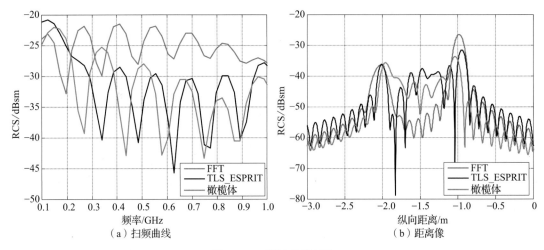

（a）扫频曲线　　　　　　　　　　　（b）距离像

图 12-42　滤波效果对比

12.4.6　高分辨成像及散射中心诊断技术

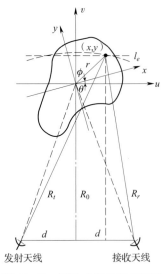

高分辨成像及散射中心诊断技术时间里在目标宽带特征和目标多散射中心理论基础上的，通过对目标的大带宽频率阶跃和多孔径角合成的方法，可以得到目标的高分辨图像，对目标散射中心分布情况进行分析诊断。

在高分辨成像时，测试结果的分辨率是由测试带宽和测试孔径张角决定的。以二维高分辨为例，成像的径向距离分辨率为 $\delta_y=c/2B$，横向距离分辨率为 $\delta_x=\lambda/2\Delta\theta$，其中 B 即为测试带宽，$\Delta\theta$ 为测试孔径角，如图 12-43 所示。

图 12-44 所示为雷达目标的二维、三维高分辨成像图例。高分辨成像测试为雷达目标散射机理分析及强散射源诊断提供了十分重要的方法，是进行隐身目标检测评估的主要手段。

图 12-43　微波成像几何关系图

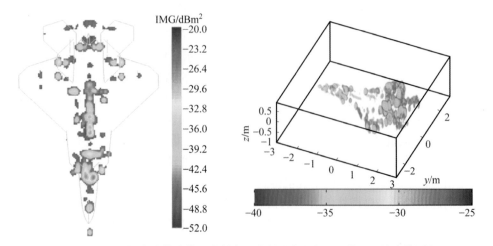

图 12-44　目标高分辨成像及散射中心诊断（自左起：二维、三维成像图）

412

12.5　小结

目标 RCS 测量技术是实现装备隐身性能不可缺少的重要环节，已成为一项专业技术，在隐身装备研制中发挥重要作用。本章从四个方面介绍和总结了目标 RCS 测量的基本概念及关键技术。

（1）RCS 测量基本概念。包括 RCS 测量的基本原理、远场测量条件、背景环境条件及缩比测量原理。从目标 RCS 测量理论体系阐述了 RCS 测量的基本原理和概念。

（2）室外 RCS 测量。包括室外 RCS 测量的特点、室外 RCS 测量设备、场地距离要求、地面影响和消除。详细解读了利用室外地平场测量目标 RCS 的理论方法及应用。

（3）室内 RCS 测量。包括室内 RCS 测量特点、暗室结构、紧缩场技术及近场技术。阐述了室内暗室测量目标 RCS 的理论方法，从紧缩场测量和近场测量两方面介绍了室内 RCS 测量方法的应用。

（4）RCS 测量中的数据处理技术。包括低散射测试技术、宽带幅相精密测试技术、先进背景对消技术、场地杂波抑制技术、支架与目标耦合抑制技术和高分辨成像及散射中心诊断技术。低散射高分辨成像测试技术是指导隐身飞行器研制、评估飞行器隐身性能等的最有效、快捷、准确的手段，因此本节从目标 RCS 测量的误差分析及测试环境噪声抑制等方面研发了多项数据处理技术，支撑低散射目标 RCS 测量。

第4篇　低截获概率天线理论与工程应用

第13章 射频隐身技术概述

13.1 射频隐身基本概念

飞机射频隐身技术是重点研究机载雷达等电子设备对抗无源探测、跟踪和识别的隐身技术，以减小无源探测系统对飞机的作用距离及跟踪制导精度，从而提高飞机的突防能力、生存能力和作战效能。

这项技术之所以得到发展，主要是由于近年来，无源探测器（包括电子支援措施（ESM）、雷达告警接收机（RWR）和电子情报接收机（ELINTR））对飞机的探测能力已大大提高。机载无源探测系统最大探测距离达 460km 以上，已远大于机载火控雷达的作用距离（200km 左右），且无源探测器具有作用距离远、不发射电磁波和隐蔽性好的特点，对飞机的生存能力构成了严重威胁。

隐身雷达和数据链设计包括有源目标特征与无源目标特征的减缩。有源目标特征的定义是隐身平台上所有可见的辐射源，包括声波、化学物质、通信系统、雷达、敌我识别、红外、激光以及紫外线。无源目标特征的定义是隐身平台上所有需要外部照射才可探测到的特征，包括磁性与引力的异常，阳光与寒冷外层太空的反射，声波、雷达与激光照射的反射，以及周围射频的反射。

有源目标特征减缩的方法通称为低截获概率（LPI）技术，无源目标特征减缩技术一般称为低可探测性（LO）。在国内，低可探测性通常指的是"传统"隐身技术，而低截获概率是射频隐身技术的核心内容。

技术发展的现实和未来趋势都昭示着，武器平台必须充分地将低可探测性和射频隐身两个方面密切结合起来才能达到真正意义上的隐身目的。

正面运用射频隐身的实例是：在科索沃战争中，美军 B-2 隐身战略轰炸机采用的是"隐蔽轰炸"（blind tactical bombing）——依靠其优异的低可探测性（LO）和良好低截获概率（LPI——射频隐身技术），能避开敌方地面防空系统和空中防卫系统的探测和攻击，以隐蔽突入敌纵深实施临空精确打击。B-2 轰炸机装备了采用 LPI 技术的 AN/APQ-181 型雷达，从 10000km 外的美国本土起飞，全程雷达只开机三次（不超过 5s），采用猝发目标确认方式获得高精度合成孔径地图后，完成精确制导武器投放，极大地降低了由于长时间雷达开启而暴露载机的风险，使得 B-2 在战争中无一损失。

相反的例子是，同样在科索沃战争中，F-117A 被南联盟 SAM-3 地空导弹击落，美国在战后进行总结时，归纳出三方面原因：

一是 F-117A 采用低空飞行时，高度表天线的波瓣较宽且长时间开机工作，被 SAM-3 引导雷达捕获和跟踪；

二是任务路径规划一成不变，以致在空袭的前三天，被南联盟 SAM-3 地空导弹掌握其退出目标区的路径，完成了守株待兔；

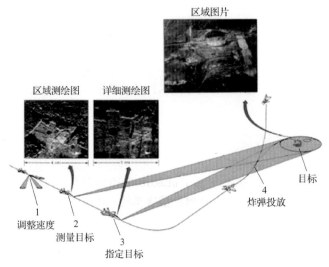

图 13-1　采用射频隐身后以猝发方式确认目标轰炸示意图

三是由于电子战飞机数量不足，该架 F-117 在返航时未得到电子干扰的掩护，加大了其被发现的概率。

可见，单纯的低 RCS 并不能使飞机立于不败之地，对射频隐身的忽视和不当的使用均会造成致命的后果。

飞机主动射频信号的传播及其被无源探测系统检测、处理的过程示意图如图 13-3 所示。

图 13-2　F-117 示意图

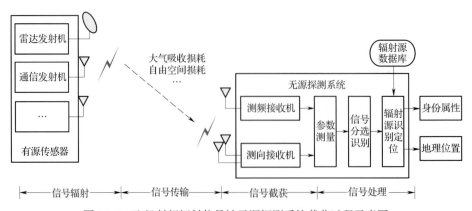

图 13-3　飞机射频辐射信号被无源探测系统截获过程示意图

13.2 国外先进射频隐身技术

美国非常重视飞行器特征信号的控制与减缩技术研究，早在 20 世纪 60 年代就将隐身技术作为国防三大技术之一，先后投入大量的人力、物力开展研究，完成五代隐身飞机的型号研究和部署。

早在 20 世纪 70 年代，美国就开始了飞机射频隐身相关技术的研究工作。美国第一个射频隐身项目是海军 / 威斯汀豪斯（Navy/Westinghouse）的 Sneaker 项目，其飞行试验于 1980 年完成。飞行试验中分别使用了机载高峰值功率 Cyrano 雷达（该雷达装备于法国 "幻影" 战斗机）和低截获概率（LPI）雷达系统，低截获概率雷达系统的探测性能和 Cyrano 雷达相当。

低截获概率雷达系统主要参数为：雷达天线波束为 9 个，每个波束的功率为 5W，系统处理带宽为 320MHz，天线旁瓣为 -55dB，雷达发射信号为低截获概率波形。该射频隐身飞机在电子战环境下针对麦克莱伦（McClellan）空军基地第 57 试飞联队的装有 AN/ALR-62 的 F-111 飞机进行系统试验，试验中被跟踪的地面车辆装载了可探测 LPI 信号的截获接收机，该截获机可根据接收到的 LPI 信号发射干扰信号。AN/ALR-62 是雷达寻的与告警接收机（radar homing and warning receivers，RHAW），360° 全向视角，灵敏度为 -65dBm。

1979 年 1 月，进行地 – 空（ground-to-air roof house）演示试验，同年 12 月，进行空 – 空飞行演示试验。

1980 年 4 月和 5 月分别进行了地面移动目标探测和地面移动目标跟踪飞行试验，在设计距离 20km 处成功完成试验任务，飞行试验数据如表 13-1 所示。

表 13-1　几种无源探测系统对射频隐身雷达的探测距离试验情况

	雷达对目标探测距离 /km	无源探测系统对雷达的截获距离 /km		
		RHAW 对雷达探测距离 /km	ELINT 对雷达探测距离 /km	ARM 对雷达探测距离 /km
雷达采用射频隐身技术前	37	346.3	2187.2	55.0
雷达采用射频隐身技术后	37	8.5	19.3	0.48
无源探测系统探测距离下降程度		降低了 97.5%	降低了 99.1%	降低了 99.1%

注：ELINT—电子情报系统；RHAW—雷达告警接收机；ARM—反辐射导弹。

从表 13-1 可以看出，机载雷达采取射频隐身措施后，在保持雷达对目标作用距离不降低的条件下，威胁方 RHAW 对飞机的探测距离从 346km 降低到 8.5km，ELINT 的从 2188km 降低到 19.3km，反辐射导弹的从 55km 降低到 0.48km。雷达寻的与告警接收机、电子情报接收机和反辐射导弹（anti radiation missile，ARM）对机载雷达射频信号的截获距离分别下降了 97.5%、99.1% 和 99.1%，隐身性能显著改善。

美国第二个射频隐身项目是国防预先研究局 / 空军（DARPA/USAF）的"铺路机"（Pave Mover）项目。该项目融合了更多的射频隐身功能和模式，包括更多的 LPI 策略模式，更远的探测距离，数据链的 LPI 模式，ECM 自适应调零措施和电扫相控阵天线模式等。经过近半个世纪的发展，美国在 B-2、F-22 和 F-35 战斗机上装备了具有良好射频隐身性能的机载雷达、机载数据链和通信导航等机载电子设备，标志着美国已掌握了较为全面的飞机射频隐身技术。

13.2.1　B-2 射频隐身技术特征

到了 20 世纪 80 年代，射频隐身技术得到了大力发展，在美军秘密研制的隐形轰炸机 B-2 上进行了大量的射频隐身试验，可以说美军已经掌握了部分的射频隐身技术。B-2 隐身轰炸机除了采用传统的"低可探测性"隐身技术，还采用了低截获概率设计 AN/APQ-181 雷达。

AN/APQ-181 雷达系统总重 955kg，体积 1.485m³，每部雷达天线重 260kg，这种雷达是世界上最早的低截获概率雷达，具备频率捷变和改变脉冲模式的功能，增强了雷达自身的隐身性，其脉冲宽度非常窄，旁瓣非常小，抗干扰能力强，工作频段 12.5 ~ 18GHz。为了增强系统余度，机上安装了两套相同的雷达系统，各自包含 5 个"LRU——线路可更换单元"：天线阵列、发射机、雷达信号处理器、雷达数据处理器和接收机，除了天线外其他部件既可以独立工作也可以互为备份同时为两部雷达工作。

在两军对战时能够快 1s 发现对方就能抢占 1s 的先机，所以 AN/APQ-181 雷达在现代空战中 LPI 的实现具有非常重要的战略意义，它在使用时发射的功率很小，从而使得信号难以被敌方接收机检测到，并且通过对信号编码，使其产生一个合适的信噪比，两个独立电子扫描天线的设计使得它不用额外加旋转或者摇摆式的天线。据统计，AN/APQ-181 雷达具备 21 种不同工作状态，包括地形跟踪、地形规避、加油机汇合、目标搜索 / 识别 / 跟踪、地面移动目标指示、合成孔径、武器投放、气象测绘等，甚至还具备海面搜索能力。2002 年，雷锡昂被授予一项合同为 B-2 改进 AN/APQ-181，将天线升级为电子相扫的有源体制，以改进系统可靠性，并消除 B-2 机载雷达和商业卫星系统之间可能的频率冲突，整个升级工程于 2010 年完成。2010 年，B-2 同时具备空 - 空和空 - 地两种模式，数据链方面，具备 Link-16 接入能力。2012 年底，美国空军将其卫星通信设备用频升级为毫米波段（EHF）。

13.2.2　F-22 射频隐身技术特征

以 F-22 飞机为代表的高隐身战斗机，首次在战斗机平台上采用了射频隐身技术。其主要技术特征包括以下内容。

（1）传感器融合和辐射控制紧密结合

机载主要的传感器是诺斯罗普 - 格鲁门公司研制的 APG-77 雷达和 Sanders 公司研制的 ALR-94 无源接收机系统。机上配备两条数据链路系统也起到重要作用，一条用标准的 VHF/UHF 无线电频率，另一条为近距离联系两架或更多 F-22 飞机间的飞行数据链路（IFDL），这也是一条小功率 LPI 链路。传感器孔径连接到机身前部的通用综合处理器（CIP）中。APG-77 雷达和 ALR-94 无源接收系统给出的，以及从数据链路获得的数据，在方位角、仰角和距离上相关，数据融合后形成跟踪存储信息，最终的目标图像通过选取数据最精确的传感器读出。例如由无源系统给出最佳的方位角数据，由雷达给出最精确的距离信息。

CIP 软件根据辐射控制原理对 APG-77 雷达实施控制。雷达信号在强度、持续时间和空间上受严格管理，在保持飞机态势感知能力的同时，确保雷达信息被截获的机会减少到最小，获得的远距离目标越多雷达就越少被使用。目标更靠近 F-22 时，被识别出来，确定优先等级，目标近到进行接战或采用战术规避之前，一直在 F-22 跟踪掌握之中。传感器融合和辐射控制紧密结合，使 F-22 能更多地应用从数据链路和 ALR-94 无源系统那里获得的并不断进行改善的战术图像，尽可能较少有源雷达辐射时间已成为其作战原则。IFDL 的"保护"概念是，飞行中任一架 F-22 都会把它得到的雷达数据提供给其他飞机。

（2）APG-77 有源雷达在传统概念上有较大突破

AN/APG-77 固态有源电子相控阵雷达是 F-22 综合多传感器航空电子系统的一部分，该雷达的设计以多功能、多工作方式、多目标搜索和跟踪能力来体现"先敌发现、先敌命中"的作战原则。雷达的捷变波束搜索／跟踪、良好的抗干扰能力、LO/LPI 等性能的综合，为 F-22 飞机总体作战性能的提高做出了贡献。

①组成

该雷达包括 5 个主要部件：相控阵／波束控制器、含 24 个电路模块的雷达支持电子组件、含 5 个电路模块的射频接收机、含三个电路模块的相控阵电源和安装支架。

雷达计算机软件由 4 部分组成：雷达处理和管理软件，提供顶层雷达工作方式的控制和管理；雷达支持电子控制程序，提供接收机构形和校准；相控阵电源控制程序，提供对电源工作的监控和管理；波束控制器控制程序，实现对波束指向的计算。

雷达处理管理器（RPM）执行下述任务：提供雷达状态控制、雷达时间管理、导航支持等功能；提供同航空电子任务软件的接口，完成功能任务的管理，如空域搜索和跟踪；操纵符号提示、导弹修正、系统检测等；完成单一雷达测量功能，如高重复频率的搜索、全向搜索和跟踪。

②技术特点

a. 低可探测性能优越，隐身性能更好

美国海、空军要求 AESA 雷达对 $1m^2$ 目标的探测距离应达 120 ～ 220km，虽然其典型作用距离在 220km 或以下，这是因为限制了雷达输出功率，使探测距离降低，是为适应严格的 LPI 特性确定的，而且雷达在各种工作模式和所使用的雷达波形，都严格满足 LPI 的要求。

规定 F-22 在最大作用距离时，对 $1m^2$ 目标的检测概率达 86%，$1m^2$ 目标相当于 1 枚巡航导弹或经过某些隐身处理且没有外挂武器的准隐身战斗机。虽然在最大作用距离下不能识别目标，但可以开始询问过程并收集目标数据。AN/APG-77 雷达的天线设计充分考虑了 LO 特性，同时设计雷达的各种工作状态和使用的波形时，对 LPI 特性都有严格的要求，采用跳频、限制天线辐射信号强度等技术，极大地保证了 F-22 的隐身效果，提高了飞机的生存能力。

为实现飞机的隐身特性，降低飞机头向的 RCS 是至关重要的，F-22 采用综合前机身设计方式和频率滤波的概念（FSS），使外来的雷达波不能进入机头雷达罩内部，而机载雷达天线本身的射频又不受影响。

b. 工作模式多样

与传统的雷达体制相比，AN/APG-77有源电子扫描相控阵雷达具有更大的功能和性能优越性，能更有力地支持超视距空战。灵敏的波束控制可大幅度地改进多功能、多波形和多目标能力。AN/APG-77采用电子扫描体制可以同时（定时）进行扫描和跟踪，并各自使用最合适的波形。灵敏波束可在搜索飞行员所关注的多个不同区域的同时，保持跟踪一些优选目标。

在监视状态下，F-22飞行员将利用雷达的空空动目标指示（MTI）工作模式，在目标识别时，可采用瞄准模式，或启用超高分辨率（UHR）功能。MTI和UHR的作用距离相同，UHR模式要求的功率稍小一点。在MTI模式时，飞行员利用好几个波束可进行目标识别，这意味着F-22在跟踪几个目标的同时仍可扫描其他目标，在扫描时能同时跟踪的目标达100多个。UHR模式仅凭F-22雷达信号就能判断出目标飞机的类型，不需要目标飞机的辐射。

c. 良好的抗干扰能力

除了具有非常良好的雷达探测和跟踪能力外，F-22雷达是电子扫描的，因而具有很好的抗干扰能力和ECCM能力，并提供了脉间频率变化的灵活性。因为AESA阵面大约有2000个有源T/R模块，所以F-22能够用波束施展各种电子欺骗措施，不论波束主瓣或旁瓣都不受敌方干扰。

③主要功能

AN/APG-77是一部典型的多功能与多工作方式雷达，包括：

- 远距搜索（RS）；
- 远距引导搜索（cued search）；
- 全向中距搜索（速度距离搜索）；
- 单目标和多目标跟踪；
- 先进中距空空导弹（AMRAAM）数传方式，进行导弹修正；
- 目标识别（ID）；
- 群目标分离（入侵判断）；
- 气象探测。

扩展功能包括：

- 空/地合成孔径雷达（SAR）地图；
- 改进的目标识别；
- 扩大工作区（通过设置旁阵列实现）。

（3）ALR-94无源探测系统取代了由通常RWR和搜索雷达承担的任务

ALR-94是迄今为止安装在战斗机上最有效的无源系统，也是F-22上技术最复杂的设备。F-22就像一个信号情报平台，30多部天线均匀地混装在机翼和机身下，为ALR-94提供全波段360°方位和仰角覆盖。对于使用雷达搜索F-22等友方飞机的敌机目标，ALR-94可在距离目标463km处进行检测、跟踪与识别（远在敌机雷达能探测到F-22之前）。ALR-94可给出指令，触发APG-77机载雷达开始工作。ALR-94不断地更新和提供跟踪存储信息。ALR-94还实时跟踪近距离作战飞机等高等级目标辐射源，如果敌机不明智地使用了雷达，ALR-94 会给出几乎全部信息，用于发射 AIM-120 空空导弹并制导它命中目标，使其成为一枚事实上的反辐射空空导弹。ALR-94 将 F-22 的防御态势显示出来，给出威胁的方位距离和类型，并计算出敌方雷达可检测出 F-22 的距离。定时的图示信息可供飞行员实施防御机动等措施。

（4）采用飞行数据链（IFDL）技术

采用飞行数据链是 F-22 飞机的一个重要特点。飞行数据链系统采用窄的笔形波束抗击截获，把几架 F-22 的传感器连接起来，进一步减少雷达发射信号。该数据链最基本的用途是"寂静攻击"。同一作战编队内的飞机可实时了解友机的飞行及战术信息（如武器数据、燃油状态数据和锁定敌机的情况等），进行战术协调以同时攻击数个目标，从而使 F-22 飞机具有很强的编队作战能力。在任务规划时，通常指定一架飞机（长机）主导数据链的工作，若它离开编队，则由另一架飞机顶替。此外，F-22 还可从其他平台，如 E-3 预警机（AWACS）和卫星等收集信息，敌机的接收机无法截获这条数据链，所有 F-22 均可利用这条数据链共享数据，其他 F-22 也可加入这个网络。

F-35 战斗机则大量应用了于 90 年代提出并开展研究的功能更完善、性能更优良、综合程度更高的"宝石台"计划，比起"宝石柱"计划，"宝石台"进一步改进系统结构，解决传感器综合（ISS）问题，突出了共用天线、传感器综合、传感器管理与数据融合等新技术，实现射频－红外数据融合。

雷达舱内集雷达、CNI、EW、IFF、导弹制导数据链等功能于一体的综合射频系统。提出用 13 个天线提供所有 CNI/EW/ 雷达所需的功能。光电传感器孔径实现了前视红外、红外搜索与跟踪、导弹告警功能的综合，实现分布孔径红外系统（DAIRS）。传感器的信号处理和数据处理部分同样实现综合，使用统一的中频进行处理，A/D 变换尽量向航电前端推移，使用标准的共用模块，完成信号处理和数据处理后，通过统一的航电网络连接到公用 CIP，并在 CIP 中进行数据融合。

与"宝石柱"相比，"宝石台"结构的主要改进体现在以下三个方面：

①采用更先进的综合核心处理机（ICP）技术；

②综合实现传感器（射频－光电 / 红外）系统；

③综合飞机态势感知，提供威胁、目标、地形 / 地貌、战术协同、飞机健康状况的全面情况。

13.2.3　F-35 射频隐身技术特征

F-35 战斗机射频隐身能力主要体现在如下几个方面：

①机载无源探测系统（AN/ASQ-239）精确定位与武器制导。

由英国 BAE 系统公司研制的 AN/ASQ-239 综合无源探测（电子战）系统在开发过程中充分借鉴了 F-22 上的 AN/ALQ-94 无源探测系统的先进技术，其作战能力不低于 AN/ALQ-94。

AN/ASQ-239 系统的 10 个 4 波段隐身共形天线单元被嵌入到 F-35 机翼的前、后缘和尾翼的后缘中，提供 360° 全向全频段射频信号监视和收集功能，但天线数量仅为 F-22 天线数量的 1/3，极大降低对飞机隐身性能的影响。该系统无源探测距离可达 483km，并在 220km 距离上对敌方射频传感器进行精确定位，定位精度可引导 HAEM 高速反辐射导弹进行攻击。

AN/ASQ-239 无源探测系统与有源相控阵（AESA）雷达 AN/APG-81 相配合工作，能在保证 F-35 隐身状态的前提下，显著提高探测效果。一旦敌机打开射频传感器，AN/ASQ-239 就能捕捉到此电磁波辐射，并对其进行识别跟踪，确定工作模式，并精确测定其雷达主波束入射方位角和俯仰角，以对其空间位置坐标定位，为 F-35 上的有源相控阵雷达提供敌机的精确方位指示，这样，有源相控阵雷达 AN/APG-81 就可以采用针状窄波束对所指示的方向进行精确扫描，这样既减小被截获概率又提高了雷达主动搜索效率。

由于 F-35 射频 / 红外隐身能力强大，具有良好的低可探测性（LO）。同时，F-35 的 APG-81 有源相控阵雷达是一种 LPI 主动传感器，而且在作战时 F-35 又会尽量减少雷达开机时间，并利用同样采用 LPI 技术的 MADL 数据链进行数据交换，这样就能够保证本机的主动射频信号难以被敌方的被动传感器探测到。在这种情况下，敌方将被迫打开主动传感器进行探测，从而将射频信号辐射源暴露在 F-35 的 AN/ASQ-239 被动传感器面前，使得 F-35 获得反辐射武器和电子攻击的机会，在 AN/ASQ-239 已测得的敌机精确空间坐标数据的基础上，AESA 雷达对敌机进行测距和测速，为 AIM-120C 中距拦射空空导弹提供中段惯性制导数据。

AN/ASQ-239 系统主要具有四大功能：第一，雷达告警，射频信号分析，鉴别，跟踪，工作模式识别和定位；第二，导弹逼近告警，多措施对抗来袭导弹；第三，战场态势感知，帮助飞行员规划航路，规避敌方雷达；第四，"射频 - 红外"信号双重监视，与 F-35 机载有源相控阵雷达和光电传感器系统高度融合。

②有源雷达（AN/APG-81）采用多波束搜索与跟踪、LPI 数据链制导武器、功率管理等设计技术，并增加敌我识别、X 波段电子攻击 / 无源探测能力。

③装备 LPI 高度表，采用 LPI 隐身波形设计，严格控制辐射能量及时间。

④装备 LPI 的 MADL 多功能数据链及卫星通信系统（SATCOM），实现多平台数据交换。

除航空平台之外，低截获概率雷达 / 通信系统在地基、舰船上也得到了广泛的应用，限于篇幅，不一一赘述。表 13-2 归纳了典型低截获概率雷达系统的名称、研发机构和用途。

表 13-2　典型低截获概率雷达系统

系统名称	研发机构	用途
AN/APN-232	NavCom Defense Electronics	高度表
HG-9550	Honeywell	高度表
GRA-2000	NAVAIR	高度表
PA-5429	Tellumat，South Africa	高度表
CMRA	Honeywell	巡航导弹雷达高度表
AHV-2100	Thompson CSF	高度表
AD1990	BAE	高度表
AN/SPN-46（V）	Textron Systems	登陆雷达

表 13-2（续）

系统名称	研发机构	用途
TALS	Sierra Nevada	登陆雷达
Pilot	Saab Bofors	监视、导航雷达
Scout	Signaal	监视、导航雷达
Smart-L	Signaal	监视雷达
HARD-3D	Erisson Microwave Systems	火控、监视雷达
Eagle	Erisson Microwave Systems	火控雷达
Pointer	Erisson Microwave Systems	空中监视雷达
PAGE	Thales Nederland	空中监视雷达
Variant	Thales Nederland	地面和空中目标探测雷达
CRM-100	PITT Research Institute，Poland	地面目标探测雷达
MRSR	Raytheon	目标问讯和跟踪雷达
AN/APS-147	TI	强化搜索和目标定位雷达
AN/APQ-181	Raytheon	多模式火控雷达
AN/APG-77	Northrop Grumman	多模式战略雷达
AN/APG-70	Raytheon	多模式战略雷达
LANTIRN	TI	地形跟随雷达
RBS-15MR	Saab Dynamics	空对地弹载制导雷达
Spearfish	BAE	鱼雷寻的和环境监测雷达

国外射频隐身技术的发展趋势从独立传感器和平台多传感器系统的射频隐身技术向编队和体系级的射频隐身技术发展。传感器级射频隐身技术措施归纳如下。

（1）最小辐射能量自适应控制技术

最小辐射能量自适应控制技术可以使电子装备对链路损耗进行动态预测，根据实际情况辐射尽量小的功率，可以减小被敌方无源探测系统发现或截获的距离。

（2）隐身波形设计技术

采用模糊函数、遗传算法、高阶谱、小波分析、混合调制与编码等理论设计的隐身波形，可以使电子装备在性能不受影响的情况下减小辐射功率、减小功率谱密度、增加信号不确定性，减小被敌方无源探测系统截获及分选识别概率。

（3）窄波束、超低副瓣空间辐射技术

窄波束、超低副瓣空间辐射技术将辐射能量集中在空间极小的立体角范围内，可以减小被敌方截获的空间范围。

（4）猝发工作

根据当前战场态势，雷达、数据链等传感器可以采用猝发工作方式减少辐射时间，从而降低被截获概率。

13.3　射频隐身技术内涵

飞机射频隐身技术与传统意义的隐身概念区别较大，传统隐身属于无源目标特征减缩范畴，又称低可探测性，采用 RCS 进行衡量。当然对于隐身飞机来说，其 RCS 越低越好。但射频隐身技术属于有源目标特征减缩范畴，其减缩的对象是机载射频系统有源辐射能量，重点针对机载雷达和数据链，是在保证飞机态势感知能力的同时，对飞机有源辐射能量资源合理分配与管理，并不是有源辐射能量越低，射频隐身性能就越好。

传统飞机获得态势感知能力主要靠有源辐射能量，引入公式可表示为如下形式

$$P_{光电/红外}+P_{有源} \cdot \alpha_{能} \cdot \alpha_{时} \cdot \alpha_{频} \cdot \alpha_{空}=P_{态势感知} \tag{13-1}$$

三代机改进型及以 F-22、F-35 为代表的高隐身第四代（美国称第五代）战斗机，获取飞机态势感知能力是以被动与主动探测相结合的方式，突出无源探测能力，如下所示

$$P_{无源}+P_{光电/红外}+P_{有源} \cdot \alpha_{能} \cdot \alpha_{时} \cdot \alpha_{频} \cdot \alpha_{空}=P_{态势感知} \tag{13-2}$$

未来第五代战斗机将增加新体制的主动探测 / 通信手段，如激光通信、激光测距等技术，从根本上解决机载射频系统有源射频信号"暴露"问题，如下所示

$$P_{有源}^{\wedge}+P_{无源}+P_{光电/红外}+P_{有源} \cdot \alpha_{能} \cdot \alpha_{时} \cdot \alpha_{频} \cdot \alpha_{空}=P_{态势感知} \tag{13-3}$$

公式（13-3）中，$P_{无源}$ 表示基于电磁体制下的无源探测系统所获得的能量（信息），$P_{光电/红外}$ 表示机载红外 / 光电探测系统。$P_{有源}^{\wedge}$ 表示能有效对抗空中 / 地面截获设备的主动探测 / 通信手段，如激光、量子技术。$P_{有源}$ 表示有源辐射的总能量，α 表示能量使用的效率，$P_{态势感知}$ 表示飞机所获取的总的态势感知的能量。

可见当 $P_{态势感知}$ 为定值时，增加 $P_{无源}$、$P_{有源}^{\wedge}$、$P_{光电/红外}$ 占有率，在能、时、频、空 4 域提高能量使用效率 α，从而达到最小化 $P_{有源}$。

综上，飞机射频隐身技术就是在特定的战场环境下，保持飞机态势感知能力或下降到可接收程度，发展新体制主动探测与通信手段，从根本上解决射频信号"暴露"问题；同时，强调以无源、被动方式提高飞机态势感知能力占有率，在能、时、频和空等四域提高能量使用效率，最终达到辐射能量最小化的目的。

"在特定的战场环境下"表明射频隐身技术既包含机载主动 / 被动探测与通信技术能力的提升，还应包括作战使用战术、作战策略及对战场环境的把握。因此我们认为射频隐身目标应包括技术目标和战术目标。

射频隐身技术目标：保持飞机态势感知，发展新体制主动探测 / 通信技术，强调被动探测（无源、光电、红外、数据融合）与组网技术、提高我机有源辐射能量使用效率，从而达到最小化有源辐射能量的目的。

射频隐身战术目标：在典型的作战环境下（地形、气候与电磁环境），通过采用射频隐身技术，一方面提高我方 OODA（观察 – 定位 – 决策 – 行动）效率，同时，切断敌方 OODA 链或延长敌方 OODA 反应时间。另一方面，强调主 / 被动特征信号"平衡"设计，被敌探测距离实现 $R_{视觉} \leqslant R_{光电/红外} \leqslant R_{无源探测} \leqslant R_{雷达}$。

射频隐身技术本质用于对抗无源探测系统，因此还可以将飞机射频隐身技术从对抗截获接收机的角度划分，鉴于工程实现中面临的诸多不确定性对抗场景，将飞机射频隐身可

以划分为三个层次的概念解释：

第一级，机载射频系统辐射信号的能量可以被探测到但参数不能被正确识别——低识别概率；

第二级，机载射频系统在进行有源辐射的同时不能被位于同一距离上的 ESM 接收机发现，但是 ESM 接收机位于主波束以外——副瓣射频隐身；

第三级，机载射频系统在进行有源辐射，与此同时却不能被安装在目标飞机上的无源探测系统所发现——主瓣射频隐身。

现阶段射频隐身技术总研制需求是机载射频能量使用效率最大化，分为四个领域的需求，具体包括：

能量域需求：以最小有源辐射能量获得飞机态势感知能力，用于对抗截获接收机的探测，降低被探测概率；

时间域需求：以最短有源辐射时间获得飞机态势感知能力，用于对抗截获接收机的探测，降低被探测概率；

频率域需求：最大程度扩展信号频谱至更大带宽，以及提高工作频率至截获接收机工作频段以外，用于对抗截获接收机的探测、分选与识别，降低被截获概率；

空间域需求：对于机载数据链以高指向性（窄波束）来获取飞机态势感知能力，对于机载雷达以最大不确定性（搜索）兼顾高指向性（跟踪与定位）来获取探测目标信息，用于对抗截获接收机的探测，降低被探测概率；

波形域需求：以发射波形最大不确定性（全频谱）来获取飞机态势感知能力，提高波形参数变化复杂度，用于对抗截获接收机的分选与识别，降低被截获概率。

13.4　截获距离与截获概率

飞机射频隐身性能参数除了与飞机自身的射频特性有关外，还取决于探测系统的参数和性能参数。飞机射频隐身性能参数包括截获距离、截获因子、截获球半径和截获概率。

13.4.1　截获距离

在作战空间，机载雷达、目标、截获接收机的位置时刻在变化。三者之间存在一定的位置关系，为了便于说明，用下图表示机载雷达、目标以及截获接收机之间位置关系如图 13-4 所示。

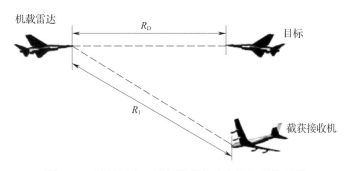

图 13-4　飞机平台、目标及截获接收机位置关系图

图 13-4 中 R_D 代表机载雷达的探测距离，R_I 代表截获接收机的截获距离。

根据单基地雷达以及考虑到系统损耗因子可知，机载雷达发射功率为 P_t，增益为 G_t，接收到距离为 R_D，雷达截面积为 σ 的回波功率为

$$P_r = \frac{P_t G_t G_r \lambda^2 L_2 \sigma F_t^2 F_r^2}{4\pi^3 R_D^4 L_{RT} L_{RR}} \tag{13-4}$$

式中：P_t——发射机的发射功率，W；

$\quad G_t$，G_r——分别是机载雷达发射天线和接收天线的增益；

$\quad \lambda$——发射信号波长，m；

$\quad L_2$——双向大气衰减因子；

$\quad \sigma$——目标雷达截面积，m^2；

$\quad F_t$，F_r——分别是发射天线到目标和目标到接收天线的方向图传播因子。在自由空间中，当目标位于发射和接收天线波瓣图的最大值方向时，F_t 和 F_r 的取值为 1。

$\quad L_{RT}$——机载雷达发射机和发射天线之间的损耗；

$\quad L_{RR}$——机载雷达接收机和接收天线之间的损耗。

假设回波功率等于雷达接收机灵敏度，并且目标位于发射和接收天线的最大方向，则可令 $F_t=F_r=1$，由式（13-5）可得雷达作用距离为

$$R_D = \sqrt[4]{\frac{P_t G_t G_r \sigma \lambda^2 L_2}{(4\pi)^3 P_r L_{RT} L_{RR}}} \tag{13-5}$$

从图 13-4 中可以看出三者相互关系，且截获接收机为单程雷达，可知截获接收机接收到的机载雷达的功率为

$$P_I = \frac{P_t G_t' G_r \lambda^2 L_1}{(4\pi)^2 R_I^2 L_{RT} L_{IR}} \tag{13-6}$$

式中：R_I——截获接收机和飞机之间的距离，m；

$\quad G_t'$——机载雷达的发射天线在截获接收机方向上的增益；

$\quad G_I$——截获接收机天线增益；

$\quad L_1$——表示单程衰减；

$\quad L_{IR}$——截获接收机和天线之间的损耗，若截获接收机截获到机载雷达发射信号的主瓣，则 $G_t'=G_t$，若截获接收机截获到机载雷达发射信号的旁瓣，则 G_t' 为机载雷达的发射天线旁瓣在截获接收机方向上的增益。

发射天线与截获接收机由于位置关系一直处在不断的变化中，通常情况下都是旁瓣对准截获接收机。P_I 代表截获接收机的灵敏度，由式（13-7）可得截获距离 R_I 为

$$R_I = \sqrt{\frac{P_t G_t' G_I \lambda^2 L_1}{(4\pi)^2 P_I L_{IR} L_{RT}}} \tag{13-7}$$

机载数据链的截获距离计算方法同机载雷达截获距离的计算。

飞机平台截获距离为机载雷达截获距离和机载数据链截获距离的最大值。即为

$$R_I = \max\{R_{RI}, R_{DI}\} \tag{13-8}$$

式中，R_{RI} 和 R_{DI} 分别为机载雷达的截获距离和机载数据链的截获距离。

13.4.2　截获因子

施里海尔提出了截获因子的概念，它是目前大家公认的评价雷达低截获概率特性的表征方法，其数学表达式简洁，实际运算过程简单。截获因子定义为截获接收机的截获距离与机载雷达的探测距离之比，用 α_R 表示

$$\alpha_R = \frac{R_I}{R_D} \qquad (13-9)$$

截获因子表征的是截获距离与雷达作用距离之间的比值，由图 13-4 中机载雷达、目标以及截获接收机之间的位置关系可得：

①当 $\alpha_R < 1$ 时，雷达正常工作时可处于截获接收机截获距离之外。说明针对该截获接收机，雷达不易被截获。

②当 $\alpha_R > 1$ 时，雷达正常工作时将可能处于截获接收机截获距离之内。说明针对该截获接收机，雷达容易被截获。

③当 $\alpha_R = 1$ 时，处于临界状态。

因此在电子对抗中截获因子越小，对自身越有利，自身系统的生存能力也就越好。

机载数据链的截获因子，类似于机载雷达的截获因子，定义如下

$$\alpha_{DL} = \frac{R_I}{R_{DL}} \qquad (13-10)$$

式中，R_{DL} 为机载数据链的探测距离，具体计算公式如下

$$R_{DL} = \left[\frac{P_T \cdot G_T \cdot G_{DL} \cdot G_{DP} \cdot L_{DL} \cdot \lambda^2}{(4\pi)^2 \cdot P_R} \right]^{\frac{1}{2}} \qquad (13-11)$$

式中：G_{DL}，G_{DP}——数据链接收机天线增益，数据链处理机增益；

$\quad L_{DL}$——发射机发送过程中总的路径损耗；

其他参数的意义同式（13-6）。

飞机平台的截获因子为机载雷达截获因子和机载数据链截获因子的最大值

$$\alpha = \max(\alpha_R, \alpha_{DL}) \qquad (13-12)$$

当目标雷达截面积 RCS 一定时，雷达发射功率越小，截获因子也就越小，此时雷达系统也就处于越安全的位置。当发射功率一定时，目标雷达 RCS 越大将导致截获因子越小。此时雷达系统也就越安全。但在实际运用中，雷达自身发射功率比较容易控制，则决策者可以根据雷达所处环境以及实际需求来改变雷达的发射功率，从而改变截获因子，使自身处于对抗的优势地位。

13.4.3　截获球半径

截获球半径是用来评价低截获概率发射系统的性能指标之一，它将经典的 CEVR 扩展到三维空间。它被定义为球体积等于截获接收机在给定发现概率的下实际探测体积的球半径。决定截获球半径的自由度扩展到 6 个，截获球半径主要受由机载雷达的天线方向图已经截获接收机的灵敏度的影响。

对低截获概率平台用一个具体的性能指标来衡量已经很常见。CEVR 就已经较为成熟。

　　随着技术的发展以及越来越复杂的空间威胁以及国防需求，低截获概率系统必须考虑各种类型的截获接收机平台威胁，如来自陆基、机载或者基于空间的威胁。将 CEVR 扩展到三维，由 6 个自由度决定，得到 SEVR。

　　截获球半径是在截获接收机在特定的被预定的发现概率 P_d 或高于这个概率的情况下球体积等于发射机可能被探测到的三维空间的体积的球半径

$$\text{SEVR} = \sqrt[3]{\frac{3V_{\text{det}}}{4\pi}} \qquad (13\text{--}13)$$

式中，V_{det} 为在指定发现概率下，截获接收机的实际探测体积 V_{det}，定义为

$$V_{\text{det}} = \frac{1}{3} \int_{-\pi/2}^{\pi/2} \int_{-\pi}^{\pi} r_{\text{det}}^3(\theta,\phi)\cos\phi\,\mathrm{d}\theta\,\mathrm{d}\phi \qquad (13\text{--}14)$$

式中，θ 表示目标相对于雷达发射天线俯仰角，ϕ 表示目标相对于雷达天线的方位角，r_{det} 表示在保证接收机灵敏度下最大探测距离。

　　在处理探测距离的时候，考虑到其影响因素，如接收机类型，接收机性能，预定虚警概率发现概率；我们假设这些因素时探测距离达到最大来得到 r_{det}。

　　探测半径与自由空间损耗存在一定关系，这个关系可用 friis' transmission equation 来表述

$$P_r = P_t G_t(\theta,\phi,\lambda)\,G_r / L_{\text{path}} L_{\text{atmos}} \qquad (13\text{--}15)$$

式中，P_r 表示截获接收机要求的功率；$P_t G_t$ 表示在定工作波段，方位角、俯仰角下的辐射功率，G_r 表示截获接收机天线最大增益；L_{path} 表示自由空间路径损耗；L_{atmos} 表示大气衰减。

　　又因为自由空间损耗与探测半径 r_{det} 有如下关系

$$L_{\text{path}} = \left(\frac{4\pi r_{\text{der}}(\theta,\phi,\lambda)}{\lambda} \right)^2 \qquad (13\text{--}16)$$

从而可得

$$r_{\text{det}}(\theta,\phi,\lambda) = \frac{\lambda\sqrt{L_{\text{path}}}}{4\pi} \qquad (13\text{--}17)$$

　　上式所得为在保证截获接收机工作灵敏度以及工作在某一波长时，在某一方位角与俯仰角的探测距离，在计算截获球半径时应选取其最大值

$$r_{\text{det}}(\theta,\phi) = \max_{\lambda}\{r_{\text{det}}(\theta,\phi,\lambda)\} \qquad (13\text{--}18)$$

　　考虑到截获接收机的灵敏度 P_1 则有

$$L_{\text{path}} = \frac{P_t G_t(\theta,\phi,\lambda)\,G_r}{P_1 L_{\text{atmos}}} \qquad (13\text{--}19)$$

则可以得

$$r_{\text{det}} = \frac{\lambda}{4\pi}\sqrt{\frac{P_t G_t(\theta,\phi,\lambda)\,G_r}{L_{\text{atmos}} P_1}} \qquad (13\text{--}20)$$

式中，L_{atmos} 为大气衰减，它对探测距离有一定影响，但是对于求解上述方程会带来一定的复杂度。在实际运用中，最为保守的做法是忽略它对 r_{det} 的影响，在这种假设下会得到较大的探测距离，这是被人所期待的。但是在这种忽略大气衰减的情况下，将会导致不精确的系统指标。

　　为了方便分析，我们一般假设在发射机与接收机在 13km 以内的大气衰减为常值，超

过 13km 就忽略大气衰减。这是为了消除一些发射机与接收机地理位置，以及一些其他因素的影响诸如湿度和温度。

由于天线方向图存在极化现象，这对截获球半径存在一定的影响。对于精确的计算，天线的极化类型（交叉极化与同向极化）要考虑在内。为了计算交叉极化，我们先使用一个简化的交叉极化模型。假设在先前截获接收机的制定最大的 G/T 源于最佳极化多样接收孔径，考虑到发射信号中的正交极化分量，我们引入交叉极化因子 ∂_{xpol}，它的取值范围为 $0 \sim 1$。则发射天线总的增益为

$$G(\theta,\phi,\lambda) = G_{co\text{-}pol}(\theta,\phi,\lambda) + \partial_{xpol}G_{xpol}(\theta,\phi,\lambda) \tag{13-21}$$

飞机平台的截获球半径为机载雷达的截获球半径和机载数据链截获球半径的最大值，即为

$$SEVR = \max\left\{SEVR_R, SEVR_I\right\} \tag{13-22}$$

式中，$SEVR_R$ 和 $SEVR_I$ 分别为机载雷达的截获球半径和机载数据链的截获求半径。

13.4.4　截获概率

截获概率问题可以通过一系列重复独立的实验来获得，每个实验结果可以有两个：截获与未截获。这被称为伯努利实验，无序的伯努利实验产生了如方程所示的二项式分布

$$P(m;n,p) = \binom{n}{k} \cdot p^m \cdot (1-p)^{n-m} \tag{13-23}$$

式中，m，n，p 分别表示截获次数、试验次数、每次截获的概率。

由于我们所关注的问题中，每次照射的截获概率很小，而照射次数很多，这就允许对二项式分布采用泊松分布近似，即

$$p(k;l) = \frac{l^k}{k!}\varepsilon^{-l} \tag{13-24}$$

式中，$l=np$。

截获概率就是一次或者多次截获发生的可能性，换言之，就是不发生未截获的概率，即

$$p_i = 1 - p(0;l) = 1 - \varepsilon^{-l} \tag{13-25}$$

在截获过程中

$$l = A_F D_I \frac{\min(T_{OT}, T_I)}{T_I} \tag{13-26}$$

式中，T_I 是指截获接收机搜索时间；T_{OT} 指发射机对截获接收机的照射时间；A_F 指天线波束覆盖面积；D_I 是指单位面积内截获接收机的密度。

将截获接收机调谐到发射机频率的概率，以及截获接收机探测到发射机信号的概率考虑在内，则截获概率为

$$P_i = \left\{1 - \exp\left[-\left(A_F D_I \frac{\min(T_{OT}, T_I)}{T_I}\right)\right]\right\} P_F P_D \tag{13-27}$$

式中，P_F 指截获接收机调谐到发射机频率的概率；P_D 指照射和调谐适当的情况下，发射机被探测到的概率。

13.5 小结

射频隐身与传统意义的隐身概念区别较大，属于有源目标特征减缩范畴，是在保证飞机态势感知能力的同时，对飞机有源辐射能量资源合理分配与管理。本章从 4 个方面介绍和总结了射频隐身的基本概念、发展现状、技术内涵及性能参数：

（1）射频隐身基本概念。从低截获概率和低可探测性出发，辨析了射频隐身和传统隐身的区别，列举射频隐身的运用实例，引出了低截获概率系统的概念，详细阐述其关键要素和已公开技术。

（2）射频隐身发展现状。总结 B-2、F-22、F-35 的射频隐身技术特征，展现了美国飞机射频隐身相关技术的研究工作和发展现状。

（3）射频隐身技术内涵。首先分析传统飞机、三代机、四代机和五代机的态势感知能力公式，然后从三个层次解释飞机射频隐身的概念，最后剖析现阶段射频隐身技术总研制需求。

（4）射频隐身性能参数。包括截获距离、截获因子、截获球半径和截获概率，除了与飞机自身的射频特性有关外，还取决于探测系统的参数和性能参数。

第14章　射频隐身天线设计技术

射频隐身天线技术是空间域射频隐身的关键技术，射频隐身天线技术主要分为两个方面：一是将主/副瓣增益控制在正常工作前提下，尽量使用小功率进行辐射；二是通过控制波束辐射空域，避免被敌无源探测系统截获。因此，为将辐射能量集中在主瓣内，减少天线副瓣辐射功率，压缩能量辐射空域，降低被敌截获概率，射频隐身天线对窄波束、超低副瓣性能有着强烈的现实需求。本章将从天线基本理论入手，结合射频隐身天线性能需求，给出射频隐身天线设计方法。

14.1　天线类型

天线是一种有效辐射或接收电磁波的装置，也可以完成高频电流或导波（能量）向同频率无线电波（能量）的转换，或完成无线电波（能量）向同频率高频电流或导波（能量）的转换。所以，天线也是一个能量转换器。

天线的形式有很多，可以根据研究的不同情况进行分类：

按工作性质分类，有发射天线，接收天线和收发共用天线。

按用途分类，有广播天线，电视天线，导航天线，测向天线，通信天线，雷达天线等。

按天线特性分类，从方向性特性看，有强方向性天线，方向性天线，定向天线，全向天线，针状波束天线，扇形波束天线等；从极化特性看，有线极化（垂直极化和水平极化）天线，圆极化天线和椭圆极化天线；从频带特性看，有窄带天线，宽带天线和超宽带天线。

按馈电方式分类，有对称天线，不对称天线。

接天线上的电流分类，有行波天线，驻波天线。

按使用波段分类，有长波、超长波天线，中波天线，短波天线，超短波天线和微波天线。

按载体分类，有车载天线、机载天线、星载天线、弹载天线等。

按天线外形分类，有鞭状天线、T形天线，Γ形天线，V形天线，菱形天线，鱼骨形天线，环形天线，螺旋天线，喇叭天线和反射面天线等。

另外，还发展起一些新型天线，如单脉冲天线，相控阵天线，微带天线和自适应天线等。

下面介绍一些常见的天线类型。

14.1.1　菱形天线

菱形天线广泛应用于短波、超短波中远距离通信，它是由4根导线组成的水平菱形悬挂在4根支柱上，结构如图14-1所示。

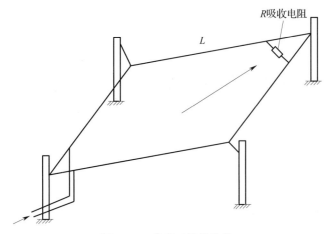

图 14-1　菱形天线的结构

菱形天线的主要特点是：方向图随频率变化很小，输入阻抗基本不随频率变化，具有良好的宽带特性，可以应用于 3:1 频带内；方向图较窄，具有良好的单向辐射特性；方向图中主瓣的最大方向仰角会随着频率升高而自动减小，适合于短波电离层通信。缺点是天线占地面积大，副瓣多且大（有时可达到主瓣的 1/3），且由于吸收电阻功耗大，菱形天线的效率不高，通常只有 50% ～ 80%。

为了克服菱形天线的缺点，可以采用许多改进的菱形天线。图 14-2 是一个水平双菱形天线，它由两个相距 D_1 的水平菱形组成。适当调整 D_1，可以有效削弱天线副瓣，改善方向性，提高方向系数。通常情况下 D_1=（0.8~1.0）λ。和单个菱形相比，它的方向系数可提高 1.5 ～ 2 倍。

为提高天线效率，可以采用如图 14-3 所示的回授式菱形天线。这种天线不设终端负载电阻，行波功率从发射输入，通过菱形天线辐射，剩余功率由回授双馈线返回输入端再进入天线。调整回授线的长度和天线馈线与回授线特性阻抗之间的关系，使天线和回授线都加载行波。回授式菱形天线的效率理论上可以达到 1，考虑到天线热耗及地面损耗，实际效率可达 97%。

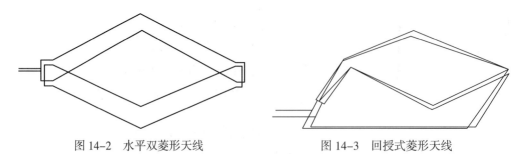

图 14-2　水平双菱形天线　　　　　图 14-3　回授式菱形天线

14.1.2　螺旋天线

螺旋天线具有宽频带和圆极化的特性，广泛应用于米波和分米波频段，可作为独立天线（或构成螺旋天线阵）使用，又可作为其他面天线的初级馈源。

将金属导线或金属带绕制成一定大小的圆柱形或圆锥形螺旋线，一端用同轴线的内导体馈电，另一端处于自由状态或与同轴线外导体相连。为了消除同轴线外皮上的电流作为螺旋线提供电流回路，一般在其末端连接一个直径为（0.8~1.5）λ 的金属圆盘，这样便构成了螺旋天线，如图 14-4 所示。

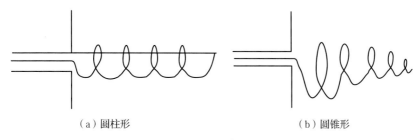

（a）圆柱形　　　　　　　　　　　（b）圆锥形

图 14-4　螺旋天线

　　螺旋线的直径可以做成恒定的（圆柱形螺旋天线），也可以是渐变的（圆锥形螺旋天线）。螺旋天线的几何特性由螺旋直径 D、螺距 S 和圈数 n 等结构参数描述，如图 14-5 所示。

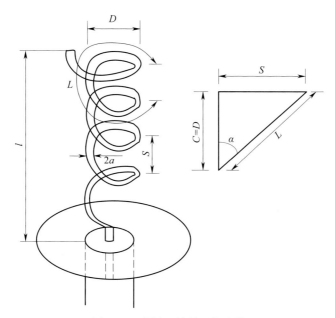

图 14-5　螺旋天线的几何参数

螺距角

$$\alpha = \arctan\left(\frac{S}{\pi D}\right) \tag{14-1}$$

圈长

$$L = (\pi D)^2 + S^2 \tag{14-2}$$

轴向长度

$$l = nS \tag{14-3}$$

螺旋天线的辐射特性取决于它的直径波长比 D/λ。$D/\lambda \leqslant 0.18$ 的时候，最大辐射方向在垂直于螺旋天线轴线的平面内，且该平面内的方向图为圆形时，包含轴线的平面内的方向图呈 8 字形。这与载波电流小环的方向性类似。这种螺旋天线是法向模螺旋天线，如图 14-6（a）所示。D/λ=0.25~0.46，如图 14-6（b）所示，螺旋圈的长度在一个波长左右，最大辐射方向在轴线方向，这种螺旋天线为轴向模螺旋天线。D/λ 进一步增大后，最大辐射方向偏离了轴线方向，分裂成两个方向，方向图呈圆锥形状（见图 14-6（c）），这种螺旋天线为圆锥模螺旋天线。实际上多采用轴向模螺旋天线。通常所说的螺旋天线就是这种模式的螺旋天线。

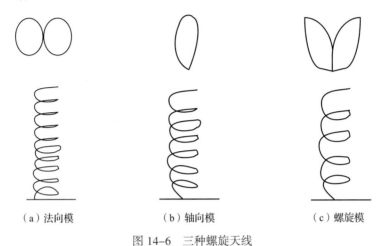

（a）法向模   （b）轴向模   （c）螺旋模

图 14-6　三种螺旋天线

14.1.3　喇叭天线

喇叭天线可以看作是一个张开的波导，喇叭的功能是在比波导更大的口径上产生一个均匀的相位波前，从而获得更高的定向性。

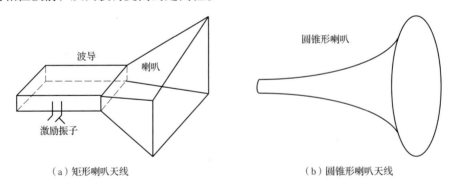

（a）矩形喇叭天线   （b）圆锥形喇叭天线

图 14-7　两种常见的喇叭天线

如果忽略了边缘效应，喇叭天线的辐射波瓣图由口径尺寸和已知的口径场分布所确定。对于一个给定的口径，均匀的场分布可以使定向性达到最大，口径场的幅度或相位的任何变化都会降低定向性。喇叭天线一般分为矩形喇叭天线、圆锥形喇叭天线、加脊喇叭（降低主模的截止频率，加宽波导的可用频段、隔膜喇叭（降低旁瓣）、皱纹喇叭（减少边缘绕射、改善波瓣图的对称性，减少交叉极化）、口径匹配喇叭（借助于在喇叭的口径边缘外侧加一光滑的弯曲（或卷边）的表面段）等。

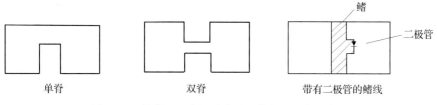

图 14-8　单脊、双脊矩形波导和带有二极管的鳍线

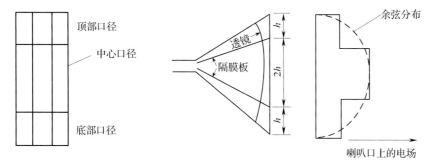

图 14-9　二隔膜喇叭，喇叭口上的场强分布
具有阶梯幅度分布（近似为余弦分布）

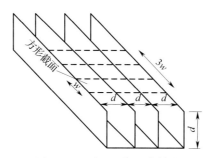

图 14-10　宽 w、深 d 的皱纹

图 14-11　口径匹配喇叭，卷边的曲率半径 r 至少为 $\lambda/4$

14.1.4　微带天线

　　微带天线是由一块厚度远小于波长的介质板（称为介质基片）和在它两边覆盖的金属片构成的，其中一块金属片完全覆盖在介质板的一面，称为接地板，另一金属板的尺寸可

与波长相比拟，称为辐射源。如图 14-12 所示。可作为独立天线使用，也可作为天线阵或者作为复杂天线的馈源。辐射源的形状可以是方形、矩形、圆形、椭圆形等，如图 14-13 所示。

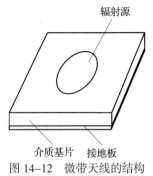

图 14-12　微带天线的结构

微带天线馈电分为侧馈和底馈两种。所谓侧馈是指从辐射源一侧的馈线（通常是微带传输线）馈电，如图 14-14（a）所示。底馈是指从微带天线底部接入的馈线，底馈通常是采用同轴线，内导体通过接地板和基片与辐射源相连，外导体直接与接地板相连，如图 14-14（b）所示。

图 14-13　微带天线的不同形式

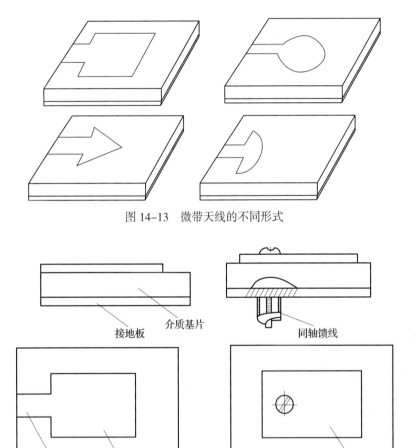

图 14-14　微带天线的馈电

微带天线的主要优点是体积小，重量轻，剖面低，容易实现与飞行器和其他物体共形，结构紧凑，性能可靠，容易实现双频天线和圆极化。因此，它被广泛用于 100~500MHz 的频率范围，特别是在高速飞行器上的应用。微带天线的主要缺点是频带窄，通常只有百分之零点几至百分之几；波瓣宽，损耗大，增益低，交叉极化大，功率容量低等。

14.2　天线基本参数

天线是一种完成导行波与自由空间波之间转化的器件，描述其能量转化以衡量天线性能的电参数有多个，如天线的方向图、方向系数、增益、效率、输入阻抗，以及描述天线的频带特性、极化特性的电参数等，本节讨论并给出天线电参数的定义。

14.2.1　辐射方向图

天线所辐射的电磁波能量在三维空间上的分布，通常是不均匀的，这就是天线的方向性。即使最简单的天线，电或磁基本振子也有方向性，完全没有方向性的天线实际上不存在。为了分析、对比方便，假设理想点源是一种无方向性天线，它所辐射的电磁能量在空间方向上的分布是均匀的。为了表示天线的方向特性，人们规定了几种方向性电参数，本节讨论辐射方向图。

天线的辐射方向图（简称方向图）是天线的辐射参数（包括辐射的功率通量密度、场强、相位和极化）随空间方向变化的图形表示。在通常情况下，辐射方向图在远区测定，并表示为空间方向坐标的函数（称为方向（图）函数）。实际上，我们最关心的是天线辐射能量的空间分布，在没有特别指明的情况下，辐射方向图一般均指功率通量密度的空间分布，有时指场强的空间分布。

取坐标系如图 14–15 所示，天线位于坐标原点。在距天线等距离（$r=$ 常数）的球面上，天线在各点产生的功率通量密度或场强（电场或磁场）随空间方向（θ，ϕ）的变化曲线，称为功率方向图或场强方向图，它们的数学表示式称为功率方向函数或场强方向函数。

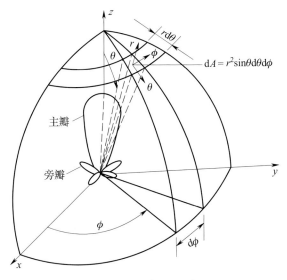

图 14–15　所采用的坐标系

天线在（θ，ϕ）方向辐射的电场强度 $E(\theta,\phi)$ 的大小可以写成

$$|E(\theta,\phi)|=A_0 f(\theta,\phi) \tag{14-4}$$

式中，A_0 是与方向无关的常数，$f(\theta,\phi)$ 为场强方向函数。那么

$$f(\theta,\phi) = \frac{|E(\theta,\phi)|}{A_0} \qquad\qquad (14-5)$$

实际上常用功率通量密度或场强的归一值表示方向图，称为归一化方向图。设 $S(\theta,\phi)$ 和 $E(\theta,\phi)$ 为 (θ,ϕ) 方向的功率通量密度和电场强度，归一化功率方向图 $p(\theta,\phi)$ 和归一化场强方向图 $F(\theta,\phi)$ 为

$$p(\theta,\phi) = \frac{S(\theta,\phi)}{S_M} \qquad\qquad (14-6)$$

$$F(\theta,\phi) = \frac{|E(\theta,\phi)|}{|E_M|} \qquad\qquad (14-7)$$

式中，S_M 和 E_M 分别是功率通量密度和场强的最大值。显然

$$p(\theta,\phi) = F^2(\theta,\phi) \qquad\qquad (14-8)$$

在三维坐标中，方向图描绘了一个三维曲面，这样的方向图称为立体方向图或空间方向图。

立体方向图形象、直观，但画起来复杂。由于这个缘故，天线方向图通常是用两个互相垂直的主平面内的方向图表示，称为平面方向图。主平面的取法因问题的不同而异。架设在地面上的线天线，由于地面的影响较大，通常采用水平面和铅垂平面作为主平面。所谓水平面是仰角 Δ= 常数、与地面平行的平面，在此平面内，功率通量密度或场强随方位角 ϕ 变化。铅垂平面是方位角 ϕ= 常数、与地面垂直的平面，在此平面内，功率通量密度或场强随仰角 Δ 变化。研究超高频天线，通常采用的两个主平面是 E 面和 H 面。E 面是最大辐射方向和电场矢量所在的平面，H 面是最大辐射方向和磁场矢量所在的平面。位于自由空间的电基本振子，其 E 面是通过振子轴的子午平面（ϕ= 常数的平面），H 面是垂直于振子轴的赤道平面（θ=90° 的平面），磁基本振子的 E 面和 H 面与电基本振子的刚好互换。

绘制方向图可以采用极坐标，也可以采用直角坐标。极坐标方向图形象、直观，但对方向性很强的天线难以精确表示。直角坐标方向图不如极坐标方向图直观，但可以精确地表示强方向性天线的方向图。

方向图形状还可用方向图参数简单地定量表示。如果方向图只有一个主波束，辐射功率的集中程度可用两个主平面内的波瓣宽度来表征。主瓣最大值两侧的两个第一零辐射方向之间的夹角称为零功率波瓣宽度，记为 $2\theta_{OE}$ 和 $2\theta_{OH}$，下角标 E 和 H 分别表示 E 面和 H 面。主瓣最大值两侧，功率通量密度下降到最大值的一半（或场强下降到最大值的 0.707），即下降 3dB 的两个方向之间的夹角称为半功率波瓣宽度，记为 $2\theta_{0.5E}$ 和 $2\theta_{0.5H}$（如图 14-16 所示），主平面方向图除了主瓣之外，通常还有副瓣和后瓣，表征其大小的是副瓣电平和前后辐射比。所谓副瓣电平，一般是指主瓣旁边第一个副瓣最大值（通常是最大的副瓣最大值）小于主瓣最大值的分贝数，记为 ξ_1。前后辐射比是主瓣最大值与后瓣最大值之比的分贝数，记为 ξ_b。按定义

$$\xi_1 = 10\lg\frac{S(\theta_1,\phi_1)}{S_M} = 20\lg\frac{|E(\theta_1,\phi_1)|}{|E_M|}(\text{dB}) \qquad\qquad (14-9)$$

$$\xi_b = 10\lg\frac{S_M}{S_b} = 20\lg\frac{|E_M|}{|E_b|}(\text{dB}) \qquad\qquad (14-10)$$

式中，$S(\theta_1, \phi_1)$ 和 $E(\theta_1, \phi_1)$ 分别为最大副瓣最大值的功率通量密度和电场强度，S_b 和 E_b 分别为主瓣最大值方向的反方向的功率通量密度和电场强度。

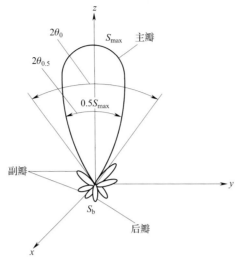

图 14-16　极坐标方向图参数

14.2.2　方向系数

天线的方向系数是用一个数字定量地表示辐射电磁能量集束程度以描述方向特性的一个参数，又称方向性系数或方向性增益。在定义方向系数之前，我们先讨论天线的辐射强度。

天线在某方向的辐射强度是该方向每单位立体角的辐射功率

$$U(\theta, \phi) = \frac{\mathrm{d}P_\Sigma(\theta, \phi)}{\mathrm{d}\Omega} \qquad (14\text{-}11)$$

式中，$\mathrm{d}\Omega$ 是立体角元。立体角单位是球面度（sr）。球面度是一个顶点位于球心的立体角，而它在球面上所截取的面积等于以球半径为边长的正方形面积，如图 14-17 所示。球的表面积是 $4\pi r^2$，所以封闭球面的立体角是 4π（sr），球面的面积元 $\mathrm{d}A = r^2\sin\theta\mathrm{d}\theta\mathrm{d}\phi$，立体角元

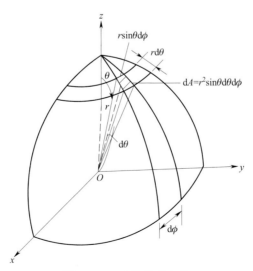

图 14-17　立体角的定义

$$\mathrm{d}\Omega = \frac{\mathrm{d}A}{r^2} = \sin\theta\mathrm{d}\theta\mathrm{d}\phi \qquad (14\text{-}12)$$

代入式（14-11），得

$$\mathrm{d}P_\Sigma(\theta,\phi) = U(\theta,\phi)\frac{\mathrm{d}A}{r^2} \qquad (14\text{-}13)$$

另一方面，设（θ，ϕ）方向的功率通量密度为 S（θ，ϕ），通过面积元 $\mathrm{d}A$ 的辐射功率通量为

$$\mathrm{d}P_\Sigma(\theta,\phi) = S(\theta,\phi)\mathrm{d}A \qquad (14\text{-}14)$$

比较式（14-13）和式（14-14），得

$$U(\theta,\phi) = S(\theta,\phi)r^2 \qquad (14\text{-}15)$$

式（14-15）表明，辐射强度与空间方向的关系即是辐射功率通量密度与空间方向的关系，二者不同的是，功率通量密度与 r^2 成反比，辐射强度则与 r 无关。所以辐射强度表示天线辐射强弱纯粹同方向角度的关系。

由天线辐射方向图定义，辐射强度可以表示为

$$U(\theta,\phi) = U_\mathrm{M}F^2(\theta,\phi) \qquad (14\text{-}16)$$

式中，U_M 是天线在最大方向的辐射强度，F（θ，ϕ）是天线的归一化场强方向函数。

整个天线的总辐射功率

$$P_\Sigma = \int_0^{2\pi}\int_0^\pi U(\theta,\phi)\mathrm{d}\Omega = U_\mathrm{M}\int_0^{2\pi}\int_0^\pi F^2(\theta,\phi)\sin\theta\mathrm{d}\theta\mathrm{d}\phi \qquad (14\text{-}17)$$

天线在某一方向的方向系数 D（θ，ϕ）是该方向辐射强度 U（θ，ϕ）与平均辐射强度之比，平均辐射强度为 $P_\Sigma/4\pi$，即

$$D(\theta,\phi) = 4\pi\frac{U(\theta,\phi)}{P_\Sigma} \qquad (14\text{-}18)$$

将式（14-16）和式（14-17）代入式（14-18），得

$$D(\theta,\phi) = \frac{4\pi F^2(\theta,\phi)}{\int_0^{2\pi}\int_0^\pi F^2(\theta,\phi)\sin\theta\mathrm{d}\theta\mathrm{d}\phi} \qquad (14\text{-}19)$$

式（14-19）是计算天线方向系数的一般公式。

通常，我们关心的是最大辐射方向的方向系数。在最大辐射方向，F（θ，ϕ）=1，最大辐射方向的方向系数

$$D(\theta,\phi) = \frac{4\pi}{\int_0^{2\pi}\int_0^\pi F^2(\theta,\phi)\sin\theta\mathrm{d}\theta\mathrm{d}\phi} \qquad (14\text{-}20)$$

它与（θ，ϕ）方向的方向系数间的关系为

$$D(\theta,\phi) = DF^2(\theta,\phi) \qquad (14\text{-}21)$$

现在多方面讨论一下方向系数的意义。将式（14-18）稍加变换，得

$$D(\theta,\phi) = \frac{U(\theta,\phi)}{P_\Sigma/4\pi} = \frac{S(\theta,\phi)}{S_\mathrm{av}} = \frac{|E(\theta,\phi)|^2}{|E_\mathrm{av}|^2} \qquad (14\text{-}22)$$

式中，S_av 和 E_av 分别为天线所辐射的平均功率通量密度和相应的平均场强（注意，相应的

平均场强不同于场强平均）。将 S_{av} 和 E_{av} 看成是某个参考天线所辐射的功率通量密度和电场强度，该参考天线是一个各方向均匀辐射的理想点源，它与所论天线有相同的总辐射功率。那么，有方向性的实际天线在（θ,ϕ）方向的方向系数是该方向辐射强度与平均辐射强度之比，又是该方间功率通量密度与平均功率通量密度之比，又是该方向电场强度平方与相应的平均电场强度平方之比。换一种说法，有方向性的实际天线在（θ,ϕ）方向产生的辐射强度和功率通量密度是无方向性的参考天线（二者的总辐射功率相同）的辐射强度和功率通量密度的 $D(\theta,\phi)$ 倍，电场强度则是 $\sqrt{D(\theta,\phi)}$ 倍。

将式（14-18）变换为

$$4\pi U(\theta,\phi)=P_{\Sigma}D(\theta,\phi) \tag{14-23}$$

式中，左端给出的是参考天线以辐射强度 $U(\theta,\phi)$ 向所有方向均匀辐射时的总辐射功率。$U(\theta,\phi)$ 是实际有方向性天线在（θ,ϕ）方向的辐射强度，所以该式表明，要在（θ,ϕ）方向得到相等的辐射强度（或电场强度），采用无方向性天线，其总辐射功率比实际有方向性天线的总辐射功率要大到 $D(\theta,\phi)$ 倍，或者说，实际有方向性天线的总辐射功率仅为无方向性天线的 $1/D(\theta,\phi)$。

14.2.3　天线效率和增益

天线效率对发射天线来说，用来衡量天线将高频电流或导波能量转换为无线电波能量的有效程度，是天线的一个重要电参数。天线效率（即辐射效率）η_A 是天线所辐射的总功率 P_{Σ} 与天线从馈线得到的净功率 P_A 之比，即

$$\eta_A=\frac{P_{\Sigma}}{P_A} \tag{14-24}$$

一般而言，天线的输入阻抗不等于馈线的特性阻抗（天线与馈线不匹配），天线从馈线得到的净功率（即输入功率）等于馈线在连接天线处的入射功率与反射功率之差。这里所说的功率均指实功率。天线的输入功率是辐射功率与损耗功率之和，即

$$P_A=P_{\Sigma}+P_1 \tag{14-25}$$

设 R_A、$R_{\Sigma A}$ 和 R_1 分别是归算于输入电流 I_A 的输入电阻、辐射电阻和损耗电阻，则天线效率为

$$\eta_A=\frac{R_{\Sigma A}}{R_A}=\frac{R_{\Sigma A}}{R_{\Sigma A}+R_1}=\frac{1}{1+\frac{R_1}{R_{\Sigma A}}} \tag{14-26}$$

显然，要提高天线效率，应尽可能提高辐射电阻，同时降低损耗电阻。天线的损耗包括天线系统的热损耗、介质损耗和感应损耗（在悬挂天线的设备中和大地中因感应电流而引起的损耗）。超短波天线，辐射电阻大，损耗小，效率接近于1。长、中波天钱，由于波长长，l/λ 小，辐射电阻小，损耗大，效率相当低。短波天线的效率可以做到比长、中波天线高。长、中波天线或其他电小天线（电尺寸 $l/\lambda<0.1$ 的天线），应采取措施提高辐射电阻，降低损耗，以提高天线效率。

方向系数表征天线辐射电磁能量的集束程度，效率表征天线能量转换效能。将二者结合起来，用一个数字表征天线辐射能量集束程度和能量转换效率的总效益，称为天

增益。

天线在某方向的增益 $G(\theta,\phi)$ 是它在该方向的辐射强度 $U(\theta,\phi)$ 同天线以同一输入功率向空间均匀辐射的辐射强度 $P_A/4\pi$ 之比，即

$$G(\theta,\phi) = 4\pi \frac{U(\theta,\phi)}{P_A} \tag{14-27}$$

将式（14-26）和式（14-24）代入式（14-27），得

$$G(\theta,\phi) = D(\theta,\phi)\eta_A \tag{14-28}$$

未曾指明时，某天线的增益通常指最大辐射方向增益

$$G = 4\pi \frac{U_M}{P_A} = D\eta_A \tag{14-29}$$

式中，D 为最大辐射方向的方向系数。

14.2.4　输入阻抗

线天线的输入阻抗是在其输入端呈现的阻抗。输入到天线的功率被输入阻抗所吸收，并为天线转换成辐射功率。由电路理论，天线的输入阻抗

$$Z_A = \frac{P_A}{\frac{1}{2}|I_A|^2} = R_A + jX_A \tag{14-30}$$

式中，I_A 为天线的输入电流；R_A 是天线的输入阻抗实部，包括归算于输入电流的损耗电阻 R_{lA} 和辐射电阻 $R_{\Sigma A}$，即 $R_A = R_{lA} + R_{\Sigma A}$；$X_A$ 是天线的输入阻抗虚部，称为输入电抗，即归算于输入电流的辐射电抗。

天线的输入阻抗决定于天线本身的结构、工作频率，甚至还受周围环境的影响。仅在极少数情况下才能严格地理论计算天线的输入阻抗，大多数情况是采用近似计算法或由实验确定。

计算天线输入阻抗，可用边值法、传输线法或坡印廷（Poynting）矢量法。

所谓边值法是将天线作为电磁场边值问题处理，利用边界条件（天线理想导体表面电场的切线分量为零）求解麦克斯韦方程，得到天线电流分布，由外加在天线输入端的电动势与输入电流之比求得输入阻抗。这种方法数学上复杂，仅适用于几何形状规则、导出的波动方程可以分离变量的天线。

传输线法是将线天线等效为传输线，利用传输线输入阻抗及有关公式，进行适当修正，得到天线输入阻抗。这种方法误差较大，但数学计算简单。对称振子形式的天线，特别是双锥天线，用传输线法计算输入阻抗精度较高。

坡印廷矢量法计算天线输入阻抗是基于坡印廷定理。将包围天线的封闭面取得足够大，用远区场的坡印廷矢量沿该面积分，得到实辐射功率，从而得到天线辐射阻抗的实部——辐射电阻。如果封闭面取为天线导体表面，不仅可以计算辐射电阻，而且可以计算辐射电抗。这种方法又称为感应电动势法。

难以计算或不能解析计算的天线输入阻抗，要采用数值方法计算。其中"矩量法"已获得广泛应用。已知天线输入端的外加电压 V_A，用矩量法计算出天线输入电流 I_A，则输入阻抗为

$$Z_{\mathrm{A}} = \frac{V_{\mathrm{A}}}{I_{\mathrm{A}}} \tag{14-31}$$

14.2.5　带宽

天线的所有电参数都是频率的函数。频率变化，电参数跟着发生变化，这就是天线的频率特性。天线的频率特性可用它的特性参数——工作频带或带宽表示。天线带宽是天线的某个或某些性能参数符合要求的工作频率范围。在带宽外天线的某个或某些性能参数变坏，达不到使用要求。当然也可能有某个天线的实际带宽大于要求带宽的情况。

天线带宽取决于天线的频率特性和对天线提出的参数要求。不同电参数的频率特性不同。天线带宽是对某个或某些电参数来说的。

为了使用方便，有时用相对带宽一词。它是绝对带宽与工作频带的中心频率之比。对于频率特性对称的电参数，可用 $2\Delta f$ 表示绝对带宽，Δf 是偏离中心频率 f_0 的最大频率差，在 $2\Delta f$ 范围内电参数符合要求。

14.2.6　极化

极化是天线的一项重要特性，实际使用天线往往要对极化提出要求。这也关系到无线电设备的性能。

天线在某方向的极化是天线在该方向所辐射电波的极化（对发射天线），或天线在该方向接收获得最大接收功率（极化匹配）时入射平面波的极化（对接收天线）。天线的极化与所论空间方向有关，通常所说的天线极化是指最大辐射方向或最大接收方向的极化。

另有所谓波的极化，是无线电波的特定场矢量的极化。这个场矢量工程上通常是电场矢量。在空间固定点，单一频率的电场矢量的极化是指场矢量端点运动轨迹的形状、取向和旋转方向。也就是说，极化是时变电场矢量端点的运动状态。电场矢量端点轨迹的旋转方向规定为沿着波传播方向观察的旋转方向。

设有一沿 $-z$ 方向传播的无衰减均匀平面波，其瞬时电场可表示为

$$E(z,t) = \mathrm{Re}\left[E\mathrm{e}^{\mathrm{j}(\omega t+kz)}\right] \tag{14-32}$$

在垂直于传播方向的平面（称为极化平面）内，可以将 $E(z,t)$ 分解为两个互相垂直的分量，即

$$E(z,t) = \hat{x}E_x(z,t) + \hat{y}E_y(z,t) \tag{14-33}$$

比较式（14-32）和式（14-33），得

$$\begin{cases} E_x(z,t) = \mathrm{Re}\left[E_{xm}\mathrm{e}^{\mathrm{j}(\omega t+kz)}\right] = |E_{xm}|\cos(\omega t+kz+\phi_x) \\ E_y(z,t) = \mathrm{Re}\left[E_{ym}\mathrm{e}^{\mathrm{j}(\omega t+kz)}\right] = |E_{ym}|\cos(\omega t+kz+\phi_y) \end{cases} \tag{14-34}$$

式中，E_{xm} 和 E_{ym} 为电场的 x 分量和 y 分量的复振幅值，ϕ_x 和 ϕ_y 为电场的 x 分量和 y 分量的复振幅的相位，即电场的 x 分量和 y 分量的初始相位（$t=0$，$z=0$ 时）。根据互相垂直的两场分量的振幅和相位间的关系，极化可以分为三类：线极化、圆极化和椭圆极化，如图 14-18 所示。

当 $\Delta\phi=\phi_y-\phi_x=n\pi$（$n=0,1,2,\cdots$）时

$$E(z,t) = \hat{x}|E_{xm}|\cos(\omega t+kz+\phi_x) + \hat{y}|E_{ym}|\cos(\omega t+kz+\phi_y) \tag{14-35}$$

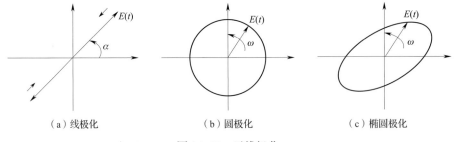

（a）线极化　　　　　　　　（b）圆极化　　　　　　　　（c）椭圆极化

图 14-18　天线极化

合成场的振幅为

$$|E(z,t)| = \sqrt{|E_{xm}|^2 + |E_{ym}|^2} \cos(\omega t + kz + \phi_\alpha) \tag{14-36}$$

合成场矢量的方向与 x 轴的夹角 α 是一个常数

$$\alpha = \pm \arctan \frac{|E_{ym}|}{|E_{xm}|} \tag{14-37}$$

电场矢量端点的轨迹是一条直线，该直线与 x 轴的夹角 α 不随时间变化，这种极化波为线极化波。

当 $|E_{xm}| = |E_{ym}| = E_0$，且

$$\Delta\phi = \phi_y - \phi_x = \begin{cases} +\left(\dfrac{1}{2} + 2n\right)\pi \cdots （右旋） \\[2mm] -\left(\dfrac{1}{2} + 2n\right)\pi \cdots （左旋） \end{cases} \quad (n = 0,1,2,\cdots) \tag{14-38}$$

时，合成场振幅为

$$|E(z,t)| = E_0 \tag{14-39}$$

合成场矢量与 x 轴的夹角

$$\alpha = \arctan \frac{E_y}{E_x} = \mp(\omega t + kz + \phi_x) \tag{14-40}$$

合成电场矢量端点的轨迹是一个在垂直于传播方向的平面内的圆。这种极化称为圆极化。沿传播方向观察，电场矢量顺时针方向旋转，称为右旋圆极化波（式（14-40）中的负号），电场矢量逆时针方向旋转，称为左旋圆极化波（式（14-40）中的正号）。如果迎着传播方向观察，右旋波为逆时针方向旋转，左旋波为顺时针方向旋转。

如果 $|E_{xm}| \neq |E_{ym}|$ 且

$$\Delta\phi = \phi_y - \phi_x = \begin{cases} +\left(\dfrac{1}{2} + 2n\right)\pi \\[2mm] -\left(\dfrac{1}{2} + 2n\right)\pi \end{cases} \tag{14-41}$$

或

$$\Delta\phi = \phi_y - \phi_x \neq \pm \frac{n}{2}\pi \begin{cases} >0（右旋） \\ <0（左旋） \end{cases} \quad (n = 0,1,2,\cdots) \tag{14-42}$$

不管 $|E_{xm}|$ 是否等于 $|E_{ym}|$，合成电场矢量端点的轨迹都是一个倾斜的椭圆，如

图 14-19 所示。

椭圆参数通常用轴比（椭圆长轴与短轴之比）和倾角 τ 表示

$$\mathrm{AR} = \frac{OA}{OB} \qquad (14\text{-}43)$$

式中：

$$OA = \left[\frac{1}{2} \{ |E_{xm}|^2 + |E_{ym}|^2 + [|E_{xm}|^4 + |E_{ym}|^4 + 2|E_{xm}|^2 |E_{ym}|^2 \cos(2\Delta\phi)]^{1/2} \} \right]^{1/2} \qquad (14\text{-}44)$$

$$OB = \left[\frac{1}{2} \{ |E_{xm}|^2 + |E_{ym}|^2 - [|E_{xm}|^4 + |E_{ym}|^4 + 2|E_{xm}|^2 |E_{ym}|^2 \cos(2\Delta\phi)]^{1/2} \} \right]^{1/2} \qquad (14\text{-}45)$$

倾角 τ（长轴与 x 轴的夹角）为

$$\tau = \frac{1}{2} \arctan \left[\frac{2|E_{xm}||E_{ym}|}{|E_{xm}|^2 - |E_{ym}|^2} \cos(\Delta\phi) \right] \qquad (14\text{-}46)$$

椭圆极化波的电场矢量端点轨迹的旋向同圆极化波的旋向的规定相同。

线极化和圆极化是椭圆极化的特例。当 $\Delta\phi = \pm n\pi$（$n = 0，1，2，\cdots$）时，长轴 $OA = \sqrt{|E_{xm}|^2 + |E_{ym}|^2}$，短轴 $OB = 0$，轴比 $\mathrm{AR} = \infty$，椭圆极化退化为线极化，极化方向与 x 轴的夹角 $\alpha = \tau$。当 $|E_{xm}| = |E_{ym}|$，$\Delta\varphi = \pm \left(\frac{1}{2} + 2n \right) \pi$ 时，$OA = OB$，轴比 $\mathrm{AR} = 1$，椭圆退化为圆极化。

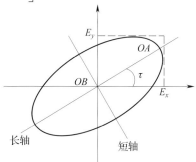

图 14-19　电场矢量的极化椭圆

不难证明，直线极化的电场可以分解为两个振幅相等、旋向相反的圆极化电场。一个圆极化（左旋或右旋）电场可以分解为两个振幅相等、相位相差 π/2 的线极化电场。

辐射线极化波的天线为线极化天线，电基本振子、对称振子等直线天线都是线极化天线。根据线极化电场与反射面（或地面）的关系，或者线极化电场与入射面（入射线与反射面法线构成的平面）的关系，线极化波又可分为水平极化波（电场矢量垂直于入射平面）和垂直极化波（电场矢量在入射平面内）。辐射圆极化波的天线为圆极化天线，轴向模螺旋天线是一种圆极化天线。辐射椭圆极化波的天线为椭圆极化天线。

天线可能辐射非预定极化的电磁波，与之相应，预定极化称为主极化，非预定极化称为交叉极化或寄生极化。交叉线极化的方向与主线极化方向垂直，交叉圆极化的旋向与主圆极化的旋向相反。由于交叉极化波要携带一部分能量，对主极化波而言它是一种损失，通常要设法加以消除。但另一方面，例如收发共用天线或双频共用天线则是利用主极化和交叉极化特性不同，达到收发隔离或双频隔离的目的。

14.3　点源与对称阵子辐射理论

14.3.1　点源定义

在分析天线时总是假定距离天线足够远处的辐射场是横向的，功率流或坡印廷矢量

（W/m²）沿图 14-20 中自 O 点到达观察圆的径向距离为 R。也就是假设沿着该圆的半径向外发出的波从中心 O 处，一个没有体积的虚拟发射体，即点源。在描述源的远场时，允许忽略在实际天线附近存在的"近场"变化。因此，对任何尺寸的复杂天线，在足够远的观察距离下，都可以只用一个简单的点源来代替。

要绕着固定的天线在圆周上观察场的方向图，实际上可改成在固定的测量点处观察旋转的天线，这对小型天线来说尤其方便。

通常，天线中心 O 与观察圆的中心重合，见图 14-20（a）。如果天线中心偏离，甚至让 O 点处在天线之外，见图 14-20（b），则应保证 R≫d，R≫b 和 R≫λ，才能忽略两个中心之间的距离 d 对场方向图的影响。然而相位方向图仍会因 d 而异，通常 d=0 时沿观察圆的相位差异最小，随着 d 增加，相位差异相应变大。

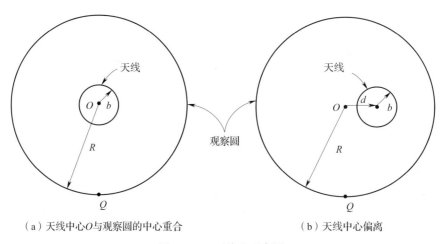

（a）天线中心 O 与观察圆的中心重合　　　　（b）天线中心偏离

图 14-20　天线和观察圆

对远场的完整描述要用到三种方向图：以正交场分量作为方向角函数的两个方向图 $[E_\theta(\theta, \phi)$ 和 $E_\phi(\theta, \phi)]$，及以这些场的相位差作为方向角函数的方向图 $[\delta(\theta, \phi)]$。大多数情况上述三种方向图并不都是必需的，有时由于不关心场的矢量性质而将辐射处理成标量，这时就只需讨论天线在发射状态下的功率密度或坡印廷矢量的幅度 $[S_r(\theta, \phi)]$。14.3.2 节正是首先基于这种考虑，在后续节中再确定场的矢量性质，并讨论场分量的幅度。

14.3.2　点源方向图分布

（1）功率方向图

设图 14-21 中（位于坐标原点的点源辐射器代表自由空间中的某一发射天线，该天线辐射能量流的径向方向，通过单位面积的能量流的时间变化率是坡印廷矢量或功率密度（W/m²）。点源（或在远区的任何天线）的坡印廷矢量 S 只有径向分量 S_r，而没有沿 θ 或 φ 方向的分量（$S_\theta = S_\phi = 0$）。因此，其坡印廷矢量的幅度也等于径向分量（|S|=S_r）。

一个在所有方向上均匀辐射能量的源是一个各向同性的源，其坡印廷矢量的径向分量 S_r 与 θ 和 φ 无关。当半径一定时，S_r 作为角度函数的曲线是坡印廷矢量（或功率密度）方向图，通常称为功率方向图。各向同性源的三维功率方向图是一个球，二维功率方向图是一个圆（通过球心的截面），如图 14-22 所示。

虽然各向同性源便于进行理论分析，但在物理上却无法实现。即使是最简单的天线，也具有定向性，即沿某些方向比其他方向辐射出更多的能量，属于各向异性源，其功率方向图见图 14-23（a），图中 S_{rm} 为 S_r 的最大值。

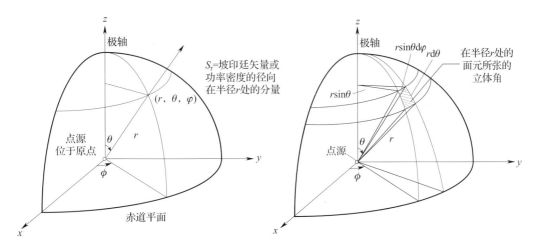

图 14-21　自由空间中以球坐标系表示的点辐射源

如果 S_r 用每平方米的瓦数来表示，则称为绝对功率方向图；如果用某一参考方向的数值来表示，则称为相对功率方向图。习惯上取 S_r 的最大方向为参考，相对功率 S_r/S_{rm} 作为方向图的半径，如图 14-23（b）所示，其最大值为 1。最大值为 1 的方向图也称为归一化方向图。

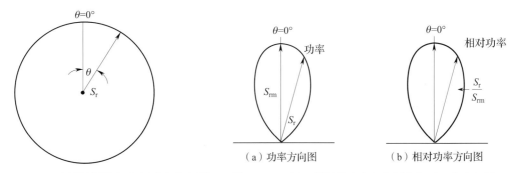

图 14-22　各向同性源的极坐标功率方向图　　图 14-23　同一种源的功率方向图和相对功率方向图

同一种源的功率方向图和相对功率方向图形状相同，相对功率方向图已经归一化，其最大值为 1。

（2）场方向图

由于来自点源的功率流只有一个径向分量，所以分析其标量形式比较容易。为了更完整地描述点源的场，有必要考虑电场 $\boldsymbol{E}$ 矢量或磁场 $\boldsymbol{H}$ 矢量。在点源的远场区域，$\boldsymbol{E}$ 和 $\boldsymbol{H}$ 的方向总是位于波传播方向的横截面内，其大小与介质（自由空间 $|\boldsymbol{E}|/|\boldsymbol{H}|=Z=377\,\Omega$）的本征阻抗有关，并且总是相互垂直和同相。因此，只考虑一个场矢量就足够了，在本节中选择电场 $\boldsymbol{E}$。

由于坡印廷矢量处处沿径向 S_r，而电场方向总是在其横截面内，因此只存在 E_θ 和 E_ϕ 分量。图 14-24 表示了球面坐标中这两个分量之间的关系。

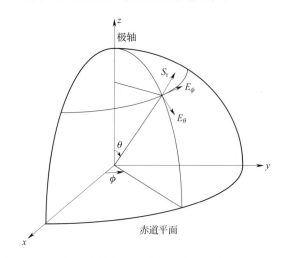

图 14-24　远场区的坡印廷矢量与两个电场分量之间的关系

由于具有足够半径的小球面波前可以被视为一个平面，因此在远区任何一点的坡印廷矢量和电场之间的关系也类似于平面波的情况。平均坡印廷矢量与电场之间的关系为

$$S_r = \frac{1}{2}\frac{\boldsymbol{E}^2}{Z} \tag{14-47}$$

这里 Z_0 为媒质的本征阻抗，而

$$\boldsymbol{E} = \sqrt{E_\theta^2 + E_\phi^2} \tag{14-48}$$

式中，$\boldsymbol{E}$ 是总电场强度的幅度，E_θ 是 θ 分量的幅度，E_ϕ 是 ϕ 分量的幅度。该电场可以是椭圆极化、线极化或圆极化的。

如果场分量不取幅度，而是取均方根值，则坡印廷矢量应该是式（14-47）所给出的 2 倍。

在一个固定半径 r 的球面上，电场强度与角度（θ, ϕ）的函数图形被称为场方向图。为了表述天线的远场信息，由于根据式（14-48）可以从已知分量得到总电场 $\boldsymbol{E}$，但已知总电场不足以确定各个分量。习惯上是给出两个电场分量 E_θ 和 E_ϕ 的场方向图。

当场强以伏［特］/米（V/m）表示时，是绝对场方向图；换句话说，如果场强以相对单位表示，有参考方向的值，就成了相对场方向图。通常情况下，最大场强的方向被作为参考，所以 E_θ 和 E_ϕ 的相对方向图应该是

$$\frac{E_\theta}{E_{\theta m}} \tag{14-49}$$

和

$$\frac{E_\phi}{E_{\phi m}} \tag{14-50}$$

式中，$E_{\theta m}$ 是 E_θ 的最大值，$E_{\phi m}$ 是 E_ϕ 的最大值。

远场区电场分量 E_θ 和 E_ϕ 的幅度都与从源头到场点的距离成反比，但可以是角坐标 θ 和 ϕ 的不同函数。一般来说，它被写为

$$E_\theta = \frac{1}{r} F_1(\theta, \phi) \tag{14-51}$$

$$E_\phi = \frac{1}{r} F_2(\theta, \phi) \tag{14-52}$$

由于 $S_{\mathrm{rm}} = E_{\mathrm{m}}^2 / 2Z$，而 E_{m} 是 E 的最大值，用 E_{m} 除以式（14-4）可得，相对总功率方向图等于相对总场方向图的平方，所以

$$P_n = \frac{S_r}{S_{\mathrm{rm}}} = \frac{U}{U_{\mathrm{m}}} = \left(\frac{E}{E_{\mathrm{m}}}\right)^2 \tag{14-53}$$

（3）相位方向图

对于一个已知频率的简单谐波时变场源，已知以下 4 个项可以完全确定其所有方向的远场：

①电场极角分量 E_θ 的幅度作为 r、θ、ϕ 的函数；

②电场方位分量 E_ϕ 的幅度作为 r、θ、ϕ 的函数；

③分量 E_ϕ 滞后于 E_θ 的相位角 δ 作为 θ、ϕ 的函数；

④分量之一滞后于某参考值的相位角 η 作为 r、θ、ϕ 中的函数。

由于只考虑远区任意点的点源场，上述 4 个量可被视为是点源场所需的全部知识。

通常 E_θ 和 E_ϕ 只被认为是 θ 和 ϕ 的函数，形成一组场方向图。因为如果自由空间点源辐射到某一特定半径的场分量的振幅是已知的，那么在远场区所有距离上的场分量的振幅就可以从场分量的振幅与距离成反比的规律中推导出来。

14.3.3　对称阵子定义

对称振子的结构如图 14-25 所示。它由两根相同厚度和长度的直导线组成，在中间的两个端点进行馈电。每条导线的长度为 l，称为对称振子的臂长。对称振子广泛用于各种无线电设备，如通信和雷达，主要用于短波、超短波甚至微波波段。它可以作为独立天线使用，也可以作为复杂天线（如天线阵）或面天线的组成单元（如馈源）。

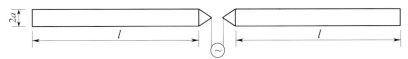

图 14-25　对称振子结构图

一个对称振子是由一段开路长线张开形成的。它上面的电流分布可以近似地认为是由开路长线的两根导线上的电流分布张开形成的。对称振子上的电流近似于正弦分布（无耗开路长线上的电流是正弦分布），分布波形与臂的电长度有关，如图 14-26 所示。

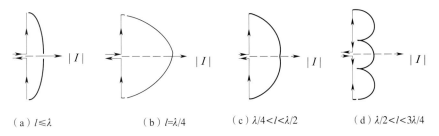

（a）$l \leqslant \lambda$　　　（b）$l = \lambda/4$　　　（c）$\lambda/4 < l < \lambda/2$　　　（d）$\lambda/2 < l < 3\lambda/4$

图 14-26　对称振子的电流分布

对称振荡器的中心被当作坐标原点，振子的轴线是沿 z 轴。对称振子的电流分布可近似为

$$I(z) = \begin{cases} I_M \sin\alpha_a(l-z) & 0<z<l \\ I_M \sin\alpha_a(l+z) & -l<z<0 \end{cases} \tag{14-54}$$

式中，I_M 为波腹电流，l 是对称振子一臂的长度，α_a 是对称振子电流传输的相移常数，$\alpha_a=2\pi/\lambda_e$（λ_e 是振子上波长），如果不考虑损耗，$\alpha_a=k=2\pi/\lambda$（k 是自由空间相移常数，λ 是自由空间波长）。

式（14-54）也可以写成

$$I(z) = I_M \sin\alpha_a(l-|z|) \quad 0<z<l, -l<z<0 \tag{14-55}$$

全长 $2l=\lambda$ 的对称振子被称为全波振子。全长 $2l=0.5\lambda$ 的对称振子称为半波振子。实际常用的是半波振子，其电流分布如图 14-26（b）所示。

对称振子对应的元件间距不等，分布参数也不均匀（如图 14-27 所示）；长线是一个可以忽略辐射的系统，对称振子则是有一个明显辐射的系统、所以，对称振子电流分布的式（14-54）和式（14-55）只是真实情况的一个近似。

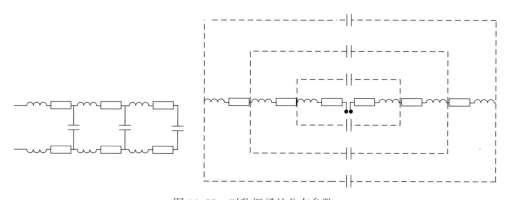

图 14-27　对称振子的分布参数

14.3.4　对称阵子方向图分布

一个对称振子可以看作是由无数个电基本振子串接组成的，其电流为 $I(z)$、长为 dz。利用线性介质中的电磁场叠加定理，对称振子的辐射场是这些基本振子辐射场之和。

取坐标如图（14-28）所示，对称振子的电流分布近似为

$$I(z) = I_M \sin\alpha_a(1-|z|) \quad 0<z<l, -l<z<0 \tag{14-56}$$

式中，α_a 为振子电流的相移常数。如果不考虑振子电流由辐射引起的衰减，忽略振子粗细的影响，$\alpha_a \approx k=2\pi/\lambda_e$。振子上两个对应的电基本振子 $I(z)dz$ 和 $I(-z)dz$ 产生的辐射场为

$$\begin{cases} dE_{\theta_1} = j\dfrac{Z_0 I(z) dz}{2\lambda r_1}\sin\theta_1 e^{-jkr}\hat{\theta}_1 \\ dE_{0_2} = j\dfrac{Z_0 I(-z) dz}{2\lambda r_2}\sin\theta e^{-jkr_2}\hat{\theta}_2 \end{cases} \tag{14-57}$$

式中，考虑了振子位于自由空间，$W=Z_0=120\pi\ \Omega$；$\hat{\theta}_1$和$\hat{\theta}_2$分别是$\mathrm{d}E_{\theta_1}$和$\mathrm{d}E_{0_2}$方向的单位矢量（如图 14-28 所示）。

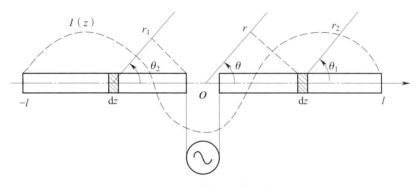

图 14-28　对称振子的坐标系

考虑到我们要研究的观察点足够远，从每个单元电基本振子到观察点的射线可以被视为互相平行，有

$$\begin{cases} \hat{\theta}_1 \approx \hat{\theta}_2 \approx \hat{\theta} \\ \theta_1 \approx \theta_2 \approx \theta \\ r_1 \approx r + |z|\cos\theta \\ r_2 \approx r - |z|\cos\theta \end{cases} \qquad (14\text{-}58)$$

因为 $r \ll 1$，在计算每个单元基本振子辐射场的振幅时，可以认为 $r_1 \approx r_2 \approx r$。但是，$r_1$ 和 r_2 之间的差值可能不小于波长，所以不能忽略由射线长度差引起的各单元基本振子辐射场的相位差。

将式（14-58）代入式（14-57），对整个振子积分，得到对称振子的辐射场

$$E(\theta) = \int_0^l [\mathrm{d}E_{\theta_1} + \mathrm{d}E_{\theta_2}] = \mathrm{j}\frac{60I_M}{r}\frac{\cos(kl\cos\theta) - \cos kl}{\sin\theta}\mathrm{e}^{-\mathrm{j}kr}\hat{\theta} \qquad (14\text{-}59)$$

从式（14-59）可以看出，对称振子辐射场的等相面是以振子中心为球心的球面。这就是对称振子的波是以振子中心为辐射中心的球面波。辐射电场方向取$\hat{\theta}$。利用 $S = E \times H$ 和 $|E|/|H| = W_0$，可以得出辐射磁场

$$H(\theta) = \mathrm{j}\frac{I_M}{2\pi r}\frac{\cos(kl\cos\theta) - \cos kl}{\sin\theta}\mathrm{e}^{-\mathrm{j}kr}\hat{\phi} \qquad (14\text{-}60)$$

式（14-59）和式（14-60）是对称振子的辐射电磁场，电场仅有$\hat{\theta}$分量 E_θ，磁场仅有$\hat{\phi}$分量 H_ϕ，它们均是空间方向 θ 的函数，与方位 ϕ 无关。对称振子的场强方向函数为

$$f(\theta,\phi) = \frac{\cos(kl\cos\theta) - \cos kl}{\sin\theta} \qquad (14\text{-}61)$$

归一化场强方向函数为

$$F(\theta,\phi) = \frac{\cos(kl\cos\theta) - \cos kl}{f_M\sin\theta} \qquad (14\text{-}62)$$

式中，f_M 是 $f(\theta, \phi)$ 的最大值。功率方向函数为

$$P(\theta,\phi) = \left[\frac{\cos(kl\cos\theta) - \cos kl}{f_M \sin\theta}\right]^2 \qquad (14\text{-}63)$$

从式（14-62）和式（14-63）可以分别画出对称振子的场强方向图和功率方向图。在 E 平面（ϕ = 常数平面），即包含振子轴线的平面内，辐射场随 Q 值变化。在 H 平面（θ =90° 平面），即垂直于振子轴线的平面内，f（90°，ϕ）= 常数，与 ϕ 无关，方向图是一个圆（极坐标），或一条直线（直角坐标）。在不同方向上，辐射场的大小不同，这种变化又随着振子的电长度而变化。图 14-29 给出了几种不同电长度的对称振子的 E 面方向图。

从图 14-29 可以看出，无论取 l/λ 何值，在 θ =0° 方向辐射场始终为零。这是由于所有串接在一起形成对称振子的电基本振子在轴向没有辐射的缘故。当 l/λ =0 时，对称振子的方向图即基本振子的方向图。当 l/λ <0.5 时，在 θ=90° 方向辐射总是最大的，且随着 l/λ 的增大，方向图变窄，这是由于所有电基本振子的电流同相、数量增加造成的。当 l/λ >0.5 时，对称振子上出现反向电流，方向图继续变窄，但在某一方向上将出现副瓣。当 l/λ >0.7 时，最大辐射方向不再是在 θ =90° 方向。当 l/λ =1.0 时，在 θ =90° 方向上，对称振子电流相位差使各基本振子的辐射场相互抵消，总辐射场为零，在 0°< θ <90° 范围上（大约 60°），各基本振子的电流相位差和它们到观察点的距离差所引起的相位差（称为波程差相位差）相互补偿，形成了方向图的最大值，在空间出现了四个等距、大小相同的主瓣。

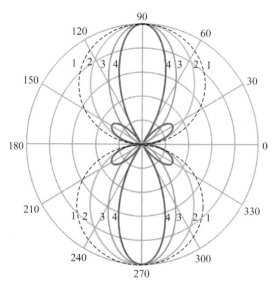

图 14-29　对称振子的 E 面方向图（其中 1 为 l/λ =0；
2 为 l/λ =0.25；3 为 l/λ =0.5；4 为 l/λ =0.625）

从以上分析可以看出，对称振子的方向性是各组成基本振子辐射的场相干涉的结果。参与干涉的各成分场的相对大小和相位差影响总场。对称振子的电流分布是决定各成分场相对大小和相位差的一个因素。然后由各成分场与方向有关的波程差所引起的相位差才是形成对称振子方向性的决定性因素。

实际常用的对称振子是半波振子。它是全长 $2l$=0.5λ 的对称振子。将 l/λ=0.25 代入式

（14-61）和式（14-62），由于 $f_M=1$，半波振子的归一化场强方向函数可得

$$F(\theta)=f(\theta)=\frac{\cos\left(\dfrac{\pi}{2}\cos\theta\right)}{\sin\theta} \tag{14-64}$$

$2l=\lambda$ 的对称振子是全波振子，它的最大辐射方向仍是 $\theta=90°$。对于全波振子，由于

$$f_M=1-\cos kl=2 \tag{14-65}$$

其归一化场强方向函数

$$F(\theta)=\frac{\cos(\pi\cos\theta)+1}{2\sin\theta}=\frac{\sin^2\left(\dfrac{\pi}{2}\cos\theta\right)}{\sin\theta} \tag{14-66}$$

14.4　天线阵列辐射理论

14.4.1　二元阵

二元阵是最简单的天线阵列，因此我们以此为开始进入天线阵列辐射理论研究的主题。各向同性二元阵可分为以下 5 种情况。

（1）等幅同相各向同性二元阵

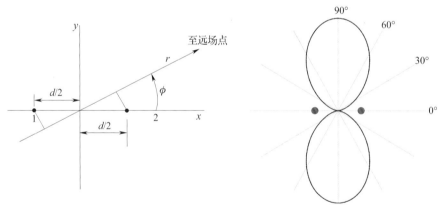

（a）与坐标系对称布置　　　　（b）间距 $d=\lambda/2$ 的场方向图

图 14-30　两等幅同相的各向同性点源

设两个点源 1 和 2 对称于坐标系原点相距为 d，角 ϕ 是与 x 轴正方向逆时针起的角度，如图 14-30（a）所示。以坐标原点为参考相位，则远区某点处来自点源 1 的场滞后 $(d_r/2)\cos\phi_x$，而来自点源 2 的场则超前 $(d_r/2)\cos\phi$，其中 d_r 是两点源间用弧度表示的电距离 $d_r=2\pi d/\lambda=\beta d$。于是，在 ϕ 方向的远区总场为

$$E=E_0\mathrm{e}^{-\mathrm{j}\psi/2}+E_0\mathrm{e}^{+\mathrm{j}\psi/2} \tag{14-67}$$

式中，$\psi=d_r\cos\phi$，E_0 是该场分量的幅度。

式（14-67）中的两项分别对应源 1 和 2 对应的场，将式（14-67）改写成

$$E = 2E_0 \frac{\mathrm{e}^{+j\psi/2} + \mathrm{e}^{-j\psi/2}}{2} \qquad (14\text{-}68)$$

再利用三角恒等式，有

$$E = 2E_0 \cos\frac{\phi}{2} = 2E_0 \cos\left(\frac{d_\mathrm{r}}{2}\cos\phi\right) \qquad (14\text{-}69)$$

总场的相位不随 ϕ 改变。令 $2E_0=1$ 并对式（14-69）进行归一化，进一步假定 $d=\lambda/2$ 即 $d_\mathrm{r}=\pi$，则有

$$E = \cos\left(\frac{\pi}{2}\cos\phi\right) \qquad (14\text{-}70)$$

其场方向图 $E(\phi)$ 呈最大值沿 y 轴的双定向8字形，如图14-30（b）所示，而立体方向图为将此平面图绕 x 轴回转而成的饼圈形。

（2）等幅反相各向同性二元阵

除了两个点源的同相换成反相外，情况2和情况1的条件相同。源点按图14-30（a）配置。在较大的距离 r 下 ϕ 方向的远区总场为

$$E = E_0\mathrm{e}^{+j\phi/2} - E_0\mathrm{e}^{-j\phi/2} \qquad (14\text{-}71)$$

由此可得

$$E = 2jE_0\sin\frac{\phi}{2} = 2jE_0\sin\left(\frac{d_\mathrm{r}}{2}\cos\phi\right) \qquad (14\text{-}72)$$

与情况1的式（14-69）中含有 cos（ϕ/2）相对应，情况2的式（14-72）中含有虚数 j 和 sin（ϕ/2）。两种情况的总场之间存在90°相位差，且方向图中的最大辐射和零辐射方向互换。可取 $2jE_0=1$ 进行归一化。在间距 $d=\lambda/2$ 的特殊情况下，式（14-73）变成

$$E = \sin\left(\frac{\pi}{2}\cos\phi\right) \qquad (14\text{-}73)$$

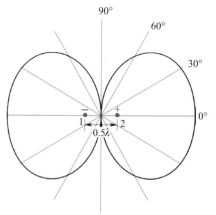

图 14-31　两等幅反相的各向同性点源方向图

式（14-73）所给出的场方向图为呈最大值沿两点源连线（x 轴）的8字形（见图14-31，其立体方向图则由此平面图绕 x 轴回转而成。这种情况下的两个点源可被描述为"端射"阵的简单形式。

（3）等幅相位正交各向同性二元阵

设两个点源的布置如图14-30（a）所示，取坐标原点为参考相位，源1滞后45°而源2超前45°。则在 ϕ 方向的远区总场为

$$E = E_0\exp\left[+j\left(\frac{d_\mathrm{r}\cos\phi}{2}+\frac{\pi}{4}\right)\right] + E_0\exp\left[-j\left(\frac{d_\mathrm{r}\cos\phi}{2}+\frac{\pi}{4}\right)\right] \qquad (14\text{-}74)$$

由式（14-74）可得

$$E = 2E_0\cos\left(\frac{\pi}{4}+\frac{d_\mathrm{r}}{2}\cos\phi\right) \qquad (14\text{-}75)$$

取归一化（令 $2E_0=1$）和间距 $d=\lambda/2$，则式（14-75）变成

$$E=\cos\left(\frac{\pi}{4}+\frac{\pi}{2}\cos\phi\right)\qquad(14\text{-}76)$$

其场方向图如图 14-32（a）所示，立体方向图则由此平面图绕 x 轴回转而成。辐射大部分位于第二、三象限内。

若将间距缩短至 $d=\lambda/4$，则式（14-76）变为

$$E=\cos\left(\frac{\pi}{4}+\frac{\pi}{4}\cos\phi\right)\qquad(14\text{-}77)$$

这种情况下的场方向图是最大辐射沿 $-x$ 方向的单定向心脏形，如图 14-32（b）所示，其立体方向图由此平面图绕 x 轴回转而成。

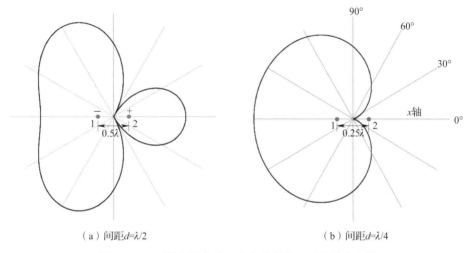

（a）间距$d=\lambda/2$　　　　　　　（b）间距$d=\lambda/4$

图 14-32　两等幅且相位正交各向同性二元阵的方向图

（4）等幅相位任意的各向同性二元阵

设两个各向同性点源等幅而相位差为 δ，则它们在 ϕ 方向远区某点处场的相位差 ψ，如图 14-33 所示，为

$$\psi=d_r\cos\phi+\delta\qquad(14\text{-}78)$$

取源 1 作为参考相位，式（14-78）中的 "+" 号说明源 2 的相位超前 δ，若是 "-" 号则说明其相位滞后 δ。如果将参考点从源 1 移至阵列的中点，则来自源 1 的场相位为 $-\phi/2$，来自源 2 的场相位为 $+\phi/2$。因此总场为

$$E=E_0(e^{j\psi/2}+e^{-j\psi/2})=2E_0\cos\frac{\phi}{2}\qquad(14\text{-}79)$$

经归一化，得出场方向图的一般表达式

$$E=\cos\frac{\phi}{2}\qquad(14\text{-}80)$$

（5）不等幅相位任意的各向同性二元阵

更一般的情况是两个各向同性点源，其激励的幅度不等且相位差是任意的。设源 1 位于坐标系的原点，如图 14-33 所示，其远区场来自源 1 的幅度 E_0

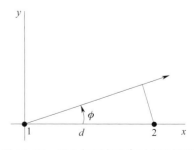

图 14-33　源 1 与原点重合对应坐标系

较大，来自源 2 的幅度为 aE_0（$0 \leqslant a \leqslant 1$）。

14.4.2　均匀幅度分布直线阵辐射理论

如图 14-34 所示为一组 N 单元的直线阵均匀排列在一条直线（z 轴）上构成的天线阵，假设第 i 个天线单元的激励电流为 I_i，$i=1，2，\cdots，N-1$，各个单元相对于第一个元的中心距离为 d_{11}（$d_{11}=0$），d_{12}，$\cdots$，d_{1n}，每个天线所辐射的电场强度与其激励电流成正比，每一个天线单元的方向函数以 $f_i(\theta，\phi)$ 表示，第 i 个单元距离远区目标的距离为 r_i。假设第 i 个天线单元的激励电流 I_i 具有相位 β_i，这样，第 i 个单元在远区目标处产生的电场强度 E_i 可以表示为

$$E_i = K_i I_i \mathrm{e}^{-\mathrm{j}\beta_i} f_i(\theta,\phi) \frac{\exp(-\mathrm{j}kr_i)}{r_i} \tag{14-81}$$

式中，K_i 为第 i 个单元辐射场强的比例常数，k 为真空中的传播常数。

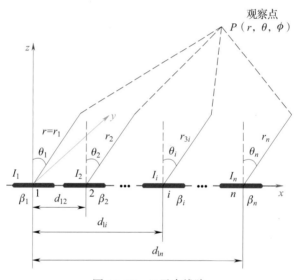

图 14-34　N 元直线阵

对于线性传播媒质，电磁场方程是线性方程，可以应用叠加定理。因此远区观察点 P 处的总场强可以认为是线阵中 N 个单元在 P 点产生的辐射场强的叠加，因此

$$E = \sum_{i=0}^{N-1} E_i = \sum_{i=0}^{N-1} K_i I_i \mathrm{e}^{-\mathrm{j}\beta_i} f_i(\theta,\phi) \frac{\exp(-\mathrm{j}kr_i)}{r_i} \tag{14-82}$$

若各个单元是相似元，即各个天线单元是同样形状的，单元方向图一致，比例常数 K_i 一致时，式（14-82）可以表示为

$$E = Kf(\theta,\phi) \sum_{i=0}^{N-1} I_i \mathrm{e}^{-\mathrm{j}\beta_i} \frac{\exp(-\mathrm{j}kr_i)}{r_i} \tag{14-83}$$

式中，r_i 可以用 r_0 代替，因为 r_0 与 r_i 的差与 r_0 相比是非常小的，故用 r_0 代替 r_i 后对场强 E 的幅度几乎没有影响。但是，在考虑单元之间的相位时，r_i 不可以用 r_0 代替。考虑到阵列天线单元之间的间距相等，为 $d_{12}=d_{23}=\cdots=d_{(n-1)n}=d$，则 r_i 可以表示为

$$r_i = r_0 - id\sin\theta_i\cos\phi \tag{14-84}$$

考虑到观察点 P 到每个天线单元的方向均相同，即 $\theta_1=\theta_2=\cdots=\theta_n=\theta$，因此式（14-84）可以简化为

$$r_i = r_0 - id\sin\theta\cos\phi \qquad （14-85）$$

因此，式（14-83）可以表示为

$$E = Kf(\theta,\phi)\frac{\exp(-\mathrm{j}kr_0)}{r_0}\sum_{i=0}^{N-1}I_i\mathrm{e}^{\mathrm{j}(kid\sin\theta\cos\phi-\beta_i+\beta_1)} \qquad （14-86）$$

可以看出，合成场强 E 是 θ 和 ϕ 的函数，应该以 $E(\theta,\phi)$ 表示，若不考虑幅度和相位的常数项，并且假设相邻单元的相移 $\Delta\beta$ 均相等，则 $E(\theta,\phi)$ 为

$$E(\theta,\phi) = f(\theta,\phi)\sum_{i=0}^{N-1}I_i\mathrm{e}^{\mathrm{j}(kid\sin\theta\cos\phi-i\Delta\beta)} \qquad （14-87）$$

式（14-87）中的 $f(\theta,\phi)$ 表示天线单元的方向图，又称单元因子，其余部分为阵列因子。因此，天线阵的方向图 $E(\theta,\phi)$ 等于天线单元因子与阵因子的乘积，又称方向图乘积定理。

方向图乘积定理的表述可扩充为：

非各向同性而相似的点源阵，其总的场方向图是点源的场方向图与该阵列中具有相同的相对幅度和相位并置于各自相位中心的各向同性点源阵的场方向图之乘积，其总的相位方向图是点源的相位方向图与各向同性点源阵的相位方向图之和。

如图 14-35 所示为线性阵列天线的示意图，线阵中各个单元的激励电流 I_i 以 a_i 表示，它可以看成是为了满足一定副瓣要求所需的天线口径分布之幅度加权系数，激励电流的相位 β_i 可看成是为了获得波束扫描所需的相位加权值，即天线阵内移相器的相移值。在假定单元方向图为各向同性条件下，这一线阵的天线方向图函数 $F(\theta)$ 为

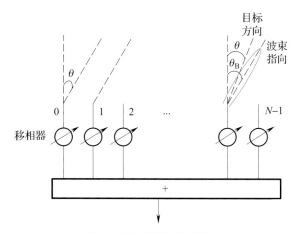

图 14-35　线性阵列天线

$$F(\theta) = \sum_{i=0}^{N-1}a_i\mathrm{e}^{\mathrm{j}\Delta\phi} = \sum_{i=0}^{N-1}a_i\mathrm{e}^{\mathrm{j}(kid\sin\theta-i\Delta\phi_B)} \qquad （14-88）$$

$$\Delta\phi = kd\sin\theta$$
$$\Delta\phi_B = kd\sin\theta_B \qquad （14-89）$$

式中，θ 为目标所在的角度，β 为来自目标的回波在相邻单元之间的相位差，又可称相邻

单元之间的"空间相位差"；θ_B 为天线波束的最大指向；β_B 为使天线波束最大值在 θ_B 方向所需的各个单元之间的相移差，它由各个单元的移相器提供，简称为相邻单元之间的"阵内相位差"，$a_i e^{-j\beta_B}$ 又称"激励系数"或者复加权系数，以 w_i 表示

$$w_i = a_i e^{-ji\Delta\phi_B} \qquad (14\text{-}90)$$

对均匀分布口径的照射情况（$a_i = 1$），由式（14-88）可得 $F(\theta)$ 为

$$F(\theta) = \frac{1 - e^{jN\phi}}{1 - e^{j\phi}} \qquad (14\text{-}91)$$

式中，$\phi = \Delta\phi - \Delta\phi_B = kd(\sin\theta - \sin\theta_B)$，结合欧拉公式可以得到

$$F(\theta) = \frac{\sin\dfrac{N}{2}\phi}{\sin\dfrac{1}{2}\phi} e^{j\frac{N-1}{2}\phi} \qquad (14\text{-}92)$$

取绝对值，得到线阵的辐射方向图为

$$|F(\theta)| = \frac{\sin\dfrac{N}{2}\phi}{\sin\dfrac{1}{2}\phi} = \frac{\sin\dfrac{N}{2}kd(\sin\theta - \sin\theta_B)}{\sin\dfrac{1}{2}kd(\sin\theta - \sin\theta_B)} \qquad (14\text{-}93)$$

当 N 较大时，可以近似得到

$$|F(\theta)| = N\frac{\sin\dfrac{N}{2}\phi}{\dfrac{N}{2}\phi} = N\frac{\sin\dfrac{N}{2}kd(\sin\theta - \sin\theta_B)}{\dfrac{N}{2}kd(\sin\theta - \sin\theta_B)} \qquad (14\text{-}94)$$

此即为相控直线阵的阵因子。

（1）最大辐射方向（波束指向）

达到相控直线阵的最大辐射方向的条件为

$$\begin{cases} \sin\left[\dfrac{N}{2}kd(\sin\theta - \sin\theta_B)\right] = 0 \\ \sin\left[\dfrac{1}{2}kd(\sin\theta - \sin\theta_B)\right] = 0 \end{cases} \qquad (14\text{-}95)$$

也就是需要 $\sin\theta - \sin\theta_B = 0$，即 $\theta = \theta_B$，此时得到了天线方向图的最大值，考虑到式（14-90），可以得到

$$\theta_B = \sin^{-1}\left(\frac{1}{kd}\Delta\phi_B\right) \qquad (14\text{-}96)$$

可以看出，通过改变阵内相邻单元之间的相位差 $\Delta\phi_B$，就可以改变阵列天线的辐射方向 θ_B，如果可以采用连续式的移相器提供单元间相位差，则天线的波束可以实现连续扫描。

（2）波瓣宽度

阵列天线的半功率波瓣宽度的条件为

$$\frac{\sin\left[\dfrac{N}{2}kd\left(\sin\theta-\sin\theta_{\mathrm{B}}\right)\right]}{\sin\left[\dfrac{1}{2}kd\left(\sin\theta-\sin\theta_{\mathrm{B}}\right)\right]}=\frac{\sqrt{2}}{2} \tag{14-97}$$

也就是需要

$$\frac{N}{2}\left[kd\left(\sin\theta-\sin\theta_{\mathrm{B}}\right)\right]=1.39 \tag{14-98}$$

可以得到

$$\Delta\theta_{0.5}\approx\frac{1}{\cos\theta_{\mathrm{B}}}\frac{0.88\lambda}{Nd} \tag{14-99}$$

可以看出波束宽度与阵列天线的口径成反比关系。波束宽度与天线扫描角有关,当波束指向偏离阵列法线方向越大,则半功率波瓣宽度越大。

（3）天线增益

对于等幅口径分布的阵列天线,天线增益的理论值为

$$G_0=\frac{4\pi}{\lambda^2}A \tag{14-100}$$

对于以半波长间距排列的 N 单元直线阵来说,其面积为 $N\lambda^2/4$,代入式（14-100）可以得到

$$G_0=N\pi \tag{14-101}$$

天线波束由法线方向扫描至 θ_{B} 后,天线在 θ_{B} 方向的有效口径减小至 $A\cos\theta_{\mathrm{B}}$,因此天线的增益降低为

$$G_0=\frac{4\pi}{\lambda^2}A\cos\theta_{\mathrm{B}} \tag{14-102}$$

（4）波束零点

阵列天线的波束零点条件为

$$\frac{N}{2}\left[kd\left(\sin\theta-\sin\theta_{\mathrm{B}}\right)\right]=m\pi \tag{14-103}$$

式中,$m=\pm 1$,± 2,$\cdots$,m 表示零点位置的序号。第 m 个零点的位置 θ_{m0} 可以表示为

$$\theta_{m0}=\sin^{-1}\left(\frac{2m\pi}{kdN}+\sin\theta_{\mathrm{B}}\right) \tag{14-104}$$

（5）副瓣位置

阵列天线副瓣的位置为

$$\frac{1}{2}Nkd\left(\sin\theta-\sin\theta_{\mathrm{B}}\right)=\frac{2l+1}{2}\pi,\ l=\pm 1,\pm 2,\cdots \tag{14-105}$$

因此可以得到第 1 个副瓣的位置 θ_l 为

$$\theta_l=\sin^{-1}\left\{\frac{1}{kd}\left[\frac{(2l+1)\pi}{N}\right]+\sin\theta_{\mathrm{B}}\right\} \tag{14-106}$$

由此可以得到第 1 个副瓣的电平为

$$|F(\theta)|_l = \frac{\sin\left[\dfrac{N}{2}kd(\sin\theta-\sin\theta_B)\right]}{N\sin\left[\dfrac{1}{2}kd(\sin\theta-\sin\theta_B)\right]} \approx \frac{1}{\dfrac{1}{2}Nkd(\sin\theta-\sin\theta_B)} = \frac{1}{\dfrac{2l+1}{2}\pi} \quad (14\text{-}107)$$

当 $l=1$ 时，第 1 个副瓣电平为 –13.4dB；当 $l=2$ 时，第 2 个副瓣电平为 –17.9dB。

（6）阵列天线栅瓣

当单元之间的空间相位差和阵内相位差平衡时，方向图出现最大值

$$kd(\sin\theta-\sin\theta_B) = \pm 2m\pi, \quad m=0,\pm 1,\pm 2,\cdots \quad (14\text{-}108)$$

式中，θ_m 为可能出现的波瓣最大值，除了由 $m=0$ 决定的最大辐射方向之外，存在由 $m \neq 0$ 决定的波瓣最大值，也就是栅瓣。

当波束指向在法线方向上时，出现栅瓣的条件由 $kd\sin\theta_m = \pm 2m\pi$ 决定

$$\sin\theta_m = \pm\frac{d}{\lambda}m \quad (14\text{-}109)$$

由于 $|\sin\theta_B| \leqslant 1$，因此只有在阵元间距大于一个波长时才有可能产生栅瓣。

当阵列天线波束扫描至最大值时，$\theta_B = \theta_{\max}$，栅瓣出现的条件为

$$\sin\theta_m = \pm\frac{\lambda}{d}m + \sin\theta_{\max} \quad (14\text{-}110)$$

因此，当波束扫描到 $\theta_{\max}$ 时，不出现栅瓣的条件是

$$d < \frac{1}{1+|\sin\theta_{\max}|} \quad (14\text{-}111)$$

对于只要求在小区域内作阵列扫描的阵列天线，单元间距 d 可以适当增大，以减少移相器的数目。

为了增加天线单元间距和降低天线阵内天线单元的数目，有时也可以考虑在扫描到雷达观察空域的边缘时，允许出现天线波束分裂的现象。

14.4.3 非均匀幅度分布等间距直线阵辐射理论

本节讨论元电流不等幅对称分布的边射阵，但仍限于等间距情况。天线阵的方向性与其电流幅度分布有关，控制这个分布可以降低副瓣电平。

（1）方向函数

直线阵各天线元的排列状况，电流幅度分布和所采用的坐标系如图 14–36 所示。

设天线元个数为偶数（$n=2N$）。天线阵辐射场

$$E_{2N} = E'_0(I_1 e^{j\phi/2} + I_2 e^{j3\phi/2} + \cdots + I_N e^{j(2N-1)\phi/2} + I_1 e^{-j\phi/2} + I_2 e^{-j3\phi/2} + \cdots + I_N e^{-j(2N-1)\phi/2}) =$$

$$2E'_0 \sum_{p=1}^{N} I_p \cos\left[(2p-1)\frac{\phi}{2}\right] \quad (14\text{-}112)$$

式中，$\phi=kd\cos\theta$，E'_0 为无方向性理想点源的单位电流辐射场。

天线阵的阵方向函数

$$f_a(\theta)_{2N} = \sum_{p=1}^{N} I_p \cos\left[(2p-1)\frac{\phi}{2}\right] \quad (14\text{-}113)$$

设天线元个数为奇数（$n=2N+1$），阵中心天线元的电流为 $2I_0$，得

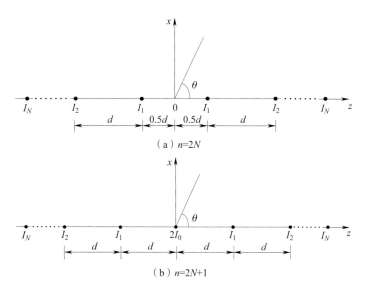

（a）$n=2N$

（b）$n=2N+1$

图 14-36　不等幅等间距边射阵

$$f_a \left(\theta \right)_{2N+1} = \sum_{p=0}^{N} I_p \cos \left[2p \frac{\phi}{2} \right] \tag{14-114}$$

（2）方向系数

把坐标原点取在直线阵的左端点，不等幅边射阵的归一化方向函数又可表示为

$$\left| F_a(\theta) \right| = \frac{\left| \sum\limits_{i=1}^{n} I_i \mathrm{e}^{\mathrm{j}(i-1)\phi} \right|}{\sum\limits_{i=1}^{n} I_i} \tag{14-115}$$

用和计算等幅边射阵方向系数一样的方法，得不等幅边射阵的方向系数

$$D = \frac{\left(\sum\limits_{i=1}^{n} I_i \right)^2}{\sum\limits_{m=1}^{n} \sum\limits_{p=1}^{n} I_m I_p \dfrac{\sin\left[(m-p)kd \right]}{(m-p)kd}} \tag{14-116}$$

（3）几种不等幅边射直线阵

下面以间距 $d=\lambda/2$ 的五元直线阵为例，讨论几种不等幅分布（见图 14-37）时的方向性。为了比较，同时列入等幅分布（见图 14-37（a））及其方向图（见图 14-38（a））。

三角分布是天线电流元幅度自中心向阵两端线性递减。见图 14-37（b）表示的三角形分布，元电流比为 $1:2:3:2:1$。将电流分布代入式（14-115），化简后得

$$F_a(\theta) = \left[\frac{\sin\left(\dfrac{3\pi}{2}\cos\theta \right)}{3\sin\left(\dfrac{\pi}{2}\cos\theta \right)} \right]^2 \quad (d=\lambda/2) \tag{14-117}$$

式中，$2\theta_{0.5}=26°$，$\xi_1=19.1\mathrm{dB}$，$D=4.26$。

二项分布是 n 元电流幅度比等于（$n-1$）次二项式各项的系数比，即 $1:(n-1):(n-1)$ $(n-2)/2!:\cdots:1$，这也是一种天线元电流自阵中心向阵两端递减分布。将二项式电流分布

代入式（14-115），不难得出

$$F_a(\theta) = \left[\cos\left(\frac{1}{2}kd\cos\theta\right)\right]^{n-1}$$ （14-118）

$\cos(0.5kd\cos\theta)$ 是间距为 d 的二元等幅边射阵的方向函数，故 n 元二项式边射阵的方向图等于同间距二元等幅边射阵方向图的 $(n-1)$ 次方。$d \leqslant \lambda/2$ 时，二元等幅边射阵的方向图没有副瓣。故 $d \leqslant \lambda/2$ 的二项式边射阵的方向图也没有副瓣，副瓣电平为零。当 $n=5$ 时，二项式分布的元电流比为 $1:4:6:4:1$（见图 14-37（c）），其 $2\theta_{0.5}=30.3°$，$\xi_1=-\infty$ dB，$D=3.66$。

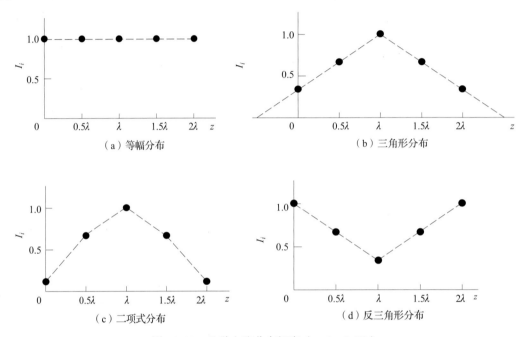

图 14-37　几种电流分布幅度（$n=5$，$d=\lambda/2$）

倒三角分布是天线元电流的幅度自阵中心向阵两端线性递增。在图 14-37（d）中，倒三角形分布的元电流比为 $3:2:1:2:3$。它的方向函数

$$F_a(\theta) = \frac{1}{11}[1+4\cos\phi+6\cos(2\phi)]$$ （14-119）

式中，$\phi=\pi\cos\theta$，其 $2\theta_{0.5}=18.2°$，$\xi_1=-6.3$ dB，$D=4.48$。

由图 14-38 可见，同等幅分布阵相比，递减分布阵的副瓣电平降低（主瓣展宽）而且递减率越大（三角形分布同二项式分布相比），这种现象越显著，而递增分布阵的副瓣电平增高，主瓣变窄；递减分布阵和递增分布阵的方向系数都降低。

递增分布阵的极限情况是边缘分布阵，只有直线阵两端的天线元有等幅电流，其余天线元的电流等于零。这实际是二元等幅边射阵。当 $d \geqslant \lambda$ 时，它的副瓣是栅瓣。可见，在从递增到递减的各种不等幅对称分布阵中，边缘分布阵的主瓣最窄，副瓣电平最高。二项式分布阵的主瓣最宽，副瓣电平最低。等幅分布阵的方向系数则最大。

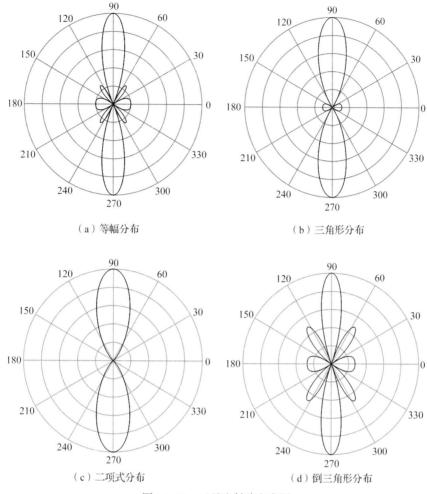

（a）等幅分布　　　　　　　　　　　　（b）三角形分布

（c）二项式分布　　　　　　　　　　　（d）倒三角形分布

图 14-38　五元边射阵方向图

14.4.4　均匀幅度分布平面阵列辐射理论

平面阵列天线可以在方位角 ϕ 和仰角 θ 这两个方向上同时实现天线波束的扫描，阵列天线的排阵形式有平面阵、三角阵和圆阵，不同的阵列形式产生的辐射方向图略有不同。

典型的平面阵是由 $M \times N$ 个相同天线单元组成的矩形平面阵，沿着 x 轴和 y 轴排列的天线单元的间距分别为 d_{xm} 和 d_{yn}。如图 14-39 所示为一个按照矩形格排列天线单元的平面阵列及其坐标关系。目标辐射方向为（θ, ϕ）方向，利用方向余弦可以表示为（$\sin\theta\cos\phi$, $\sin\theta\sin\phi$, $\cos\theta$），则相邻单元的空间相位差为

沿着 x 轴方向

$$\Delta\phi_{xm} = \sum_{p=1}^{m} kd_{xp}\sin\theta\cos\phi \qquad （14-120）$$

沿着 y 轴方向

$$\Delta\phi_{yn} = \sum_{q=1}^{n} kd_{yq}\sin\theta\sin\phi \qquad （14-121）$$

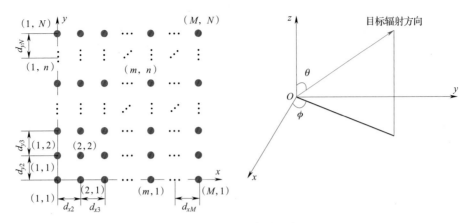

图 14-39　平面阵列天线

因此第（m，n）个单元与第（1，1）个单元（参考单元）之间的空间相位差为

$$\Delta\phi_{mn} = \sum_{p=1}^{m}\Delta\phi_{xp} + \sum_{q=1}^{n}\Delta\phi_{yq} \tag{14-122}$$

假设天线阵内移相器在 x 轴方向上相邻单元之间的相位差为 $\Delta\phi_{Bxm}$，沿着 y 轴方向上相邻单元之间的相位差为 $\Delta\phi_{Byn}$，则第（m，n）个单元相对于参考单元所提供的相移量为

$$\Delta\phi_{Bmn} = \sum_{p=1}^{m}\Delta\phi_{Bxp} + \sum_{q=1}^{n}\Delta\phi_{Byq} \tag{14-123}$$

假设第（m，n）个单元的幅度加权系数为 a_{mn}，则平面阵列天线的阵因子方向图 $f_a(\theta, \phi)$ 应该为

$$\begin{aligned}
f_a(\theta, \phi) &= \sum_{m=1}^{M}\sum_{n=1}^{N} a_{mn}\exp\left[\mathrm{j}(\Delta\phi_{mn} - \Delta\phi_{Bmn}) \right] = \\
&\sum_{m=1}^{M}\sum_{n=1}^{N} a_{mn}\exp\left[\sum_{p=1}^{m}\mathrm{j}(\Delta\phi_{xp} - \Delta\phi_{Bp}) + \sum_{q=1}^{n}\mathrm{j}(\Delta\phi_{yq} - \Delta\phi_{Bq}) \right] = \\
&\sum_{m=1}^{M}\sum_{n=1}^{N} a_{mn}\exp\left[\mathrm{j}\sum_{p=1}^{m}(kd_{xp}\sin\theta\cos\phi - \Delta\phi_{Bxp}) + \mathrm{j}\sum_{q=1}^{n}(kd_{yq}\sin\theta\sin\phi - \Delta\phi_{Byq}) \right]
\end{aligned}$$
$$\tag{14-124}$$

以（1，1）单元天线的相位作参考相位，则第（m，n）个单元发射（或者接收）信号的空间相位矩阵 $[\Delta\phi_{mn}]_{MN}$ 为

$$[\Delta\phi_{mn}]_{MN} =$$

$$\begin{bmatrix}
0+0 & 0+\Delta\phi_{y2} & 0+\Delta\phi_{y3} & \cdots & 0+\Delta\phi_{yN} \\
\Delta\phi_{x2}+0 & \Delta\phi_{x2}+\Delta\phi_{y2} & \Delta\phi_{x2}+\Delta\phi_{y3} & & \Delta\phi_{x2}+\Delta\phi_{yN} \\
\Delta\phi_{x3}+0 & \Delta\phi_{x3}+\Delta\phi_{y2} & \Delta\phi_{x3}+\Delta\phi_{y3} & & \Delta\phi_{x3}+\Delta\phi_{yN} \\
\vdots & & & & \vdots \\
\Delta\phi_{xM}+0 & \Delta\phi_{xM}+\Delta\phi_{y2} & \Delta\phi_{xM}+\Delta\phi_{y3} & \cdots & \Delta\phi_{xM}+\Delta\phi_{yN}
\end{bmatrix} \tag{14-125}$$

式中，$\Delta\phi_{xM} = \sum_{p=1}^{m} kd_{xp}\sin\theta\cos\phi$，$\Delta\phi_{yN} = \sum_{q=1}^{n} kd_{yq}\sin\theta\sin\phi$。

第（m，n）个单元发射（或者接收）信号的阵内相位矩阵 $\Delta\phi_{Bmn, MN}$ 为

$$\Delta\phi_{Bmn, MN} = \begin{bmatrix} 0 & 0 \\ 0+0 & 0+\Delta\phi_{By3} \\ +\Delta\phi_{By2} & \cdots & +\Delta\phi_{ByN} \\[4pt] \Delta\phi_{Bx2} & \Delta\phi_{Bx2} & \Delta\phi_{Bx2} & \Delta\phi_{Bx2} \\ +0 & +\Delta\phi_{By2} & +\Delta\phi_{By3} & +\Delta\phi_{ByN} \\[4pt] \Delta\phi_{Bx3} & \Delta\phi_{Bx3} & \Delta\phi_{Bx3} & \Delta\phi_{Bx3} \\ +0 & +\Delta\phi_{By2} & +\Delta\phi_{By3} & +\Delta\phi_{ByN} \\[4pt] \vdots & & & \vdots \\[4pt] \Delta\phi_{BxM} & \Delta\phi_{BxM} & \Delta\phi_{BxM} & \cdots & \Delta\phi_{BxM} \\ +0 & +\Delta\phi_{By2} & +\Delta\phi_{By3} & +\Delta\phi_{ByN} \end{bmatrix} \quad （14\text{-}126）$$

当空间相位矩阵与阵内移相器的补偿相位相同，即 $\Delta\phi_{mn, MN}=\Delta\phi_{Bmn, MN}$ 时，式（14-124）表示的方向图达到最大值。改变"阵内相位"矩阵，天线方向图就按照与 $\Delta\phi_{BxM}$ 和 $\Delta\phi_{ByN}$ 对应的（θ，ϕ）方向进行扫描。考虑到阵列天线单元的方向图 $f_{c}(\theta, \phi)$，式（14-124）又可以表示为

$$f(\theta, \phi) = f_{c}(\theta, \phi) \cdot f_{a}(\theta, \phi) =$$

$$f_{c}(\theta, \phi) \cdot \sum_{m=1}^{M} \sum_{n=1}^{N} a_{mn} \exp \begin{bmatrix} \mathrm{j}\sum_{p=1}^{m}(kd_{xp}\sin\theta\cos\phi - \Delta\phi_{Bxp}) + \\ \mathrm{j}\sum_{q=1}^{n}(kd_{yq}\sin\theta\sin\phi - \Delta\phi_{Byq}) \end{bmatrix} \quad （14\text{-}127）$$

为了在（θ_{B}，ϕ_{B}）方向上获得波束最大值，$\Delta\phi_{BxM}$ 和 $\Delta\phi_{ByN}$ 应该为

$$\begin{cases} \Delta\phi_{BxM} = \sum_{p=1}^{m} kd_{xp}\sin\theta\cos\phi \\ \Delta\phi_{ByN} = \sum_{q=1}^{n} kd_{yq}\sin\theta\sin\phi \end{cases} \quad （14\text{-}128）$$

因此，按照式（14-128）改变"阵内相位差"，即 $\Delta\phi_{BxM}$ 和 $\Delta\phi_{ByN}$，就可以实现天线波束的相控扫描。

当天线口径为均匀分布（等幅分布）时，阵列天线的方向图 $f(\theta, \phi)$ 可以表示为

$$f(\theta, \phi) = f_{c}(\theta, \phi) \cdot f_{a}(\theta, \phi) =$$

$$f_{c}(\theta, \phi) \cdot f_{x}(\theta, \phi) \cdot f_{y}(\theta, \phi) =$$

$$f_{c}(\theta, \phi) \cdot \sum_{m=1}^{M} \exp\left[\mathrm{j}\sum_{p=1}^{m}(kd_{xp}\sin\theta\cos\phi - \Delta\phi_{Bxp})\right] \cdot$$

$$\sum_{n=1}^{N} \exp\left[\mathrm{j}\sum_{q=1}^{n}(kd_{yq}\sin\theta\sin\phi - \Delta\phi_{Byq})\right] \quad （14\text{-}129）$$

其中，当平面阵列沿着 x 轴方向的阵元间距相同，沿着 y 轴方向的阵元间距相同，即 $d_{x1}=d_{x2}=\cdots=d_{xM}=d_x$ 且 $d_{y1}=d_{y2}=\cdots=d_{yN}=d_y$，此外假设移相器提供的沿着 x 轴和沿着 y 轴的相邻两个单元的相位差也分别相等，也就是说移相器提供的相位差为 $\Delta\phi_{Bx1}=\Delta\phi_{Bx2}=\cdots=\Delta\phi_{BxM}=\Delta\phi_{Bx}$ 和 $\Delta\phi_{By1}=\Delta\phi_{By2}=\cdots=\Delta\phi_{ByM}=\Delta\phi_{By}$，则阵列天线的方向图可以表示为

$$f(\theta,\phi)=f_c(\theta,\phi)\cdot f_x(\theta,\phi)\cdot f_y(\theta,\phi)=$$

$$f_c(\theta,\phi)\cdot\sum_{m=1}^{M}\exp\big[jk(m-1)d_x\sin\theta\cos\phi-j(m-1)\Delta\phi_{Bxp}\big]$$

$$\sum_{n=1}^{N}\exp\big[jk(n-1)d_{yq}\sin\theta\sin\phi-j(n-1)\Delta\phi_{Byq}\big]=$$

$$f_c(\theta,\phi)\cdot\frac{\sin\left[\dfrac{M}{2}(kd_x\sin\theta\cos\phi-\Delta\phi_{Bx})\right]}{\sin\left[\dfrac{1}{2}(kd_x\sin\theta\cos\phi-\Delta\phi_{Bx})\right]}\cdot$$

$$\frac{\sin\left[\dfrac{N}{2}(kd_y\sin\theta\sin\phi-\Delta\phi_{By})\right]}{\sin\left[\dfrac{1}{2}(kd_y\sin\theta\sin\phi-\Delta\phi_{By})\right]}\approx \qquad(14\text{-}130)$$

$$f_c(\theta,\phi)\cdot M\cdot\frac{\sin\left[\dfrac{M}{2}(kd_x\sin\theta\cos\phi-\Delta\phi_{Bx})\right]}{\dfrac{M}{2}(kd_x\sin\theta\cos\phi-\Delta\phi_{Bx})}\cdot N\cdot$$

$$\frac{\sin\left[\dfrac{N}{2}(kd_y\sin\theta\sin\phi-\Delta\phi_{By})\right]}{\dfrac{N}{2}(kd_y\sin\theta\sin\phi-\Delta\phi_{By})}$$

式（14-130）表明，在等幅均匀分布时，平面阵列天线方向图可以看成是两个线阵方向图的乘积。如果天线口径不是等幅分布的，则 $f(\theta,\phi)$ 不能表示成式（14-130）的形式，因为此时不能认为每一行线阵的方向图和每一列线阵的方向图完全一样，不能作为公因子提出。此时，$f(\theta,\phi)$ 可以表示为

$$f(\theta,\phi)=f_c(\theta,\phi)\cdot\sum_{n=1}^{N}\Big[\sum_{m=1}^{M}a_{mn}e^{j\sum\limits_{p=1}^{m}(kd_{xp}\sin\theta\cos\phi-\Delta\phi_{Bxp})}\Big]\cdot e^{j\sum\limits_{q=1}^{n}(kd_{yq}\sin\theta\sin\phi-\Delta\phi_{Byq})}=$$

$$(14\text{-}131)$$

$$f_c(\theta,\phi)\cdot\sum_{n=1}^{N}f_{xn}(\theta,\phi)\cdot e^{j\sum\limits_{q=1}^{n}(kd_{yq}\sin\theta\sin\phi-\Delta\phi_{Byq})}$$

式中，$f_{xn}(\theta,\phi)$ 表示第 n 列的行线阵方向图，为

$$f_{xn}(\theta,\phi)=\sum_{m=1}^{M}a_{mn}e^{j\sum\limits_{p=1}^{m}(kd_{xp}\sin\theta\cos\phi-\Delta\phi_{Bxp})} \qquad(14\text{-}132)$$

此外根据式（14-132），可以将平面阵列天线看成一个列线阵，此列线阵中每一个等效天线单元的单元方向图为 $f_{ym}(\theta,\phi)$，阵列天线的方向图可以表示为

$$f(\theta,\ \phi)=f_c(\theta,\ \phi)\cdot\sum_{m=1}^{M}\Big[\sum_{N=1}^{N}a_{mn}e^{j\sum\limits_{q=1}^{n}(kd_{yq}\sin\theta\cos\phi-\Delta\phi_{Byq})}\Big]\cdot e^{j\sum\limits_{p=1}^{m}(kd_{xp}\sin\theta\cos\phi-\Delta\phi_{Bxp})}=$$

$$（14-133）$$

$$f_c(\theta,\ \phi)\cdot\sum_{m=1}^{M}f_{ym}(\theta,\ \phi)\cdot e^{j\sum\limits_{p=1}^{m}(kd_{xp}\sin\theta\cos\phi-\Delta\phi_{Bxp})}$$

式中，$f_{ym}(\theta,\ \phi)$ 是第 m 行的列线阵方向图。这时，可以将平面阵列天线看成一个行线阵，而这一行线阵中每一个等效天线单元方向图 $f_{ym}(\theta,\ \phi)$。

（1）平面阵列天线的栅瓣的位置

对于等幅均匀平面阵列，其出现栅瓣的条件是

$$\begin{cases} kd_x\sin\theta\cos\phi-\Delta\phi_{Bx}=0\pm2p\pi, & p=\pm1,\ \pm2,\ \cdots \\ kd_y\sin\theta\sin\phi-\Delta\phi_{By}=0\pm2q\pi, & q=\pm1,\ \pm2,\ \cdots \end{cases}$$

$$（14-134）$$

若波束指向为 $(\theta_B,\ \phi_B)$，则由于

$$\begin{cases} \Delta\phi_{Bx}=kd_x\sin\theta_B\cos\phi_B \\ \Delta\phi_{By}=kd_y\sin\theta_B\sin\phi_B \end{cases}$$

$$（14-135）$$

因此式（14-134）变为

$$\begin{cases} \sin\theta\cos\phi=\sin\theta_B\cos\phi_B\pm p\lambda/d_x \\ \sin\theta\sin\phi=\sin\theta_B\sin\phi_B\pm q\lambda/d_y \end{cases}$$

$$（14-136）$$

式（14-136）确定了平面阵列天线在波束扫描至 $(\theta_B,\ \phi_B)$ 时可能出现的栅瓣位置。

（2）平面阵列天线的增益

对于等幅均匀平面阵列，假设其单元因子的方向图函数为 1，则其归一化方向图函数为

$$F(\theta,\ \phi)=$$

$$\frac{\sin\Big[\dfrac{M}{2}(kd_x\sin\theta\cos\phi-\Delta\phi_{Bx})\Big]}{\sin\Big[\dfrac{1}{2}(kd_x\sin\theta\cos\phi-\Delta\phi_{Bx})\Big]}\cdot\frac{\sin\Big[\dfrac{N}{2}(kd_y\sin\theta\sin\phi-\Delta\phi_{By})\Big]}{\sin\Big[\dfrac{1}{2}(kd_y\sin\theta\sin\phi-\Delta\phi_{By})\Big]}\approx$$

$$（14-137）$$

$$\frac{\sin\Big[\dfrac{M}{2}(kd_x\sin\theta\cos\phi-\Delta\phi_{Bx})\Big]}{\dfrac{1}{2}(kd_x\sin\theta\cos\phi-\Delta\phi_{Bx})}\cdot\frac{\sin\Big[\dfrac{N}{2}(kd_y\sin\theta\sin\phi-\Delta\phi_{By})\Big]}{\dfrac{1}{2}(kd_y\sin\theta\sin\phi-\Delta\phi_{By})}$$

假设平面阵列天线的最大辐射方向为法向，则天线的方向系数 $D(\theta,\ \phi)$ 可以表示为 $(\theta,\ \phi)$ 方向上的辐射强度 $U(\theta,\ \phi)$ 与平均辐射强度之比，平均辐射强度为 $P_a/4\pi$，因此

$$D(\theta,\phi)=4\pi\frac{U(\theta,\phi)}{P_a}=\frac{4\pi F^2(\theta,\phi)}{\displaystyle\int_0^{2\pi}\int_0^{\pi}F^2(\theta,\phi)\sin\theta\mathrm{d}\phi\mathrm{d}\theta}$$

$$（14-138）$$

进一步，在最大辐射方向上，$F(\theta_B,\ \phi_B)=1$，因此最大辐射方向的方向系数为

$$D=\frac{4\pi}{\displaystyle\int_0^{2\pi}\int_0^{\pi}F^2(\theta,\phi)\sin\theta\mathrm{d}\phi\mathrm{d}\theta}$$

$$（14-139）$$

最大辐射方向的方向系数与天线的方向系数之间的关系为

$$D(\theta,\phi) = DF^2(\theta,\phi) \qquad (14\text{-}140)$$

记方向系数的计算公式中的积分为 I,则

$$I = \int_0^{2\pi}\int_0^{\pi} F^2(\theta,\ \phi)\sin\theta\mathrm{d}\theta\mathrm{d}\phi \approx$$

$$\int_0^{2\pi}\int_0^{\pi}\left\{\frac{\sin\left[\dfrac{M}{2}(kd_x\sin\theta\cos\phi - \Delta\phi_{Bx})\right]}{\dfrac{1}{2}(kd_x\sin\theta\cos\phi - \Delta\phi_{Bx})}\right.\left.\frac{\sin\left[\dfrac{N}{2}(kd_y\sin\theta\cos\phi - \Delta\phi_{By})\right]}{\dfrac{1}{2}(kd_y\sin\theta\cos\phi - \Delta\phi_{By})}\right\}^2\sin\theta\mathrm{d}\theta\mathrm{d}\phi \qquad (14\text{-}141)$$

14.4.5 均匀幅度分布立体阵与圆阵辐射理论

（1）立体阵

用 n_x 个相同的矩形平面阵沿 z 轴平行排列,并在各平面阵间配以适当的电流分布（包括相位分布）,便构成了 $n=n_x \times n_y \times n_z$ 元矩形立体阵。矩形立体阵的各 x 阵、y 阵和 z 阵通常分别具有相同的电流分布规律。仿照平面阵,可得这种立体阵的方向函数

$$|f_v(\theta,\phi)| = |f_1(\theta,\phi)| \cdot |f_{ax}(\theta,\phi)| \cdot |f_{ay}(\theta,\phi)| \cdot |f_{az}(\theta,\phi)| \qquad (14\text{-}142)$$

式中,$|f_{az}(\theta,\ \phi)|$ 为 z 阵的阵因子,可根据 z 阵的元电流分布和间距得到。

下面讨论一个同相水平天线阵的方向图。设该天线阵由 $n_x \times n_y \times n_z = 4 \times 4 \times 2$ 个半波水平对称振子组成,所有元电流的幅度相等,$\beta_x=\beta_y=0$,$\beta_z=-\pi/2$,$d_x=d_y=\lambda/4$,$d_z=\lambda/4$,如图 14-40 所示。

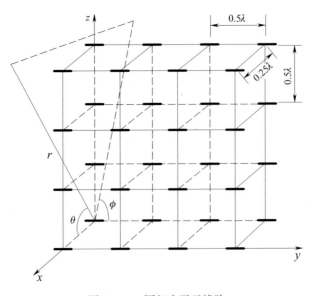

图 14-40 同相水平天线阵

由于

$$|f_1(\theta,\phi)|=|F_1(\theta,\phi)|=\dfrac{\cos\left(\dfrac{\pi}{2}\sin\theta\cos\phi\right)}{\sqrt{1-(\sin\theta\cos\phi)^2}} \qquad (14-143)$$

$$|F_{ax}(\theta,\phi)|=\dfrac{\sin\left(\dfrac{n_x}{2}\phi_x\right)}{n_x\sin\left(\dfrac{1}{2}\phi_x\right)}=\dfrac{\sin(2\pi\sin\theta\cos\phi)}{4\sin\left(\dfrac{\pi}{2}\sin\theta\cos\phi\right)} \qquad (14-144)$$

$$|F_{ay}(\theta,\phi)|=\dfrac{\sin\left(\dfrac{n_y}{2}\phi_y\right)}{n_y\sin\left(\dfrac{1}{2}\phi_y\right)}=\dfrac{\sin(2\pi\sin\theta\sin\phi)}{4\sin\left(\dfrac{\pi}{2}\sin\theta\sin\phi\right)} \qquad (14-145)$$

$$|F_{az}(\theta,\phi)|=\dfrac{\sin\left(\dfrac{n_z}{2}\phi_z\right)}{n_z\sin\left(\dfrac{1}{2}\phi_z\right)}=\cos\left[\dfrac{\pi}{4}(\cos\theta-1)\right] \qquad (14-146)$$

从方向图乘积定理得

$$F_v(\theta,\phi)=\dfrac{\cos\left(\dfrac{\pi}{2}\sin\theta\cos\phi\right)}{\sqrt{1-(\sin\theta\cos\phi)^2}}\cdot\dfrac{\sin(2\pi\sin\theta\cos\phi)}{4\sin\left(\dfrac{\pi}{2}\sin\theta\cos\phi\right)}\cdot$$
$$\dfrac{\sin(2\pi\sin\theta\sin\phi)}{4\sin\left(\dfrac{\pi}{2}\sin\theta\sin\phi\right)}\cdot\cos\left[\dfrac{\pi}{4}(\cos\theta-1)\right] \qquad (14-147)$$

在 E 面（$\phi=0°$）内

$$F_E(\theta)=\dfrac{\cos\left(\dfrac{\pi}{2}\sin\theta\right)n}{\cos\theta}\cdot\dfrac{\sin(2\pi\sin\theta)n}{4\sin\left(\dfrac{\pi}{2}\sin\theta\right)}\cdot\cos\left[\dfrac{\pi}{4}(\cos\theta-1)\right] \qquad (14-148)$$

在 H 面（$\phi=90°$）内

$$F_H(\theta)=\dfrac{\sin(2\pi\sin\theta)}{4\sin\left(\dfrac{\pi}{2}\sin\theta\right)}\cdot\cos\left[\dfrac{\pi}{4}(\cos\theta-1)\right] \qquad (14-149)$$

E 面和 H 面方向图如图 14-41（a）和图 14-41（b）所示。

实际的同相水平天线阵是架设在地面上的，应该考虑地面对方向图的影响。这时常把地面看成无限大理想导电平面。另外，同相水平天线阵的后一个 x–y 平面阵的天线元常用同长度的无源振子，或者用可以看成是无限大理想导电平面的金属反射平面（网）代替。

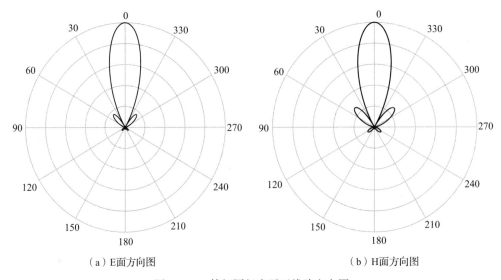

（a）E面方向图　　　　　　　　　　（b）H面方向图

图 14-41　等幅同相水平天线阵方向图

（2）圆阵

辐射单元排列在圆周上的天线阵称为圆阵，它在雷达、导航、无线电测向等设备中得到了广泛应用。最简单的圆阵是单层圆阵。

设单层圆阵由 N 个无方向性理想点源组成，半径为 a，位于 $\phi=\phi_i$ 的第 i 个点源的电流为 $I_i \mathrm{e}^{j\beta_i}$，如图 14-42 所示。单层圆阵的场

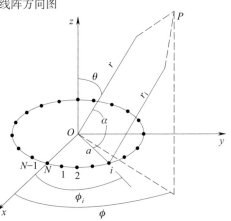

$$E(r,\ \theta,\ \phi) = \sum_{i=1}^{N} I_i \frac{\mathrm{e}^{-j(kr_i-\beta_i)}}{r_i} \qquad (14-150)$$

远区条件下，$1/r_i \approx 1/r$，相位因子中的 $r_i \approx r-a\cos\alpha = r-a\sin\theta\cos(\phi-\phi_i)$。得

图 14-42　单层圆阵示意图

$$E(r,\ \theta,\ \phi) = \frac{\mathrm{e}^{-jkr}}{r} \sum_{i=1}^{N} I_i \frac{\mathrm{e}^{j[\,ka\sin\theta\cos(\phi-\phi_i)+\beta_i\,]}}{r_i} \qquad (14-151)$$

单层圆阵的方向函数

$$f_a(\theta,\ \phi) = \sum_{i=1}^{N} I_i \frac{\mathrm{e}^{j[\,kr\sin\theta\cos(\phi-\phi_i)+\beta_i\,]}}{r_i} \qquad (14-152)$$

设圆阵方向图主瓣最大值方向为 $(\theta_M,\ \phi_M)$，有

$$\beta_i = -ka\sin\theta_M\cos(\phi_M-\phi_i)+\beta \qquad (14-153)$$

$$f_a(\theta,\ \phi) = \sum_{i=1}^{N} I_i \mathrm{e}^{jka[\,\sin\theta\cos(\phi-\phi_i)-\sin\theta_M\cos(\phi_M-\phi_i)\,]} \qquad (14-154)$$

令

$$\rho = a\sqrt{(\sin\theta\cos\phi-\sin\theta_M\cos\phi_M)^2+(\sin\theta\sin\phi-\sin\theta_M\sin\phi_M)^2} \qquad (14-155)$$

$$\cos\xi = \frac{a\,(\sin\theta\cos\phi-\sin\theta_M\cos\phi_M)}{\rho} \qquad (14-156)$$

$$\sin\xi = \frac{a(\sin\theta\sin\phi - \sin\theta_M\sin\phi_M)}{\rho} \tag{14-157}$$

得

$$f_a(\theta,\phi) = \sum_{i=1}^{N} I_i e^{jk\rho\cos(\xi-\phi_i)} \tag{14-158}$$

等幅等间距圆阵，其 $I_i = I$，$\phi_i = 2i\pi/N$

$$f_a(\theta,\phi) = I\sum_{i=1}^{N} e^{jk\rho\cos(\xi-2i\pi/N)} \tag{14-159}$$

式中

$$e^{jk\rho\cos(\xi-2i\pi/N)} = e^{jk\rho\sin[\pi/2-(\xi-2i\pi/N)]} = \sum_{p=-\infty}^{\infty} J_p(k\rho)e^{jp[\pi/2-(\xi-2i\pi/N)]} \tag{14-160}$$

把上式代入式（14-159），交换求和次序，得

$$f_a(\theta,\phi) = NI\sum_{m=-\infty}^{\infty} J_{mN}(k\rho)e^{jmN(\pi/2-\xi)} =$$

$$I_i\left\{J_0(k\rho) + \sum_{m=1}^{\infty}\left[(e^{jmN(\pi/2-\xi)} + (-1)^{mN}k\rho e^{-jmN(\pi/2-\xi)})J_{mN}(k\rho)\right]\right\} \tag{14-161}$$

式中，已利用 $J_{-p}(x) = (-)pJ_p(x)$ 的关系。$I_i = NI$，是圆阵的总电流。

式（14-161）的第一项为主项，其余项称为余项，由于 $0 \leqslant \rho \leqslant 2a$，$N$ 较大时，高阶贝塞尔函数值较小，而

$$F_a(\theta,\phi) \approx J_0(k\rho) \tag{14-162}$$

若圆阵最大辐射方向位于阵面内，即 $\theta_M = 90°$

$$\rho = a\sqrt{1+\sin^2\theta - 2\sin\theta\cos(\phi-\phi_M)} \tag{14-163}$$

则

$$F_a(\theta,\phi) \approx J_0\left[ka\sqrt{1+\sin^2\theta - 2\sin\theta\cos(\phi-\phi_M)}\right] \tag{14-164}$$

在 $\phi = \phi_M$ 的垂直平面内

$$F_a(\theta,\phi) \approx J_0\left[ka(1-\sin\theta)\right] \tag{14-165}$$

在水平面（$\theta = 90°$）内，

$$F_a(90°,\phi) \approx J_0\left[2ka\sin\frac{\phi-\phi_M}{2}\right] \tag{14-166}$$

若圆阵最大辐射方向垂直于阵平面，即 $\theta_M = 0°$，$180°$，$\rho = a\sin\theta$ 则

$$F_a(\theta,\phi) \approx J_0\left[ka(\sin\theta)\right] \tag{14-167}$$

14.5　射频隐身天线设计需求

14.5.1　窄波束设计需求

为了避免被地面 ESM 设备侦收到，通信的波束宽度应该尽可能地窄。在不被地面 ESM 侦收到的情况下，主瓣允许的最大宽度与辐射信号的平台高度、侦收机的高度有关，如图 14-43 所示。

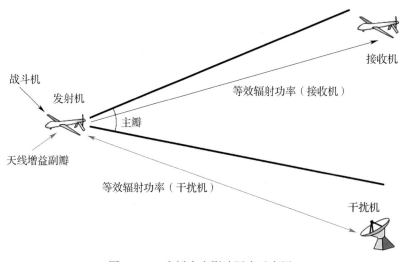

图 14-43　主瓣宽度影响因素示意图

高度很高的平台可以使用相对较宽的主瓣而不被地面侦收到。在 Rand 公司做的一份设计报告中，给出了空中平台使用点波束通信而不被地面侦收设备截获到的情况下（即波束不落地），主瓣宽度与平台高度的关系如图 14-44 所示。

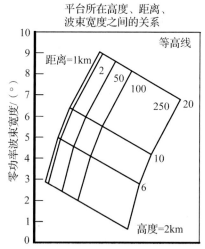

图 14-44　不同高度情况下，波束不落地的主瓣最大宽度

图中反映了在波束不落地的情况下，飞行高度、通信距离和主瓣允许的最大宽度间的代价关系。对于远距离通信，主瓣宽度需要比近距离通信更窄，以避免地面的侦收。飞行平台的高度越高，主瓣宽度可以相对更宽。通过该图，可得出对于飞行在 6km 高度的平台，为保证波束不落地，且通信距离达到 250km，则需要主瓣宽度在 3° 以内。

二维相控阵天线有多种阵元，12×12 阵元切角阵列可达到主瓣宽度 10° 的指标，16×16 阵元标准阵列可达到主瓣宽度 6° 的指标，如表 14-1 所示。

表 14-1　二维相控阵天线指标

阵列形式	二维有源相控阵
工作频段	发：22.4~22.9GHz，收：21.4~21.9GHz
单元发射功率	100mW
极化方式	圆极化

表 14-1（续）

波束扫描范围		± 530
阵列 8×8 50mm×50mm	标准	波束宽度：12°（0° 扫描）
	切角	波束宽度：15°（0° 扫描）
阵列 12×12 90mm×90mm	标准	波束宽度：8.5°（0° 扫描）
	切角	波束宽度：9.6°（0° 扫描）
阵列 16×16 115mm×115mm	标准	波束宽度：6°（0° 扫描）
	切角	波束宽度：7°（0° 扫描）

14.5.2　低副瓣设计需求

为满足高隐身作战飞机机间通信时的低截获性，天线波束应具有较好的副瓣抑制。如果波束副瓣过大，敌方无线电侦收设备可能探测到副瓣波束的电磁信号，从而降低电磁隐身、抗截获性能，危及我战机的安全。

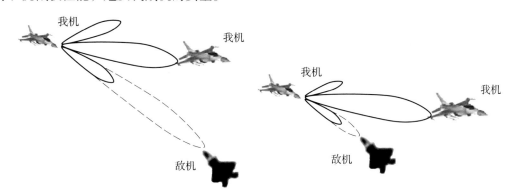

图 14-45　高副瓣信号在我方机群范围外被敌方侦收 / 低副瓣信号在我方机群范围内被敌方侦收

副瓣越高，高隐身作战飞机被截获的风险越高，从这个角度来讲，副瓣被压制得越低越好。然而，压低旁瓣将会降低天线的效率、增加主瓣波束宽度，若同时要保证主瓣的高增益和窄波束，则必须以增加天线尺寸为代价。

综合考虑天线尺寸、主瓣波束宽度、主瓣增益等因素，二维相控阵天线最大副瓣抑制能力优于 30dB 以上。

14.6　射频隐身天线设计方法

14.6.1　典型均匀分布孔径增益

根据式（14-130）可推出典型矩形孔径分布归一化远场增益可表示为

$$G(\theta,\phi) = \frac{4\pi ab}{\lambda^2} \cdot \frac{\sin^2 U}{U^2} \cdot \frac{\sin^2 V}{V^2} \cdot \frac{[1+\cos\theta]^2}{4} \qquad (14\text{--}168)$$

更常见形式为

$$G(\theta,\phi) \approx \frac{4\pi ab}{\lambda^2} \cdot \frac{\sin^2 U}{U^2} \cdot \frac{\sin^2 V}{V^2} \qquad (14\text{--}169)$$

式中

$$U = \frac{\pi a}{\lambda} \cdot \sin\theta \cdot \cos\phi, \quad V = \frac{\pi b}{\lambda}\sin\theta \cdot \sin\phi \qquad (14\text{--}170)$$

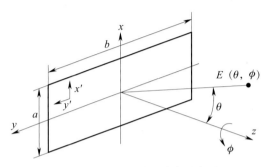

图 14-46　矩形孔径分布示意图

在计算距法线 30° 以内方向图时通常将式（14-168）中的 $\cos\theta$ 因数略去，因为其他边缘效应使得大偏离角的方向图预测不够准确。此外，如果做一个纯标量衍射假设（TEM），那么增大的余弦因数就不会出现在矩形孔径的增益方程或者相应电场中。平行四边形孔径轻而易举地允许在两个主平面之间的空间内有倍增的可分离照射函数。矩形孔径的主要特性之一是，虽然在主平面内副瓣以 $1/n^2$ 减少，但是在主平面之间的空间副瓣却以 $1/n^4$ 减少，其中 n 为副瓣数。二维空间内的可分离函数特性也是一个优势，因为它限制了一个维度内的执行误差传播到另一维度内。

由于这个倍增特性，在两个主平面之间空间的副瓣有更小的数量级。而且，常规结构将制造误差的影响限制在了误差发生的范围内。这是隐身天线的一大优势，因为制造公差从根本上限制了天线副瓣的被截获率。图 14-47 中给出了矩形均匀照射孔径的一个三维示意图。

图 14-48 总结了矩形均匀分布孔径主平面增益分布特性。在主平面内，这种孔径照射的第一副瓣仅仅下降了大约 13dB，而在主平面以外，第一副瓣就下降了 26dB，第二副瓣

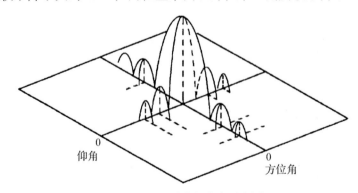

图 14-47　矩形孔径分布示意图

下降了 32dB，以此类推。系统设计师可以调整高副瓣的位置，使它们处于危险性较低的方向上（远离地平面，通常地平面的危险性最大）。

　　接下来研究圆形孔径，以比较它们之间的差别。图 14-49 显示了照射图的几何形状，并采用了 ρ' 和 ϕ' 照射的径向积分。最终的积分结果是 $Jl(x)/x$ 形式的贝塞尔（Bessel）函数。

　　图 14-50 为圆形均匀分布孔径的一种辐射图。因为它是圆对称的，所以任何常数 ϕ 的截面都是主要截面。图 14-50 中还显示了一个主要特性：虽然第一副瓣下降了 17dB，但是该副瓣处于常数 θ 的全角 ϕ 中。从被截获率角度来说，这个特性非常糟糕。与矩形均匀分布孔径类似，式（14-171）中给出了圆形均匀分布孔径的归一化远场增益方向图。因为 z 与圆盘垂直，所以不随 ϕ 而变化。D_u 是 u 空间内的孔径直径。

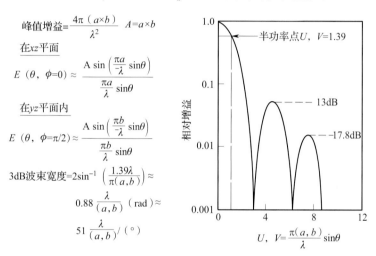

图 14-48　矩形孔径分布主平面增益分布特性

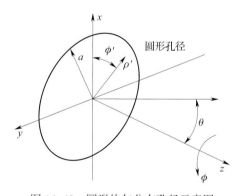

图 14-49　圆形均匀分布孔径示意图

$$G(\theta,\phi) = \frac{4\pi\,\alpha^2}{\lambda^2} \cdot \frac{J_1^2(D_u)}{D_u^2} \tag{14-171}$$

式中

$$D_u = \frac{2\pi\alpha}{\lambda}\sin\theta$$

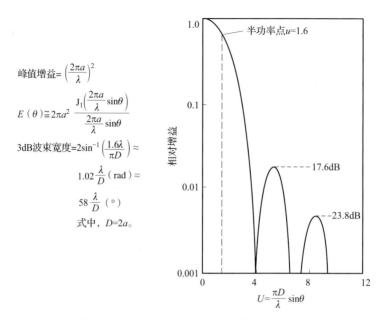

峰值增益 $= \left(\dfrac{2\pi a}{\lambda}\right)^2$

$E(\theta) \cong 2\pi a^2 \dfrac{J_1\left(\dfrac{2\pi a}{\lambda}\sin\theta\right)}{\dfrac{2\pi a}{\lambda}\sin\theta}$

3dB波束宽度 $= 2\sin^{-1}\left(\dfrac{1.6\lambda}{\pi D}\right) \approx$

$1.02\dfrac{\lambda}{D}$（rad）$\approx$

$58\dfrac{\lambda}{D}$（°）

式中，$D = 2a$。

图 14-50　圆形孔径分布主平面增益分布特性

14.6.2　低副瓣赋形函数

上述简单阵列的副瓣对于隐身天线来说显然是不够的。虽然平行四边形和可分离照射函数的应用有助于减少副瓣，但是隐身天线要求更多。采用孔径分布上的幅度加权，可以在主瓣增益受损失的情况下减少副瓣。小误差不会降低期望的性能，通过有效硬件也可以获得加权值，从这个意义上讲，幅度加权函数还需要完善。表 14-2 概括了一些十分经典的加权函数，并将它们与未加权孔径（正方形）进行了比较。图表中采用的所有孔径全都为边长等于 25 倍波长的正方形，单元间距为 1/2 波长，单元方向图约等于嵌入大型阵列的半波振子。其中，从射频隐身角度而言，积分副瓣电平（integrated side lobe ratio，ISLR）和主瓣增益 / 波束宽度（BW3dB）是最重要的参数。

表 14-2　天线加权函数天线加权函数

名称	归一化 BW3dB	PSLR /dB	旁瓣减少 /dB/Oct	相干增益	降级损耗 /dB	ISLR−2.3U3DB /dB
矩形	1.0	−13.3	−6	1.0	0.0	−10
巴特莱特	1.44	−26.5	−12	0.5	−1.25	−23.2
汉宁	1.63	−31.5	−18	0.5	−1.76	−21.9
汉明	1.48	−42.6	−6	0.54	−1.34	−22.4
$\cos^3$	1.81	−39.3	−24	0.42	−2.39	−21.9
布莱克曼	1.86	−58.1	−18	0.42	−2.37	−23.7
帕森	2.06	−53.1	−24	0.38	−2.83	−22.6
Zero Sonine	1.24	−24.7	−9	0.59	−2.71	−24.6
Taylor 变形	1.22	−28	−6	0.7	−1.37	−22.2
矩形	1.0	−13.3	−6	1.0	0.0	−10

为防止主瓣截获的最大安全距离随天线增益的增大而增加，需要求低副瓣与 ISLR，以使截获覆盖区 / 空中辐射区维持在截获接收机的探测门限以下。

如果孔径加权函数是对称的，而且只是幅度加权，那它就能够用傅里叶余弦级数的关系式表示。当转换为远场（空间频率域）时，这些项就变为成对的 δ 函数。例如，考察幅度加权及其对应的傅里叶变换方程

$$\omega(x) = \sum_i \alpha_i \cdot \cos(x \cdot i \cdot \gamma) \Rightarrow W(\theta) = \sum_i \frac{\alpha_i}{2} \cdot \delta(\theta \pm i \cdot \gamma) \tag{14-172}$$

每一次加权都有两个脉冲信号，由于这个显而易见的原因，将它们称为双回波。孔径上的其他一些照射函数以这种形式进行幅度加权后，在远场中将会产生有角偏移和与主波束相加的波束对。式（14-173）表明了这种形式的远场方向图

$$E(x) \cdot \omega(x) \Rightarrow \alpha_0 \cdot E(\theta) + \frac{\alpha_1 \cdot}{2} E(\theta - \gamma) + \frac{\alpha_1 \cdot}{2} E(\theta - \gamma) + \cdots \tag{14-173}$$

Hamming 加权函数是表中提到的一种加权函数。图 14-51 对于利用双回波理论进行的加权做了解释（这也适用于 Taylor 变形加权和 Hanning 加权）。幅度加权可以看成三个项之和：未加权响应 W_R，和以适当系数加权的主瓣上任意一边的两个重复响应（为了方便起见，某些加权可应用于主响应）。

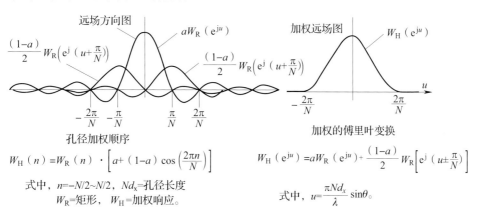

图 14-51　孔径幅度加权示例

图 14-51 中那种余弦加权，实际上代表了一个简单加权系，它包括 Hanning（$\alpha = 0.5$，就是 $\cos^2 x$），Hamming（$\alpha = 0.54$）和 Taylor 变形。图 14-52 显示了适合在主平面内连续加权的理想化 25λ 孔径远场方向图，进行 Hamming 和其他以余弦为基础的幅度加权，即余弦立方 $\cos^3 x = 0.25\cos(3\pi n/N) + 0.75\cos(\pi n/N)$。余弦立方加权有两组双回波，最终的副瓣要低得多。遗憾的是，余弦立方加权虽然可较好地应用于信号处理，却可能无法用于可生产的天线，更不必说主瓣增益损耗了。

图 14-53 是 α 变化产生的影响的简图。应注意，当孔径边缘的加权接近零时，实现的难度就接近无穷大。通常，对于可再生硬件而言，最小的边缘加权大于 0.1。图中还清楚地表示了用于计算 ISLR 的综合副瓣区的定义。

图 14-54 显示了以图 14-53 为基础的某些理想化的 25λ 孔径远场 Taylor 加权的方向图的实例。因为阵列边缘加权很小，而相应的制造公差又太昂贵，所以 53dB 的副瓣在大多数硬件中可能是无法实现的。

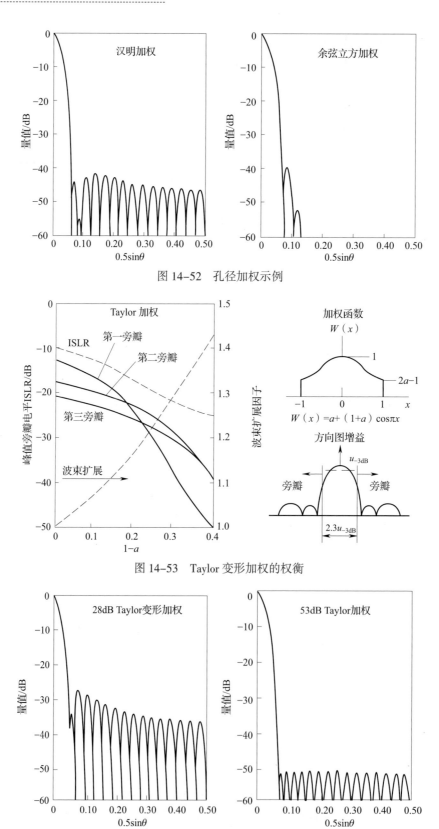

图 14-52　孔径加权示例

图 14-53　Taylor 变形加权的权衡

图 14-54　Taylor 加权实例

另一项重要研究，是高于某些临界门限值的副瓣的覆盖空间百分比。表 14-3 总结了一个实用隐身天线的孔径加权权衡。因为主瓣增益的降级会导致更多的功率被发射出去，这样就会在降低副瓣截获率的同时增大主瓣的截获率，所以这个权衡并不简单。在这种情况下，将副瓣降至主瓣以下的 –55dB、–55 ~ –60dB 之间，以及 –60dB 以下的几个可分离的二维加权函数进行了比较。将该性能与直接增大截获率的主瓣损失进行了比较。

表 14-3　隐身天线权衡示例

相对于主瓣峰值的功率 /dB	半空间百分比									
	均匀加权		31dB Taylor 加权	余弦平方加权				三角加权		
				底座				底座		
				0	0	0.1	0.316	0	0.1	0.316
	连续	离散	离散	连续	离散			连续		
$-55 < P \leqslant 0$	8.15	12.82	6.44	0.84	0.98	1.36	4.89	1.64	4.06	5.87
$-60 < P \leqslant -55$	4.09	7.18	2.46	0.24	0.26	1.47	0.94	0.75	1.2	3.05
$P \leqslant -60$	87.76	80	91.1	98.92	98.76	97.17	94.17	97.6	97.74	91.08
单向增益损失 /dB	0	0	2.05	3.5	3.5	2.5	1.1	2.5	1.7	0.7

图 14-55 表示一个理想化的隐身天线方向图的各种代表截面，这种隐身天线方向图是经过表 14-3 这类权衡后选出的。

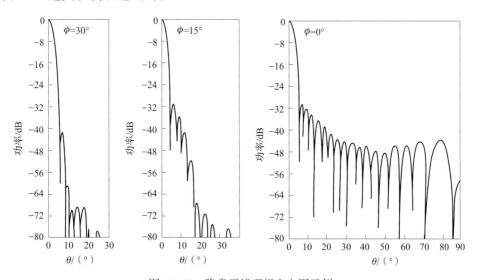

图 14-55　隐身天线理想方向图示例

14.7　加工误差对射频隐身天线性能影响

遗憾的是，真实天线具有制造公差，那可能导致整个均方根相位和幅度误差。这些误差会使得副瓣和主瓣的性能降级。最终分析认为，制造公差决定了隐身天线副瓣的性能。在式（14-174）中，给出了一种表示随机制造公差误差对于平均辐射图影响的方法。

$$\bar{G}(\theta,\phi) \approx G_0(\theta,\phi) + G_e(\theta,\phi) \cdot \varepsilon^2 \cdot \frac{\sum_M \sum_N I_{m,n}^2}{\left(\sum_M \sum_N I_{m,n}\right)^2} \qquad (14\text{-}174)$$

式中：G_0——"理想"增益方向图；

$\quad G_e$——单位增益方向图；

$\quad \varepsilon^2$——每个单元的总均方误差，定义见表 14-4；

$\quad I_{m,n}$——$M \times N$ 阵列内单元 m，n 中的电流。

如果制造公差恒定，那么大型阵列的相对降级就较小，因为误差增益只是以 $M \times N$ 增长。同样，对于固定的尺寸公差而言，当波长增大时产生的电误差会更小。但是，在较低频率下的大阵列需要较大的平台，机动性较差，还易受重力和气候诱导失真的影响。表 14-4 总结了在不考虑源的情况下随机误差的整体影响。

表 14-4　非相关误差的影响

随机误差的影响
$\varepsilon^2 = \sigma_A^2 + \sigma_\phi^2$
式中，$\sigma_A^2 =$ 均方幅度误差 /（V）^{2}，$\sigma_\phi^2 =$ 均方相位误差 /（rad）^{2}
对旁瓣电平的影响
$\varepsilon^2 = G_0 \cdot G_{SL}$
式中，$G_0 =$ 指向方向上的增益，$G_{SL} =$ 相对旁瓣电平
对方向性的影响
$G/G_0 \approx 1/(1+\varepsilon^2)$
对指向精度的影响
$\Delta\theta/\theta_0 \approx 0.6\sigma_\phi/(N \times M)^{0.5}$
式中，$\theta_0 =$ 指向方向，$N \times M =$ 二维阵列中的单元数

制造过程中的可变性不是随机的，而是相关的，集中在远场中，通常只在副瓣截获率上产生细微的差别。另一方面，非相关的误差不集中，覆盖了整个威胁空间，使得隐身系统在各个方向上都易受攻击。这就是如下特性吸引人的原因：可分离振幅加权函数、矩形或平行四边形的天线形状以及限于一个维度内的重复性组件。它们一般都会导致相关误差。虽然制造工艺决定了性能，但是还有由设计决定所导致的其他类型的误差，诸如，相量量化误差和由互耦引起的相位牵引。

图 14-56 显示了表 14-4 中相同百分比频段和图 14-55 中设计的副瓣降级，它被看作是均方根相位误差的函数。从图中明显可以看出，在理想设计被相位误差推翻之前，只允许有一度或者两度的误差。这对于制造公差来说意味着什么呢？研究波长 1in（约 2.54cm）的 X 波段天线和空气介质；那么，1° 电长度大约为 2.8mil（约 71.12μm）的长度。因为总公差可能是由 100 个电/力学性能的和方根（RSS）共同构成的，所以单个的机械公差必为 2.8/（100）0.5=0.28mil（约 7.11μm）。这对于制造工艺来说是一项挑战。

例如，图 14-57 中显示了一副基于图 14-55 的设计、公差为 0.5mil（约 12.7μm）的天线。应该将图 14-55（a）中显示的 30° 截面与图 14-57 进行比较。注意，一直到大约 -50dB 时两幅图都是相当一致的。超过这个电平，副瓣就会受制于制造公差。副瓣表

482

现为完全随机（当然不是彻底的）。此外，透过天线罩观察，这种天线的副瓣降级将更大。要将副瓣保持在图 14-57 所示值的 3dB 以内，还需要采用很好的天线罩。

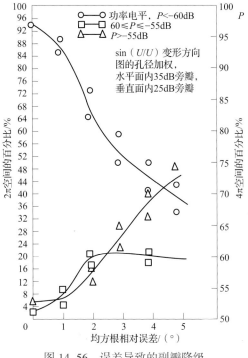

图 14-56　误差导致的副瓣降级

常规的重复性/周期性误差是汇聚的，会在特定方向上产生副瓣。比如，10% 的 4 单元周期性误差，其单元间距 $1/2\lambda$，阵列总宽度 50 个单元的 Hamming 加权，会在主瓣峰值下大约 57° 的位置产生 -30dB 的副瓣。

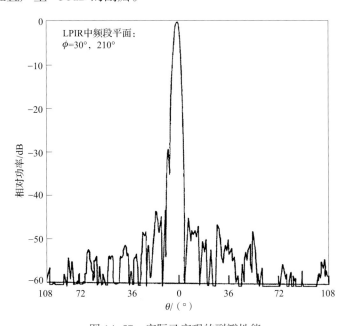

图 14-57　实际已实现的副瓣性能

14.8　小结

天线射频隐身技术是空间域射频隐身的关键技术，本章从天线类型、辐射原理、天线设计等方面系统性地对射频隐身天线的相关知识进行了介绍和总结，具体内容包括：

（1）天线基本类型。常见的天线类型包括菱形天线、螺旋天线、喇叭天线、微带天线等，该节是天线的总体性直观描述。

（2）天线基本参数。介绍了天线基本性能的主要表征参数，包括天线辐射方向图、方向系数、天线效率/增益、输入阻抗、带宽、极化等，本节讨论并给出天线电参数的定义，是天线设计的基础知识。

（3）基本辐射单元的辐射理论。概括了天线辐射的基本原理及数理模型，并给出了基本辐射单元的辐射方向图，是天线设计的基本理论知识。

（4）天线阵列辐射理论。在单元辐射理论基础上，介绍了天线阵列的辐射理论及数理模型，并介绍了平面直线分布/圆阵及立体阵列辐射理论，是天线阵列设计的基本理论知识。

（5）射频隐身天线设计需求。本节结合实际作战使用需求，介绍了射频隐身天线设计的基本需求，包括窄波束与低副瓣两个方面，是面向实际作战使用的射频隐身天线牵引性能力需求。

（6）射频隐身天线设计方法。重点介绍了典型均匀分布孔径增益低副瓣波束赋形设计方法，并比对了采用典型赋形函数的阵列低副瓣性能。

（7）加工误差对射频隐身天线性能影响。结合实际工程实现中的随机制造公差误差，对采用低副瓣赋形后的阵列天线性能影响进行了概括性对比分析。

第 15 章　天线辐射特性测试

15.1　天线测量基本概念

15.1.1　天线测量发展历程

天线测量的任务就是用试验方法测定和检验天线的特性参数，其目的除了验证理论设计是否正确，确认新安装的天线是否合乎要求，检查现场使用日久的天线性能是否下降等之外，天线测量本身也是研制天线的重要手段。虽然目前天线的性能能够非常准确地通过理论计算出来，但这对于复杂的天线是不可能的，要做太多的理想化和简化。通常工程人员很难对天线的使用环境进行建模，诸如接近于人头部或置于飞机上的天线。即使能算出天线的性能，但由于加工容差和制造误差，其性能并不如所预期的那么好，所以现实中天线仍需通过测量来检验，只有测量结果才能为解决增益给出有价值的信息。20 世纪 20—40 年代，国外天线测试技术发展较快，有关天线基本测试方法和问题得到了解决，80 年代是天线测试自动化时代，美国诞生了天线测试技术协会（AMTA），并且在 90 年代后，近场测试技术得到了广泛应用。经过几十年的发展，目前国外已有比较成熟的天线自动测试产品，例如，美国 MTI 公司生产的天线自动测量系统等。测量系统的产品指标不断提高，功能进一步增强，可在 0.1 ~ 90GHz 的频带内自动完成天线远场和近场测量任务。我国在 20 世纪 80 年代颁布天线测试方法和标准，一些天线测试理论著作也陆续问世，这奠定了我国天线测量技术的理论基础。近年来我国对天线测试设备及技术的研究，逐步缩小了与国际水平的差距，测量技术也随着提高。国内有关厂所院校，自主创新研发生产了天线自动测试产品，凭借着快速高精度、操作简单和系统稳定等优势，目前已在国内得到了广泛应用。

15.1.2　天线定义与分类

天线即为辐射或接收无线电波的装置，从通信系统信息传递过程可以看出，天线主要完成导行波（或高频电流）与空间电波能量之间的转换，因此天线也可以看成是能量转换器。天线样式类别繁多，要给他们进行分类是一件非常困难的事情，不同工作频段、不同用途的天线，在测试技术要求及方法上都有所不同，下面对天线进行一个简单的分类：

①工作性质：发射天线、接收天线和收发共用天线；

②用途：通信天线，雷达天线，广播天线，导航、跟踪、遥测天线等；

③波长：长波、中波、短波、超短波、微波和毫米波天线等；

④频段：极低频、超低频、甚低频、中频、高频和特高频天线等；

⑤波段：L、S、C、X、Ku、K 和 Ka 等。

另外还可以按结构形式，将天线分为面天线和线天线等。

15.1.3 天线性能基本表征参数

天线性能常用的参数有能量转换参数，如天线反射系数、电压驻波比等；方向特性参数，如天线方向图、天线增益、天线副瓣电平等；极化特性参数，如轴比和极化隔离度等。本节将简述这些电参数的概念和定义。

（1）反射系数

反射系数是传输线工作的基本物理现象，电压反射系数和电流反射系数的模相等，相位相反。电压反射系数定义为距终端 Z 处的电压反射波与电压入射波之比。反射波和入射波幅度之比称为反射系数

$$反射系数\ \Gamma=\frac{反射波幅度}{入射波幅度}=\frac{Z-Z_0}{Z+Z_0} \tag{15-1}$$

（2）电压驻波比

电压驻波比的物理含义是指反射波与入射波叠加会形成驻波，将电压振幅最大值的点称为驻波的波腹点，振幅最小值的点称为驻波的波谷点。相邻的波腹点与波谷点的电压振幅之比称为电压驻波比（VSWR），简称驻波比，可直接利用网络分析仪测量

$$VSWR=\frac{|V|_{max}}{|V|_{min}}=\frac{1+\Gamma}{1-\Gamma} \tag{15-2}$$

（3）天线方向图

天线方向图是表征天线辐射特性（场强振幅、相位和极化等）与空间角度关系的图形，用来表征天线向一定方向辐射电磁波的能力。对于接收天线而言，是表示天线对不同方向传来的电波所具有的接收能力。天线的方向特性曲线通常用方向图来表示。完整的天线方向图是一个三维的空间图形，它由多个波瓣组成，含有最大辐射方向的波瓣称为主瓣，其余波瓣称为副瓣，如喇叭天线这种定向天线的与主瓣相反方向的副瓣也称后瓣，波瓣之间的凹陷称为零深。如果天线方向图的主瓣窄而副瓣电平低时，直角坐标绘制就会显示更大的优点，所以在工程实践中也可以采用天线主平面正交方向图，如图 15-1 所示。

（4）天线增益

天线增益是指在相同的辐射功率下某天线产生的最大辐射强度与点源天线在同一点产生的辐射强度的比值，称为该天线的方向性系数；或者是在产生相等电场强度的前提下，点源天线的总辐射功率 P_0 与待测天线的总辐射功率 P 比值。增益则是在产生相等电场强度的条件下，点源天线需要的输入功率与待测天线需要的输入功率的比值

$$D=\frac{\int_0^{2\pi}\int_0^{\pi}\sin\theta\mathrm{d}\theta\mathrm{d}\phi}{\int_0^{2\pi}\int_0^{\pi}F^2(\theta,\phi)\sin\theta\mathrm{d}\theta\mathrm{d}\phi}=\frac{4\pi}{\int_0^{2\pi}\int_0^{\pi}F^2(\theta,\phi)\sin\theta\mathrm{d}\theta\mathrm{d}\phi} \tag{15-3}$$

（5）天线的极化

天线的极化是指天线在给定空间方向上远区无线电波的极化，通常是指天线在其最大辐射方向上波的极化。所谓波的极化，通常是无线电波电矢量的极化，即时变电场矢量端点运动轨迹的形状、取向和旋转方向。根据电场矢量端点轨迹呈直线和圆形，将天线极化分为线极化和圆极化两种。后者还可以分为右旋或左旋圆极化。其旋转方向测定为沿着波

的传播方向观察的旋转方向。若拇指朝向波的传播方向，其场矢量旋转方向符合右手螺旋的称为右旋圆极化，符合左手螺旋的称为左旋圆极化。天线极化隔离度是指测试天线在反极化时的接收功率与同极化情况下接收功率之比。

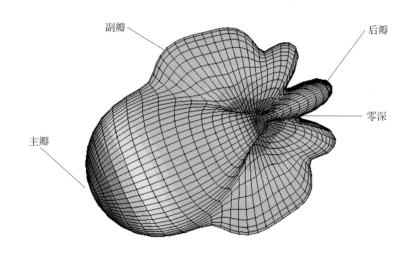

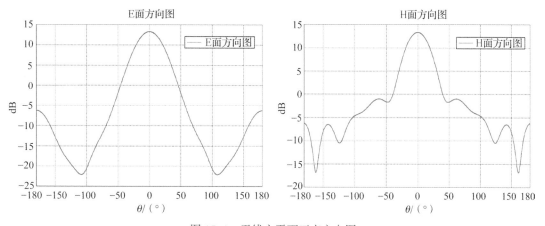

图 15-1　天线主平面正交方向图

15.2　天线布局测量技术

15.2.1　综述

　　机载天线是飞机系统与其他系统进行电磁能量交换的转换设备，是飞机信息感知的前沿节点和影响飞机隐身性能的重要因素，不仅关系到飞机性能指标的实现，更与全作战流程和全寿命周期的作战效能密切相关。为了满足更越来越多的功能及性能需求，飞机平台所配备的机载天线的种类、数量也越来越多，所使用的天线工作频段范围、空域覆盖范围等要求也越来越广，以美国 F-35C 飞机为例，全机天线孔径共 32 副，分别实现雷达探测、话音通信、数据通信、飞行导航、敌我识别、电子支援、电子干扰等30余项功能，工作频段覆盖2MHz～40GHz。此外，天线布局还受飞机外形、隐身、气动、结构、强度、温度、射频兼容等条件限制，如何对天线布局进行综合和合理优化，最大限度实现其预定功能，同时保证飞机安全，是天线布局的设计及验证的关键工作，也是急需突破的技术难点。

图15-2　F-35飞机天线布局验证测试场景

天线布局测试在飞机研制过程起到非常关键的作用，美国军方通过NAMF（纽波特天线测试场）开展了F-35飞机天线集成测试。从首飞前两年开始测试，至2008年测试完成，前后历时4年。模拟了包括飞机本体、外挂油箱、武器挂载，以及起降等多种构型测试状态，主要用来研究天线装机后由机体结构带来的辐射方向图变化，评估天线与天线系统间的耦合。除了F-35战斗机之外，美国大多数的现役战斗机如F-22战斗机、F-16A/C战斗机、F-15A/C/E战斗机、A-10攻击机、B-1B战略轰炸机和KC-135空中加油机的模型都曾经在这里接受过天线方向图测试，支撑一些先进天线测试技术，目的在于"确认设计、检验性能、降低风险、提升效能"，强调测试与仿真不断迭代的过程。大量的测试数据积累，对研制一款世界级作战飞机而言，是必不可少的。

15.2.2　天线测量方法分类

随着天线测试技术不断发展，针对用户不同天线的测试需求，出现了多种测试方法。从测试距离上分类，主要可以分为近场测试和远场测试，在天线辐射近区场进行的测试称为近场测试，在天线远区场进行的测试称为远场测试。工程上对远场距离的判定依据是天线孔径中心与边缘的行程差小于1/16波长（等效相位差22.5°），业内通用$2D^2/\lambda$公式进行计算，其中D为天线孔径，λ为波长。其中远场测试可分为室外场、室内场以及紧缩场法，近场测试可分为平面、柱面和球面近场测试法。

表 15-1 天线测试方法对比

	平面近场	柱面近场	球面近场	室外远场	室内近场	紧缩场
高增益天线	极适用	适用	适用	可测	可测	极适用
低增益天线	不适用	适用	适用	可测	适用	极适用
高频天线	极适用	极适用	极适用	适用	不适用	极适用
低频天线	不适用	不适用	不适用	适用	可行	不适用
轴比	极适用	极适用	极适用	适用	不适用	适用
建设成本	低	中	中	高	中	极高
测试速度	中	中	慢	快	快	快
天线阵测试	容易	一般	难	一般	一般	难
限制因素	天线大小	天线大小	天线大小	天气状况	场地大小	天线大小
	测试频率	测试频率	测试频率	场地条件	—	测试频率

（1）远场法

远场法又称直接法，所得到的远场数据不需要计算和后处理就是方向图。但是这种方法往往需要很长的距离才能测试天线的特性，所以大多数的远场法都在室外测试场地进行。室外场又分为高架场和斜架场，统称为自由空间测试场，主要缺点就是容易受到外界的干扰和场地反射的影响。远场法如果在暗室里进行就成为室内场，因为所需空间很大，室内场往往成本高。紧缩场在分类上属于远场测试场，但是这种方法不需要很大的测试场，而是用一个抛物面天线和馈源，馈源放在抛物面天线的焦点区域，经过抛物面反射的波是平面波。这样被测天线就在平面区域。紧缩场设备的加工精度要求很高，改变工作频段需要更换馈源，费用较高。

（2）近场测量技术

近场测量技术就是在天线的近场区域的某一表面上采用一个特性已知的探头来取样场的幅度和相位特性，利用快速傅里叶变换实现近场幅相数据到远场数据的变换。近场测试技术的优点在于它所需要的场地小，可以在微波暗室内进行高精度的测量，免去了建造大型微波暗室的困难。该方法受周围环境的影响较小，保证全天候都能顺利进行。

15.2.3 天线测试场区划分

15.2.3.1 开阔测试场

电磁波通常是由多路径传到接收点的。接收天线除接收到直射波外还接收到场地周围物体和地面的反射波、散射波与绕射波，这些波在接收点相互干涉从而导致信号、隔离度的变化、平面波前弯曲及极化畸变等，因此天线测试场地应尽量减少会引起反射的物体。然而场地的地面反射总是存在的，这就需要采取必要措施减少或消除地面反射的影响，常用措施有如下几种。

（1）基本的远场测试

基本的远场测试采用如图 15-3 所示的架高场地。天线被置于高塔、建筑物或山岗上，借以减少环境的影响。在大多数场合下，待测天线工作在接收工作状态。架高天线法是使

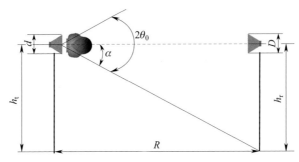

图 15-3　架高天线测试场

发射天线的零值方向指向地面反射点同时架高接收天线，此时若仅架高接收天线，此时高架天线测试场为了避免地面反射波，把收发天线架设在水泥塔上或相邻高大建筑物的顶部，并采用如下措施：采用锐方向型辅助源天线，使其垂直平面方向图的第一个零值方向指向待测天线高架塔的底部；在收发天线之间的地面反射区，横向设置扰设栏，一个金属反射屏，其作用是使未放栏时测试场地面向待测天线反射的那部分能量改变方向避开待测天线

$$h_{\mathrm{r}} = h_{\mathrm{t}} = \frac{r_{\min}}{2}\tan\frac{\theta_0}{2} = \frac{r_{\min}}{2}\tan\frac{\lambda_0}{D^2} \tag{15-4}$$

（2）倾斜天线测试场

倾斜天线测试场顾名思义是收发天线架设高度非常悬殊的天线测试场。天线测试场的一端建有固定的高度近百米的天线测试塔，在不同的高度上可架设尺寸不大的微波天线。测试场的另一端地面上可架设尺寸较大的天线（通常是待测天线），如图 15-4 所示。选择收发天线之间的距离以及辅助源天线的架设高度，使待测天线第一个零辐射方向对准地面反射点或使地面反射波不能经待测天线主波瓣进入天线馈电系统。其实倾斜天线测试场就是高度不等的高架天线场，但倾斜天线测试场所需要的场地比高架测试场小。图 15-4 为反射测试场，图 15-5 为倾斜天线测试场。

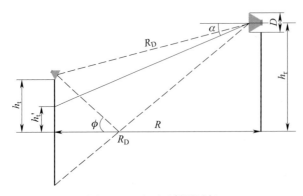

图 15-4　地面反射测试场

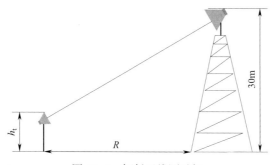

图 15-5　倾斜天线测试场

15.2.3.2　微波屏蔽暗室

屏蔽室的作用一方面是对外来电磁干扰加以屏蔽，从而保证室内电磁环境电平满足要求；另一方面是对内部发射源（如天线等）进行屏蔽，不对外界形成干扰。电磁兼容型标准规定，许多试验项目必须在屏蔽室内进行。屏蔽室为一个由金属材料制成的六面体，其中工作频率范围一般定为 14kHz ～ 18GHz，个别实验室要求频率上限为 40GHz。预留 EUT 空间以具体情况而定，屏蔽效能要求归一化场地衰减指标在规定频段内，在 2.0 ～ 1.5m 的垂直范围内（离地 0.8 ～ 4m）场地衰减偏差不超过 4dB。

影响屏蔽室性能的主要因素有：屏蔽门、屏蔽材料、电源滤波器、通风波导、接地、拼装，以及焊接接缝等。从屏蔽效能来看，固定焊接钢板式最好，拼接钢板式次之，焊接铜板式、拼装钢丝网架夹芯板式再次之，拼装铜网式最差。在使用屏蔽室进行电磁兼容性测量时，要注意屏蔽室的谐振及反射。表 15-2 为微波暗室的主要参数。

表 15-2　微波暗室的主要参数

屏蔽类别	频段范围	屏蔽效能
磁场	14 ～ 100kHz	优于 80dB
	0.1 ～ 1MHz	优于 100dB
电场	300 ～ 1000MHz	优于 110dB
	1 ～ 10GHz	优于 100dB
	10 ～ 18GHz	优于 85dB
	18 ～ 20GHz	优于 85dB

15.3　室外远场天线布局测量

15.3.1　远场测试条件

15.3.1.1　测试环境

天线测试场是测量或鉴定天线性能的场所，通常，天线的应用都处在它的辐射远场，所以要正确测试天线的辐射特性，必须具备一个能够提供均匀电磁波照射的理想测试环境，为了满足这种测试环境，应考虑多方面的条件因素。首先应采用选取最小测试距离为原则：

①入射到待测天线口面场相位分布要均匀；

②入射场横向纵向幅度锥削影响要小，≤ 0.25dB；

③收发天线之间互耦影响要小。

其次，应考虑地面及环境反射影响，源天线照射待测天线除直射波外，还有来自地面、周围物体等的反射波，从而使待测天线口面产生误差，造成增益下降、副瓣电平太高等现象，引起较大的测量误差。对于室外天线测试，干扰也是最常见最严重的问题。在测量过程中，应提前对测试环境进行监测，设法避开干扰环境的影响。

15.3.1.2　测试载体

对于机载天线来说，特别是隐身飞机所采用的隐身共形低剖面天线，由于机体天线周围结构复杂，且表面涂覆吸波材料，为更加精确地衡量天线装机后的综合性能，测试过程中，载体应考虑天线安装部位附近结构、尺寸与材料属性。按照辐射特性划分，机载天线可分为全向天线与定向天线，其中全向天线指向方位面周向辐射或接收能量的天线，定向天线指向某一特定方向辐射或接收能量的天线。从能量分布的角度来看，全向天线辐射或接收的能量来自各个方向，受到安装部位附近电磁材料影响更大，综合仿真分析及实际工程经验可以得出如下结论：

①相较天线最大辐射场强，方位面 2 ~ 3 倍波长距离外场强较弱；

②对于飞机上某些天线距离起落架和舱门较近，这样机体结构对天线电性能影响较大，测试载体需模拟起落架及舱门结构；

③对于机翼上的边缘类天线，要求测试载体的设计应能反映真实机翼外形。

整机天线布局测试载体尺寸应按照飞机真实比例开展设计加工，表面喷涂与隐身飞机一致的隐身材料。天线安装接口要求与真实环境一致。对于机体边缘类天线，安装环境要求具有真实的反射板、周围隐身材料等结构。要求充分考虑测试场地接口、转台承重、吊装等，具备可实现性和可操作性。

15.3.1.3　测试系统

天线测量系统是按照天线测量的要求，采用必要的仪器和设备组合而成，在传统天线测量中，通常都是采用单信道、单频点的测量方式，这种测试方法繁琐、费时，有时还会得到片面的结果，很难全面反映天线的频带响应特性。

在进行整机条件下外场天线测量过程中，主要应考虑测试系统应满足全系统、全频段测量所需的灵敏度和动态范围要求。这个要求是依据待测天线的旁瓣及前后比技术指标而定的，一般来说，对于通信、导航类天线，测试系统动态范围至少要求在 80 ~ 100dB 范围内；对于电子对抗、识别等任务系统类天线，至少要求在 60 ~ 80dB 范围内。特别对于高频天线来说，还要重点考虑系统发射信号能力，射频电缆衰减，空间损耗等，必要时，应在测试系统中加入功率放大器或预先放大器等来保证测试系统具备足够的测试动态范围。

15.3.2　天线方向图测量

天线方向图的测量常用旋转天线法和固定天线法两种，因为天线方向图的测量是在三维空间中进行的，所以需要在整个空间角对天线进行场强测量。通常是选取两个具有代表性的面，用两个二维空间方向图来描述天线三维空间的辐射特性。这两个面可取 E 面和 H 面，水平面和垂直面，圆锥截面和垂直截面。

天线远区辐射场的一般形式为

$$E = A\, e(\theta,\phi)\, F(\theta,\phi)\, e^{-\mathrm{j}\phi(\theta,\phi)} \qquad (15-5)$$

式中：A——与距离有关的辐射场振幅；

$e(\theta,\phi)$——极化方向函数；

$F(\theta,\phi)$——振幅方向函数；

$\phi(\theta,\phi)$——相位方向函数。

所以，完整的远区场辐射方向图的测量包括极化方向图、幅度方向图和相位方向图。

（1）旋转天线法

微波波段的真实天线或其他波段的缩比模型天线一般都在测试场上进行天线方向图测试，此时辅助天线固定不动，待测天线绕自身的通过相位中心的轴旋转，故称为旋转天线法。通常，辅助天线作为发射，待测天线作接收，待测天线架设在特制有角坐标指示的转台上（如果天线本身具有这种功能，则不必架在上述设备上），测量水平面方向图时，可以让待测天线在水平面内旋转。记录不同方位角时相应的接收信号电平，而后在适当的坐标纸上绘出方向图曲线。测量垂直方向图时，如果可能，可将待测天线绕水平轴转动90°后，仍按上述方法可测得垂直平面方向图；也可以直接在垂直面内转动待测天线测取不同仰角时接收信号电平，再绘成方向图。

对主瓣很宽、旁瓣不很重要的天线，可直接检波，以微安表指示，但要校准检波器的特性。如果对旁瓣有严格要求，接收信号动态范围很大，可用精密可变衰减器使检波器输出指示读数不变，用精密衰减器的衰减值来读取相对接收信号电平，以消除检波器和放大器所引起的误差。这种方法的原理框图如图 15-6 所示，如果测量系统配有自动测绘设备，可自动绘出方向图。

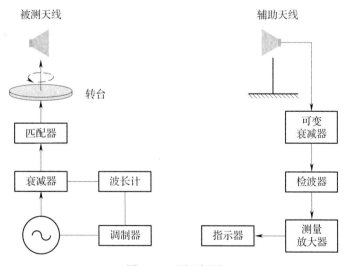

图 15-6 原理框图

（2）固定天线法

固定天线是对某些大型、笨重天线而本身又没有转动机构的天线在天线使用现场进行测量的方法。因此让待测天线固定不动，而让激励天线绕待测天线在感兴趣的平面上以待测天线为圆心做圆周运动，以测得该平面方向的天线方向图，常用的固定天线法有地面测试法和空中测试法两种。

15.3.3　天线增益测量

天线增益有多种的定义，这取决于天线所包含的各种非理想情况。传统的定义假定不存在天线阻抗与极化的匹配损失。当计入阻抗失配所致的反射损失时，用词为现实增益。有时还希望知道其局部增益，即对一种给定极化的增益。天线增益测量的两种基本方法是绝对法和比较法，下面对这两种方法进行详细说明。

（1）绝对法

绝对法是基于弗里斯传输公式

$$P_{R} = P_{T}G_{T}G_{R}\left(\frac{\lambda}{4\pi R}\right)^{2} \tag{15-6}$$

式中：P_{R}——接收到的功率，W；

　　　P_{T}——发射天线得到的功率，W；

　　　G_{t}——发射天线的增益；

　　　G_{R}——接收天线的增益；

　　　λ ——波长，m；

　　　R——两天线间隔的距离，m。

这里假定了天线的极化是匹配的，主瓣峰值方向与测试天线已经对准，并符合远场条件。

在两天线法中，要求使用两具相同（或接近相同）的天线（$G_{T}=G_{R}$）。利用弗里斯传输公式计算的天线增益取决于 R、λ 和测得的功率。若没有两具相同的天线，就需要三具天线。利用三具天线即三天线法，经三组配对的测量得出三个联立方程，可以直接解出三具天线的未知增益值。

绝对法有很多误差源：天线之间未对准、极化失配、发射系统和接收系统的阻抗失配、测量 P_{R}/P_{T} 时所用功率计或校准衰减器的不确定度以及非理想的测量场地等。如果天线的长度与测试距离之比不容忽视，则间距 R 的不确定度也显得很重要。

阻抗失配使功率测量复杂化，发射天线所得到的功率并不能借助功率计替换天线而准确地测得；在接收端亦同。由发生器到负载的功率转移效率为

$$\eta_{GL} = \frac{(1-|\rho_{G}|^{2})(1-|\rho_{L}|^{2})}{|1-\rho_{G}\rho_{L}|^{2}} \tag{15-7}$$

式中：ρ_{G}——发生器的复反射系数；

　　　ρ_{L}——负载的复反射系数。

于是，要矫正所测出的功率，就要知道两天线、发射机和接收机的反射系数。若只知道这些反射系数的幅值，这只能计算出功率测量的不确定度。

由等相位面弯曲和幅度非均匀误差所引起的增益减小可以被部分的校正：若测试距离为 $2D^{2}/\lambda$ 而幅度锥削为 0.25dB，则测出的增益应加上 0.15dB。由于测试场地起伏，接收功率可能对测试地点有所敏感，采用在稍不同地点测试其接收功率后取平均处理，可以减弱这种效应。

（2）比较法

比较法是比较用已知增益的参考天线置换待测天线前后的接收功率，如图 15-7 所示。该测试既可以在自由空间进行，也可以在有地面反射的场地进行。待测天线的增益为

$$G_{\text{AUT}} = \frac{P_{\text{AUT}}}{P_{\text{ref}}} G_{\text{ref}} \qquad (15\text{-}8)$$

式中：P_{AUT}——用待测天线时接收到的功率，W；

　　　P_{ref}——用参考天线时接收到的功率，W；

　　　G_{ref}——参考天线的增益。

G_{ref} 已由其他方法确定，如用绝对法测定或根据理论导出。

半波偶极子和喇叭天线是被普遍采用的参考天线，因为它们具有可预研的增益和纯净的极化。参考天线增益的典型的校正不确定度为 ±0.25dB。该功率比可简单地借助校准衰减器测定：调节衰减器使两种天线有相同的输出指示，而由衰减量的差异得出该功率比。

在公式中假定了待测天线和参考天线都与接收系统（传输线与接收机）完善地匹配，且具有相同的极化。两种天线在极化失配、阻抗失配以及传输线损失等方面的差异等都会导致误差。如果待测天线和参考天线很相像，即具有相似的口径分布，则由等相位面弯曲和幅度锥削引起的误差大致相同，因而能部分抵消。如果这两具天线如图 15-7 所示的测试位置摆放得很近，它们之间会产生我们不希望的耦合。为了避免这种装置方式，可将两种天线背对背地置于转台上，测量时恰好交替转过 180°。

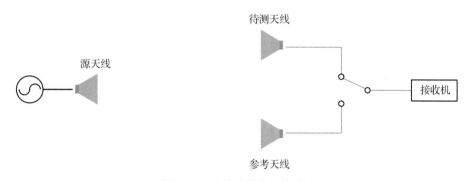

图 15-7　比较法测量天线增益

圆极化或椭圆极化天线的增益通常取决于测量两个正交线极化的局部增益。首先将线极化源和参考天线的极化水平放置，以测量局部增益 G_{H}，然后对垂直极化源和参考天线重复测量局部增益 G_{V}。总的增益 G_{AUT} 即等于两者之和

$$\text{总增益} = G_{\text{AUT}} = G_{\text{H}} + G_{\text{V}} \qquad (15\text{-}9)$$

式中：G_{H}——待测天线的水平增益；

　　　G_{V}——待测天线的铅垂极化增益。

15.3.4　天线极化测量

任何场量都能表示为两项正交的分量之和，合成为线、圆或椭圆极化。例如，任何椭圆极化的场 E 能分解成其 $\hat{x}$ 和 $\hat{y}$ 方向线极化的分量 E_x 和 E_y，如式（15-10）所示

$$E = \hat{x} E_x \cos(\omega t) + \hat{y} E_y \cos(\omega t + \delta) \qquad (15\text{-}10)$$

式中：$\hat{x}$——单位矢量；

　　　$\hat{y}$——单位矢量；

　　　ω——角频率，s^{-1}；

t——时间，s；

δ——x 和 y 分量之间的相位差，rad。

该场也能分解成左旋和右旋的圆极化分量。

描述极化椭圆的参数有轴比 AR，倾角 τ（主轴方向）以及旋向（左或右）。对波瓣图的完整描述要求测出极化随方向变化的函数。通常，并不需要完全的极化信息，只需要同极化和交叉极化分量的幅度。

有多种测量极化的方法。在极化瓣瓣图法中，将线极化源天线的极化角旋转，测得幅度随源天线转角变化的极坐标形式，即称为极化瓣图。从该图可得极化椭圆的轴比和倾角。若换接两种旋向相反的圆极化天线（如轴向模螺旋天线），比较其输出即可确定该椭圆极化的旋向（与输出较大的圆极化天线相同）。

若将线极化源天线的极化快速旋转，同时缓慢地改变待测天线的方向，则可以得出如图所示的波瓣图，其最大值和最小值分别对应了源天线所对准方向上待测天线之极化椭圆的长轴与短轴。于是，该波瓣图的包络可得出沿各方向的轴比。这种技术称为旋转源法，适合测试接近圆极化的天线。

定义在极化椭圆上的参数 E_X 和 E_Y 以及 δ 可以借助两副固定呈直角布置的线极化天线来测试，测出其场的幅度和相位差。也可以改用两副旋向相反的圆极化天线。这种方法应将待测天线置于发射状态。

极化椭圆可通过待测天线由 4 种不同极化取样天线所测出的 4 个幅度（三组独立的幅度比）数据来确定，这些取样天线的极化和增益都应该是已知的。往往还采用 6 种取样天线，已给出一定的冗余：铅垂极化、水平极化、45° 和 135° 倾角的线极化、左旋和右旋的圆极化。

15.4 小结

天线辐射特性测试是衡量天线设计是否满足使用需求的最重要、最基本的测试手段，通过测量可以确定天线的辐射方向图、增益、波束宽度、方向系数和副瓣电平等一系列电性能参数。本节主要从以下几个方面对天线辐射特性测试进行了介绍和总结，具体内容包括以下几个方面：

（1）天线测量基本概念和表征方法，介绍了包括天线类型基本划分方法、关键电性能参数的电参数，包括发射系数、驻波比、方向图、增益、极化特性的概念和定义等基础知识。

（2）天线布局测量基本原理及技术，从天线测量原理出发，介绍了天线远场和近场测试理论和方法，简要分析了不同测量方法针对不同类型天线的适用性和优缺点。介绍了不同形式的天线测试场的基本原理、特点和基本要求。

（3）室外远场天线布局测试技术，从应用角度出发，介绍了天线远场测量技术的各个方面，包括其理论与技术基础、误差及修正、测量环境要求、测试载体设计、测量系统设计要点与工程实现等内容，最后对三个天线关键电性能指标的测量目的、方法、步骤、精度等做了比较全面的阐述。

附录：典型天线散射与辐射特性仿真汇总

本部分主要仿真了 8 种类型单天线以及两个天线阵的辐射和散射特性，具体天线模型和仿真结果在以下小结中，天线的散射特性分为结构散射和模式散射。

（1）结构散射：天线在完全匹配情况下，天线的散射特性即结构散射。

（2）模式散射：天线在不匹配的情况下，仿真出总散射特性减去结构散射即模式散射。

1　贴片天线

贴片天线尺寸：58mm×58mm×5mm；

工作频率：2.4~2.54GHz。

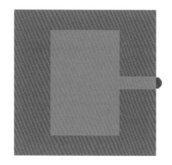

图 1　贴片天线图

（1）辐射特性

天线端口的 S 参数以及辐射特性如图 2~图 5 所示。

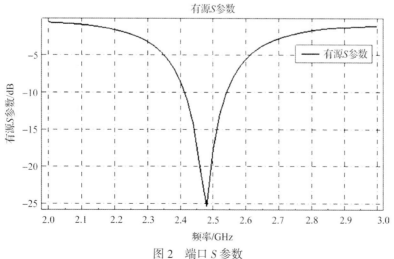

图 2　端口 S 参数

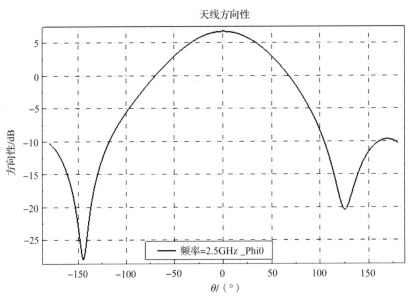

图 3　E 面辐射方向图

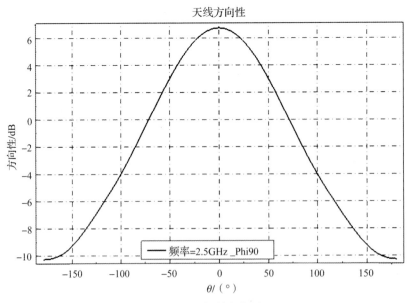

图 4　H 面辐射方向图

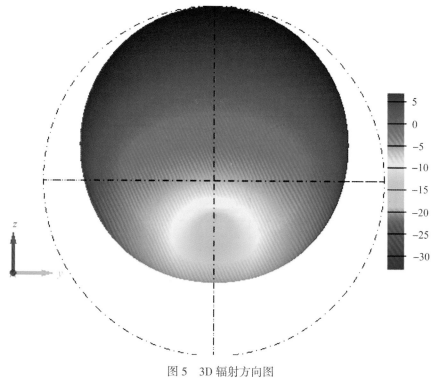

图 5　3D 辐射方向图

（2）散射特性

天线散射特性仿真分为两种情况：第一种是在天线端口匹配情况下；第二种是在天线端口短路的情况下。

计算仿真天线双站 RCS，入射波角度为垂直入射（θ =0°），接收角度为 xoz 面（θ= -90°~90° ），不同频率角度下的散射特性如图 8 ~图 9 所示。

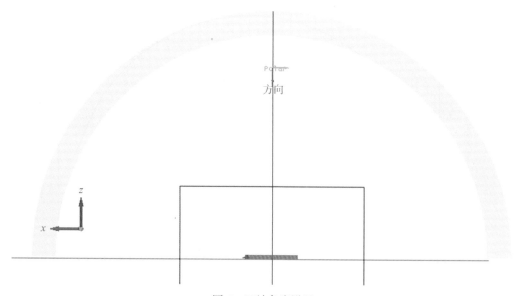

图 6　双站角度设置

结构散射与模式散射结果如下：

从仿真结果可以看出，在天线工作频段，在天线失配情况下，天线的模式散射远大于结构散射，在某些角度甚至大于 15dB；在非工作频率，不管是匹配还是短路情况下，天线的模式散射很小，主要来自结构散射。

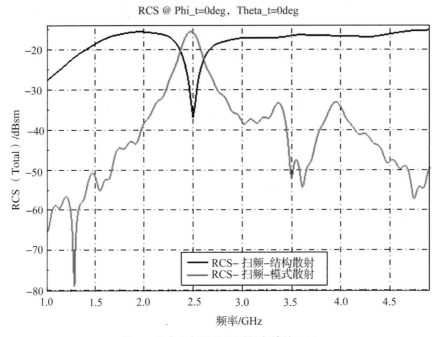

图 7　垂直入射下的不同频率单站 RCS

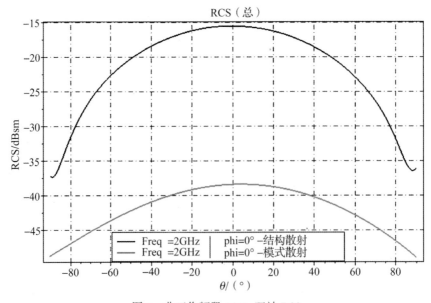

图 8　非工作频段 2GHz 双站 RCS

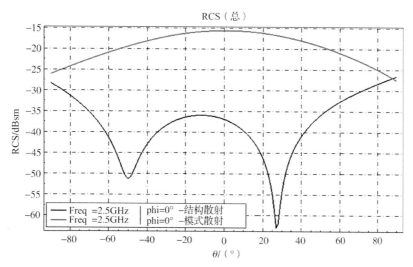

图 9　工作频段 2.5GHz 双站 RCS

2　贴片偶极子天线

贴片天线尺寸：3.6mm × 80mm × 50mm；
工作频率：2.39~2.9GHz。

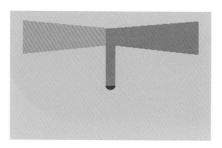

图 10　贴片偶极子天线

（1）辐射特性
天线端口的 S 参数以及辐射特性如图 11 和图 12 所示。

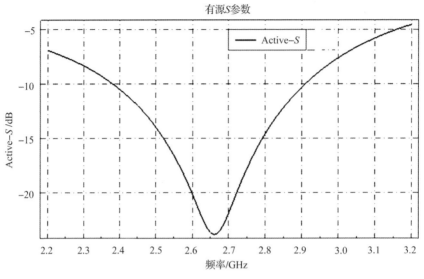

图 11　端口 S 参数

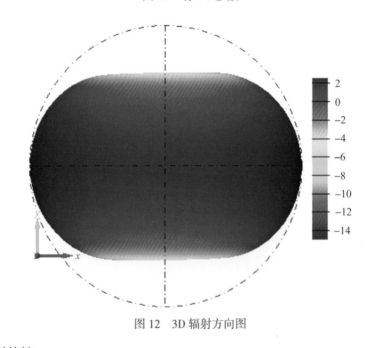

图 12　3D 辐射方向图

（2）散射特性

天线散射特性仿真分为两种情况：第一种是在天线端口匹配情况下；第二种是在天线端口短路的情况下。

计算仿真天线双站 RCS，入射波角度为垂直入射，极化为水平极化，接收角度为 yoz 面（$\theta = -90° \sim 90°$），不同频率角度下的散射特性如图 14 ~ 图 16 所示。

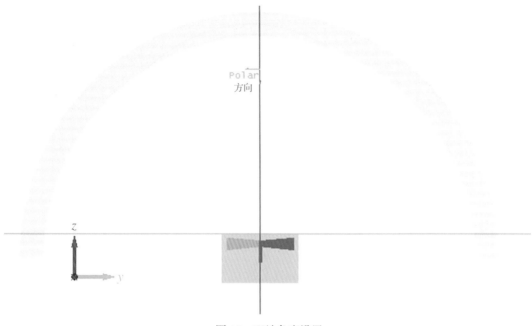

图 13　双站角度设置

　　结构散射与模式散射结果：

　　从仿真结果可以看出，在天线工作频段，在天线失配情况下，天线的模式散射与结构散射差不多；在非工作频率，不管是匹配还是短路情况下，天线的模式散射很小，主要来自结构散射。

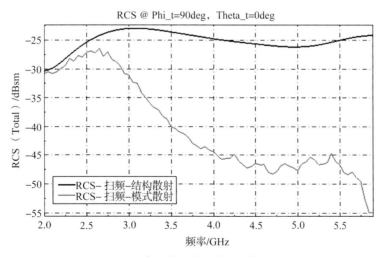

图 14　垂直入射下的不同频率单站 RCS

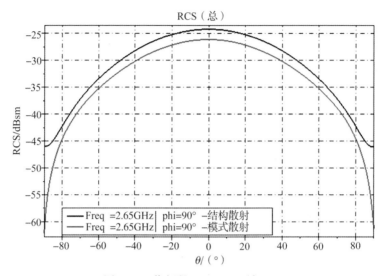

图 15　工作频段 2.65GHz 双站 RCS

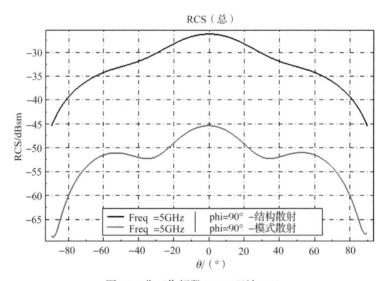

图 16　非工作频段 5GHz 双站 RCS

3　八木天线

贴片天线尺寸：5.8mm×0.1mm×5.2mm；

工作频率：29.8~30.65GHz。

（1）辐射特性

天线端口的 S 参数以及辐射特性如图 18 ~ 图 21 所示。

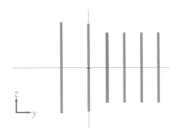

图 17　八木天线

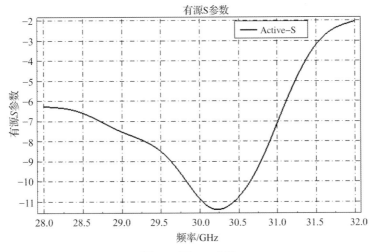

图 18　端口 S 参数

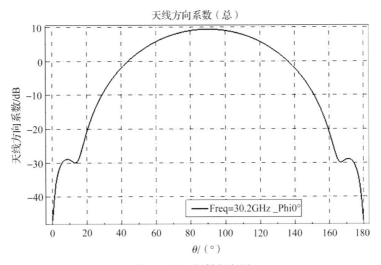

图 19　E 面辐射方向图

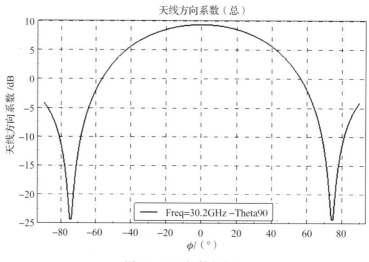

图 20　H 面辐射方向图

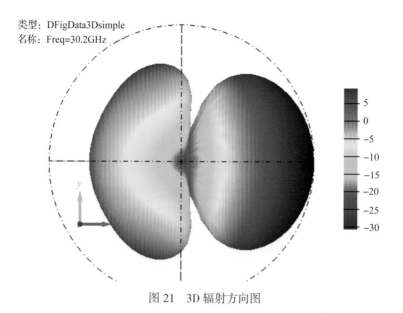

图 21　3D 辐射方向图

（2）散射特性

天线散射特性仿真分为两种情况：第一种是在天线端口匹配情况下；第二种是在天线端口短路的情况下。

计算仿真天线双站 RCS，入射波角度为垂直入射（$\theta =90°$），极化为水平极化，接收角度为 xoz 面（$\theta=0°\sim180°$），不同频率角度下的散射特性结果如下。

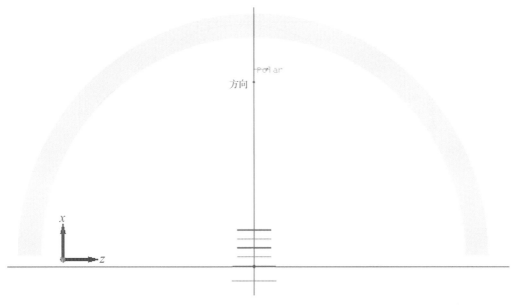

图 22　双站角度设置

结构散射与模式散射结果如下：

从仿真结果可以看出，在天线工作频段，在天线失配情况下，天线的模式散射大于结构散射。

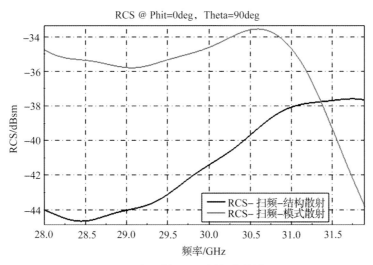

图 23　垂直入射下的不同频率单站 RCS

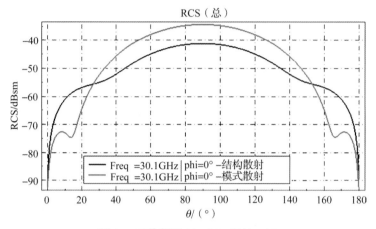

图 24 工作频段 30.1GHz 双站 RCS

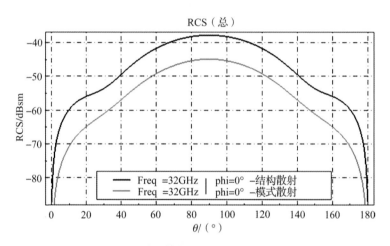

图 25 非工作频段 32GHz 双站 RCS

4 对数周期贴片天线

贴片天线尺寸：$43\text{mm} \times 2.5\text{mm} \times 86\text{mm}$；

工作频率：$3.4 \sim 10\text{GHz}$。

（1）辐射特性

天线端口的 S 参数以及辐射特性如图 27 ~ 图 30 所示。

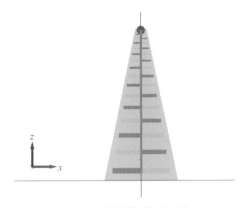

图 26　对数周期贴片天线

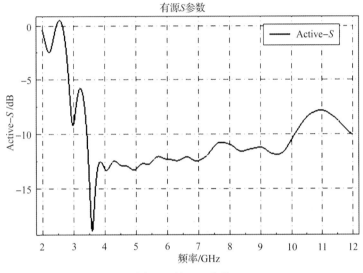

图 27　端口 S 参数

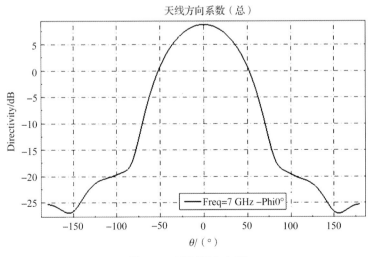

图 28　E 面辐射方向图

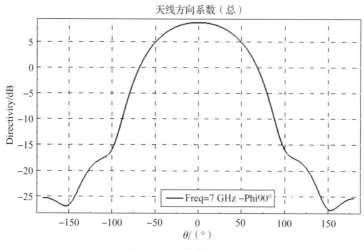

图 29　H 面辐射方向图

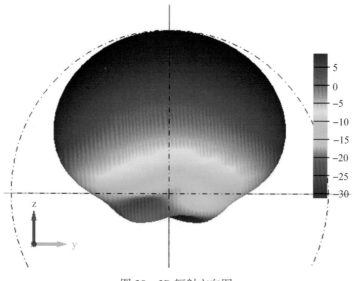

图 30　3D 辐射方向图

（2）散射特性

天线散射特性仿真分为两种情况：第一种是在天线端口匹配情况下；第二种是在天线端口短路的情况下。

计算仿真天线双站 RCS，入射波角度为垂直入射（θ =0°），极化为水平极化，接收角度为 xoz 面（θ=-90°～90°），不同频率角度下的散射特性结果如下。

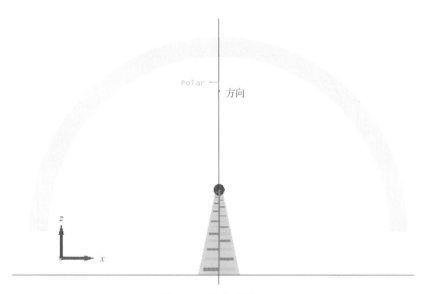

图 31　双站角度设置

结构散射与模式散射结果如下：

从仿真结果可以看出，在天线工作频段，在天线失配情况下，天线的模式散射大于结构散射；在非工作频率，天线的模式散射很小，主要来自结构散射。

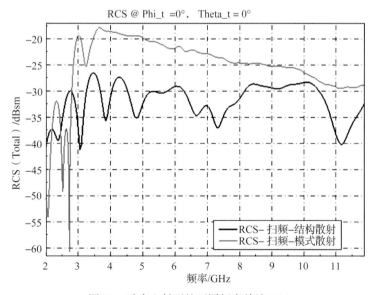

图 32　垂直入射下的不同频率单站 RCS

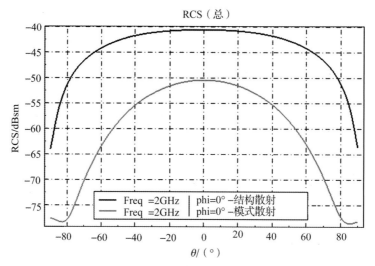

图 33　非工作频段 2GHz 双站 RCS

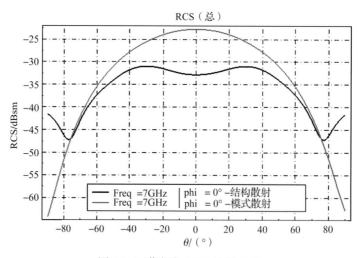

图 34　工作频段 7GHz 双站 RCS

5　Vivaldi 天线

贴片天线尺寸：364mm × 209mm × 1.9mm；
工作频率：0.8~4GHz。

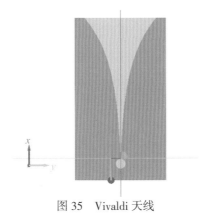

图 35　Vivaldi 天线

（1）辐射特性

天线端口的 S 参数以及辐射特性如图 36 ~ 图 39 所示。

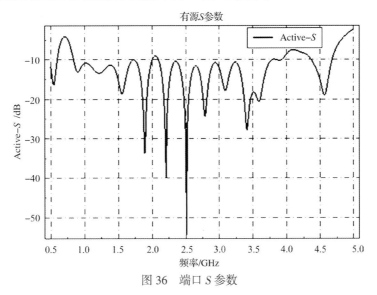

图 36　端口 S 参数

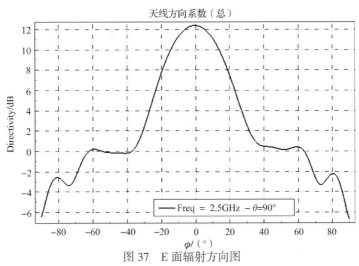

图 37　E 面辐射方向图

513

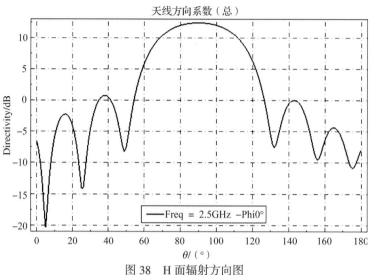

图 38　H 面辐射方向图

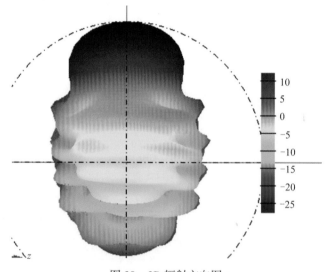

图 39　3D 辐射方向图

（2）散射特性

天线散射特性仿真分为两种情况：第一种是在天线端口匹配情况下；第二种是在天线端口短路的情况下。

计算仿真天线双站 RCS，入射波角度为垂直入射（$\theta=90°$），极化为水平极化，接收角度为 xoy 面（$\phi=-90°\sim90°$），不同频率角度下的散射特性结果如下。

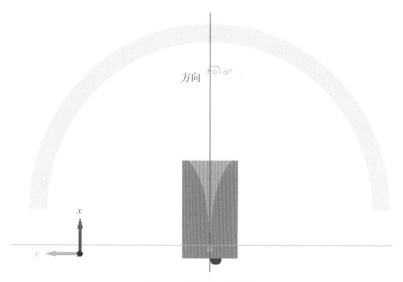

图 40   双站角度设置

结构散射与模式散射结果如下：

从仿真结果可以看出，在整个频段内，模式散射大于结构散射；在天线工作频段，在天线失配情况下，天线的模式散射大于结构散射。

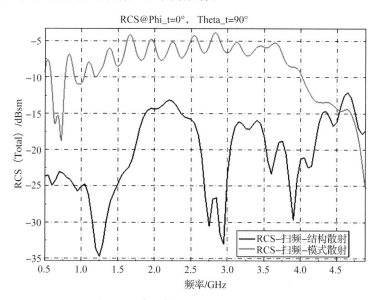

图 41   垂直入射下的不同频率单站 RCS

515

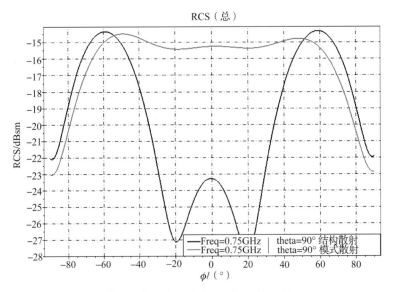

图 42　非工作频段 0.75GHz 双站 RCS

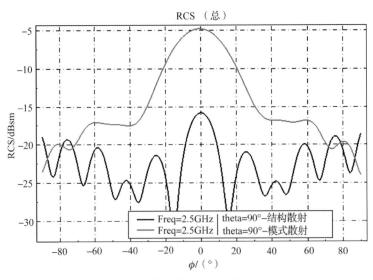

图 43　工作频段 2.5GHz 双站 RCS

6　单极子天线

天线尺寸：$89\text{mm} \times 89\text{mm} \times 15\text{mm}$；

工作频率：$4.6 \sim 5.23\text{GHz}$。

图 44　单极子天线

（1）辐射特性

天线端口的 S 参数以及辐射特性如图 45 和图 46 所示。

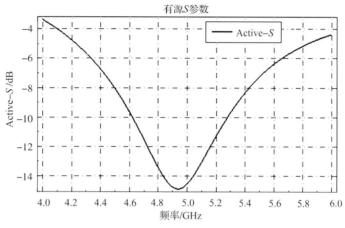

图 45　端口 S 参数

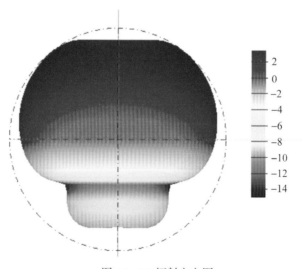

图 46　3D 辐射方向图

（2）散射特性

天线散射特性仿真分为两种情况：第一种是在天线端口匹配情况下；第二种是在天线端口短路的情况下。

计算仿真天线双站 RCS，入射波角度为垂直入射（$\theta=90°$），极化为垂直极化，接收角度为 xoz 面（$\theta=-90°\sim90°$），不同频率角度下的散射特性结果如下。

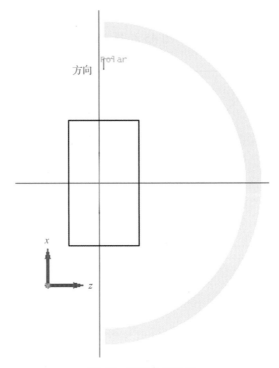

图 47　双站角度设置

结构散射与模式散射结果如下：

从单站扫频结果可以看出，在整个工作频段内，模式散射大于结构散射；从双站结果看，在天线工作频段，在天线失配情况下，天线的模式散射稍微大于结构散射。

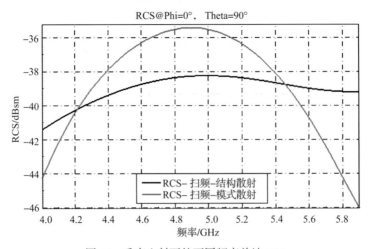

图 48　垂直入射下的不同频率单站 RCS

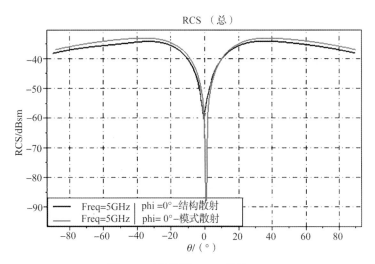

图 49　工作频段 5GHz 双站 RCS

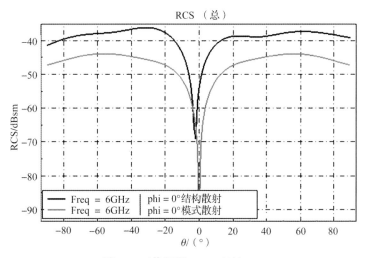

图 50　工作频段 6GHz 双站 RCS

7　阿基米德螺旋天线

天线尺寸：142mm × 42mm × 38mm；

工作频率：2~3GHz。

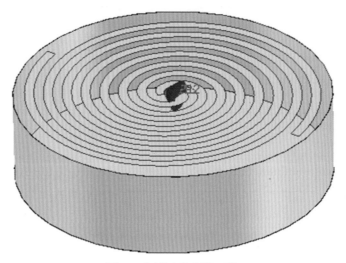

图 51　阿基米德螺旋天线

（1）辐射特性

天线端口的 S 参数以及辐射特性如图 52 ~ 图 55 所示。

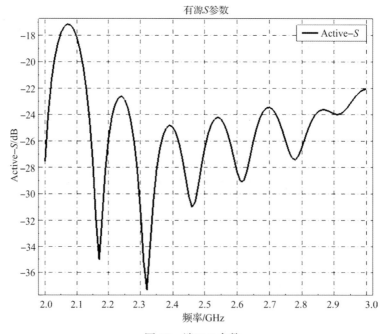

图 52　端口 S 参数

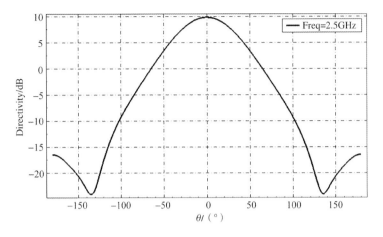

图 53 *xoz* 面辐射方向图

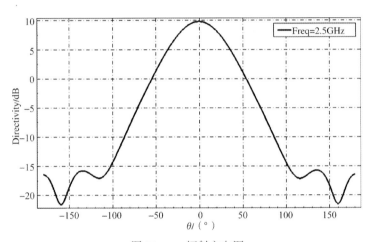

图 54 *yoz* 辐射方向图

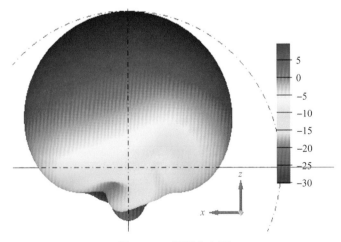

图 55 3D 辐射方向图

（2）散射特性

天线散射特性仿真分为两种情况：第一种是在天线端口匹配情况下；第二种是在天线端口短路的情况下。

计算仿真天线双站 RCS，入射波角度为垂直入射（$\theta=0°$），极化为水平极化，接收角度为 yoz 面（$\theta=-90°\sim90°$），不同频率角度下的散射特性结果如下。

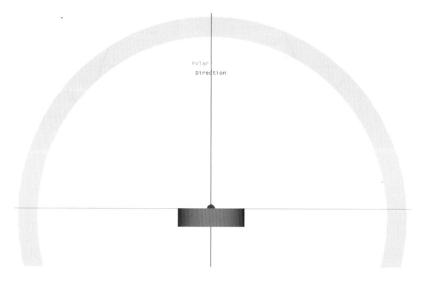

图 56　双站角度设置

结构散射与模式散射结果如下：

从单站扫频结果可以看出，在整个工作频段内，模式散射基本等于结构散射；从双站结果看，在天线工作频段，在天线失配情况下，在某些角度天线的模式散射基本等于结构散射。

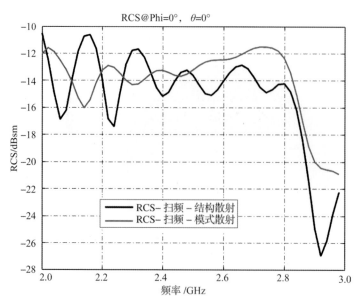

图 57　垂直入射下的不同频率单站 RCS

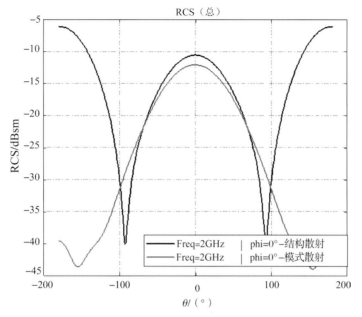

图 58　工作频段 2GHz 双站 RCS

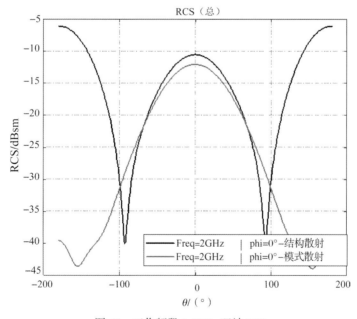

图 59　工作频段 2.5GHz 双站 RCS

8　Helix 天线

天线尺寸：120mm × 120mm × 100mm；

工作频率：4.15~4.25GHz。

图 60　Helix 天线

（1）辐射特性

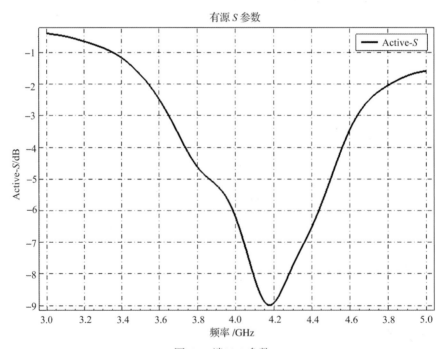

图 61　端口 S 参数

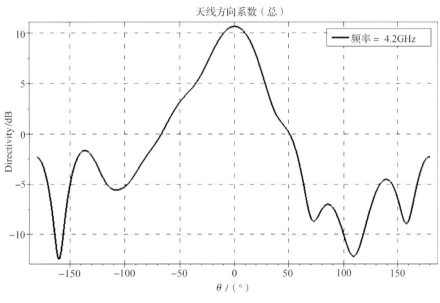

图 62　*xoz* 面辐射方向图

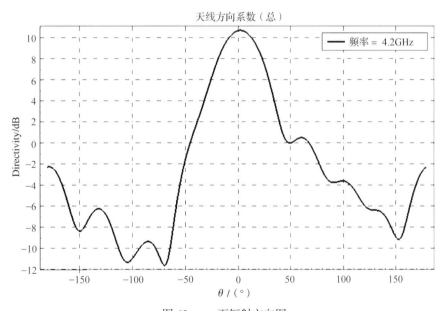

图 63　*yoz* 面辐射方向图

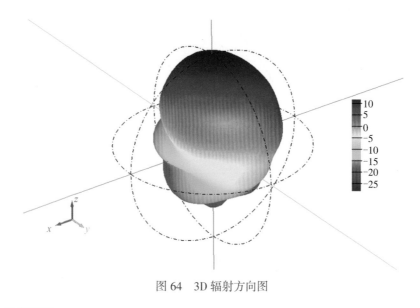

图 64　3D 辐射方向图

（2）散射特性

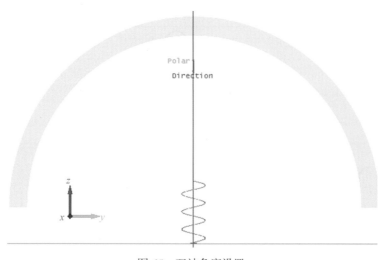

图 65　双站角度设置

从单站扫频结果可以看出，在整个工作频段内，模式散射大于结构散射；从双站结果看，在天线工作频段，在天线失配情况下，在某些角度天线的模式散射大于结构散射。

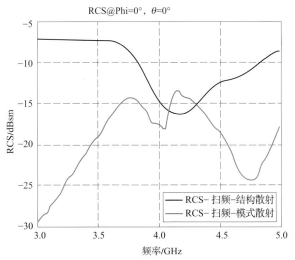

图 66　垂直入射下的不同频率单站 RCS

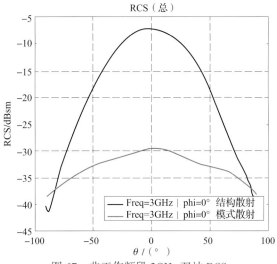

图 67　非工作频段 3GHz 双站 RCS

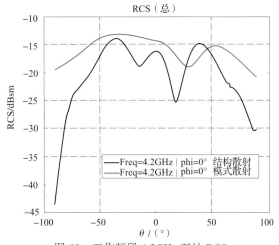

图 68　工作频段 4.2GHz 双站 RCS

9 2×2 贴片天线阵

贴片天线阵尺寸：54mm × 54mm × 1.5mm；
工作频率：9.8~10.1GHz。

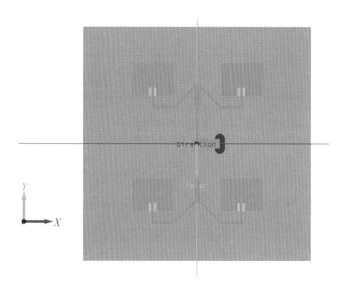

图 69 2×2 贴片天线阵

（1）辐射特性

天线阵辐射特性如图 70 ~ 图 72 所示。

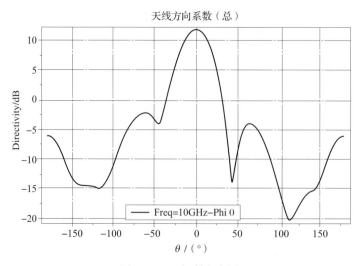

图 70 H 面辐射方向图

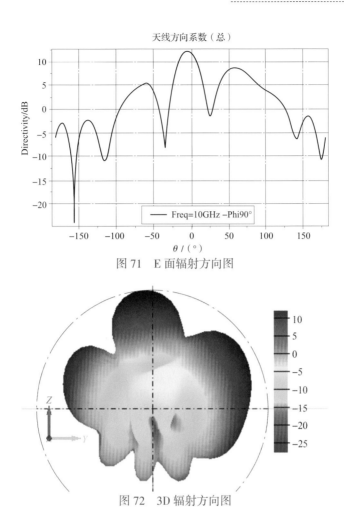

图 71　E 面辐射方向图

图 72　3D 辐射方向图

（2）散射特性

天线阵散射特性仿真分为两种情况，第一种是在天线端口匹配情况下，第二种是在天线端口短路的情况下。

计算仿真天线双站 RCS，入射波角度为垂直入射（$\theta=0°$），极化为水平极化，接收角度为 yoz 面（θ 为 -90° ~ 90°），不同频率角度下的散射特性结果如下。

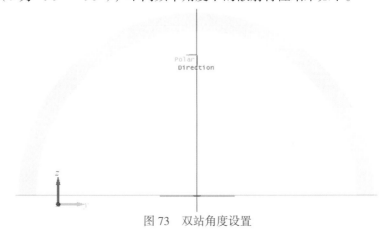

图 73　双站角度设置

结构散射与模式散射结果如下:

从单站扫频结果可以看出,在整个工作频段内,模式散射在工作频段内与结构散射大致一致,非工作频段天线小于结构散射;从双站结果看,在天线工作频段,在天线失配情况下,天线的模式散射稍微小于结构散射。

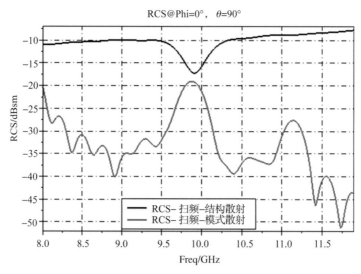

图 74　垂直入射下的不同频率单站 RCS

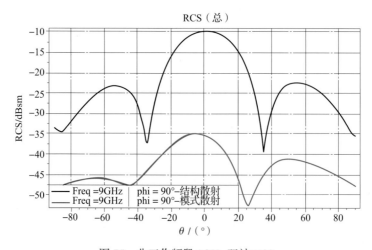

图 75　非工作频段 9GHz 双站 RCS

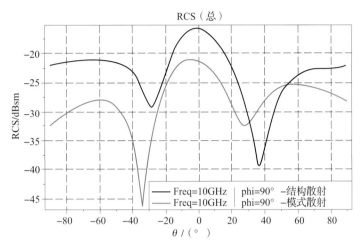

图 76 工作频段 10GHz 双站 RCS

10 8×8贴片天线阵

贴片天线阵尺寸：480mm × 640mm × 1.6mm；

工作频率：2.35~2.39GHz。

（1）辐射特性

天线阵列辐射特性如图 78 ~ 图 80 所示。

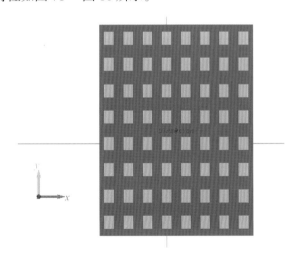

图 77 8×8贴片天线阵

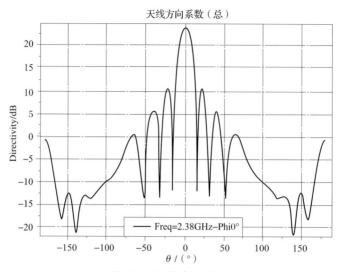

图 78　E 面辐射方向图

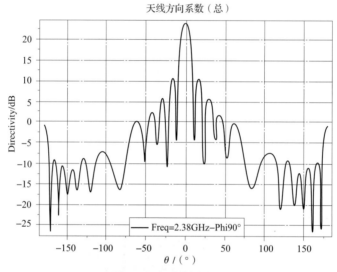

图 79　H 面辐射方向图

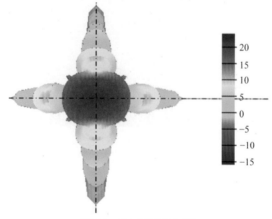

图 80　3D 辐射方向图

（2）散射特性

天线散射特性仿真分为两种情况，第一种是在天线端口匹配情况下；第二种是在天线端口短路的情况下。

计算仿真天线双站 RCS，入射波角度为垂直入射（θ =90°），极化为水平极化，接收角度为 xoy 面（ϕ 为 –90°~90°），不同频率角度下的散射特性结果如下：

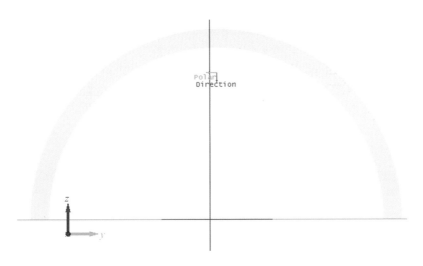

图 81　双站角度设置

结构散射与模式散射结果如下：

从单站扫频结果可以看出，在工作频段内，模式散射大于结构散射；从双站结果看，在天线工作频段，在天线失配情况下，天线的模式散射大于结构散射。

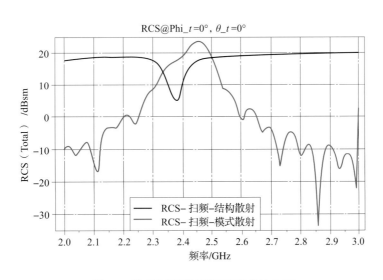

图 82　垂直入射下的不同频率单站 RCS

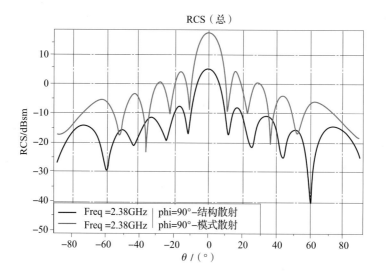

图 83　工作频段 2.38GHz 双站 RCS

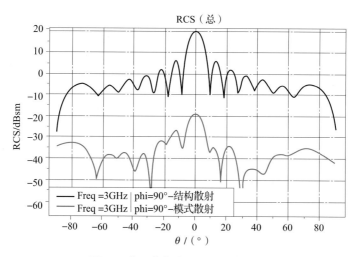

图 84　非工作频段 3GHz 双站 RCS

参 考 文 献

［1］丁鹭飞，耿富录．雷达原理［M］.6 版．西安：西安电子科技大学出版社，2002.

［2］赵国庆．雷达对抗原理［M］.西安：西安电子科技大学出版社，1999.

［3］叶文，朱爱红，刘博，等．飞机低空突防技术研究［J］.电光与控制，2007，14（4）：87-91.

［4］阮颖铮．雷达散射截面与隐身技术［M］.北京：国防工业出版社，1998.

［5］袁钰，邹芝军．B-2：史上最昂贵的"蝙蝠"［N］.解放军报.2013-05-06（008）.

［6］韩磊，王自荣．雷达隐身与反隐身技术［J］.舰船电子对抗.2006，29（2）：34-38.

［7］平殿发，刘锋，邓兵．雷达隐身技术分析［J］.海军航空工程学院学报.2002，17（3）：367-370.

［8］赵立平．电磁散射理论的发展［J］.遥感信息，1990（3）：16-18.

［9］黄沛霖，姬金祖，武哲．飞行器目标的双站散射特性研究［J］.西安电子科技大学学报（自然科学版），2008，35（1）：140-143.

［10］阮颖铮．天线的散射机理和雷达散射截面减缩［J］.宇航学报.1990（4）：94-100.

［11］陈潇，张杰，程磊，等．雷达散射截面测试技术［J］.物联网技术.2011（7）：72-75.

［12］曹丽梅，王瑛．雷达隐身与反隐身技术发展综述［J］.现代导航.2012（3）：215-218.

［13］吴明忠，赵振声，何华辉．隐身与反隐身技术的现状和发展［J］.上海航天.1996（3）：36-41.

［14］吕俊伟，李海燕，朱敏，等．飞机的红外隐身技术［J］.现代防御技术.2006，34（4）：92-95.

［15］金伟，路远，同武勤，等．可见光隐身技术的现状与研究动态［J］.飞航导弹.2007（8）：12-15.

［16］张林根，张大海，魏强．水面舰船声隐身性能影响作战效能的因素初探［J］.中国舰船研究，2011，06（6）：98-101.

［17］李海燕，何友金，吕原，等．反红外隐身飞机技术研究［J］.现代防御技术，2008，36（5）：6-9.

［18］刘振兴，姜宁．高速飞行器的隐身技术现状及其发展［J］.航空科学技术，2006（4）：22-24.

［19］刘大明，刘胜道，肖昌汉，等．舰艇闭环消磁技术国内外研究现状［J］.船电技术，2011，31（10）：6-9.

［20］刘辉元，蒋国兴，顾雪晨．舱面武器电子设备的结构遮蔽隐身方法探讨［J］.舰船工

程研究，2005，6（2）.

［21］陈贵春.军用飞机［M］.北京：中国人民解放军出版社，2008.

［22］刘丽.天线罩用透波材料［M］.北京：冶金工业出版社，2008.

［23］贺媛媛，周超.飞行器隐身技术研究及发展［J］.飞航导弹，2012（1）：84-91.

［24］韦萍兰，何立萍.等离子体隐身技术的发展现状［J］.导弹与航天运载技术，2009（5）：22-25.

［25］蔺国民，孙秦，李艳华，等.隐身飞机综述［J］.航空制造技术，2005（9）：73-76.

［26］桑建华.飞行器隐身技术［M］.北京：航空工业出版社，2013.

［27］Moffatt D L. The echo area of a perfectly conducting prolate spheroid［J］. Antennas & Propagation IEEE Transactions on，1969，13（3）：401-409.

［28］Crispin J W，Maffett A L. Radar cross-section estimation for simple shapes［J］. Proceedings of the IEEE，1965，53（8）：833-848.

［29］Knott E F，Senior T B A. CW measurements of right circular cones. Univ. Michgan Radiat. Lab. Rep. ，1973，No. 011758-1.

［30］Woo A C，Wang H T G，Schuh M J，et al. EM programmer's notebook-benchmark plate radar targets for the validation of computational electromagnetics programs［J］. IEEE Antennas & Propagation Magazine，1993，35（6）：52-56.

［31］Ruck G T. Radar Cross Section Handbook. Vols. 1&2，New York：Plenum Press，1970.

［32］宫健，王春阳，李为民，等.隐身飞机 F-117A 单站电磁散射面积仿真分析［J］.无线电工程，2009，39（2）：41-42.

［33］Knott E F et al.雷达散射截面［M］.阮颖铮，等译.北京：电子工业出版社，1988.

［34］陈唯实，宁焕生，李敬，等.基于鸟类目标散射特性分析的雷达探鸟实验［J］.航空学报，2009，30（7）：1312-1318.

［35］刘英.雷达散射截面计算方法分析与研究［D］.西安：西安电子科技大学，2001.

［36］Lo Y T，Lee S W. Antenna handbook：theory，applications，and design［M］. Van Nostrand Reinhold Company，1988.

［37］Collin R E，Zucker F J. Antenna Theory -- Part 1［J］，1969，pp. 123-133.

［38］Hansen R C. Relationships between antennas as scatterers and as radiators［J］. Proceedings of the IEEE，1989，77（5）：659-662.

［39］Green R B. The general theory of antenna scattering［J］. Southern Journal of Philosophy，1963，6（2）：108-114.

［40］Y. Liu，D. M. Fu，S. X. Gong. A novel model for analyzing the radar cross section of microstrip antenna［J］. Journal of Electromagnetic Waves & Applications，2003，17（9）：1301-1310.

［41］G. A. Deschamps. Microstrip microwave antennas. Proc. 3rd USAF Symposium on Antennas，1953.

［42］Newman E，Forrai D. Scattering from a microstrip patch［J］. IEEE Transactions on Antennas & Propagation，1987，3（3）：245-251.

［43］Pendry J B，Holden A J，Robbins D J，et al. Magnetism from conductors and enhanced nonlinear phenomena［J］. Microwave Theory& techniques，IEEE Transactions on，1999，47（11）：2075 – 2084.

［44］Oraizi H，Abdolali A. Ultra wide band RCS optimization of multilayerd cylindrical structures for arbitrarily polarized incident plane waves［J］. 78,（2008），2008，78：129–157.

［45］张铁夫，曹茂盛，袁杰，等. 多薄层涂覆吸波材料计算设计方法研究［J］. 航空材料学报，2001，21（4）：46–49.

［46］甘治平，官建国，邓惠勇，等. 用遗传算法设计宽带薄层微波吸收材料［J］. 电子学报，2003，31（6）：918–920.

［47］T. Wu，Y. Li，S. X Gong，et al. A novel low RCS microstrip antenna using aperture coupled microstrip dipoles［J］. Journal of Electromagnetic Waves & Applications，2008，22（7）：953–963.

［48］Chiou T W，Wong K L. Designs of compact microstrip antennas with a slotted ground plane［C］，Antennas and Propagation Society International Symposium. IEEE Xplore，2001：732–735，vol. 2.

［49］Shin J，Schaubert D H. A parameter study of stripline–fed Vivaldi notch–antenna arrays［J］. Antennas & Propagation IEEE Transactions on，1999，47（5）：879–886.

［50］W. T. Wang，S. X. Gong，X. Wang，et al. RCS reduction of array antenna by using bandstop FSS reflector［J］. Journal of Electromagnetic Waves & Applications，2009，23（11–12）：1505–1514.

［51］G. Cui，Y. Liu，S. Gong. A novel fractal patch antenna with low RCS［J］. Journal of Electromagnetic Waves & Applications，2007，21（15）：2403–2411.

［52］Pozar D M. Radar cross–section of microstrip antenna on normally biased ferrite substrate［J］. Electronics Letters，1989，25（16）：1079–1080.

［53］John D. Kraus，天线［M］. 章文勋，译. 北京：电子工业出版社，2004.

［54］Munk B. A. Frequency Selective Surface：theory and design. New York：Wiley，2000.

［55］H. –W. Yuan，S. –X. Gong，X. Wang，W. –T. Wang. Wideband printed dipole antenna using a novel PBG structure. Microwave Opt. Tech. Lett，2009，51（8）：1861–1865.

［56］Sievenpiper D，Zhang L，Broas R F J，et al. High–impedance electromagnetic surfaces with a forbidden frequency band［J］. IEEE Transactions on Microwave Theory & Techniques，2002，47（11）：2059–2074.

［57］Mcvay J，Hoorfar A，Engheta N. Thin absorbers using space–filling curve artificial magnetic conductors［J］. Microwave & Optical Technology Letters，2010，51（3）：785–790.

［58］Baracco J M，Salghetti–Drioli L，Maagt P D. AMC low profile wideband reference antenna for GPS and GALILEO systems［J］. IEEE Transactions on Antennas & Propagation，2008，56（8）：2540–2547.

［59］梁乐. 紧致型电磁带隙结构和双负媒质结构研究［D］. 西安：西安电子科技大学，2008.

［60］李龙 . 广义电磁谐振与 EBG 电磁局域谐振研究及应用［D］. 西安：西安电子科技大学，2005.

［61］戴群惕 . 奇异的仿生学［M］. 长沙：湖南教育出版社，1997.

［62］Muller R，Hallam J C T. Knowledge mining for biomimetic smart antenna shapes［J］. Robotics & Autonomous Systems，2005，50（4）：131–145.

［63］Cen H. Structural bionics design and experimental analysis for small wing［J］. Journal of Mechanical Engineering，2009，45（3）：286–290.

［64］Ren L Q. Progress in the bionic study on anti–adhesion and resistance reduction of terrain machines［J］. 中国科学：技术科学，2009，52（2）：273–284.

［65］Zhang D Y，Cai J，Jiang X G，et al. Study on bioforming technology of bionic micro–nano structures［J］. Key Engineering Materials，2009，407–408：1–7.

［66］Qiang Z. Computer simulation and design on bionic slippery microstructure surfaces［J］. Transactions of the Chinese Society for Agricultural Machinery，2009，40（9）：201–202.

［67］孙宁娜，张凯 . 仿生设计［M］. 北京：电子工业出版社，2014.

［68］张钧 . 微带天线理论与工程［M］. 北京：国防工业出版社，1988.

［69］Wu Y，Liu Y，Xue Q，et al. Analytical design method of multiway dual–band planar power dividers with arbitrary power division［J］. IEEE Transactions on Microwave Theory & Techniques，2010，58（12）：3832–3841.

［70］Song K，Fan Y，Zhang Y. Eight–way substrate integrated waveguide power divider with low insertion loss［J］. IEEE Transactions on Microwave Theory & Techniques，2008，56（6）：1473–1477.

［71］Wu L，Sun Z，Yilmaz H，et al. A dual–frequency wilkinson power divider［J］. IEEE Transactions on Microwave Theory & Techniques，2006，54（1）：278–284.

［72］Wu Y，Liu Y，Zhang Y，et al. A dual band unequal wilkinson power divider without reactive components［J］. IEEE Transactions on Microwave Theory & Techniques，2009，57（1）：216–222.

［73］David M. Pozar. 微波工程（M. 3 版）. 北京：电子工业出版社，2007.

［74］杨超，练学辉，李明 . 圆柱共形微带线的场分析［J］. 电子信息对抗技术，2001，16（4）：32–38.

［75］杨超，阮颖铮，冯林 . 圆柱共形微带线辐射特性的理论分析［J］. 电子科技大学学报，1995（1）：19–24.

［76］杨超，阮颖铮，冯林 . 微带天线 RCS 减缩技术及分析方法［J］. 电波科学学报，1994（4）：52–56.

［77］Euler M，Fusco V F. RCS control using cascaded circularly polarized frequency selective surfaces and an AMC structure as a switchable twist polarizer［J］. Microwave & Optical Technology Letters，2010，52（3）：577–580.

［78］Misran N，Cahill R，Fusco V F. RCS reduction technique for reflectarray antennas［J］. Electronics Letters，2003，39（23）：1630–1632.

［79］Shaker J，Chaharmir R，Legay H. Investigation of FSS-backed reflectarray using different classes of cell elements［J］. IEEE Transactions on Antennas & Propagation，2008，56（12）：3700-3706.

［80］R. E. Munson，H. Hadded and J. Hanlen，Microstrip reflectarray antenna for satellite communication and RCS enhancement or reduction，US Patent 4684952，Aug. 1987.

［81］Yablonovitch E. Inhibited spontaneous emission in solid-state physics and electronics［J］. Physical Review Letters，1987，58（20）：2059-2062.

［82］John S. Strong localization of photons in certain disordered dielectric superlattices［J］. Physical Review Letters，1987，58（23）：2486-2489.

［83］Sievenpiper D，Zhang L，Broas R F J，et al. High-impedance electromagnetic surfaces with a forbidden frequency band［J］. IEEE Transactions on Microwave Theory & Techniques，2002，47（11）：2059-2074.

［84］田宇. 波导缝隙天线设计及其RCS减缩［D］. 西安：西安电子科技大学，2012.

［85］WU T K. Frequency selective surface and grid array［M］. New York：Wiley，1995.

［86］Vardaxoglou J C. Frequency selective surfaces：analysis and design［M］. Research Studies Press，Wiley，1997.

［87］Munk B. A. Frequency Selective Surface：Theory and Design［M］. New York：Wiley，2005.

［88］Munk B A. Finite Antenna Arrays and FSS［M］. 2005.

［89］Luebbers R J，Munk B A. Some effects of dielectric loading on periodic slot arrays［J］. IEEE Transactions on Antennas & Propagation，1978，26（4）：536-542.

［90］Vardaxoglou J C，Lockyer D. Modified FSS response from two sided and closely coupled arrays［J］. Electronics Letters，1994，30（22）：1818-1819.

［91］Lockyer D S，Vardaxoglou C. Reconfigurable FSS response from two layers of slotted dipole arrays［J］. Electronics Letters，2002，32（6）：512-513.

［92］Chuprin A D，Parker E A，Batchelor J C. Convoluted double square：single layer FSS with close band spacings［J］. Electronics Letters，2002，36（22）：1830-1831.

［93］Savia S B，Parker E A. Superdense FSS with wide reflection band and rapid rolloff［J］. Electronics Letters，2003，38（25）：1688-1689.

［94］Ko W L，Mittra R. Scattering by a truncated periodic array［J］. IEEE Transactions on Antennas & Propagation，1987，36（4）：496-503.

［95］Mittra R，Chan C H，Cwik T. Techniques for analyzing frequency selective surfaces-a review［J］. Proceedings of the IEEE，2002，76（12）：1593-1615.

［96］Huang J，Wu T K，Lee S W. Tri-band frequency selective surface with circular ring elements［J］. Antennas & Propagation IEEE Transactions on，1994，42（2）：166-175.

［97］Wu T K，Lee S W. Multiband frequency selective surface with multiring patch elements［J］. Antennas & Propagation IEEE Transactions on，1993，42（11）：1484-1490..

［98］Wu T K. Four-band frequency selective surface with double-square-loop patch elements［J］. IEEE Transactions on Antennas & Propagation，2002，42（12）：1659-1663..

［99］Kieburtz R, Ishimaru A. Scattering by a periodically apertured conducting screen［J］. Ire Transactions on Antennas & Propagation, 1961, 9（6）: 506–514. .

［100］Dubrovka R F, Vazquez J, Parini C G, et al. Modal decomposition equivalent circuit method application for multilayer FSS［C］. Antennas and Propagation Society International Symposium. IEEE Xplore, 2007: 3968–3971.

［101］Dubrovka R, Vazquez J, Parini C, et al. Equivalent circuit method for analysis and synthesis of frequency selective surfaces［J］. IEE Proceedings – Microwaves, Antennas and Propagation, 2006, 153（3）: 213–220.

［102］Dubrovka R, Donnan R. Equivalent circuit of FSS loaded with lumped elements using modal decomposition equivalent circuit method［C］. European Conference on Antennas and Propagation. IEEE, 2011: 2250–2253.

［103］Dubrovka R, Vazquez J, Parini C, et al. Modal decomposition equivalent circuit method application for dual frequency FSS analysis［C］. Loughborough Antennas and Propagation Conference. IEEE, 2007: 257–260.

［104］Chen C C. Scattering by a two–dimensional periodic array of conducting plates［J］. Antennas & Propagation IEEE Transactions on, 2003, 18（5）: 660–665.

［105］Chen C C. Transmission through a conducting screen perforated periodically with apertures［J］. Microwave Theory & Techniques IEEE Transactions on, 1970, 18（9）: 627–632.

［106］Montgomery J P. Scattering by an infinite periodic array of thin conductors on a dielectric sheet［J］. IEEE Transactions on Antennas & Propagation, 1975, AP23（1）: 70–75.

［107］Montgomery J. Scattering by an infinite periodic array of microstrip elements［J］. IEEE Transactions on Antennas & Propagation, 2003, 26（6）: 850–854.

［108］Montgomery J P. Scattering by an infinite array of multiple parallel strips［C］. Antennas and Propagation Society International Symposium. IEEE, 1979: 437–440.

［109］Tsao C H, Mittra R. Spectral–domain analysis of frequency selective surfaces comprised of periodic arrays of cross dipoles and Jerusalem crosses［J］. IEEE Transactions on Antennas & Propagation, 2003, 32（5）: 478–486.

［110］Mittra R, Hall R, Tsao C H. Spectral–domain analysis of circular patch frequency selective surfaces［J］. IEEE Transactions on Antennas & Propagation, 1984, 32（5）: 533–536.

［111］Merewether K, Mittra R. Spectral–domain analysis of a finite frequency–selective surface with cross–shaped conducting patches［C］. Antennas and Propagation Society International Symposium, 1988. AP–S. Digest. IEEE, 1988: 742–745 vol. 2.

［112］Munk B A, Kouyoumjian R G, Peters L. Reflection properties of periodic surfaces of loaded dipoles［J］. IEEE Transactions on Antennas & Propagation, 1971, 19（5）: 612–617.

［113］Lucas E W, Fontana T P. A 3–D hybrid finite element/boundary element method for the unified radiation and scattering analysis of general infinite periodic arrays［J］. Antennas & Propagation IEEE Transactions on, 1995, 43（2）: 145–153.

［114］Yee K S, Shlager K, Chang A H. An algorithm to implement a surface impedance boundary condition for FDTD［EM scattering［J］. Antennas & Propagation IEEE Transactions on, 1992, 40（7）: 833-837.

［115］Yee K S, Chen J S, Chang A H. Numerical experiments on PEC boundary condition and late time growth involving the FDTD/FDTD and FDTD/FVTD hybrid［C］. Antennas and Propagation Society International Symposium, 1995. AP-S. Digest. IEEE, 1995: 624-627 vol. 1.

［116］Yee K S, Chen J S. The finite-difference time-domain（FDTD）and the finite-volume time-domain（FVTD）methods in solving Maxwell's equations［J］. IEEE Transactions on Antennas & Propagation, 1997, 45（3）: 354-363.

［117］Yee K S, Chen J S. Impedance boundary condition simulation in the FDTD/FVTD hybrid. IEEE Transactions on Antennas & Propagation, 1997, 45（6）: 921-925.

［118］李靖. 新型频率选择表面的研究［D］. 西安电子科技大学硕士论文, 2012.

［119］Liu Y, Zhao X. Perfect Absorber metamaterial for designing low-RCS patch antenna［J］. IEEE Antennas & Wireless Propagation Letters, 2014, 13: 1473-1476.

［120］Sung H H, Sowerby K W, Neve M J, et al. A frequency-selective wall for interference reduction in wireless indoor environments［J］. IEEE Antennas & Propagation Magazine, 2007, 48（5）: 29-37.

［121］Sung G H H, Sowerby K W, Williamson A G. Modeling a low-cost frequency selective wall for wireless-friendly indoor environments［J］. IEEE Antennas & Wireless Propagation Letters, 2006, 5（1）: 311-314.

［122］Itou A, Hashimoto O, Yokokawa H, et al. A fundamental study of a thin $\lambda/4$ wave absorber using FSS technology［J］. Electronics & Communications in Japan, 2004, 87（11）: 77-86.

［123］Kiani G I, Weily A R, Esselle K P. A novel absorb/transmit FSS for secure indoor wireless networks with reduced multipath fading［J］. IEEE Microwave & Wireless Components Letters, 2006, 16（6）: 378-380.

［124］Kiani G I, Ford K L, Esselle K P, et al. Oblique incidence performance of a novel frequency selective surface absorber［J］. IEEE Transactions on Antennas & Propagation, 2007, 55（10）: 2931-2934.

［125］Young L, Robinson L, Hacking C. Meander-line polarizer［J］. IEEE Transactions on Antennas & Propagation, 2003, 21（3）: 376-378.

［126］Wu T K. Meander-line polarizer for arbitrary rotation of linear polarization［J］. IEEE Microwave & Guided Wave Letters, 2002, 4（6）: 199-201.

［127］A. K. Bhattacharyya and T. J. Chwalek. Analysis of multilayered meander line polarizer. Int. J. Microwave millimeter-wave CAE, 1997, pp. 442-454.

［128］Shi W M, Zhang W X, Zhao M G. Novel frequency-selective twist polariser［J］. Electronics Letters, 1991, 27（23）: 2110-2111.

［129］Uchida H, Sakurai K, Ando M, et al. A double-layer dipole array polarizer for planar antenna. Electronics and Communications in Japan. Part 1，Communications 1997，Vol. 80，no. 11，pp. 86–97.

[130] Leong K M K H，Shiroma W A. Waffle–grid polariser [J]. Electronics Letters，2002，38（22）：1360–1361.

[131] B. A. Munk. Finite Antenna Arrays and FSS. John Wiley & Sons，Inc，2003.

[132] 王文涛. 天线雷达散射截面分析与控制方法研究 [D]. 西安：西安电子科技大学，2011.

[133] 龚书喜，刘英，张鹏飞，等. 天线雷达截面预估与减缩 [M]. 西安：西安电子科技大学出版社. 2010.

[134] Liu Y，Jia Y，Zhang W，et al. An integrated radiation and scattering performance design method of low–rcs patch antenna array with different antenna elements. IEEE Transactions on Antennas and Propagation，2019，67（9）：6199–6204.

[135] Liu Y，Zhang W，Jia Y，et al. Low RCS antenna array with reconfigurable scattering patterns based on digital antenna units. IEEE Transactions on Antennas and Propagation. Doi：10. 1109/TAP. 2020. 3004993

[136] Cui T J，Qi M Q，Wan X，et al. Coding metamaterials，digital metamaterials and programmable metamaterials. Light Science and Applications，2014，3（10）：e218.

[137] Y. Zheng，J. Gao，Y. Zhou，X. Cao，L. Xu，S. Li，and H. Yang. Metamaterial–based patch antenna with wideband RCS reduction and gain enhancement using improved loading method. IET Microwaves，Antennas & Propagation，2017，11（9），1183–1189.

[138] Z. Zhang，M. Huang，Y. Chen，S. Qu，J. Hu，and S. Yang. In–Band Scattering Control of Ultra–Wideband Tightly Coupled Dipole Arrays Based on Polarization–Selective Metamaterial Absorber. IEEE Transactions on Antennas and Propagation，2020，68（2），7927–7936.

[139] Y. Zheng，J. Gao，Y. Zhou，X. Cao，H. Yang，S. Li，and T. Li，Wideband Gain Enhancement and RCS Reduction of Fabry–Perot Resonator Antenna With Chessboard Arranged Metamaterial Superstrate. IEEE Transactions on Antennas and Propagation，2018，66（2），590–599.

[140] J. Mu，H. Wang，H. Wang，and Y. Huang. Low–RCS and Gain Enhancement Design of a Novel Partially Reflecting and Absorbing Surface Antenna. IEEE Antennas and Wireless Propagation Letters. 2017，16，1903–1906.

[141] Y. Jia，Y. Liu，S. Gong，W. Zhang，and G. Liao. A Low–RCS and High–Gain Circularly Polarized Antenna With a Low Profile. IEEE Antennas and Wireless Propagation Letters，2017，16，2477–2480.

[142] 龙毛. 天线宽频带、宽角域的雷达散射截面控制技术研究 [D]. 西安：西安电子科技大学，2017.

[143] M. W. Niaz，R. A. Bhatti，I. Majid. Design of broadband electromagnetic absorber using resistive minkowski loops. Proceeding of 2013 10th International Bhurban Conference on Applied Science & Technology（IBCAST）. Islamabad，Pakistan：IEEE，2013，424–

428.

［144］S. Ghosh. An equivalent circuit model of FSS–based metamaterial absorber using coupled line theory. IEEE Antenna Wireless Propag. Lett. ，2015，14：511–514.

［145］O. Luukkonen，F. Costa，C. R. Simovski. A thin electromagnetic absorber for wide incidence angles and both polarizations. IEEE Trans. Antennas Propag. ，2009，57（10）：3119–3125.

［146］F. Costa，A. Monorchio，G. Manara. Theory，design and perspectives of electromagnetic wave absorber. IEEE Electromagnetic Compatibility Magazine，2016，5（2）：67–74.

［147］Munk B A. Frequency selective surfaces：theory and design［M］. City：John Wiley & Sons，2005.

［148］冯林，邓书辉. 双反射面天线模式散射场的抑制及其 RCS 减缩［J］. 电子学报，1995（12）：93–94.

［149］刘婷. 基于超材料的天线隐身技术研究［D］. 南京：南京航空航天大学，2018.

［150］梅中磊，张黎，崔铁军. 电磁超材料研究进展［J］. 科技导报（北京），2016，34（18）：27–39.

［151］Shelby R A，Smith D R，Schulz S. Experimental verification of a negative index of refraction. Science，2001，292（292），77–9.

［152］Schuring D，Mock J J，Justice B J，et al. Metamaterial electromagnetic cloak at microwave frequencies，Science，2006，314（5801），977–980.

［153］Landy N I，Sajuyigbe S，Mock J J，et al. Perfect metamaterial absorber. Physical Review Letters，2008，100（20），1586–1594.

［154］Yu N，Gaburro Z. Light Propagation with Phase Discontinuities：Generalized Laws of Reflection and Refraction. Science. 2011，334（6054），333–337.

［155］M. Paquay，J. –C. Iriarte，I. Ederra，et al. Thin AMC structure for radar cross–section reduction. IEEE Transactions on Antennas & Propagation，2007，55（12），3630–3638.

［156］Galarregui J C I，Pereda A T，Falcón J L M D，et al. Broadband Radar Cross–Section Reduction Using AMC Technology. IEEE Transactions on Antennas & Propagation，2013，61（12），6136–6143.

［157］C. Zhang，J. Gao，X. Cao，L. Xu，and J. Han. Low Scattering Microstrip Antenna Array Using Coding Artificial Magnetic Conductor Ground. IEEE Antennas and Wireless Propagation Letters，2018，17（5），869–872.

［158］Wu C，Cheng Y，Wang W，et al. Ultra–thin and polarization–independent phase gradient metasurface for high–efficiency spoof surface–plasmon–polariton coupling. Applied Physics Express，2015，8（12），122001.

［159］Li Y，Zhang J，Qu S，et al. Wideband radar cross section reduction using two–dimensional phase gradient metasurfaces. Applied Physics Letters，2014，104（22），221110 – 221110–5.

［160］Zhang W，Liu Y，Gong S，et al. Wideband RCS reduction of a slot array antenna using phase gradient metasurface. IEEE Antennas and Wireless Propagation Letters，2018，17：2193–2197.

［161］GAO X，HAN X，CAO W P，et al. Ultra–Wideband and High–Efficiency Linear Polarization Converter Based on Double V–Shaped Metasurfaces. IEEE Transactions on Antennas and Propagation，2015，63（8）：3522–3530.

［162］贾永涛. 天线雷达截面减缩与极化旋转反射面的设计应用研究［D］. 西安：西安电子科技大学，2016.

［163］T. Hong，S. Wang，Z. Liu，and S. Gong. RCS Reduction and Gain Enhancement for the Circularly Polarized Array by Polarization Conversion Metasurface Coating. IEEE Antennas and Wireless Propagation Letters，2019，18（1），167–171.

［164］肖志河，高超，白杨，等. 飞行器雷达隐身测试评估技术及发展［J］. 北京航空航天大学学报. 2015，l41（10）：1873–1879.

［165］王禹. 地面目标宽带电磁散射特性研究［D］. 长沙：国防科学技术大学，2005.

［166］陈兴东，魏东明. 可信 RCS 数据的获取［J］. 舰船电子工程，2000（4）：52–56.

［167］王长伟. 金属网栅用于隐身技术的研究［D］. 哈尔滨：哈尔滨工业大学，2006.

［168］余金峰. 斗鸡台周围地杂波测量与分析［D］. 长沙：国防科学技术大学，2001.

［169］魏平. 针对低 RCS 目标室外场设计技术研究［D］. 成都：电子科技大学，2013.

［170］姜刚. 单站近场散射测量方法研究［D］. 西安：西安电子科技大学，2014.

［171］郭静. 微波暗室目标 RCS 测试方法的研究与试验［D］. 南京：南京航空航天大学，2008.

［172］高超，巢增明，袁晓峰，等. 飞行器 RCS 近场测试技术研究进展与工程应用［J］. 航空学报. 2016，l37（3）：749–740.

［173］高超，巢增明，袁晓峰，等. 基于散射分布函数模型的近远场变换技术研究［J］. 电波科学学报. 2015，30（2）：371–377.

［174］方媛. 平面近场 RCS 测量技术研究［D］. 西安：西北工业大学，2004.

［175］于丁，傅德民. 近场散射扫描范围及数据处理方法研究［J］. 电波科学学报，1999（3）：295–303.

［176］张福顺，焦永昌，马金平，等. 辐射、散射近场测量及近场成像技术的研究进展［J］. 西安电子科技大学学报（自然科学版），1999，26（5）：651–656.

［177］Gregory A. Showman，K. James Sangston and Mark A. Richards. Correction of artifacts in turntable inverse synthetic aperture radar innages［C］. Proceedings of the SYIE–The International Society for Optical Engineering. vol30：p40–51，1997.

［178］G. A. Showman，A. Richards，K. J. Sangstion. M. Comparison of two algortihms for correcting zero–doppler clutter in turntable isar Imagery［J］. Georgia Tech Research Institute. Sensors and Electromagnetic Applications Laboratory：p115–119，1998.

［179］L. J. LaHaie，E. I. LeBaron，C. J. Roussi. Processing Techniques for Removal of Target Support Contamination［J］. IEEE AP–S Intl Symp Digest. vol1：p488–491，1993.

［180］Burns J W，LeBaron E I，Gerald G Fliss. Characterization of target–pylon interactions in RCS measurements［C］. Antennas and Propagation Society International Symposium，

1997. IEEE. ，1997 Digest. IEEE，1997，1：144−147.

［181］闫蓉 . 逆合成孔径雷达超分辨算法研究［D］. 西安：西安电子科技大学 . 2010.

［182］Potter L C，Chiang D M，Carriere R，et al. A GTD−based parametric model for radar scattering［J］. Antennas and Propagation，IEEE Transactions on，1995，43（10）：1058−1067.

［183］贺治华，张旭峰，黎湘，等 . 一种 GTD 模型参数估计的新方法［J］. 电子学报，2005，33（9）：1679−1682.

［184］张贤达 . 现代信号处理［M］. 北京：清华大学出版社，2002.

［185］R. Roy and T. Kailath，ESPRIT−Estimation of signal parameters via rotational invariance techniques，IEEE. Tr. on ASSP. 1989（37）：984−995

［186］赵哲，许人灿，陈曾平 . 一种改进的 ESPRIT 成像算法［J］. 第十三届全国信号处理学术年会（CCSP−2007）论文集，2007.

［187］王菁，周建江 . 一种基于 GTD 模型的目标散射中心提取方法［J］. 系统工程与电子技术，2008，30（11）：2146−2150.